科学计算及其软件教学丛书

计算几何教程

王仁宏　李崇君　朱春钢　编著

科学出版社
北京

内 容 简 介

本书系统介绍计算几何的理论与方法. 内容包括计算几何的数学基础、曲线曲面的基本理论、Bézier 曲线曲面、B 样条曲线曲面、有理 Bézier 曲线曲面与 NURBS 方法、细分方法以及径向基函数等.

本书可作为高等院校信息与计算科学专业的本科生教材, 也可作为计算数学学科硕士生、博士生相关课程的教材或参考书. 本书还可供从事计算机辅助几何设计、计算机图形学、图像处理及相关领域的科学技术工作者参考.

图书在版编目(CIP)数据

计算几何教程/王仁宏, 李崇君, 朱春钢编著 —北京: 科学出版社, 2008

(科学计算及其软件教学丛书)

ISBN 978-7-03-021486-7

I. 计… II. ①王… ②李… ③朱… III. 计算几何-高等学校-教材 IV. O18

中国版本图书馆 CIP 数据核字(2008) 第 040730 号

责任编辑: 李鹏奇　李晓鹏 / 责任校对: 赵桂芬
责任印制: 赵　博 / 封面设计: 耕者设计工作室

科学出版社 出版
北京东黄城根北街 16 号
邮政编码: 100717
http://www.sciencep.com
三河市春园印刷有限公司印刷
科学出版社发行　各地新华书店经销
*
2008 年 6 月第 一 版　开本: B5(720 × 1000)
2025 年 1 月第八次印刷　印张: 24
字数: 456 000

定价: 59.00 元

《科学计算及其软件教学丛书》序

随着国民经济的快速发展，科学和技术研究中提出的计算问题越来越多，越来越复杂. 计算机及其应用软件的迅猛发展为这些计算问题的解决创造了良好的条件，而培养一大批以数学和计算机为主要工具，研究各类问题在计算机上求解的数学方法及计算机应用软件的专业人才也越来越迫切.

1998 年前后，教育部着手对大学数学专业进行调整，将计算数学及其应用软件、信息科学、运筹与控制专业合并，成立了“信息与计算科学专业”. 该专业成立之初，在培养目标、指导思想、课程设置、教学规范等方面存在不少争议，教材建设也众说纷纭. 科学出版社的编辑曾多次找我，就该专业的教材建设问题与我有过多次的讨论. 2005 年 11 月在大连理工大学召开的第九届全国高校计算数学年会上，还专门讨论了教材编写工作，并成立了编委会. 在会上，编委会就教材编写的定位和特色等问题进行了讨论并达成了共识. 按照教育部数学与统计学教学指导委员会起草的“信息与计算科学专业教学规范”的要求，决定邀请部分高校教学经验丰富的教师编写一套教材，定名为“科学计算及其软件教学丛书”. 该丛书涵盖信息与计算科学专业的大部分核心课程，偏重计算数学及应用软件. 丛书主要面向研究与教学型、教学型大学信息与计算科学专业的本科生和研究生. 为此，科学出版社曾调研了国内不同层次的上百所学校，听取了广大教师的意见和建议. 这套丛书将于今年秋季问世，第一批包括《小波分析》、《数值逼近》等十余本教材. 选材上强调科学性、系统性，内容力求深入浅出，简明扼要.

丛书的编委和各位作者为丛书的出版做了大量的工作，在此表示衷心的感谢. 我们诚挚地希望这套丛书能为信息与计算科学专业教学的发展起到积极的推动作用，也相信丛书在各方面的支持与帮助下会愈出愈好.

石钟慈

2007 年 7 月

前　言

计算几何是 20 世纪 40 年代现代计算机出现后, 在计算机辅助设计、计算机辅助制造、计算机图形学以及图像处理等一系列重大应用驱动下, 逐步形成的一门几何分支学科.

计算几何是计算数学、逼近论、微分几何、代数几何以及计算机科学相互交叉的几何学分支. 它不仅在几何学上有重要的理论意义, 而且在计算机辅助设计与制造、计算机图形学、图像处理及其他相关领域有重要的实用价值.

本书较系统地介绍了迄今国际上较常用的计算几何方法. 包括 Bézier 曲线曲面、B 样条曲线曲面、有理 Bézier 曲线曲面与 NURBS 方法、细分方法以及径向基函数等. 为方便读者掌握这些方法, 本书还扼要介绍了一些相关的数学理论和方法. 它们为读者将来能够独立地提出新理论与新方法提供必要的前提.

我们感谢科学出版社《科学计算及其软件教学丛书》的帮助, 感谢国家自然科学基金委员会 20 多年来的一贯资助与帮助, 特别是近年来的多项相关资助 (如 No. 60533060, 10271022, 10171042, 60373093, 19871010, 69973010, 10726067, 10726068 等), 使我们得以长期坚持相关的研究工作并顺利完成本书的写作. 我们还要感谢大连理工大学对我们科研创新团队的支持与帮助. 没有以上的支持与帮助, 本书是难以面世的. 另外, 大连理工大学计算几何讨论班的博士生与硕士生为书稿的校对付出了辛勤的劳动, 作者也向他们表示诚挚的感谢.

本书的选材或内容难免会有不妥之处, 敬请专家、读者不吝指教, 编者将不胜感激.

编　者

2008 年 1 月于大连理工大学

数学科学研究所

目　　录

第 1 章　计算几何的数学基础

计算几何, 计算机图形学, 计算机辅助几何设计间虽有一些共同点和联系, 但计算几何偏向于从几何学的角度来研究相关的几何问题. 计算几何是一门新兴的几何学, 它是与微分几何, 代数几何, 计算数学, 逼近论以及计算机科学相互交叉的一门学科.

本章介绍与计算几何有关的一些数学理论基础, 包括 Weierstrass 定理、最佳一致逼近、平方逼近、多项式插值、一元样条以及多元样条等内容. 有关计算几何基础的其他知识, 读者可以参阅文献 [1], [2].

1.1　Weierstrass 定理

在数学分析中, 最重要的函数类之一是连续函数类 $C[a,b]$ 与连续的周期函数类 $C_{2\pi}$. $C[a,b]$ 表示定义在某一闭区间 $[a,b]$ 上的一切连续函数的集合.

人们很早就注意这样的一个问题: 设 $f(x)\in C[a,b]$, 对于任给的 $\varepsilon>0$, 是否存在这样的多项式 $p(x)$, 使得

$$|p(x)-f(x)|<\varepsilon$$

对一切 $a\leqslant x\leqslant b$ 一致成立? 1885 年 Weierstrass 证明了 $p(x)$ 的存在性. 1912 年, Bernstein 将满足这种条件的多项式构造出来. 为了介绍著名的 Weierstrass 定理, 首先给出以下引理.

引理 1.1.1　$\sum\limits_{k=0}^{n}(nx-k)^2\begin{pmatrix}n\\k\end{pmatrix}x^k(1-x)^{n-k}=nx(1-x).$

证明　显然

$$\sum_{k=0}^{n}\begin{pmatrix}n\\k\end{pmatrix}x^k(1-x)^{n-k}\equiv[x+(1-x)]^n\equiv 1.$$

经简单计算, 可知

$$\begin{aligned}&\sum_{k=0}^{n}(nx-k)^2\begin{pmatrix}n\\k\end{pmatrix}x^k(1-x)^{n-k}\\=&\sum_{k=0}^{n}(n^2x^2+k^2-2nkx)\begin{pmatrix}n\\k\end{pmatrix}x^k(1-x)^{n-k}\\=&n^2x^2+\sum_{k=0}^{n}k^2\begin{pmatrix}n\\k\end{pmatrix}x^k(1-x)^{n-k}-2nx\sum_{k=0}^{n}k\begin{pmatrix}n\\k\end{pmatrix}x^k(1-x)^{n-k}\end{aligned}$$

$$= n^2x^2 + \sum_{k=0}^{n} k(k-1) \binom{n}{k} x^k(1-x)^{n-k} + (1-2nx)\sum_{k=0}^{n} k \binom{n}{k} x^k(1-x)^{n-k}$$

$$= n^2x^2 + n(n-1)x^2 + (1-2nx)nx = nx(1-x).$$

定理 1.1.1(Weierstrass 定理)　设 $f(x) \in C[a,b]$, 那么对于任意给定的 $\varepsilon > 0$, 都存在这样的多项式 $p(x)$, 使得

$$\max_{a \leqslant x \leqslant b} |p(x) - f(x)| < \varepsilon.$$

Weierstrass 定理说明, $[a,b]$ 上的任何连续函数都可以用多项式来一致逼近. 关于这个著名的定理现在有很多不同的证法, 下面介绍 Bernstein 的构造性证明.

证明　不妨设定义区间 $[a,b]=[0,1]$. 事实上, 通过简单的线性变换 $t=(b-a)x+a$ 就可将 x 的定义区间 $[0,1]$ 变换成变量 t 的定义区间 $[a,b]$, 因此关于变量 x 的连续函数变成了关于变量 t 的连续函数. 因此只须在 $C[0,1]$ 上证明 Weierstrass 定理即可.

对于给定的函数 $f(x) \in C[a,b]$, 作如下的一串多项式:

$$B_n^f(x) = \sum_{k=0}^{n} f\left(\frac{k}{n}\right) \binom{n}{k} x^k(1-x)^{n-k}, \quad n=1,2,\cdots, \tag{1.1}$$

显然 $B_n^f(x)$ 为 n 次多项式.

对于 $[0,1]$ 中的每一固定的 x 及任一固定正整数 n, 令

$$\varepsilon_n(x) = \max \left| f(x) - f\left(\frac{k}{n}\right) \right|,$$

上式右端代表当 k 取所有合乎条件

$$\left| \frac{k}{n} - x \right| < \left(\frac{1}{n}\right)^{1/4}$$

的正整数时所取得的最大差数. 根据 $f(x)$ 在 $[0,1]$ 上的一致连续性, 可见必存在一串 $\varepsilon_n>0$, 使得

$$\varepsilon_n(x) < \varepsilon_n \downarrow 0 \quad (n \to \infty).$$

记

$$f(x) - B_n^f(x) = {\sum}' \left[f(x) - f\left(\frac{k}{n}\right) \right] \lambda_{n,k}(x) + {\sum}'' \left[f(x) - f\left(\frac{k}{n}\right) \right] \lambda_{n,k}(x),$$

其中, ${\sum}'$ 和 ${\sum}''$ 分别表示对满足如下条件的一切 k 所取和:

$$|k-nx| < n^{3/4}, \quad |k-nx| \geqslant n^{3/4},$$

而

$$\lambda_{n,k}(x)=\binom{n}{k}x^k(1-x)^{n-k}.$$

令

$$M=\max_{0\leqslant x\leqslant 1}|f(x)|,$$

显然有

$$\begin{aligned}\left|f(x)-B_n^f(x)\right|&<\sum{}'\varepsilon_n\lambda_{n,k}(x)+2M\sum{}''\lambda_{n,k}(x)\\&<\varepsilon_n+2M\sum{}''\lambda_{n,k}(x),\end{aligned}$$

而且利用引理 1.1.1, 可知

$$n^{3/2}\sum{}''\lambda_{n,k}(x)\leqslant\sum_{k=0}^{n}(k-nx)^2\lambda_{n,x}(x)=nx(1-x)\leqslant\frac{n}{4},$$

因此, $\sum{}''\lambda_{n,k}(x)\leqslant\frac{1}{4}\left(\frac{1}{n}\right)^{1/2}$, 则可得

$$\left|f(x)-B_n^f(x)\right|<\varepsilon_n+\frac{M}{2}\left(\frac{1}{n}\right)^{1/2}.$$

上列不等式的右端与 x 无关, 而且随着 n 的无限增大而趋于 0. 这就证明了多项式序列 $\mathrm{B}_n^f(x)$ 对于 $f(x)$ 的一致收敛性. 因此, 对于任意给定的 $\varepsilon>0$, 总可以找到充分大的 N, 当 $n\geqslant N$, 并令 $p(x)=B_n^f(x)$, 则恒有

$$\max_{a\leqslant x\leqslant b}|p(x)-f(x)|=\max_{a\leqslant x\leqslant b}\left|B_n^f(x)-f(x)\right|<\varepsilon.$$

证毕.

定理 1.1.1 又称为 Weierstrass 第一定理, 它实际上正好解决了利用多项式组成的函数项级数来表示连续函数的问题. 在 Bernstein 的证法中, 不仅证明了近似多项式序列 $\{p_n(x)\}$ 的存在性, 而且还给出了构造 $\{p_n(x)\}$ 的具体方法. 事实上, $B_n^f(x)(n=1,2,\cdots)$ 构成了函数 $f(x)(0\leqslant x\leqslant 1)$ 的一个近似多项式序列, 这种证明方法称为构造性的证明方法, 它比一般数学意义上纯粹的存在性证明方法更有价值.Weierstrass 第二定理阐述了 $C_{2\pi}$ 上的三角多项式逼近问题, 感兴趣的读者可以参考有关书籍.

1.2 一致逼近

上节所述的 Weierstrass 定理指出了有界闭区间上的连续函数可用多项式序列一致逼近. 大量的理论与实际问题要求人们研究如下问题: 对于指定的非负整数 n,

在次数不超过 n 的实系数多项式集合

$$\mathbb{P}_n = \left\{ \sum_{i=0}^{n} a_i x^i \,|\forall i, a_i \in \mathbb{R} \right\}$$

中寻求多项式 $p(x)$, 使得它与给定函数 $f(x) \in C[a,b]$ 的偏差

$$\Delta(p) = \max_{a \leqslant x \leqslant b} |f(x) - p(x)|$$

尽可能的小. 这个问题称为 Tchebyshev 逼近问题或最佳一致逼近问题, 称 $\Delta(p)$ 为 $p(x)$ 与 $f(x)$ 的偏差. 显然 $\Delta(p)$ 非负, 则当 p 取遍 $\mathbb{P}_n$ 中所有的多项式时, 相应 $\Delta(p)$ 的集合必有下确界

$$E_n(f) = \inf_{p \in \mathbb{P}_n} \Delta(p) = \inf_{p \in \mathbb{P}_n} \max_{a \leqslant x \leqslant b} |f(x) - p(x)|.$$

$E_n(f)$ 称为给定函数 $f(x)$ 的最小偏差或最佳逼近, 显然有

$$E_n(f) \geqslant E_{n+1}(f) \geqslant \cdots.$$

由 Weierstrass 定理, $E_n(f) \downarrow 0 (n \to \infty)$.

现在的问题是: 是否存在 $p^*(x) \in \mathbb{P}_n$, 使得

$$\Delta(p^*) = E_n(f)?$$

进一步, 如果存在, 那么它是否唯一? 关于存在性问题, 下述 Borel 存在定理给出了明确的回答.

1.2.1 Borel 存在定理

定理 1.2.1(Borel 存在定理) 对任意给定的 $f(x) \in C[a,b]$, 总存在 $p^*(x) \in \mathbb{P}_n$, 使得

$$\Delta(p^*) = E_n(f).$$

证明 由于 $E_n(f)$ 为 $\Delta(p) (\forall p \in \mathbb{P}_n)$ 的下确界, 因此对任给的 $\varepsilon > 0$, 必有 $p_\varepsilon(x) \in \mathbb{P}_n$ 使得

$$E_n(f) \leqslant \Delta(p_\varepsilon) < E_n(f) + \varepsilon.$$

特别地, 取 $\varepsilon = \dfrac{1}{m}$($m$为正整数), 则存在 $p_m(x) \in \mathbb{P}_n$, 使得

$$E_n(f) \leqslant \Delta(p_m) < E_n(f) + \frac{1}{m}. \tag{1.2}$$

因此, 如果能证明多项式序列 $\{p_m\}$ 或它的某一子列一致收敛于某多项式 $p^*(x) \in \mathbb{P}_n$, 则于上式中令 $m \to \infty$, 即可证明

$$\Delta(p^*) = E_n(f).$$

下面证明可于 $\{p_m\}$ 中选取收敛的子列.

由 (1.2) 式可知 p_m 有界, 即

$$|p_m(x)| \leqslant |p_m(x) - f(x)| + |f(x)| \leqslant (E_n(f) + 1) + \max_{a \leqslant x \leqslant b} |f(x)|.$$

进而可证

$$p_m(x) = a_{0,m} + a_{1,m}x + \cdots + a_{n,m}x^n$$

中的各系数 $a_{0,m}, a_{1,m}, \cdots, a_{n,m}$ 皆有界. 在 $[a, b]$ 中任取 $n+1$ 个互异点 $x_0 < x_1 < \cdots < x_n$, 并考虑线性方程组

$$\begin{cases} a_{0,m} + a_{1,m}x_0 + \cdots + a_{n,m}x_0^n = p_m(x_0), \\ \cdots\cdots\cdots\cdots \\ a_{0,m} + a_{1,m}x_n + \cdots + a_{n,m}x_n^n = p_m(x_n). \end{cases}$$

由 Cramer 法则, 可推出

$$a_{i,m} = \frac{\begin{vmatrix} 1 & \cdots & p_m(x_0) & \cdots & x_0^n \\ \vdots & & \vdots & & \vdots \\ 1 & \cdots & p_m(x_n) & \cdots & x_n^n \end{vmatrix}}{\begin{vmatrix} 1 & \cdots & x_0^i & \cdots & x_0^n \\ \vdots & & \vdots & & \vdots \\ 1 & \cdots & x_n^i & \cdots & x_n^n \end{vmatrix}} = \frac{1}{\prod\limits_{t>s}(x_t - x_s)} \sum_{j=0}^{n} p_m(x_j) Q_j,$$

其中, Q_j 为分子行列式按第 $j+1$ 列展开时, 关于元素 $p_m(x_j)$ 的代数余子式. 从而可知 $a_{i,m}$ 有界, 即存在非负实数 $A \geqslant 0$, 使得

$$|a_{i,m}| \leqslant A, \quad i = 0, 1, \cdots, n.$$

于是由 Bolzano-Weierstrass 定理, 可逐次选出 $n+1$ 个同时收敛的子序列 $\{a_{i,m_j}\}(i = 0, 1, \cdots, n)$, 使得

$$\lim_{j \to \infty} a_{i,m_j} = a_i, \quad i = 0, 1, \cdots, n.$$

构造多项式

$$p^*(x) = a_0 + a_1 x + \cdots + a_n x^n.$$

显然, 当 $j \to \infty$ 时, 多项式 $p_{m_j}(x)$ 在 $[a,b]$ 上一致收敛到 $p^*(x)$. 由 $p^*(x) \in \mathbb{P}_n$, 则有

$$\Delta(p^*) \geqslant E_n(f),$$

如果还能证明

$$\Delta(p^*) \leqslant E_n(f),$$

则可以得到

$$\Delta(p^*) = E_n(f).$$

由 $p_{m_j}(x)$ 的取法, 可知

$$\Delta(p_{m_j}) = \max_{a \leqslant x \leqslant b} |f(x) - p_{m_j}(x)| < E_n(f) + \frac{1}{m_j},$$

但是

$$\begin{aligned}\Delta(p^*) &= \max_{a \leqslant x \leqslant b} |f(x) - p^*(x)| \\ &\leqslant \max_{a \leqslant x \leqslant b} |f(x) - p_{m_j}(x)| + \max_{a \leqslant x \leqslant b} |p_{m_j}(x) - p^*(x)| \\ &< E_n(f) + \frac{1}{m_j} + \varepsilon_j.\end{aligned}$$

令 $j \to \infty$ 得到

$$\Delta(p^*) \leqslant E_n(f),$$

因此

$$\Delta(p^*) = E_n(f).$$

这就证明了定理.

1.2.2　最佳逼近定理

由 Borel 存在定理, 对任意给定的 $f(x) \in C[a,b]$, 总存在多项式 $p(x) \in \mathbb{P}_n$, 使得

$$\Delta(p) = E_n(f) = \inf_{q \in \mathbb{P}_n} \max_{a \leqslant x \leqslant b} |q(x) - f(x)|.$$

这样的多项式 $p(x)$ 称为 $f(x)$ 于 $\mathbb{P}_n$ 中的最佳逼近多项式.

以下探讨最佳逼近多项式的本质特征. 记

$$\varepsilon(x) = p(x) - f(x).$$

由于 $\varepsilon(x) \in C[a,b]$, 于是存在 $x_0 \in [a,b]$, 使得

$$|\varepsilon(x_0)| = \max_{a \leqslant x \leqslant b} |\varepsilon(x)| = \Delta(p),$$

x_0 称为 $p(x)$ 关于 $f(x)$ 的偏离点. 特别地, 如果 $\varepsilon(x_0)=\Delta(p)$(或 $-\Delta(p)$), 则称 x_0 为关于 $f(x)$ 的正 (或负) 偏离点.

如果 $p(x)$ 是 $f(x)$ 的最佳逼近多项式, 则它关于 $f(x)$ 的正、负偏离点必同时存在. 采用反证法. 不妨假定最佳逼近多项式 $p(x)$ 无负偏离点存在. 于是存在一个足够小的正数 h, 使得

$$-E_n(f)+h\leqslant p(x)-f(x)\leqslant E_n(f),\quad a\leqslant x\leqslant b.$$

因而在 $[a,b]$ 区间上, 有

$$-E_n(f)+h/2\leqslant[p(x)-h/2]-f(x)\leqslant E_n(f)-h/2,$$

这表明 $\Delta(p-h/2)<\Delta(p)$, 它与 $p(x)$ 为 $f(x)$ 的最佳逼近多项式矛盾.

为了给出最佳逼近多项式的本质特征, 首先给出如下的 Vallée-Poussin 定理.

定理 1.2.2(Vallée-Poussin) 设 $f(x)\in C[a,b],p(x)\in\mathbb{P}_n$, 且 $\varepsilon(x)=p(x)-f(x)$ 于 $[a,b]$ 中的点列

$$x_1<x_2<\cdots<x_N$$

上取异于零的正负相间值 $\lambda_1,-\lambda_2,\cdots,(-1)^{N-1}\lambda_N$(不妨设诸 $\lambda_j>0$), 且 $N\geqslant n+2$, 则对任一 $q(x)\in\mathbb{P}_n$, 均有

$$\Delta(q)\geqslant\min\{\lambda_1,\cdots,\lambda_N\}.$$

证明 采用反证法. 假设结论不成立, 即存在某 $q(x)\in\mathbb{P}_n$, 使

$$\Delta(q)<\min\{\lambda_1,\cdots,\lambda_N\}.\tag{1.3}$$

考察

$$\eta(x)=p(x)-q(x)=[p(x)-f(x)]-[q(x)-f(x)].$$

因为

$$\Delta(q)=\max_{a\leqslant x\leqslant b}|q(x)-f(x)|<\min\{\lambda_1,\cdots,\lambda_N\}.$$

从而

$$\text{sign}\eta(x_j)=\text{sign}(p(x_j)-f(x_j)),$$

即 $\eta(x)$ 于点列 $x_1<x_2<\cdots<x_N$ 上交错变号. 由连续函数的介值定理, $\eta(x)$ 于 $[a,b]$ 内至少有 $N-1\geqslant n+1$ 个零点, 但 $\eta(x)\in\mathbb{P}_n$, 所以 $\eta(x)\equiv0$, 即 $p(x)\equiv q(x)$. 这与反证法假设 (1.3) 式矛盾. 定理得证.

下面给出著名的 Tchebyshev 最佳逼近定理, 它刻画了最佳逼近多项式的本质特征.

定理 1.2.3(Tchebyshev) $p(x)$ 是 $f(x) \in C[a,b]$ 于 $\mathbb{P}_n$ 中的最佳逼近多项式的充要条件是: $p(x)-f(x)$ 在 $[a,b]$ 上一个点数不少于 $n+2$ 的点列

$$x_1 < x_2 < \cdots < x_N, \quad N \geqslant n+2$$

上以正负交错的符号取到 $\Delta(p)$ 的值. 并且最佳逼近多项式唯一.

证明 充分性. 假定 $p(x)-f(x)$ 于 $[a,b]$ 中点列

$$x_1 < x_2 < \cdots < x_N, \quad N \geqslant n+2$$

上以正负交错的符号取到 $\Delta(p)$. 由 Vallée-Poussin 定理, 对任一 $q(x) \in \mathbb{P}_n$, 均有 $\Delta(q) \geqslant \Delta(p)$, 所以 $p(x)$ 是 $f(x)$ 于 $\mathbb{P}_n$ 中的最佳逼近多项式.

必要性. 假定 $p(x)$ 的正负交错的偏离点数 $N' \leqslant n+1$, 下面来证 $p(x)$ 不是 $f(x)$ 的最佳逼近多项式.

今将 $[a,b]$ 分成 N' 个子区间

$$[a,\xi_1],[\xi_1,\xi_2],\cdots,[\xi_{N'-1},b].$$

使在上述区间上轮流满足下面两个不等式中的一个

$$-\Delta(p) \leqslant p(x)-f(x) < \Delta(p)-\alpha,$$
$$-\Delta(p)+\alpha < p(x)-f(x) \leqslant \Delta(p),$$

其中, α 是某一充分小的正数. 引入 $\mathbb{P}_n$ 中的多项式

$$\phi(x)=(x-\xi_1)(x-\xi_2)\cdots(x-\xi_{N'-1}),$$

并作

$$q(x)=p(x)+\omega\phi(x),$$

则

$$q(x)-f(x)=p(x)-f(x)+\omega\phi(x).$$

只需取足够小的 ω, 并选择 ω 的正负号, 即可使

$$\Delta(q) < \Delta(p),$$

此与 $p(x)$ 是 $f(x)$ 的最佳逼近多项式的假设相矛盾.

下面证明唯一性. 设除 $p(x)$ 外, 尚有 $q(x) \in \mathbb{P}_n$, 也使

$$\Delta(p)=\Delta(q)=E_n(f).$$

由上式可以得到

$$\Delta\left(\frac{1}{2}(p+q)\right)=E_n(f),$$

即多项式

$$r(x)=\frac{1}{2}[p(x)+q(x)]\in\mathbb{P}_n$$

也是 $f(x)$ 于 $\mathbb{P}_n$ 中的一个最佳逼近多项式. 因此对于 $r(x)$ 也存在正负交错的偏离点

$$\beta_1<\beta_2<\cdots<\beta_{N_r},\quad N_r\geqslant n+2. \tag{1.4}$$

设 β_k 为 $r(x)$ 的正偏离点, 则

$$\begin{aligned}&\frac{1}{2}\left[p(\beta_k)+q(\beta_k)\right]-f(\beta_k)\\&=\frac{1}{2}\left[p(\beta_k)-f(\beta_k)\right]+\frac{1}{2}\left[q(\beta_k)-f(\beta_k)\right]=E_n(f),\end{aligned} \tag{1.5}$$

由 $q(\beta_k)-f(\beta_k)\leqslant E_n(f)$ 可知

$$\frac{1}{2}\left[p(\beta_k)-f(\beta_k)\right]\geqslant E_n(f)-\frac{1}{2}E_n(f)=\frac{1}{2}E_n(f).$$

再由 $p(x)-f(x)\leqslant E_n(f)$, 可知 $p(\beta_k)-f(\beta_k)=E_n(f)$, 即 β_k 为 $p(x)$ 的正偏离点. 由 (1.5) 式可知 β_k 也为 $q(x)$ 的正偏离点. 同理 $r(x)$ 的负偏离点也为 $p(x)$ 与 $q(x)$ 的负偏离点. 因此在 $N_r(N_r\geqslant n+2)$ 个点 (1.4) 式上有

$$p(\beta_k)=q(\beta_k),$$

则 $p(x)\equiv q(x)$. 证毕.

Tchebyshev 定理中所给出的点组 $\{x_1,x_2,\cdots,x_N\}$ 称为 Tchebyshev 交错点组.Tchebyshev 定理的主要意义就是说明点数不少于 $n+2$ 的交错点组存在是最佳逼近多项式的本质特征.

下面给出 $n=0,1$ 时的两个简单实例.

例 1.2.1 设 $f(x)\in C[a,b]$, 则 $f(x)$ 于 $\mathbb{P}_0$ 中的最佳逼近多项式为

$$p(x)=\frac{1}{2}\left[\min_{a\leqslant x\leqslant b}f(x)+\max_{a\leqslant x\leqslant b}f(x)\right]=\frac{m+M}{2}.$$

例 1.2.2 设 $f(x)\in C^2[a,b]$, 且 $f''(x)>0(a\leqslant x\leqslant b)$, 求 $f(x)$ 于 $\mathbb{P}_1$ 中的最佳逼近多项式.

解 设 $f(x)$ 在 $[a,b]$ 上的最佳逼近多项式为 $p(x)=Ax+B\in\mathbb{P}_1$, 其中 $A,B\in\mathbb{R}$. 由 Tchebyshev 定理, 交错点组点数 $\geqslant 3$, 因此 (a,b) 中至少存在一个 $p(x)-f(x)$ 交错点, 设其为 c. c 必为稳定点, 即

$$p'(c)-f'(c)=A-f'(c)=0,$$

于是

$$A = f^{'}(c).$$

由于 $f^{''}(x) > 0$, $f^{'}(x)$ 必严格单调递增. 又因 $p(x)$ 为线性多项式, 故 $(f(x) - p(x))^{'}$ 在 (a, b) 只有一个零点 c, 从而另外两个交错点必为两个端点 a, b. 所以

$$p(a) - f(a) = -[p(c) - f(c)] = p(b) - f(b). \tag{1.6}$$

求解方程 (1.6), 可得

$$A = \frac{f(b) - f(a)}{b - a}, \quad B = \frac{f(a) + f(c)}{2} - \frac{a + c}{2} \cdot \frac{f(b) - f(a)}{b - a}.$$

所以最佳逼近多项式为

$$p(x) = \frac{f(b) - f(a)}{b - a} x + \frac{f(a) + f(c)}{2} - \frac{a + c}{2} \cdot \frac{f(b) - f(a)}{b - a},$$

其中, c 由

$$f^{'}(c) = \frac{f(b) - f(a)}{b - a}$$

所决定.

它有明显的几何意义: 曲线 $y = f(x)$ 在点 $x = c$ 处的切线, 平行于由点 $(a, f(a))$ 与 $(b, f(b))$ 所决定的直线. 图 1.1 为当 $y = \mathrm{e}^x (x \in [0, 1])$ 时的图形.

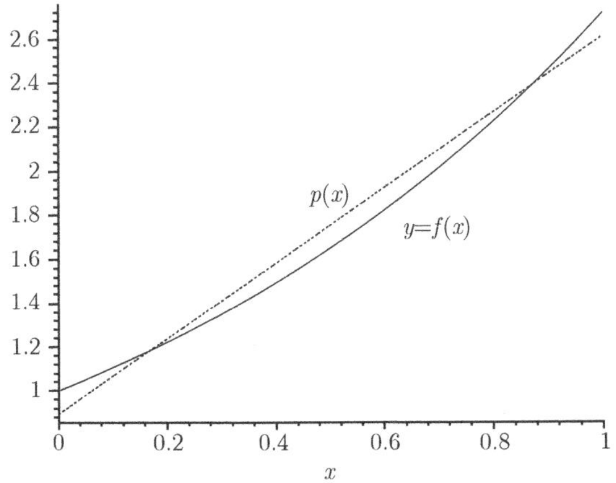

图 1.1　$y = \mathrm{e}^x$ 的最佳 1 次逼近多项式

1948 年 Kolmogorov 给出了另一种形式的最佳逼近定理.

定理 1.2.4(Kolmogorov)　多项式 $p(x) \in \mathbb{P}_n$ 是 $f(x) \in C[a, b]$ 在 $\mathbb{P}_n$ 中的最佳逼近多项式的充要条件是: 对所有的 $q(x) \in \mathbb{P}_n$, 均有

$$\max_{x \in A_0} \{[f(x) - p(x)]\, q(x)\} \geqslant 0, \tag{1.7}$$

其中

$$A_0 = \{x \in [a,b] \,||p(x) - f(x)| = \Delta(p)\}.$$

条件 (1.7) 式表明关系式

$$[f(x) - p(x)]q(x) < 0$$

不能对一切 $x \in A_0$ 都成立, 即 $f(x) - p(x)$ 与 $q(x)$ 不能对一切 $x \in A_0$ 都取相反的符号. 鉴于篇幅, 此处不拟给出定理的证明, 请读者补证.

1.2.3 Tchebyshev 多项式及其应用

在 n 次多项式类 $\mathbb{P}_n$ 中, 寻求如此的多项式 p_n, 使其在给定的有界闭区间上与零的偏差尽可能地小. 这是一个具有重要理论和实际意义的问题, 它被称为最小零偏差多项式问题.

不失一般性, 假定 $p_n(x)$ 的 x^n 系数为 1, 即 $p_n(x)$ 可表示为

$$p_n(x) = x^n + c_{n-1}x^{n-1} + \cdots c_1 x + c_0,$$

且所讨论的有界闭区间为 $[-1,1]$.

俄国数学家 Tchebyshev 发现, 此类问题同多项式

$$T_n(x) = \cos(n \cdot \arccos x) \tag{1.8}$$

有关. 试问如此定义的 $T_n(x)$ 果真是 x 的多项式吗? 显然

$$T_0(x) = 1,$$

$$T_1(x) = \cos(\arccos x) = x.$$

利用三角恒等式

$$\cos(n+1)\theta + \cos(n-1)\theta = 2\cos n\theta \cos\theta,$$

有递推公式

$$T_{n+1}(x) = 2xT_n(x) - T_{n-1}(x), \quad n = 1, 2 \cdots. \tag{1.9}$$

因此 $T_n(x)$ 确实是关于 x 的 n 次多项式.

不难看出 $T_n(x)$ 与 n 的奇偶性相同, 即 $T_n(x)$ 随 n 为奇数或偶数而分别是 $[-1,1]$ 上的奇函数或偶函数.

显然 $T_n(x)$ 的最高次项 x^n 的系数为 2^{n-1}, 即

$$T_n(x) = 2^{n-1}x^n + q_{n-1}(x), \tag{1.10}$$

其中, $q_{n-1}(x)$ 为 $n-1$ 次多项式, $T_n(x)$ 称为 n 次 Tchebyshev 多项式. 前 6 个 Tchebyshev 多项式在 $[-1,1]$ 上的图形如图 1.2 所示.

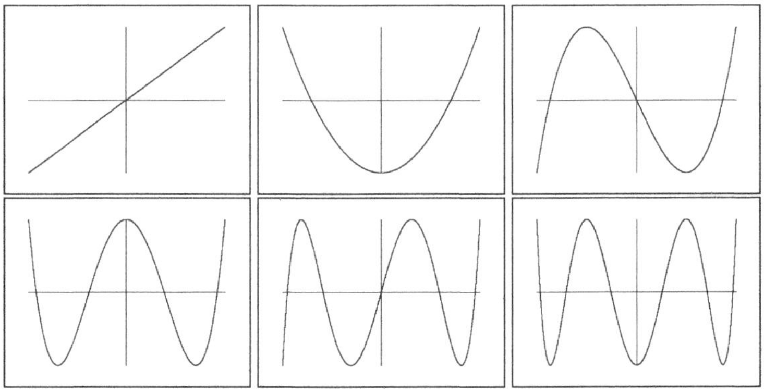

图 1.2 Tchebyshev 多项式

显然

$$\max_{-1\leqslant x\leqslant 1}|T_n(x)|=1,$$

并且在点列

$$\tilde{x}_k=\cos\frac{k\pi}{n},\quad k=0,1,\cdots,n$$

上 $T_n(x)$ 依次以正负交错的符号取到它的绝对值的最大值 1, 即

$$T_n(\tilde{x}_k)=(-1)^k.$$

根据 Tchebyshev 最佳逼近定理, 多项式

$$\tilde{T}_n(x)=\frac{1}{2^{n-1}}\cdot T_n(x)$$

是唯一的首项 x^n 系数为 1, 且在 $[-1,1]$ 上与零偏差最小的 n 次多项式. 详细证明留给读者去完成.

$T_n(x)$ 有一条十分重要的性质: 它的零点全部是落在 $(-1,1)$ 内部的实单根

$$x_k=\cos\frac{2k-1}{2n}\pi,\quad k=1,\cdots,n. \tag{1.11}$$

从几何上看, 如果将以原点为圆心, 以 1 为半径的上半圆周分成 $2n$ 等分, 再把圆周上所有奇分点往 x 轴上投影, 则恰好得到点列 (1.11) 式. 细心的读者不难从中发现, Tchebyshev 多项式的零点, 特别是当 n 较大时, 它们总是在开区间 $(-1,1)$ 的两端比较密集, 而在该区间中部比较稀疏.

Tchebyshev 多项式有许多重要的应用, 除了在多项式插值的余项估计中它有直接的应用外, 在逼近多项式的经济化方面也有重要应用.

假定我们已通过某种途径 (如 Taylor 展开式) 得到了 $f(x) \in C[-1,1]$ 的一个近似多项式 $p_n(x) \in \mathbb{P}_n$, 使得

$$|f(x) - p_n(x)| < \varepsilon, \quad -1 \leqslant x \leqslant 1.$$

我们希望寻求一个次数低于 n 的多项式 $p(x)$, 使得 $p(x)$ 与 $f(x)$ 在 $[-1,1]$ 上的误差仍不超过事先指定的允许误差 ε, 即

$$|f(x) - p(x)| < \varepsilon, \quad -1 \leqslant x \leqslant 1.$$

如何来选取这样的 $p(x) \in \mathbb{P}_{n-1}$?

设

$$p_n(x) = a_n x^n + p_{n-1}(x), \quad a_n \neq 0, \tag{1.12}$$

于是

$$p_n(x) - p(x) = a_n x^n + p_{n-1}(x) - p(x) = a_n \left[x^n + \frac{p_{n-1}(x) - p(x)}{a_n} \right]. \tag{1.13}$$

根据 Tchebyshev 多项式的最小零偏差性质, 人们应该选取 $p(x) \in \mathbb{P}_{n-1}$, 使得

$$x^n + \frac{p_{n-1}(x) - p(x)}{a_n} = \frac{1}{2^{n-1}} \cdot T_n(x),$$

于是

$$p(x) = p_n(x) - \frac{a_n}{2^{n-1}} T_n(x) \tag{1.14}$$

恰为 $p_n(x)$ 于 $\mathbb{P}_{n-1}$ 中的最佳逼近多项式. 由 (1.12) 式, 如用 $p_{n-1}(x)$ 来近似 $p_n(x)$, 则在 $[-1,1]$ 上的误差为 $|a_n|$. 若用 (1.14) 式中的 $p(x)$ 来近似 $p_n(x)$, 则在 $[-1,1]$ 上的误差项为 $2^{1-n} a_n T_n(x)$, 即其误差不超过 $2^{1-n}|a_n|$. 重复以上的过程, 用较低次多项式替代余项中的最高次项 $a_r^* x^r, \cdots$, 直到误差 $2^{1-r}|a_r^*|$ 可忽略时为止.

一般可采用以下公式来替换由 Taylor 展开所得幂级数的 x^k:

$$x^k = \frac{1}{2^{k-1}} \left[T_k(x) + \begin{pmatrix} k \\ 1 \end{pmatrix} T_{k-2}(x) + \begin{pmatrix} k \\ 2 \end{pmatrix} T_{k-4}(x) + \cdots \right], \tag{1.15}$$

其中, 方括号中的最后一项依赖于 k 的奇偶性, 即当 k 为奇数时, 它为

$$\begin{pmatrix} k \\ (k-1)/2 \end{pmatrix} T_1(x),$$

而当 k 为偶数时, 它为

$$\frac{1}{2}\begin{pmatrix} k \\ k/2 \end{pmatrix} T_0(x).$$

常用的低次幂表达式为

$$\begin{aligned}
1 &= T_0(x),\\
x &= T_1(x),\\
x^2 &= \frac{1}{2}(T_0(x)+T_2(x)),\\
x^3 &= \frac{1}{4}(3T_1(x)+T_3(x)),\\
x^4 &= \frac{1}{8}(3T_0(x)+4T_2(x)+T_4(x)),\\
x^5 &= \frac{1}{16}(10T_1(x)+5T_3(x)+T_5(x)),\\
x^6 &= \frac{1}{32}(10T_0(x)+15T_2(x)+6T_4(x)+T_6(x)),\\
x^7 &= \frac{1}{64}(35T_1(x)+21T_3(x)+7T_5(x)+T_7(x)),\\
x^8 &= \frac{1}{128}(35T_0(x)+56T_2(x)+28T_4(x)+8T_6(x)+T_8(x)).
\end{aligned}$$

例 1.2.3　用 6 次多项式在区间 $[-1,1]$ 上逼近 $f(x)=\cos(x)$.

解　$f(x)=\cos(x)$ 的 Taylor 级数部分和

$$q_6(x)=1-\frac{x^2}{2!}+\frac{x^4}{4!}-\frac{x^6}{6!}$$

的逼近误差界为

$$0.000025>\frac{1}{8!}>\max_{-1\leqslant x\leqslant 1}|f(x)-q_6(x)|\geqslant|f(1)-q_6(1)|>\frac{1}{8!}-\frac{1}{10!}>0.000024.$$

但若用 $f(x)=\cos(x)$ 的 Taylor 展开部分和 $q_8(x)$ 做逼近, 同时用 Tchebyshev 多项式组来代替 $q_8(x)$ 中的 x^8, 则得到一个新的 6 次多项式 $\widetilde{p}_6(x)$, 它仍是一个偶多项式, 其误差为

$$\max_{-1\leqslant x\leqslant 1}|f(x)-\widetilde{p}_6(x)|<\frac{1}{10!}+\frac{1}{2^7\cdot 8!}<0.00000047.$$

如此一个简单的替换, 竟使逼近的精确度提高了 50 倍之多.

例 1.2.4　设在区间 $[-1,1]$ 上, 要计算 $f(x)=\mathrm{e}^x$, 欲找一个近似多项式 $p(x)$ 近似代替 e^x, 使误差 $\varepsilon<0.01$.

解 先对 $f(x)=\mathrm{e}^x$ 在 $x=0$ 处作 Taylor 展开, 有

$$\mathrm{e}^x=1+x+\frac{x^2}{2!}+\frac{x^3}{3!}+\frac{x^4}{4!}+\frac{x^5}{5!}+\cdots.$$

若取前 6 项之和

$$p_5(x)=1+x+\frac{1}{2}x^2+\frac{1}{6}x^3+\frac{1}{24}x^4+\frac{1}{120}x^5$$

作为 e^x 的近似, 其截断误差 $R_5(x)$ 满足

$$|R_5(x)|=\left|\frac{1}{6!}\mathrm{e}^{\xi}\cdot x^6\right|<\frac{1}{6!}\mathrm{e}=\frac{1}{720}\mathrm{e}<0.0038<0.01,$$

即误差确实满足所提要求. 注意到 $p_5(x)$ 是一个 5 次多项式, 利用x^k和$T_k(x)$的关系式, $p_5(x)$ 也可表示为

$$p_5(x)=\frac{81}{64}T_0+\frac{217}{192}T_1+\frac{13}{48}T_2+\frac{17}{384}T_3+\frac{1}{192}T_4+\frac{1}{1920}T_5.$$

由此, 我们看到 T_k 的足标 k 越大, T_k 的系数就越小. 由于在 $|x|\leqslant 1$ 上 $|T_k(x)|\leqslant 1(k=0,1,2,\cdots)$, 故可以略去某些次数高的 $T_k(x)$ 项, 而使逼近多项式的次数降低, 这正是我们希望的. 此例中若略去其最后的两项, 则所增添的误差为 $\leqslant \frac{1}{192}+\frac{1}{1920}<0.0058$. 所以在 $|x|\leqslant 1$ 上, 若用

$$y(x)=\frac{81}{64}T_0+\frac{217}{192}T_1+\frac{13}{48}T_2+\frac{17}{384}T_3$$

近似代替 e^x, 其总误差不超过

$$0.0038+0.0058=0.0096<0.01.$$

亦即用 $y(x)$ 代替 e^x 也满足我们的要求.

利用$T_k(x)$和x^k之间的关系, 把 $y(x)$ 重写为通常的 x 的乘幂形式

$$y(x)=\frac{1}{384}(382+383x+208x^2+68x^3).$$

这个 $y(x)$ 是一个 3 次多项式, 比原来的 $p_5(x)$ 降低了 2 次. 从而用 $y(x)$ 求值的计算工作量比用 $p_5(x)$ 少, 这个方法为缩减幂级数法.

上述方法降低了逼近多项式的次数, 又使误差的分布更为均匀, 因此可以作为 $f(x)$ 的近似最佳一致逼近多项式.

对于任一有限区间 $[a,b]$ 上的逼近问题, 可以通过变量替换

$$x=\frac{a+b}{2}+\frac{b-a}{2}t$$

把其转化为区间 $[-1,1]$ 上的逼近问题来讨论.

1.3 平 方 逼 近

一般而言, 在 $[a,b]$ 上对给定的函数求它的一致逼近函数比较困难, 下面我们介绍在 $[a,b]$ 上较易计算的另一种逼近方法 —— 最佳平方逼近.

1.3.1 最小二乘法

最小二乘法起源于以测量和观测为基础的天文学. Gauss 在 1794 年利用最小二乘法解决了多余观测问题, 当时他只有十七岁. 可以用下面的简单例子描述这类问题.

假定通过观测或试验得到如表 1.1 所示数据. 我们的目的是用一简单的式子表出这些数据间的关系. 从分析数据看出, 这些点差不多分布在一条直线上, 因此我们自然想用线性函数 $y=a+bx$ 表示它们之间的关系. 这就需定出参数 a 和 b 的值来. 这实际上是多余观测问题, 用插值法不能确定出 a 和 b 的值, 因为待定参数的确定归结为矛盾方程组的求解问题.

表 1.1　数据点列

k	1	2	3	4	5	6	7	8
x_k	0	1	2	3	4	5	6	7
y_k	1.4	1.3	1.4	1.1	1.3	1.8	1.6	2.3

假定有某方法可以定出 a 和 b, 则按 $y=a+bx$, 给出一个 x 便可以算出一个 y. 我们记

$$\overline{y}_k=a+bx_k,\quad k=1,2,\cdots,$$

$\overline{y}_k$ 称为 y_k 的估计值. 显然它们不会是完全相同的, 它们之间的差 (通常称为残差)

$$\varepsilon_k=y_k-\overline{y}_k,\quad k=1,2,\cdots$$

无疑是衡量被确定的参数 a 和 b(也就是近似多项式 $y=a+bx$) 好坏的重要标志.

可以规定许多原则来确定参数 a,b. 例如:

(1) 使残差绝对值中最大的一个达到最小, 即 $T=\max\limits_k|\varepsilon_k|$ 为最小;

(2) 使残差绝对值之和达到最小, 即 $\sum\limits_k|\varepsilon_k|$ 为最小;

(3) 使残差的平方和达到最小, 即 $\sum\limits_k\varepsilon_k^2$ 为最小.

(1) 和 (2) 两个原则是很直观的, 也很理想, 但很不好用; 而原则 (3) 既直观又很好用. 按原则 (3) 确定待定参数, 从而得到近似多项式的方法, 就是通常所说的最小二乘法 (或数据拟合的最小二乘法). 这一方法的理论根据是 (由概率理论已证

明)：只有这样的原则才能使得观测或试验的偶然误差对于所求的近似多项式有最小的影响.

回到所提出的问题上来, 即用最小二乘法确定参数 a, b. 按最小二乘法, 应使

$$S(a,b)=\sum_{i=1}^{8}\left[y_i-(a+bx_i)\right]^2$$

取最小值. 因此, 应有

$$\frac{\partial S}{\partial a}=2\sum_{i=1}^{8}\left[y_i-(a+bx_i)\right]=0,$$

$$\frac{\partial S}{\partial b}=2\sum_{i=1}^{8}\left[y_i-(a+bx_i)\right]x_i=0.$$

经过简单的计算, 这个方程组成为

$$\begin{cases} 8a+28b=12.2, \\ 28a+140b=47.3. \end{cases}$$

解之可得 $a=1.142, b=0.110$, 从而得到近似多项式 $p_1(x)=1.142+0.110x$. 所得结果如图 1.3 所示.

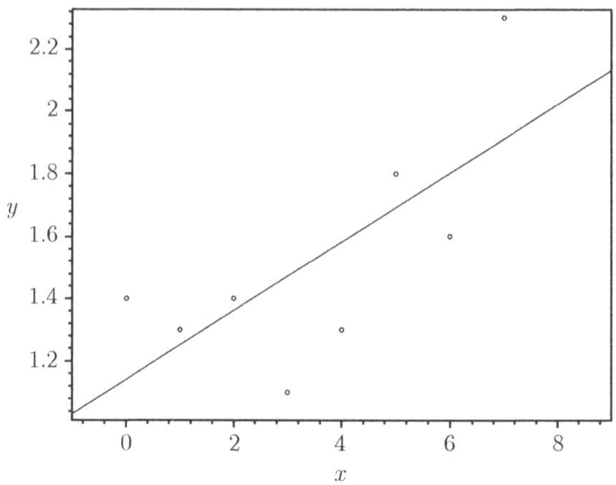

图 1.3 数据点的最小二乘逼近

现在转入讨论更为一般的情形. 设已知列表函数 $y_i=f(x_i)(i=0,\cdots,m)$, 并且我们想用一个 $n(n<m)$ 次的多项式

$$p_n(x)=a_0+a_1x+\cdots+a_nx^n \tag{1.16}$$

去近似它. 问题是应该如何选择系数 $a_0, a_1, \cdots, a_n$ 使 $p_n(x)$ 能较好地近似列表函数 $f(x)$. 按最小二乘法, 应该选择 $a_0, a_1, \cdots, a_n$ 使得

$$S(a_0, a_1, \cdots, a_n) = \sum_{i=0}^{m} (y_i - p_n(x_i))^2 \tag{1.17}$$

取最小. 注意到 S 是非负的, 且是 $a_0, a_1, \cdots, a_n$ 的 2 次多项式, 它必有最小值. 求 S 对 $a_0, a_1, \cdots, a_n$ 的偏导数, 并令其等于零, 得到

$$\sum_{i=0}^{m} (y_i - a_0 - a_1 x_i - \cdots - a_n x_i^n) x_i^k = 0, \quad k = 0, \cdots, n.$$

它们可以写成

$$\sum_{i=0}^{m} y_i x_i^k = a_0 \sum_{i=0}^{m} x_i^k + a_1 \sum_{i=0}^{m} x_i^{k+1} + \cdots + a_n \sum_{i=0}^{m} x_i^{k+n}, \quad k = 0, \cdots, n.$$

引进记号 $s_k = \sum\limits_{i=0}^{m} x_i^k$ 和 $u_k = \sum\limits_{i=0}^{m} y_i x_i^k$, 则上述方程组可以表述为

$$\begin{cases} s_0 a_0 + s_1 a_1 + \cdots + s_n a_n = u_0, \\ s_1 a_0 + s_2 a_1 + \cdots + s_{n+1} a_n = u_1, \\ \cdots\cdots\cdots\cdots \\ s_n a_0 + s_{n+1} a_1 + \cdots + s_{2n} a_n = u_n. \end{cases} \tag{1.18}$$

它称为求解最小二乘问题的法方程组. 它的系数行列式是

$$X_{n+1} = \begin{vmatrix} s_0 & s_1 & \cdots & s_n \\ s_1 & s_2 & \cdots & s_{n+1} \\ \vdots & \vdots & & \vdots \\ s_n & s_{n+1} & \cdots & s_{2n} \end{vmatrix}.$$

由 $s_i (i = 0, \cdots, 2n)$ 的定义及行列式性质, 可以断言

$$X_{n+1} = \frac{1}{(n+1) \sum (W(\xi_0, \xi_1, \cdots, \xi_n))^2}. \tag{1.19}$$

此处符号 W 表示 Vandermonde 行列式, 而 $\sum$ 是对所有可能的 $\xi_i (i = 0, \cdots, n)$ 求和 (每个 ξ_i 可以取值 $x_0, x_1, \cdots, x_m$, 并且当 $i \neq j$ 时 $\xi_i \neq \xi_j$).

由 (1.19) 式及 Vandermonde 行列式的性质可知, 当 $x_0, x_1, \cdots, x_m$ 互异时,

$$W(\xi_0, \xi_1, \cdots, \xi_n) = \begin{vmatrix} 1 & 1 & \cdots & 1 \\ \xi_0 & \xi_1 & \cdots & \xi_n \\ \xi_0^2 & \xi_1^2 & \cdots & \xi_n^2 \\ \vdots & \vdots & & \vdots \\ \xi_0^n & \xi_1^n & \cdots & \xi_n^n \end{vmatrix} \neq 0.$$

即 $X_{n+1} \neq 0$. 从而方程组 (1.18) 有唯一解 $a_0, a_1, \cdots, a_n$, 且它们使 (1.17) 式取极小值. 如此, 我们应用最小二乘法找到了 $f(x)$ 的近似多项式 $p_n(x)$.

在利用最小二乘法组成和式 (1.17) 式时, 所有点 x_i 都起到了同样的作用, 但是有时依据某种理由认为 $\sum$ 中的某些项的作用大些, 而另外一些作用小些. 例如, 由精度较高的仪器或操作上比较熟练的人员测得的数据, 自然应该更为可靠. 这在数学上表现为用和

$$\sum_{i=0}^{m} \rho_i \left(y_i - p_n(x_i)\right)^2 \tag{1.20}$$

代替和 (1.17) 式并取最小. 此处诸 ρ_i 称之为权 (它们满足 $\rho_0+\rho_1+\cdots+\rho_m = 1, \rho_i > 0, i = 0, 1, \cdots, m.$), 而 (1.20) 式称为加权和, 这种方法称为加权最小二乘法. 同样可以得到法方程组 (1.18), 只不过此时$s_k = \sum\limits_{i=0}^{m} \rho_i x_i^k$, $u_k = \sum\limits_{i=0}^{m} \rho_i y_i x_i^k (k = 0, \cdots, m)$. 权 ρ_i 越大表示数据 (x_i, y_i) 在 (1.20) 式中所起的作用也大.

用多项式 $p_n(x) = a_0 + a_1 x + \cdots + a_n x^n$ 去近似一个给定的列表函数 (即给出的一组观测值 $y_i = f(x_i)$) 时, 需要确定的参数 $a_0, a_1, \cdots, a_n$. 而 $p_n(x)$ 可以看成是 $a_0, a_1, \cdots, a_n$ 的线性函数. 但是有时在利用观测或试验数据去确定一个经验公式时, 往往要确定的函数和待定参数之间不具有线性形式的关系. 这样问题变得有些复杂, 这时常常可以通过变量替换使其线性化. 常用的方法有如下三种.

(1) 有时, 我们希望用如下类型的函数:

$$s = at^b \tag{1.21}$$

去近似一个由一组观测数据所描绘的函数, 其中 a 和 b 是待定的两个参数. 显然 s 并非 a 和 b 的线性函数, 那么怎样将问题线性化呢? 为此, 我们在 (1.21) 式两端取对数, 得到

$$\ln s = \ln a + b \ln t.$$

记

$$y = \ln s, \quad a_0 = \ln a, \quad a_1 = b, \quad x = \ln t,$$

则 (1.21) 式变成

$$y = a_0 + a_1 x.$$

这是一个 1 次多项式, 它的系数 a_0 和 a_1 可以用最小二乘法求得, 这样也就定出了 a, b 并得到近似函数 $s = at^b$.

(2) 用函数

$$s = a\mathrm{e}^{bt} \tag{1.22}$$

去近似一个已给定的列表函数, 其中 a, b 是待定的参数. 这时, 我们可以在 (1.22) 式的两端取对数

$$\ln s = \ln a + bt,$$

记

$$\ln s = y, \quad \ln a = a_0, \quad b = a_1, \quad x = t,$$

则 (1.22) 式变成

$$y = a_0 + a_1 x,$$

这样, 仍可用最小二乘法定出 a_0, a_1. 进而求出 a, b.

(3) 使用双曲函数

$$s = \frac{t}{at + b} \tag{1.23}$$

去近似一个已给定的列表函数, a, b 为待定参数. 先可将上式化为

$$\frac{1}{s} = a + \frac{b}{t}.$$

再令

$$y = \frac{1}{s}, \quad x = \frac{1}{t},$$

则 (1.23) 式变成

$$y = a + bx,$$

并可用最小二乘法定出 a, b.

例 1.3.1 炼钢时用来盛钢水的钢包, 由于钢水对耐火材料的浸蚀容积不断增大, 希望找出使用次数与增大容积之间的关系. 测得数据如表 1.2 所示.

解 可以发现, 开始时浸蚀速度快, 然后逐渐减弱, 显然钢包容积不会无限增加, 于是, 可以想象它有一条平行于 x 轴的渐近线. 根据数据点这些特点, 将拟合曲线选取为双曲线 (1.23).

按 (3) 中所述方法, 计算 a, b 可得

$$a = 0.0823, \quad b = 0.1312.$$

表 1.2 钢包的使用次数与增大容积的关系

使用次数 t_i	增大容积 s_i	使用次数 t_i	增大容积 s_i
2	6.42	10	10.49
3	8.20	11	10.59
4	9.58	12	10.60
5	9.50	13	10.80
6	9.70	14	10.60
7	10.00	15	10.90
8	9.93	16	10.76
9	9.99		

从而拟合双曲线为

$$s = \frac{t}{0.0832t + 0.1312}.$$

从数据点的分布图看出, 也可用指数函数

$$s = a\mathrm{e}^{\frac{b}{t}}$$

来近似所给数据点. 对上式两边取对数,

$$\ln s = \ln a + \frac{b}{t}.$$

令

$$y = \ln s, \quad x = \frac{1}{t}, \quad a_0 = \ln a, \quad a_1 = b,$$

则归结为线性问题

$$y = a_0 + a_1 x$$

的最小二乘问题. 可求得

$$a_0 = 2.4587, \quad a_1 = -1.1107,$$

从而

$$a = \mathrm{e}^{a_0} = 11.6789, \quad b = a_1 = -1.1107.$$

因此指数型的拟合函数为

$$s = 11.6789\mathrm{e}^{-\frac{1.1107}{t}}.$$

设双曲型与指数型拟合函数残差分别为

$$\delta_1(t_i) = s_i - \frac{t_i}{0.0832t_i + 0.1312},$$
$$\delta_2(t_i) = s_i - 11.6789\mathrm{e}^{-\frac{1.1107}{t_i}},$$

其中, s_i 为测量函数值. 两种方法所得的近似值与测量值之间的误差如表 1.3 所示.

表 1.3　残差表

测量值 s_i	近似值 双曲型	近似值 指数型	残差 $\delta_1(t_i)$	残差 $\delta_2(t_i)$
6.42	6.761	6.702	−0.341	−0.282
8.20	7.934	8.065	0.266	0.135
9.58	8.687	8.847	0.893	0.733
9.50	9.212	9.353	0.288	0.147
9.70	9.599	9.705	0.101	−0.005
10.00	9.896	9.965	0.104	−0.035
9.93	10.131	10.165	−0.201	−0.235
9.99	10.322	10.322	−0.332	−0.333
10.49	10.479	10.451	0.011	0.039
10.59	10.612	10.557	−0.022	0.033
10.60	10.725	10.646	−0.125	−0.046
10.80	10.823	10.723	−0.023	0.077
10.60	10.908	10.788	−0.308	−0.188
10.90	10.983	10.845	−0.083	0.055
10.76	11.049	10.896	−0.289	−0.136

经简单计算可得

$$\sqrt{\sum(\delta_1(t_i))^2} = 1.19,$$

$$\sqrt{\sum(\delta_2(t_i))^2} = 0.94.$$

因此指数型的拟合函数作为钢包使用次数与增大容积的计算关系比较合理.

对于一般问题来说, 选择合适的函数曲线进行拟合并不是一件非常容易的事情, 需要人们对问题有更多的了解, 并且根据数据点的分布来加以选择. 如果数据点分布比较复杂, 可能呈现出若干种函数曲线的特征, 此时通过一个函数 (如指数函数) 进行拟合的效果并不理想, 需要通过若干个函数的组合形式来进行拟合. 由此可以提出一般的最小二乘问题: 对于给定的数据点 $\{(x_i, y_i)\}_{i=0}^m$, 要求在函数类

$$\varPhi = \operatorname{span}\{\phi_0(x), \phi_1(x), \cdots, \phi_n(x)\}, \quad n < m$$

中找到一个函数

$$\phi(x) = a_0\phi_0(x) + a_1\phi_1(x) + \cdots + a_n\phi_n(x),$$

使得

$$\sum_{i=0}^{m}\rho_i(y_i-\phi(x_i))^2=\min_{\psi\in\Phi}\sum_{i=0}^{m}\rho_i(y_i-\psi(x_i))^2. \tag{1.24}$$

其中, $\phi_0(x),\phi_1(x),\cdots,\phi_n(x)$ 为 Φ 的基函数, $\rho_i>0$ 为权. 与多项式的最小二乘法类似, 即要求系数 $a_0,a_1,\cdots,a_n$ 使得

$$S(a_0,a_1,\cdots,a_n)=\sum_{i=0}^{m}\rho_i(y_i-\phi(x_i))^2$$

取极小值. 采用类似的方法, 可以得到求解加权最小二乘问题 (1.24) 式的法方程组为

$$\begin{pmatrix}(\phi_0,\phi_0) & (\phi_0,\phi_1) & \cdots & (\phi_0,\phi_n)\\ (\phi_1,\phi_0) & (\phi_1,\phi_1) & \cdots & (\phi_1,\phi_n)\\ \vdots & \vdots & & \vdots\\ (\phi_n,\phi_0) & (\phi_n,\phi_1) & \cdots & (\phi_n,\phi_n)\end{pmatrix}\begin{pmatrix}a_0\\ a_1\\ \vdots\\ a_n\end{pmatrix}=\begin{pmatrix}(f,\phi_0)\\ (f,\phi_1)\\ \vdots\\ (f,\phi_n)\end{pmatrix},$$

其中

$$(\phi_j,\phi_k)=\sum_{i=0}^{m}\rho_i\phi_j(x_i)\phi_k(x_i),$$

$$(f,\phi_k)=\sum_{i=0}^{m}\rho_i y_i\phi_k(x_i).$$

1.3.2 空间 $L^2_{\rho(x)}$

现在我们来研究 $[a,b]$ 上一般的最佳平方逼近问题.

设已知一列表函数 $y_i=f(x_i)(i=0,\cdots,m)$. 为了构造函数 $f(x)$ 的一个 $n(n<m)$ 次近似多项式 $p_n(x)$, 按最小二乘法, 应使和

$$S=\sum_{i=0}^{m}(p_n(x_i)-y_i)^2 \tag{1.25}$$

取最小值. 衡量 $p_n(x)$ 与列表函数 $f(x)$ 的近似程度如何, 也只是看在这 $m+1$ 个结点上的情况. 要考虑在全区间 $[a,b]$ 上构造函数 $f(x)$ 的近似多项式 $p_n(x)$, 此时自然应以积分

$$\int_a^b(p_n(x)-f(x))^2\mathrm{d}x$$

代替和 (1.25) 式. 实际上, 在数值分析中常以数量

$$\sqrt{\int_a^b(p(x)-f(x))^2\mathrm{d}x}$$

来度量函数 $p(x)$ 和 $f(x)$ 的接近程度.

只要回想一下 n 维欧式空间中的两点距离公式, 就知道上述数量可以类似地理解为函数空间中的元素 $p(x)$ 与 $f(x)$ 两者间的距离. 而当 $\|p_n - f\| \to 0(n \to \infty)$ 时, 就可把 $p_n(x)$ 理解为按照上述的平方度量收敛于 $f(x)$, 记作

$$p_n(x) \xrightarrow{2} f(x), \quad n \to \infty.$$

在实变函数中讨论 L^2 空间理论时, 人们正是这样来理解一个序列的收敛概念的.

为了实用的需要, 我们有必要进一步去扩充上述观点. 设 $\rho(x)$ 是一个在区间 $[a,b]$ 上 L 可积的非负函数. 它至多只在一个测度为零的集合上可能等于零. 以后我们常把 $\rho(x)$ 称为权函数.

对于任意一个定义在区间 $[a,b]$ 上的可测函数 $f(x)$, 如果 $\rho(x)f(x)$ 为 L 可积, 则说 $f(x)$ 属于 $L_\rho[a,b]$ 类; 如果 $\rho(x)\left(f(x)\right)^2$ 为 L 可积, 则说 $f(x)$ 属于 $L_\rho^2[a,b]$ 类.

由不等式

$$\rho(x)\left|f(x)\right| \leqslant \rho(x)\frac{1+f^2(x)}{2}$$

可以看出, 凡 L_ρ^2 中的函数都在 L_ρ 内 (即 $L_\rho^2 \subset L_\rho$). 又由不等式

$$|f(x)g(x)| \leqslant \frac{f^2(x)+g^2(x)}{2}$$

可知 L_ρ^2 中每两个函数之积恒属于 L_ρ.

现在介绍一下范数的概念.L_ρ^2 中的每一个函数 $f(x)$, 都赋予一个数值

$$\|f\| = \sqrt{\int_a^b \rho(x)\left[f(x)\right]^2 \mathrm{d}x},$$

并称它为 f 的广义绝对值或范数. 由此

$$\|f-g\| = \sqrt{\int_a^b \rho(x)\left[f(x)-g(x)\right]^2 \mathrm{d}x}$$

便给出了两个函数 f 和 g 之间的距离或接近程度的度量. 所谓平方逼近正是按照这种度量来衡量其逼近程度的.

范数满足下述三条基本性质:

(1) $\|f\| \geqslant 0$, 并且当且仅当 $f \equiv 0$ 时 $\|f\| = 0$;

(2) $\|cf\| = |c| \cdot \|f\|$, c 为一任意常数;

(3) $\|f+g\| \leqslant \|f\| + \|g\|$.

性质 (1),(2) 由定义可以直接推出. 以下验证性质 (3). 在 Schwarz 不等式

$$\int_a^b \rho f g \mathrm{d}x \leqslant \left(\int_a^b \rho f^2 \mathrm{d}x\right)^{\frac{1}{2}} \left(\int_a^b \rho g^2 \mathrm{d}x\right)^{\frac{1}{2}}$$

的两边乘以 2, 并各加上

$$\int_a^b \rho f^2 \mathrm{d}x + \int_a^b \rho g^2 \mathrm{d}x$$

得到

$$\int_a^b \rho(f+g)^2 \mathrm{d}x \leqslant \left(\left(\int_a^b \rho f^2 \mathrm{d}x\right)^{\frac{1}{2}} + \left(\int_a^b \rho g^2 \mathrm{d}x\right)^{\frac{1}{2}}\right)^2.$$

再将上式两边各自开平方, 就得到了性质 (3) 中的不等式.

利用泛函分析的术语来说, 若是一个函数类中的元素 (函数) 按某种方式赋予范数的概念之后具有性质 (1)~(3), 那么就说该函数类构成一个赋范空间. 如此看来, 函数类 L_ρ^2 对于上面规定的范数来说恰好构成一个赋范空间. 不妨仍用 L_ρ^2 来表示这个空间, 同时把其中的所有元素 (函数) 称之为该空间的点.

读者还不难自行验证, 当 $[a,b]$ 上一切连续函数 $f(x)$ 赋以范数 $\|f\| = \max\limits_{a \leqslant x \leqslant b} |f(x)|$ 之后, 恰好构成一个赋范空间.

以下介绍距离空间的一般概念. 假设 S 是元素 $x, y, z, \cdots$ 的集合. 如果对于 S 中每一对元素 x 和 y 都有满足如下性质的实数 $d(x,y)$:

(1) 非负性: $d(x,y) \geqslant 0$, 并且当且仅当 $x=y$ 时 $d(x,y)=0$;

(2) 对称性: $d(x,y)=d(y,x)$;

(3) 三角不等式: $d(x,z) \leqslant d(x,y)+d(y,z)$,

则集合 S 称为 "距离空间", 而 $d(x,y)$ 称为元素 x 与 y 的距离.

就 L_ρ^2 空间来看, 如果令

$$d(f,g) = \|f-g\|,$$

则条件 (1) 与条件 (2) 显然被满足, 而条件 (3) 相当于

$$\|f-h\| \leqslant \|f-g\| + \|g-h\|,$$

其中, f, g, h 均属于 L_ρ^2. 由于 $f-h=(f-g)+(g-h)$, 所以这个不等式可以从范数性质 (3) 推导出来. 因此 L_ρ^2 是一个距离空间.

仿 L^2 空间的理论, 可对 L_ρ^2 中的元素序列 $f_1, f_2, \cdots, f_n, \cdots$ 引进平均收敛性概念. 假如

$$\lim_{n\to\infty} \|f_n - f\| = 0,$$

则称序列 $\{f_n\}$ 平均收敛于 $f(x)$, 记作

$$f_n(x) \xrightarrow[\rho]{2} f(x), \quad n \to \infty.$$

完全类似地, 假如

$$\|f_m - f_n\| \to 0, \quad m,n \to \infty,$$

则称 $\{f_n\}$ 为 L_ρ^2 中的基本序列.

1.3.3 正交函数系与广义 Fourier 级数

设 $\rho(x)$ 为定义在闭区间 $[a,b]$ 上的权函数. 如果函数 $f(x)$ 与 $g(x)$ 满足条件

$$\int_a^b \rho(x)f(x)g(x)\mathrm{d}x = 0,$$

则说明函数 f 和 g 在 $[a,b]$ 上关于权函数 $\rho(x)$ 是正交的. 如果函数系统

$$\omega_1(x), \omega_2(x), \cdots, \omega_k(x), \cdots$$

中每一对函数在区间 $[a,b]$ 上关于权函数 $\rho(x)$ 均为正交, 则称该系统为 $[a,b]$ 区间上关于权函数 $\rho(x)$ 的正交函数系. 特别地, 若 $\rho(x) \equiv 1$, 那就可以不必提到权函数.

以下列举几个常见的正交函数系.

例 1.3.2 三角函数系

$$1, \cos x, \sin x, \cos 2x, \sin 2x, \cdots, \cos nx, \sin nx, \cdots$$

是定义在闭区间 $[-\pi,\pi]$ 上的正交函数系.

例 1.3.3 余弦函数系与正弦函数系

$$1, \cos x, \cos 2x, \cdots, \cos nx, \cdots,$$
$$\sin x, \sin 2x, \cdots, \sin nx, \cdots$$

均是 $[0,\pi]$ 上的正交函数系.

例 1.3.4 Legendre 多项式

$$p_n(x) = \frac{1}{2^n n!}\left(\frac{\mathrm{d}}{\mathrm{d}x}\right)^n (x^2-1)^n, \quad n = 0,1,2\cdots$$

是区间 $[-1,1]$ 上的正交多项式系.

例 1.3.5 Tchebyshev 多项式系

$$T_n(x) = \cos(n \arccos x), \quad n = 0,1,2,\cdots$$

是区间 $[-1,1]$ 上关于权函数 $(1-x^2)^{-\frac{1}{2}}$ 的正交系.

下面着重介绍广义的 Fourier 展开问题. 设 $\{\omega_k(x)\}\,(k = 1,2,\cdots)$ 是在区间 $[a,b]$ 上关于权函数 $\rho(x)$ 的正交函数系, 其中每一个 $\omega_k(x)$ 均不几乎处处等于零且均在空间 L_ρ^2 中. 因而

$$A_k = \int_a^b \rho(x)\omega_k^2(x)\mathrm{d}x, \quad k = 1,2,\cdots$$

都是有限正数. 特别地, 若 $A_k = 1(k = 1, 2, \cdots)$, 则称 $\{\omega_k(x)\}$ 为标准正交系. 显然 $\left\{\dfrac{\omega_k(x)}{\sqrt{A_k}}\right\}$ 总是标准正交系.

设 $f(x) \in L_\rho^2$, 称常数

$$c_k = \frac{1}{A_k}\int_a^b \rho(x)\omega_k(x)f(x)\mathrm{d}x, \quad k = 1, 2, \cdots$$

为 $f(x)$ 的广义 Fourier 系数, 从而有如下的广义 Fourier 级数:

$$f(x) \sim \sum_{k=1}^{\infty} c_k\omega_k(x).$$

由于还不能断定上面的 Fourier 级数是否平均收敛于 $f(x)$, 所以只能用联结符号 "$\sim$" 去表示它们之间的相应关系. 尽管如此, 这个级数的部分和却能用来圆满地解答一般形式的最小二乘问题. 这便是下面的定理.

定理 1.3.1(Toepler) 对于任意指定的正整数 n, 用线性组合式

$$F(x) = \sum_{k=1}^{n} a_k\omega_k(x)$$

作成的函数对给定的 $f(x)$ 进行平方逼近时, 为使偏差

$$\|F - f\| = \left(\int_a^b \rho(x)\left[F(x) - f(x)\right]^2 \mathrm{d}x\right)^{1/2}$$

达到最小值, 函数 $F(x)$ 必须等于广义 Fourier 级数的部分和

$$S_n(x) = \sum_{k=1}^{n} c_k\omega_k(x),$$

而偏差的最小值等于

$$\|S_n(x) - f(x)\| = \left(\int_a^b \rho(x)\left[f(x)\right]^2 \mathrm{d}x - \sum_{k=1}^{n} A_k c_k^2\right)^{1/2}.$$

证明 根据 $\{\omega_k\}$ 的正交性容易算出

$$\begin{aligned}
\|F - f\|^2 &= \int_a^b \rho(x)\left[F(x) - f(x)\right]^2 \mathrm{d}x \\
&= \int_a^b \rho F^2 \mathrm{d}x + \int_a^b \rho f^2 \mathrm{d}x - 2\int_a^b \rho F f \mathrm{d}x \\
&= \int_a^b \rho\left(\sum_{k=1}^{n} a_k^2\omega_k^2\right)\mathrm{d}x + \int_a^b \rho f^2 \mathrm{d}x - 2\int_a^b \rho\left(\sum_{k=1}^{n} a_k\omega_k f\right)\mathrm{d}x
\end{aligned}$$

$$= \sum_{k=1}^{n} A_k a_k^2 + \int_a^b \rho f^2 \mathrm{d}x - 2\sum_{k=1}^{n} A_k a_k c_k$$

$$= \int_a^b \rho f^2 \mathrm{d}x + \sum_{k=1}^{n} A_k (a_k - c_k)^2 - \sum_{k=1}^{n} A_k c_k^2.$$

因此要使 $\|F-f\|^2$ 取最小值, 唯有令 $a_k = c_k$. 即只有当 $F(x)$ 恰好等于 Fourier 级数的部分和 $S_n(x)$ 时才使偏差 $\|F-f\|$ 取到最小值. 证毕.

注意　$\|S_n - f\| \geqslant 0$, 因此根据上式即推出

$$\sum_{k=1}^{n} A_k c_k^2 \leqslant \int_a^b \rho(x) \left[f(x)\right]^2 \mathrm{d}x.$$

又因不等式的右端与 n 无关, 故可令 $n \to \infty$ 而得到

$$\sum_{k=1}^{\infty} A_k c_k^2 \leqslant \int_a^b \rho(x) \left[f(x)\right]^2 \mathrm{d}x. \tag{1.26}$$

(1.26) 式通常称为广义 Bessel 不等式.

根据偏差的最小值表达式知, 上述的 Bessel 不等式能成为所谓的 Parseval 等式

$$\sum_{k=1}^{\infty} A_k c_k^2 = \int_a^b \rho(x) \left[f(x)\right]^2 \mathrm{d}x$$

的充要条件是

$$\lim_{n\to\infty} \|S_n(x) - f(x)\| = 0.$$

换言之, Fourier 级数的部分和 $S_n(x)$ 平均收敛于 $f(x)$ 是同 $f(x)$ 的 Parseval 等式成立互相等价的. 因此 L_ρ^2 空间中的一个 Fourier 级数是否收敛的问题也就归结为 Parseval 等式是否成立的问题.

试问, 在什么条件下, 给定的数列 $\{c_k\}$ 能够有资格作为 L_ρ^2 中某一函数 $f(x)$ 的 Fourier 系数, 并且由其形成的 Fourier 级数平均收敛于 $f(x)$? 正像通常的 Fourier 级数那样, 对于这个问题的回答有如下的定理.

定理 1.3.2(Riesz-Fischer)　设 $\{\omega_k(x)\}$ 在闭区间 $[a,b]$ 上关于权函数 $\rho(x)$ 作成正交函数系. 若数列 $\{c_k\}(k=1,2,\cdots)$ 满足条件

$$\sum_{k=1}^{\infty} A_k c_k^2 < +\infty,$$

其中, $A_k = \displaystyle\int_a^b \rho\omega_k^2 \mathrm{d}x$, 则 L_ρ^2 中存在唯一的函数 $f(x)$, 使得 $f(x)$ 的 Fourier 系数恰

好是 $\{c_k\}$, 且

$$\sum_{k=1}^{n} c_k\omega_k(x) \xrightarrow[\rho]{2} f(x).$$

证明 记 $S_n(x)=\sum\limits_{k=1}^{n} c_k\omega_k(x)$, 则 $m>n$ 时由 ω_k 间的正交性, 显然有

$$\begin{aligned}\|S_m-S_n\|^2&=\left\|\sum_{k=n+1}^{m} c_k\omega_k\right\|^2=\int_a^b \rho\left[\sum_{k=n+1}^{m} c_k\omega_k\right]^2\mathrm{d}x\\&=\sum_{k=n+1}^{m} A_k c_k^2\to 0,\quad m>n\to\infty.\end{aligned}$$

因此 $\{S_n\}$ 为一基本序列, 从而由 L_ρ^2 的完备性知其极限 $\lim\limits_{n\to\infty} S_n(x)$ 也在 L_ρ^2 中 (当然这里所说的极限是按照平均收敛的意义而言的). 也即有 L_ρ^2 中的函数 $f(x)$ 使得

$$\lim_{n\to\infty}\|S_n-f\|=0.$$

现在来验证 $\{c_k\}$ 恰好是 $f(x)$ 的 Fourier 系数. 由于

$$\begin{aligned}\left|\int_a^b \rho(f-S_n)\omega_k\,\mathrm{d}x\right|&\leqslant\left(\int_a^b \rho(f-S_n)^2\mathrm{d}x\right)^{1/2}\left(\int_a^b \rho\omega_k^2\mathrm{d}x\right)^{1/2}\\&=\|f-S_n\|\sqrt{A_k}\to 0,\quad n\to\infty.\end{aligned}$$

故

$$\int_a^b \rho f\omega_k\mathrm{d}x=\lim_{n\to\infty}\int_a^b \rho S_n\omega_k(x)\mathrm{d}x=c_kA_k.$$

这表明 c_k 恰好是 $f(x)$ 的 Fourier 系数. 从而 S_n 恰好是 $f(x)$ 的 Fourier 级数的前 n 项部分和, 而极限关系式 $\lim\limits_{n\to\infty}\|S_n-f\|=0$ 表明该 Fourier 级数是平均收敛的

$$S_n\xrightarrow[\rho]{2} f.$$

又因为序列 $S_n(x)$ 的极限是唯一的, 因此作为极限函数的 $f(x)$ 也是唯一的. 证毕.

若一个正交函数系 $\{\omega_k\}$ 对于 L_ρ^2 中的每一函数 Parseval 等式都成立, 则称它为封闭的正交函数系.

若 $\{\omega_k\}$ 为封闭的正交函数系, 而 $f(x)$ 与 $g(x)$ 为 L_ρ^2 中的任意两函数, 它们的 Fourier 系数分别为 $\{\alpha_k\}$ 与 $\{\beta_k\}$, 则下列广义 Parseval 等式成立:

$$\int_a^b \rho(x)f(x)g(x)\mathrm{d}x=\sum_{k=1}^{\infty} A_k\alpha_k\beta_k.$$

事实上, 因为 $f+g$ 的 Fourier 系数为 $\{\alpha_k+\beta_k\}$, 因此利用通常的 Parseval 等式, 有

$$\int_a^b \rho(f^2+2fg+g^2)\mathrm{d}x=\sum_{k=1}^{\infty}A_k(\alpha_k^2+2\alpha_k\beta_k+\beta_k^2),$$

$$\int_a^b \rho f^2\mathrm{d}x=\sum_{k=1}^{\infty}A_k\alpha_k^2,$$

$$\int_a^b \rho g^2\mathrm{d}x=\sum_{k=1}^{\infty}A_k\beta_k^2.$$

由上述三式间的比较便可得出广义的 Parseval 等式.

给定一个正交系 $\{\omega_k\}$, 如果将几乎处处等于零的函数除外, L_ρ^2 中再也没有一个函数能和一切 ω_k 相正交, 那么 $\{\omega_k\}$ 便称为完备的正交系.

正交系的完备性实际是和封闭性等价的, 这就是下面的定理.

定理 1.3.3　*$\{\omega_k\}$ 是一个完备正交系的充分必要条件是: 它是一个封闭正交系.*

证明　如果 $\{\omega_k\}$ 是封闭正交系, 当函数 f 和每一个 ω_k 都正交时, 该函数的 Fourier 系数就都等于零, 即 $c_k=0(k=1,2,\cdots)$. 因而根据 Parseval 等式就得到

$$\int_a^b \rho f^2\mathrm{d}x=0.$$

注意　ρ 非负而且至多只在一个测度集上可能等于 0, 因此可断言 $f(x)$ 只能几乎处处等于 0. 这就表明 $\{\omega_k\}$ 必是一个完备正交系.

反之, 如果 $\{\omega_k\}$ 不是封闭的, 则在 L_ρ^2 中就有使 Parseval 等式不成立的函数 $g(x)$, 即有

$$\sum_{k=1}^{\infty}A_kc_k^2<\int_a^b \rho(x)\left[g(x)\right]^2\mathrm{d}x, \tag{1.27}$$

其中, c_k 为 $g(x)$ 的 Fourier 系数. 既然 $\sum\limits_{k=1}^{\infty}A_kc_k^2<+\infty$, 故按 Riesz-Fischer 定理, L_ρ^2 中又必存在函数 $f(x)$, 它以 $\{c_k\}$ 作为 Fourier 系数, 且

$$\sum_{k=1}^{n}c_k\omega_k\xrightarrow[\rho]{2}f(x)\quad(n\to\infty).$$

从而有

$$\sum_{k=1}^{\infty}A_kc_k^2=\int_a^b \rho(x)\left[f(x)\right]^2\mathrm{d}x.$$

以此与不等式 (1.27) 相比较, 可知差函数 $h(x)=f(x)-g(x)$ 不能几乎处处等于 0. 然而 $h(x)$ 的 Fourier 系数都是 0, 亦即 $h(x)$ 与一切 ω_k 正交. 因此 $\{\omega_k\}$ 不是完备正交系. 定理证毕.

综上所述, 以下诸结论是等价的. 请读者自行证明.

(1) $\{\omega_k\}$ 是完备正交系;

(2) $\{\omega_k\}$ 是封闭正交系;

(3) Parseval 等式对每个 $f \in L_\rho^2$ 都成立;

(4) L_ρ^2 中每个 f 的 Fourier 级数都平均收敛;

(5) 只有几乎处处取零值的函数才能同一切 ω_k 正交;

(6) 当两个函数有相同的 Fourier 级数时, 它们必定几乎处处相等;

(7) 对 L_ρ^2 中的每个 f 用 $\omega_1, \omega_2, \cdots, \omega_n$ 的线性组合来作平方逼近时, 最小偏差的值恒与 $\dfrac{1}{n}$ 同时趋于 0;

(8) 由 $\{\omega_k\}$ 中的函数的一切线性组合构成的类在 L_ρ^2 中是稠密的. 即对 L_ρ^2 中的每个 f 及任意给定的 $\varepsilon > 0$, 都存在线性组合 $F(x) = \sum\limits_{k=1}^{n} a_k\omega_k$, 使得不等式 $\|F - f\| < \varepsilon$.

1.4 多项式插值法

插值方法有着悠久的历史. 等距结点内插公式是由我国隋朝数学家刘焯 (公元 544~610 年) 首先提出来的; 而不等距结点内插公式是由唐朝数学家张遂 (公元 683~727 年) 提出的. 这比西欧学者早一千多年. 它的应用也日益增多.

插值方法在数值分析的许多分支, 如函数值近似计算、数值积分、数值微分、微分方程数值解、曲线曲面拟合等均有应用. 下面仅以近似计算函数值为例来说明.

设已知某个函数 $y = f(x)$ 在 $n+1$ 个互异点

$$x_0, x_1, \cdots, x_n$$

上的值

$$y_0, y_1, \cdots, y_n.$$

设 $\overline{x} \neq x_i (i = 0, 1, \cdots, n)$, 试问应该如何估计 $\overline{y} = f(\overline{x})$? 对于函数 $y = f(x)$, 我们所知道的仅仅是上述的列表值, 它们常常是间接求得的, 例如是由试验或观测得来, 或者是从级数或微分方程求得.

插值方法的目的是寻求简单的连续函数 $\varphi(x)$, 使它在 $n+1$ 个点 $x_0, x_1, \cdots, x_n$ 处取给定值 $y_0, y_1, \cdots, y_n$, 即

$$\varphi(x_i) = y_i = f(x_i), \quad i = 0, 1, \cdots, n.$$

$\varphi(x)$ 称为 $f(x)$ 的插值函数, $f(x)$ 称为被插函数, $x_0, x_1, \cdots, x_n$ 称为插值结点, 包含结点的区间 $[a, b]$ 称为插值区间.

$\varphi(x)$ 可以近似地表达函数 $f(x)$, 并且 $\varphi(x)$ 是已有解析表达式的简单函数, 所以它在 $x=\overline{x}$ 处的值可以按表达式计算出来. 这样, 我们就将 $\varphi(\overline{x})$ 看成 $\overline{y}=f(\overline{x})$ 的近似值了.

严格地说, 插值方法一词只用于落在给定点 $x_0, x_1,\cdots,x_n$ 之间的情形, 所以也称它为内插法. 如果 $\overline{x}$ 落在 $x_0, x_1,\cdots,x_n$ 之外, 并且仍以插值函数 $\varphi(x)$ 在 $\overline{x}$ 处的值近似代替 $f(\overline{x})$, 则一般称这种近似计算函数值的方法为外插法.

本节主要介绍多项式插值方法, 亦即 $\varphi(x)$ 为关于 x 的多项式的情形. 因为多项式是最简单的函数, 而且有界闭区间上的任何连续函数 $f(x)$ 都可以用多项式近似地表示出来. 本节的主要内容包括一元多项式插值法的 Lagrange 插值、Newton 插值、Hermite 插值以及多元多项式插值等.

1.4.1　Lagrange 插值公式

设 $y=f(x)$ 是实变量 x 的单值函数, 它在 $n+1$ 个互异点 $x_0,x_1,\cdots,x_n$ 处的值分别为 $y_0,y_1,\cdots,y_n$, 即

$$y_i=f(x_i),\quad i=0,\cdots,n.$$

插值问题的提法是: 寻求多项式 $p(x)$, 使得满足插值条件

$$p(x_i)=y_i,\quad i=0,\cdots,n. \tag{1.28}$$

设 $p(x)$ 是一个 m 次多项式 $p(x)=a_0+a_1x+a_2x^2+\cdots+a_mx^m$, $a_m\neq 0$, 则插值问题为: 如何确定 $p(x)$ 中的系数 $a_0, a_1,\cdots,a_m$, 使得 (1.28) 式得以满足. 该问题等价于求解下述的线性方程组的求解:

$$\begin{cases} a_0+a_1x_0+a_2x_0^2+\cdots+a_mx_0^m=y_0, \\ a_0+a_1x_1+a_2x_1^2+\cdots+a_mx_1^m=y_1, \\ \cdots\cdots\cdots\cdots \\ a_0+a_1x_n+a_2x_n^2+\cdots+a_mx_n^m=y_n. \end{cases} \tag{1.29}$$

上述线性方程组的系数矩阵为

$$\boldsymbol{A}=\begin{pmatrix} 1 & x_0 & x_0^2 & \cdots & x_0^m \\ 1 & x_1 & x_1^2 & \cdots & x_1^m \\ \vdots & \vdots & \vdots & & \vdots \\ 1 & x_n & x_n^2 & \cdots & x_n^m \end{pmatrix},$$

它是一个 $(n+1)\times(m+1)$ 矩阵. 当 $m>n$ 时, $\boldsymbol{A}$ 的列数大于行数, 不难证明矩阵 $\boldsymbol{A}$ 的秩数为 $n+1$, 因为 $\boldsymbol{A}$ 的前 $n+1$ 列所组成的行列式为 Vandermonde 行列式

$$W(x_0,\cdots,x_{n-1},x_n)=\begin{vmatrix}1 & x_0 & x_0^2 & \cdots & x_0^n\\ 1 & x_1 & x_1^2 & \cdots & x_1^n\\ \vdots & \vdots & \vdots & & \vdots\\ 1 & x_n & x_n^2 & \cdots & x_n^n\end{vmatrix}.$$

不难算出

$$W(x_0,\cdots,x_{n-1},x_n)=\prod_{1\leqslant i<j\leqslant n}(x_j-x_i). \tag{1.30}$$

根据 (1.30) 式并注意到诸 $x_0,x_1,\cdots,x_n$ 互异, 从而线性方程组 (1.29) 系数矩阵的秩数为 $n+1$, 它表明插值问题 (1.28) 式的解不唯一.

当 $m<n$ 时, 矩阵 $\boldsymbol{A}$ 的行数大于列数. 按照 (1.30) 式, 线性方程组 (1.29) 中, 任取 $m+1$ 个方程所得的方程组均有唯一组解 $a_0,a_1,\cdots,a_m$. 但如此求出的各组 $a_0,a_1\cdots,a_m$ 未必相同, 因此方程组 (1.29) 可能是矛盾方程组.

鉴于以上情形, 看来取 $m=n$ 是最为适宜的. 现在我们重提多项式插值问题: 给定 $n+1$ 个互异点 $x_0,x_1,\cdots,x_n$, 对任意给定的一组数 $y_0,y_1,\cdots,y_n$, 是否存在唯一的 $p(x)\in\mathbb{P}_n$, 使得如下插值条件被满足:

$$p(x_i)=y_i,\quad i=0,1,\cdots,n. \tag{1.31}$$

该问题的答案是肯定的, 现采用构造性方法把多项式 $p(x)$ 求出来.

试设想, 如果可求出具有如下性质的特殊的插值多项式 $l_i(x)\in\mathbb{P}_n(i=0,1,\cdots,n)$, 使得:

$$l_i(x_j)=\begin{cases}0, & j\neq i,\\ 1, & j=i.\end{cases} \tag{1.32}$$

则多项式

$$p(x)=\sum_{i=0}^{n}y_il_i(x) \tag{1.33}$$

必为满足 (1.31) 式的多项式. 但从 (1.32) 式可知 x_0, x_1,$\cdots$,x_n 中除 x_i 外, 均为 $l_i(x)$ 的零点. 因此

$$l_i(x)=c_i(x-x_0)\cdots(x-x_{i-1})(x-x_{i+1})\cdots(x-x_n),$$

其中, c_i 为常数. 但从 (1.32) 式可知

$$c_i=\frac{1}{(x_i-x_0)\cdots(x_i-x_{i-1})\cdots(x_i-x_n)}.$$

所以

$$l_i(x)=\frac{(x-x_0)\cdots(x-x_{i-1})(x-x_{i+1})\cdots(x-x_n)}{(x_i-x_0)\cdots(x_i-x_{i-1})(x-x_{i+1})\cdots(x-x_n)},$$

它称为 Lagrange 插值基函数. 设

$$\omega_n(x) = (x - x_0)(x - x_1)\cdots(x - x_n),$$

则 $l_i(x)$ 又可以表示为简洁的形式

$$l_i(x) = \frac{\omega_n(x)}{(x - x_i)\omega_n'(x_i)}.$$

所以 n 次多项式

$$p(x) = \sum_{i=0}^{n} y_i l_i(x) \tag{1.34}$$

满足插值条件 (1.31).

若另有 $q(x) \in \mathbb{P}_n$ 也满足插值条件 (1.31), 则 n 次多项式 $\eta(x) = q(x) - p(x) \in \mathbb{P}_n$ 必以 $x_0, x_1, \cdots, x_n$ 为零点, 即

$$\eta(x_i) = 0, \quad i = 0, \cdots, n.$$

这样一来, n 次多项式 $\eta(x)$ 居然有 $n+1$ 个不同的零点, 从而它必为零多项式. 因此 $q(x) = p(x)$. 所以由 (1.34) 式表示的次数不超过 n 的多项式是 $\mathbb{P}_n$ 中唯一的满足插值条件 (1.31) 的多项式. 称它为 $f(x)$ 的 Lagrange 插值多项式, 并记为

$$L_n(x) = \sum_{i=0}^{n} y_i l_i(x). \tag{1.35}$$

Lagrange 插值公式 (1.35) 具有结构紧凑的特点, 因而适于作理论分析和应用. 不难理解 Lagrange 插值多项式 $L_n(x)$ 也可视为是从下面的行列式:

$$\begin{vmatrix} L_n(x) & 1 & x & x^2 & \cdots & x^n \\ y_0 & 1 & x_0 & x_0^2 & \cdots & x_0^n \\ y_1 & 1 & x_1 & x_1^2 & \cdots & x_1^n \\ \vdots & \vdots & \vdots & \vdots & & \vdots \\ y_n & 1 & x_n & x_n^2 & \cdots & x_n^n \end{vmatrix} = 0 \tag{1.36}$$

中解出来的. 这类公式最便于推广到一般形式的插值问题.

上面所得到结论的几何解释为: 有且仅有一条次数不超过 n 的多项式曲线通过平面上事先给定的 $n+1$ 个点 $(x_i, y_i)(i = 0, 1, \cdots, n)$, 其中 $x_i \neq x_j (i \neq j)$.

例 1.4.1 已知 $f(-1) = 2$, $f(1) = 1$, $f(2) = 1$, 求 $f(x)$ 的 Lagrange 插值多项式.

解 设 $x_0=-1, x_1=1, x_2=2,\ y_0=2, y_1=1, y_2=1$, 则 Lagrange 插值基函数为

$$l_0(x)=\frac{(x-x_1)(x-x_2)}{(x_0-x_1)(x_0-x_2)}=\frac{1}{6}(x^2-3x+2),$$
$$l_1(x)=\frac{(x-x_0)(x-x_2)}{(x_1-x_0)(x_1-x_2)}=-\frac{1}{2}(x^2-x-2),$$
$$l_2(x)=\frac{(x-x_0)(x-x_1)}{(x_2-x_0)(x_2-x_1)}=\frac{1}{3}(x^2-1).$$

从而 Lagrange 插值多项式为

$$L_2(x)=\frac{1}{6}[2(x^2-3x+2)-3(x^2-x-2)+2(x^2-1)]=\frac{1}{6}(x^2-3x+8).$$

例 1.4.2 已知 $f(-1)=0.36787$, $f(1)=2.71828$, $f(2)=7.38906$, 求 $f(1.5)$ 的近似值.

解 依据 Lagrange 插值公式, 有

$$f(x)\approx L_2(x)=1.16519x^2+1.17520x+0.37788.$$

于是

$$f(1.5)\approx L_2(1.5)=4.76236.$$

1.4.2 Newton 插值公式

Lagrange 插值多项式结构紧凑, 在理论分析中非常方便. 但是当插值结点的个数有所变动时 (如为了提高精度有时需要增加插值结点的个数), 每个 Lagrange 基函数 $l_i(x)(i=0,1,\cdots,n)$ 都要随之发生变化, 从而整个公式的结构也要发生变化, 这在计算实践中是不方便的. 为了克服上述缺点, 在这一节中我们引进 Newton 插值公式.

显然任意给定的一元 n 次多项式也可唯一地表示为

$$1,(x-x_0),(x-x_0)(x-x_1),\cdots,(x-x_0)(x-x_1)\cdots(x-x_{n-1})$$

的线性组合. 因此 $n+1$ 个互异结点 $x_0,x_1,\cdots,x_n$ 上的 n 次插值多项式也可以唯一地写成下列形式:

$$p(x)=a_0+a_1(x-x_0)+\cdots+a_n(x-x_0)(x-x_1)\cdots(x-x_{n-1}). \tag{1.37}$$

可以采用待定系数法来依次确定上式中的 $a_0,a_1,\cdots,a_n$.

为构造 Newton 插值公式, 首先引入差商的概念. 设已知互异点 $x_0, x_1,\cdots, x_n$ 上的函数值为 $f(x_0), f(x_1), \cdots,f(x_n)$. 称

$$f(x_i,x_j)=\frac{f(x_i)-f(x_j)}{x_i-x_j},\quad i\neq j,$$

为 $f(x)$ 关于点 x_i,x_j 的 1 阶差商 (或均差). 1 阶差商的 1 阶差商

$$f(x_i,x_j,x_k)=\frac{f(x_i,x_j)-f(x_j,x_k)}{x_i-x_k},\quad i\neq k,$$

称为 $f(x)$ 的 2 阶差商. 一般说来, 称 $n-1$ 阶差商的 1 阶差商

$$f(x_0,x_1,\cdots,x_n)=\frac{f(x_0,x_2,\cdots,x_{n-1})-f(x_1,x_1,\cdots,x_n)}{x_0-x_n},\tag{1.38}$$

为函数 $f(x)$ 的 n 阶差商.

差商是一个重要的数学概念, 它有以下性质:

(1) 若 $F(x)=cf(x)$, 其中 c 为常数, 则 $F(x_0,x_1,\cdots,x_n)=cf(x_0,x_1,\cdots,x_n)$;

(2) 若 $F(x)=f(x)+g(x)$, 则 $F(x_0,x_1,\cdots,x_n)=f(x_0,x_1,\cdots,x_n)+g(x_0,x_1,\cdots,x_n)$;

(3) $f(x_0,x_1,\cdots,x_n)$ 是 $x_0, x_1,\cdots,x_n$ 的对称函数, 即当任意调换 $x_0, x_1,\cdots,x_n$ 的先后顺序时, 该差商的值不变. 如

$$f(x_0,x_1,\cdots,x_n)=f(x_n,x_{n-1},\cdots,x_0)=\cdots=f(x_n,x_0,\cdots,x_{n-1});$$

(4) 若 $f(x)=x^m$, 其中 m 为自然数, 则

$$f(x_0,x_1,\cdots,x_n)=\begin{cases}0, & n>m,\\ 1, & n=m,\\ \displaystyle\sum_{r_0+\cdots+r_n=m-n}x_0^{r_0}x_1^{r_1}\cdots x_n^{r_n}, & n<m.\end{cases}$$

性质 (1),(2) 可直接由定义推出. 性质 (3),(4) 的证明留作习题, 请读者自行证明.

现在我们可以按插值条件

$$p(x_j)=f(x_j),\quad j=0,1,\cdots,n$$

来逐次确定 $a_0,a_1,\cdots,a_n$. 将 x_0 代入 (1.37) 式, 可得

$$p(x_0)=a_0=f(x_0).$$

再将 x_1 代入 (1.37) 式, 可得

$$p(x_1) = a_0 + a_1(x_1 - x_0) = f(x_1),$$

即

$$a_1 = \frac{f(x_1) - f(x_0)}{x_1 - x_0} = f(x_0, x_1).$$

同理, 可以逐次确定其他系数

$$\begin{aligned} &a_2 = f(x_0, x_1, x_2), \\ &\cdots\cdots\cdots\cdots \\ &a_i = f(x_0, x_1, \cdots, x_i), \\ &\cdots\cdots\cdots\cdots \\ &a_n = f(x_0, x_1, \cdots, x_n). \end{aligned}$$

令 $\omega_k(x) = (x - x_0)\cdots(x - x_k)$, 因此可得 Newton 插值公式

$$N_n(x) = f(x_0) + \sum_{k=1}^{n} f(x_0, \cdots, x_k)\omega_{k-1}(x). \tag{1.39}$$

按插值多项式的唯一性, 只需比较 Newton 插值公式和 Lagrange 插值公式中的 x^k 系数, 即可得到差商和函数值之间的关系式

$$f(x_0, \cdots, x_k) = \sum_{i=0}^{k} \frac{f(x_i)}{\omega_k{}'(x_i)}, \quad k = 1, 2, \cdots, n.$$

这也同时证明了前面提及的差商性质 (3).

为了作数值计算, 常利用如表 1.4 所示的差商表. Newton 插值公式 (1.39) 中的系数 $f(x_0), f(x_0, x_1), \cdots, f(x_0, x_1, \cdots, x_n)$ 恰好就是已知函数 $f(x)$ 的 0 阶,1 阶,$\cdots$, n 阶差商的值 (在差商表中已分别用横线将它们标出). 因此, 当已知 $y_i = f(x_i)(i = 0, 1, \cdots, n)$ 时, 利用差商表可以很容易地算出 $f(x)$ 的各阶差商的值, 而不必去记忆公式.

表 1.4 差商表

x	$f(x)$	1 阶差商	2 阶差商	3 阶差商
x_0	$\underline{f(x_0)}$			
		$\underline{f(x_0, x_1)}$		
x_1	$f(x_1)$		$\underline{f(x_0, x_1, x_2)}$	
		$f(x_1, x_2)$		$\underline{f(x_0, x_1, x_2, x_3)}$
x_2	$f(x_2)$		$f(x_1, x_2, x_3)$	
		$f(x_2, x_3)$		
x_3	$f(x_3)$			

因为在 $n+1$ 个不同的点上次数不超过 n 的插值多项式是唯一的, 所以次数相同的 Newton 插值多项式与 Lagrange 插值多项式是恒等的, 它们的差异仅是书写形式不同而已. 但是这种差异却为计算带来了很大的方便. 事实上, 对于 Newton 插值公式来说, 当增加一个插值结点 x_{n+1} 时, 只需要在原插值多项式的后面再添加一个新项

$$f(x_0, x_1, \cdots, x_{n+1})\omega_n(x)$$

就可以了.

鉴于篇幅原因, 有关有限差分、等距结点上的 Newton 向前与向后插值公式在此不作详细介绍, 感兴趣的读者可以参看有关书籍.

例 1.4.3　已知函数 $f(x)$ 在结点 $2,3,5,6$ 上的函数值分别为 $5,2,3,4$, 求这个函数的 Newton 插值多项式.

解　首先给出差商表表 1.5. 然后把上表顶部对角线上的各阶差商值代入公式 (1.39), 便可得 Newton 插值多项式为

$$N_3(x) = 5 - 3(x-2) + \frac{7}{6}(x-2)(x-3) - \frac{1}{4}(x-2)(x-3)(x-5).$$

表 1.5　差商表

x	$f(x)$	1 阶差商	2 阶差商	3 阶差商
2	$\underline{5}$			
		$\underline{-3}$		
3	2		$\underline{\frac{7}{6}}$	
		$\frac{1}{2}$		$\underline{-\frac{1}{4}}$
5	3		$\frac{1}{6}$	
		1		
6	4			

1.4.3　插值余项

设 $p_n(x)$ 是在互异结点 $x_0, x_1,\cdots,x_n$ 上关于 $f(x)$ 的插值多项式. 一般来说, 插值多项式与被插函数在非结点处是不相等的. 因此, 我们希望知道 $x \neq x_k$ $(k = 0, 1, \cdots, n)$ 时, $f(x)$ 与 $p_n(x)$ 的偏差. 称

$$E(f; x) = f(x) - p_n(x)$$

为插值多项式的余项 (或插值误差). 设插值结点 $x_0, x_1, \cdots, x_n$ 属于插值区间 $[a, b]$, 则关于插值余项估计有以下定理.

定理 1.4.1　若 $f(x)$ 在插值区间 $[a,b]$ 上 $n+1$ 次可微, 则对任意 $x \in [a,b]$, 存在与 x 有关的 $\xi(a < \xi < b)$, 使得

$$E(f; x) = f(x) - p_n(x) = \frac{f^{(n+1)}(\xi)}{(n+1)!}\omega_n(x), \tag{1.40}$$

其中, $\omega_n(x)=(x-x_0)(x-x_1)\cdots(x-x_n)$.

证明 取一点 $x\in[a,b]$, 当 $x=x_i(i=0,1,\cdots,n)$ 时, (1.40) 式是自然满足的. 现设 $x\neq x_i(i=0,1,\cdots,n)$, 作辅助函数

$$\phi(t)=f(t)-p_n(t)-\frac{\omega_n(t)}{\omega_n(x)}E(f;x). \tag{1.41}$$

显然 $\phi(t)$ 于 $[a,b]$ 上 $n+1$ 次可微, 并且 $\phi(x)=0$, $\phi(x_i)=0(i=0,1,\cdots,n)$, 即 $\phi(t)=0$ 在 $[a,b]$ 上有 $n+2$ 个不同的根 $x,x_0,x_1,\cdots,x_n$. 由 Rolle 定理 $\phi'(t)$ 于 (a,b) 内至少有 $n+1$ 个不同的根. 依次类推, 最后可知 $\phi^{(n+1)}(t)$ 于 (a,b) 内至少有一个根 ξ. 从而由 (1.41) 式应有

$$\phi^{(n+1)}(\xi)=f^{(n+1)}(\xi)-\frac{(n+1)!}{\omega(x)}E(f;x)=0.$$

由此, 得到公式 (1.40). 证毕.

尽管并不知道 (1.40) 式中 ξ 的确切值, 我们仍能从 (1.40) 式得到有用的估计. 记

$$M_{n+1}=\sup_{a\leqslant x\leqslant b}\left|f^{(n+1)}(x)\right|.$$

由 (1.40) 式可得到误差估计

$$|E(f;x)|\leqslant\frac{M_{n+1}}{(n+1)!}|(x-x_0)(x-x_1)\cdots(x-x_n)|,\quad a\leqslant x\leqslant b. \tag{1.42}$$

(1.40) 式称为 Lagrange 型余项估计. 下面利用 Newton 插值公式给出 Newton 型的余项估计.

设 $x\in[a,b],x\neq x_i(i=0,1,\cdots,n)$. 由 1 阶差商的定义, $f(x)$ 可表示为

$$f(x)=f(x_0)+f(x,x_0)(x-x_0). \tag{1.43}$$

并且由

$$f(x,x_0,\cdots,x_k)=\frac{f(x,x_0,\cdots,x_{k-1})-f(x_0,x_1,\cdots,x_k)}{x-x_k},$$

可得

$$f(x,x_0,\cdots,x_{k-1})=f(x_0,x_1,\cdots,x_k)+f(x,x_0,\cdots,x_k)(x-x_k),\quad k=1,2,\cdots,n. \tag{1.44}$$

利用 (1.44) 式, 将 (1.43) 式逐层展开, 可得

$$\begin{aligned}
f(x) &= f(x_0) + [f(x_0, x_1) + f(x, x_0, x_1)(x - x_1)](x - x_0) \\
&= f(x_0) + f(x_0, x_1)(x - x_0) + f(x, x_0, x_1)(x - x_0)(x - x_1) \\
&= f(x_0) + f(x_0, x_1)(x - x_0) + f(x, x_0, x_1)(x - x_0)(x - x_1) + \cdots \\
&\quad + f(x_0, x_1, \cdots, x_n)(x - x_0)\cdots(x - x_{n-1}) \\
&\quad + f(x, x_0, x_1, \cdots, x_n)(x - x_0)\cdots(x - x_n) \\
&= N_n(x) + f(x, x_0, x_1, \cdots, x_n)\omega_n(x).
\end{aligned}$$

即有余项

$$E(f; x) = f(x, x_0, x_1, \cdots, x_n)\omega_n(x).$$

再由插值多项式的唯一性, 可以得到差商与导数之间的关系式

$$f(x, x_0, \cdots, x_n) = \frac{f^{(n+1)}(\xi)}{(n+1)!}. \tag{1.45}$$

公式 (1.45) 经常被用作导数的近似计算.

设已知数值 $\overline{y}_j = f(\overline{x}_j)(j = 0, 1, \cdots, m)$, 其中 $\overline{x}_0, \overline{x}_1, \cdots, \overline{x}_m$ 互异, 并且 $m >> n + 1$. 如所知, 为了构造一个 n 次插值多项式, 只需要 $n + 1$ 个互异的插值结点. 因此自然提出这样的问题: 在 $\overline{x}_0$, $\overline{x}_1$, $\cdots$, $\overline{x}_m$ 中, 如何选取 $n + 1$ 个插值结点 x_0, x_1, $\cdots$, x_n, 方能使得 $|E(f; x)|$ 为最小? 由 (1.40) 式知应取 x_0, x_1, $\cdots$, x_n 使得

$$|\omega(x)| = |x - x_1|\,|x - x_1|\cdots|x - x_n| = \min. \tag{1.46}$$

整个区间上插值余项的极小化问题与前面介绍的 Tchebyshev 最小零偏差多项式直接相关. 事实上, 由 (1.42) 式, 为使插值余项在整个区间上尽可能地小, 插值结点组应该取为该区间上最小零偏差多项式的零点.

1.4.4 Hermite 插值公式

Lagrange 插值与 Newton 插值都是插值给定结点处的函数值, 但很多实际问题还要求插值给定结点处的导数值甚至高阶导数值. 为了理论和应用上的需要, 本小节讨论一类具有重结点的多项式插值方法, 即 Hermite 插值方法. 此类插值问题要求在结点处满足相应的导数条件, 所以它也常被称为切触插值问题.

设插值结点为

$$x_0 < x_1 < \cdots < x_s,$$

$y_k^{(h_k)}(h_k = 0, \cdots, \alpha_k - 1, k = 0, 1, \cdots, s)$ 为事先给定的实数, 其中 α_1, $\cdots$, α_s 为正整数且满足

$$\alpha_1 + \alpha_2 + \cdots + \alpha_s = n + 1.$$

Hermite 插值问题是：求一个 n 次多项式 $H_n(x) \in \mathbb{P}_n$，使之满足插值条件

$$H_n^{(h_k)}(x_k) = y_k^{(h_k)}, \quad h_k = 0, \cdots, \alpha_k - 1, \quad k = 0, 1, \cdots, s. \tag{1.47}$$

上述 $H_n(x)$ 称为 Hermite 插值多项式. 人们可采用待定系数法来求解以上插值问题.

以下仅就诸 $\alpha_k = 2(k = 1, \cdots, s)$ 的情况做一介绍, 其他情况类似.

此时相应插值问题是寻找多项式 $H_{2s+1}(x) \in \mathbb{P}_{2s+1}$，使得

$$\begin{cases} H_{2s+1}(x_k) = y_k, \\ H'_{2s+1}(x_k) = y_k^{(1)}, \\ k = 0, 1, \cdots, s. \end{cases} \tag{1.48}$$

为此, 只需构造多项式

$$H_{2s+1}(x) = \sum_{k=0}^{s} y_k g_k(x) + \sum_{k=0}^{s} y_k^{(1)} h_k(x), \tag{1.49}$$

使得

$$\begin{aligned} g_k(x_j) = \delta_{jk}, \quad g'_k(x_j) = 0, \\ h_k(x_j) = 0, \quad h'_k(x_j) = \delta_{jk}, \end{aligned} \tag{1.50}$$

其中, δ_{jk} 为 Kronecker 符号, 即

$$\delta_{jk} = \begin{cases} 1, & \text{当 } j = k, \\ 0, & \text{当 } j \neq k. \end{cases}$$

取

$$\sigma(x) = (x - x_0)(x - x_1) \cdots (x - x_s),$$

不难验证

$$\begin{aligned} H_{2s+1}(x) = & \sum_{k=0}^{s} \left[\frac{\sigma(x)}{\sigma'(x_k)(x - x_k)} \right]^2 \\ & \times \left[y_k \left(1 - \frac{\sigma''(x_k)}{\sigma'(x_k)}(x - x_k) \right) + y_k^{(1)}(x - x_k) \right] \end{aligned} \tag{1.51}$$

即为我们所欲求的满足插值条件 (1.48) 的 Hermite 插值多项式.

还可以证明插值多项式具有唯一性. 假设 $H_{2s+1}(x), \widetilde{H}_{2s+1}(x) \in \mathbb{P}_{2s+1}$ 都满足插值条件 (1.48). 于是每个结点 $x_k(k = 0, 1, \cdots, s)$ 都是

$$\phi(x) = H_{2s+1}(x) - \widetilde{H}_{2s+1}(x)$$

的 2 重根. 即 $\phi(x)$ 有 $2s+2$ 个根, 因此 $\phi(x)\equiv 0$. 唯一性得证.

类似于 Lagrange 插值余项的推导方法, 若被插函数 $f(x)$ 在 (a,b) 内 $2s+2$ 阶导数存在, 可以证得 Hermite 插值多项式 (1.51) 的余项为

$$E(f;x)=f(x)-H_{2s+1}(x)=\frac{f^{(2s+2)}(\xi)}{(2s+2)!}\omega_s^2(x), \tag{1.52}$$

其中, $\omega_s(x)=(x-x_0)(x-x_1)\cdots(x-x_s)$, $\xi\in(a,b)$ 与 x 有关. 证明留作习题, 请读者自行完成.

对于实际应用来说, 更重要的情形是当 $s=1$, 且 $\alpha_1=\alpha_2=2$ 时的 3 次 Hermite 插值多项式

$$\begin{aligned}H_3(x)=&y_0\left(1-2\frac{x-x_0}{x_0-x_1}\right)\left(\frac{x-x_1}{x_0-x_1}\right)^2+y_0^{(1)}(x-x_0)\left(\frac{x-x_1}{x_0-x_1}\right)^2\\&+y_1\left(1-2\frac{x-x_1}{x_1-x_0}\right)\left(\frac{x-x_0}{x_1-x_0}\right)^2+y_1^{(1)}(x-x_1)\left(\frac{x-x_0}{x_1-x_0}\right)^2.\end{aligned} \tag{1.53}$$

(1.53) 式所刻画的曲线 $y=H_3(x)$ 是如此的一条 3 次曲线: 它不仅通过给定的型值点 $(x_0,y_0),(x_1,y_1)$, 而且在 $x=x_i$ 点的导数为 $y_i^{(1)}, i=0,1$.

例 1.4.4　已知 $f(x)$ 在 $x_0=1, x_1=2$ 上的函数值与导数值分别为 $f(1)=f(1)'=2.71828, f(2)=f(2)'=7.38906$, 求其两点 3 次 Hermite 插值公式, 并求 $f(1.5)$ 的近似值.

解　将结点与函数值代入两点 3 次 Hermite 插值公式 (1.53), 可得插值多项式

$$\begin{aligned}H_3(x)=&2.71828(2x-1)(x-2)^2+2.71828(x-1)(x-2)^2\\&+7.38906(5-2x)(x-1)^2+7.38906(x-2)(x-1)^2,\end{aligned}$$

化简得到

$$f(x)\approx H_3(x)=0.76578x^3-1.11062x^2+2.64218x+0.42094.$$

由此算出

$$f(1.5)\approx H_3(1.5)=4.46982.$$

本例中的 $f(x)=\mathrm{e}^x$, 其准确值为 $f(1.5)=\mathrm{e}^{1.5}=4.48169$, 本例所得结果与例 1.4.2 中 3 次 Lagrange 插值所得近似值 $L_2(1.5)=4.76236$ 相比要好很多.

1.4.5　多元多项式插值简介

前面介绍了一元多项式插值的理论与方法, 本节简单介绍多元多项式插值的基本理论.

首先回忆一下一元多项式插值问题. 设函数 $\varphi_1(x),\cdots\varphi_n(x)$ 定义在区间 $[a,b]$ 上. 对于任意给定的 n 个不同的点 $x_1,\cdots,x_n\in[a,b]$ 以及 n 个数值 $y_1,\cdots,y_n$, 插值问题

$$\sum_{i=1}^{n}a_i\varphi_i(x_j)=y_j,\quad j=1,\cdots,n$$

有解, 必须且只需行列式

$$|\varphi_i(x_j)|\neq 0. \tag{1.54}$$

定义在点集 S 上 n 个的函数 $\varphi_1,\cdots,\varphi_n$ 组成的系统称为在 S 上是唯一可解的, 如果对于 S 中任意给定的 n 个互异点 $x_1,\cdots,x_n$,(1.54) 式恒成立. 显然, $\varphi_1,\cdots,\varphi_n$ 在 S 上唯一可解, 必须且只需在 S 的 n 个互异点上取值为零的线性组合 $c_1\varphi_1+\cdots+c_n\varphi_n$ 必恒为零.

例 1.4.5 由 $1,x^2$ 组成的函数组在 $[0,1]$ 上是唯一可解的, 但在 $[-1,1]$ 上却不是唯一可解的.

例 1.4.6 在任何区间 $[a,b]$ 上, 函数组 $1,x,x^2,\cdots,x^n$ 是唯一可解的.

例 1.4.7 三角函数系 $1,\cos x,\cos 2x,\cdots,\cos nx,\sin x,\sin 2x,\cdots,\sin nx$ 在 $[-\pi,\pi]$ 上是唯一可解的.

以下 Haar 定理指出, 在高维空间 $\mathbb{R}^n(n\geqslant 2)$ 中, 唯一可解性通常是保证不了的.

定理 1.4.2(Haar) 设 S 是欧氏空间 $\mathbb{R}^m(m\geqslant 2)$ 中至少包含一个内点 p 的点集, $\varphi_1,\cdots,\varphi_n(n>1)$ 定义于 S 上, 且其中每个函数均在 p 的一个邻域内连续. 则这个函数组在 S 上不是唯一可解的.

证明 由已知, 存在一个包含在 S 中以 p 为中心的小球 U, 它使得诸 φ_i 在其内是连续的. 选取 U 中 n 个不同的点 $p_1,p_2,\cdots,p_n$. 可以假定行列式

$$|\varphi_i(p_j)|\neq 0. \tag{1.55}$$

若不然, 则该函数组已经不是唯一可解, 从而定理证毕. 现固定 $p_3,\cdots,p_n$, 并在 U 内连续地移动 p_1 和 p_2, 使得 p_1 和 p_2 互换位置. 由于 U 是 $\mathbb{R}^m(m\geqslant 2)$ 中的小球, 因而在 p_1 和 p_2 互换位置的过程中, 人们既可保证 p_1 和 p_2 不相重合, 又可保证它们也不与 $p_3,\cdots,p_n$ 中的任一点相重合. 注意到当我们按上述要求交换了 p_1 与 p_2 的位置后,(1.55) 式右端行列式的第 1 列和第 2 列恰好交换了位置. 按行列式性质, 交换前后两行列式异号. 因为 φ_i 是 U 内的连续函数, 按连续函数的中间值定理, 所以在 p_1 和 p_2 互换位置的过程中必然存在某个中间位置, 使与之相对应的行列式为零. 从而函数组 $\varphi_1,\cdots,\varphi_n$ 在 S 上不是唯一可解的. 证毕.

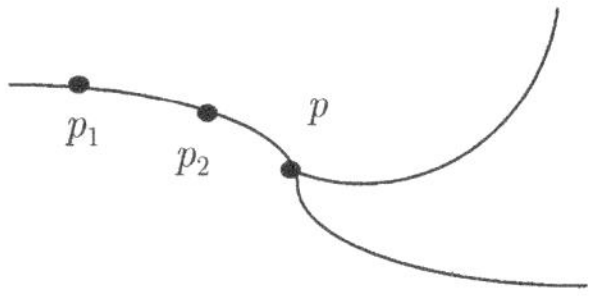

图 1.4 “三岔” 点 p

顺便指出, 为使上述 Haar 定理成立, 可以不必要求点集 S 中包含有内点 p. 事实上, 只需要求 S 中包含有一个 “三岔” 点 p, 亦即在点 p 处有 3 段曲线相遇就可以了 (图 1.4). 因为人们可以仿照火车惯用的方法使得 p_1 与 p_2 互换位置.

根据 Haar 定理, 在构造多元插值多项式时, 插值结点组的选取是一个关键的问题. 因为并不是对于任意给定的结点组, 多元插值多项式都是存在并且唯一的. 为搞清插值结点组的选取问题, 需先引入相应的概念. 本书以二元多项式插值问题为例进行介绍, 更高维的多项式插值问题请读者参考其他书籍.

设 $p_1(x,y), p_2(x,y), \cdots, p_k(x,y)$ 是一组线性无关的实系数二元多项式,

$$P = \operatorname{span}\{p_1(x,y), p_2(x,y), \cdots, p_k(x,y)\}.$$

D 是 $\mathbb{R}^2$ 上的有界闭区域, 函数 $f(x,y) \in C(D)$, $q_1, \cdots, q_k$ 是 D 中互异的点.

二元多项式插值问题是：寻求 $p(x,y) \in P$, 使之满足插值条件

$$p(q_i) = f(q_i), \quad i = 1, \cdots, k. \tag{1.56}$$

这样的多项式 $p(x,y)$ 称为 $f(x,y)$ 在 P 中的插值多项式, $q_1, \cdots, q_k$ 称为插值结点组.

由 Haar 定理, 为求得插值多项式, 首要的问题是选择插值结点组 $q_1, \cdots, q_k$, 使得插值问题 (1.56) 的解存在并且唯一. 若对任意给定的被插函数 $f(x,y)$, 插值问题 (1.56) 的解存在并且唯一, 则称 $q_1, \cdots, q_k$ 是空间 P 的插值适定结点组.

设 $p(x,y)$ 是 P 中的一个非零多项式, P 中的代数曲线 $p(x,y) = 0$ 由点集

$$\{(x,y) \,|\, p(x,y) = 0, p(x,y) \in P\}$$

所定义. 由插值适定结点组的定义和线性代数理论, 可以建立下述引理.

引理 1.4.1　*点组 $q_1, \cdots, q_k$ 是空间 P 的插值适定结点组, 必须且只需该点组不在 P 中的任何一条非零代数曲线上.*

证明　该引理的必要性是显然的. 事实上, 如果 $q_1, \cdots q_k$ 是 P 中的插值适定结点组, 则插值问题 (1.56) 对任意给定的 $f(x,y)$ 均有唯一的解存在, 于是行列式

$$\Delta = |p_i(q_j)| \neq 0.$$

若有某非零多项式 $p(x,y) \in P$ 存在, 使得点组 $q_1, \cdots, q_k$ 落在代数曲线 $p(x,y) = 0$ 上. 即 $p(q_j) = 0 (j = 1, \cdots, k)$. 由适定性定义, 必有 $p(x,y) \equiv 0$, 这与多项式 $p(x,y)$ 的非零性相矛盾, 必要性得证.

以下证明充分性. 假定 $q_1,\cdots,q_k$ 不是 P 的插值适定结点组. 于是 $\Delta=0$. 这表明 Δ 的 k 个行向量组是线性相关的, 即存在一组不全为零的实数 $c_1,\cdots,c_k$, 使得

$$c_1p_1(q_i)+c_2p_2(q_i)+\cdots+c_kp_k(q_i)=0,\quad i=1,\cdots,k.$$

即 $q_1,\cdots,q_k$ 落在 P 中的代数曲线

$$p(x,y)=c_1p_1(x,y)+c_2p_2(x,y)+\cdots+c_kp_k(x,y)=0$$

上. 充分性得证. 引理证毕.

引理 1.4.1 的作用是将插值的适定性问题转化为一个几何问题, 从而为代数几何方法的运用打下了基础. 关于两条代数曲线交点个数问题有以下著名的 Bezout 定理.

定理 1.4.3(Bezout) 设 $p(x,y)$ 与 $q(x,y)$ 分别是 m 与 n 次的代数多项式. 如果它们的公共零点数多于 mn, 则 $p(x,y)$ 与 $q(x,y)$ 必有公共因子存在.

设 $\mathbb{P}_n$ 表示所有次数不超过 n 的二元多项式构成的集合. l 次代数曲线

$$s(x,y)=0,\quad s(x,y)\in\mathbb{P}_l$$

称为是不可约代数曲线, 如果 $s(x,y)$ 是不可约多项式. 显然, 任何直线都是不可约的代数曲线. $\mathbb{P}_n$ 的一类插值适定结点组选取方法的理论基础为下述定理.

定理 1.4.4 若 $q_1,\cdots,q_k$ 是 $\mathbb{P}_n$ 的插值适定结点组, 且它的每个点都不落在某条 l 次 ($l=1$ 或 2) 不可约代数曲线 $q(x,y)=0$ 上. 则将在该曲线上任意取定的 $(n+3)l-1$ 个不同点与 $q_1,\cdots,q_k$ 放在一起, 必构成空间 $\mathbb{P}_{n+l}$ 的一个插值适定结点组.

证明 采用 Bezout 定理可证明本定理. 用 A 表示在不可约代数曲线$q(x,y)=0$ 上任意取定的 $(n+3)l-1$ 个不同点的集合. 由已知, $\{q_i\}_{i=1}^k$ 的点数为 $k=\dfrac{1}{2}(n+1)(n+2)$. 设 $B=A\cup\{q_i\}_{i=1}^k$, 则点集 B 的点数恰与 $\mathbb{P}_{n+l}$ 的维数 $\dfrac{1}{2}(n+3)(n+2l)$ 相同 (注意 $l=1$ 或 2).

现利用反证法来证明 B 是 $\mathbb{P}_{n+l}$ 的插值适定结点组.

假若 B 不是 $\mathbb{P}_{n+l}$ 的插值适定结点组, 则由引理 1.4.1, 必存在非零多项式 $p(x,y)\in\mathbb{P}_{n+l}$, 使得 B 中所有点落在代数曲线 $p(x,y)=0$ 上. 但 A 中的点均位于不可约代数曲线 $q(x,y)=0$ 上, 于是 l 次不可约代数曲线 $q(x,y)=0$ 与 $n+l$ 次代数曲线 $p(x,y)=0$ 至少有 $(n+3)l-1>(n+1)l$ 个交点. 由 Bezout 定理, $p(x,y)$ 与 $q(x,y)$ 必有公因子存在. 但 $q(x,y)$ 是不可约多项式, 因此 $q(x,y)$ 必为 $p(x,y)$ 的因子, 即有多项式 $r(x,y)\in\mathbb{P}_n$ 存在, 使得

$$p(x,y)=q(x,y)\cdot r(x,y),$$

并有 $r(q_i) = p(q_i)/q(q_i) = 0(i = 1, \cdots, k)$. 再由 $\{q_i\}_{i=1}^k$ 为 $\mathbb{P}_n$ 的插值适定结点组, 所以 $r(x, y) \equiv 0$, 进而 $p(x, y) \equiv 0$, 此与 $p(x, y)$ 是非零多项式的假设矛盾, 因此 B 是 $\mathbb{P}_{n+l}$ 的插值适定结点组. 证毕.

利用定理 1.4.4 可以得到一系列构造插值适定结点组的方法. 例如有以下构造 $\mathbb{P}_n$ 适定结点组的 “添加直线法”.

第 0 步: 在平面上任选一点 q 作为一个结点;

第 1 步: 在平面上任意画一条不通过 q 的直线 L_1, 并于其上任选 2 个互异点作为新增加的结点;

....

第 n 步: 在平面上任意画一条不通过已选好结点的直线 L_n, 并于其上选 $n+1$ 个互异点作为新增加的结点.

第 n 步完成后, 所有 $n+1$ 步所得到的结点组成一个 $\mathbb{P}_n$ 的插值适定结点组, 这样的插值适定结点组称为 n 次直线型插值适定结点组.

由上面一系列的分析可知, 在选好了适定结点组以后, 插值问题 (1.56) 的求解问题, 实质上是一个线性代数问题. 所以人们可以将相应的插值多项式具体求出来. 由于结点组的适定性保证了插值多项式的唯一性, 所以往往可以不必按部就班地去求解线性代数问题 (1.56), 而采取灵活的方法求出多元插值多项式来, 现举两例如下.

例 1.4.8 三角形网点上的 Lagrange 插值多项式.

对于平面上任意给定的三角形 ABC, 将其 3 边分别 n 等分. 过每边上的任一分点, 分别作另两边的平行线, 这样我们便把三角形 ABC 作了三角剖分 (图 1.5).

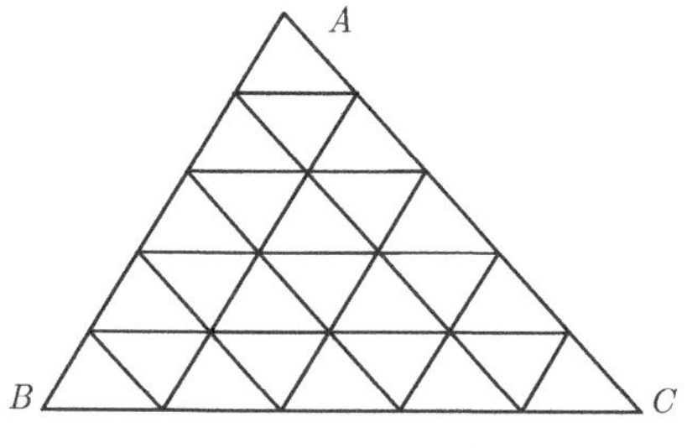

图 1.5 三角形网点

设由上产生的与 BC, AC, AB 平行的直线簇方程分别为

$$a_i(x, y) = \alpha_1 x + \beta_1 y + \gamma_1 + ih_1 = 0, \quad i = 0, 1, \cdots, n,$$
$$b_j(x, y) = \alpha_2 x + \beta_2 y + \gamma_2 + ih_2 = 0, \quad j = 0, 1, \cdots, n,$$
$$c_k(x, y) = \alpha_3 x + \beta_3 y + \gamma_3 + ih_3 = 0, \quad k = 0, 1, \cdots, n,$$

其中, $a_0(x,y)=0, b_0(x,y)=0, c_0(x,y)=0$ 分别是 BC, AC 和 AB 这 3 边的方程. 如果以 q_{ij} 记 $a_i(x,y)=0, b_j(x,y)=0$ 的交点, 则由定理 1.4.4 可知结点组

$$\Omega_n=\{q_{ij}|j=0,1,\cdots n-i, i=0,1,\cdots,n\}$$

是 $\mathbb{P}_n$ 的适定结点组.

记

$$A_i(x,y)=\prod_{l=0}^{i-1}a_l(x,y),\quad A_0(x,y)=1,$$

$$B_j(x,y)=\prod_{l=0}^{j-1}b_l(x,y),\quad B_0(x,y)=1,$$

$$C_k(x,y)=\prod_{l=0}^{k-1}c_l(x,y),\quad C_0(x,y)=1,$$

不难验证, 关于函数 $f(x,y)$ 在 Ω_n 上的 Lagrange 插值公式为

$$f(x,y)=\sum_{0\leqslant i+j\leqslant n}f(q_{ij})L_{ij}(x,y)+r(x,y),$$

其中

$$L_{ij}(x,y)=\frac{A_i(x,y)}{A_i(q_{ij})}\cdot\frac{B_j(x,y)}{B_j(q_{ij})}\cdot\frac{C_{n-i-j}(x,y)}{C_{n-i-j}(q_{ij})}$$

为 Lagrange 型插值基本多项式, 而 $r(x,y)$ 为插值余项.

例 1.4.9 直线简单相交网点上的 Lagrange 插值多项式.

设 $a_i(x,y)=0(i=0,1,\cdots,n)$ 是 $n+1$ 条直线, 它们两两相交, 但任意三条均不相交于一点, 这样所得的交点的集合称为是该直线族的简单相交网. 记 $a_i(x,y)=0$ 与 $a_j(x,y)=0(i\neq j)$ 的交点为 q_{ij}(显然 $q_{ij}=q_{ji}$), 点集

$$\Gamma=\{q_{ij}|i\neq j\}.$$

不难验证, 关于函数 $f(x,y)$ 在 Γ 上的 Lagrange 插值公式为

$$f(x,y)=\sum_{0\leqslant i\leqslant j\leqslant n}f(q_{ij})\frac{S_{ij}(x,y)}{S_{ij}(q_{ij})}+r(x,y),$$

其中, $r(x,y)$ 为插值余项, 且

$$S_{ij}(x,y)=\frac{a_0(x,y)\cdots a_n(x,y)}{a_i(x,y)a_j(x,y)}.$$

1.5 一元样条

多项式插值与逼近有形式简单的优点. 但是由于多项式为幂级数的特例, 因此它在一点处的性质足以决定它的整体性质. 另一方面, 在多项式插值理论中, 具有 n 个插值结点的一元多项式是一个 $n-1$ 次多项式, 它可能有 $n-3$ 个拐点, 这对于比较平滑的函数来说就不那么理想了. 对于函数 $f(x)$(如连续函数或连续可微函数), 当插值多项式的次数逐步增高时, 所得的插值多项式逼近程度是否可得到逐步改善呢? Lagrange 插值多项式有如下余项估计式:

$$|E(f,x)| = |f(x) - L_n(x)| \leqslant \frac{M_{n+1}}{(n+1)!} |(x-x_0)(x-x_1)\cdots(x-x_n)|,$$

其中, $M_{n+1} = \max\limits_{a\leqslant x\leqslant b} \left|f^{(n+1)}(x)\right|$. 当插值多项式的次数较高时, 常有数值不稳定的现象. 例如, 当插值结点数 $n\to\infty$ 时, 插值多项式不一定收敛到被插值函数 $f(x)$. 20 世纪初, 德国数学家 Runge 就给出了一个等距结点插值多项式 $L_n(x)$ 不收敛于 $f(x)$ 的例子.

例 1.5.1 已知区间 $[-1,1]$ 上函数 $f(x) = \dfrac{1}{1+(5x)^2}$. 取等距结点

$$x_i = -1 + \frac{i}{5}, \quad i = 0,1,2,\cdots,10,$$

并作 Lagrange 插值多项式

$$L_{10}(x) = \sum_{i=0}^{10} f(x_i) l_i(x).$$

从图 1.6 中可以看出, 在 $x=0$ 附近, $L_{10}(x)$ 能较好地逼近 $f(x)$, 但在有些地方, 如在 $[-1,-0.8]$ 和 $[0.8,1]$ 之间, $L_{10}(x)$ 与 $f(x)$ 差异很大, 这种现象被称为 Runge 现象. 由于这个原因, 在用多项式插值时不宜选取高次多项式插值, 常用分段多项式或分段函数插值.

在生产和科学实验中, 对所做的插值或逼近曲线既要简单, 又要在曲线的连接处比较光滑, 即所作的分段函数在每段上的多项式次数要低, 而在结点上不仅连续, 还存在连续的低阶导数. 我们把满足这样条件的分段多项式函数称为样条, 而它所对应的曲线称为样条曲线. 样条函数是 1946 年首先由 Schoenberg 系统引入并发展起来的.

本节主要介绍 3 次样条插值、一元样条函数的结构及基本性质.

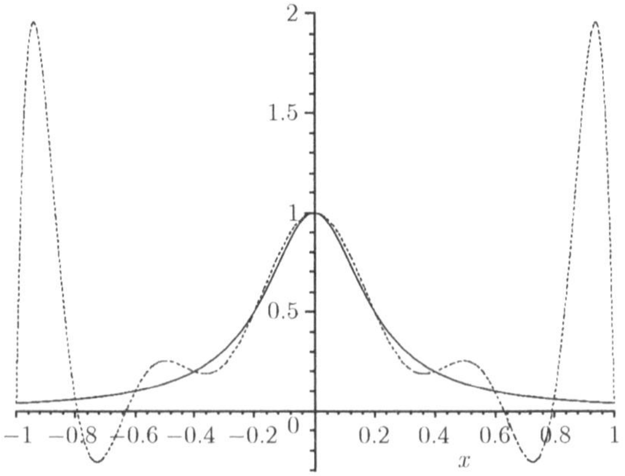

图 1.6 Runge 现象

1.5.1 3 次样条函数插值

样条函数的理论与应用是从 3 次样条开始发展起来的, 在计算几何中, 应用最早、最广泛, 研究得最详细的也是 3 次样条函数.

设给定区间 $[a,b]$ 的一个剖分

$$a = x_0 < x_1 < \cdots < x_N = b. \tag{1.57}$$

3 次样条是这样的一类函数: 它在每个子区间 $[x_{j-1},x_j](j=1,\cdots,N)$ 上是一个 3 次多项式, 而在整个区间 $[a,b]$ 上它有 2 阶连续导数. $x_0,x_1,\cdots,x_N$ 称为样条结点.

3 次样条插值问题是: 任意给定一组常数 $y_0, y_1,\cdots,y_N$, 要求构造一个 3 次样条 $S(x)$, 使其满足插值条件

$$S(x_j) = y_j, \quad j = 0,1,\cdots,N. \tag{1.58}$$

设

$$M_j = S''(x_j), \quad j = 0,1,\cdots,N.$$

因 $S(x)$ 为分段 3 次多项式, 故 $S''(x)$ 在区间 $[x_{j-1},x_j]$ 上为一线性函数. 因而它是过 (x_{j-1},M_{j-1}) 与 (x_j,M_j) 两点的线性插值多项式

$$S''(x) = M_{j-1}\frac{x_j - x}{h_j} + M_j\frac{x - x_{j-1}}{h_j}, \qquad x_{j-1} \leqslant x \leqslant x_j, \tag{1.59}$$

其中, $h_j = x_j - x_{j-1}$.

为了求出 $S(x)$ 在 $[x_{j-1},x_j]$ 上的表达式, 只需对 (1.59) 式积分两次, 并设法定出积分常数就可以了. 因此, 当 $x \in [x_{j-1},x_j]$ 时

$$S(x)=M_{j-1}\frac{(x_j-x)^3}{6h_j}+M_j\frac{(x-x_{j-1})^3}{6h_j}+\left(y_{j-1}-\frac{M_{j-1}h_j^2}{6}\right)\frac{x_j-x}{h_j}+\left(y_j-\frac{M_jh_j^2}{6}\right)\frac{x-x_{j-1}}{h_j}, \tag{1.60}$$

$$S'(x)=-M_{j-1}\frac{(x_j-x)^2}{2h_j}+M_j\frac{(x-x_{j-1})^2}{2h_j}+\frac{y_j-y_{j-1}}{h_j}-\frac{M_j-M_{j-1}}{6}h_j. \tag{1.61}$$

由 (1.60) 式可知, 求 $S(x)$ 关键是设法确定各个 $M_j(j=0,1,\cdots,N)$. 而为了求得各个 M_j, 需借助结点处的光滑连接条件

$$S'(x_j-0)=S'(x_j+0). \tag{1.62}$$

按 (1.61) 式有

$$S'(x_j-0)=\frac{h_j}{6}M_{j-1}+\frac{h_j}{3}M_j+\frac{y_j-y_{j-1}}{h_j},$$
$$S'(x_j+0)=-\frac{h_{j+1}}{3}M_j-\frac{h_{j+1}}{6}M_{j+1}+\frac{y_{j+1}-y_j}{h_{j+1}}.$$

由此可得连续性方程

$$\frac{h_j}{6}M_{j-1}+\frac{h_j+h_{j+1}}{3}M_j+\frac{h_{j+1}}{6}M_{j+1}=\frac{y_{j+1}-y_j}{h_{j+1}}-\frac{y_j-y_{j-1}}{h_j},\quad j=1,\cdots,N-1. \tag{1.63}$$

它给出了关于 $N+1$ 个未知数 M_j 的 $N-1$ 个方程式. 为能唯一确定诸 M_j, 尚需再添加两个条件. 下面只介绍常用的两类边界条件.

(1) 假定 $S'(a)=y'_0$, $S'(b)=y'_N$. 于是按前面公式, 可得方程

$$\begin{aligned}2M_0+M_1&=\frac{6}{h_1}\left(\frac{y_1-y_0}{h_1}-y'_0\right),\\ M_{N-1}+2M_N&=\frac{6}{h_N}\left(y'_N-\frac{y_N-y_{N-1}}{h_N}\right).\end{aligned} \tag{1.64}$$

(2) 假定 $M_0=0$, $M_N=0$, 这相当于自然样条函数的条件.

无论 (1) 或 (2), 均可概括为

$$\begin{cases}2M_0+\lambda_0M_1=d_0,\\ \mu_NM_{N-1}+2M_N=d_N.\end{cases} \tag{1.65}$$

引入记号

$$\lambda_j=\frac{h_{j+1}}{h_j+h_{j+1}},\quad \mu_j=1-\lambda_j,\quad d_j=6\frac{[(y_{j+1}-y_j)/h_{j+1}]-[(y_j-y_{j-1})/h_j]}{h_j+h_{j+1}}, \tag{1.66}$$

其中, $j=1,\cdots,N-1$. 则 (1.63) 式可以改写为

$$\mu_jM_{j-1}+2M_j+\lambda_jM_{j+1}=d_j,\quad j=1,\cdots,N-1. \tag{1.67}$$

由 (1.65) 式, (1.67) 式确定的线性方程组为

$$\begin{pmatrix} 2 & \lambda_0 & & & & & \\ \mu_1 & 2 & \lambda_1 & & & & \\ & \mu_2 & 2 & \lambda_2 & & & \\ & & \ddots & \ddots & \ddots & & \\ & & & \mu_{N-2} & 2 & \lambda_{N-2} & \\ & & & & \mu_{N-1} & 2 & \lambda_{N-1} \\ & & & & & \mu_N & 2 \end{pmatrix} \begin{pmatrix} M_0 \\ M_1 \\ M_2 \\ \vdots \\ M_{N-2} \\ M_{N-1} \\ M_N \end{pmatrix} = \begin{pmatrix} d_0 \\ d_1 \\ d_2 \\ \vdots \\ d_{N-2} \\ d_{N-1} \\ d_N \end{pmatrix}. \tag{1.68}$$

一个 3 次样条函数 $S(x)$, 如果它还满足条件

$$S^{(j)}(a+0) = S^{(j)}(b-0), \quad j = 0, 1, 2,$$

则称之为以 $b-a$ 为周期的 3 次周期样条. 显然, 对以 $b-a$ 为周期的 3 次周期样条函数来说, 应该要求 (1.67) 式对 $j = N$ 的情况也成立. 再注意到这时的 $M_0 = M_N$, 而把 (1.67) 式中的 M_0 换成 M_N, 则相应于 3 次周期样条的方程组为

$$\begin{pmatrix} 2 & \lambda_1 & & & & & \mu_1 \\ \mu_2 & 2 & \lambda_2 & & & & \\ & \mu_3 & 2 & \lambda_3 & & & \\ & & \ddots & \ddots & \ddots & & \\ & & & \mu_{N-2} & 2 & \lambda_{N-2} & \\ & & & & \mu_{N-1} & 2 & \lambda_{N-1} \\ \lambda_N & & & & & \mu_N & 2 \end{pmatrix} \begin{pmatrix} M_1 \\ M_2 \\ M_3 \\ \vdots \\ M_{N-2} \\ M_{N-1} \\ M_N \end{pmatrix} = \begin{pmatrix} d_1 \\ d_2 \\ d_3 \\ \vdots \\ d_{N-2} \\ d_{N-1} \\ d_N \end{pmatrix}, \tag{1.69}$$

其中, $M_0 = M_N, \lambda_N = \dfrac{h_1}{h_N + h_1}, \mu_N = 1 - \lambda_N$.

线性代数方程 (1.68) 可采用追赶法来解. 而方程组 (1.69) 则可把 M_N 先作为参量, 求解其中前 $N-1$ 个方程中的 $N-1$ 个未知数 $M_1, M_2, \cdots, M_{N-1}$ (其解依赖于 M_N), 然后代入最后一个方程求出 M_N, 而 $M_1, M_2, \cdots, M_{N-1}$ 也就随之确定了. 将求得的 $M_0, M_1, \cdots, M_N$ 代入 (1.60) 式中, 便得到了 3 次样条函数 $S(x)$ 在每个区间上的表达式.

例 1.5.2 给定列表函数值

x_j	1	2	4	5
$f(x_j)$	1	3	4	2

求满足自然边界条件 $S''(x_0)=S''(x_n)=0$ 的 3 次样条插值函数 $S(x)$, 并计算 $f(3)$ 的近似值.

解　由已知, 该问题满足自然边界条件, 因此 4 个未知数 $M_0,\cdots,M_3$ 中已确定了 $M_0=M_3=0$, 只需再确定 M_1,M_2 即可. 由连续性方程 (1.63) 与方程 (1.68), 可得

$$\begin{pmatrix} 2 & \lambda_1 \\ \mu_2 & 2 \end{pmatrix}\begin{pmatrix} M_1 \\ M_2 \end{pmatrix}=\begin{pmatrix} d_1 \\ d_2 \end{pmatrix}.$$

利用公式 (1.66) 可得

$$\lambda_1=\frac{2}{3},\quad \mu_2=\frac{2}{3},\quad d_1=-3,\quad d_2=-5.$$

于是上述方程组的解为

$$M_1=-\frac{3}{4},\quad M_2=-\frac{9}{4}.$$

将其与 $M_0=M_3=0$ 代入 (1.60) 式, 便可得到 3 次插值样条函数 $S(x)$ 在每个区间上的表达式为

$$S(x)=\begin{cases} -\frac{1}{8}x^3+\frac{3}{8}x^2+\frac{7}{4}x-1, & 1\leqslant x\leqslant 2, \\ -\frac{1}{8}x^3+\frac{3}{8}x^2+\frac{7}{4}x-1, & 2\leqslant x\leqslant 4, \\ \frac{3}{8}x^3-\frac{45}{8}x^2+\frac{103}{4}x-33, & 4\leqslant x\leqslant 5, \end{cases}$$

并且

$$f(3)\approx S(3)=\frac{17}{4}=4.25.$$

所得 3 次插值样条函数曲线如图 1.7.

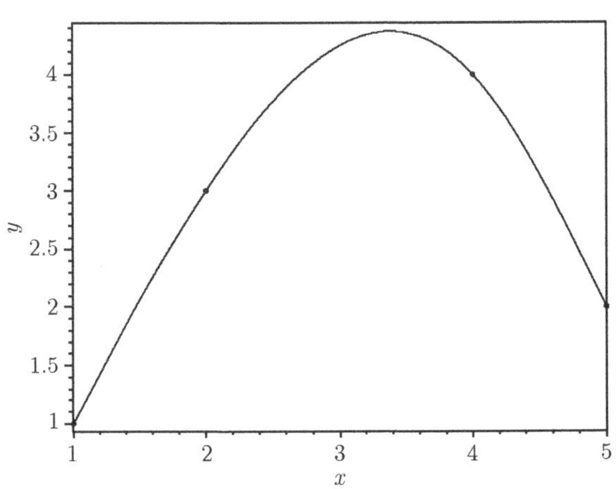

图 1.7　3 次样条插值

1.5.2 样条函数及其性质

上一节介绍了 3 次插值样条函数, 本节介绍一般样条函数的理论及性质.

定义 1.5.1 若给定一组结点

$$-\infty = x_0 < x_1 < \cdots < x_N < x_{N+1} = \infty \tag{1.70}$$

上的分段函数 $S(x)$ 满足

(1) 于每个区间 $[x_j, x_{j+1}]$ $(j=0,\cdots,N)$ 上, $S(x)$ 是一个次数不超过 n 的实系数多项式;

(2) $S(x)$ 于 $(-\infty,\infty)$ 上具有一直到 $n-1$ 阶的连续导数, 则称 $S(x)$ 为 n 次样条函数. 把以 (1.70) 式为结点的 n 次样条函数类记为 $S_n(x_1,x_2,\cdots,x_N)$, 而 $x_1,\cdots,x_N$ 称为样条结点.

特别地, 如果一个 $2n-1$ 次样条函数 $S(x)$, 在区间 $(-\infty,x_1]$ 与 $[x_N,\infty)$ 上的表达式都是 $n-1$ 次多项式 (并不要求该两个 $n-1$ 次多项式相同), 则称之为 $2n-1$ 次的自然样条函数. 以 (1.70) 式为结点的 $2n-1$ 次自然样条函数的总体记为 $N_{2n-1}(x_1,x_2,\cdots x_N)$. 显然

$$N_{2n-1}(x_1,x_2,\cdots,x_N) \subset S_{2n-1}(x_1,x_2,\cdots,x_N). \tag{1.71}$$

下面来给出样条函数类 $S_n(x_1,x_2,\cdots,x_N)$ 中样条函数的一般表达式.

任意给定的 n 次样条函数 $S(x)\in S_n(x_1,x_2,\cdots,x_N)$, 根据定义, 其在每个子区间 $[x_j,x_{j+1}](j=0,\cdots,N)$ 上均为 n 次多项式. 设 $S(x)$ 在子区间 $(-\infty,x_1]$ 内是 n 次多项式 $p_0(x)$, 在 $[x_1,x_2]$ 上是 $p_1(x)$. 考虑下述 n 次多项式

$$\eta(x) = p_1(x) - p_0(x).$$

按 n 次样条函数的定义, $p_0(x)$ 与 $p_1(x)$ 于点 $x=x_1$ 处的函数值以及 1 阶、2 阶, 一直到 $n-1$ 阶导数值皆相等, 因此

$$p_0^{(i)}(x_1) = p_1^{(i)}(x_1), \quad i=0,\cdots,n-1,$$

即

$$\eta^{(i)}(x_1) = 0, \quad i=0,\cdots,n-1.$$

故 $\eta(x)$ 含 $(x-x_1)^n$ 这个因子. 由于 $\eta(x)$ 为 n 次多项式, 所以存在某常数 c_1 使得

$$\eta(x) = c_1(x-x_1)^n,$$

即

$$p_1(x) = p_0(x) + c_1(x-x_1)^n. \tag{1.72}$$

它说明 $S(x)$ 于区间 $[x_1, x_2]$ 上的表达式恰为其前一区间上的表达式加上 $(x-x_1)^n$ 的某一常数倍. 这样一来, $S(x)$ 于 $(-\infty, x_2]$ 上的统一表达式应为

$$S(x)=\begin{cases} p_0(x), & x\in(-\infty,x_1], \\ p_0(x)+c_1(x-x_1)^n, & x\in[x_1,x_2]. \end{cases} \tag{1.73}$$

为把 (1.73) 式写成一个统一的表达式, 引入记号

$$x_+=\max\{0,x\}=\begin{cases} x, & x>0, \\ 0, & x\leqslant 0, \end{cases}$$
$$x_+^m=(x_+)^m.$$

于是 (1.73) 式所示的 $S(x)$ 可紧凑地表示为

$$S(x)=p_0(x)+c_1(x-x_1)_+^n, \quad x\in(-\infty,x_2].$$

继续采用这种分析方法, 可得 $S(x)$ 于整个实轴上的表达式为

$$S(x)=p_0(x)+\sum_{i=1}^{N}c_i(x-x_i)_+^n, \quad x\in(-\infty,\infty). \tag{1.74}$$

显然, 由 (1.74) 式所给出的任一函数 $S(x)$ 必然满足 n 次样条函数的定义 1.5.1, 亦即 $S(x)\in S_n(x_1,x_2,\cdots,x_N)$. 于是有以下定理.

定理 1.5.1　$S(x)\in S_n(x_1,x_2,\cdots,x_N)$ 的充要条件为, 存在 $p_0(x)\in\mathbb{P}_n$ 和 N 个实数 $c_1,c_2,\cdots,c_N$, 使得

$$S(x)=p_0(x)+\sum_{j=1}^{N}c_j(x-x_j)_+^n, \quad x\in(-\infty,\infty). \tag{1.75}$$

此定理说明如下函数系:

$$1,x,x^2,\cdots,x^n,(x-x_1)_+^n,\cdots,(x-x_N)_+^n$$

构成 n 次样条函数类 $S_n(x_1,x_2,\cdots,x_N)$ 的一组基底.

由 (1.71) 式和定理 1.5.1 可知, 任一自然样条 $S(x)\in N_{2n-1}(x_1,x_2,\cdots,x_N)$ 均可表示为

$$S(x)=p_0(x)+\sum_{j=1}^{N}c_j(x-x_j)_+^{2n-1}, \quad x\in(-\infty,\infty), \tag{1.76}$$

其中, $p_0(x)\in\mathbb{P}_{n-1}$.

与定理 1.5.1 不同的是, 只是满足 (1.76) 式还不足以为保证函数 $S(x)$ 是一个自然样条函数. 需要求 $S(x)$ 于 $[x_N,+\infty)$ 中的表达式

$$p_0(x)+\sum_{j=1}^{N}c_j(x-x_j)^{2n-1}$$

也为 $n-1$ 次多项式. 即需要求

$$\begin{aligned}\sum_{j=1}^{N}c_j(x-x_j)^{2n-1}&=\sum_{j=1}^{N}c_j\sum_{i=0}^{2n-1}\begin{pmatrix}2n-1\\ i\end{pmatrix}x^i(-x_j)^{2n-1-i}\\&=\sum_{i=0}^{2n-1}\begin{pmatrix}2n-1\\ i\end{pmatrix}x^i\sum_{j=1}^{N}c_j(-x_j)^{2n-1-i}\\&=\sum_{i=0}^{2n-1}(-1)^{i-1}\begin{pmatrix}2n-1\\ i\end{pmatrix}x^i\sum_{j=1}^{N}c_jx_j^{2n-1-i}.\end{aligned}$$

其中, $x^n,\cdots,x^{2n-1}$ 的系数均为 0, 即

$$\sum_{j=1}^{N}c_jx_j^k=0,\quad k=0,1,\cdots,n-1. \tag{1.77}$$

这样对于自然样条函数, 有如下结论.

定理 1.5.2 为使 $S(x)\in N_{2n-1}(x_1,x_2,\cdots,x_N)$, 必须且只需存在 $p_0(x)\in\mathbb{P}_{n-1}$ 和满足线性约束 (1.77) 式的实数 $c_1,c_2,\cdots,c_N$, 使得

$$S(x)=p_0(x)+\sum_{j=1}^{N}c_j(x-x_j)_+^{2n-1},\quad x\in(-\infty,\infty). \tag{1.78}$$

下面介绍样条函数的积分关系式.

定理 1.5.3 设 $S(x)$ 由 (1.75) 式所给出, 其中 $n=2k-1$, 且

$$a<x_1<x_2<\cdots<x_N<b.$$

又设函数 $f(x)$ 满足下述三性质:

(1) $f(x)\in C^{k-1}[a,b]$ 且 $f^{(k)}(x)$ 于每个开区间 $(x_i,x_{i+1})(i=0,\cdots,N)$ 内连续, 其中 $x_0=a,x_{N+1}=b$;

(2) $f^{(k-r-1)}(x)S^{(k+r)}(x)=0,r=0,1,\cdots,k-2,\ x=a,b$;

(3) $f(a)S^{(2k-1)}(a+0)=f(b)S^{(2k-1)}(b-0)$,

则

$$\int_a^b f^{(k)}(x)S^{(k)}(x)\mathrm{d}x=(-1)^k(2k-1)!\sum_{i=1}^{N}c_if(x_i). \tag{1.79}$$

证明　逐次采用分部积分法, 有

$$\begin{aligned}&\int_a^b f^{(k)}(x)S^{(k)}(x)\mathrm{d}x\\=&\sum_{r=0}^{k-2}(-1)^r[f^{(k-r-1)}(b)S^{(k+r)}(b)-f^{(k-r-1)}(a)S^{(k+r)}(a)]\\&+(-1)^{k-1}\int_a^b f'(x)S^{(2k-1)}(x)\mathrm{d}x.\end{aligned}\tag{1.80}$$

按条件 (2), 上式右端的求和项等于 0. 因为 $S^{(2k-1)}(x)$ 是一个阶梯函数, 所以 (1.80) 式右端积分可表为下面积分的和:

$$\eta_i\int_{x_i}^{x_{i+1}} f'(x)\mathrm{d}x=\eta_i[f(x_{i+1})-f(x_i)],\tag{1.81}$$

其中, η_i 是 $S^{(2k-1)}(x)$ 于 (x_i,x_{i+1}) 中的值 (常数). 将 (1.81) 式右端部分对 i 求和代入 (1.80) 式并重新整理项, 可得

$$\begin{aligned}&\int_a^b f^{(k)}(x)S^{(k)}(x)\mathrm{d}x\\=&\sum_{i=1}^{N} f(x_i)[S^{(2k-1)}(x_i-0)-S^{(2k-1)}(x_i+0)]\\&+f(b)S^{(2k-1)}(b-0)-f(a)S^{(2k-1)}(a+0).\end{aligned}\tag{1.82}$$

按条件 (3), 上式后两项为 0. 又由 (1.75) 式逐项微分可知

$$S^{(2k-1)}(x_i+0)-S^{(2k-1)}(x_i-0)=(2k-1)!c_i,\quad i=1,2,\cdots,N.$$

将其代入 (1.82) 式, 即得 (1.79) 式. 定理证毕.

推论 1.5.1　若在定理 1.5.3 的条件外, 再设 $f(x)$ 于 $x_1,\cdots,x_N$ 处皆为 0, 则

$$\int_a^b f^{(k)}(x)S^{(k)}(x)\mathrm{d}x=0.$$

推论 1.5.2　设样条结点为

$$a<x_1<x_2<\cdots<x_N<b.$$

$S(x)$ 为由 (1.76) 式给出的自然样条函数 $(n>1)$, 且设 $f(x)\in C^{n-1}[a,b]$, $f^{(n)}(x)$ 于每个区间 $(x_i,x_{i+1})(i=0,\cdots,N)$ 内连续, 其中 $x_0=a, x_{N+1}=b$, 则

$$\int_a^b f^{(n)}(x)S^{(n)}(x)\mathrm{d}x=(-1)^n(2n-1)!\sum_{i=1}^{N}c_if(x_i).$$

若 $f(x_i)=0(i=0,\cdots,N)$, 则

$$\int_a^b f^{(n)}(x)S^{(n)}(x)\mathrm{d}x=0.$$

证明 因为 $S(x)\in N_{2n-1}(x_1,x_2,\cdots,x_N)$, 从而 $S^{(n)}(x)\in S_{n-1}(x_1,x_2,\cdots,x_N)$ 且

$$S^{(n)}(x)=0,\quad x\leqslant x_1 \text{ 和 } x\geqslant x_N,$$

由定理 1.5.3 及推论 1.5.1 可得结论成立. 证毕.

下面的定理指出了自然样条函数插值的存在性与唯一性.

定理 1.5.4 设 $1\leqslant n\leqslant N$, 则对任意给定的 $y_1,y_2,\cdots,y_N$, 存在唯一的自然样条函数 $S(x)\in N_{2n-1}(x_1,x_2,\cdots,x_N)$, 使得

$$S(x_j)=y_j,\quad j=1,2,\cdots,N.$$

证明 由定理 1.5.2, 为证本定理, 只需证明线性方程组

$$\begin{cases} p_0(x_j)+\displaystyle\sum_{i=1}^N c_i(x_j-x_i)^{2n-1}=y_j, & j=1,\cdots,N,\\ \displaystyle\sum_{i=1}^N c_i x_i^k=0, & k=0,\cdots,n-1\end{cases}\tag{1.83}$$

对任意给定的 $y_1,y_2,\cdots,y_N$ 皆有唯一解. 由线性代数理论, 这只需证明与 (1.83) 式相应的齐次线性方程只有零解即可. 假设

$$S_0(x)\in N_{2n-1}(x_1,x_2,\cdots,x_N)$$

满足

$$S_0(x_j)=0,\quad j=1,\cdots,N.\tag{1.84}$$

即 $S_0(x)$ 相应表达式系数满足与 (1.83) 式相对应的齐次方程组. 考虑

$$\sigma(S_0)=\int_a^b [S_0^{(n)}(x)]^2\mathrm{d}x,$$

其中, $[a,b]$ 满足 $a<x_1<\cdots<x_N<b$. 于推论 1.5.2 中, 取 $f(x)=S_0(x)$, 并利用 (1.84), 可知

$$\sigma(S_0)=\int_a^b [S_0^{(n)}(x)]^2\mathrm{d}x=0,$$

于是

$$S_0^{(n)}(x)\equiv 0,\quad x\in[a,b].$$

由此可知 $S_0(x)$ 是一个次数不超过 $n-1$ 的多项式. 而由 (1.84) 式, $S_0(x)$ 于 $N(\geqslant n)$ 个互异点处为 0, 是故

$$S_0(x) \equiv 0.$$

因此 (1.83) 式相对应的齐次方程组只有零解. 定理证毕.

定理 1.5.4 从理论上指明了自然样条函数插值的存在唯一性, 这不仅有理论意义, 而且在实际计算中有重要的指导意义.

下面介绍自然样条函数插值的所谓最光滑性质, 它是首先由 Holladay 于 1957 年给出的.

定理 1.5.5 设 $1 \leqslant n \leqslant N$, 且

$$a \leqslant x_1 < x_2 < \cdots < x_N \leqslant b.$$

又设 $S(x) \in N_{2n-1}(x_1, x_2, \cdots, x_N)$ 是满足插值条件

$$S(x_j) = y_j, \quad j = 1, \cdots, N \tag{1.85}$$

的自然样条函数, 则对任何满足插值条件

$$f(x_j) = y_j, \quad j = 1, \cdots, N$$

的函数 $f(x) \in C^n[a, b]$ 必有

$$\int_a^b [S^{(n)}(x)]^2 \mathrm{d}x \leqslant \int_a^b [f^{(n)}(x)]^2 \mathrm{d}x, \tag{1.86}$$

且上式等号仅当 $f(x) \equiv S(x)$ 时才成立.

证明 根据自然样条函数的定义,

$$S^{(n)}(x) = 0, \quad x \leqslant x_1, \quad x \geqslant x_N.$$

为证 (1.86) 式, 只需证明

$$\int_{x_1}^{x_N} [S^{(n)}(x)]^2 \mathrm{d}x \leqslant \int_{x_1}^{x_N} [f^{(n)}(x)]^2 \mathrm{d}x.$$

显然

$$\int_{x_1}^{x_N} [f^{(n)}(x)]^2 \mathrm{d}x = \int_{x_1}^{x_N} [S^{(n)}(x)]^2 \mathrm{d}x + \int_{x_1}^{x_N} [f^{(n)}(x) - S^{(n)}(x)]^2 \mathrm{d}x$$
$$+ 2\int_{x_1}^{x_N} S^{(n)}(x)[f^{(n)}(x) - S^{(n)}(x)]^2 \mathrm{d}x.$$

对上述右端第 3 个积分作分部积分, 得

$$2(-1)^{n-1}\sum_{j=1}^{N-1}\int_{x_j}^{x_{j+1}} S^{(2n-1)}(x)[f'(x)-S'(x)]\mathrm{d}x.$$

按自然样条函数的定义, $S^{(2n-1)}(x)$ 于每个区间 (x_j, x_{j+1}) 内为常数, 而按插值条件, $f(x)-S(x)$ 又在该区间的两端 x_j, x_{j+1} 处为 0. 所以上述积分为 0, 即

$$\int_{x_1}^{x_N}[f^{(n)}(x)]^2\mathrm{d}x=\int_{x_1}^{x_N}[S^{(n)}(x)]^2\mathrm{d}x+\int_{x_1}^{x_N}[f^{(n)}(x)-S^{(n)}(x)]^2\mathrm{d}x. \tag{1.87}$$

从而不等式 (1.86) 成立.

最后, 若设 (1.86) 式中的等号成立, 则由 (1.87) 式可知

$$f^{(n)}(x)-S^{(n)}(x)\equiv 0,\quad x\in[x_1,x_N],$$

从而 $f(x)-S(x)\in\mathbb{P}_{n-1}$. 又由 $f(x)$ 所满足插值条件, $f(x)-S(x)$ 于 $N(\geqslant n)$ 个互异点处为 0, 于是其必恒为 0, 即 $f(x)\equiv S(x)$. 证毕.

若于定理 1.5.5 中取 $n=2$, 则 (1.86) 式成为

$$\int_a^b[S''(x)]^2\mathrm{d}x\leqslant\int_a^b[f''(x)]^2\mathrm{d}x. \tag{1.88}$$

我们知道, 一个函数当其 1 阶导数较小时, 其 2 阶导数与其曲率值是很接近的

$$y''\approx\kappa=\frac{y''}{\left(1+y'^2\right)^{3/2}}.$$

而曲率小在几何上理解为“平滑”也是很自然的, 因此常称自然样条函插值是最“光滑”曲线插值.

由定理 1.5.1 中的 (1.75) 式可知, 样条空间 $S_n(x_1,x_2,\cdots,x_N)$ 的维数为 $N+n+1$. 样条函数的插值问题是: 对于给定点列

$$\xi_1<\xi_2<\cdots<\xi_{N+n+1} \tag{1.89}$$

与任意给定的一组实数 $y_1,y_2,\cdots,y_{N+n+1}$, 是否存在唯一的 n 次样条函数 $S(x)\in S_n(x_1,x_2,\cdots,x_N)$, 使得

$$S(\xi_j)=y_j,\quad j=1,2,\cdots,N+n+1 \tag{1.90}$$

成立? 为了解决这个问题, 首先给出如下结论.

定理 1.5.6　对于 $k>0$, 行列式

$$|(\xi_i - x_j)_+^k| = \begin{vmatrix} (\xi_1 - x_1)_+^k & (\xi_1 - x_2)_+^k & \cdots & (\xi_1 - x_m)_+^k \\ (\xi_2 - x_1)_+^k & (\xi_2 - x_2)_+^k & \cdots & (\xi_2 - x_m)_+^k \\ \vdots & \vdots & & \vdots \\ (\xi_m - x_1)_+^k & (\xi_m - x_2)_+^k & \cdots & (\xi_m - x_m)_+^k \end{vmatrix} > 0, \tag{1.91}$$

必须且只须下述不等式均成立:

$$\xi_{i-k-1} < x_i < \xi_i, \quad i = 1, 2, \cdots, N. \tag{1.92}$$

定理 1.5.6 是非常重要的定理, 鉴于篇幅, 在此不能给出证明. 有了定理 1.5.6, 则一般样条函数插值问题就可得到解决.

定理 1.5.7　对任意给定的 $y_1, y_2, \cdots, y_{N+n+1}$, 插值问题 (1.90) 均有解, 必须且只需

$$\xi_i < x_i < \xi_{i+n+1}, \quad i = 1, 2, \cdots, N. \tag{1.93}$$

并且在这种情况下 (1.90) 式的解还是唯一的.

证明　由定理 1.5.6, 并注意在区间 $[\xi_1, \xi_{n+N+1}]$ 内, $S(x)$ 可表示为

$$\sum_{j=1}^{n+N+1} a_j (x - \zeta_j)_+^n,$$

此处 $\zeta_1 < \zeta_2 < \cdots < \zeta_{n+1} < \xi_1$ 且 $\zeta_{n+j+1} = x_j$. 插值问题 (1.90) 是一个线性代数方程组. 由线性代数理论, 它对任意 $\{y_j\}$ 都有唯一解, 必须且只需其相应系数行列式不等于 0. 于是由定理 1.5.6 可知, 为使对任意给定的一组 $y_1, y_2, \cdots, y_{N+n+1}$, 插值问题 (1.90) 均有解, 必须且只需 (1.92) 型不等式成立. 再由 $\zeta_{n+j+1} = x_j$ 等关系式, 可知此时必须且只需

$$\xi_i < x_i < \xi_{i+n+1}, \quad i = 1, 2, \cdots, N$$

成立. 定理得证.

定理 1.5.7 从理论上完全解决了 n 次样条函数的插值问题解的存在性与唯一性问题. 它在理论和实际应用上都有指导意义. 例如, 显然有以下结论.

推论 1.5.3　给定插值结点 $\xi_1 < \xi_2 < \cdots < \xi_m$, 考虑具有 N 个样条结点的 $n = m - N - 1$ 次样条函数, 其 N 个样条结点取自 $\xi_2, \cdots, \xi_{m-1}$ 之内. 则对任何一组 $y_1, y_2, \cdots, y_m$, 插值问题 (1.90) 皆有唯一解.

注 1.5.1 如果将定义 1.5.1 中的结点改为

$$a = x_0 < x_1 < \cdots < x_N < x_{N+1} = b,$$

条件 (2) 改为 $S(x)$ 于 $[a,b]$ 上具有一直到 $\mu(\mu < n)$ 阶的连续导数, 则 $S(x)$ 称为区间 $[a,b]$ 上的分段 n 次且 μ 阶光滑的样条函数. 类似地, 可以得到它在 $[a,b]$ 上的表达式为

$$S(x) = q_0(x) + \sum_{i=1}^{N} c_i(x)(x - x_i)_+^{\mu}, \quad x \in [a,b],$$

其中, $q_0(x) \in \mathbb{P}_n, c_i(x) \in \mathbb{P}_{n-\mu}$.

对于一元样条函数来说, 应用最为广泛的为具有局部支集的 B 样条函数. 有关 B 样条函数的定义及性质将在以后章节中介绍.

1.6 多元样条简介

1.6.1 多元样条空间的基本定理

本节介绍二元样条空间的一些基本理论, 详细内容可参阅文献 [3]. 设 D 为二维欧氏空间 $\mathbb{R}^2$ 中的单连通区域, 整体次数为 k 的二元多项式类定义为

$$\mathbb{P}_k := \left\{ \sum_{i=0}^{k} \sum_{j=0}^{k-i} c_{ij} x^i y^j \,|c_i j \in \mathbb{R} \right\}.$$

二元多项式 $p \in \mathbb{P}_k$ 称为是不可约的, 如果 (在复域中) 除常数和该多项式本身外, 没有其他多项式可整除它.

用有限条不可约代数曲线对区域 D 进行剖分 Δ, 则 D 被剖分为有限个子区域 $D_1, D_2, \cdots, D_N$, 它们称作是剖分 Δ 的胞腔. 胞腔的边界线段称为网线或边, 网线的端点称为网点或顶点. 所有以某一网点 V 为顶点的胞腔的并集称为网点 V 的星形域或关联域, 记为 $St(V)$.

剖分 Δ 上的二元样条空间定义为

$$S_k^{\mu}(\Delta) = \{s \in C^{\mu}(D) | s|_{D_i} \in \mathbb{P}_k, i = 1, 2, \cdots, N\}. \tag{1.94}$$

按以上定义可知, 任一样条 $s \in S_k^{\mu}(\Delta)$ 均为在 D 上具有 μ 阶连续偏导数的分片 k 次多项式.

若样条 $s \in S_k^{\mu}(\Delta)$ 在某一网点 V 的星形域 $St(V)$ 的每个胞腔上为同一 k 次多项式, 则称该样条于 $St(V)$ 上是蜕化的, 若 s 于 Δ 的所有胞腔上均为同一 k 次多项式, 则称 s 为整体蜕化的样条. 只要 s 不是整体蜕化, 就称 s 为非蜕化的. 和

一元样条本质不同的是, 对于剖分 Δ 来说, 非蜕化的样条不一定总是存在的. 因此对于多元样条来说, 首先要弄清剖分 Δ 与多元样条的存在性之间的关系. 首先介绍以下定理.

定理 1.6.1 设函数 $z = s(x, y)$ 在两相邻胞腔 D_i 和 D_j 上的表达式分别为 $z|_{D_i} = p_i(x, y)$ 和 $z|_{D_j} = p_j(x, y)$, 其中 $p_i, p_j \in \mathbb{P}_k$(图 1.8). 为使

$$s(x, y) \in C^\mu(\overline{D_i \cup D_j}),$$

必须且只需存在多项式 $q_{ij} \in \mathbb{P}_{k-d(\mu+1)}$, 使得

$$p_j(x, y) - p_i(x, y) = [l_{ij}(x, y)]^{\mu+1} \cdot q_{ij}(x, y), \tag{1.95}$$

其中

$$\Gamma_{ij}: \quad l_{ij}(x, y) = 0$$

为 $\overline{D_i}$ 与 $\overline{D_j}$ 的公共网线, 而 $l_{ij}(x, y)$ 为 d 次不可约多项式.

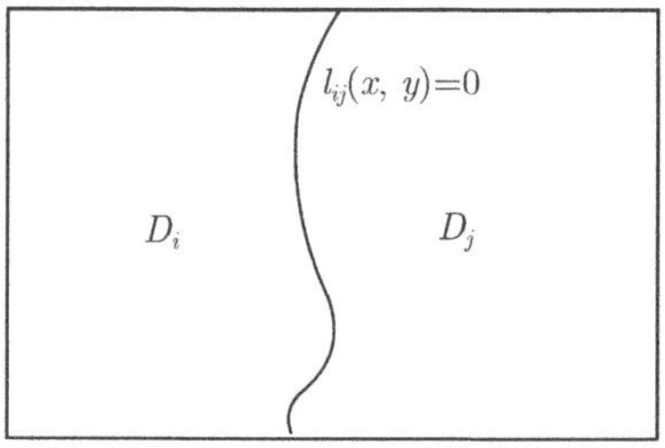

图 1.8 相邻胞腔 D_i 与 D_j

证明 先取 $\mu = 0$. 按定理条件, $s(x, y)$ 于 Γ_{ij} 上处处连续, 即

$$\eta(x, y) = p_j(x, y) - p_i(x, y)$$

于 Γ_{ij} 上处处为 0. 于是 Γ_{ij} 上的任一点均为 $l_{ij}(x, y)$ 与 $\eta(x, y)$ 的公共零点. 因为 $l_{ij}(x, y)$ 与 $\eta(x, y)$ 有无穷多个公共零点, 根据 Bezout 定理, $l_{ij}(x, y)$ 与 $\eta(x, y)$ 必有公共因子. 但 $l_{ij}(x, y)$ 为不可约多项式, 所以它必为 $\eta(x, y)$ 的因子, 即存在一个多项式 $q_1(x, y)$(一般来说为复多项式) 使得

$$\eta(x, y) = p_j(x, y) - p_i(x, y) = l_{ij}(x, y) \cdot q_1(x, y).$$

由于 $\eta(x, y)$ 与 $l_{ij}(x, y)$ 为实系数多项式, 只需于上式两边取共轭复数, 即可证明 $q_1(x, y)$ 必为实系数多项式.

若取 $\mu = 1$. 根据 $\eta(x, y)$ 于 Γ_{ij} 上 1 阶偏导数处处为零的性质可知

$$\left(\frac{\partial q_1}{\partial x} l_{ij} + q_1 \cdot \frac{\partial l_{ij}}{\partial x}\right)\Big|_{\Gamma_{ij}} = \left(q_1 \cdot \frac{\partial l_{ij}}{\partial x}\right)\Big|_{\Gamma_{ij}} = 0\,,$$

$$\left(\frac{\partial q_1}{\partial y}l_{ij}+q_1\cdot\frac{\partial l_{ij}}{\partial y}\right)|_{\Gamma_{ij}}=\left(q_1\cdot\frac{\partial l_{ij}}{\partial y}\right)|_{\Gamma_{ij}}=0\,.$$

因为 l_{ij} 为不可约多项式, $\frac{\partial l_{ij}}{\partial x}$ 在 Γ_{ij} 上不能处处为零. 不然的话, 按 Bezout 定理, $\frac{\partial l_{ij}}{\partial x}$ 与 l_{ij} 必有公因子存在. 但 $\frac{\partial l_{ij}}{\partial x}$ 次数低于 l_{ij} 的次数, 因此势必 $\frac{\partial l_{ij}}{\partial x}$ 要整除 l_{ij}, 这与 l_{ij} 不可约性相矛盾. 总之, 由前面两式能推出 $q_1(x,y)$ 在 Γ_{ij} 上处处为 0. 再一次运用 Bezout 定理, 可知存在 $q_2(x,y)\in\mathbb{P}_{k-2d}$, 使得

$$q_1(x,y)=l_{ij}(x,y)\cdot q_2(x,y).$$

因此

$$\eta(x,y)=p_j(x,y)-p_i(x,y)=[l_{ij}(x,y)]^2\cdot q_2(x,y).$$

依次类推, 根据 $s(x,y)$ 于 $\overline{D_i\cup D_j}$ 上的 μ 阶偏导数的连续性, 最后可得 (1.95) 式.

反之, 如果 (1.95) 式成立, 则显然 $s(x,y)\in C^{\mu}(\overline{D_i\cup D_j})$. 证毕.

按 (1.95) 式所确定的多项式 $q_{ij}(x,y)$ 称为内网线 $\Gamma_{ij}:l_{ij}(x,y)$=0 上的 (从 D_i 到 D_j 的) 光滑余因子. 称内网线 Γ_{ij} 上的光滑余因子存在, 即指形如 (1.95) 式的等式成立.

相邻两胞腔 D_i,D_j 的公共网线为 $\Gamma_{ij}=\Gamma_{ji}:l_{ij}(x,y)=l_{ji}(x,y)=0$. 由 (1.95) 式, Γ_{ij} 上的光滑余因子 $q_{ij}(x,y)$ 与 Γ_{ji} 上的光滑余因子 q_{ji} 满足关系式

$$q_{ij}(x,y)\equiv -q_{ji}(x,y).$$

设 A 为剖分的任一给定的内网点. 按下列顺序将过 A 的所有内网线 $\{\Gamma_{ij}\}$ 所涉及的指标 i,j 作如下调整: 使当一动点沿 A 为心的逆时针方向越过 Γ_{ij} 时, 恰好是从 D_i 跨入 D_j.

内网点 A 处的协调条件定义为

$$\sum_A[l_{ij}(x,y)]^{\mu+1}\cdot q_{ij}(x,y)\equiv 0, \tag{1.96}$$

其中, $\sum\limits_A$ 表示对一切以内网点 A 为一端点的内网线所求的和, 而 $q_{ij}(x,y)$ 为 Γ_{ij} 上的光滑余因子.

设剖分 Δ 的所有内网点为 $A_1,\cdots,A_M$. 整体协调条件定义为

$$\sum_{A_\nu}[l_{ij}^{(v)}(x,y)]^{\mu+1}\cdot q_{ij}^{(v)}(x,y)\equiv 0,\quad \nu=1,\cdots,M. \tag{1.97}$$

其中, 相应于内网点 A_ν 的协调条件之 $q_{ij}^{(\nu)}(x,y)$ 应满足 (1.96) 式的要求.

以下定理给出了多元样条的本质特征.

定理 1.6.2　对给定的剖分 Δ, 函数 $s(x,y) \in S_k^\mu(\Delta)$, 必须而且只需 $s(x,y)$ 在每一条内网线上均有一光滑余因子存在, 并且满足 (1.97) 式所示的整体协调条件.

事实上, 各内网线上光滑余因子的存在性等价于由该分片多项式的 C^μ 光滑连接性质. 而各内网点处满足协调条件, 即整体协调条件又等价于该分片多项式在整个区域 D 上的单值性. 所以定理 1.6.2 必然成立, 请读者自行给出细节 (留作习题).

定理 1.6.2 表明, 多元样条的主要问题等价于由 (1.97) 式所确定的代数问题.

1.6.2　多元样条空间的维数

多元样条空间 $S_k^\mu(\Delta)$ 是一个线性空间. 对于各种特定的剖分, 如何找出 $S_k^\mu(\Delta)$ 的便于应用的基函数组, 是多元样条理论和应用的关键问题之一. 为此, 首先应求出样条空间 $S_k^\mu(\Delta)$ 的维数 $\dim S_k^\mu(\Delta)$. 因为样条空间的维数, 正是该空间基函数组中所含函数的个数.

遗憾的是, 多元样条空间的维数, 特别是当值 μ 和 k 接近时, 有时会严重依赖于剖分的几何性质. 例如, 对于样条空间

$$S_2^1(\Delta_{MS}),$$

可以算出下述维数公式

$$\dim S_2^1(\Delta_{MS}) = \begin{cases} 7, & \text{当 } AA', BB', CC' \text{ 3 条直线共点时}, \\ 6, & \text{其他情形}, \end{cases}$$

其中, Δ_{MS} 是著名的 Morgan-Scott 三角剖分 (图 1.9).

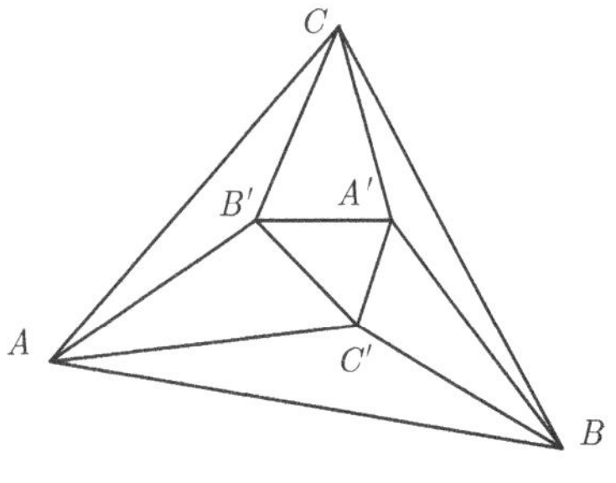

图 1.9　Morgan-Scott 剖分

顺便指出, 对于任意三角剖分来说, 多元样条空间 $S_2^1(\Delta)$ 的维数问题至今仍是一个国际上尚未最终解决的公开问题.

若区域 D 的剖分是由有限条贯穿区域 D 的直线切割而成的, 则称剖分是贯穿剖分, 常记之为 Δ_c. 每一条贯穿区域 D 的直线称为贯穿线. 对于贯穿剖分 Δ_c 上的多元样条空间有如下维数公式.

定理 1.6.3　设 Δ_c 为对区域 D 的贯穿剖分, 则如下维数公式成立:

$$\dim S_k^\mu(\Delta_c) = \begin{pmatrix} k+2 \\ 2 \end{pmatrix} + L \cdot \begin{pmatrix} k-\mu+1 \\ 2 \end{pmatrix} + \sum_{i=1}^{V} d_k^\mu(n_i), \tag{1.98}$$

其中, L 为形成 Δ_c 的贯穿线数, V 为 Δ_c 中内网点数, n_i 是经过第 i 个内网点的贯穿线数, 而

$$d_k^\mu(n)=\frac{1}{2}\left(k-\mu-\left[\frac{\mu+1}{n-1}\right]\right)_+\cdot\left((n-1)k-(n+1)\mu+(n-3)+(n-1)\left[\frac{\mu+1}{n-1}\right]\right), \tag{1.99}$$

其中, $[x]$ 表示不超过 x 的最大整数.

根据定理 1.6.2 与贯穿剖分的特点可以证明定理 1.6.3. 鉴于篇幅此处从略, 请读者自行补证或参阅有关资料.

如下的三角剖分 $\Delta_{mn}^{(1)}$ 和 $\Delta_{mn}^{(2)}$(图 1.10) 分别称为 1-型和 2-型三角剖分.

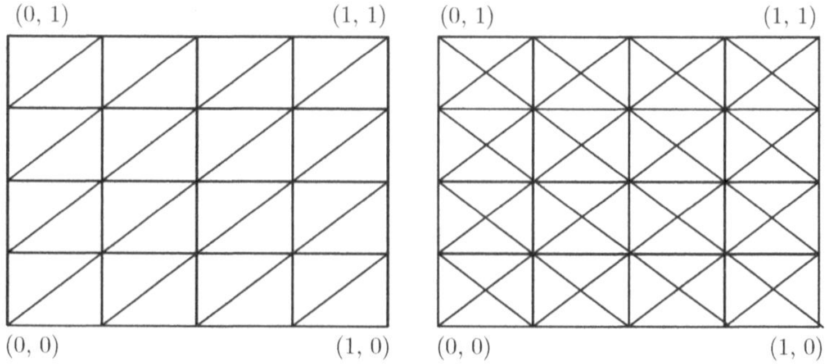

图 1.10 $\Delta_{mn}^{(1)}$(左图) 与 $\Delta_{mn}^{(2)}$(右图)

它们都是对矩形区域 $D=[0,1]\otimes[0,1]$ 利用如下直线进行剖分:

(1) $\Delta_{mn}^{(1)}$

$$\begin{aligned}&mx-i=0,\quad ny-i=0,\\&ny-mx-i=0,\\&i=0,\pm1,\pm2,\cdots;\end{aligned}$$

(2) $\Delta_{mn}^{(2)}$

$$\begin{aligned}&mx-i=0,\quad ny-i=0,\\&ny-mx-i=0,\quad ny+mx-i=0,\\&i=0,\pm1,\pm2,\cdots.\end{aligned}$$

$\Delta_{mn}^{(1)}$ 和 $\Delta_{mn}^{(2)}$ 是很重要的三角剖分, 显然它们也是贯穿剖分. 作为定理 1.6.3 的推论, 可以得到 1-型和 2-型三角剖分上多元样条空间的维数公式如下:

定理 1.6.4

$$\begin{aligned}\dim S_k^\mu(\Delta_{mn}^{(1)})=&\binom{k+2}{2}+(2m+2n-3)\binom{k-\mu+1}{2}\\&+(m-1)(n-1)\left(k-\mu-\left[\frac{\mu+1}{2}\right]\right)_+\cdot\left(k-2\mu+\left[\frac{\mu+1}{2}\right]\right),\end{aligned} \tag{1.100}$$

$$\dim S_k^\mu(\varDelta_{mn}^{(2)}) = \begin{pmatrix} k+2 \\ 2 \end{pmatrix} + (3m+3n-4)\begin{pmatrix} k-\mu+1 \\ 2 \end{pmatrix} + mn\begin{pmatrix} k-2\mu \\ 2 \end{pmatrix} + \frac{1}{2}(m-1)(n-1)\left(k-\mu-\left[\frac{\mu+1}{3}\right]\right)_+ \cdot \left(3k-5\mu+3\left[\frac{\mu+1}{3}\right]+1\right). \tag{1.101}$$

1.6.3 多元 B 样条与拟插值算子

对于给定剖分 $\varDelta$, 所有以 $\varDelta$ 的网线为边的多边形的集合记为 $\varGamma$. 我们说 $\varphi \in S_k^\mu(\varDelta)$ 是一个具有局部支集的多元样条, 如果存在 $\gamma \in \varGamma$, 使得 φ 于多边形 γ 的外部处处为 0. 此时 γ 称为多元样条 φ 的支集. 从数值分析和计算的角度考虑, 最有兴趣的问题之一, 是找出 $S_k^\mu(\varDelta)$ 的由具有局部支集样条组成的基函数.

此处仅讨论 $S_k^\mu(\varDelta_{mn}^{(1)})$ 和 $S_k^\mu(\varDelta_{mn}^{(2)})$ 的具有局部支集样条基函数. 特别地, 我们仅讨论其中 $\mu=1$, 且 k 尽可能小的情形. 它们在实际问题中是最重要的.

由定理 1.6.3 可知, 要使 $S_k^\mu(\varDelta)$ 中的具局部支集的样条得以存在, 则在其支集多边形各顶点处的网线 (直线) 数 n 必须满足如下基本不等式:

$$n > \frac{k+1}{k-\mu}. \tag{1.102}$$

因为只有满足 (1.102), 在那个顶点处的协调条件解空间的维数 $d_k^\mu(n)$ 才大于 0. 由此可知, 在 $S_k^1(\varDelta_{mn}^{(1)})$ 和 $S_k^1(\varDelta_{mn}^{(2)})$ 中欲使具有局部支集的样条得以存在, 其分片多项式的最小次数 k 分别为 3 和 2. 以下仅对如下两类样条空间:

$$S_3^1(\varDelta_{mn}^{(1)}), \quad S_2^1(\varDelta_{mn}^{(2)})$$

具有局部支集的基函数进行讨论.

空间　$S_3^1(\varDelta_{mn}^{(1)})$.

按维数公式 (1.100), 该空间的维数为

$$\dim S_3^1(\varDelta_{mn}^{(1)}) = 2(m+2)(n+2)-5. \tag{1.103}$$

在空间 $S_3^1(\varDelta_{mn}^{(1)})$ 中有两个具有局部支集的样条 $B^1(x,y)$ 和 $B^2(x,y)$, 它们的支集分别为六边形 A_1 和 A_2(图 1.11), $B^1(x,y)$ 与 $B^2(x,y)$ 有如下关系:

$$B^2(x,y) = B^1(-x,-y). \tag{1.104}$$

我们可以给出 $B^1(x,y)$ 在支集 A_1 各胞腔上的表达式. 因为在三角形上定义的任意一个 3 次多项式可由它在 3 个顶点处的值, 关于 x, y 的两个一阶偏导数值, 以及它在此三角形重心处的值所唯一确定. 若以一个三维向量表示 $B^1(x,y)$ 在某网

点处的那三个值 $\left(B^1, \dfrac{\partial B^1}{\partial x}, \dfrac{\partial B^1}{\partial y}\right)$, 则 $B^1(x,y)$ 在诸网点的值为

$$C\left(\frac{1}{3},1,-1\right), \quad D\left(\frac{1}{3},-1,0\right), \quad E\left(\frac{1}{3},0,1\right), \quad F_i\,(0,0,0), \quad i=1,\cdots,9.$$

而 $B^1(x,y)$ 在诸三角形重心处的值, 分别记在相应的三角形中 (图 1.11). 从中不难发现某种意义的对称性. $B^2(x,y)$ 的值完全可由 (1.104) 式所确定.

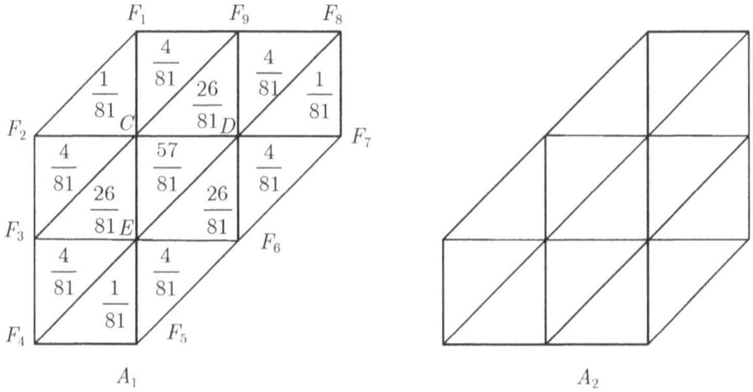

图 1.11 $S_3^1(\Delta_{mn}^{(1)})$ 的两个局部支集

B^1 和 B^2 都是 $S_3^1(\Delta_{mn}^{(1)})$ 中具有最小局部支集的样条, 常称之为 B 样条. 考虑 B^1 和 B^2 的平移, 并定义

$$B_{ij}^r(x,y) = B^r(x-i/m, y-j/n), \quad r=1,2$$

和下标集

$$\sigma_r = \left\{(i,j)\,\middle|\,B_{ij}^r(x,y)\text{在区域 } D \text{ 上不恒为零}\right\}.$$

容易算出 $\sigma_1 \cup \sigma_2$ 的元素的个数为

$$2(m+2)(n+2)-2,$$

它比空间 $S_3^1(\Delta_{mn}^{(1)})$ 的维数还要多 3. 所以

$$\mathcal{B} = \left\{B_{ij}^1\,|(i,j)\in\sigma_1\right\} \cup \left\{B_{ij}^2\,|(i,j)\in\sigma_2\right\}$$

是线性相关的. 这表明二元样条空间中的 B 样条集合未必是线性无关的. 这与一元情况相比较, 有着本质的差别.

对于 $S_3^1(\Delta_{mn}^{(1)})$ 来讲, 可以证明

$$S_3^1(\Delta_{mn}^{(1)}) = \operatorname{span}\{\mathcal{B}\}, \tag{1.105}$$

并且按确定的规律从 $\mathcal{B}$ 中删去某 3 个, 剩下的 B 样条是线性无关的. 不仅如此, 并且对 $r=1,2$ 均有如下性质:

$$\sum_{(i,j)\in\sigma_r} B_{ij}^r(x,y)\equiv 1,\quad \forall(x,y)\in D. \tag{1.106}$$

(1.106) 式所表示的性质, 称为单位分解性质. 可根据 $B_{ij}^r(x,y)$ 的定义证明, 此处不给出 (1.105) 式的详细证明.

因为 (1.105) 式成立, 因此可用 B 样条级数

$$\sum_{(i,j)\in\sigma_r} a_{ij}B_{ij}^r(x,y)$$

来插值与逼近 D 上的连续函数 $f(x,y)$. 定义下列拟插值算子 (变差缩减算子):

$$(V^r)f(x,y)=\sum_{(i,j)\in\sigma_r} f\left(\frac{i}{m},\frac{j}{n}\right)B_{ij}^r(x,y),\quad r=1,2. \tag{1.107}$$

显然它们是线性正算子. 可以证明, 对一切多项式 $p\in\mathbb{P}_1$, 均有

$$(V^r p)(x,y)\equiv p(x,y). \tag{1.108}$$

(1.108) 式的证明留作习题.

记剖分 $\Delta_{mn}^{(1)}$ 的直径为

$$\delta_{mn}=\sqrt{\frac{1}{m^2}+\frac{1}{n^2}}.$$

因为单位分解性质 (1.106) 式成立, 故不难用连续模数估计法证得如下定理.

定理 1.6.5　*对任意给定的 $f(x,y)\in C(D)$, 均有如下的极限成立:*

$$\lim_{\delta_{mn}\to 0}(V^r f)(x,y)=f(x,y),\quad (x,y)\in D,\quad r=1,2. \tag{1.109}$$

并且上述极限关系式在 D 上一致成立.

(1.105) 式表示, 为确定 $S_3^1(\Delta_{mn}^{(1)})$ 中的样条, 只须根据已知条件去确定作为 $\mathcal{B}$ 中诸元素线性组合的系数. 而定理 1.6.5 表明, 对任意给定的连续函数 $f(x,y)\in C(D)$, 人们恒可利用拟插值算子 $(V^r f)(x,y)$ 来逼近.

空间　$S_2^1(\Delta_{mn}^{(2)})$.

按维数公式 (1.101), 可知

$$\dim S_2^1(\Delta_{mn}^{(2)})=(m+2)(n+2)-1.$$

在空间中有一个具有下述局部支集的样条 $B(x,y)$(图 1.12):

根据多项式插值理论, 三角形上 2 次多项式可由该多项式在三角形 3 个顶点, 以及三边中点上的值所唯一确定. 事实上, 上述 6 个点正是 2 次多项式插值的一组适定结点组. 所以为表示上述具局部支集的样条 (B 样条)$B(x,y)$, 只需指出诸胞腔上相应 6 点的值即可. 为此, 我们在图中标出了 $B(x,y)$ 在各点上的相应值. 由此 B 样条 $B(x,y)$ 对于 x 轴、y 轴, 以及原点 O 均具对称性质. 其他各点的值完全可按对称性来确定.

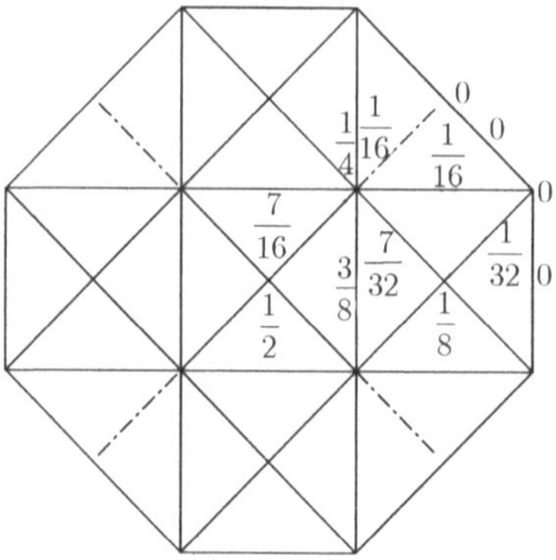

图 1.12 $S_2^1(\varDelta_{mn}^{(2)})$ 的局部支集

若置 $B(x,y)$ 的支集中心在原点 $(0,0)$, 则由其平移可产生一系列 B 样条

$$B_{ij}(x,y) = B(mx - i + 1/2, ny - j + 1/2).$$

集合

$$\mathcal{A} = \{B_{ij}(x,y) | i = 0, \cdots, m+1,\ j = 0, \cdots, n+1\}$$

是 $S_2^1(\varDelta_{mn}^{(2)})$ 的子集, 而其所含元素个数为 $(m+2)(n+2)$, 它比 $\dim S_2^1(\varDelta_{mn}^{(2)})$ 多 1. 从而 $\mathcal{A}$ 是一个线性相关集合. 然而可以证明, 从 $\mathcal{A}$ 中任意删去一个 B 样条后, 其余的 B 样条是线性无关的, 亦即它们是空间 $S_2^1(\varDelta_{mn}^{(2)})$ 的支架. 即任取 $i \in \{0,1,\cdots,m+1\}, j \in \{0,1,\cdots,n+1\}$, 有

$$S_2^1(\varDelta_{mn}^{(2)}) = \operatorname{span}\{\mathcal{A} \setminus B_{i,j}\}. \tag{1.110}$$

容易证明如下性质成立:

$$\sum_{i,j} B_{ij}(x,y) \equiv 1, \quad \forall (x,y) \in D,$$

$$\sum_{i,j} (-1)^{i+j} B_{ij}(x,y) \equiv 0, \quad \forall (x,y) \in D.$$

因为 (1.110) 式成立, 因此可用 B 样条级数

$$\sum_{i,j} a_{ij} B_{ij}(x,y)$$

来插值与逼近 D 上的连续函数 $f(x,y)$. 定义如下拟插值算子 (变差缩减算子):

$$\begin{aligned} &V_{mn}: C(D) \to S_2^1(\varDelta_{mn}^{(2)}), \\ &V_{mn}(f) = \sum_{i,j} f\left(\frac{2i-1}{2m}, \frac{2j-1}{2n}\right) B_{ij}(x,y), \end{aligned} \tag{1.111}$$

它也是一个线性正算子. 还可以定义另一个拟插值算子

$$W_{mn}(f) = \sum_{i,j} \lambda_{ij}(f) B_{ij}(x,y), \tag{1.112}$$

其中, $\lambda_{ij}(f)$ 是如下的线性泛函:

$$\begin{aligned} \lambda_{ij}(f) =& 2f\left(\frac{2i-1}{2m}, \frac{2j-1}{2n}\right) \\ & - \frac{1}{4}\left[f\left(\frac{i}{m}, \frac{j}{n}\right) + f\left(\frac{i-1}{m}, \frac{j}{n}\right) + f\left(\frac{i-1}{m}, \frac{j-1}{n}\right) + f\left(\frac{i}{m}, \frac{j-1}{n}\right)\right]. \end{aligned}$$

$W_{mn}(f)$ 虽然不是一个线性正算子, 但它却有更高的逼近阶. 不难验明

$$\begin{aligned} &V_{mn}(f) \equiv f, \quad f = 1, x, y, xy, \\ &W_{mn}(f) \equiv f, \quad f \in \mathbb{P}_2. \end{aligned}$$

采用常规的误差估计方法, 即 Taylor 展开方法, 可得到下述误差估计.

定理 1.6.6　设紧集 K 为包含 D 的开集 Ω 的闭包. 则对充分大的 m, n, 如 $m, n \geqslant N_0$, 可得

(1) 设 $f \in C(K)$, 则

$$\|f - V_{mn}(f)\|_D \leqslant \omega_K(f; \delta_{mn}');$$

(2) 若 $f \in C^1(D)$, 则

$$\|f - V_{mn}(f)\|_D \leqslant \delta_{mn} \cdot \max\left\{\omega_D(f_1; \delta_{mn}/2), \omega_D(f_2; \delta_{mn}/2)\right\};$$

(3) 若 $f \in C^2(D)$, 则

$$\|f - V_{mn}(f)\|_D \leqslant \frac{1}{4}\delta_{mn}^2 \cdot \|D^2 f\|.$$

其中, $||\cdot||_D$ 为函数在 D 上的上确界, 且

$$\delta_{mn}=\max\left\{\frac{1}{m},\frac{1}{n}\right\},\quad \delta_{mn}^{'}=\frac{1}{2mn}\max\left\{\sqrt{9m^2+n^2},\sqrt{m^2+9n^2}\right\},$$

$$\omega_K(f;\delta)=\sup\left\{|f(x,y)-f(u,v)|\big|(x,y),(u,v)\in K,|(x,y)-(u,v)|<\delta\right\},$$

$$D^2f(x,y)\left((u_1,u_2),(v_1,v_2)\right)=\sum_{i,j=1}^{2}f_{ij}(x,y)u_iv_j,$$

$$f_1=\frac{\partial f}{\partial x},\quad f_2=\frac{\partial f}{\partial y},\quad f_{11}=\frac{\partial^2 f}{\partial x^2},\quad f_{12}=f_{21}=\frac{\partial^2 f}{\partial x\partial y},\quad f_{22}=\frac{\partial^2 f}{\partial y^2}.$$

定理 1.6.7 设 $f\in C(K)$, 且 $m,n\geqslant N_0$, 可得

(1) 当 $f\in C^2(D)$ 时, 则

$$||f-W_{mn}(f)||_D\leqslant\frac{1}{2}\delta_{mn}^2\cdot\max\{\omega_D(f_{11};\delta_{mn}/2),2\omega_D(f_{12};\delta_{mn}/2),\omega_D(f_{22};\delta_{mn}/2)\};$$

(2) 当 $f\in C^3(D)$ 时,

$$||f-W_{mn}(f)||_D\leqslant\frac{1}{12}\delta_{mn}^3\cdot||D^3f||,$$

其中, $D^3f(x,y):\mathbb{R}^2\times\mathbb{R}^2\to\mathbb{R}$ 定义为

$$D^3f(x,y)((u_1,u_2),(v_1,v_2),(w_1,w_2))=\sum_{i,j,k=1}^{2}f_{ijk}(x,y)u_iv_jw_k,$$

其中, f_{ijk} 表示 f 的 3 阶偏导数, 下标 i,j,k 当中任何一个等于 1 时是表示对 x 求导, 等于 2 时是表示对求导 y 求导.

有关 $S_2^1(\varDelta_{mn}^2)$ 的其他相关知识, 读者也可参阅文献 [4].

在矩形区域 $D=[a,b]\otimes[c,d]$ 的非均匀矩形剖分的基础上, 再连接每一个小矩形 (胞腔) 的两条对角线所形成的三角剖分, 称为非均匀 2- 型三角剖分, 仍记为 $\varDelta_{mn}^{(2)}$. 已证明, 对于如此的剖分, 仍有相应的 $S_2^1(\varDelta_{mn}^{(2)})$ 中的 B 样条存在, 有一套完全类似的结果, 因为篇幅所限, 此处不进行介绍, 有兴趣的读者可参阅相关文献和著作.

本书所介绍的多元样条空间 $S_3^1(\varDelta_{mn}^{(1)})$ 和 $S_2^1(\varDelta_{mn}^{(2)})$(均匀与非均匀) 中的 B- 样条基函数和拟插值算子在计算几何、计算机辅助几何设计、科学计算等领域有着广泛的应用.

习 题 1

1.1 设 $f(x)=\sin\frac{\pi}{2}x$, 写出 $[0,1]$ 上 $f(x)$ 的 Bernstein 多项式 $B_1^f(x)$ 与 $B_3^f(x)$.

1.2　做适当的线性变换, 使得 Bernstein 多项式序列能用来逼近区间 $[-1,1]$ 上的连续函数.

1.3　试将 Bernstein 多项式推广到二元情形, 并证明能用它来一致逼近二元连续函数 $f(x,y), (x,y)\in[0,1]\otimes[0,1]$.

1.4　证明 Kolmogorov 最佳逼近定理 (定理 1.2.4).

1.5　证明对于任何连续函数来说, 它的最佳逼近多项式所具有的交错点组中偏离点的个数不可能为无穷多.

1.6　设 S 是一个有界闭区间, $x_1,x_2,\cdots,x_n$ 是 S 中不同的点. 假设 $f(x)$ 定义于 S 上, 且在 S 上可用多项式一致逼近. 试证 $f(x)$ 也必可在 S 上用满足附加条件

$$p(x_i)=f(x_i),\quad i=1,\cdots,n$$

的多项式 $p(x)$ 一致逼近.

1.7　求 $f(x)=\mathrm{e}^x$ 在区间 $[0,1]$ 上的 1 次最佳逼近多项式.

1.8　求 $f(x)=\cos(x)$ 在 $[-\pi,\pi]$ 上的 1 次最佳逼近多项式.

1.9　在一切具有最高次项系数为 a 的所有 n 次多项式

$$f(x)=ax^n+\cdots$$

中, 找出 $[-1,1]$ 区间上与零偏差最小的多项式.

1.10　证明首项 x^n 系数为 1 的多项式

$$\tilde{T}_n(x)=2^{1-n}\cdot T_n(x)$$

为所有 x^n 系数为 1 的 n 次多项式类中唯一的, 且在 $[-1,1]$ 上与零偏差最小的多项式.

1.11　证明

$$T_m(x)T_n(x)=\frac{1}{2}\left(T_{m+n}(x)+T_{m-n}(x)\right).$$

1.12　设 $f(x)\in C[a,b], p(x)\in\mathbb{P}_n$, 则

$$\Delta(p)=\max_{a\leqslant x\leqslant b}\rho(x)|p(x)-f(x)|$$

称为函数 $p(x)$ 对 $f(x)$ 的带权 $\rho(x)$ 的偏差, 其中 $\rho(x)$ 为一个正值的连续函数. 试证明就这样的偏差而言, 同样有 Tchebyshev 最佳逼近定理与相应的基本定理.

1.13　设 n 次 Tcheybshev 多项式 $T_n(x)$ 的零点为

$$x_k=\cos\frac{2k-1}{2n}\pi,\quad k=1,2,\cdots,n.$$

则对任意一个次数低于 n 的多项式 $Q(x)$, 有恒等式

$$Q(x)=\frac{1}{n}\sum_{k=1}^{n}(-1)^{k-1}\sqrt{1-x_k^2}Q(x_k)\frac{T_n(x)}{x-x_k}$$

成立.

1.14　已知测量数据点如下:

x_i	2	4	6	8
y_i	2	11	28	48

求其 1 次最小二乘拟和多项式, 并求残差的平方和.

1.15　设 $\boldsymbol{F}$ 为 m 维向量, $\phi_1,\cdots,\phi_m$ 为 m 维正交向量组. 又设 $\boldsymbol{F}_n$ 为 $\boldsymbol{F}$ 关于 $\phi_1,\cdots,\phi_m$ 的正交展开:

$$\boldsymbol{F}_n=\sum_{j=1}^{n}c_j\phi_j,\quad n\leqslant m.$$

试证明:

$$\|\boldsymbol{F}_n-\boldsymbol{F}\|^2=\|\boldsymbol{F}\|^2-\sum_{j=1}^{n}c_j^2\left(\phi_j,\phi_j\right).$$

1.16　求 $f(x)=|x|$ 关于 Legendre 多项式和 Tchebyshev 多项式的展开式.

1.17　用点

$$0,\frac{1}{2^k},\frac{2}{2^k},\cdots,\frac{n}{2^k},\frac{n+1}{2^k},\cdots,\frac{2^k-1}{2^k},1$$

将区间 $[0,1]$ 分成 2^k 个子区间. 引进函数

$$r_k(x)=\begin{cases}0, & x=\dfrac{n}{2^k},n=0,1,\cdots,2^k,\\ (-1)^n, & x\in\left(\dfrac{n}{2^k},\dfrac{n+1}{2^k}\right),n=0,1,\cdots,2^{k-1}.\end{cases}$$

函数系 $\{r_k(x)\}$ 称为 Rademacher 系. 证明 Rademacher 系在区间 $[0,1]$ 上是一个正交系.

1.18　对函数 $y=\mathrm{e}^x$, 试写出它在结点组 $-1,-\dfrac{1}{2},0,\dfrac{1}{2},1$ 上的 5 次 Lagrange 插值多项式.

1.19　设 $f(x)=(x-x_0)(x-x_1)\cdots(x-x_n)$, 证明:

$$f(x_0,x_1,\cdots,x_p)=0,\quad p<n.$$

1.20　已知插值结点组为等距结点 $x_j=x_0+jh(j=1,2,3)$. 设 $f(x)$ 在 $[x_0,x_3]$ 上有 4 阶连续导数, 试证:

(1) $f(x)$ 在 $[x_0,x_2]$ 上的 2 次 Lagrange 多项式 $L_2(x)$ 的余项误差界为

$$E_2(f)=\max_{x_0\leqslant x\leqslant x_2}|f(x)-L_2(x)|\leqslant\frac{\sqrt{3}}{27}h^3\max_{x_0\leqslant x\leqslant x_2}|f^{(3)}(x)|;$$

(2) $f(x)$ 在 $[x_0,x_3]$ 上的 3 次 Lagrange 多项式 $L_3(x)$ 的余项误差界为

$$E_3(f)=\max_{x_0\leqslant x\leqslant x_3}|f(x)-L_3(x)|\leqslant\frac{1}{24}h^4\max_{x_0\leqslant x\leqslant x_3}|f^{(4)}(x)|.$$

1.21　对于插值结点组 $x_0,x_1,\cdots,x_n$, 假设 $f(x)$ 在 $[x_0,x_n]$ 上有 $n+1$ 阶连续导数. 若 $h=\max(x_{i+1}-x_i)(i=0,1,\cdots,n)$, 试证:

(1) $|\omega_n(x)|=|(x-x_0)(x-x_1)\cdots(x-x_n)|\leqslant\dfrac{n!}{4}h^{n+1}$;

(2) $f(x)$ 在 $[x_0, x_n]$ 上的 n 次 Lagrange 多项式 $L_n(x)$ 的余项误差界为

$$E_n(f) = \max_{x_0 \leqslant x \leqslant x_n} |f(x) - L_n(x)| \leqslant \frac{1}{4(n+1)} h^{n+1} \max_{x_0 \leqslant x \leqslant x_n} |f^{(n+1)}(x)|.$$

1.22　证明差商的性质:

(1) $f(x_0, x_1, \cdots, x_n)$ 是 $x_0, x_1, \cdots, x_n$ 的对称函数, 即当任意调换 $x_0, x_1, \cdots, x_n$ 的先后顺序时, 该差商的值不变, 如

$$f(x_0, x_1, \cdots, x_n) = f(x_n, x_{n-1}, \cdots, x_0) = \cdots = f(x_n, x_0, \cdots, x_{n-1});$$

(2) 若 $f(x) = x^m$, 其中 m 为自然数, 则

$$f(x_0, x_1, \cdots, x_n) = \begin{cases} 0, & n > m, \\ 1, & n = m, \\ \displaystyle\sum_{r_0 + \cdots + r_n = m-n} x_0^{r_0} x_1^{r_1} \cdots x_n^{r_n}, & n < m. \end{cases}$$

1.23　已知插值结点组为等距结点 $x_j = x_0 + jh(j = 1, 2, \cdots, n)$, 函数 $f(x) \in C^{n+1}[x_0, x_n]$. 定义向前差分与向后差分分别为

$$\Delta f(x) = f(x+h) - f(x), \quad \Delta^m f(x) = \Delta^{m-1} f(x+h) - \Delta^{m-1} f(x),$$
$$\nabla f(x) = f(x) - f(x-h), \quad \nabla^m f(x) = \nabla^{m-1} f(x) - \nabla^{m-1} f(x-h).$$

(1) 试证明差商与差分的关系

$$f(x_0, x_1, \cdots, x_k) = \frac{\Delta^k f(x_0)}{k! h^k}, \quad k = 1, 2, \cdots, n,$$
$$f(x_0, x_1, \cdots, x_k) = \frac{\nabla^k f(x_k)}{k! h^k}, \quad k = 1, 2, \cdots, n.$$

(2) 当 $x = x_0 + th(t > 0)$, 推出 Newton 向前 (差分) 插值公式

$$N_n(x_0 + th) = f(x_0) + \sum_{k=1}^{n} \frac{\Delta^k f(x_0)}{k!} \prod_{j=0}^{k-1} (t - j)$$

及误差项

$$E_n(f, t) = \frac{\Delta^{n+1} f(x_0)}{(n+1)!} t(t-1) \cdots (t-n).$$

(3) 当 $x = x_n + th(t < 0)$, 推出 Newton 向后 (差分) 插值公式

$$N_n(x_n + th) = f(x_n) + \sum_{k=1}^{n} \frac{\nabla^k f(x_k)}{k!} \prod_{j=0}^{k-1} (t + j)$$

及误差项

$$E_n(f, t) = \frac{\nabla^{n+1} f(x_n)}{(n+1)!} t(t+1) \cdots (t+n).$$

1.24 求一个次数不高于 4 的多项式 $p(x)$, 使其满足

$$p(0)=p^{'}(0)=0, \quad p(1)=p^{'}(1)=1, \quad p(2)=1.$$

1.25 证明 Hermite 插值多项式的余项 (1.52) 式.

1.26 证明: 对任意非负整数 k, 有

$$x_+^k+(-1)^k(-x)_+^k=x^k.$$

1.27 试证明: 若 n 次样条 $S(x)\in S_n(x_1,x_2,\cdots,x_N)$ 满足

$$S(x)=0, \quad x\in(-\infty,x_1]\cup[x_N,+\infty).$$

则除 $S(x)\equiv 0(x\in(-\infty,+\infty))$ 之外, 必有

$$N\geqslant n+2.$$

1.28 证明定理 1.6.2.

1.29 证明 (1.108) 式.

1.30 证明定理 1.6.5.

第2章　曲线曲面的基本理论

本章主要介绍曲线曲面的一些基本知识. 包括曲线曲面的表示方法、基本性质、几何拼接与基本公式等内容.

2.1　向量及向量函数

具有大小和方向的量称为向量, 又称矢量. 线性代数中已经对向量空间的基本知识作了介绍. 通常的向量空间是一组元素的集合, 这些元素可以进行加、减以及数乘等代数运算. 利用右手直角坐标系 $\{\boldsymbol{i},\boldsymbol{j},\boldsymbol{k}\}$, $\mathbb{R}^3$ 中的点 $M(x,y,z)$ 和它的位置向量

$$\boldsymbol{p}=\overrightarrow{OM}=x\boldsymbol{i}+y\boldsymbol{j}+z\boldsymbol{k}$$

相对应.x,y,z 称为向量 $\boldsymbol{p}$ 的坐标分量. 长度为 1 的向量称为单位向量. 一般向量 $\boldsymbol{p}$ 可以表示为

$$\boldsymbol{p}=\overrightarrow{OM}=x\boldsymbol{i}+y\boldsymbol{j}+z\boldsymbol{k}=(x,y,z).$$

力学中的一些基本元素, 如力、速度、加速度等都是向量. 几何中的有向线段也是一种向量. 在线性代数中大家已经熟悉了有关向量的各种代数运算以及基本性质, 现将其罗列如下:

设 $\lambda\in\mathbb{R},\boldsymbol{p}=(x,y,z),\boldsymbol{p}_i=(x_i,y_i,z_i)(i=1,2,3)$, 则有

(1) 长度 (模)

$$|\boldsymbol{p}|=\sqrt{x^2+y^2+z^2}.$$

若 $|\boldsymbol{p}|\neq 0$, 则 $\boldsymbol{p}/|\boldsymbol{p}|$ 是与 $\boldsymbol{p}$ 同向的单位向量.

(2) 数乘

$$\lambda\boldsymbol{p}=(\lambda x,\lambda y,\lambda z).$$

(3) 和

$$\boldsymbol{p}_1+\boldsymbol{p}_2=(x_1+x_2,y_1+y_2,z_1+z_2).$$

(4) 数量积 (内积)

$$\boldsymbol{p}_1\cdot\boldsymbol{p}_2=(\boldsymbol{p}_1,\boldsymbol{p}_2)=x_1x_2+y_1y_2+z_1z_2.$$

(5) 夹角：若记 $\boldsymbol{p}_1$ 与 $\boldsymbol{p}_2$ 之间的夹角为 $\theta\in[0,\pi]$, 则

$$\cos\theta=\frac{\boldsymbol{p}_1\cdot\boldsymbol{p}_2}{|\boldsymbol{p}_1||\boldsymbol{p}_2|}.$$

$\boldsymbol{p}_1\perp\boldsymbol{p}_2$ 的充要条件为 $\cos\theta=0$, 即 $\boldsymbol{p}_1\cdot\boldsymbol{p}_2=0$.

(6) 向量积 (外积)

$$\boldsymbol{p}_1\times\boldsymbol{p}_2=\left(\begin{vmatrix} y_1 & z_1\\ y_2 & z_2\end{vmatrix},\begin{vmatrix} z_1 & x_1\\ z_2 & x_2\end{vmatrix},\begin{vmatrix} x_1 & y_1\\ x_2 & y_2\end{vmatrix}\right).$$

$\boldsymbol{p}_1\times\boldsymbol{p}_2$ 是一个与 $\boldsymbol{p}_1,\boldsymbol{p}_2$ 都垂直的向量, 并且按照 $\boldsymbol{p}_1,\boldsymbol{p}_2,\boldsymbol{p}_1\times\boldsymbol{p}_2$ 满足右手法则. 其长度为

$$|\boldsymbol{p}_1\times\boldsymbol{p}_2|=|\boldsymbol{p}_1||\boldsymbol{p}_2|\sin\theta,$$

其中, θ 为 $\boldsymbol{p}_1$ 和 $\boldsymbol{p}_2$ 之间的夹角. 向量积的几何意义为：$|\boldsymbol{p}_1\times\boldsymbol{p}_2|$ 表示以 $\boldsymbol{p}_1$ 和 $\boldsymbol{p}_2$ 为邻边的平行四边形的面积.

(7) 混合积 (纯量积)

$$(\boldsymbol{p}_1,\boldsymbol{p}_2,\boldsymbol{p}_3)=(\boldsymbol{p}_1\times\boldsymbol{p}_2)\cdot\boldsymbol{p}_3=\begin{vmatrix} x_1 & y_1 & z_1\\ x_2 & y_2 & z_2\\ x_3 & y_3 & z_3\end{vmatrix}.$$

若以 $\boldsymbol{p}_1,\boldsymbol{p}_2,\boldsymbol{p}_3$ 为邻边做空间中的一个平行六面体, 则其体积为

$$V=|\boldsymbol{p}_1\times\boldsymbol{p}_2||\boldsymbol{p}_3|\cos\theta,$$

其中, θ 为 $\boldsymbol{p}_3$ 和 $\boldsymbol{p}_1\times\boldsymbol{p}_2$ 之间的夹角. 则混合积的几何意义为：如果 $\boldsymbol{p}_1,\boldsymbol{p}_2,\boldsymbol{p}_3$ 符合右手法则, 则 $(\boldsymbol{p}_1,\boldsymbol{p}_2,\boldsymbol{p}_3)=V$, 否则 $(\boldsymbol{p}_1,\boldsymbol{p}_2,\boldsymbol{p}_3)=-V$.

向量的计算还有很多性质, 如结合律、分配律、交换律等. 鉴于篇幅, 此处拟不作详细介绍, 请读者参阅有关资料.

下面讨论向量函数及其基本性质. 若对应区间 $t\in[a,b]$ 中的每个值 t, 都有一个确定的向量 $\boldsymbol{p}$, 则称 $\boldsymbol{p}$ 为 t 的向量函数, 记为

$$\boldsymbol{p}(t)=(x(t),y(t),z(t)),\quad t\in[a,b],$$

其中, $x(t),y(t),z(t)$ 为 3 个数量函数. 此时当 t 在 $[a,b]$ 变化时, 函数 $\boldsymbol{p}(t)$ 在空间中描出一条由

$$\boldsymbol{p}(t)=x(t)\boldsymbol{i}+y(t)\boldsymbol{j}+z(t)\boldsymbol{k},\quad t\in[a,b]$$

确定的曲线, 称为 $\boldsymbol{p}(t)$ 的向量曲线.

若 $x(t), y(t), z(t)$ 都为关于 t 的连续函数, 则称 $\boldsymbol{p}(t)$ 为连续向量函数. 若 $x(t), y(t), z(t)$ 关于 t 都有 k 阶的连续导数, 则称 $\boldsymbol{p}(t)$ 为 C^k 阶向量函数.

设 $\boldsymbol{p}(t) = (x(t), y(t), z(t)), \boldsymbol{p}_0 = (x_0, y_0, z_0)$, 如果

$$\lim_{t\to t_0} x(t) = x_0, \quad \lim_{t\to t_0} y(t) = y_0, \quad \lim_{t\to t_0} z(t) = z_0,$$

则称 $t \to t_0$ 时, $\boldsymbol{p}(t)$ 的极限为 $\boldsymbol{p}_0$, 即

$$\lim_{t\to t_0} \boldsymbol{p}(t) = \boldsymbol{p}_0.$$

关于向量函数求导和一般函数求导在形式上是相同的. 如果极限

$$\lim_{\Delta t\to 0} \frac{\boldsymbol{p}(t_0 + \Delta t) - \boldsymbol{p}(t_0)}{\Delta t}, \quad t_0 \in [a, b]$$

存在, 则称 $\boldsymbol{p}(t)$ 在 t_0 可微, 并称此极限为 $\boldsymbol{p}(t)$ 在 t_0 的导向量或导矢, 记为

$$\dot{\boldsymbol{p}}(t_0) = \left(\frac{\mathrm{d}\boldsymbol{p}}{\mathrm{d}t}\right)_{t=t_0} = \lim_{\Delta t\to 0} \frac{\boldsymbol{p}(t_0 + \Delta t) - \boldsymbol{p}(t_0)}{\Delta t}.$$

其几何意义为: $\dot{\boldsymbol{p}}(t_0)$ 为 $\boldsymbol{p}(t)$ 曲线在 $\boldsymbol{p}(t_0)$ 点处的切线向量, 如图 2.1 所示.

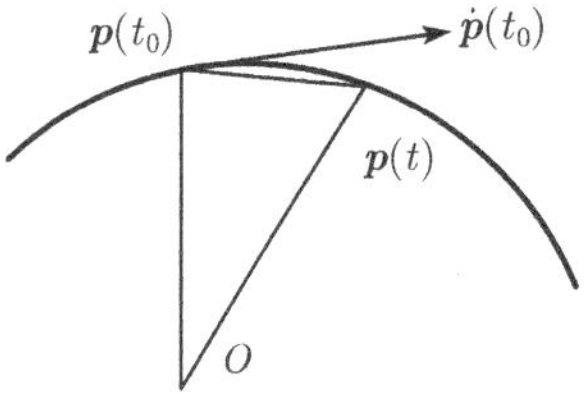

图 2.1　导向量的几何意义

由极限的定义, 容易证明下式成立:

$$\dot{\boldsymbol{p}}(t_0) = (\dot{x}(t_0), \dot{y}(t_0), \dot{z}(t_0)).$$

若 $\boldsymbol{p}(t)$ 对 $[a, b]$ 中每个值都可微, 则称 $\boldsymbol{p}(t)$ 在 $[a, b]$ 中可微.

设 $\boldsymbol{p}_i (i = 1, 2, 3)$ 为 $[a, b]$ 上可微向量函数, 不难验证如下结论成立:

(1) $\dfrac{\mathrm{d}(\phi\boldsymbol{p})}{\mathrm{d}t} = \dot{\phi}\boldsymbol{p} + \phi\dot{\boldsymbol{p}}$, 其中 ϕ 为 $[a, b]$ 上的数量函数;

(2) $\dfrac{\mathrm{d}(\boldsymbol{p}_1 + \boldsymbol{p}_2)}{\mathrm{d}t} = \dot{\boldsymbol{p}}_1 + \dot{\boldsymbol{p}}_2$;

(3) $\dfrac{\mathrm{d}(\boldsymbol{p}_1 \cdot \boldsymbol{p}_2)}{\mathrm{d}t} = \dot{\boldsymbol{p}}_1\boldsymbol{p}_2 + \boldsymbol{p}_1\dot{\boldsymbol{p}}_2$;

(4) $\dfrac{\mathrm{d}(\boldsymbol{p}_1 \times \boldsymbol{p}_2)}{\mathrm{d}t} = \dot{\boldsymbol{p}}_1 \times \boldsymbol{p}_2 + \boldsymbol{p}_1 \times \dot{\boldsymbol{p}}_2$;

(5) $\dfrac{\mathrm{d}((\boldsymbol{p}_1, \boldsymbol{p}_2, \boldsymbol{p}_3))}{\mathrm{d}t} = (\dot{\boldsymbol{p}}_1, \boldsymbol{p}_2, \boldsymbol{p}_3) + (\boldsymbol{p}_1, \dot{\boldsymbol{p}}_2, \boldsymbol{p}_3) + (\boldsymbol{p}_1, \boldsymbol{p}_2, \dot{\boldsymbol{p}}_3)$;

(6) $\dfrac{\mathrm{d}(\boldsymbol{p}(\psi(u)))}{\mathrm{d}t} = \dot{\boldsymbol{p}}\dot{\psi}(u)$, 其中 $\psi(u)$ 为 $[a, b]$ 上的数量函数.

关于向量函数 $\boldsymbol{p}(t)$ 的高阶导数 $\overset{(k)}{\boldsymbol{p}}(t)$ 可以按如上定义一直进行下去.

当向量函数为多变量的函数时, 类似于多元数量函数的偏导数的定义, 可以得到向量函数偏导数的概念. 例如, 对向量函数

$$\boldsymbol{p}(u,v) = (x(u,v), y(u,v), z(u,v)),$$

可知

$$\boldsymbol{p}_u = \frac{\partial \boldsymbol{p}}{\partial u} = (x_u, y_u, z_u), \quad \boldsymbol{p}_v = \frac{\partial \boldsymbol{p}}{\partial v} = (x_v, y_v, z_v),$$

其中

$$x_u = \frac{\partial x}{\partial u}, \quad y_u = \frac{\partial y}{\partial u}, \quad z_u = \frac{\partial z}{\partial u},$$
$$x_v = \frac{\partial x}{\partial v}, \quad y_v = \frac{\partial y}{\partial v}, \quad z_v = \frac{\partial z}{\partial v}.$$

对于复合函数 $\boldsymbol{p}(u,v) = (x(u,v), y(u,v), z(u,v)), u = u(s,t), v = v(s,t)$, 成立如下链式法则:

$$\boldsymbol{p}_s = \boldsymbol{p}_u \frac{\partial u}{\partial s} + \boldsymbol{p}_v \frac{\partial v}{\partial s}, \quad \boldsymbol{p}_t = \boldsymbol{p}_u \frac{\partial u}{\partial t} + \boldsymbol{p}_v \frac{\partial v}{\partial t}.$$

2.2 曲线曲面的表示方法

在计算几何中, 熟知的曲线曲面的表示方法有两种, 即参数表示与代数表示. 其中参数曲线曲面由于其构造简单、计算容易等特点而流行于世并成为几何设计的主要方法之一. 相比于参数曲线曲面, 代数曲线曲面同样具有自身的优势, 并且成为当今研究的热点问题之一. 下面我们就两种定义方法进行介绍.

2.2.1 曲线曲面的参数表示

1. 曲线的参数表示

由 2.1 节向量函数的概念, 空间中的一条曲线可以表示为参数 t 的向量函数

$$\boldsymbol{p}(t) = (x(t), y(t), z(t)), \quad t \in [a,b].$$

曲线的这种表示方法称为曲线的参数表示, $[a,b]$ 称之为参数域. 给定了一个具体的曲线方程, 称之为给定了一个曲线的参数化. 显然, 同一条曲线的参数化可能是不同的.

如果

$$\dot{\boldsymbol{p}}(t_0) = (\dot{x}(t_0), \dot{y}(t_0), \dot{z}(t_0)) \neq \boldsymbol{0},$$

称曲线 $\boldsymbol{p}(t)$ 在 $t = t_0$ 是正则的, 点 $\boldsymbol{p}(t_0)$ 称为曲线的正则点. 由上式, 点 $\boldsymbol{p}(t_0)$ 为正则点的充要条件为 $\dot{x}(t_0), \dot{y}(t_0), \dot{z}(t_0)$ 不同时为零. 若曲线 $\boldsymbol{p}(t)$ 的所有点都是正则

点, 就称曲线 $\boldsymbol{p}(t)$ 为正则曲线. 非正则的点称为曲线的奇点. 值得注意的是, 同一条曲线上的一个点, 在某些参数化下为正则点, 但是在另外的参数化下可能不是正则点.

例 2.2.1 直线

$$\boldsymbol{p}_1(t) = (t, t)$$

为正则曲线, 没有奇点. 而直线

$$\boldsymbol{p}_2(t) = (10t^3 - 15t^2 + 6t, 10t^3 - 15t^2 + 6t)$$

表示为同一条直线, 但是它在 $t = (5 - \sqrt{5})/10, (5 + \sqrt{5})/10$ 时有两个奇点.

如果曲线 $\boldsymbol{p}(t)$ 的所有分量函数 $x(t), y(t), z(t)$ 的 k 阶导数存在且连续, 并且曲线 $\boldsymbol{p}(t)$ 为正则曲线, 则称曲线属于 C^k 类的.

2. 曲面的参数表示

用两个变量 u, v 的向量函数

$$\boldsymbol{p}(u, v) = (x(u, v), y(u, v), z(u, v)) \tag{2.1}$$

描述的曲面称为曲面的参数表示. 参数 u, v 通常的变化区间为 uv 平面上的一个矩形区域

$$u \in [u_1, u_2], \quad v \in [v_1, v_2].$$

给定了曲面的参数方程就给定了曲面的一个参数化, 也决定了参数域 $[u_1, u_2] \otimes [v_1, v_2]$ 上的点与曲面上的点的对应关系. 显然, 曲面的参数化也不是唯一的.

如果固定一个参数, 例如 $v = v_0$, 那么 $\boldsymbol{p}(u, v_0)$ 为单参数 u 的向量函数, 它表示曲面上的一条曲线, 称为等参线或 u 曲线. 显然, 曲面 $\boldsymbol{p}(u, v)$ 上存在两簇等参线, 即一簇 u 线与一簇 v 线. 曲面上的点 $\boldsymbol{p}(u_0, v_0)$ 沿 u 线方向的切向量为

$$\boldsymbol{p}_u(u_0, v_0) = \left.\frac{\partial \boldsymbol{p}(u, v_0)}{\partial u}\right|_{u=u_0}, \tag{2.2}$$

沿 v 线方向的切向量为

$$\boldsymbol{p}_v(u_0, v_0) = \left.\frac{\partial \boldsymbol{p}(u_0, v)}{\partial v}\right|_{v=v_0}.$$

如果切向量 $\boldsymbol{p}_u(u_0, v_0), \boldsymbol{p}_v(u_0, v_0)$ 不平行, 即

$$\boldsymbol{p}_u(u_0, v_0) \times \boldsymbol{p}_v(u_0, v_0) \neq \boldsymbol{0},$$

则称点 $\boldsymbol{p}(u_0, v_0)$ 为曲面的正则点, 否则称为奇点. 曲面上任意过点 $\boldsymbol{p}(u_0, v_0)$ 的曲线 $\boldsymbol{p}(t) = \boldsymbol{p}(u(t), v(t))$ 在 $\boldsymbol{p}(u_0, v_0)(u_0 = u(t_0), v_0 = v(t_0))$ 上的切向量为 (图 2.2)

$$s = \left.\frac{\mathrm{d}\boldsymbol{p}}{\mathrm{d}t}\right|_{t=t_0} = \boldsymbol{p}_u(u_0, v_0)\left.\frac{\mathrm{d}u}{\mathrm{d}t}\right|_{t=t_0} + \boldsymbol{p}_v(u_0, v_0)\left.\frac{\mathrm{d}v}{\mathrm{d}t}\right|_{t=t_0}.$$

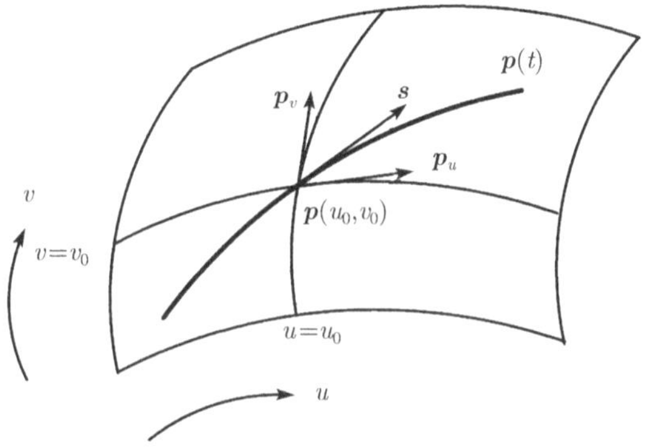

图 2.2 点 $\boldsymbol{p}(u_0, v_0)$ 的切向量

由上式可以看出, 曲线 $\boldsymbol{p}(t)$ 在点 $\boldsymbol{p}(u_0, v_0)$ 处的切向量由 $\boldsymbol{p}_u(u_0, v_0), \boldsymbol{p}_v(u_0, v_0)$ 的线性组合而成, 因此其切线位于这两个向量所张成的平面内. 这个平面称为曲面在点 $\boldsymbol{p}(u_0, v_0)$ 的切平面. 称过点 $\boldsymbol{p}(u_0, v_0)$ 且垂直于该点切平面的直线为法线, 与向量 $\boldsymbol{p}_u(u_0, v_0), \boldsymbol{p}_v(u_0, v_0)$ 按顺序满足右手法则. 单位法向量为

$$\boldsymbol{e}(u_0, v_0) = \frac{\boldsymbol{p}_u(u_0, v_0) \times \boldsymbol{p}_v(u_0, v_0)}{|\boldsymbol{p}_u(u_0, v_0) \times \boldsymbol{p}_v(u_0, v_0)|}.$$

如果曲面 $\boldsymbol{p}(u, v)$ 上的所有点都是正则点, 即曲面上每点都存在法向量, 就称这样的参数化为正则的.

令 Jacobi 行列式为

$$\frac{\partial(x, y)}{\partial(u, v)} = \begin{vmatrix} \dfrac{\partial x}{\partial u} & \dfrac{\partial y}{\partial u} \\ \dfrac{\partial x}{\partial v} & \dfrac{\partial y}{\partial v} \end{vmatrix}. \tag{2.3}$$

如果曲面 $\boldsymbol{p}(u, v) = (x(u, v), y(u, v), z(u, v))$ 满足如下 3 个 Jacobi 行列式:

$$J_x = \frac{\partial(y, z)}{\partial(u, v)}, \quad J_y = \frac{\partial(x, z)}{\partial(u, v)}, \quad J_z = \frac{\partial(x, y)}{\partial(u, v)} \tag{2.4}$$

不同时为零, 即

$$J_x^2 + J_y^2 + J_z^2 \neq 0, \tag{2.5}$$

并且曲面 $\boldsymbol{p}(u, v)$ 的分量函数 $x(u, v), y(u, v), z(u, v)$ 都有直到 k 阶的连续微商, 就称曲面 $\boldsymbol{p}(u, v)$ 属于 C^k 类的.

条件 (2.5) 保证了曲面不退化为一条曲线或一个点并且曲面的参数化为正则的 (由于 $(\boldsymbol{p}_u\times\boldsymbol{p}_v)^2=J_x^2+J_y^2+J_z^2$). 此时曲面上任意点的单位法向量为

$$\boldsymbol{e}=\frac{\boldsymbol{p}_u\times\boldsymbol{p}_v}{|\boldsymbol{p}_u\times\boldsymbol{p}_v|}=\frac{\left(\dfrac{\partial(y,z)}{\partial(u,v)},\dfrac{\partial(x,z)}{\partial(u,v)},\dfrac{\partial(x,y)}{\partial(u,v)}\right)}{\left|\left(\dfrac{\partial(y,z)}{\partial(u,v)},\dfrac{\partial(x,z)}{\partial(u,v)},\dfrac{\partial(x,y)}{\partial(u,v)}\right)\right|}=\frac{(J_x,J_y,J_z)}{\sqrt{J_x^2+J_y^2+J_z^2}}. \tag{2.6}$$

沿曲面 $\boldsymbol{p}(u,v)$ 每一点的法向量方向移动的距离为 α(可正可负), 得到的曲面称为 $\boldsymbol{p}(u,v)$ 的等距曲面. 等距曲面的方程为

$$\boldsymbol{r}(u,v)=\boldsymbol{p}(u,v)+\alpha\boldsymbol{e}.$$

与非参数曲线曲面相比, 参数表示方法有其自身的优点, 主要有

(1) 易于作图, 只需对不同的参数值求其坐标即可;

(2) 易于规定曲线曲面的范围;

(3) 易于表示空间曲线;

(4) 易于推广到高维情形, 如从二维曲线到三维曲线只需在向量函数中增加一个分量 $z(t)$ 即可;

(5) 易于进行仿射变换与投影变换;

(6) 易于计算, 例如计算曲线曲面上的点的切向量、曲率等;

(7) 易于进行曲线曲面的分段描述.

2.2.2 曲线曲面的代数表示

1. 显式表示

曲线曲面的显式代数表示实质上就是多项式曲线曲面. 在直角坐标系下, 显式表示的代数曲线曲面分别为

$$y=f(x),\quad z=g(x,y),$$

其中, $f(x),g(x,y)$ 为多项式.

显式代数曲线曲面表达式非常简单, 但是由于它们均为单值函数, 因此不能表示复杂的图形. 如圆、球等就不能用显式代数的形式表示. 显式代数曲线曲面还可以看作一类特殊的参数曲线曲面, 例如, 以 x 为参数的曲线 $(x,f(x))$ 与 $y=f(x)$ 表示的是同一条曲线.

由于多项式具有结构简单、便于应用等性质, 而且在复杂函数求值时往往要利用多项式来近似求得, 另外多项式理论在数值分析和逼近论上的应用已经非常成熟, 因此在几何造型中, 多项式曲线曲面应用也较为广泛.

2. 隐式表示

在直角坐标系下, 隐式代数曲线曲面就是多项式的零点集合, 即

$$f(x,y)=0,\quad g(x,y,z)=0,$$

其中, $f(x,y), g(x,y,z)$ 为多项式.

显然, 显式代数曲线曲面是隐式表示的特殊形式. 隐式表示比显式要更为复杂. 显式表达一定能转化成隐式形式, 但隐式表达不一定能转化成显式形式. 隐式表达形式能描述复杂的图形, 如圆、球、封闭的曲线曲面、自交的曲线曲面等. 在曲线曲面造型中, 隐式比显式应用更为广泛.

曲线曲面的参数表示转换为隐式表示称之为隐式化, 参数曲线曲面是一定可以隐式化的. 隐式表示转换为参数表示称之为参数化, 而隐式代数曲线曲面并不一定都可以进行参数化. 因此隐式表示比参数表示更为一般, 可以描述更为灵活的几何形状. 相比其他表示方法, 曲线曲面的隐式表示具有其自身的优点, 主要罗列如下:

(1) 易于计算点与曲线曲面间的关系, 例如直接将点代入表达式就可确定其是否在曲线曲面上;

(2) 具有几何运算 (求和、求差、求交、偏移) 的封闭性;

(3) 能表达复杂的曲线曲面;

(4) 具有更多的自由度, 能提供更多的形状控制手段;

(5) 曲线曲面拟合不需要对数据点进行参数化.

当然, 隐式表达也有其自身缺点. 例如, 多分支性、空间曲线不易表示、不易计算等.

2.3 曲线的参数表示

2.3.1 弧长参数化

对于同一条曲线, 选择的参数不同其表达形式也不尽相同. 而曲线自身的弧长是曲线本身的不变量, 它与坐标系的选择无关, 因此取曲线的弧长作为参数来研究曲线具有非常重要的意义.

给定空间中一条曲线 $\boldsymbol{p}(t)$, 取其上任意一点 $\boldsymbol{p}_0(x_0,y_0,z_0)=(x(t_0),y(t_0),z(t_0))$ 作为计算弧长的起点. 应用弧长积分公式, 可以计算曲线上任意一点到 $\boldsymbol{p}_0$ 之间的弧长 s. 由此, 曲线上的点与 $\boldsymbol{p}_0$ 间的弧长是一一对应的. 因此曲线 $\boldsymbol{p}(t)$ 可以表示为以弧长为参数的参数曲线, 这种表示方法称为曲线的弧长参数化. 弧长称为自然参数, 曲线的方程称为自然参数方程.

下面讨论曲线的弧长参数化与一般参数化之间的联系. 如果已知曲线参数表示为

$$\boldsymbol{p}(t) = (x(t), y(t), z(t)), \tag{2.7}$$

那么曲线弧长的微分与积分公式为

$$\left(\frac{\mathrm{d}s}{\mathrm{d}t}\right)^2 = \left(\frac{\mathrm{d}x}{\mathrm{d}t}\right)^2 + \left(\frac{\mathrm{d}y}{\mathrm{d}t}\right)^2 + \left(\frac{\mathrm{d}z}{\mathrm{d}t}\right)^2 = (\dot{\boldsymbol{p}})^2, \tag{2.8}$$

$$s(t) = \int_{t_0}^{t} \sqrt{\left(\frac{\mathrm{d}x}{\mathrm{d}t}\right)^2 + \left(\frac{\mathrm{d}y}{\mathrm{d}t}\right)^2 + \left(\frac{\mathrm{d}z}{\mathrm{d}t}\right)^2}\,\mathrm{d}t = \int_{t_0}^{t} |\dot{\boldsymbol{p}}|\mathrm{d}t, \tag{2.9}$$

其中, $s(t)$ 为参数 t_0 与 t 对应两点之间的弧长.

对弧长积分公式 (2.9) 两边求导可得

$$\dot{s} = |\dot{\boldsymbol{p}}| > 0.$$

由此可知, 弧长是关于参数 t 的单调递增函数, 故其反函数 $r(s)$ 必然存在, 将其代入方程 (2.7), 对其重新参数化便可得到曲线的弧长参数化方程

$$\boldsymbol{p}(s) = \boldsymbol{p}(r(s)) = (x(s), y(s), z(s)).$$

为了区别弧长参数化与一般参数化的区别, 以 “$'$” 代表对弧长参数的求导, 而 “$\cdot$” 代表对参数 t 的求导. 由于

$$\boldsymbol{p}' = \frac{\mathrm{d}\boldsymbol{p}}{\mathrm{d}s} = \frac{\mathrm{d}\boldsymbol{p}}{\mathrm{d}t}\frac{\mathrm{d}t}{\mathrm{d}s} = \dot{\boldsymbol{p}}\frac{\mathrm{d}t}{\mathrm{d}s} \tag{2.10}$$

与 (2.8) 式, 可知

$$\boldsymbol{p}' = \frac{\dot{\boldsymbol{p}}}{\sqrt{\dot{\boldsymbol{p}}^2}} = \frac{\dot{\boldsymbol{p}}}{|\dot{\boldsymbol{p}}|}. \tag{2.11}$$

因此 $\boldsymbol{p}'$ 与 $\dot{\boldsymbol{p}}$ 方向相同, $\boldsymbol{p}'$ 为单位向量, 称为单位切向量. 并且由 (2.8) 式, $\dot{s}$ 为切向量的长度.

因此曲线 $\boldsymbol{p}(t)$ 在 $t = t_0$ 处的切线方程为

$$R(u) = \boldsymbol{p}(t_0) + u\boldsymbol{p}'(t_0),$$

其中, u 为参数.

由正则点的定义, 在正则点处, 曲线的切线是唯一的, 但是奇点的情况就比较复杂. 奇点处的切线情况主要有:

(1) 唯一, 如例 2.2.1 所示的奇点, 这种奇点可以通过重新参数化化为正则点;

(2) 尖点, $\dot{\boldsymbol{p}}$ 为不连续或为 0 向量;

(3) 曲线退化为一点.

注 2.3.1 弧长参数化是一类重要的概念, 但是如果由 (2.9) 式来计算弧长有时比较繁琐, 可以通过累加弦长方法来近似计算. 具体方法如下.

如图 2.3 所示, 给定参数曲线

$$\boldsymbol{p}(t)=(x(t),y(t),z(t)),\quad t\in[a,b].$$

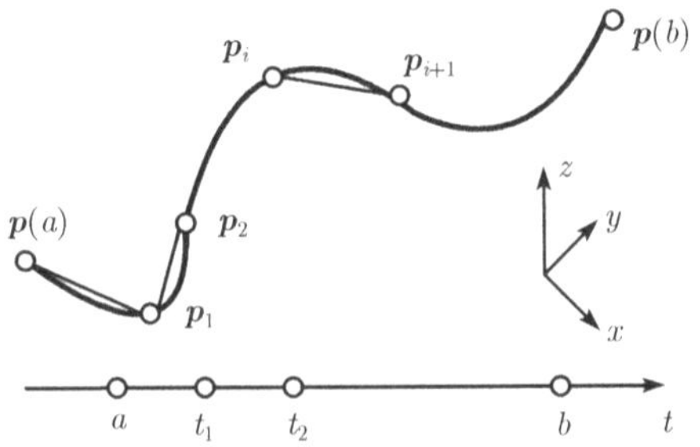

图 2.3 累加弦长方法

令 $t_i=a+i\Delta t$, 其中 $\Delta t>0$ 为参数轴 (t 轴) 上的一个等距划分. 令 $\boldsymbol{p}_i=\boldsymbol{p}(t_i)$, 则累加弦长公式如下:

$$S=\sum_i|\Delta\boldsymbol{p}_i|=\sum_i\left|\frac{\Delta\boldsymbol{p}_i}{\Delta t}\right|\Delta t,$$

其中, $\Delta\boldsymbol{p}_i=\boldsymbol{p}_{i+1}-\boldsymbol{p}_i$. 当 $\Delta t\to 0$ 时, $\dfrac{\Delta\boldsymbol{p}_i}{\Delta t}$ 收敛于切向量 $\dot{\boldsymbol{p}}(t_i)$, 因此 S 收敛于弧长 s.

注 2.3.2 对于计算几何中常用的单段或分段参数多项式曲线及有理多项式曲线, 一般情况下却不能采用自身弧长作为参数. 下面以 3 次曲线为例进行证明. 设取弧长 s 为参数的 3 次参数多项式曲线方程为

$$\boldsymbol{p}(s)=\boldsymbol{a}_0+\boldsymbol{a}_1s+\boldsymbol{a}_2s^2+\boldsymbol{a}_3s^3.$$

$\boldsymbol{p}(s)$ 关于弧长参数的导数为

$$\boldsymbol{p}^{'}=\boldsymbol{a}_1+2\boldsymbol{a}_2s+3\boldsymbol{a}_3s^2,$$

$$\boldsymbol{p}^{''}=2\boldsymbol{a}_2+6\boldsymbol{a}_3s.$$

由于弧长参数化时, 曲线的切向量为单位向量, 因此 $|\boldsymbol{p}^{'}|=1$, 故有 $(\boldsymbol{p}^{'})^2=1$. 对其两边关于弧长参数求导可得

$$2\boldsymbol{p}^{'}\boldsymbol{p}^{''}=0.$$

因此

$$\boldsymbol{p}^{'}\boldsymbol{p}^{''}=2\boldsymbol{a}_1\boldsymbol{a}_2+(4\boldsymbol{a}_2^2+6\boldsymbol{a}_1\boldsymbol{a}_3)s+18\boldsymbol{a}_2\boldsymbol{a}_3s^2+18\boldsymbol{a}_3^2s^3.$$

比较系数可得 $\boldsymbol{a}_2=\boldsymbol{a}_3=0$. 由此可知 3 次曲线取自身弧长为参数时只能是 $\boldsymbol{p}(s)=\boldsymbol{a}_0+\boldsymbol{a}_1 s$, 即只能表示直线而不能表示曲线.

2.3.2 Frenet 标架和 Frenet-Serret 方程

本节将建立参数曲线上的局部坐标系, 也称标架, 以便方便研究曲线的局部性质.

给定空间弧长参数化的曲线 $\boldsymbol{p}(s)=(x(s),y(s),z(s))$. 设

$$\boldsymbol{t}=\boldsymbol{t}(s)=\boldsymbol{p}^{'}=\frac{\mathrm{d}\boldsymbol{p}}{\mathrm{d}s}, \tag{2.12}$$

则 $\boldsymbol{t}$ 为曲线 $\boldsymbol{p}(s)$ 在弧长 s 处的单位切向量.

对

$$\boldsymbol{t}^2=\boldsymbol{t}\cdot\boldsymbol{t}=1$$

两端对 s 求导, 可得

$$2\boldsymbol{t}\cdot\boldsymbol{t}^{'}=0.$$

由此可知 $\boldsymbol{t}$ 与 $\boldsymbol{t}^{'}$ 互相垂直. 现将与 $\boldsymbol{t}^{'}$ 同向的单位向量记为

$$\boldsymbol{n}=\boldsymbol{n}(s)=\frac{\boldsymbol{t}^{'}}{|\boldsymbol{t}^{'}|}. \tag{2.13}$$

空间中所有垂直于曲线单位切向量 $\boldsymbol{t}$ 的向量都是曲线的法向量, 因此曲线上任意一点都有一束法线. 把平行于 $\boldsymbol{n}$ 的法线称为主法线, $\boldsymbol{n}$ 称为曲线的单位主法线向量. 向量

$$\boldsymbol{t}^{'}=k(s)\boldsymbol{n} \tag{2.14}$$

称为曲率向量, 其中 $k=k(s)$ 称为曲线的曲率, 它是单位切向量关于弧长的扭转速率. 换言之, 它是表示曲线扭转快慢的一个量. 曲率在 CAD/CAM 中占有非常重要的地位, 例如, 在曲线曲面的拼接中, 经常要求达到曲率连续. 曲率随点的移动而变化, 对弧长参数化, 它的计算公式为

$$k=|\boldsymbol{t}^{'}|=|\boldsymbol{p}^{''}(s)|=\sqrt{(x^{''}(s))^2+(y^{''}(s))^2+(z^{''}(s))^2}. \tag{2.15}$$

若 $\boldsymbol{p}(s)=(x(s),y(s))$ 为平面曲线时, 曲率公式为

$$k=y^{''}(s)x^{'}(s)-y^{'}(s)x^{''}(s).$$

称

$$\rho=\frac{1}{k}$$

为曲率半径.

向量

$$\boldsymbol{b}=\boldsymbol{t}\times\boldsymbol{n} \tag{2.16}$$

为与 $\boldsymbol{t},\boldsymbol{n}$ 垂直的单位向量. 将平行于 $\boldsymbol{b}$ 的法线称为曲线的副法线, $\boldsymbol{b}$ 称为单位副法线向量.

$\boldsymbol{t},\boldsymbol{n},\boldsymbol{b}$ 这 3 个单位向量, 就像 $\boldsymbol{i},\boldsymbol{j},\boldsymbol{k}$ 一样, 组成一个右手坐标系, 也称 Frenet 标架或运动标架. 该标架随曲线上的点的移动而改变, 给出了曲线上点所决定的 3 个基本方向. 过曲线上给定的点, 分别由 $\boldsymbol{t}$ 和 $\boldsymbol{n}$、$\boldsymbol{n}$ 和 $\boldsymbol{b}$、$\boldsymbol{b}$ 和 $\boldsymbol{t}$ 所张成的平面分别称为密切平面、法平面和从切面 (有时也称化直平面)(图 2.4).

设曲线上对应参数为 $s-\Delta s,s,s+\Delta s$ 的 3 个点为 R,P,Q. 曲线在 P 点的密切圆是通过这 3 个点所做的圆当 $\Delta s\to 0$ 时的极限情形 (图 2.4). 密切圆的半径等于该点的曲率半径, 密切圆的圆心称为曲率中心. 可以证明密切圆位于密切平面上.

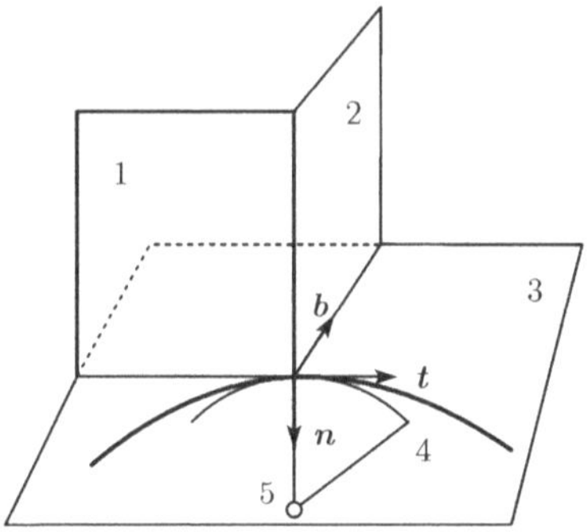

图 2.4 Frenet 运动标架

1. 密切平面; 2. 法平面; 3. 从切面; 4. 密切圆; 5. 曲率中心

由于 $\boldsymbol{b},\boldsymbol{t}$ 互相垂直, 因此 $\boldsymbol{b}\cdot\boldsymbol{t}=0$, 对其两边关于 s 求导可得

$$\boldsymbol{b}'\cdot\boldsymbol{t}+\boldsymbol{b}\cdot\boldsymbol{t}'=0.$$

由 (2.14) 式, 可知

$$\boldsymbol{b}\cdot\boldsymbol{t}'=k(\boldsymbol{b}\cdot\boldsymbol{n})=0,$$

因此 $\boldsymbol{b}'\cdot\boldsymbol{t}=0$, 即 $\boldsymbol{b}'\perp\boldsymbol{t}$. 再对 $\boldsymbol{b}^2=1$ 两端求导, 可得 $2\boldsymbol{b}\cdot\boldsymbol{b}'=0$, 因此 $\boldsymbol{b}'\perp\boldsymbol{b}$, 故 $\boldsymbol{b}'$ 必平行于 $\boldsymbol{n}$. 令

$$\boldsymbol{b}'=-\tau\boldsymbol{n}, \tag{2.17}$$

其中, τ 称为曲线的挠率, 它随点的移动而改变.

对 $\boldsymbol{n}=\boldsymbol{b}\times\boldsymbol{t}$ 关于弧长求导, 可得

$$\boldsymbol{n}'=\boldsymbol{b}'\times\boldsymbol{t}+\boldsymbol{b}\times\boldsymbol{t}'=-\tau n\times\boldsymbol{t}+\boldsymbol{b}\times k\boldsymbol{n}.$$

利用

$$\boldsymbol{n}\times\boldsymbol{t}=-\boldsymbol{b},\quad \boldsymbol{b}\times\boldsymbol{n}=-\boldsymbol{t},$$

可得

$$\boldsymbol{n}^{'}=\tau\boldsymbol{b}-k\boldsymbol{t}.\tag{2.18}$$

公式 (2.14), (2.17) 与 (2.18) 称为曲线的 Frenet-Serret 方程, 它们是空间曲线理论中最基本的一组公式. 可用矩阵形式加以表示

$$\begin{pmatrix}\boldsymbol{t}^{'}\\ \boldsymbol{n}^{'}\\ \boldsymbol{b}^{'}\end{pmatrix}=\begin{pmatrix}0 & k & 0\\ -k & 0 & \tau\\ 0 & -\tau & 0\end{pmatrix}\begin{pmatrix}\boldsymbol{t}\\ \boldsymbol{n}\\ \boldsymbol{b}\end{pmatrix}.\tag{2.19}$$

对于一般参数化曲线 $\boldsymbol{p}(t)$, 可令

$$\boldsymbol{t}=\frac{\dot{\boldsymbol{p}}}{|\dot{\boldsymbol{p}}|}.$$

对 (2.11) 式两边关于 s 取导数, 利用 $\dot{\boldsymbol{p}}\times\ddot{\boldsymbol{p}}$ 垂直于 $\dot{\boldsymbol{p}}$ 并指向曲率中心, 且由 (2.8) 式可得

$$\begin{aligned}\boldsymbol{p}^{''}(s)&=\frac{\mathrm{d}}{\mathrm{d}t}\left(\frac{\dot{\boldsymbol{p}}}{\sqrt{\dot{\boldsymbol{p}}^2}}\right)\frac{\mathrm{d}t}{\mathrm{d}s}\\ &=\frac{\ddot{\boldsymbol{p}}\sqrt{\dot{\boldsymbol{p}}^2}-\dot{\boldsymbol{p}}\left(\dfrac{2\dot{\boldsymbol{p}}}{2\sqrt{\dot{\boldsymbol{p}}^2}}\cdot\ddot{\boldsymbol{p}}\right)}{\dot{\boldsymbol{p}}^2}\frac{1}{\sqrt{\dot{\boldsymbol{p}}^2}}=\frac{1}{\dot{\boldsymbol{p}}^4}\left[\dot{\boldsymbol{p}}^2\ddot{\boldsymbol{p}}-\dot{\boldsymbol{p}}(\dot{\boldsymbol{p}}\cdot\ddot{\boldsymbol{p}})\right]\\ &=\frac{(\dot{\boldsymbol{p}}\times\ddot{\boldsymbol{p}})\times\dot{\boldsymbol{p}}}{\dot{\boldsymbol{p}}^4}=\frac{|\dot{\boldsymbol{p}}\times\ddot{\boldsymbol{p}}|}{|\dot{\boldsymbol{p}}^3|}\boldsymbol{n}=k\boldsymbol{n}.\end{aligned}\tag{2.20}$$

因此, 此时曲率公式为

$$k=\frac{|\dot{\boldsymbol{p}}\times\ddot{\boldsymbol{p}}|}{|\dot{\boldsymbol{p}}^3|}.\tag{2.21}$$

公式 (2.15) 与 (2.21) 对计算曲线的曲率非常重要. 曲线上曲率 $k=0$ 的点称为拐点, 它也是曲线论中的一个重要概念. 鉴于篇幅, 关于拐点的性质在此拟不做介绍.

利用公式 (2.20), 性质

$$\boldsymbol{A}\times(\boldsymbol{B}\times\boldsymbol{C})=(\boldsymbol{A}\cdot\boldsymbol{C})\boldsymbol{B}-(\boldsymbol{A}\cdot\boldsymbol{B})\boldsymbol{C}$$

与

$$\dot{\boldsymbol{p}}\cdot(\dot{\boldsymbol{p}}\times\ddot{\boldsymbol{p}})=0,$$

则单位副法向量 $\boldsymbol{b}$ 可表示为

$$\begin{aligned}\boldsymbol{b}=\boldsymbol{t}\times\boldsymbol{n}&=\frac{\dot{\boldsymbol{p}}}{|\dot{\boldsymbol{p}}|}\times\left[\frac{1}{k}\frac{(\dot{\boldsymbol{p}}\times\ddot{\boldsymbol{p}})\times\dot{\boldsymbol{p}}}{\dot{\boldsymbol{p}}^4}\right]=\frac{1}{k}\frac{1}{|\dot{\boldsymbol{p}}|^5}\left[\dot{\boldsymbol{p}}((\dot{\boldsymbol{p}}\times\ddot{\boldsymbol{p}})\times\dot{\boldsymbol{p}})\right]\\&=\frac{1}{k}\frac{1}{|\dot{\boldsymbol{p}}|^5}\left[\dot{\boldsymbol{p}}^2(\dot{\boldsymbol{p}}\times\ddot{\boldsymbol{p}})-(\dot{\boldsymbol{p}}\cdot(\dot{\boldsymbol{p}}\times\ddot{\boldsymbol{p}})\dot{\boldsymbol{p}})\right]=\frac{1}{k}\frac{\dot{\boldsymbol{p}}\times\ddot{\boldsymbol{p}}}{|\dot{\boldsymbol{p}}|^3}=\frac{\dot{\boldsymbol{p}}\times\ddot{\boldsymbol{p}}}{|\dot{\boldsymbol{p}}\times\ddot{\boldsymbol{p}}|}.\end{aligned}\tag{2.22}$$

此时 $\boldsymbol{t},\boldsymbol{n},\boldsymbol{b}$ 就形成了 Frenet 运动标架.

由 (2.17) 式,

$$\boldsymbol{b}^{'}=-\tau\boldsymbol{n},$$

其中, τ 为挠率. 对上式两端取长度, 则有

$$|\tau|=\left|\frac{\mathrm{d}\boldsymbol{b}}{\mathrm{d}s}\right|=\lim_{\Delta s\to 0}\left|\frac{\Delta\boldsymbol{b}}{\Delta s}\right|=\lim_{\Delta s\to 0}\left|\frac{\Delta\boldsymbol{b}}{\Delta\theta}\right|\left|\frac{\Delta\theta}{\Delta s}\right|,$$

其中, θ 为副法向量 $\boldsymbol{b}(s)$ 与 $\boldsymbol{b}(s+\Delta s)$ 之间的夹角.

由于 $\boldsymbol{b}$ 为单位向量, 则 $|\boldsymbol{b}(s)|=|\boldsymbol{b}(s+\Delta s)|=1$, 且有

$$\lim_{\Delta s\to 0}\left|\frac{\Delta\boldsymbol{b}}{\Delta\theta}\right|=1.$$

因此挠率为

$$\lim_{\Delta s\to 0}\left|\frac{\Delta\theta}{\Delta s}\right|.\tag{2.23}$$

几何意义为: 曲线上一点的挠率等于副法向量 (或密切平面) 对弧长的转动速率. 换言之, 挠率是一个描述曲线旋转快慢的量. 对于平面曲线来说, 由于密切平面就是曲线所在平面, 其不发生改变, 因此其挠率为 0.

对于以弧长为参数的曲线 $\boldsymbol{p}(s)$, 挠率公式为

$$\tau=\frac{(\boldsymbol{p}^{'},\boldsymbol{p}^{''},\boldsymbol{p}^{'''})}{(\boldsymbol{p}^{''})^2}.\tag{2.24}$$

对于一般参数曲线 $\boldsymbol{p}(t)$, 挠率公式为

$$\tau=\frac{(\dot{\boldsymbol{p}},\ddot{\boldsymbol{p}},\dddot{\boldsymbol{p}})}{(\dot{\boldsymbol{p}}\times\ddot{\boldsymbol{p}})^2}.\tag{2.25}$$

由 (2.25) 式可知, 一条曲线 $\boldsymbol{p}(t)$ 为平面曲线 (即曲线挠率为 0) 的充要条件为

$$(\dot{\boldsymbol{p}},\ddot{\boldsymbol{p}},\dddot{\boldsymbol{p}})=0.$$

公式 (2.24), (2.25) 对计算曲线的挠率非常重要, 其推导过程此处拟不做介绍, 请读者自行推导或参阅有关资料.

2.3.3 曲线的拼接

在实际应用中, 通常我们用到的不仅仅是一整条曲线, 而是满足一定的连续条件拼接而成的曲线段组成的组合曲线. 对于多项式曲线, 我们前面已经介绍的样条方法、Hermite 插值方法等都是曲线拼接的方法. 由于参数曲线与多项式曲线相比灵活性更大、应用更为广泛, 因此对参数曲线段的拼接进行研究也是非常重要的.

目前, 对于参数曲线段的连续性定义主要有两种方式, 即参数连续与几何连续. 下面我们分别对它们作简单介绍.

1. 参数连续

参数连续与我们前面所讲的通常意义下的连续是一致的, 不过此时变量变成了参数, 而不是我们熟知的 x, y.

定义 2.3.1 参数曲线 $\boldsymbol{p}(t)$ 在 $t = t_0$ 处为 k 阶参数连续 (C^k 连续) 的充要条件是: $\boldsymbol{p}(t)$ 的每个分量在 $t = t_0$ 处 C^k 连续, 即

$$\lim_{t\to t_0^+} \overset{(i)}{\boldsymbol{p}}(t) = \lim_{t\to t_0^-} \overset{(i)}{\boldsymbol{p}}(t), \quad i = 0, 1, \cdots, k, \tag{2.26}$$

其中, $\overset{(i)}{\boldsymbol{p}}(t)$ 表示向量函数的 i 阶导数. 如果对所有的 $t \in [a, b]$, 曲线 $\boldsymbol{p}(t)$ 均 C^k 连续, 则称它为关于参数 t 的 C^k 连续曲线.

由于曲线的参数选取并不唯一, 同样的曲线可以有不同的参数表示, 而曲线的参数连续又与参数的选取紧密相关. 若参数变换前曲线为 C^k 连续, 但曲线的参数变换不是 C^k 微分同胚, 则变换后参数曲线可能不能在每一点处都满足 C^k 连续, 这是值得注意的问题.

我们的目的是构造参数连续的组合曲线, 即满足一定参数连续的曲线段. 而每一段曲线通常是按照局部参数定义的 C^k 连续曲线, 因此要让它们组成一条参数连续的组合曲线则需要找到一个合适的整体参数, 使得组合曲线关于整体参数是连续的, 但是满足要求的整体参数往往不易找到. 因此用参数连续来定义的曲线段的光滑拼接是不方便的, 应该寻找与参数无关的更为方便的光滑拼接条件.

2. 几何连续

上面所提到的参数连续性与曲线的参数化是紧密相关的, 不能客观准确地度量参数曲线的光滑性, 实际应用非常不便. 现在给出一种与参数化无关的连续性条件 —— 几何连续. 它要求相对较弱的限制条件, 提供比参数连续更多的自由度, 对形状控制予以更多的灵活性. 因此曲线曲面的几何连续性一直是近些年来研究的焦点问题之一, 在几何造型中已经得到了广泛的应用. 关于几何连续的定义也不是唯

一的, 其实质就是局部再参数化的存在性. 下面两个关于几何连续性的定义是等价的.

定义 2.3.2 参数曲线 $\boldsymbol{p}(t)$ 是 k 阶几何连续 (G^k 或 GC^k 连续) 的充要条件为: 在弧长参数化下, 曲线是 C^k 的.

定义 2.3.3 参数曲线 $\boldsymbol{p}(t)$ 是 k 阶几何连续的充要条件为: 它存在一个局部正则的 C^k 参数表示.

定义 2.3.2 表明, 在弧长参数化下, 曲线的参数连续与几何连续是一致的. 而定义 2.3.3 表明: 如果两段正则曲线段在公共点处为 C^k 的, 则它们必然 G^k 的.

假设两条参数曲线

$$\begin{aligned}&\boldsymbol{p}_1(u), \quad u \in [u_0, u_1],\\&\boldsymbol{p}_2(t), \quad t \in [t_0, b]\end{aligned}$$

的连接点为

$$\boldsymbol{p} = \boldsymbol{p}_1(u_1) = \boldsymbol{p}_2(t_0).$$

$\boldsymbol{p}_1(u), \boldsymbol{p}_2(t)$ 分别称为点 $\boldsymbol{p}$ 的左、右端曲线. 现将左端曲线取参数变换

$$u = u(t), \quad u_0 = u(a), \quad u_1 = u(t_0), \quad t \in [a, t_0],$$

则左端曲线重新参数化为

$$\boldsymbol{p}_1(t) = \boldsymbol{p}_1(u(t)), \quad t \in [a, t_0].$$

下面考虑它们在 $t = t_0$ 处的几何连续条件.

令 $\overset{(j)}{\boldsymbol{p}}_+$ 表示右端曲线 $\boldsymbol{p}_2(t)$ 在 $t = t_0$ 时的 j 阶导数, $\overset{(j)}{\boldsymbol{p}}_-$ 表示左端曲线 $\boldsymbol{p}_1(t)$ 在 $t = t_0$ 时的 j 阶导数. 按照定义, 则

(1) $\boldsymbol{p}$ 处 G^0 连续的条件为:

$$\boldsymbol{p}_+ = \boldsymbol{p}_-, \tag{2.27}$$

即只要两端曲线连接即可保证 G^0 光滑, 这与参数连续是一致的.

(2) $\boldsymbol{p}$ 处 G^1 连续的条件为: 在 $\boldsymbol{p}$ 处 G^0 连续, 并且

$$\dot{\boldsymbol{p}}_+ = \frac{\mathrm{d}u}{\mathrm{d}t}\dot{\boldsymbol{p}}_-, \tag{2.28}$$

其中, $\dfrac{\mathrm{d}u}{\mathrm{d}t} > 0$, 即左右两端曲线在 $\boldsymbol{p}$ 点处具有公共的单位切向量.

(3) 对 (2.28) 式两端关于 t 求导, 则 $\boldsymbol{p}$ 处 G^2 连续的条件为: 在 $\boldsymbol{p}$ 处 G^1 连续, 并且

$$\ddot{\boldsymbol{p}}_+ = \frac{\mathrm{d}^2u}{\mathrm{d}t^2}\dot{\boldsymbol{p}}_- + \frac{\mathrm{d}u}{\mathrm{d}t}\ddot{\boldsymbol{p}}_-. \tag{2.29}$$

其几何意义为: 即左右两端曲线在 $\boldsymbol{p}$ 点处的曲率值与主法向量皆连续.

(4) 对 (2.28) 式两端利用链式法则关于 t 一直求导下去, 可得

$$\dddot{\boldsymbol{p}}_+ = \frac{\mathrm{d}^3u}{\mathrm{d}t^3}\dot{\boldsymbol{p}}_- + 3\frac{\mathrm{d}u}{\mathrm{d}t}\frac{\mathrm{d}^2u}{\mathrm{d}t^2}\ddot{\boldsymbol{p}}_- + \left(\frac{\mathrm{d}u}{\mathrm{d}t}\right)^3\dddot{\boldsymbol{p}}_-. \tag{2.30}$$

$\cdots\cdots$

令 $\beta_j = \dfrac{\mathrm{d}^j u}{\mathrm{d}t^j}(j=1,2,\cdots)$, 则如上 (2.27)~(2.30) 式可表示成矩阵形式

$$\begin{pmatrix} \boldsymbol{p}_+ \\ \dot{\boldsymbol{p}}_+ \\ \ddot{\boldsymbol{p}}_+ \\ \dddot{\boldsymbol{p}}_+ \\ \vdots \\ \overset{(k)}{\boldsymbol{p}}_+ \end{pmatrix} = \begin{pmatrix} 1 & & & & & \\ 0 & \beta_1 & & & & \\ 0 & \beta_2 & \beta_1^2 & & & \\ 0 & \beta_3 & 3\beta_1\beta_2 & \beta_1^3 & & \\ \vdots & \vdots & \vdots & \vdots & \ddots & \\ 0 & \beta_k & \cdots & \cdots & \cdots & \beta_1^k \end{pmatrix} \begin{pmatrix} \boldsymbol{p}_- \\ \dot{\boldsymbol{p}}_- \\ \ddot{\boldsymbol{p}}_- \\ \dddot{\boldsymbol{p}}_- \\ \vdots \\ \overset{(k)}{\boldsymbol{p}}_- \end{pmatrix}, \tag{2.31}$$

其中, $\beta_1 > 0$. 公式 (2.31) 称为几何连续的 β 约束.

由于相同的曲线可以采用不同的参数化表示, 它们所对应的是 (2.31) 式中矩阵的不同非零元素, 即 $\beta_j(j=1,\cdots,k)$ 的取值不同. 因此, β 约束是参数无关的. 那么就可以给出与定义 2.3.2, 定义 2.3.3 等价的基于 β 约束的几何连续性定义.

定义 2.3.4　参数曲线段在正则连接点 $\boldsymbol{p}$ 处 G^k 几何连续的充要条件是: 存在实数 $\beta_j(j=1,\cdots,k), \beta_1 > 0$, 使得两曲线段在点 $\boldsymbol{p}$ 处两侧满足 (2.31) 式的 β 约束.

$\beta_j(j=1,\cdots,k)$ 称之为形状参数, 可以用来调整曲线形状.

2.4　曲面的参数表示

2.4.1　曲面上的曲线

设 $\boldsymbol{p} = \boldsymbol{p}(t) = (u(t), v(t))$ 为曲面 $\boldsymbol{p}(u,v)$ 上的一条曲线, 由 (2.2) 式, 该曲线的切向量为

$$\dot{\boldsymbol{p}} = \boldsymbol{p}_u\dot{u} + \boldsymbol{p}_v\dot{v} = \begin{pmatrix} \dot{u} & \dot{v} \end{pmatrix}\begin{pmatrix} \boldsymbol{p}_u \\ \boldsymbol{p}_v \end{pmatrix} = \dot{\boldsymbol{p}}\boldsymbol{A}, \tag{2.32}$$

其中, 等式右端

$$\dot{\boldsymbol{p}} = \begin{pmatrix} \dot{u} & \dot{v} \end{pmatrix}, \quad \boldsymbol{A} = \begin{pmatrix} \boldsymbol{p}_u \\ \boldsymbol{p}_v \end{pmatrix}.$$

由公式 (2.8), 可得

$$\dot{s}^2=\dot{\boldsymbol{p}}^2=\dot{\boldsymbol{p}}\cdot\dot{\boldsymbol{p}}^{\mathrm{T}}=\begin{pmatrix}\dot{u} & \dot{v}\end{pmatrix}\begin{pmatrix}\boldsymbol{p}_u\\ \boldsymbol{p}_v\end{pmatrix}\begin{pmatrix}\boldsymbol{p}_u & \boldsymbol{p}_v\end{pmatrix}\begin{pmatrix}\dot{u}\\ \dot{v}\end{pmatrix}=\begin{pmatrix}\dot{u} & \dot{v}\end{pmatrix}\boldsymbol{F}\begin{pmatrix}\dot{u}\\ \dot{v}\end{pmatrix}=\dot{\boldsymbol{p}}\boldsymbol{F}\dot{\boldsymbol{p}}^{\mathrm{T}}, \tag{2.33}$$

其中, s 为曲线的弧长, 且

$$\boldsymbol{F}=\begin{pmatrix}\boldsymbol{p}_u^2 & \boldsymbol{p}_u\cdot\boldsymbol{p}_v\\ \boldsymbol{p}_u\cdot\boldsymbol{p}_v & \boldsymbol{p}_v^2\end{pmatrix}.$$

公式 (2.33) 称为曲面的第一基本公式. 由公式 (2.32) 与公式 (2.33), 曲线的单位切向量为

$$\boldsymbol{t}=\frac{\dot{\boldsymbol{p}}}{|\dot{\boldsymbol{p}}|}=\frac{\dot{\boldsymbol{p}}\boldsymbol{A}}{\left(\dot{\boldsymbol{p}}\boldsymbol{F}\dot{\boldsymbol{p}}^{\mathrm{T}}\right)^{1/2}}. \tag{2.34}$$

若给定参数点 t_0, 则曲线 $\boldsymbol{p}(t)$ 的弧长为

$$s=\int_{t_0}^{t}\dot{s}\mathrm{d}t=\int_{t_0}^{t}\left(\dot{\boldsymbol{p}}\boldsymbol{F}\dot{\boldsymbol{p}}^{\mathrm{T}}\right)^{1/2}\mathrm{d}t.$$

设 $\boldsymbol{p}_1=\boldsymbol{p}_1(t),\boldsymbol{p}_2=\boldsymbol{p}_2(t)$ 为曲面上两条曲线, 则它们夹角 θ 的余弦为

$$\cos\theta=\boldsymbol{t}_1\cdot\boldsymbol{t}_2=\frac{\dot{\boldsymbol{p}}_1\boldsymbol{F}\dot{\boldsymbol{p}}_2^{\mathrm{T}}}{\left(\dot{\boldsymbol{p}}_1\boldsymbol{F}\dot{\boldsymbol{p}}_1^{\mathrm{T}}\right)^{1/2}\left(\dot{\boldsymbol{p}}_2\boldsymbol{F}\dot{\boldsymbol{p}}_2^{\mathrm{T}}\right)^{1/2}}. \tag{2.35}$$

曲面 $\boldsymbol{p}(u,v)$ 上由 4 条参数曲线

$$u=u_0,\quad u=u_0+\Delta u,\quad v=v_0,\quad v=v_0+\Delta v$$

所围城区域的面积 ΔS 可看成是点 $\boldsymbol{p}(u_0,v_0)$ 上的两个向量 $\boldsymbol{p}_u\Delta u,\boldsymbol{p}_v\Delta v$ 所构成的平行四边形面积的近似, 即

$$\Delta S\approx|\boldsymbol{p}_u\times\boldsymbol{p}_v|\Delta u\Delta v.$$

由于

$$|\boldsymbol{p}_u\times\boldsymbol{p}_v|^2=\boldsymbol{p}_u^2\boldsymbol{p}_v^2-(\boldsymbol{p}_u\cdot\boldsymbol{p}_v)^2=|\boldsymbol{F}|,$$

因此曲面 $\boldsymbol{p}(u,v)$ 在其对应的参数域 $\mathfrak{R}$ 上的面积为

$$S=\iint_{\mathfrak{R}}|\boldsymbol{F}|^{1/2}\mathrm{d}u\mathrm{d}v. \tag{2.36}$$

2.4.2 曲面的曲率

设 $\boldsymbol{p}(t)=(u(t),v(t))$ 为曲面 $\boldsymbol{p}(u,v)$ 上一条参数曲线, 利用公式 (2.10) 可得

$$\dot{\boldsymbol{p}}=\dot{s}\boldsymbol{p}^{'}=\dot{s}\boldsymbol{t}.$$

对上式两边取 t 的导数, 并利用 (2.12) 式、(2.14) 式可得

$$\ddot{\boldsymbol{p}}=\ddot{s}\boldsymbol{t}+\dot{s}\boldsymbol{t}^{'}=\ddot{s}\boldsymbol{t}+\dot{s}k\boldsymbol{n}. \tag{2.37}$$

再由 (2.2) 式, 可知

$$\dot{\boldsymbol{p}}=\boldsymbol{p}_u\dot{u}+\boldsymbol{p}_v\dot{v},$$

对上式两边再求 t 的导数, 可得方程

$$\ddot{\boldsymbol{p}}=\boldsymbol{p}_{uu}\dot{u}^2+\boldsymbol{p}_{uv}\dot{u}\dot{v}+\boldsymbol{p}_u\ddot{u}+\boldsymbol{p}_{vv}\dot{v}^2+\boldsymbol{p}_{uv}\dot{v}\dot{u}+\boldsymbol{p}_v\ddot{v}. \tag{2.38}$$

用单位法向量 $\boldsymbol{e}$(公式 (2.6) 给出) 分别对公式 (2.37)、(2.38) 两端做内积, 并且利用性质 $\boldsymbol{e}\perp\boldsymbol{t},\boldsymbol{e}\perp\boldsymbol{p}_u,\boldsymbol{e}\perp\boldsymbol{p}_v$, 可得

$$\boldsymbol{e}\cdot\ddot{\boldsymbol{p}}=\dot{s}^2k\boldsymbol{e}\cdot\boldsymbol{n}, \tag{2.39}$$

$$\begin{aligned}\boldsymbol{e}\cdot\ddot{\boldsymbol{p}}&=\boldsymbol{e}\cdot\boldsymbol{p}_{uu}\dot{u}^2+\boldsymbol{e}\cdot\boldsymbol{p}_{uv}\dot{u}\dot{v}+\boldsymbol{e}\cdot\boldsymbol{p}_u\ddot{u}+\boldsymbol{e}\cdot\boldsymbol{p}_{vv}\dot{v}^2+\boldsymbol{e}\cdot\boldsymbol{p}_{uv}\dot{v}\dot{u}+\boldsymbol{e}\cdot\boldsymbol{p}_v\ddot{v}\\&=\begin{pmatrix}\dot{u} & \dot{v}\end{pmatrix}\begin{pmatrix}\boldsymbol{e}\cdot\boldsymbol{p}_{uu} & \boldsymbol{e}\cdot\boldsymbol{p}_{uv}\\ \boldsymbol{e}\cdot\boldsymbol{p}_{vu} & \boldsymbol{e}\cdot\boldsymbol{p}_{vv}\end{pmatrix}\begin{pmatrix}\dot{u}\\ \dot{v}\end{pmatrix}\\&=\dot{\boldsymbol{p}}\boldsymbol{G}\dot{\boldsymbol{p}}^{\mathrm{T}},\end{aligned} \tag{2.40}$$

其中

$$\boldsymbol{G}=\begin{pmatrix}\boldsymbol{e}\cdot\boldsymbol{p}_{uu} & \boldsymbol{e}\cdot\boldsymbol{p}_{uv}\\ \boldsymbol{e}\cdot\boldsymbol{p}_{vu} & \boldsymbol{e}\cdot\boldsymbol{p}_{vv}\end{pmatrix}.$$

由公式 (2.39) 与公式 (2.40) 可以推出

$$\dot{s}^2k\boldsymbol{e}\cdot\boldsymbol{n}=\dot{\boldsymbol{p}}\boldsymbol{G}\dot{\boldsymbol{p}}^{\mathrm{T}}. \tag{2.41}$$

公式 (2.41) 称之为曲面的第二基本公式.

设 $\boldsymbol{p}(t)=(u(t),v(t))$ 为曲面 $\boldsymbol{p}(u,v)$ 上的一条曲线. 过曲线 $\boldsymbol{p}(t)$ 上的点 P, 做空间平面 C, 使之包含 $\boldsymbol{p}(t)$ 在 P 点的切向量 $\dot{\boldsymbol{p}}$ 以及曲面 $\boldsymbol{p}(u,v)$ 在 P 点的法向量 $\boldsymbol{e}$. 设平面 C 与曲面 $\boldsymbol{p}(u,v)$ 的交线为 r(图 2.5). 称曲线 r 在点 P 的法曲率为曲面 $\boldsymbol{p}(u,v)$ 在 P 关于方向 $\dot{\boldsymbol{p}}$ 的法曲率, 记为 k_n. 显然, 它与 $\dot{\boldsymbol{p}}$ 的方向有关但与大小无关, 它是曲线 $\boldsymbol{p}(t)$ 的曲率向量在 $\boldsymbol{e}$ 上的投影. 由方程 (2.41) 可知

$$\dot{s}^2 k_n = \dot{\boldsymbol{p}}\boldsymbol{G}\dot{\boldsymbol{p}}^{\mathrm{T}}, \tag{2.42}$$

即

$$k_n = \frac{\dot{\boldsymbol{p}}\boldsymbol{G}\dot{\boldsymbol{p}}^{\mathrm{T}}}{\dot{s}^2} = \frac{\dot{\boldsymbol{p}}\boldsymbol{G}\dot{\boldsymbol{p}}^{\mathrm{T}}}{\dot{\boldsymbol{p}}\boldsymbol{F}\dot{\boldsymbol{p}}^{\mathrm{T}}}. \tag{2.43}$$

如果在 $\boldsymbol{e}$ 方向上曲线 r 为凹的, 则 k_n 的符号是正的, 如果为凸的, 则 k_n 符号为负. 曲面上一点沿不同的方向可能有不同的法曲率, 称使得 k_n 取极值的方向为法曲率的主方向.

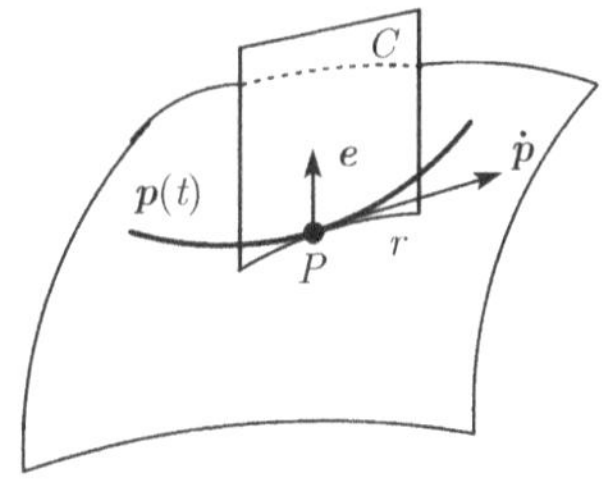

图 2.5 与曲面相交的平面 C

令

$$\xi = \dot{u}, \quad \eta = \dot{v}, \quad L = \boldsymbol{e}\cdot\boldsymbol{p}_{uu}, \quad M = \boldsymbol{e}\cdot\boldsymbol{p}_{uv} = \boldsymbol{e}\cdot\boldsymbol{p}_{vu},$$
$$N = \boldsymbol{e}\cdot\boldsymbol{p}_{vv}, \quad E = \boldsymbol{p}_u^2, \quad F = \boldsymbol{p}_u\cdot\boldsymbol{p}_v, \quad G = \boldsymbol{p}_v^2.$$

因此方程 (2.43) 可改写为

$$L\xi^2 + 2M\xi\eta + N\eta^2 - k_n(E\xi^2 + 2F\xi\eta + G\eta^2) = 0. \tag{2.44}$$

为了得到法曲率的极值, 对上式两端关于 ξ, η 取偏导数, 并令 $\dfrac{\partial k_n}{\partial \xi} = \dfrac{\partial k_n}{\partial \eta} = 0$, 则有

$$\begin{cases} (L - k_n E)\xi + (M - k_n F)\eta = 0, \\ (M - k_n F)\xi + (N - k_n G)\eta = 0. \end{cases} \tag{2.45}$$

消去 ξ, η, 得到方程

$$(EG - F^2)k_n^2 - (EN + GL - 2FM)k_n + LN - M^2 = 0. \tag{2.46}$$

方程 (2.46) 总有两个实根 $k_{n_{\min}}, k_{n_{\max}}$, 为曲率 k_n 的最小、最大值, 称之为主曲率. 再由根与系数的关系, 可知

$$K = k_{n_{\min}}\cdot k_{n_{\max}} = \frac{LN - M^2}{EG - F^2} = \frac{(\boldsymbol{e}\cdot\boldsymbol{p}_{uu})(\boldsymbol{e}\cdot\boldsymbol{p}_{vv}) - (\boldsymbol{e}\cdot\boldsymbol{p}_{uv})^2}{\boldsymbol{p}_u^2\boldsymbol{p}_v^2 - (\boldsymbol{p}_u\cdot\boldsymbol{p}_v)} = \frac{|\boldsymbol{G}|}{|\boldsymbol{F}|}, \tag{2.47}$$

$$\begin{aligned} H &= \frac{k_{n_{\min}} + k_{n_{\max}}}{2} = \frac{EN + GL - 2FM}{2(EG - F^2)} \\ &= \frac{\boldsymbol{p}_u^2(\boldsymbol{e}\cdot\boldsymbol{p}_{vv}) - 2(\boldsymbol{p}_u\cdot\boldsymbol{p}_v)(\boldsymbol{e}\cdot\boldsymbol{p}_{uv}) + \boldsymbol{p}_v^2(\boldsymbol{e}\cdot\boldsymbol{p}_{uu})}{|\boldsymbol{F}|}. \end{aligned} \tag{2.48}$$

我们称 K 为 Gauss 曲率 (或总曲率, 全曲率), H 为平均曲率 (或中曲率).

容易看出, 主曲率的两个主方向是互相垂直的. 如果求出一点的两个主曲率 $k_{n_{\min}}, k_{n_{\max}}$, 那么可由 Euler 公式

$$k_n = k_{n_{\max}}\cos^2\phi + k_{n_{\min}}\sin^2\phi \tag{2.49}$$

求出曲面在该点处沿任意方向的法曲率, 其中 ϕ 为该方向与主曲率 $k_{n_{\max}}$ 所在方向的夹角.

如果把曲面上点的两个主方向取为该点的局部坐标轴 ξ,η. 对 Euler 公式 (2.49) 两端同时除 k_n, 且令

$$\xi=\frac{\cos\phi}{\sqrt{k_n}},\quad \eta=\frac{\sin\phi}{\sqrt{k_n}},$$

则可得

$$\begin{cases} k_{n_{\max}}\xi^2+k_{n_{\min}}\eta^2=1, & K>0,\\ k_{n_{\max}}\xi^2+k_{n_{\min}}\eta^2=\pm 1, & K<0,\\ k_{n_{\max}}\xi^2=1, & K=k_{n_{\min}}=0. \end{cases} \tag{2.50}$$

上述 3 个方程分别表示椭圆、共轭双曲线与平行直线, 称之为曲面在该点的 Dupin 标线.Dupin 标线反映了曲面上一点性质以及邻域的大体形状.

曲面上高斯曲率 $K>0,=0,<0$ 的点分别被称为双曲点、抛物点与椭圆点. 曲面在椭圆点附近的部分位于曲面在该点的切平面的同侧. 而曲面上的点 Gauss 曲率 $K\geqslant 0$ 为该点局部凸的充要条件, 这在几何造型中非常重要. 曲面上的曲线如果切线方向总是在一个主方向, 则称这样的曲线为曲率线. 对应两个主曲率, 曲面上有两簇成正交的曲率线.

2.4.3 曲面的拼接

相对于参数曲线的拼接, 参数曲面问题要复杂得多, 其应用也更为广泛. 主要的拼接方法是基于参数连续与几何连续的, 下面分别作以简单介绍.

1. 参数连续

如果两个参数曲面 $\boldsymbol{p}(u,v),\boldsymbol{q}(s,r)$ 具有公共的连接线, 称它们是连续的或 C^0 连续的. 此时也称为 G^0 连续, 即零阶参数连续与几何连续是等价的. 对于两曲面间 k 阶参数连续有如下定义.

定义 2.4.1 两个参数曲面 $\boldsymbol{p}(u,v),\boldsymbol{q}(s,r)$ 沿公共连接线 $\boldsymbol{p}(t)=\boldsymbol{q}(t)$ 具有 k 阶参数连续性 (即 C^k 连续) 的充要条件是: 两曲面在公共连接线上处处满足

$$\frac{\partial^{i+j}}{\partial u^i\partial v^j}\boldsymbol{p}(t)=\frac{\partial^{i+j}}{\partial s^i\partial r^j}\boldsymbol{q}(t),\quad i+j=0,1,\cdots,k.$$

上述定义是建立在两曲面的局部参数域上的, 如果改为整体参数域, 则参数连续性定义如下.

定义 2.4.2 曲面片 $\boldsymbol{p}(u,v),u\in[u_0,u_1],v\in[v_0,v_1]$ 与曲面片 $\boldsymbol{q}(u,v),u\in[u_0,u_1],v\in[v_1,v_2]$ 在公共边界 $\boldsymbol{p}(u,v_1-)=\boldsymbol{q}(u,v_1+)$ 上 C^k 连续的充要条件为

$$\frac{\partial^{i+j}}{\partial u^i\partial v^j}\boldsymbol{p}(u,v_1-)=\frac{\partial^{i+j}}{\partial u^i\partial v^j}\boldsymbol{q}(u,v_1+),\quad i+j=0,1,\cdots,k.$$

参数连续与参数的选取有关, 而曲面的参数化又不唯一, 并且曲面不存在像曲线那样的弧长参数, 使得曲面的参数连续性只能在特定的参数下成立. 显然, 如上的参数连续性定义对于曲面拼接来说条件太强了, 而且不能确切度量曲面连接的光滑度. 因此同参数曲线一样, 我们也需要寻找一种更为宽容、在参数变化下保持不变, 并且能更好度量曲面拼接光滑性的曲面连续性定义.

2. 几何连续

首先, 我们给出一阶几何连续 (G^1 连续, 又称切平面连续性) 的定义.

定义 2.4.3 两曲面 $\boldsymbol{p}(u,v),\boldsymbol{q}(s,r)$ 沿公共连接线 $\boldsymbol{p}(t)=\boldsymbol{q}(t)$ 具有 G^1 连续的充要条件是: 它们沿该公共线 G^0 连续, 并且处处具有公共的切平面 (或公共的曲面法线).

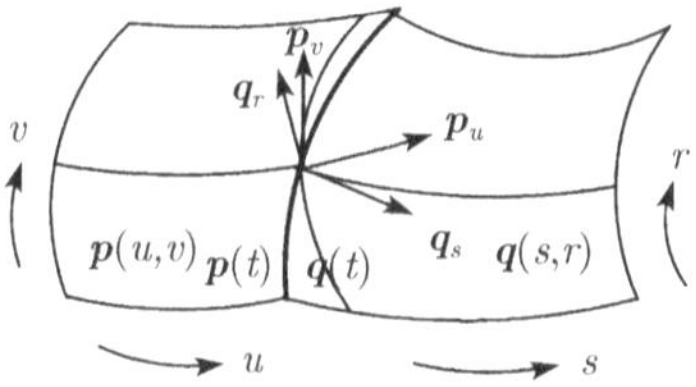

(a) 连接线为非等参线

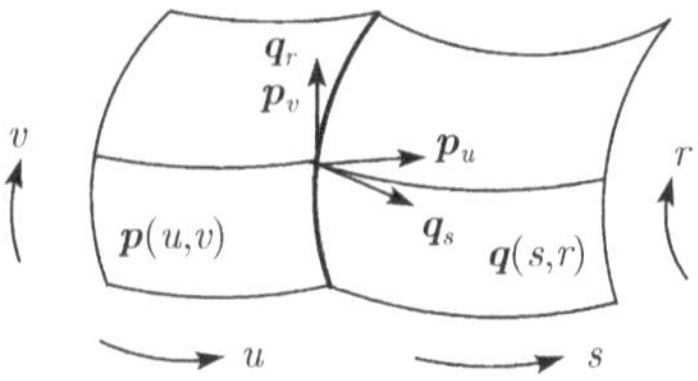

(b) 连接线为等参线

图 2.6 两曲面 G^1 连接

如果公共连接线 $\boldsymbol{p}(t)=\boldsymbol{q}(t)$ 为曲面 $\boldsymbol{p}(u,v)$ 与 $\boldsymbol{q}(s,r)$ 上的非等参线的曲线, 则沿公共连接线每点处 4 个切向量 $\boldsymbol{p}_u(t),\boldsymbol{p}_v(t),\boldsymbol{q}_s(t),\boldsymbol{q}_r(t)$ 互不重合, 按照定义 2.4.3 可知它们必共面 (图 2.6(a)), 即

$$(\boldsymbol{p}_u\times\boldsymbol{p}_v)\times(\boldsymbol{q}_s\times\boldsymbol{q}_r)=\boldsymbol{0}.$$

如图 2.6(b) 所示, 如果公共连接线为曲面 $\boldsymbol{p}(u,v)$ 与 $\boldsymbol{q}(s,r)$ 上的等参线 $\boldsymbol{p}(u_1,v)=\boldsymbol{p}(s_0,r),v=v(r)$. 那么在连接线上 $\boldsymbol{p}_v$ 与 $\boldsymbol{q}_r$ 平行, 因此 G^1 则要求 $\boldsymbol{p}_u,\boldsymbol{q}_s,\boldsymbol{q}_r$ 共面, 即混合积

$$(\boldsymbol{p}_u,\boldsymbol{q}_s,\boldsymbol{q}_r)=0.$$

因此切向量可表示为

$$\boldsymbol{p}_u=h\boldsymbol{q}_s+l\boldsymbol{q}_r,\quad h>0.$$

其中,$h>0$ 保证了两曲面在公共连接线处不形成尖棱. 若 $l=0$, 表示曲面 $\boldsymbol{p}(u,v)$ 上的 u 线与曲面 $\boldsymbol{q}(s,r)$ 上的 s 线在公共连接线处为 G^1 光滑的. 如果 $h=1,l=0$, 表示两曲面为 C^1 连接的.

最常用的曲面几何连接光滑度为 G^2 连续 (又称曲率连续), 定义如下.

定义 2.4.4　两曲面 $\boldsymbol{p}(u,v),\boldsymbol{q}(s,r)$ 沿公共连接线 $\boldsymbol{p}(t)=\boldsymbol{q}(t)$ 具有 G^2 连续的充要条件是它们沿公共连接线 G^1 连续, 并且具有公共的主曲率, 及在两个主曲率不相等时具有公共的主方向.

定义 2.4.3, 2.4.4 分别给出了 G^1,G^2 连续的条件, 对于一般的 G^k 连续可由如下定义给出.

定义 2.4.5　两曲面 $\boldsymbol{p}(u,v),\boldsymbol{q}(s,r)$ 沿公共连接线 $\boldsymbol{p}(t)=\boldsymbol{q}(t)$ 具有 G^k 连续的充要条件是两曲面之一可以重新参数化, 以至于它们沿公共连接线为 C^k 连续的. 如 $\boldsymbol{q}(s,r)$ 重新参数化为 $\overline{\boldsymbol{q}}(\overline{s},\overline{r})$, 使得

$$\frac{\partial^{i+j}}{\partial u^i\partial v^j}\boldsymbol{p}(t)=\frac{\partial^{i+j}}{\partial s^i\partial r^j}\overline{\boldsymbol{q}}(t),\quad i+j=0,1,\cdots,k.$$

类似曲线几何连续性的定义, 曲面的几何连续性也可以给出所谓的 β 约束的等价定义, 鉴于篇幅, 此处拟不列出, 请读者自己思考.

2.4.4　直纹面与可展曲面

直纹面与可展曲面是两类特殊的曲面, 在几何造型中的应用非常广泛. 直纹面是直线段在空间中沿某一定曲线运动所形成的轨迹. 定曲线称为准线, 直线段称为母线 (图 2.7(a)).

设准线为 $\boldsymbol{h}(u)$, 母线的方向向量为 $\boldsymbol{l}(u)$, 则直纹面的方程为

$$\boldsymbol{p}(u,v)=\boldsymbol{h}(u)+v\boldsymbol{l}(u), \tag{2.51}$$

其中, $u\in[u_0,u_1],v\in[v_0,v_1]$.

如果 (2.51) 式中 $\boldsymbol{h}(u)$ 为常值 $\boldsymbol{h}$, 那么直纹面

$$\boldsymbol{p}(u,v)=\boldsymbol{h}+v\boldsymbol{l}(u) \tag{2.52}$$

表示的曲面为锥面.

如果 (2.51) 式中 $\boldsymbol{l}(u)$ 为常值 $\boldsymbol{l}$, 那么直纹面

$$\boldsymbol{p}(u,v)=\boldsymbol{h}(u)+v\boldsymbol{l} \tag{2.53}$$

表示的曲面为柱面.

如果 (2.51) 式中 $\boldsymbol{l}(u)=\dot{\boldsymbol{h}}(u)$, 那么直纹面

$$\boldsymbol{p}(u,v)=\boldsymbol{h}(u)+v\dot{\boldsymbol{h}}(u)$$

表示的曲面为切线面, 此时 $\boldsymbol{h}(u)$ 称为脊线.

在实际应用中, 直纹面还可以表示为

$$\boldsymbol{p}(u,v)=(1-v)\boldsymbol{a}(u)+v\boldsymbol{b}(u), \tag{2.54}$$

其中, $u \in [u_0, u_1], v \in [0,1]$. 显然曲线 $\boldsymbol{a}(u), \boldsymbol{b}(u)$ 为直纹面在 $v=0,1$ 时的两条边界曲线 (图 2.7(b)).

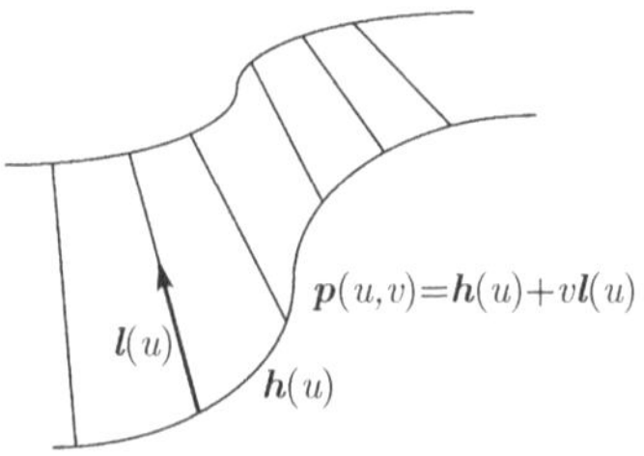

(a) 公式(2.51)表示

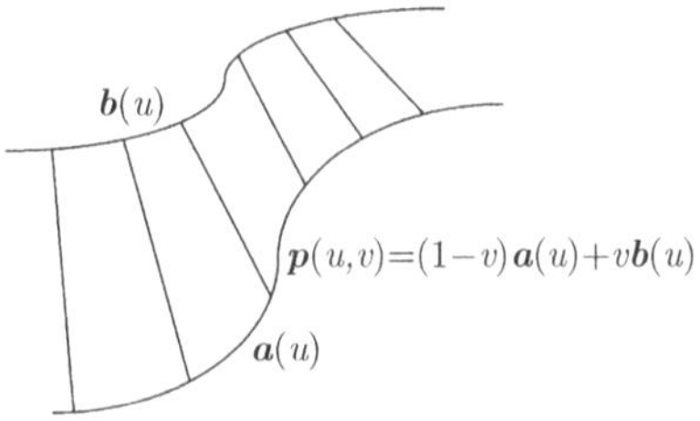

(b) 公式(2.54)表示

图 2.7 直纹面

如果直纹面沿着它的每一条母线只有唯一的切平面, 则称该直纹面为可展曲面. 可展曲面是一类特殊的直纹面. 此时, 切平面只依赖一个参数, 这种曲面实质上是单参数平面簇的包络面.

可展曲面在计算机辅助设计和制造中有着广泛的应用, 因为它可以完全地平铺到一个平面上而不发生任何的伸缩和破裂. 可展曲面与近似可展曲面的研究是近些年来计算机辅助设计与计算机辅助几何设计研究的热点问题.

对于可展曲面, 有如下两个判断方法:

(1) (2.51) 式表示的直纹面为可展曲面的充要条件为

$$(\dot{\boldsymbol{h}}, \boldsymbol{l}, \dot{\boldsymbol{l}}) = 0,$$

即 $\dot{\boldsymbol{h}}, \boldsymbol{l}, \dot{\boldsymbol{l}}$ 对任意 $u \in [u_0, u_1]$ 皆共面;

(2) (2.54) 式表示的直纹面为可展曲面的充要条件为

$$(\dot{\boldsymbol{a}}, \boldsymbol{b}-\boldsymbol{a}, \dot{\boldsymbol{b}}) = 0,$$

即 $\dot{\boldsymbol{a}}, \boldsymbol{b}-\boldsymbol{a}, \dot{\boldsymbol{b}}$ 对任意 $u \in [u_0, u_1]$ 皆共面.

显然, 柱面、锥面与切线面都是可展曲面. 事实上, 可展曲面只有这 3 种类型.

计算几何、CAGD 等领域使用非常广泛的还有一类曲面 — 极小曲面. 一张正则的参数曲面称为极小的, 如果它的平均曲率为零. 一张正则曲面称为极小的, 如果它的每个参数表示都是极小的. 鉴于篇幅, 有关极小曲面的知识在此拟不作详细介绍, 感兴趣的读者可以参阅文献 [5].

习 题 2

2.1 求证: 向量 $\boldsymbol{a}, \boldsymbol{b}$ 共线的充分必要条件是有不全为零的实数 l, μ, 使 $l\boldsymbol{a} + \mu\boldsymbol{b} = 0$; 向量 $\boldsymbol{a}, \boldsymbol{b}, \boldsymbol{c}$ 共面的充分必要条件是存在不全为零的实数 l, μ, ν, 使 $l\boldsymbol{a} + \mu\boldsymbol{b} + \nu\boldsymbol{c} = \boldsymbol{0}$.

2.2　给定球心 (x_0, y_0, z_0) 和半径 r, 写出球面的参数方程与向量方程.

2.3　给定空间两点 $\boldsymbol{p}_1, \boldsymbol{p}_2$ 与两点上的切向量 $\boldsymbol{p}_1^{'}, \boldsymbol{p}_2^{'}$. 利用两点 3 次多项式 Hermite 插值, 求满足插值此边界条件的 3 次参数曲线, 从而对空间点列构造 3 次参数样条曲线.

2.4　将椭圆

$$\frac{x^2}{a^2} + \frac{y^2}{b^2} = 1, \quad a > 0, b > 0$$

转化为参数曲线表示, 并求与其距离为 d 的等距线方程.

2.5　设圆的弧长参数表示为

$$\boldsymbol{p}(s) = \left(x_0 + a\cos\frac{s}{a}, y_0 + a\sin\frac{s}{a}, 0\right).$$

试求其 Frenet 标架、曲率和挠率.

2.6　已知参数曲线 (螺旋线) 为

$$\boldsymbol{p}(s) = \left(a\cos\frac{s}{c}, a\sin\frac{s}{c}, b\frac{s}{c}\right), \quad s \in \mathbb{R},$$

其中, $c^2 = a^2 + b^2$.

(1) 证明参数 s 为弧长参数;

(2) 求 $\boldsymbol{p}$ 的曲率与挠率;

(3) 求 $\boldsymbol{p}$ 的密切平面;

(4) 证明 $\boldsymbol{p}$ 的切线与 z 轴的交角是不变的.

2.7　平面曲线常常采用极坐标

$$\rho = \rho(\theta), \quad \theta \in [a, b]$$

表示. 试证明:

(1) 弧长为

$$\int_a^b \sqrt{\rho^2 + (\rho^{'})^2}\mathrm{d}\theta,$$

其中 $\rho^{'}$ 表示 ρ 对 θ 求导;

(2) 曲率为

$$k(\theta) = \frac{2(\rho^{'})^2 - \rho\rho^{''} + \rho^2}{[(\rho^{'})^2 + \rho^2]^{3/2}}.$$

2.8　设 a, b 为常数, 则

(1) $y = f(x)$ 与 $y = f(ax + b)$ 的图形关系如何?

(2) 隐式代数曲线 $f(x, y) = 0$ 与 $f(ax + b, y) = 0$ 的关系如何?

(3) 参数曲线 $\boldsymbol{p}(t)$ 与 $\boldsymbol{p}(at + b)$ 的关系如何?

2.9　回转抛物面的方程为

$$\boldsymbol{p}(u, v) = (2au\cos v, 2au\sin v, au^2),$$

试求其单位法向量 $\boldsymbol{e}$.

2.10 单位球面的方程为

$$\boldsymbol{p}(u,v)=(\sin u\cos v, sinu\sin v,\cos u).$$

(1) 试求其过点 $\boldsymbol{P}(x_0,y_0,z_0)$ 的切平面方程;

(2) 试推导其曲面的第一基本公式.

2.11 求椭球面 $\boldsymbol{p}(u,v)=(a\sin u\cos v, asinu\sin v, b\cos u)$ 的 Gauss 曲率与平均曲率.

2.12 构造挠率连续的 4 次参数曲线, 进而构造挠率连续的 4 次参数样条曲线.

2.13 证明可展曲面在正则点的 Gauss 曲率为零.

2.14 证明双曲抛物面 $z=kxy, k\neq 0$ 为直纹面, 并求出其直纹面方程.

2.15 设悬链面方程为

$$\boldsymbol{p}(u,v)=(a\cosh v\cos u, a\cosh v\sin u, av),\quad u\in(0,2\pi), v\in(-\infty,+\infty).$$

其为悬链线 $y=a\cosh(z/a)$ 绕 z 轴旋转得到的旋转面. 证明悬链面为极小曲面 (事实上, 它是仅有的极小旋转面).

第 3 章　Bézier 曲线曲面

从这一章开始, 我们将介绍一些在曲线曲面造型中广为应用的基本方法和工具, 如 Bézier 方法、B 样条方法、NURBS 方法和开花方法. 虽然这些方法在最初是以各种形式出现的, 并且也可从不同的角度对它们进行定义和解释, 但这些方法的特征都是由于各自采用 “基函数” 的性质决定的, 因此, 我们将以基函数为主线分别对这些方法进行介绍, 更多的内容可参阅文献 [2], [6], [7], [8], [9].

3.1　Bernstein 基函数及其性质

在第 1 章中, 我们介绍了 Weierstrass 定理的 Bernstein 构造性证法, 其中利用了 Bernstein 基函数. 我们将会看到 Bernstein 基函数在计算几何中的重要应用, 这都要归功于这类基函数所具有的一些 “几何直观的” 性质.

由于计算机对于四则运算的特性, 多项式曲线和曲面无疑是几何造型最简便的方法. 因此一个基本的问题就是采用何种方式来表达多项式曲线和曲面?

我们知道, 对于次数不超过 n 次的一元多项式空间 $\mathbb{P}_n$, 取 t 作为自变量, 那么 $\mathbb{P}_n$ 最自然的一组基函数即为通常的幂基

$$\mathbb{P}_n = \text{span}\{1, t, t^2, \cdots, t^n\}.$$

任意一个多项式 $p(t) \in \mathbb{P}_n$ 可表示为

$$p(t) = a_0 + a_1 t + \cdots + a_n t^n.$$

但是, 从几何直观的角度来看, 幂基有所不足. 对于 $p(t)$ 的函数图像, 或者对于空间中的多项式参数曲线 $\boldsymbol{P}(t) = \boldsymbol{a}_0 + \boldsymbol{a}_1 t + \cdots + \boldsymbol{a}_n t^n$, 其中向量 $\boldsymbol{a}_i \in \mathbb{R}^3$ $(i = 0, 1, \cdots, n)$. 除了当 $t = 0$ 时, $\boldsymbol{P}(0)$ 与系数 $\boldsymbol{a}_0$ 有直观的联系之外, 曲线的形状与系数 $\boldsymbol{a}_i$ 表示的 “点” 的位置之间并没有直观的联系. 并且, 调整幂基对应的系数 “点” 时, 对曲线产生的影响也并不十分直观. 更重要的是, 由于幂基不满足单位分解性, 因此由它构造的参数曲线不满足几何不变性. 下面的例子说明了这些不足.

例 3.1.1　采用幂基构造一条平面三次多项式曲线 $\boldsymbol{P}(t) = \boldsymbol{a}_0 + \boldsymbol{a}_1 t + \boldsymbol{a}_2 t^2 + \boldsymbol{a}_3 t^3$, $t \in [0, 1]$, 其中 $\boldsymbol{a}_0 = (-1, -1), \boldsymbol{a}_1 = (2, 1), \boldsymbol{a}_2 = (2, 0), \boldsymbol{a}_3 = (3, -2)$. 折线 $\boldsymbol{a}_0, \boldsymbol{a}_1, \boldsymbol{a}_2, \boldsymbol{a}_3$ 以及 $\boldsymbol{P}(t)$ 如图 3.1(a) 所示. 可以直接看出曲线的一个端点 $\boldsymbol{P}(0) = \boldsymbol{a}_0$, 但并不能直观的看出另一端点 $\boldsymbol{P}(1)$ 的位置与系数 $\boldsymbol{a}_0, \boldsymbol{a}_1, \boldsymbol{a}_2, \boldsymbol{a}_3$ 的联系. 分别对 $\boldsymbol{P}(t)$ 的系数作如下调整:

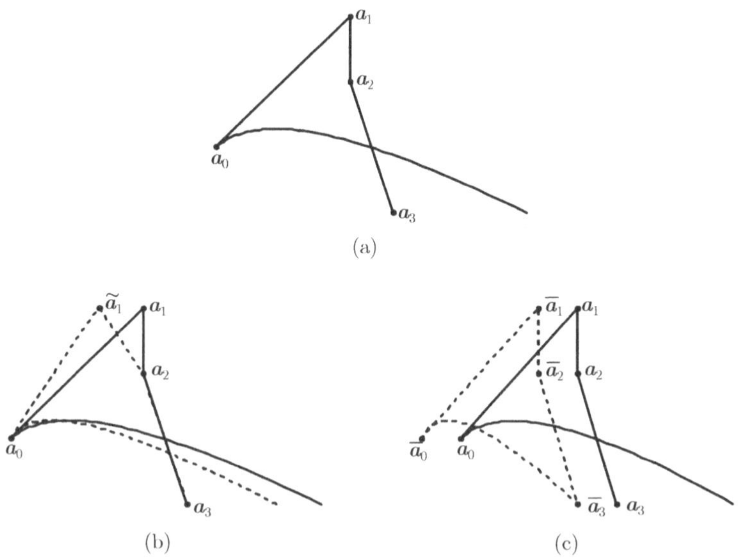

图 3.1 采用幂基表示的 3 次多项式曲线 $t \in [0,1]$

(1) 将 $\boldsymbol{a}_1$ 向左移动为 $\tilde{\boldsymbol{a}}_1=(1,1)$, 得到新的 $\tilde{\boldsymbol{P}}(t)$(虚线) 与 $\boldsymbol{P}(t)$ 的对比如图 3.1(b) 所示. 新的折线 $\boldsymbol{a}_0,\tilde{\boldsymbol{a}}_1,\boldsymbol{a}_2,\boldsymbol{a}_3$ 由“非凸”的变为“凸”的, 但这并没有影响曲线的凸性. 也即, 不能从折线 $\boldsymbol{a}_0,\boldsymbol{a}_1,\boldsymbol{a}_2,\boldsymbol{a}_3$ 的凸性来直观判断曲线 $\boldsymbol{P}(t)$ 的凸性.

(2) 对 $\boldsymbol{a}_0,\boldsymbol{a}_1,\boldsymbol{a}_2,\boldsymbol{a}_3$ 同时向左平移一个单位得到 $\bar{\boldsymbol{a}}_0=(-2,-1),\bar{\boldsymbol{a}}_1=(1,1),\bar{\boldsymbol{a}}_2=(1,0),\bar{\boldsymbol{a}}_3=(2,-2)$. 得到新的 $\bar{\boldsymbol{P}}(t)$(虚线) 与 $\boldsymbol{P}(t)$ 的对比如图 3.1(c) 所示. 可以看出 $\boldsymbol{P}(t)$ 的图像向左平移一个单位与 $\bar{\boldsymbol{P}}(t)$ 的图像并不相符, 说明幂基表示的多项式参数曲线不具有几何不变性.

此外, 在前面我们也介绍了 $\mathbb{P}_n$ 的其他基函数, 例如在插值中利用的 Lagrange 基函数和 Newton 基函数来表示插值于型值点 $(t_i,f(t_i))$ $(i=0,1,\cdots,n)$ 的 n 次多项式

$$p(t)=\sum_{i=0}^{n}f(t_i)l_i(t),\ l_i(t)=\frac{(t-t_0)\cdots(t-t_{i-1})(t-t_{i+1})\cdots(t-t_n)}{(t_i-t_0)\cdots(t_i-t_{i-1})(t_i-t_{i+1})\cdots(t_i-t_n)},$$

或者

$$p(t)=f(t_0)+\sum_{i=1}^{n}f(t_0,\cdots,t_i)(t-t_0)\cdots(t-t_{i-1}),$$

其中, $f(t_0,\cdots,t_i)$ 为 $f(t)$ 的 i 阶差商.

对于 Lagrange 插值多项式, 每个基函数对应的系数即为该点对应的型值 (或被插值的函数值), $p(t)$ 表示的曲线通过各个点 $(t_i,f(t_i))$. 虽然能通过插值点的信息建立与插值曲线的直观联系, 但是这些插值基函数却依赖于插值结点 t_i 的选取,

不同的数据点需要重新计算相应的基函数, 给计算带来很大的负担. 对于 Newton 插值多项式, 它的系数为插值结点处函数值的差商, 虽然方便进行数值计算, 但是却难与曲线的几何信息建立直观联系. 另外, 如第 2 章中介绍几何连续性时所提到, 一般的曲线通常不能由完整的一段多项式曲线来描述, 而是由若干分段光滑的曲线拼接而成, 因此还需要建立系数与导函数之间的直观联系, 以方便多条曲线段按照要求光滑的连接在一起. 这些要求都难以利用 Lagrange 基函数和 Newton 基函数来简便的实现.

Bernstein 基函数正好提供了系数与函数值和导数值之间的直观联系. 作为多项式空间 $\mathbb{P}_n$ 的一组基底, n 次 Bernstein 基函数 $B_i^n(t)$ 定义为

$$B_i^n(t) = \binom{n}{i} t^i (1-t)^{n-i}, \quad \binom{n}{i} = \frac{n!}{i!(n-i)!}, \quad i = 0, 1, \cdots, n. \tag{3.1}$$

图 3.2 为 $n = 1, 2, 3, 5$ 时 Bernstein 基函数的图像.

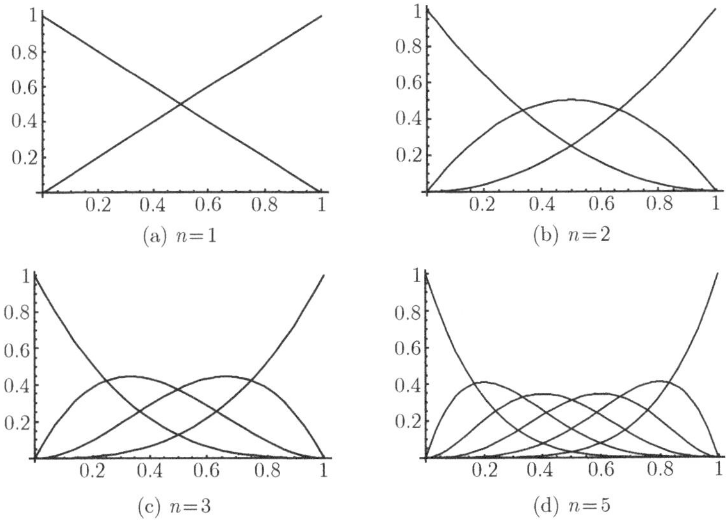

(a) $n=1$　(b) $n=2$　(c) $n=3$　(d) $n=5$

图 3.2　次数 $n = 1, 2, 3, 5$ 时的 Bernstein 基函数

记幂基与 Bernstein 基的变换矩阵为 $\boldsymbol{M}_n$, 即有

$$(B_0^n(t), B_1^n(t), \cdots, B_n^n(t)) = (1, t, \cdots, t^n)\boldsymbol{M}_n.$$

不难得到

$$\{\boldsymbol{M}_n\}_{i,j} = \begin{cases} (-1)^{i-j} \dfrac{n!}{j!(i-j)!(n-i)!}, & i \geqslant j, \\ 0, & i < j. \end{cases} \tag{3.2}$$

例如

$$\boldsymbol{M}_1=\begin{pmatrix}1&0\\-1&1\end{pmatrix},\quad \boldsymbol{M}_2=\begin{pmatrix}1&0&0\\-2&2&0\\1&-2&1\end{pmatrix},\quad \boldsymbol{M}_3=\begin{pmatrix}1&0&0&0\\-3&3&0&0\\3&-6&3&0\\-1&3&-3&1\end{pmatrix}.$$

由 $\boldsymbol{M}_n$ 为对角元非零的下三角矩阵可知, Bernstein 基函数 $\{B_i^n(t)\}_{i=0}^n$ 是线性无关的. 那么对任意的 n 次多项式 $p(t)=a_0+a_1t+\cdots+a_nt^n$, 可由 Bernstein 基表示为

$$p(t)=b_0B_0^n(t)+b_1B_1^n(t)+\cdots+b_nB_n^n(t),$$

其中

$$(b_0,b_1,\cdots,b_n)^{\mathrm{T}}=\boldsymbol{M}_n^{-1}(a_0,a_1,\cdots,a_n)^{\mathrm{T}}.$$

对于 $t\in[0,1]$, 容易证明, Bernstein 基函数具有以下性质:

(1) 非负性.

$$B_i^n(t)\geqslant 0,\quad t\in[0,1].$$

(2) 单位分解性.

$$\sum_{i=0}^n B_i^n(t)=[t+(1-t)]^n\equiv 1.$$

(3) 端点性质. 在端点 $t=0$ 和 $t=1$, 分别只有一个 Bernstein 基函数取值为 1, 其余为 0, 即

$$B_i^n(0)=\begin{cases}1, & i=0,\\ 0, & i\neq 0,\end{cases}\quad B_i^n(1)=\begin{cases}1, & i=n,\\ 0, & i\neq n.\end{cases}$$

(4) 对称性. 从图像上看, 第 i 个和第 $n-i$ 个 Bernstein 基函数关于 $t=\dfrac{1}{2}$ 对称, 即

$$B_i^n(t)=B_{n-i}^n(1-t),\quad i=0,1,\cdots,n.$$

(5) 导函数. n 次 Bernstein 基函数的导函数可由两个 $n-1$ 次的 Bernstein 基函数线性组合得到, 即

$$(B_i^n(t))'=n\left(B_{i-1}^{n-1}(t)-B_i^{n-1}(t)\right).$$

(6) 最大值. $B_i^n(t)$ 在 $t=\dfrac{i}{n}$ 处达到最大值.

(7) 递推性. n 次 Bernstein 基函数可分别由两个 $n-1$ 次或 $n+1$ 次的 Bernstein 基函数递推得到, 即

$$\begin{cases}B_i^n(t)=(1-t)B_i^{n-1}(t)+tB_{i-1}^{n-1}(t),\\ B_i^n(t)=\dfrac{i+1}{n+1}B_{i+1}^{n+1}(t)+\left(1-\dfrac{i}{n+1}\right)B_i^{n+1}(t),\end{cases}\quad i=0,1,\cdots,n,$$

其中, $B_{-1}^{n-1}(t) \equiv B_n^{n-1}(t) \equiv 0$.

(8) 积分等值性. 所有 n 次 Bernstein 基函数在区间 $[0,1]$ 上的积分相等, 即

$$\int_0^1 B_i^n(t)\mathrm{d}t = \frac{1}{n+1}, \quad i = 0, 1, \cdots, n.$$

由以上 Bernstein 基函数的性质, 我们可以得到如下 $p(t)$ 与它的 Bernstein 系数 b_i 之间的关系.

(1) 导函数.

$$p'(t) = n\sum_{i=0}^{n-1}(b_{i+1} - b_i)B_i^{n-1}(t).$$

一般的, 分别定义 Δ 和 ∇ 为向前和向后差分算子, 即 $\Delta b_i = b_{i+1} - b_i$, $\nabla b_i = b_i - b_{i-1}$. 则

$$p'(t) = n\sum_{i=0}^{n-1}\Delta b_i B_i^{n-1}(t) = n\sum_{i=0}^{n-1}\nabla b_{i+1}B_i^{n-1}(t),$$

于是

$$p^{(r)}(t) = \frac{n!}{(n-r)!}\sum_{i=0}^{n-r}\Delta^r b_i B_i^{n-r}(t) = \frac{n!}{(n-r)!}\sum_{i=0}^{n-r}\nabla^r b_{i+r}B_i^{n-r}(t).$$

(2) 端点性质.

$$p(0) = b_0, \quad p(1) = b_n; \quad p'(0) = n(b_1 - b_0), \quad p'(1) = n(b_n - b_{n-1});$$

$$p^{(r)}(0) = \frac{n!}{(n-r)!}\Delta^r b_0,\ p^{(r)}(1) = \frac{n!}{(n-r)!}\nabla^r b_n.$$

(3) 升阶性质.

$$p(t) = \sum_{i=0}^{n+1}\left(\frac{i}{n+1}b_{i-1} + (1 - \frac{i}{n+1})b_i\right)B_i^{n+1}(t).$$

(4) 积分值.

$$\int_0^1 p(t)\mathrm{d}t = \frac{1}{n+1}\sum_{i=0}^{n} b_i.$$

下面我们会看到, 这些性质对利用 Bernstein 基函数构造曲线带来很大的方便.

3.2 Bézier 曲线

3.2.1 Bézier 曲线的定义和性质

定义 3.2.1 给定 $n+1$ 个空间向量 $\boldsymbol{P}_i \in \mathbb{R}^3$ $(i = 0, 1, \cdots, n)$, 称 n 次参数曲线段

$$\boldsymbol{P}(t) = \sum_{i=0}^{n}\boldsymbol{P}_i B_i^n(t), \quad 0 \leqslant t \leqslant 1 \tag{3.3}$$

为一条 n 次 Bézier 曲线. $\boldsymbol{P}_i$ 称为控制顶点. 依次用直线段连接相邻两个 $\boldsymbol{P}_i$ 所得的 n 边折线多边形称为 Bézier 多边形或者控制多边形. 特别当 Bernstein 系数为实数 b_i 时, 可取 $\boldsymbol{P}_i=\left(\dfrac{i}{n},b_i\right)$ $(i=0,1,\cdots,n)$ 为控制顶点.

如图 3.3(a)、图 3.3(b) 和图 3.3(c) 分别为 2 次、3 次和 5 次 Bézier 曲线, 其中折线为相应的控制多边形.

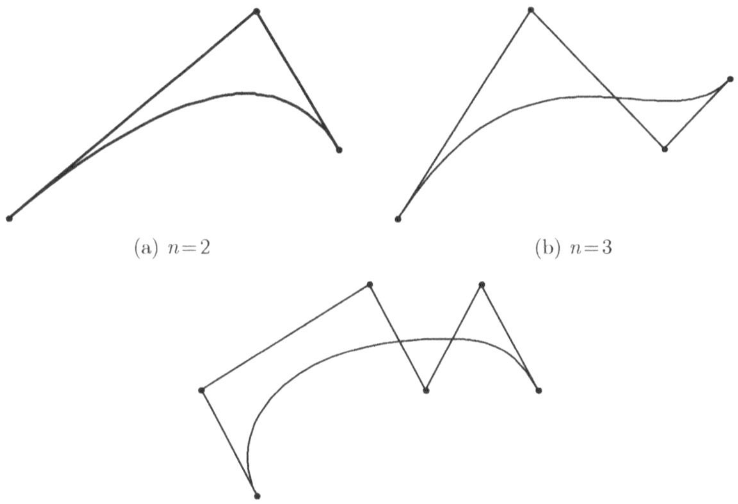

(a) $n=2$ (b) $n=3$ (c) $n=5$

图 3.3 次数 $n=2,3,5$ 时的 Bézier 曲线

从 3.1 节中 Bernstein 基函数的性质, 可以导出 Bézier 曲线 (3.3) 式具有下列几何性质.

性质 3.2.1 几何不变性和仿射不变性. 因为 Bernstein 基函数满足单位分解性, 对 Bézier 曲线 (3.3) 式进行仿射变换, 即用线性变换 M 和平移 $\boldsymbol{c}$ 作用, 得到新的曲线

$$
\begin{aligned}
\boldsymbol{P}^*(t)=M\boldsymbol{P}(t)+\boldsymbol{c}&=M\sum_{i=0}^{n}\boldsymbol{P}_iB_i^n(t)+\boldsymbol{c}\sum_{i=0}^{n}B_i^n(t)\\
&=\sum_{i=0}^{n}M\boldsymbol{P}_iB_i^n(t)+\sum_{i=0}^{n}\boldsymbol{c}B_i^n(t)=\sum_{i=0}^{n}(M\boldsymbol{P}_i+\boldsymbol{c})B_i^n(t)=\sum_{i=0}^{n}\boldsymbol{P}_i^*B_i^n(t)
\end{aligned}
$$

为对原 Bézier 曲线 (3.3) 式的控制顶点 $\boldsymbol{P}_i$ 进行相同仿射变换后得到的新的控制顶点 $\boldsymbol{P}_i^*$ $(i=0,1,\cdots,n)$ 对应的 Bézier 曲线. 这说明, Bézier 曲线不依赖于坐标系的选取, 是几何不变的.

性质 3.2.2 凸包性质. 从 Bernstein 基函数的性质可知, $B_i^n(t)$ $(i=0,1,\cdots,n)$

构成权函数 (非负性和单位分解性). 对于固定的 t, $\boldsymbol{P}(t)$ 即为各控制顶点 $\boldsymbol{P}_i$ $(i = 0,1,\cdots,n)$ 的加权平均. 从几何上看, 意味着 Bézier 曲线落在了控制多边形的凸包之中 (图 3.4).

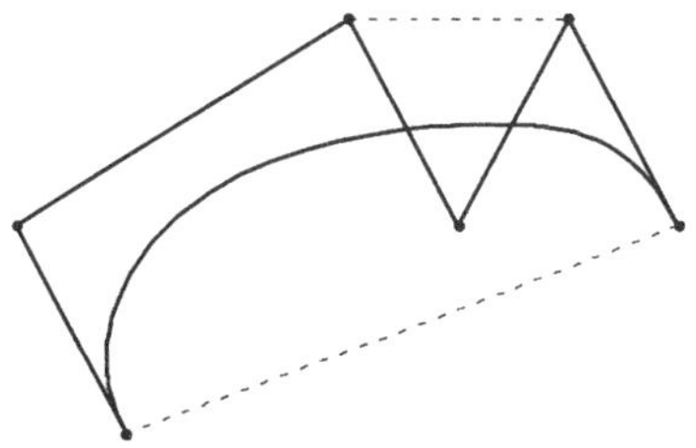

图 3.4　Bézier 曲线位于控制多边形的凸包之中

性质 3.2.3　导函数. 由 Bernstein 基函数的导数性质可得

$$\boldsymbol{P}'(t) = n\sum_{i=0}^{n-1}(\boldsymbol{P}_{i+1} - \boldsymbol{P}_i)B_i^{n-1}(t),$$

即, n 次 Bézier 曲线的一阶导矢曲线 (称为一阶速端曲线) 是一条 $n-1$ 次 Bézier 曲线, 其控制顶点为原曲线控制顶点的差分. 进一步可得 r 阶导矢曲线 (r 阶速端曲线) 为

$$\boldsymbol{P}^{(r)}(t) = \frac{n!}{(n-r)!}\sum_{i=0}^{n-r}\Delta^r\boldsymbol{P}_iB_i^{n-r}(t) = \frac{n!}{(n-r)!}\sum_{i=0}^{n-r}\nabla^r\boldsymbol{P}_{i+r}B_i^{n-r}(t). \tag{3.4}$$

性质 3.2.4　端点性质.

$$\boldsymbol{P}(0) = \boldsymbol{P}_0, \quad \boldsymbol{P}(1) = \boldsymbol{P}_n,$$

$$\boldsymbol{P}'(0) = n(\boldsymbol{P}_1 - \boldsymbol{P}_0), \quad \boldsymbol{P}'(1) = n(\boldsymbol{P}_n - \boldsymbol{P}_{n-1}).$$

这表明 Bézier 曲线是以 $\boldsymbol{P}_0$ 和 $\boldsymbol{P}_n$ 为其起点和终点, 并以控制多边形的首尾两边 $\boldsymbol{P}_1 - \boldsymbol{P}_0$ 和 $\boldsymbol{P}_n - \boldsymbol{P}_{n-1}$ 为其起点和终点的切方向. 一般地, 起点的 r 阶导向量 $\boldsymbol{P}^{(r)}(0) = \dfrac{n!}{(n-r)!}\Delta^r\boldsymbol{P}_0$ 仅与前 $r+1$ 个控制顶点有关. 对称地, 终点的 r 阶导向量 $\boldsymbol{P}^{(r)}(1) = \dfrac{n!}{(n-r)!}\nabla^r\boldsymbol{P}_n$ 仅与后 $r+1$ 个控制顶点有关.

性质 3.2.5　对称性. 如果颠倒 Bézier 曲线 (3.3) 式的控制顶点 $\boldsymbol{P}_i$ 的次序, 令 $\boldsymbol{P}_i^* = \boldsymbol{P}_{n-i}(i = 0,1,\cdots,n)$. 则新的 Bézier 曲线为

$$\boldsymbol{P}^*(t)=\sum_{i=0}^{n}\boldsymbol{P}_i^*B_i^n(t)=\sum_{i=0}^{n}\boldsymbol{P}_{n-i}B_i^n(t)=\sum_{i=0}^{n}\boldsymbol{P}_iB_{n-i}^n(t)=\sum_{i=0}^{n}\boldsymbol{P}_iB_i^n(1-t)=\boldsymbol{P}(1-t).$$

即, $\boldsymbol{P}^*(t)$ 与 $\boldsymbol{P}(t)$ 描述的是同一条曲线, 只不过经过一个参数变化 $s=1-t$, 使得曲线的方向与原来相反.

性质 3.2.6 移动 n 次 Bézier 曲线 (3.3) 式的第 i 个控制顶点 $\boldsymbol{P}_i$, 将对整条曲线产生影响, 其中参数为 $t=\dfrac{i}{n}$ 的那个点 $\boldsymbol{P}\left(\dfrac{i}{n}\right)$ 处的影响最大. 这是因为相应的基函数 $B_i^n(t)$ 在 $t=\dfrac{i}{n}$ 达到最大值, 如图 3.5 所示.

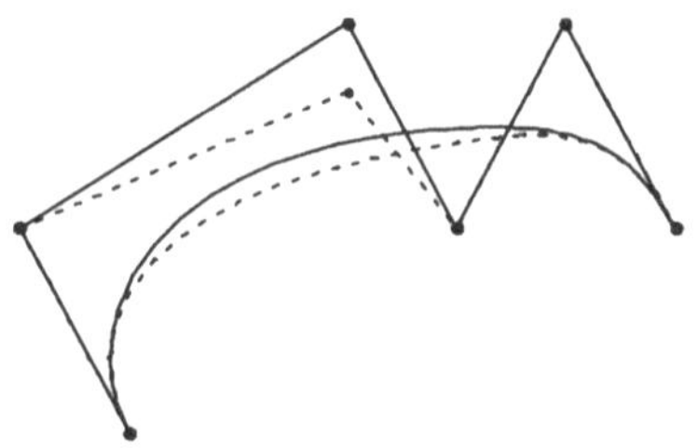

图 3.5 移动 5 次 Bézier 曲线的第 3 个控制顶点对曲线的影响

性质 3.2.7 升阶性质. 由 Bernstein 基函数的递推性质, 一条 n 次 Bézier 曲线可以形式上看作一条 $n+1$ 次的 Bézier 曲线.

$$\boldsymbol{P}(t)=\sum_{i=0}^{n}\boldsymbol{P}_iB_i^n(t)=\sum_{i=0}^{n+1}\boldsymbol{P}_i^*B_i^{n+1}(t), \tag{3.5}$$

其中

$$\boldsymbol{P}_i^*=\frac{i}{n+1}\boldsymbol{P}_{i-1}+\left(1-\frac{i}{n+1}\right)\boldsymbol{P}_i,\quad i=0,1,\cdots,n+1,\quad \boldsymbol{P}_{-1}=\boldsymbol{P}_{n+1}=0. \tag{3.6}$$

若记原 n 次曲线的控制顶点组成的向量为 $\boldsymbol{P}=(\boldsymbol{P}_0,\boldsymbol{P}_1,\cdots,\boldsymbol{P}_n)^{\mathrm{T}}$, 升阶后的 $n+1$ 次曲线的控制顶点组成的向量为 $\boldsymbol{P}^{(1)}=(\boldsymbol{P}_0^*,\boldsymbol{P}_1^*,\cdots,\boldsymbol{P}_{n+1}^*)^{\mathrm{T}}$, 则可以把升阶过程表示为

$$\boldsymbol{P}^{(1)}=T_{n+1}\boldsymbol{P},$$

其中

$$\boldsymbol{T}_{n+1}=\frac{1}{n+1}\begin{pmatrix} n+1 & 0 & 0 & \cdots & 0 & 0\\ 1 & n & 0 & \cdots & 0 & 0\\ 0 & 2 & n-1 & \cdots & 0 & 0\\ \vdots & \vdots & \vdots & & \vdots & \vdots\\ 0 & 0 & 0 & \cdots & 2 & 0\\ 0 & 0 & 0 & \cdots & n & 1\\ 0 & 0 & 0 & \cdots & 0 & n+1 \end{pmatrix}$$

称为升阶算子, 它是一个 $(n+2)\times(n+1)$ 阶矩阵. 不断升阶为 $n+r$ 次 Bézier 曲线, 可得控制顶点为

$$\boldsymbol{P}^{(r)}=T_{n+r}\cdots T_{n+2}T_{n+1}\boldsymbol{P}.$$

可以证明, 当 $r\to\infty$ 时, 控制多边形 $\boldsymbol{P}^{(r)}$ 收敛到 Bézier 曲线.

如图 3.6(a) 所示为一条 3 次 Bézier 曲线升阶为 4 次 Bézier 曲线, 新的控制顶点为

$$\boldsymbol{P}_0^*=\boldsymbol{P}_0,\quad \boldsymbol{P}_1^*=\frac{1}{4}\boldsymbol{P}_0+\frac{3}{4}\boldsymbol{P}_1,\quad \boldsymbol{P}_2^*=\frac{1}{2}\boldsymbol{P}_1+\frac{1}{2}\boldsymbol{P}_2,\quad \boldsymbol{P}_3^*=\frac{3}{4}\boldsymbol{P}_2+\frac{1}{4}\boldsymbol{P}_3,\quad \boldsymbol{P}_4^*=\boldsymbol{P}_3.$$

图 3.6(b) 所示为继续升阶为 5 次和 6 次的控制顶点情况. 由此可见, 随着升阶的进行, 新的控制多边形越来越逼近 Bézier 曲线.

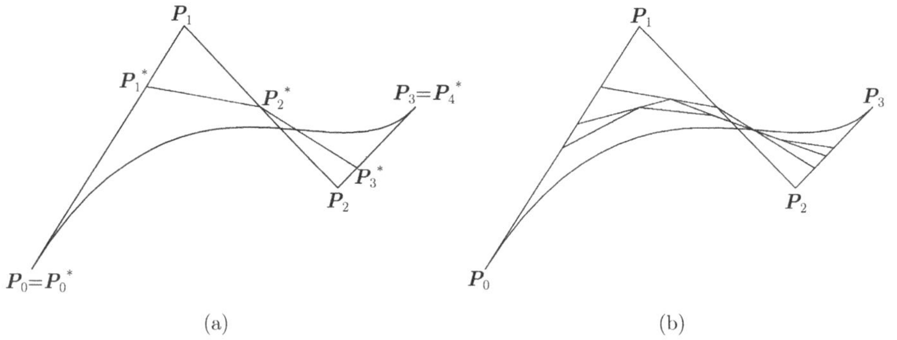

图 3.6 3 次 Bézier 曲线的升阶

性质 3.2.8 平面 Bézier 曲线的变差缩减性. 当 Bézier 曲线 (3.3) 式的控制顶点都在同一平面内时, Bézier 曲线也是该平面内的一条曲线. 则 Bézier 曲线与此平面内任一直线的交点个数不会多于它的控制多边形与该直线的交点个数.

为证明此性质, 需要用到计算多项式正根个数的 Cartesian 符号法则, 即多项式 $f(x)=a_0+a_1t+\cdots+a_nt^n$ 的正根个数 $Z_{t>0}[f(t)]$ 不超过其系数的变号数 $V[a_0,a_1,\cdots,a_n]$.

记 Bézier 曲线 (3.3) 式为 C, 任取它所在平面内的任一直线 L, 记它与曲线的交点数为 $I(C,L)$. 以 L 为 x 轴建立直角坐标系, 由 Bézier 曲线的几何不变性, 记控制顶点相应的新坐标为 $(x_i,y_i)(i=0,1,\cdots,n)$, 其中 $0=x_0\leqslant x_1\leqslant\cdots\leqslant x_n=1$, 并记控制多边形为 P, 它与 L 的交点数为 $I(P,L)$. 只要证明 $I(C,L)\leqslant I(P,L)$ 即可. 由于

$$I(C,L)=Z_{0<t<1}\left[\sum_{i=0}^{n}y_iB_i^n(t)\right].$$

经过参数变换 $s=\dfrac{t}{1-t}$, 可将 $(0,1)$ 区间上的根变换到 $(0,+\infty)$ 上, 即为正根. 于

是由 Cartesian 符号法则

$$I(C,L)=Z_{0<t<1}\left[\sum_{i=0}^{n}(1-t)^n\binom{n}{i}y_i\left(\frac{t}{1-t}\right)^i\right]=Z_{0<s<+\infty}\left[\sum_{i=0}^{n}\binom{n}{i}y_is^i\right]$$
$$\leqslant V\left[\binom{n}{0}y_0,\binom{n}{1}y_1,\cdots,\binom{n}{n}y_n\right]\leqslant V[y_0,y_1,\cdots,y_n]=I(P,L).$$

性质 3.2.9 平面 Bézier 曲线的保凸性. 当 Bézier 控制多边形是凸的, 则所定义的 Bézier 曲线也是凸的. 其中多边形的凸性是指它恒位于其任一边所在的直线之同侧, 而曲线的凸性是指它恒位于其任一点处切线之同侧.

保凸性可以看作是变差缩减性的特殊情况. 事实上, 除端点外, 平面 Bézier 曲线 (3.3) 式上任一点的切线与凸的控制多边形最多只有 2 个交点, 因此由平面 Bézier 曲线的变差缩减性, 此切线与曲线的交点正好是切点 (按重数计算为 2 重交点), 除此之外再无交点, 故整条曲线位于切线的同侧, 即曲线 (3.3) 式是凸的.

上面介绍了 Bézier 曲线的一些基本性质. 在给定数据点的情况下, 如果需要构造一条 Bézier 曲线通过这些数据点, 一般可以采用反求控制顶点的办法. 例如, 已知数据点 $\boldsymbol{Q}_i=(x_i,y_i)(i=0,1,\cdots,n)$, 目标是构造一条 n 次 Bézier 曲线 $\boldsymbol{P}(t)=\sum\limits_{i=0}^{n}\boldsymbol{P}_iB_i^n(t)$, 使得对 $n+1$ 个参数值 t_i, 满足 $\boldsymbol{P}(t_i)=\boldsymbol{Q}_i(i=0,1,\cdots,n)$. 这等价于求解线性方程组

$$\begin{pmatrix}B_0^n(t_0) & B_1^n(t_0) & \cdots & B_n^n(t_0)\\ B_0^n(t_1) & B_1^n(t_1) & \cdots & B_n^n(t_1)\\ \vdots & \vdots & & \vdots\\ B_0^n(t_n) & B_1^n(t_n) & \cdots & B_n^n(t_n)\end{pmatrix}\begin{pmatrix}\boldsymbol{P}_0\\ \boldsymbol{P}_1\\ \vdots\\ \boldsymbol{P}_n\end{pmatrix}=\begin{pmatrix}\boldsymbol{Q}_0\\ \boldsymbol{Q}_1\\ \vdots\\ \boldsymbol{Q}_n\end{pmatrix}.$$

这里需要先确定每个数据点对应的参数, 一种简单的办法为均匀参数化, 即取 $t_i=\dfrac{i}{n}(i=0,1,\cdots,n)$. 则上述线性方程组的系数矩阵为

$$\{B_j^n(t_i)\}_{i,j=0}^n=\left\{\binom{n}{j}\frac{i^j(n-i)^{(n-j)}}{n^n}\right\}_{i,j=0}^n.$$

例如, 当 $n=1,2,3$ 时系数矩阵为

$$\begin{pmatrix}1 & 0\\ 0 & 1\end{pmatrix},\quad \begin{pmatrix}1 & 0 & 0\\ \frac{1}{4} & \frac{1}{2} & \frac{1}{4}\\ 0 & 0 & 1\end{pmatrix},\quad \begin{pmatrix}1 & 0 & 0 & 0\\ \frac{8}{27} & \frac{4}{9} & \frac{2}{9} & \frac{1}{27}\\ \frac{1}{27} & \frac{2}{9} & \frac{4}{9} & \frac{8}{27}\\ 0 & 0 & 0 & 1\end{pmatrix}.$$

均匀参数化的方法适用于数据点的分布相对均匀的情况, 当数据点的分布不均匀时, 可以采取与数据点自适应的累加弦长参数化的方法. 记相邻两个数据点 $\boldsymbol{Q}_i$ 和 $\boldsymbol{Q}_{i+1}$ 之间的弦长为 $|\overline{\boldsymbol{Q}_i\boldsymbol{Q}_{i+1}}|$, 则取

$$t_0=0,\quad t_n=1,\quad t_i=\frac{\sum\limits_{j=0}^{i-1}|\overline{\boldsymbol{Q}_j\boldsymbol{Q}_{j+1}}|}{\sum\limits_{j=0}^{n-1}|\overline{\boldsymbol{Q}_j\boldsymbol{Q}_{j+1}}|},\quad i=1,2,\cdots,n-1.$$

例 3.2.1 给定 4 个数据点 $\boldsymbol{Q}_0=(0,-1),\boldsymbol{Q}_1=(1,1),\boldsymbol{Q}_2=(2,-1),\boldsymbol{Q}_3=(9,1)$. 分别采用均匀参数化和累加弦长参数化的方法得到的两条 Bézier 曲线如图 3.7 所示, 其中实折线表示对应的 Bézier 控制多边形. 从图中可以看出, 当数据点分布不均匀时, 采用累加弦长参数化的方法构造的曲线较为光顺.

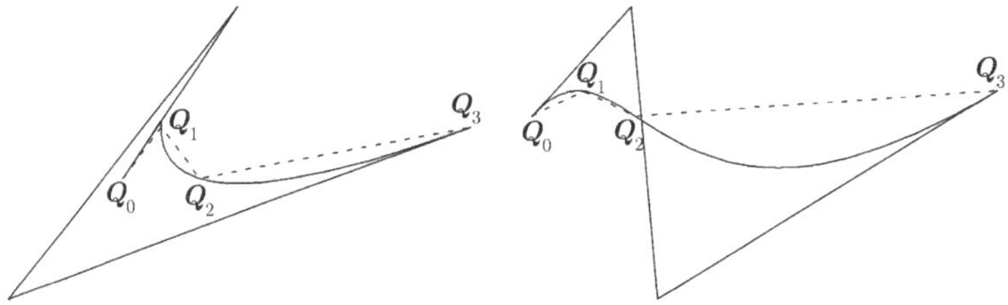

(a) 均匀参数化 (b) 累加弦长参数化

图 3.7 反求控制顶点构造 Bézier 曲线

3.2.2 Bézier 曲线的 de Casteljau 算法和几何作图法

在构造出一条 Bézier 曲线之后, 常常需要计算曲线上对应某个参数值 t^* 的点 $\boldsymbol{P}(t^*)$. 数值计算的方法由直接代入参数值即可得到所求点的坐标. 借助于 Bernstein 基函数, 我们还可以采用几何作图的方法计算 Bézier 曲线上的点.

由 Bernstein 基函数的递推性质

$$B_i^n(t)=(1-t)B_i^{n-1}(t)+tB_{i-1}^{n-1}(t),\quad B_{-1}^{n-1}(t)=B_n^{n-1}(t)\equiv 0,\quad i=0,1,\cdots,n$$

可知

$$\begin{aligned}\boldsymbol{P}(t)&=\sum_{i=0}^{n}\boldsymbol{P}_iB_i^n(t)\\&=\boldsymbol{P}_0(1-t)B_0^{n-1}(t)+\sum_{i=1}^{n-1}\boldsymbol{P}_i[(1-t)B_i^{n-1}(t)+tB_{i-1}^{n-1}(t)]+\boldsymbol{P}_ntB_{n-1}^{n-1}(t)\end{aligned}$$

$$=(1-t)\sum_{i=0}^{n-1}\boldsymbol{P}_iB_i^{n-1}(t)+t\sum_{i=0}^{n-1}\boldsymbol{P}_{i+1}B_i^{n-1}(t)=\sum_{i=0}^{n-1}((1-t)\boldsymbol{P}_i+t\boldsymbol{P}_{i+1})B_i^{n-1}(t).$$

这说明, 一条 n 次 Bézier 曲线可表示为分别由前后 n 个控制顶点决定的两条 $n-1$ 次 Bézier 曲线的线性组合. 由此可得 Bézier 曲线上某一点递归求值的 de Casteljau 算法

$$\begin{cases}\boldsymbol{P}_i^0(t)\equiv\boldsymbol{P}_i^0=\boldsymbol{P}_i, \quad i=0,1,\cdots,n,\\ \boldsymbol{P}_i^r(t)=(1-t)\boldsymbol{P}_i^{r-1}(t)+t\boldsymbol{P}_{i+1}^{r-1}(t), \quad r=1,2,\cdots,n, \quad i=0,1,\cdots,n-r.\end{cases}\tag{3.7}$$

或者

$$\boldsymbol{P}_i^r(t)=\sum_{j=0}^{r}\boldsymbol{P}_{i+j}B_j^r(t), \quad i=0,1,\cdots,n-r.$$

于是

$$\boldsymbol{P}(t)=\sum_{i=0}^{n-1}\boldsymbol{P}_i^1(t)B_i^{n-1}(t)=\cdots=\sum_{i=0}^{n-r}\boldsymbol{P}_i^r(t)B_i^{n-r}(t)=\cdots=\boldsymbol{P}_0^n(t),$$

$\boldsymbol{P}_0^n(t)$ 即为所求的 $\boldsymbol{P}(t)$. 若记 $\boldsymbol{P}^0=(\boldsymbol{P}_0,\boldsymbol{P}_1,\cdots,\boldsymbol{P}_n)^{\mathrm{T}}$, $\boldsymbol{P}^r(t)=(\boldsymbol{P}_0^r,\boldsymbol{P}_1^r,\cdots,\boldsymbol{P}_{n-r}^r)^{\mathrm{T}}$, 则可以把 de Casteljau 算法表示为

$$\boldsymbol{P}^r(t)=\boldsymbol{M}_r(t)\cdots\boldsymbol{M}_2(t)\boldsymbol{M}_1(t)\boldsymbol{P}^0,$$

其中

$$\boldsymbol{M}_r(t)=\begin{pmatrix}1-t & t & 0 & \cdots & 0 & 0\\ 0 & 1-t & t & \cdots & 0 & 0\\ \vdots & \vdots & \vdots & & \vdots & \vdots\\ 0 & 0 & \cdots & 1-t & t & 0\\ 0 & 0 & \cdots & 0 & 1-t & t\end{pmatrix}$$

是一个 $(n-r+1)\times(n-r+2)$ 阶矩阵. 控制顶点的递归关系如下表所示:

$$\begin{array}{lllll}
\boldsymbol{P}_0^0 & & & & \\
 & \boldsymbol{P}_0^1(t) & & & \\
\boldsymbol{P}_1^0 & & \ddots & & \\
 & \boldsymbol{P}_1^1(t) & & \boldsymbol{P}_0^{n-1}(t) & \\
\boldsymbol{P}_2^0 & & \ddots & & \boldsymbol{P}_0^n(t)\\
 & \vdots & & \boldsymbol{P}_1^{n-1}(t) & \\
\vdots & & \ddots & & \\
 & \boldsymbol{P}_{n-1}^1(t) & & & \\
\boldsymbol{P}_n^0 & & & &
\end{array}$$

另外, 注意到 $\boldsymbol{P}(t)$ 的 k 阶导矢 $\boldsymbol{P}^{(k)}(t)=\dfrac{n!}{(n-k)!}\sum\limits_{i=0}^{n-k}\Delta^k\boldsymbol{P}_iB_i^{n-k}(t)$ 是一条 $n-k$ 次的 Bézier 曲线 (k 阶速端曲线). 利用 de Casteljau 算法可得

$$(\Delta^k\boldsymbol{P}_i)^r(t)=\sum_{j=0}^{r}\Delta^k\boldsymbol{P}_{i+j}B_j^r(t),\quad r=1,2,\cdots,n-k,\quad i=0,1,\cdots,n-k-r.$$

其中, 右端中的对指标 j 的求和与对指标 i 的差分运算可以交换, 则

$$(\Delta^k\boldsymbol{P}_i)^r(t)=\sum_{j=0}^{r}\Delta^k\boldsymbol{P}_{i+j}B_j^r(t)=\Delta^k\sum_{j=0}^{r}\boldsymbol{P}_{i+j}B_j^r(t)=\Delta^k\boldsymbol{P}_i^r(t)$$

即为 $\boldsymbol{P}(t)$ 的 de Casteljau 算法中所得的 r 级控制顶点 $\boldsymbol{P}_i^r(t)$ 的 k 阶差分.

当 $r=n-k$ 时,

$$\boldsymbol{P}^{(k)}(t)=\frac{n!}{(n-k)!}(\Delta^k\boldsymbol{P}_0)^{n-k}(t)=\frac{n!}{(n-k)!}\Delta^k\boldsymbol{P}_0^{n-k}(t)$$

即为 n 次 Bézier 曲线 $\boldsymbol{P}(t)$ 的 k 阶导矢. 因此, de Casteljau 算法同时给出了计算 Bézier 曲线上一点各阶导矢的方法.

进一步, de Casteljau 算法也给出了 Bézier 曲线的分割. 给定控制顶点 $\boldsymbol{P}_i(i=0,1,\cdots,n)$ 及一个参数值 $t^*\in[0,1]$, 由 de Casteljau 算法求出所定义的 Bézier 曲线 (3.3) 式上一点 $\boldsymbol{P}(t^*)$. 该点把曲线 (3.3) 式分为两个 n 次的子曲线段: $\boldsymbol{P}(t)$, $t\in[0,t^*]$ 和 $\boldsymbol{P}(t)$, $t\in[t^*,1]$. 它们对应的 Bézier 控制顶点分别为 de Casteljau 算法所得三角阵列中的两条边上的顶点 $\boldsymbol{P}_0^0,\boldsymbol{P}_0^1(t^*),\cdots,\boldsymbol{P}_0^n(t^*)$ 和 $\boldsymbol{P}_0^n(t^*),\boldsymbol{P}_1^{n-1}(t^*),\cdots,\boldsymbol{P}_n^0$. 于是, 利用定义式 (3.3), 由这两组控制顶点给出了两个子曲线段分别在各自局部参数域 [0,1] 上的 Bézier 表示.

例 3.2.2 如图 3.8 所示, 给定四个控制顶点 $\boldsymbol{P}_0=(-1,-1),\boldsymbol{P}_1=(1,2),\boldsymbol{P}_2=(3,0),\boldsymbol{P}_3=(4,1)$. 由此决定了一条 3 次 Bézier 曲线

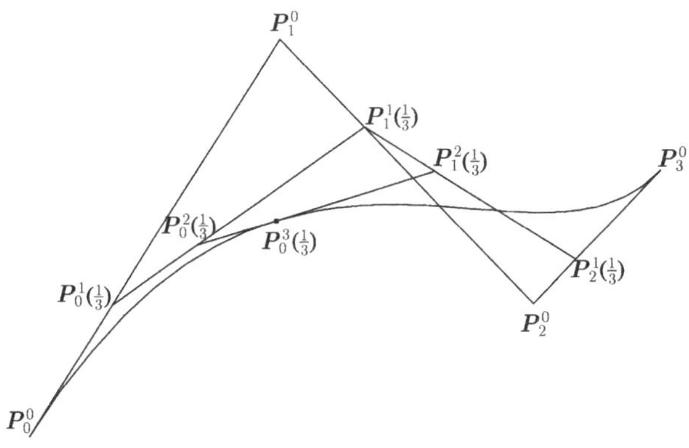

图 3.8　几何作图法求 Bézier 曲线

$$\boldsymbol{P}(t)=\begin{cases}x(t)=-t^3+6t-1,\\ y(t)=8t^3-15t^2+9t-1.\end{cases}$$

利用 de Casteljau 算法计算 $\boldsymbol{P}\left(\frac{1}{3}\right)$, 由

$$\begin{array}{llll}
\boldsymbol{P}_0^0=(-1,-1) & & & \\
 & \boldsymbol{P}_0^1\left(\frac{1}{3}\right)=\left(-\frac{1}{3},0\right) & & \\
\boldsymbol{P}_1^0=(1,2) & & \boldsymbol{P}_0^2\left(\frac{1}{3}\right)=\left(\frac{1}{3},\frac{4}{9}\right) & \\
 & \boldsymbol{P}_1^1\left(\frac{1}{3}\right)=\left(\frac{5}{3},\frac{4}{3}\right) & & \boldsymbol{P}_0^3\left(\frac{1}{3}\right)=\left(\frac{26}{27},\frac{17}{27}\right)\\
\boldsymbol{P}_2^0=(3,0) & & \boldsymbol{P}_1^2\left(\frac{1}{3}\right)=\left(\frac{20}{9},1\right) & \\
 & \boldsymbol{P}_2^1\left(\frac{1}{3}\right)=\left(\frac{10}{3},\frac{1}{3}\right) & & \\
\boldsymbol{P}_3^0=(4,1) & & &
\end{array}$$

得到 $\boldsymbol{P}\left(\frac{1}{3}\right)=\left(\frac{26}{27},\frac{17}{27}\right)$.

对于 $t=\frac{1}{3}$ 处的各阶导矢, 可得

$$\begin{aligned}
\boldsymbol{P}'\left(\frac{1}{3}\right)&=3\Delta\boldsymbol{P}_0^2\left(\frac{1}{3}\right)=\left(\frac{17}{3},\frac{5}{3}\right),\\
\boldsymbol{P}''\left(\frac{1}{3}\right)&=6\Delta^2\boldsymbol{P}_0^1\left(\frac{1}{3}\right)=(-2,-14),\\
\boldsymbol{P}'''\left(\frac{1}{3}\right)&=6\Delta^3\boldsymbol{P}_0^0=(-6,48).
\end{aligned}$$

同时, 我们也得到此 Bézier 曲线在 $t=\frac{1}{3}$ 处的分割. 即分别以 $\boldsymbol{P}_0^0,\boldsymbol{P}_0^1\left(\frac{1}{3}\right)$, $\boldsymbol{P}_0^2\left(\frac{1}{3}\right)$, $\boldsymbol{P}_0^3\left(\frac{1}{3}\right)$ 和 $\boldsymbol{P}_0^3\left(\frac{1}{3}\right)$, $\boldsymbol{P}_1^2\left(\frac{1}{3}\right)$, $\boldsymbol{P}_2^1\left(\frac{1}{3}\right)$, $\boldsymbol{P}_3^0$ 为控制顶点的两条 Bézier 曲线段

$$\boldsymbol{P}_1(u)=\begin{cases}x(u)=\dfrac{1}{27}(-u^3+54u-27),\\[2mm] y(u)=\dfrac{1}{27}(8u^3-45u^2+81u-27).\end{cases}$$

和

$$\boldsymbol{P}_2(v)=\begin{cases}x(v)=-\dfrac{2}{27}(4v^3+6v^2-51v-13),\\[2mm] y(v)=\dfrac{1}{27}(64v^3-84v^2+30v+17).\end{cases}$$

通过参数变换 $u = 3t$ 和$v = \frac{1}{2}(3t-1)$ 容易验证 $\boldsymbol{P}_1(u)$ 和 $\boldsymbol{P}_2(v)$ 分别表示 $\boldsymbol{P}(t)$ 在参数区间 $t \in \left[0, \frac{1}{3}\right]$ 和 $t \in \left[\frac{1}{3}, 1\right]$ 上的曲线段.

Bézier 曲线的升阶公式和 de Casteljau 算法都是对控制顶点进行的线性运算,它们之间有如下的差别:

(1) 它们都是利用 Bernstein 基函数的递推公式, 不同的是, 升阶公式利用的是“升阶”性质, de Casteljau 算法利用的是“降阶”性质. 因此升阶过程的控制顶点逐渐增加, 可以是一个无限的过程; 而 de Casteljau 算法过程的控制顶点在逐渐减少, 是一个有限的过程, 对 n 次曲线进行 n 步计算即可结束.

(2) 升阶是一个“整体”的逼近过程, 极限状态的控制多边形逼近于整条 Bézier 曲线; 而 de Casteljau 算法是针对曲线上一点的递归求值.

(3) 在由相邻两个控制顶点计算下一步控制顶点的计算中, 它们都是对原控制顶点进行加权平均, 矩阵 T_{n+1} 和 $M_r(t)$ 中每一行只有两个元素非零, 而且和为 1. 但升阶公式的“权”系数随控制顶点的下标变换; 而 de Casteljau 算法的“权”系数是与所求点的参数 t 有关, 与控制顶点的下标无关.

3.2.3　分段光滑的 Bézier 曲线

由 Bézier 曲线的定义式 (3.3) 可知, 如果增加一个控制顶点, 将增加曲线的次数, 从而增加计算的复杂度. 另一方面, 由 Bernstein 基函数的正性, 每一个控制顶点 $\boldsymbol{P}_i$ 产生的误差会随着该点对应的 Bernstein 基函数扩散到整个曲线的参数域 [0,1] 上. 因此, 在实际应用中, 通常采用分段低次的逼近方法. 将数据点分成若干份, 每一份分别用一段 Bézier 曲线来表示, 这些曲线段连接在一起得到一条完整的曲线. 这时候, 就需要考虑 Bézier 曲线段之间的光滑拼接. 利用 Bézier 曲线的端点性质, 可以得到控制顶点满足的光滑条件.

假设两条 Bézier 曲线段分别由两组控制顶点 $\boldsymbol{P}_i\ (i=0,1,\cdots,n)$ 和 $\hat{\boldsymbol{P}}_i\ (i=0,1,\cdots,m)$ 决定,

$$\boldsymbol{P}(t) = \sum_{i=0}^{n} \boldsymbol{P}_i B_i^n(t), \quad \hat{\boldsymbol{P}}(\hat{t}) = \sum_{i=0}^{m} \hat{\boldsymbol{P}}_i B_i^m(\hat{t}), \quad t, \hat{t} \in [0,1].$$

当 $\boldsymbol{P}(t)$ 和 $\hat{\boldsymbol{P}}(\hat{t})$ 在 $t=1$ 和 $\hat{t}=0$ 处光滑拼接, 则由各自的端点导矢可知

$$\boldsymbol{P}^{(r)}(1) = \frac{n!}{(n-r)!}\nabla^r \boldsymbol{P}_n, \quad \hat{\boldsymbol{P}}^{(r)}(0) = \frac{m!}{(m-r)!}\Delta^r \hat{\boldsymbol{P}}_0, \quad r = 0,1,\cdots.$$

于是, 可得 $\boldsymbol{P}(t)$ 和 $\hat{\boldsymbol{P}}(\hat{t})$ 在连接点处 r 阶参数连续的条件为

$$\frac{n!}{(n-j)!}\nabla^j \boldsymbol{P}_n = \frac{m!}{(m-j)!}\Delta^j \hat{\boldsymbol{P}}_0, \quad j = 0,1,\cdots,r. \tag{3.8}$$

常用的光滑条件为

(1) C^0 连续：$\boldsymbol{P}_n = \hat{\boldsymbol{P}}_0$;

(2) C^1 连续：C^0 连续且 $n(\boldsymbol{P}_n - \boldsymbol{P}_{n-1}) = m(\hat{\boldsymbol{P}}_1 - \hat{\boldsymbol{P}}_0)$;

(3) C^2 连续：C^1 连续且 $n(n-1)(\boldsymbol{P}_n - 2\boldsymbol{P}_{n-1} + \boldsymbol{P}_{n-2}) = m(m-1)(\hat{\boldsymbol{P}}_2 - 2\hat{\boldsymbol{P}}_1 + \hat{\boldsymbol{P}}_0)$.

如图 3.9 所示, 两条 Bézier 曲线分别满足 C^0 和 C^1 参数连续条件.

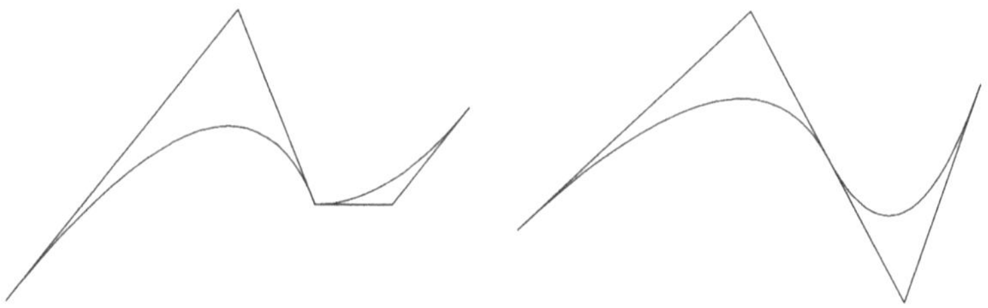

(a) C_0 连续 (b) C^1 连续

图 3.9 两条 Bézier 曲线的光滑拼接

注意到 $\boldsymbol{P}(t)$ 和 $\hat{\boldsymbol{P}}(\hat{t})$ 分别采用不同的参数 t 和 $\hat{t}$, 而曲线在端点处的导数值是依赖于参数的. 因此通常需要考虑 $\boldsymbol{P}(t)$ 和 $\hat{\boldsymbol{P}}(\hat{t})$ 的几何连续性. 如常用的 0 阶, 1 阶和 2 阶几何连续条件为

(1) G^0 连续：如果 $\boldsymbol{P}(t)$ 和 $\hat{\boldsymbol{P}}(\hat{t})$ 的端点重合, 即 $\boldsymbol{P}(1) = \hat{\boldsymbol{P}}(0)$.

(2) G^1 连续：如果 G^0 连续且在连接点处具有同向的切向量.

(3) G^2 连续：如果 G^1 连续且在连接点处具有相同的曲率矢, 即满足两个条件

(a) 密切平面重合, 副法向量同向;

(b) 曲率相等.

这里用到了 Bézier 曲线端点处的副法线向量和曲率. 对于 n 次 Bézier 曲线 $\boldsymbol{P}(t) = \sum\limits_{i=0}^{n} \boldsymbol{P}_i B_i^n(t)$, 由

$$\boldsymbol{P}'(0) = n\Delta\boldsymbol{P}_0, \quad \boldsymbol{P}'(1) = n\nabla\boldsymbol{P}_n,$$

$$\boldsymbol{P}''(0) = n(n-1)(\Delta\boldsymbol{P}_1 - \Delta\boldsymbol{P}_0), \quad \boldsymbol{P}''(1) = n(n-1)(\nabla\boldsymbol{P}_n - \nabla\boldsymbol{P}_{n-1}),$$

得到曲线在两个端点处的副法向量为

$$\boldsymbol{\gamma}(0) = \boldsymbol{P}'(0) \times \boldsymbol{P}''(0) = n^2(n-1)\Delta\boldsymbol{P}_0 \times \Delta\boldsymbol{P}_1,$$

$$\boldsymbol{\gamma}(1) = \boldsymbol{P}'(1) \times \boldsymbol{P}''(1) = n^2(n-1)\nabla\boldsymbol{P}_{n-1} \times \nabla\boldsymbol{P}_n.$$

曲率分别为

$$k(0) = \frac{|\boldsymbol{\gamma}(0)|}{|\boldsymbol{P}'(0)|^3} = \frac{(n-1)|\Delta\boldsymbol{P}_0 \times \Delta\boldsymbol{P}_1|}{n|\Delta\boldsymbol{P}_0|^3},$$

$$k(1)=\frac{|\gamma(1)|}{|\boldsymbol{P}'(1)|^3}=\frac{(n-1)|\nabla\boldsymbol{P}_{n-1}\times\nabla\boldsymbol{P}_n|}{n|\nabla\boldsymbol{P}_n|^3}.$$

如果利用 $\boldsymbol{P}(t)$ 和 $\hat{\boldsymbol{P}}(\hat{t})$ 的控制顶点表示上述的条件, 则有

(1) G^0 连续即为 C^0 连续

$$\hat{\boldsymbol{P}}_0=\boldsymbol{P}_n. \tag{3.9}$$

(2) G^1 连续比 C^1 连续较为放松, 只需 G^0 连续且存在正数 $\alpha>0$, 使得

$$\Delta\hat{\boldsymbol{P}}_0=\alpha\nabla\boldsymbol{P}_n. \tag{3.10}$$

(3) G^2 连续: $\boldsymbol{P}(t)$ 和 $\hat{\boldsymbol{P}}(\hat{t})$ 在连接点处的副法向量同向等价于 $\boldsymbol{P}_{n-2},\boldsymbol{P}_{n-1},\boldsymbol{P}_n(=\hat{\boldsymbol{P}}_0),\hat{\boldsymbol{P}}_1,\hat{\boldsymbol{P}}_2$ 5 个顶点共面, 且 $\boldsymbol{P}_{n-2},\hat{\boldsymbol{P}}_2$ 在另 3 个顶点所在的公切线的同侧 (图 3.10). 再由 G^1 连续条件 (3.10), 有

$$\Delta\hat{\boldsymbol{P}}_1=-\beta\nabla\boldsymbol{P}_{n-1}+\eta\nabla\boldsymbol{P}_n, \tag{3.11}$$

其中, $\beta>0$, η 是任意的.

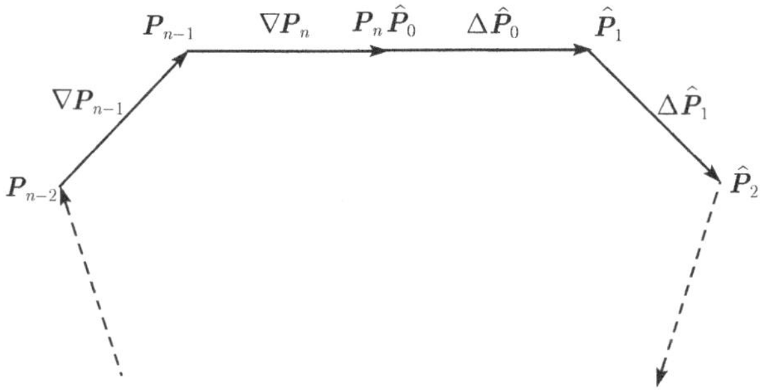

图 3.10　G^2 光滑连接点处的控制顶点

另外, 由 (3.10) 式和 (3.11) 式, $\hat{\boldsymbol{P}}(\hat{t})$ 在 $\hat{t}=0$ 处的曲率值为

$$\hat{k}(0)=\frac{(m-1)|\Delta\hat{\boldsymbol{P}}_0\times\Delta\hat{\boldsymbol{P}}_1|}{m|\Delta\hat{\boldsymbol{P}}_0|^3}=\frac{(m-1)\beta|\nabla\boldsymbol{P}_{n-1}\times\nabla\boldsymbol{P}_n|}{m\alpha^2|\nabla\boldsymbol{P}_n|^3}.$$

则 $\boldsymbol{P}(t)$ 和 $\hat{\boldsymbol{P}}(\hat{t})$ 在连接点处具有相同的曲率值等价于

$$\beta=\frac{m(n-1)}{n(m-1)}\alpha^2. \tag{3.12}$$

因此, $\boldsymbol{P}(t)$ 和 $\hat{\boldsymbol{P}}(\hat{t})$ 在连接点处 G^2 连续的充要条件为 (3.10) 式、(3.11) 式和 (3.12) 式.

3.3 矩形域上的张量积型 Bézier 曲面

3.3.1 张量积型的 Bernstein 基函数

利用一元基函数, 配以向量作为系数, 我们构造了空间中的参数曲线. 为了构造多项式参数曲面, 我们就需要二元的多项式基函数. 一般来说, 从一元函数向多元函数推广有两个途径. 一种方法是采用张量积 (乘积) 型的推广, 另一种方法是采用单纯形的推广. 在这一节中, 我们介绍矩形域上的张量积型曲面, 单纯形上的曲面将在 3.4 节中介绍.

所谓张量积型, 或者乘积型的二元函数空间是指, 它的基函数可以由一元基函数通过张量积 (乘积) 得到. 例如, 我们考虑两个分量的次数分别不超过 m 和 n 次的二元多项式空间 $\mathbb{P}_{m,n}$, 可由两个一元多项式空间 $\mathbb{P}_m$ 和 $\mathbb{P}_n$ 的张量积 (乘积) 得到, 即 $\mathbb{P}_{m,n} = \mathbb{P}_m \otimes \mathbb{P}_n$. 因此

$$\begin{aligned}\mathbb{P}_{m,n} &= \mathrm{span}\{(1, x, \cdots, x^m) \otimes (1, y, \cdots, y^n)\} \\ &= \mathrm{span}\{x^i y^j,\ i = 0, 1, \cdots, m,\ j = 0, 1, \cdots, n\}.\end{aligned}$$

$\mathbb{P}_{m,n}$ 空间的基函数 $x^i y^j$ $(i = 0, 1, \cdots, m;\ j = 0, 1, \cdots, n)$ 对应矩形的结构,

$$\begin{array}{ccccc} 1 & x & x^2 & x^3 & \cdots \\ y & xy & x^2y & x^3y & \cdots \\ y^2 & xy^2 & x^2y^2 & x^3y^2 & \cdots \\ y^3 & xy^3 & x^2y^3 & x^3y^3 & \cdots \\ \vdots & \vdots & \vdots & \vdots & \end{array}$$

因此也可称为矩形上的多项式空间.

由上可知, 通过两组 Bernstein 基函数 $B_i^m(u)$ 和 $B_j^n(v)$ 的张量积, 就可以得到张量积型的二元 Bernstein 基函数

$$B_{i,j}^{m,n}(u, v) = B_i^m(u) B_j^n(v), \quad i = 0, 1, \cdots, m, \quad j = 0, 1, \cdots, n.$$

任意二元多项式 $f(u, v) \in \mathbb{P}_{m,n}$ 可表示为

$$f(u, v) = \sum_{i=0}^{m} \sum_{j=0}^{n} a_{i,j} u^i v^j = \sum_{i=0}^{m} \sum_{j=0}^{n} b_{i,j} B_{i,j}^{m,n}(u, v).$$

图 3.11 显示了三个张量积型的双 2 次 Bernstein 基函数 $B_{0,0}^{2,2}(u, v)$、$B_{1,0}^{2,2}(u, v)$ 和 $B_{1,1}^{2,2}(u, v)$ 在单位矩形 $[0, 1] \times [0, 1]$ 上的图像.

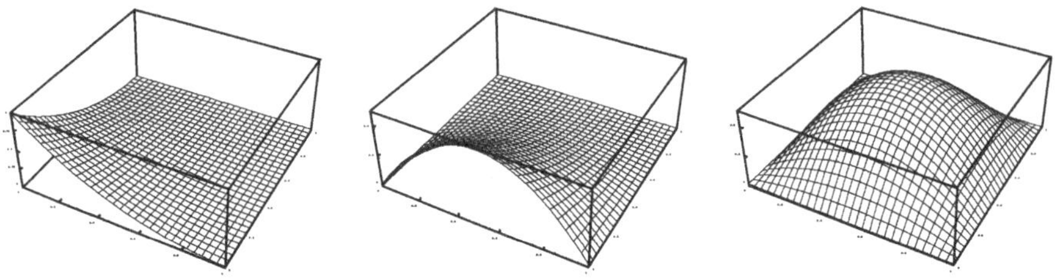

(a) $B_{0,0}^{2,2}$ (b) $B_{1,0}^{2,2}$ (c) $B_{1,1}^{2,2}$

图 3.11 张量积型的双 2 次 Bernstein 基函数

张量积给计算带来了很大的方便, 许多一元 Bernstein 基函数的基本性质, 可以直接推广到张量积型的 Bernstein 基函数 $B_{i,j}^{m,n}(u,v)$.

(1) 非负性. $B_{i,j}^{m,n}(u,v) \geqslant 0,\ (u,v) \in [0,1]\times[0,1]$.

(2) 单位分解性. $\sum\limits_{i=0}^{m}\sum\limits_{j=0}^{n} B_{i,j}^{m,n}(u,v) \equiv 1$.

(3) 导函数.

$$\frac{\partial^{p+q}}{\partial u^p \partial v^q} B_{i,j}^{m,n}(u,v) = (B_i^m(u))^{(p)}(B_j^n(v))^{(q)},$$

$$\frac{\partial}{\partial u} B_{i,j}^{m,n}(u,v) = (B_i^m(u))' B_j^n(v) = m(B_{i-1}^{m-1}(u) - B_i^{m-1}(u))B_j^n(v),$$

$$\frac{\partial}{\partial v} B_{i,j}^{m,n}(u,v) = B_i^m(u)(B_j^n(v))' = nB_i^m(u)(B_{j-1}^{n-1}(v) - B_j^{n-1}(v)).$$

(4) 积分等值性.

$$\int_0^1\int_0^1 B_{i,j}^{m,n}(u,v)\mathrm{d}u\mathrm{d}v = \frac{1}{(m+1)(n+1)}, \quad i=0,1,\cdots,m, \quad j=0,1,\cdots,n.$$

$$\int_0^1\int_0^1 f(u,v)\mathrm{d}u\mathrm{d}v = \frac{1}{(m+1)(n+1)}\sum_{i=0}^{m}\sum_{j=0}^{n} b_{i,j}.$$

3.3.2 张量积型 Bézier 曲面

定义 3.3.1 给定 $(m+1)(n+1)$ 个空间向量 $\boldsymbol{P}_{i,j} \in \mathbb{R}^3$ $(i=0,1,\cdots,m,\ j=0,1,\cdots,n)$, $B_i^m(u), B_j^n(v)$ 为 Bernstein 基函数. 曲面

$$\boldsymbol{P}(u,v) = \sum_{i=0}^{m}\sum_{j=0}^{n} \boldsymbol{P}_{i,j} B_i^m(u) B_j^n(v), \quad (u,v) \in [0,1]\times[0,1] \tag{3.13}$$

称为一个 $m\times n$ 次 Bézier 曲面, $\boldsymbol{P}_{i,j}$ 称为控制顶点. 依次用直线段连接同行同列相邻两个控制顶点所得的 $m\times n$边折线网格称为 Bézier 网 (简称 B 网) 或者控制网格. 特别当 Bernstein 系数为实数 $b_{i,j}$ 时, 可取 $\boldsymbol{P}_{i,j} = \left(\dfrac{i}{m}, \dfrac{j}{n}, b_{i,j}\right)$ $(i=0,1,\cdots,m,\ j=0,1,\cdots,n)$ 为控制顶点.

如图 3.12 所示为两个双 3 次 Bézier 曲面及其控制网格.

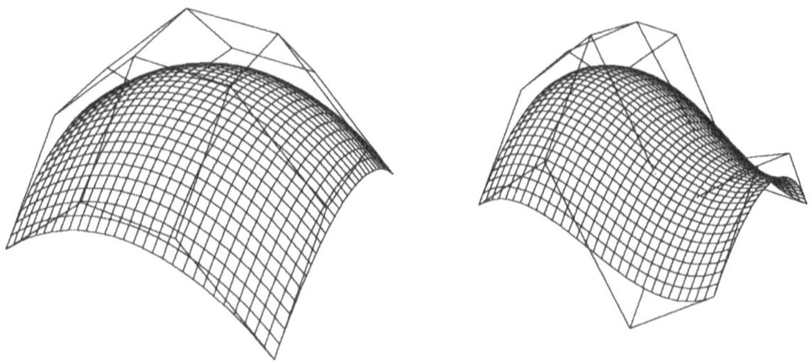

图 3.12 双 3 次 Bézier 曲面及其控制网格

作为 Bézier 曲线的一种推广, 张量积型的 Bézier 曲面具有一些与 Bézier 曲线类似的性质.

性质 3.3.1 几何不变性和仿射不变性. 由张量积型 Bernstein 基函数的单位分解性可知.

性质 3.3.2 凸包性质. 由张量积型 Bernstein 基函数的权性, 即非负性和单位分解性, 可知张量积型 Bézier 曲面位于控制网格的凸包内.

性质 3.3.3 等参线性质. 张量积型 Bézier 曲面的等参线 $v=v^*$ 和 $u=u^*$ 分别是 m 次和 n 次 Bézier 曲线, 即

$$\boldsymbol{P}(u,v^*)=\sum_{i=0}^{m}\left(\sum_{j=0}^{n}\boldsymbol{P}_{i,j}B_j^n(v^*)\right)B_i^m(u),\quad u\in[0,1],$$

$$\boldsymbol{P}(u^*,v)=\sum_{j=0}^{n}\left(\sum_{i=0}^{m}\boldsymbol{P}_{i,j}B_i^m(u^*)\right)B_j^n(v),\quad v\in[0,1].$$

特别, 张量积型 Bézier 曲面的四条边界是由相应的 B 网的边界多边形所决定的 4 条 Bézier 曲线, 即

$$\boldsymbol{P}(u,0)=\sum_{i=0}^{m}\boldsymbol{P}_{i,0}B_i^m(u),\quad \boldsymbol{P}(u,1)=\sum_{i=0}^{m}\boldsymbol{P}_{i,n}B_i^m(u),$$

$$\boldsymbol{P}(0,v)=\sum_{j=0}^{n}\boldsymbol{P}_{0,j}B_j^n(v),\quad \boldsymbol{P}(1,v)=\sum_{j=0}^{n}\boldsymbol{P}_{m,j}B_j^n(v).$$

性质 3.3.4 角点插值性质. 曲面的 4 个角点插值于 B 网的 4 个角点, 即

$$\boldsymbol{P}(0,0)=\boldsymbol{P}_{0,0},\quad \boldsymbol{P}(0,1)=\boldsymbol{P}_{0,n},\quad \boldsymbol{P}(1,0)=\boldsymbol{P}_{m,0},\quad \boldsymbol{P}(1,1)=\boldsymbol{P}_{m,n}.$$

性质 3.3.5　边界切矢.

$$\frac{\partial^{k+l}}{\partial u^k \partial v^l}\boldsymbol{P}(u,v)=\sum_{i=0}^{m}\sum_{j=0}^{n}\boldsymbol{P}_{i,j}(B_i^m(u))^{(k)}(B_j^n(v))^{(l)}$$

$$=\frac{m!n!}{(m-k)!(n-l)!}\sum_{i=0}^{m-k}\sum_{j=0}^{n-l}\Delta^{k,l}\boldsymbol{P}_{i,j}B_i^{m-k}(u)B_j^{n-l}(v),$$

其中, 向前差分算子按如下递推定义:

$$\begin{cases}\Delta^{1,0}\boldsymbol{P}_{i,j}=\boldsymbol{P}_{i+1,j}-\boldsymbol{P}_{i,j},\\ \Delta^{k,0}\boldsymbol{P}_{i,j}=\Delta^{k-1,0}\boldsymbol{P}_{i+1,j}-\Delta^{k-1,0}\boldsymbol{P}_{i,j};\end{cases}$$

$$\begin{cases}\Delta^{0,1}\boldsymbol{P}_{i,j}=\boldsymbol{P}_{i,j+1}-\boldsymbol{P}_{i,j},\\ \Delta^{0,l}\boldsymbol{P}_{i,j}=\Delta^{0,l-1}\boldsymbol{P}_{i,j+1}-\Delta^{0,l-1}\boldsymbol{P}_{i,j};\end{cases}$$

$$\Delta^{k,l}\boldsymbol{P}_{i,j}=\begin{cases}\Delta^{k-1,l}\boldsymbol{P}_{i+1,j}-\Delta^{k-1,l}\boldsymbol{P}_{i,j},\\ \Delta^{k,l-1}\boldsymbol{P}_{i,j+1}-\Delta^{k,l-1}\boldsymbol{P}_{i,j}.\end{cases}$$

则单向偏导矢为

$$\frac{\partial^k}{\partial u^k}\boldsymbol{P}(u,v)=\frac{m!}{(m-k)!}\sum_{i=0}^{m-k}\sum_{j=0}^{n}\Delta^{k,0}\boldsymbol{P}_{i,j}B_i^{m-k}(u)B_j^n(v),$$

$$\frac{\partial^l}{\partial v^l}\boldsymbol{P}(u,v)=\frac{n!}{(n-l)!}\sum_{i=0}^{m}\sum_{j=0}^{n-j}\Delta^{0,l}\boldsymbol{P}_{i,j}B_i^{m}(u)B_j^{n-l}(v),$$

特别地,

$$\frac{\partial}{\partial u}\boldsymbol{P}(0,v)=m\sum_{j=0}^{n}(\boldsymbol{P}_{1,j}-\boldsymbol{P}_{0,j})B_j^n(v),$$

$$\frac{\partial}{\partial v}\boldsymbol{P}(u,0)=n\sum_{i=0}^{m}(\boldsymbol{P}_{i,1}-\boldsymbol{P}_{i,0})B_i^m(u),$$

$$\boldsymbol{P}_u(0,0)=m(\boldsymbol{P}_{1,0}-\boldsymbol{P}_{0,0}),\quad \boldsymbol{P}_u(1,0)=m(\boldsymbol{P}_{m,0}-\boldsymbol{P}_{m-1,0}),$$

$$\boldsymbol{P}_u(0,1)=m(\boldsymbol{P}_{1,n}-\boldsymbol{P}_{0,n}),\quad \boldsymbol{P}_u(1,1)=m(\boldsymbol{P}_{m,n}-\boldsymbol{P}_{m-1,n});$$

$$\boldsymbol{P}_v(0,0)=n(\boldsymbol{P}_{0,1}-\boldsymbol{P}_{0,0}),\quad \boldsymbol{P}_v(1,0)=n(\boldsymbol{P}_{m,1}-\boldsymbol{P}_{m,0}),$$

$$\boldsymbol{P}_v(0,1)=n(\boldsymbol{P}_{0,n}-\boldsymbol{P}_{0,n-1}),\quad \boldsymbol{P}_v(1,1)=n(\boldsymbol{P}_{m,n}-\boldsymbol{P}_{m,n-1});$$

$$\boldsymbol{P}_{uv}(0,0)=mn(\boldsymbol{P}_{1,1}-\boldsymbol{P}_{1,0}-\boldsymbol{P}_{0,1}+\boldsymbol{P}_{0,0}),$$

$$\boldsymbol{P}_{uv}(1,0)=mn(\boldsymbol{P}_{m,1}-\boldsymbol{P}_{m,0}-\boldsymbol{P}_{m-1,1}+\boldsymbol{P}_{m-1,0}),$$

$$\boldsymbol{P}_{uv}(0,1)=mn(\boldsymbol{P}_{1,n}-\boldsymbol{P}_{1,n-1}-\boldsymbol{P}_{0,n}+\boldsymbol{P}_{0,n-1}),$$

$$\boldsymbol{P}_{uv}(1,1)=mn(\boldsymbol{P}_{m,n}-\boldsymbol{P}_{m,n-1}-\boldsymbol{P}_{m-1,n}+\boldsymbol{P}_{m-1,n-1}).$$

特别地, 对于双 3 次 Bézier 曲面

$$\begin{aligned}\boldsymbol{P}(u,v)&=\sum_{i=0}^{3}\sum_{j=0}^{3}\boldsymbol{P}_{i,j}B_i^3(u)B_j^3(v)\\&=(B_0^3(u),B_1^3(u),B_2^3(u),B_3^3(u))\begin{pmatrix}\boldsymbol{P}_{0,0}&\boldsymbol{P}_{0,1}&\boldsymbol{P}_{0,2}&\boldsymbol{P}_{0,3}\\\boldsymbol{P}_{1,0}&\boldsymbol{P}_{1,1}&\boldsymbol{P}_{1,2}&\boldsymbol{P}_{1,3}\\\boldsymbol{P}_{2,0}&\boldsymbol{P}_{2,1}&\boldsymbol{P}_{2,2}&\boldsymbol{P}_{2,3}\\\boldsymbol{P}_{3,0}&\boldsymbol{P}_{3,1}&\boldsymbol{P}_{3,2}&\boldsymbol{P}_{3,3}\end{pmatrix}\begin{pmatrix}B_0^3(v)\\B_1^3(v)\\B_2^3(v)\\B_3^3(v)\end{pmatrix}.\end{aligned}$$

其 16 个控制顶点具有与曲面在四个角点导矢相关的几何意义, 以 $\boldsymbol{P}(0,0)$ 为例,

$$\boldsymbol{P}_{0,0}=\boldsymbol{P}(0,0),\quad \boldsymbol{P}_{1,0}=\boldsymbol{P}(0,0)+\frac{1}{3}\boldsymbol{P}_u(0,0),\quad \boldsymbol{P}_{0,1}=\boldsymbol{P}(0,0)+\frac{1}{3}\boldsymbol{P}_v(0,0),$$

$$\boldsymbol{P}_{1,1}=\boldsymbol{P}(0,0)+\frac{1}{3}(\boldsymbol{P}_u(0,0)+\boldsymbol{P}_v(0,0))+\frac{1}{9}\boldsymbol{P}_{uv}(0,0).$$

这说明, 双 3 次 Bézier 曲面的 16 个控制顶点可由曲面在四个角点处的型值点, 两个一阶导矢和混合导矢, 共 16 个条件唯一确定. 由此性质, 可以利用双 3 次 Bézier 曲面很方便地进行 Hermite 插值.

性质 3.3.6 升阶性质. 由 Bernstein 基函数的升阶性质, 不难得到张量积型 Bézier 曲面的升阶公式. 令 $\alpha_i=\dfrac{i}{m+1}$, $\beta_j=\dfrac{j}{n+1}$, 则

$$\begin{aligned}\boldsymbol{P}(u,v)&=\sum_{i=0}^{m}\sum_{j=0}^{n}\boldsymbol{P}_{i,j}B_i^m(u)B_j^n(v)\\&=\sum_{i=0}^{m+1}\sum_{j=0}^{n}(\alpha_i\boldsymbol{P}_{i-1,j}+(1-\alpha_i)\boldsymbol{P}_{i,j})B_i^{m+1}(u)B_j^n(v)\\&=\sum_{i=0}^{m}\sum_{j=0}^{n+1}(\beta_j\boldsymbol{P}_{i,j-1}+(1-\beta_j)\boldsymbol{P}_{i,j})B_i^m(u)B_j^{n+1}(v)\\&=\sum_{i=0}^{m+1}\sum_{j=0}^{n+1}\boldsymbol{P}^*_{i,j}B_i^{m+1}(u)B_j^{n+1}(v),\end{aligned}$$

其中

$$\boldsymbol{P}^*_{i,j}=\alpha_i\beta_j\boldsymbol{P}_{i-1,j-1}+\alpha_i(1-\beta_j)\boldsymbol{P}_{i-1,j}+(1-\alpha_i)\beta_j\boldsymbol{P}_{i,j-1}+(1-\alpha_i)(1-\beta_j)\boldsymbol{P}_{i,j}.$$

也即, 升阶可采取“张量积”的方式进行, 可分别对参数 u 和参数 v 升阶, 而且可以颠倒 u, v 的升阶顺序. 类似地, 可以得到更高阶的升阶公式.

如图 3.13 为一个双 2 次 Bézier 曲面的升阶到双 3 次曲面的情况, 实线网格为双 2 次曲面的控制网, 虚线网格为升阶后的双 3 次曲面的控制网.

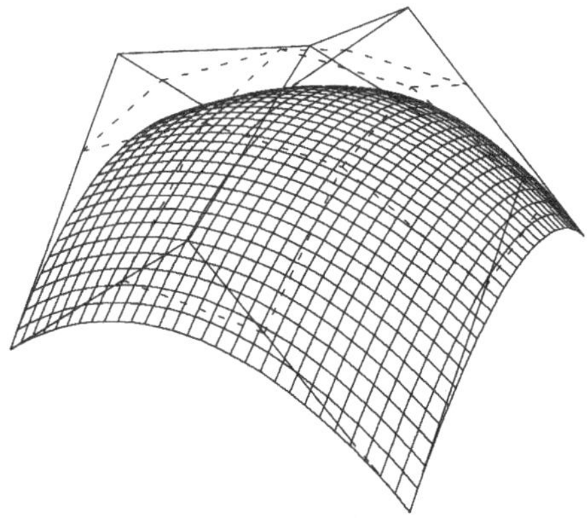

图 3.13　双 2 次 Bézier 曲面的升阶

性质 3.3.7　de Casteljau 算法. 同样地, 可以将 Bézier 曲线的 de Casteljau 算法沿等参线方向推广到张量积型的 Bézier 曲面.

$$\begin{aligned}\boldsymbol{P}(u,v)=&\sum_{i=0}^{m}\sum_{j=0}^{n}\boldsymbol{P}_{i,j}B_i^m(u)B_j^n(v)\\=&\sum_{i=0}^{m}\sum_{j=0}^{n}\boldsymbol{P}_{i,j}((1-u)B_i^{m-1}(u)+uB_{i-1}^{m-1}(u))((1-v)B_j^{n-1}(v)+vB_{j-1}^{n-1}(v))\\=&\sum_{i=0}^{m-1}\sum_{j=0}^{n-1}((1-u)(1-v)\boldsymbol{P}_{i,j}+(1-u)v\boldsymbol{P}_{i,j+1}+u(1-v)\boldsymbol{P}_{i+1,j}\\&+uv\boldsymbol{P}_{i+1,j+1})B_i^{m-1}(u)B_j^{n-1}(v).\end{aligned}$$

这说明, 一个 $m\times n$ 次的 Bézier 曲面可由 4 个 $(m-1)\times(n-1)$ 次的 Bézier 曲面线性组合得到, 它们的控制顶点分别是原控制顶点 4 个角的部分. 由此可得 Bézier 曲面上一点递归求值的 de Casteljau 算法. 令

$$\begin{cases}\boldsymbol{P}_{i,j}^{0,0}(u,v)\equiv\boldsymbol{P}_{i,j}^{0,0}=\boldsymbol{P}_{i,j},\quad i=0,1,\cdots,m,\quad j=0,1,\cdots,n,\\\boldsymbol{P}_{i,j}^{r,s}(u,v)=(1-u)(1-v)\boldsymbol{P}_{i,j}^{r-1,s-1}(u,v)+(1-u)v\boldsymbol{P}_{i,j+1}^{r-1,s-1}(u,v)\\\qquad\qquad+u(1-v)\boldsymbol{P}_{i+1,j}^{r-1,s-1}(u,v)+uv\boldsymbol{P}_{i+1,j+1}^{r-1,s-1}(u,v),\\\qquad\qquad r=1,2,\cdots,m,\quad s=1,2,\cdots,n;\\\qquad\qquad i=0,1,\cdots,m-r,\quad j=0,1,\cdots,n-s.\end{cases}\tag{3.14}$$

则可以把上式表示为

$$\begin{aligned}\boldsymbol{P}(u,v)=&\sum_{i=0}^{m-1}\sum_{j=0}^{n-1}\boldsymbol{P}_{i,j}^{1,1}(u,v)B_i^{m-1}(u)B_j^{n-1}(v)\\=&\cdots\end{aligned}$$

$$
\begin{aligned}
&= \sum_{i=0}^{m-r}\sum_{j=0}^{n-s} \boldsymbol{P}_{i,j}^{r,s}(u,v)B_i^{m-r}(u)B_j^{n-s}(v) \\
&= \cdots \\
&= \boldsymbol{P}_{0,0}^{m,n}(u,v).
\end{aligned}
$$

$\boldsymbol{P}_{0,0}^{m,n}(u,v)$ 即为所求的 $\boldsymbol{P}(u,v)$. 图 3.14 显示了形如金字塔状的双 2 次 Bézier 曲面的控制顶点递推关系. 图 3.15 显示了利用几何作图法求双 2 次 Bézier 曲面上一点.

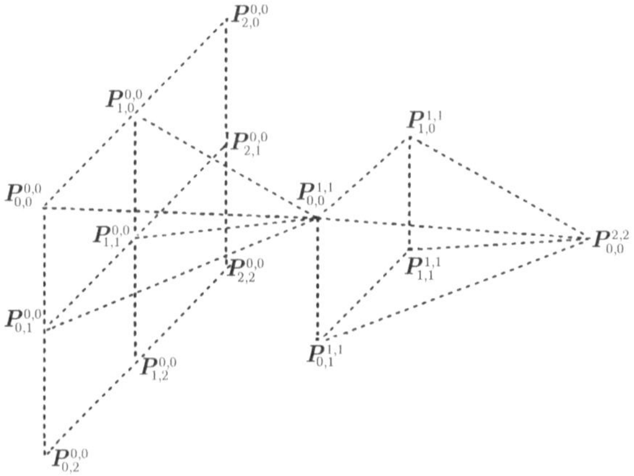

图 3.14 双 2 次 Bézier 曲面 de Casteljau 算法的控制顶点递推关系

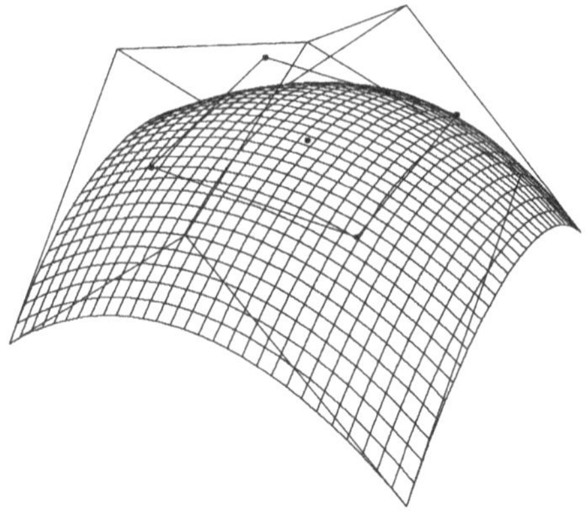

图 3.15 几何作图法求双 2 次 Bézier 曲面上一点

3.4 三角形上的 Bézier 曲面

3.4.1 面积坐标与三角形上的 Bernstein 基函数

3.3 节中, 我们介绍了二元多项式在矩形域上的张量积型推广. 本节将介绍二元多项式在单纯型 (三角形) 上的另一种推广, 即整体次数的二元多项式.

所有次数不超过 n 次的二元多项式空间记为

$$\mathbb{P}_n = \mathrm{span}\{x^i y^j, \quad i+j \leqslant n, \quad i,j=0,1,\cdots,n\}.$$

空间 $\mathbb{P}_n$ 的基函数 $x^i y^j$ $(i+j\leqslant n)$ 对应三角形的结构,

$$\begin{array}{ccccccc} & & & 1 & & & \\ & & x & & y & & \\ & x^2 & & xy & & y^2 & \\ x^3 & & x^2y & & xy^2 & & y^3 \\ \vdots & & \vdots & & \vdots & & \vdots \end{array}$$

因此可称为三角形上的多项式空间. 为将二元幂基转化为二元的 Bernstein 基, 首先介绍重心坐标 (barycentric coordinates) 的概念.

给定空间中的两点 $\boldsymbol{v}_1$ 和 $\boldsymbol{v}_2$, 则它们所在直线上的任意一点 $\boldsymbol{v}$ 可由其与 $\boldsymbol{v}_1$ 和 $\boldsymbol{v}_2$ 的相对位置唯一决定. 取此直线为坐标轴, 并设 $\boldsymbol{v}_1$, $\boldsymbol{v}_2$ 和 $\boldsymbol{v}$ 的坐标分别为 x_1, x_2 和 x, 则线段 $\overrightarrow{\boldsymbol{v}_1\boldsymbol{v}_2}$, $\overrightarrow{\boldsymbol{v}_1\boldsymbol{v}}$ 和 $\overrightarrow{\boldsymbol{v}\boldsymbol{v}_2}$ 的有向距离为

$$|\overrightarrow{\boldsymbol{v}_1\boldsymbol{v}_2}| = x_2 - x_1 = \begin{vmatrix} 1 & x_1 \\ 1 & x_2 \end{vmatrix},$$

$$|\overrightarrow{\boldsymbol{v}_1\boldsymbol{v}}| = x - x_1 = \begin{vmatrix} 1 & x_1 \\ 1 & x \end{vmatrix},$$

$$|\overrightarrow{\boldsymbol{v}\boldsymbol{v}_2}| = x_2 - x = \begin{vmatrix} 1 & x \\ 1 & x_2 \end{vmatrix}.$$

令

$$\tau_1 = \frac{|\overrightarrow{\boldsymbol{v}\boldsymbol{v}_2}|}{|\overrightarrow{\boldsymbol{v}_1\boldsymbol{v}_2}|} = \frac{x_2 - x}{x_2 - x_1}, \quad \tau_2 = \frac{|\overrightarrow{\boldsymbol{v}_1\boldsymbol{v}}|}{|\overrightarrow{\boldsymbol{v}_1\boldsymbol{v}_2}|} = \frac{x - x_1}{x_2 - x_1},$$

(τ_1,τ_2) 称为点 $\boldsymbol{v}$ 关于 $\boldsymbol{v}_1$ 和 $\boldsymbol{v}_2$ 的一维重心坐标, 满足 $\tau_1+\tau_2=1$. 重心坐标是一种局部坐标表示, 它的优点在于能够方便的刻画点 $\boldsymbol{v}$ 关于 $\boldsymbol{v}_1$ 和 $\boldsymbol{v}_2$ 的相对位置, 更重要的是重心坐标具有仿射不变性, 与外部坐标无关.

注意到一元 Bernstein 基函数可以表示为

$$B_i^n(t) = \frac{n!}{i!(n-i)!} t^i (1-t)^{n-i} = \frac{n!}{\lambda_1!\lambda_2!} \tau_1^{\lambda_1} \tau_2^{\lambda_2},$$

其中, $\tau_1 = 1-t$, $\tau_2 = t$, $\lambda_1 = n-i$, $\lambda_2 = i$, $\lambda_1, \lambda_2 = 0,1,\cdots,n$. (τ_1,τ_2) 表示在区间 $[0,1]$ 中, 点 t 相对端点 0 和 1 的重心坐标. 为将其推广到二元情况, 我们需要引入二维空间的重心坐标, 也称为面积坐标 (area coordinates).

如图 3.16 所示, 任给三角形 T, 其 3 个顶点按逆时针排列为 $\boldsymbol{v}_1, \boldsymbol{v}_2, \boldsymbol{v}_3$, T 内任取一点 $\boldsymbol{x}$, 记它们的直角坐标分别为: $\boldsymbol{v}_1 = (x_1, y_1)$, $\boldsymbol{v}_2 = (x_2, y_2)$, $\boldsymbol{v}_3 = (x_3, y_3)$, $\boldsymbol{x} = (x, y)$. 设三角形 $\triangle \boldsymbol{v}_1\boldsymbol{v}_2\boldsymbol{v}_3$ 与 $\triangle \boldsymbol{x}\boldsymbol{v}_2\boldsymbol{v}_3$, $\triangle \boldsymbol{x}\boldsymbol{v}_3\boldsymbol{v}_1$, $\triangle \boldsymbol{x}\boldsymbol{v}_1\boldsymbol{v}_2$ 的有向面积分别为 A, A_1, A_2, A_3, 则有

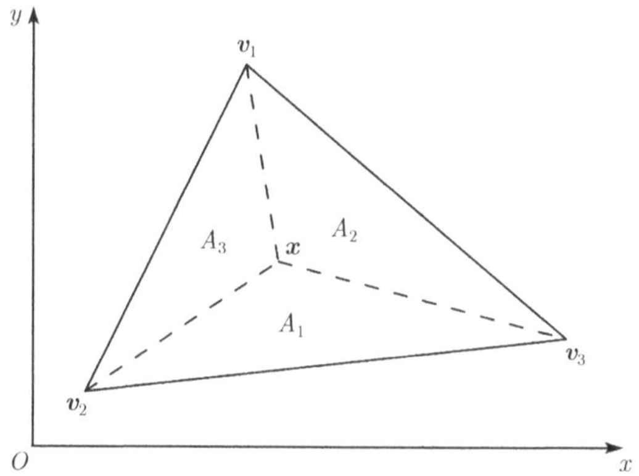

图 3.16 面积坐标示意图

$$A = \frac{1}{2}\begin{vmatrix} 1 & x_1 & y_1 \\ 1 & x_2 & y_2 \\ 1 & x_3 & y_3 \end{vmatrix}, \quad A_1 = \frac{1}{2}\begin{vmatrix} 1 & x & y \\ 1 & x_2 & y_2 \\ 1 & x_3 & y_3 \end{vmatrix},$$

$$A_2 = \frac{1}{2}\begin{vmatrix} 1 & x & y \\ 1 & x_3 & y_3 \\ 1 & x_1 & y_1 \end{vmatrix}, \quad A_3 = \frac{1}{2}\begin{vmatrix} 1 & x & y \\ 1 & x_1 & y_1 \\ 1 & x_2 & y_2 \end{vmatrix}.$$

点 $\boldsymbol{x}$ 的面积坐标 (τ_1, τ_2, τ_3) 定义为

$$\begin{aligned} \tau_1 &= \frac{A_1}{A} = \frac{1}{2A}(a_1 + b_1 x + c_1 y), \\ \tau_2 &= \frac{A_2}{A} = \frac{1}{2A}(a_2 + b_2 x + c_2 y), \\ \tau_3 &= \frac{A_3}{A} = \frac{1}{2A}(a_3 + b_3 x + c_3 y). \end{aligned}$$

其中, a_i, b_i, c_i 为关于 x_1, x_2, x_3 和 y_1, y_2, y_3 的系数, $i = 1, 2, 3$.

容易验证 $\tau_1 + \tau_2 + \tau_3 = 1$, 且

$$\begin{cases} x = x_1\tau_1 + x_2\tau_2 + x_3\tau_3, \\ y = y_1\tau_1 + y_2\tau_2 + y_3\tau_3, \end{cases}$$

即

$$\boldsymbol{x} = \tau_1\boldsymbol{v}_1 + \tau_2\boldsymbol{v}_2 + \tau_3\boldsymbol{v}_3. \tag{3.15}$$

坐标变换的 Jacobi 矩阵为

$$J=\begin{vmatrix}\dfrac{\partial\tau_1}{\partial x} & \dfrac{\partial\tau_1}{\partial y}\\ \dfrac{\partial\tau_2}{\partial x} & \dfrac{\partial\tau_2}{\partial y}\end{vmatrix}=\frac{1}{4A^2}\begin{vmatrix}b_1 & c_1\\ b_2 & c_2\end{vmatrix}=\frac{1}{2A}.$$

称 (3.15) 式为 $\boldsymbol{x}$ 的面积坐标变换, 或面积坐标表示. 显然, 这种表示是唯一的.

面积坐标可以扩充到三角域 T 之外, 由于定义中采用了三角形的有向面积, 因此从面积坐标的正负号可以看出该点与三角形 T 的相对位置关系, 如图 3.17 所示. 如果只考虑 T 内的点, 则其面积坐标均为非负值.

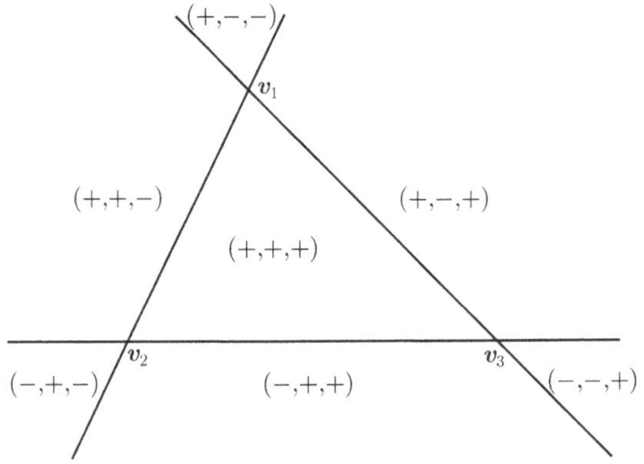

图 3.17　面积坐标正负号对应的区域

例 3.4.1　*三角形 T 的三个顶点的面积坐标分别为*

$$\boldsymbol{v}_1:(1,0,0),\quad \boldsymbol{v}_2:(0,1,0),\quad \boldsymbol{v}_3:(0,0,1).$$

T 的三条边采用面积坐标的方程表示为

$$\boldsymbol{v}_2\boldsymbol{v}_3:\tau_1=0,\quad \boldsymbol{v}_3\boldsymbol{v}_1:\tau_2=0,\quad \boldsymbol{v}_1\boldsymbol{v}_2:\tau_3=0.$$

与 $\boldsymbol{v}_2\boldsymbol{v}_3$ 平行的直线方程为 $\tau_1=c$, 与 $\boldsymbol{v}_3\boldsymbol{v}_1$ 平行的直线方程为 $\tau_2=c$, 与 $\boldsymbol{v}_1\boldsymbol{v}_2$ 平行的直线方程为 $\tau_3=c$.

面积坐标变换具有仿射不变性. 即, 若仿射变换

$$\varPhi:\boldsymbol{x}=\tau_1\boldsymbol{v}_1+\tau_2\boldsymbol{v}_2+\tau_3\boldsymbol{v}_3\to\hat{\tau}_1\varPhi(\boldsymbol{v}_1)+\hat{\tau}_2\varPhi(\boldsymbol{v}_2)+\hat{\tau}_3\varPhi(\boldsymbol{v}_3),$$

则有

$$(\hat{\tau}_1,\hat{\tau}_2,\hat{\tau}_3)=(\tau_1,\tau_2,\tau_3).$$

事实上, 设 $\varPhi:\boldsymbol{x}\to M\boldsymbol{x}+c$, 则

$$\varPhi(\boldsymbol{x})=M\boldsymbol{x}+c=M\sum_{i=1}^{3}\tau_i\boldsymbol{v}_i+c=\sum_{i=1}^{3}\tau_i(M\boldsymbol{v}_i+c).$$

这说明, 面积坐标是以所考虑的三角形 T 为参照系的局部坐标表示, 与外部的直角坐标系无关, 因此面积坐标对三角形 T 具有自适应的性质.

以面积坐标为函数的自变量, 相当于用 3 个相关的变量代替两个独立的变量, 所以我们要考虑变换前后函数的偏导数之间的关系. 由定义容易得到面积坐标沿 3 角形 T 的各条边的方向导数满足如下关系:

$$\frac{\partial \tau_k}{\partial(\boldsymbol{v}_j-\boldsymbol{v}_i)}=\begin{cases}1, & \text{如果 } j=k,\\ -1, & \text{如果 } i=k,\\ 0, & \text{其他}.\end{cases} \tag{3.16}$$

其中, 方向导数定义为

$$\frac{\partial f(\boldsymbol{x})}{\partial \boldsymbol{y}}=\lim_{t\to 0}\frac{f(\boldsymbol{x}+t\boldsymbol{y})-f(\boldsymbol{x})}{t\|\boldsymbol{y}\|}.$$

设三角域 T 内两点 $\boldsymbol{x}_1$ 和 $\boldsymbol{x}_2$ 的面积坐标为 $\boldsymbol{\tau}^{(i)}=(\tau_1^{(i)},\tau_2^{(i)},\tau_3^{(i)})$ $(i=1,2)$, 令 $\boldsymbol{a}=\boldsymbol{x}_2-\boldsymbol{x}_1$ 表示向量 $\overrightarrow{\boldsymbol{x}_1\boldsymbol{x}_2}$, $\boldsymbol{\alpha}=(\alpha_1,\alpha_2,\alpha_3)=\boldsymbol{\tau}^{(2)}-\boldsymbol{\tau}^{(1)}$, 则 $\alpha_1+\alpha_2+\alpha_3=0$. 函数 $f(\boldsymbol{x})$ 在面积坐标下的表示仍然记为 $f(\boldsymbol{\tau})=f(\tau_1,\tau_2,\tau_3)$. 注意到 $\boldsymbol{x}_2-\boldsymbol{x}_1=\alpha_1\boldsymbol{v}_1+\alpha_2\boldsymbol{v}_2+\alpha_3\boldsymbol{v}_3=\alpha_2(\boldsymbol{v}_2-\boldsymbol{v}_1)+\alpha_3(\boldsymbol{v}_3-\boldsymbol{v}_1)$, 再由 (3.16) 式可得

$$\begin{aligned}
&D_{\boldsymbol{a}}f(\boldsymbol{x})=D_{\boldsymbol{x}_2-\boldsymbol{x}_1}f(\boldsymbol{x})=\alpha_2\frac{\partial f(\boldsymbol{x})}{\partial(\boldsymbol{v}_2-\boldsymbol{v}_1)}+\alpha_3\frac{\partial f(\boldsymbol{x})}{\partial(\boldsymbol{v}_3-\boldsymbol{v}_1)}\\
=&\alpha_2\frac{\partial f(\boldsymbol{\tau})}{\partial(\boldsymbol{v}_2-\boldsymbol{v}_1)}+\alpha_3\frac{\partial f(\boldsymbol{\tau})}{\partial(\boldsymbol{v}_3-\boldsymbol{v}_1)}\\
=&\alpha_2\left(\frac{\partial f(\boldsymbol{\tau})}{\partial\tau_1}\frac{\partial\tau_1}{\partial(\boldsymbol{v}_2-\boldsymbol{v}_1)}+\frac{\partial f(\boldsymbol{\tau})}{\partial\tau_2}\frac{\partial\tau_2}{\partial(\boldsymbol{v}_2-\boldsymbol{v}_1)}+\frac{\partial f(\boldsymbol{\tau})}{\partial\tau_3}\frac{\partial\tau_3}{\partial(\boldsymbol{v}_2-\boldsymbol{v}_1)}\right)\\
&+\alpha_3\left(\frac{\partial f(\boldsymbol{\tau})}{\partial\tau_1}\frac{\partial\tau_1}{\partial(\boldsymbol{v}_3-\boldsymbol{v}_1)}+\frac{\partial f(\boldsymbol{\tau})}{\partial\tau_2}\frac{\partial\tau_2}{\partial(\boldsymbol{v}_3-\boldsymbol{v}_1)}+\frac{\partial f(\boldsymbol{\tau})}{\partial\tau_3}\frac{\partial\tau_3}{\partial(\boldsymbol{v}_3-\boldsymbol{v}_1)}\right)\\
=&\alpha_1\frac{\partial f(\boldsymbol{\tau})}{\partial\tau_1}+\alpha_2\frac{\partial f(\boldsymbol{\tau})}{\partial\tau_2}+\alpha_3\frac{\partial f(\boldsymbol{\tau})}{\partial\tau_3}=:D_{\alpha}f(\boldsymbol{\tau}).
\end{aligned}$$

即当 $|\boldsymbol{\alpha}|=\alpha_1+\alpha_2+\alpha_3=0$ 时, 有

$$D_{\boldsymbol{a}}f(\boldsymbol{x})=D_{\boldsymbol{\alpha}}f(\boldsymbol{\tau}), \tag{3.17}$$

其中, $\boldsymbol{a}=\alpha_1\boldsymbol{v}_1+\alpha_2\boldsymbol{v}_2+\alpha_3\boldsymbol{v}_3$, $\boldsymbol{x}=\tau_1\boldsymbol{v}_1+\tau_2\boldsymbol{v}_2+\tau_3\boldsymbol{v}_3$, $\tau_1+\tau_2+\tau_3=1$.

下面介绍所谓的 “B 网方法”, 它是研究多元样条和几何造型的重要方法之一. 之前介绍的一元 Bézier 方法可看作 B 网方法退化为一元时的特殊情况.

将三角形 T 的三边分别进行 n 等分, 连接平行于各边的等分线, 总共得到 $(n+1)(n+2)/2$ 个交点, 称为域点或者结点 (domain points or knots), 每个域点记

为 $\xi_{\lambda_1,\lambda_2,\lambda_3}$, 分别对应的面积坐标为 $\left(\dfrac{\lambda_1}{n},\dfrac{\lambda_2}{n},\dfrac{\lambda_3}{n}\right)$, 其中 $\lambda_1,\lambda_2,\lambda_3$ 为非负整数并满足 $\lambda_1+\lambda_2+\lambda_3=n$. 这些点也组成了三角形上的一个 Larange 插值适定结点组, 由其上给定的任意值可以唯一地确定一个二元 n 次多项式. 如图 3.18 所示为对三角形进行 $n=3$ 等分得到的域点分布情况.

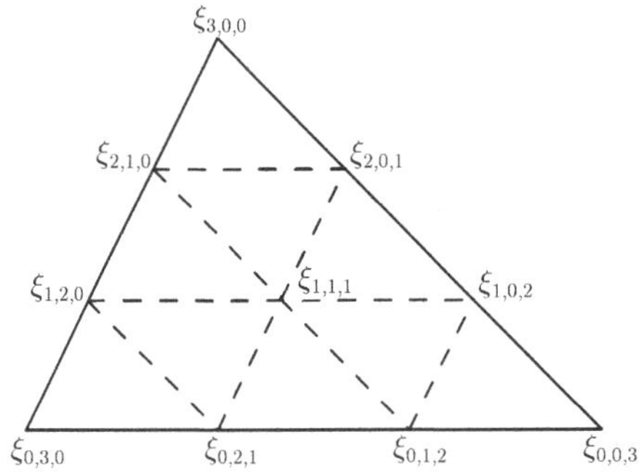

图 3.18　$n=3$ 时的域点分布

引入记号 $\boldsymbol{\tau}=(\tau_1,\tau_2,\tau_3)$, $\boldsymbol{\lambda}=(\lambda_1,\lambda_2,\lambda_3)$, $|\boldsymbol{\lambda}|=\lambda_1+\lambda_2+\lambda_3$, $\boldsymbol{\lambda}!:=\lambda_1!\lambda_2!\lambda_3!$ $\boldsymbol{\tau}^{\boldsymbol{\lambda}}:=\tau_1^{\lambda_1}\tau_2^{\lambda_2}\tau_3^{\lambda_3}$. 推广在一维重心坐标表示下的一元 Bernstein 基函数, 我们可以得到面积坐标表示的 $(n+1)(n+2)/2$ 个 n 次 Bernstein 基函数

$$B_{\boldsymbol{\lambda}}^n(\boldsymbol{\tau})=B_{\lambda_1,\lambda_2,\lambda_3}^n(\tau_1,\tau_2,\tau_3)=\frac{n!}{\boldsymbol{\lambda}!}\boldsymbol{\tau}^{\boldsymbol{\lambda}}=\frac{n!}{\lambda_1!\lambda_2!\lambda_3!}\tau_1^{\lambda_1}\tau_2^{\lambda_2}\tau_3^{\lambda_3},\tag{3.18}$$

其中, $\tau_1,\tau_2,\tau_3\geqslant 0$, $|\boldsymbol{\tau}|=\tau_1+\tau_2+\tau_3=1$, $|\boldsymbol{\lambda}|=n$.

例如, 采用面积坐标 $u,v,w\ (u+v+w=1)$ 表示的 3 次 Bernstein 基函数为

$$\begin{array}{c}u^3\\3u^2v\quad 3u^2w\\3uv^2\quad 6uvw\quad 3uw^2\\v^3\quad 3v^2w\quad 3vw^2\quad w^3\end{array}\qquad \text{对应 } \boldsymbol{\lambda} \text{ 标号为}\qquad \begin{array}{c}300\\210\quad 201\\120\quad 111\quad 102\\030\quad 021\quad 012\quad 003\end{array}$$

图 3.19 中显示了 $B_{0,3,0}^3(\boldsymbol{\tau})$, $B_{0,2,1}^3(\boldsymbol{\tau})$ 和 $B_{1,1,1}^3(\boldsymbol{\tau})$ 的函数图像.

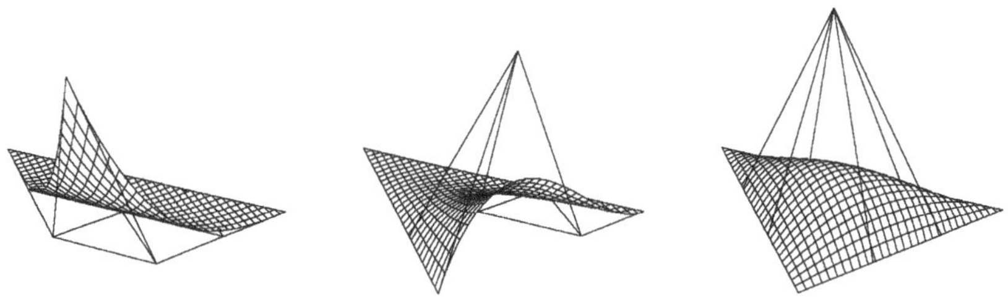

(a) $B_{0,3,0}^3$　　(b) $B_{0,2,1}^3$　　(c) $B_{1,1,1}^3$

图 3.19　三角形上的 3 次 Bernstein 基函数

作为一元 Bernstein 基函数的推广, 二元 Bernstein 基函数也具有一些类似的基本性质.

(1) 非负性. $B_{\boldsymbol{\lambda}}^n(\boldsymbol{\tau}) \geqslant 0,\ \boldsymbol{\tau} \in T$.

(2) 单位分解性. $\sum\limits_{|\boldsymbol{\lambda}|=n} B_{\boldsymbol{\lambda}}^n(\boldsymbol{\tau}) = (\tau_1+\tau_2+\tau_3)^n \equiv 1$.

(3) 基底性质. $\mathbb{P}_n = \mathrm{span}\{B_{\boldsymbol{\lambda}}^n(\boldsymbol{\tau}) : |\boldsymbol{\lambda}| = n\}$.

(4) 边界性质. 在三角域 T 的三条边界 $\lambda_i = 0\ (i=1,2,3)$ 上, 二元 Bernstein 基函数退化为相应重心坐标的一元 Bernstein 基函数.

(5) 角点性质. 在三角域 T 的三个角点上, 分别只有一个基函数取值为 1, 其余基函数取值为 0, 即

$$\begin{cases} B_{n,0,0}^n(1,0,0) = 1, \\ B_{\lambda_1,\lambda_2,\lambda_3}^n(1,0,0) = 0, \quad \lambda_1 < n, \end{cases}$$

$$\begin{cases} B_{0,n,0}^n(0,1,0) = 1, \\ B_{\lambda_1,\lambda_2,\lambda_3}^n(0,1,0) = 0, \quad \lambda_2 < n, \end{cases}$$

$$\begin{cases} B_{0,0,n}^n(0,0,1) = 1, \\ B_{\lambda_1,\lambda_2,\lambda_3}^n(0,0,1) = 0, \quad \lambda_3 < n. \end{cases}$$

(6) 最大值. $B_{\boldsymbol{\lambda}}^n(\boldsymbol{\tau})$ 在 $\boldsymbol{\tau} = \dfrac{\boldsymbol{\lambda}}{n}$ 处达到最大值.

(7) 递推性.

$$\begin{cases} B_{\lambda_1,\lambda_2,\lambda_3}^n(\boldsymbol{\tau}) = \boldsymbol{\tau}_1 B_{\lambda_1-1,\lambda_2,\lambda_3}^{n-1}(\boldsymbol{\tau}) + \tau_2 B_{\lambda_1,\lambda_2-1,\lambda_3}^{n-1}(\boldsymbol{\tau}) + \tau_3 B_{\lambda_1,\lambda_2,\lambda_3-1}^{n-1}(\boldsymbol{\tau}), \\ B_{\lambda_1,\lambda_2,\lambda_3}^n(\boldsymbol{\tau}) = \dfrac{\lambda_1+1}{n+1} B_{\lambda_1+1,\lambda_2,\lambda_3}^{n+1}(\boldsymbol{\tau}) + \dfrac{\lambda_2+1}{n+1} B_{\lambda_1,\lambda_2+1,\lambda_3}^{n+1}(\boldsymbol{\tau}) + \dfrac{\lambda_3+1}{n+1} B_{\lambda_1,\lambda_2,\lambda_3+1}^{n+1}(\boldsymbol{\tau}), \end{cases}$$

其中, 当 $\boldsymbol{\lambda}$ 的任何分量小于零时, $B_{\boldsymbol{\lambda}}^n(\boldsymbol{\tau}) \equiv 0$.

(8) 积分等值性.

$$\int_T B_{\boldsymbol{\lambda}}^n(\boldsymbol{\tau}) \mathrm{d}s = \frac{2A}{(n+1)(n+2)}.$$

(9) 导函数.

$$\frac{\partial}{\partial \tau_1} B_{\lambda_1,\lambda_2,\lambda_3}^n(\boldsymbol{\tau}) = \frac{n!}{(\lambda_1-1)!\lambda_2!\lambda_3!} \tau_1^{\lambda_1-1}\tau_2^{\lambda_2}\tau_3^{\lambda_3} = nB_{\lambda_1-1,\lambda_2,\lambda_3}^{n-1}(\boldsymbol{\tau}),$$

$$\frac{\partial}{\partial \tau_2} B_{\lambda_1,\lambda_2,\lambda_3}^n(\boldsymbol{\tau}) = \frac{n!}{\lambda_1!(\lambda_2-1)!\lambda_3!} \tau_1^{\lambda_1}\tau_2^{\lambda_2-1}\tau_3^{\lambda_3} = nB_{\lambda_1,\lambda_2-1,\lambda_3}^{n-1}(\boldsymbol{\tau}),$$

$$\frac{\partial}{\partial \tau_3} B_{\lambda_1,\lambda_2,\lambda_3}^n(\boldsymbol{\tau}) = \frac{n!}{\lambda_1!\lambda_2!(\lambda_3-1)!} \tau_1^{\lambda_1}\tau_2^{\lambda_2}\tau_3^{\lambda_3-1} = nB_{\lambda_1,\lambda_2,\lambda_3-1}^{n-1}(\boldsymbol{\tau}).$$

记

$$D^{\boldsymbol{\mu}} f(\boldsymbol{\tau}) = \frac{\partial^{|\boldsymbol{\mu}|}}{\partial \tau_1^{\mu_1} \partial \tau_2^{\mu_2} \partial \tau_3^{\mu_3}} f(\boldsymbol{\tau}),$$

其中, $\boldsymbol{\mu} = (\mu_1, \mu_2, \mu_3)$, 令 $r = |\boldsymbol{\mu}|$, 则有

$$\begin{aligned} D^{\boldsymbol{\mu}} B^n_{\boldsymbol{\lambda}}(\boldsymbol{\tau}) &= \frac{\partial^r}{\partial \tau_1^{\mu_1} \partial \tau_2^{\mu_2} \partial \tau_3^{\mu_3}} \frac{n!}{\lambda_1! \lambda_2! \lambda_3!} \tau_1^{\lambda_1} \tau_2^{\lambda_2} \tau_3^{\lambda_3} \\ &= \frac{n!}{(\lambda_1 - \mu_1)!(\lambda_2 - \mu_2)!(\lambda_3 - \mu_3)!} \tau_1^{\lambda_1 - \mu_1} \tau_2^{\lambda_2 - \mu_2} \tau_3^{\lambda_3 - \mu_3} \\ &= \frac{n!}{(n-r)!} B^{n-r}_{\boldsymbol{\lambda}-\boldsymbol{\mu}}(\boldsymbol{\tau}). \end{aligned}$$

下面考虑 $B^n_{\boldsymbol{\lambda}}(\boldsymbol{\tau})$ 沿某一向量 $\boldsymbol{\alpha} = (\alpha_1, \alpha_2, \alpha_3)$ 的方向导数 $D_{\boldsymbol{\alpha}} B^n_{\boldsymbol{\lambda}}(\boldsymbol{\tau})$. 由 (3.17) 式,

$$D_{\boldsymbol{\alpha}} f(\boldsymbol{\tau}) = \alpha_1 \frac{\partial f(\boldsymbol{\tau})}{\partial \tau_1} + \alpha_2 \frac{\partial f(\boldsymbol{\tau})}{\partial \tau_2} + \alpha_3 \frac{\partial f(\boldsymbol{\tau})}{\partial \tau_3} = \sum_{|\boldsymbol{\lambda}|=1} B^1_{\boldsymbol{\lambda}}(\boldsymbol{\alpha}) D^{\boldsymbol{\lambda}} f(\boldsymbol{\tau}).$$

进一步求导得到

$$D^2_{\boldsymbol{\alpha}} f(\boldsymbol{\tau}) = \alpha_1 \frac{\partial D_{\boldsymbol{\alpha}} f(\boldsymbol{\tau})}{\partial \tau_1} + \alpha_2 \frac{\partial D_{\boldsymbol{\alpha}} f(\boldsymbol{\tau})}{\partial \tau_2} + \alpha_3 \frac{\partial D_{\boldsymbol{\alpha}} f(\boldsymbol{\tau})}{\partial \tau_3} = \sum_{|\boldsymbol{\lambda}|=2} B^2_{\boldsymbol{\lambda}}(\boldsymbol{\alpha}) D^{\boldsymbol{\lambda}} f(\boldsymbol{\tau}).$$

一般有, $f(\boldsymbol{\tau})$ 沿 $\boldsymbol{\alpha}$ 的 r 次方向导数为

$$D^r_{\boldsymbol{\alpha}} f(\boldsymbol{\tau}) = \sum_{|\boldsymbol{\lambda}|=r} B^r_{\boldsymbol{\lambda}}(\boldsymbol{\alpha}) D^{\boldsymbol{\lambda}} f(\boldsymbol{\tau}). \tag{3.19}$$

其中, $B^r_{\boldsymbol{\lambda}}(\boldsymbol{\alpha})$ 仍然是有意义的, 尽管此时 $|\boldsymbol{\alpha}| = 0$ 而不是 1. 取 $f(\boldsymbol{\tau}) = B^n_{\boldsymbol{\lambda}}(\boldsymbol{\tau})$, 则有

$$D^r_{\boldsymbol{\alpha}} B^n_{\boldsymbol{\lambda}}(\boldsymbol{\tau}) = \frac{n!}{(n-r)!} \sum_{|\boldsymbol{\mu}|=r} B^r_{\boldsymbol{\mu}}(\boldsymbol{\alpha}) B^{n-r}_{\boldsymbol{\lambda}-\boldsymbol{\mu}}(\boldsymbol{\tau}). \tag{3.20}$$

为了便于读者熟悉在面积坐标下计算方向导数, 我们举例演示计算 $B^n_{\boldsymbol{\lambda}}(\boldsymbol{\tau})$ 沿三角形 $T = \triangle \boldsymbol{v}_1 \boldsymbol{v}_2 \boldsymbol{v}_3$ 各边的方向导数.

例 3.4.2 $\boldsymbol{v}_1 - \boldsymbol{v}_2 = (1, -1, 0)$, $\boldsymbol{v}_2 - \boldsymbol{v}_3 = (0, 1, -1)$, $\boldsymbol{v}_3 - \boldsymbol{v}_1 = (-1, 0, 1)$. 令 $\boldsymbol{\varepsilon}^1 = (1, 0, 0)$, $\boldsymbol{\varepsilon}^2 = (0, 1, 0)$, $\boldsymbol{\varepsilon}^3 = (0, 0, 1)$. 则 $B^n_{\boldsymbol{\lambda}}(\boldsymbol{\tau})$ 的 1 阶方向导数为

$$\left\{ \begin{aligned} D_{\boldsymbol{v}_1 - \boldsymbol{v}_2} B^n_{\boldsymbol{\lambda}}(\boldsymbol{\tau}) &= n(B^{n-1}_{\boldsymbol{\lambda}-\boldsymbol{\varepsilon}^1}(\boldsymbol{\tau}) - B^{n-1}_{\boldsymbol{\lambda}-\boldsymbol{\varepsilon}^2}(\boldsymbol{\tau})) = n(B^{n-1}_{\lambda_1-1,\lambda_2,\lambda_3}(\boldsymbol{\tau}) - B^{n-1}_{\lambda_1,\lambda_2-1,\lambda_3}(\boldsymbol{\tau})), \\ D_{\boldsymbol{v}_2 - \boldsymbol{v}_3} B^n_{\boldsymbol{\lambda}}(\boldsymbol{\tau}) &= n(B^{n-1}_{\boldsymbol{\lambda}-\boldsymbol{\varepsilon}^2}(\boldsymbol{\tau}) - B^{n-1}_{\boldsymbol{\lambda}-\boldsymbol{\varepsilon}^3}(\boldsymbol{\tau})) = n(B^{n-1}_{\lambda_1,\lambda_2-1,\lambda_3}(\boldsymbol{\tau}) - B^{n-1}_{\lambda_1,\lambda_2,\lambda_3-1}(\boldsymbol{\tau})), \\ D_{\boldsymbol{v}_3 - \boldsymbol{v}_1} B^n_{\boldsymbol{\lambda}}(\boldsymbol{\tau}) &= n(B^{n-1}_{\boldsymbol{\lambda}-\boldsymbol{\varepsilon}^3}(\boldsymbol{\tau}) - B^{n-1}_{\boldsymbol{\lambda}-\boldsymbol{\varepsilon}^1}(\boldsymbol{\tau})) = n(B^{n-1}_{\lambda_1,\lambda_2,\lambda_3-1}(\boldsymbol{\tau}) - B^{n-1}_{\lambda_1-1,\lambda_2,\lambda_3}(\boldsymbol{\tau})). \end{aligned} \right.$$

$B^n_{\lambda}(\tau)$ 的 2 阶方向导数为

$$\left\{ \begin{aligned} D^2_{\boldsymbol{v}_1 - \boldsymbol{v}_2} B^n_{\boldsymbol{\lambda}}(\boldsymbol{\tau}) &= n(n-1)(B^{n-2}_{\lambda_1-2,\lambda_2,\lambda_3}(\boldsymbol{\tau}) - 2B^{n-2}_{\lambda_1-1,\lambda_2-1,\lambda_3}(\boldsymbol{\tau}) + B^{n-2}_{\lambda_1,\lambda_2-2,\lambda_3}(\boldsymbol{\tau})), \\ D^2_{\boldsymbol{v}_2 - \boldsymbol{v}_3} B^n_{\boldsymbol{\lambda}}(\boldsymbol{\tau}) &= n(n-1)(B^{n-2}_{\lambda_1,\lambda_2-2,\lambda_3}(\boldsymbol{\tau}) - 2B^{n-2}_{\lambda_1,\lambda_2-1,\lambda_3-1}(\boldsymbol{\tau}) + B^{n-2}_{\lambda_1,\lambda_2,\lambda_3-2}(\boldsymbol{\tau})), \\ D^2_{\boldsymbol{v}_3 - \boldsymbol{v}_1} B^n_{\boldsymbol{\lambda}}(\boldsymbol{\tau}) &= n(n-1)(B^{n-2}_{\lambda_1,\lambda_2,\lambda_{3-2}}(\boldsymbol{\tau}) - 2B^{n-2}_{\lambda_1-1,\lambda_2,\lambda_3-1}(\boldsymbol{\tau}) + B^{n-2}_{\lambda_{1-2},\lambda_2,\lambda_3}(\boldsymbol{\tau})). \end{aligned} \right.$$

注意到, 当 $\boldsymbol{\lambda}$ 的任何分量小于 0 时, $B_{\boldsymbol{\lambda}}^{n}(\boldsymbol{\tau})\equiv 0$. 于是代入 1 阶方向导数得到

$$\begin{cases} D_{\boldsymbol{v}_1-\boldsymbol{v}_2}B_{n,0,0}^{n}(\boldsymbol{\tau})=nB_{n-1,0,0}^{n-1}(\boldsymbol{\tau}),\\ D_{\boldsymbol{v}_2-\boldsymbol{v}_3}B_{n,0,0}^{n}(\boldsymbol{\tau})=0,\\ D_{\boldsymbol{v}_3-\boldsymbol{v}_1}B_{n,0,0}^{n}(\boldsymbol{\tau})=-nB_{n-1,0,0}^{n-1}(\boldsymbol{\tau}). \end{cases}$$

$$\begin{cases} D_{\boldsymbol{v}_1-\boldsymbol{v}_2}B_{n-1,1,0}^{n}(\boldsymbol{\tau})=n(B_{n-2,1,0}^{n-1}(\boldsymbol{\tau})-B_{n-1,0,0}^{n-1}(\boldsymbol{\tau})),\\ D_{\boldsymbol{v}_2-\boldsymbol{v}_3}B_{n-1,1,0}^{n}(\boldsymbol{\tau})=nB_{n-1,0,0}^{n-1}(\boldsymbol{\tau}),\\ D_{\boldsymbol{v}_3-\boldsymbol{v}_1}B_{n-1,1,0}^{n}(\boldsymbol{\tau})=-nB_{n-2,1,0}^{n-1}(\boldsymbol{\tau}). \end{cases}$$

$$\begin{cases} D_{\boldsymbol{v}_1-\boldsymbol{v}_2}B_{n-1,0,1}^{n}(\boldsymbol{\tau})=nB_{n-2,0,1}^{n-1}(\boldsymbol{\tau}),\\ D_{\boldsymbol{v}_2-\boldsymbol{v}_3}B_{n-1,0,1}^{n}(\boldsymbol{\tau})=-nB_{n-1,0,0}^{n-1}(\boldsymbol{\tau}),\\ D_{\boldsymbol{v}_3-\boldsymbol{v}_1}B_{n-1,0,1}^{n}(\boldsymbol{\tau})=n(B_{n-1,0,0}^{n-1}(\boldsymbol{\tau})-B_{n-2,0,1}^{n-1}(\boldsymbol{\tau})). \end{cases}$$

$$\begin{cases} D_{\boldsymbol{v}_1-\boldsymbol{v}_2}B_{n-2,1,1}^{n}(\boldsymbol{\tau})=n(B_{n-3,1,1}^{n-1}(\boldsymbol{\tau})-B_{n-2,0,1}^{n-1}(\boldsymbol{\tau})),\\ D_{\boldsymbol{v}_2-\boldsymbol{v}_3}B_{n-2,1,1}^{n}(\boldsymbol{\tau})=n(B_{n-2,0,1}^{n-1}(\boldsymbol{\tau})-B_{n-2,1,0}^{n-1}(\boldsymbol{\tau})),\\ D_{\boldsymbol{v}_3-\boldsymbol{v}_1}B_{n-2,1,1}^{n}(\boldsymbol{\tau})=n(B_{n-2,1,0}^{n-1}(\boldsymbol{\tau})-B_{n-3,1,1}^{n-1}(\boldsymbol{\tau})). \end{cases}$$

一般有,

$$\begin{cases} D_{\boldsymbol{v}_1-\boldsymbol{v}_2}B_{n-\lambda_2,\lambda_2,0}^{n}(\boldsymbol{\tau})=n(B_{n-\lambda_2-1,\lambda_2,0}^{n-1}(\boldsymbol{\tau})-B_{n-\lambda_2,\lambda_2-1,0}^{n-1}(\boldsymbol{\tau})),\\ D_{\boldsymbol{v}_2-\boldsymbol{v}_3}B_{n-\lambda_2,\lambda_2,0}^{n}(\boldsymbol{\tau})=nB_{n-\lambda_2,\lambda_2-1,0}^{n-1}(\boldsymbol{\tau}),\\ D_{\boldsymbol{v}_3-\boldsymbol{v}_1}B_{n-\lambda_2,\lambda_2,0}^{n}(\boldsymbol{\tau})=-nB_{n-\lambda_2-1,\lambda_2,0}^{n-1}(\boldsymbol{\tau}). \end{cases}$$

$$\begin{cases} D_{\boldsymbol{v}_1-\boldsymbol{v}_2}B_{n-\lambda_2-1,\lambda_2,1}^{n}(\boldsymbol{\tau})=n(B_{n-\lambda_2-2,\lambda_2,1}^{n-1}(\boldsymbol{\tau})-B_{n-\lambda_2-1,\lambda_2-1,1}^{n-1}(\boldsymbol{\tau})),\\ D_{\boldsymbol{v}_2-\boldsymbol{v}_3}B_{n-\lambda_2-1,\lambda_2,1}^{n}(\boldsymbol{\tau})=n(B_{n-\lambda_2-1,\lambda_2-1,1}^{n-1}(\boldsymbol{\tau})-B_{n-\lambda_2-1,\lambda_2,0}^{n-1}(\boldsymbol{\tau})),\\ D_{\boldsymbol{v}_3-\boldsymbol{v}_1}B_{n-\lambda_2-1,\lambda_2,1}^{n}(\boldsymbol{\tau})=n(B_{n-\lambda_2-1,\lambda_2,0}^{n-1}(\boldsymbol{\tau})-B_{n-\lambda_2-2,\lambda_2,1}^{n-1}(\boldsymbol{\tau})). \end{cases}$$

利用二元 Bernstein 基函数, 可以把定义在三角形 $\triangle\boldsymbol{v}_1\boldsymbol{v}_2\boldsymbol{v}_3$ 上的任意二元 n 次多项式

$$p(x,y)=\sum_{i+j\leqslant n}a_{i,j}x^iy^j$$

唯一地表示为面积坐标下的 Bernstein 形式 (仍记为 $p(\boldsymbol{\tau})$)

$$p(x,y)=p(\boldsymbol{\tau})=\sum_{|\boldsymbol{\lambda}|=n}b_{\boldsymbol{\lambda}}B_{\boldsymbol{\lambda}}^{n}(\boldsymbol{\tau})=\sum_{\lambda_1+\lambda_2+\lambda_3=n}b_{\lambda_1,\lambda_2,\lambda_3}B_{\lambda_1,\lambda_2,\lambda_3}^{n}(\tau_1,\tau_2,\tau_3).$$

其中, 系数 $b_{\boldsymbol{\lambda}}$ 是由多项式在直角坐标下的系数 $a_{i,j}$ 经过基变换得到的, 对应于 $(n+1)(n+2)/2$ 个域点 $\xi_{\boldsymbol{\lambda}}=\dfrac{\boldsymbol{\lambda}}{n}$, 称为 Bézier 坐标. 将插值于

$$\left\{\left(\frac{\boldsymbol{\lambda}}{n},b_{\boldsymbol{\lambda}}\right):|\boldsymbol{\lambda}|=n\right\}$$

的分片线性函数称为 $p(\boldsymbol{\tau})$ 关于三角域 T 的 Bézier 网或控制网, 简称 B 网, $\left\{\left(\frac{\boldsymbol{\lambda}}{n}, b_{\boldsymbol{\lambda}}\right): |\boldsymbol{\lambda}|=n\right\}$ 称为控制顶点. 从 B 网中可以看出域点集 $\left\{\frac{\boldsymbol{\lambda}}{n}: |\boldsymbol{\lambda}|=n\right\}$ 具有特殊的地位, 它也称为 Bézier 点.

由以上二元 Bernstein 基函数的性质, 可以得到如下 $p(\boldsymbol{\tau})$ 的性质:

(1) 角点插值性质. $p(1,0,0)=b_{n,0,0}$, $p(0,1,0)=b_{0,n,0}$, $p(0,0,1)=b_{0,0,n}$.

(2) 积分值.

$$\int_T p(\boldsymbol{\tau})\mathrm{d}s=\frac{2A}{(n+1)(n+2)}\sum_{|\boldsymbol{\lambda}|=n} b_{\boldsymbol{\lambda}}.$$

(3) 凸包性质. 多项式的 B 网表示具有很好的保形性.

定理 3.4.1　由 $p(\boldsymbol{\tau})=\sum\limits_{|\boldsymbol{\lambda}|=n} b_{\boldsymbol{\lambda}} B_{\boldsymbol{\lambda}}^n(\boldsymbol{\tau})$ 定义的多项式曲面

$$\pi:=\{(\boldsymbol{\tau}, p(\boldsymbol{\tau})):\boldsymbol{\tau}\in T\}$$

包含在 p 的 Bézier 网的凸包中.

证明　由凸包的定义, p 的 Bézier 网的凸包为

$$[\mathfrak{B}]=\left\{\sum_{|\boldsymbol{\lambda}|=n} t_{\boldsymbol{\lambda}}\left(\frac{\boldsymbol{\lambda}}{n}, b_{\boldsymbol{\lambda}}\right) \,\middle|\, \sum_{|\boldsymbol{\lambda}|=n} t_{\boldsymbol{\lambda}}=1, \quad t_{\boldsymbol{\lambda}}\geqslant 0\right\},$$

即为所有控制顶点的凸组合. 显然, 三角形 T 是所有 Bézier 点的凸包, 因此对 T 中的任一点 $\boldsymbol{\tau}$, 存在相应的凸组合系数 $\{t_{\boldsymbol{\lambda}}\}$ 使得 $\boldsymbol{\tau}=\sum\limits_{|\boldsymbol{\lambda}|=n}\frac{\boldsymbol{\lambda}}{n}t_{\boldsymbol{\lambda}}$. 令

$$\pi_{\boldsymbol{\tau}}=\left\{\left(\boldsymbol{\tau}, \sum_{|\boldsymbol{\lambda}|=n} t_{\boldsymbol{\lambda}} b_{\boldsymbol{\lambda}}\right) \,\middle|\, \sum_{|\boldsymbol{\lambda}|=n}\frac{\boldsymbol{\lambda}}{n}t_{\boldsymbol{\lambda}}=\boldsymbol{\tau}\right\},$$

其中, $|\boldsymbol{\tau}|=\tau_1+\tau_2+\tau_3=1$, $t_{\boldsymbol{\lambda}}\geqslant 0$. 显然,

$$\pi_{\boldsymbol{\tau}}\subset[\mathfrak{B}] \tag{3.21}$$

另一方面, 可证得

$$\sum_{|\boldsymbol{\lambda}|=n}\frac{\boldsymbol{\lambda}}{n}B_{\boldsymbol{\lambda}}^n(\boldsymbol{\tau})=\boldsymbol{\tau}. \tag{3.22}$$

事实上,

$$\sum_{|\boldsymbol{\lambda}|=n}\frac{\lambda_1}{n}B_{\boldsymbol{\lambda}}^n(\boldsymbol{\tau})=\sum_{|\boldsymbol{\lambda}|=n}\frac{\lambda_1}{n}\frac{n!}{\lambda_1!\lambda_2!\lambda_3!}\tau_1^{\lambda_1}\tau_2^{\lambda_2}\tau_3^{\lambda_3}$$

$$
\begin{aligned}
&=\tau_1\sum_{|\boldsymbol{\lambda}|=n}\frac{(n-1)!}{(\lambda_1-1)!\lambda_2!\lambda_3!}\tau_1^{\lambda_1-1}\tau_2^{\lambda_2}\tau_3^{\lambda_3}\\
&=\tau_1.
\end{aligned}
$$

同理 $\sum\limits_{|\boldsymbol{\lambda}|=n}\frac{\lambda_i}{n}B_{\boldsymbol{\lambda}}^n(\boldsymbol{\tau})=\tau_i(i=2,3)$, 可知 (3.22) 式成立.

由 (3.22) 式, 当取 $t_{\boldsymbol{\lambda}}=B_{\boldsymbol{\lambda}}^n(\boldsymbol{\tau})$ 时,

$$
\pi_{\boldsymbol{\tau}}=\left\{\left(\boldsymbol{\tau},\sum_{|\boldsymbol{\lambda}|=n}b_{\boldsymbol{\lambda}}B_{\boldsymbol{\lambda}}^n(\boldsymbol{\tau})\right)\right\}=(\boldsymbol{\tau},p(\boldsymbol{\tau}))=\pi.
$$

再由 (3.21) 式, 曲面 $\pi\subset[\mathfrak{B}]$.

(4) 升阶性质. 一般地, n 次多项式可以看作是 $n+1$ 次多项式. 所以低次 Bernstein 多项式可以表示成高次 Bernstein 多项式.

命题 3.4.1(升阶公式) 令 $\boldsymbol{\varepsilon}^1=(1,0,0)$, $\boldsymbol{\varepsilon}^2=(0,1,0)$, $\boldsymbol{\varepsilon}^3=(0,0,1)$,

$$
b_{\boldsymbol{\mu}}^{(1)}=\frac{1}{n+1}\sum_{i=1}^{3}\mu_i b_{\boldsymbol{\mu}-\boldsymbol{\varepsilon}^i},\quad |\boldsymbol{\mu}|=n+1, \tag{3.23}
$$

则

$$
\sum_{|\boldsymbol{\lambda}|=n}b_{\boldsymbol{\lambda}}B_{\boldsymbol{\lambda}}^n(\boldsymbol{\tau})=\sum_{|\boldsymbol{\mu}|=n+1}b_{\boldsymbol{\mu}}^{(1)}B_{\boldsymbol{\mu}}^{n+1}(\boldsymbol{\tau}). \tag{3.24}
$$

反复利用升阶公式 (3.24), 经过 i 次升阶可得

$$
\sum_{|\boldsymbol{\lambda}|=n}b_{\boldsymbol{\lambda}}B_{\boldsymbol{\lambda}}^n(\boldsymbol{\tau})=\sum_{|\boldsymbol{\mu}|=n+i}b_{\boldsymbol{\mu}}^{(i)}B_{\boldsymbol{\mu}}^{n+i}(\boldsymbol{\tau}), \tag{3.25}
$$

其中

$$
b_{\boldsymbol{\mu}}^{(i)}=\sum_{|\boldsymbol{\lambda}|=n}b_{\boldsymbol{\lambda}}\binom{\boldsymbol{\mu}}{\boldsymbol{\lambda}}\Big/\binom{n+i}{n}, \tag{3.26}
$$

这里 $\binom{\boldsymbol{\mu}}{\boldsymbol{\lambda}}=\frac{\boldsymbol{\mu}!}{(\boldsymbol{\mu}-\boldsymbol{\lambda})!\boldsymbol{\lambda}!}=\binom{\mu_1}{\lambda_1}\binom{\mu_2}{\lambda_2}\binom{\mu_3}{\lambda_3}$.

证明 先证 (3.24) 式, 由 $\tau_1+\tau_2+\tau_3=1$, 得递推公式

$$
\begin{aligned}
B_{\boldsymbol{\lambda}}^n(\boldsymbol{\tau})&=(\tau_1+\tau_2+\tau_3)B_{\boldsymbol{\lambda}}^n(\boldsymbol{\tau})\\
&=\frac{1}{n+1}((\lambda_1+1)B_{\boldsymbol{\lambda}+\boldsymbol{\varepsilon}^1}^{n+1}(\boldsymbol{\tau})+(\lambda_2+1)B_{\boldsymbol{\lambda}+\boldsymbol{\varepsilon}^2}^{n+1}(\boldsymbol{\tau})+(\lambda_3+1)B_{\boldsymbol{\lambda}+\boldsymbol{\varepsilon}^3}^{n+1}(\boldsymbol{\tau})),
\end{aligned}
$$

将上式代入 (3.24) 式的左端并计算 $B_{\boldsymbol{\mu}}^{n+1}(\boldsymbol{\tau})$, $|\boldsymbol{\mu}|=n+1$ 的系数, 即可得到 (3.24) 式的右端.

为了得到 (3.25) 式, 显然只需证明 (3.26) 式. 当 $i=1$ 时, 不难验证 (3.26) 式等价于 (3.23) 式. 假设 (3.26) 式当 $i=m-1$ 时成立. 对于 $i=m$, 由 (3.23) 式 (用 $n+m-1$ 替换 n) 可知, 当 $|\boldsymbol{\mu}|=n+m$ 时,

$$\begin{aligned} b_{\boldsymbol{\mu}}^{(m)} &= \frac{1}{n+m}\sum_{i=1}^{3}\mu_i b_{\boldsymbol{\mu}-\boldsymbol{\varepsilon}^i}^{(m-1)} = \frac{1}{n+m}\sum_{i=1}^{3}\mu_i \sum_{|\boldsymbol{\lambda}|=n} b_{\boldsymbol{\lambda}}\binom{\boldsymbol{\mu}-\boldsymbol{\varepsilon}^i}{\boldsymbol{\lambda}}\Big/\binom{n+m-1}{n} \\ &= \sum_{|\boldsymbol{\lambda}|=n} b_{\boldsymbol{\lambda}}\sum_{i=1}^{3}\frac{1}{m}\mu_i\binom{\mu-\varepsilon^i}{\boldsymbol{\lambda}}\Big/\binom{n+m}{n} = \sum_{|\boldsymbol{\lambda}|=n} b_{\boldsymbol{\lambda}}\frac{|\boldsymbol{\mu}|-|\boldsymbol{\lambda}|}{m}\binom{\boldsymbol{\mu}}{\boldsymbol{\lambda}}\Big/\binom{n+m}{n} \\ &= \sum_{|\boldsymbol{\lambda}|=n} b_{\boldsymbol{\lambda}}\binom{\boldsymbol{\mu}}{\boldsymbol{\lambda}}\Big/\binom{n+m}{n}, \end{aligned}$$

即 (3.26) 式成立.

在升阶过程中, 所有的 B 网 (记为 $\mathfrak{B}_i$) 都对应着同一多项式 $p(\boldsymbol{\tau})=\sum\limits_{|\boldsymbol{\lambda}|=n} b_{\boldsymbol{\lambda}}B_{\boldsymbol{\lambda}}^n(\boldsymbol{\tau})$, 所以当 $i\to\infty$ 时, $\mathfrak{B}_i$ 一致地逼近于多项式 $p(\boldsymbol{\tau})$, 即

定理 3.4.2　对 $\boldsymbol{\tau}\in T$, 一致地有

$$\lim_{i\to\infty}\mathfrak{B}_i(\boldsymbol{\tau})=p(\boldsymbol{\tau}).$$

证明　利用 (3.26) 式, 经过简单的计算可得

$$b_{\boldsymbol{\mu}}^{(i)}=\sum_{|\boldsymbol{\lambda}|=n} b_{\boldsymbol{\lambda}}\frac{n!}{\boldsymbol{\lambda}!}\prod_{j=0}^{\lambda_1-1}\frac{\mu_1-j}{n+i-j}\prod_{j=0}^{\lambda_2-1}\frac{\mu_2-j}{n+i-\lambda_1-j}\prod_{j=0}^{\lambda_3-1}\frac{\mu_3-j}{\lambda_3+i-j}.$$

若

$$\lim_{i\to\infty}\frac{\boldsymbol{\mu}}{n+i}=\boldsymbol{\tau},$$

则关于 $\boldsymbol{\tau}\in T$, 一致地有

$$\lim_{i\to\infty} b_{\boldsymbol{\mu}}^{(i)}=p(\boldsymbol{\tau}).$$

再利用 $p(\boldsymbol{\tau})$ 在 T 上的一致连续性并注意到 $\mathfrak{B}_i$, 是以 $\left\{\left(\dfrac{\lambda}{n+i},b_{\boldsymbol{\lambda}}^{(i)}\right)\big||\boldsymbol{\lambda}|=n+i\right\}$ 为顶点的分片线性多项式, 即可证明定理成立.

(5) de Casteljau 算法. 升阶公式是通过构造高次的 Bézier 网来逼近一个多项式. 由定理 3.4.2, 当升阶到一定阶数时, 从求值的角度上讲, 所构造的 Bézier 网就可以代替所求多项式. 所以升阶公式是计算多项式各点处值的整体算法. 下面要介绍的 de Casteljau 算法则是求多项式一点处值的迭代算法. 从形式上看, 升阶过程是用高次多项式表示低次多项式, 而 de Casteljau 算法则是用低次多项式表示高次多项式. 从效果上看升阶过程是整体的逼近算法, 而 de Casteljau 算法则是求一点处值的精确算法.

定理 3.4.3(de Casteljau 算法) 设 n 次多项式

$$p(\boldsymbol{\tau}) = \sum_{|\boldsymbol{\lambda}|=n} b_{\boldsymbol{\lambda}} B_{\boldsymbol{\lambda}}^n(\boldsymbol{\tau}).$$

若定义

$$\begin{aligned} b_{\boldsymbol{\lambda}}^{(0)}(\boldsymbol{\tau}) &= b_{\boldsymbol{\lambda}}, \\ b_{\boldsymbol{\lambda}}^{(r)}(\boldsymbol{\tau}) &= \sum_{j=1}^{3} \tau_j b_{\boldsymbol{\lambda}+\boldsymbol{\varepsilon}^j}^{(r-1)}(\boldsymbol{\tau}), \quad |\boldsymbol{\lambda}| = n - r, \end{aligned}$$

则

$$p(\boldsymbol{\tau}) = \sum_{|\boldsymbol{\lambda}|=n-r} b_{\boldsymbol{\lambda}}^{(r)}(\boldsymbol{\tau}) B_{\boldsymbol{\lambda}}^{n-r}(\boldsymbol{\tau}), \quad 0 \leqslant r \leqslant n. \tag{3.27}$$

特别地, 取 $r = n$, 则得

$$p(\boldsymbol{\tau}) = b_0^{(n)}(\boldsymbol{\tau}). \tag{3.28}$$

证明 当 $r = 0$ 时, 由 $b_{\boldsymbol{\lambda}}^{(r)}(\boldsymbol{\tau})$ 的定义直接可得 (3.27) 式. 对 r 用归纳法, 利用 Bernstein 基函数的递推公式,

$$\begin{aligned} p(\boldsymbol{\tau}) &= \sum_{|\boldsymbol{\lambda}|=n-r} b_{\boldsymbol{\lambda}}^{(r)}(\boldsymbol{\tau}) B_{\boldsymbol{\lambda}}^{n-r}(\boldsymbol{\tau}) \\ &= \sum_{|\boldsymbol{\lambda}|=n-r} b_{\boldsymbol{\lambda}}^{(r)}(\boldsymbol{\tau}) \sum_{i=1}^{3} \tau_i B_{\boldsymbol{\lambda}-\boldsymbol{\varepsilon}^i}^{n-r-1}(\boldsymbol{\tau}) \\ &= \sum_{|\boldsymbol{\lambda}|=n-r-1} \sum_{i=1}^{3} \tau_i b_{\boldsymbol{\lambda}+\boldsymbol{\varepsilon}^i}^{(r)}(\boldsymbol{\tau}) B_{\boldsymbol{\lambda}}^{n-r-1}(\boldsymbol{\tau}) \\ &= \sum_{|\boldsymbol{\lambda}|=n-r-1} b_{\boldsymbol{\lambda}}^{(r+1)}(\boldsymbol{\tau}) B_{\boldsymbol{\lambda}}^{n-r-1}(\boldsymbol{\tau}). \end{aligned}$$

即证明了定理.

(6) 方向导数.

定理 3.4.4 n 次多项式 $p(\boldsymbol{\tau})$ 沿向量 $\boldsymbol{\alpha}$ 的 r 次方向导数为

$$D_{\boldsymbol{\alpha}}^r p(\boldsymbol{\tau}) = \frac{n!}{(n-r)!} \sum_{|\boldsymbol{\lambda}|=r} b_{\boldsymbol{\lambda}}^{(n-r)}(\boldsymbol{\tau}) B_{\boldsymbol{\lambda}}^r(\boldsymbol{\alpha}). \tag{3.29}$$

证明 对 r 用归纳法不难证明

$$b_{\boldsymbol{\lambda}}^{(r)}(\boldsymbol{\tau}) = \sum_{|\boldsymbol{\mu}|=r} b_{\boldsymbol{\lambda}+\boldsymbol{\mu}} B_{\boldsymbol{\mu}}^r(\boldsymbol{\tau}), \quad |\boldsymbol{\lambda}| = n - r. \tag{3.30}$$

利用 (3.20) 式, 得

$$\begin{aligned}D^r_{\boldsymbol{\alpha}}p(\boldsymbol{\tau})&=\frac{n!}{(n-r)!}\sum_{|\boldsymbol{\lambda}|=n}\sum_{|\boldsymbol{\mu}|=r}b_{\boldsymbol{\lambda}}B^r_{\boldsymbol{\mu}}(\boldsymbol{\alpha})B^{n-r}_{\boldsymbol{\lambda}-\boldsymbol{\mu}}(\boldsymbol{\tau})\\&=\frac{n!}{(n-r)!}\sum_{|\boldsymbol{\lambda}|=n-r}\sum_{|\boldsymbol{\mu}|=r}b_{\boldsymbol{\lambda}+\boldsymbol{\mu}}B^r_{\boldsymbol{\mu}}(\boldsymbol{\alpha})B^{n-r}_{\boldsymbol{\lambda}}(\boldsymbol{\tau})\\&=\frac{n!}{(n-r)!}\sum_{|\boldsymbol{\mu}|=r}B^r_{\boldsymbol{\mu}}(\boldsymbol{\alpha})\sum_{|\boldsymbol{\lambda}|=n-r}b_{\boldsymbol{\lambda}+\boldsymbol{\mu}}B^{n-r}_{\boldsymbol{\lambda}}(\boldsymbol{\tau}).\end{aligned}\tag{3.31}$$

将 (3.30) 式代入 (3.31) 式, 即得所需结果.

综合 (3.30) 式, (3.31) 式及定理 3.4.4, 可得定理 3.4.4 的一个对称形式.

推论 3.4.1

$$D^r_{\boldsymbol{\alpha}}p(\boldsymbol{\tau})=\frac{n!}{(n-r)!}\sum_{|\boldsymbol{\lambda}|=n-r}b^{(r)}_{\boldsymbol{\lambda}}(\boldsymbol{\alpha})B^{n-r}_{\boldsymbol{\lambda}}(\boldsymbol{\tau}).\tag{3.32}$$

由 (3.30) 式, 我们还可得到求多项式 $p(\boldsymbol{\tau})$ 的混合导数的公式

$$D^{\boldsymbol{\lambda}}p(\boldsymbol{\tau})=\frac{n!}{(n-r)!}b^{(n-r)}_{\boldsymbol{\lambda}}(\boldsymbol{\tau}),\quad |\boldsymbol{\lambda}|=r.\tag{3.33}$$

事实上,

$$\begin{aligned}D^{\boldsymbol{\lambda}}p(\boldsymbol{\tau})&=\sum_{|\boldsymbol{\mu}|=n}b_{\boldsymbol{\mu}}D^{\boldsymbol{\lambda}}B^n_{\boldsymbol{\mu}}(\boldsymbol{\tau})\\&=\frac{n!}{(n-r)!}\sum_{|\boldsymbol{\mu}|=n}b_{\boldsymbol{\mu}}B^{n-r}_{\boldsymbol{\mu}-\boldsymbol{\lambda}}(\boldsymbol{\tau})=\frac{n!}{(n-r)!}\sum_{|\boldsymbol{\mu}|=n-r}b_{\boldsymbol{\mu}+\boldsymbol{\lambda}}B^{n-r}_{\boldsymbol{\mu}}(\boldsymbol{\tau})\\&=\frac{n!}{(n-r)!}b^{(n-r)}_{\boldsymbol{\lambda}}(\boldsymbol{\tau}).\end{aligned}$$

有了上面的准备, 我们将给出在 B 网表示下, 定义在两个相邻三角形上 n 次多项式之间的 C^r 光滑连接条件.

定理 3.4.5　设 $p(\boldsymbol{\tau})$ 和 $\bar{p}(\bar{\boldsymbol{\tau}})$ 分别是定义在相邻三角形 $T=\triangle\boldsymbol{v}_1\boldsymbol{v}_2\boldsymbol{v}_3$ 和 $\bar{T}=\triangle\bar{\boldsymbol{v}}_1\boldsymbol{v}_2\boldsymbol{v}_3$ 上的 n 次多项式, $\{b_{\boldsymbol{\lambda}},\ |\boldsymbol{\lambda}|=n\}$ 和 $\{\bar{b}_{\boldsymbol{\lambda}},\ |\boldsymbol{\lambda}|=n\}$ 分别是 $p(\boldsymbol{\tau})$ 和 $\bar{p}(\bar{\boldsymbol{\tau}})$ 的 Bézier 坐标, $\boldsymbol{\tau}$ 和 $\bar{\boldsymbol{\tau}}$ 分别是 $\boldsymbol{x}$ 关于 T 和 $\bar{T}$ 的面积坐标. 则 $p(\boldsymbol{\tau})$ 和 $\bar{p}(\bar{\boldsymbol{\tau}})$ 在公共边界 $\overline{\boldsymbol{v}_2\boldsymbol{v}_3}$ 处的 C^r 光滑连接的充要条件是

$$\bar{b}_{\boldsymbol{\lambda}^s}=b^{(r)}_{\boldsymbol{\lambda}^0}(\hat{\boldsymbol{\tau}}),\quad s=0,1,\cdots,r,\tag{3.34}$$

其中, $\hat{\boldsymbol{\tau}}$ 是 $\bar{\boldsymbol{v}}_1$ 关于 T 的面积坐标, $\boldsymbol{\lambda}^s=(s,\lambda_2,\lambda_3)$, $\boldsymbol{\lambda}^0=(0,\lambda_2,\lambda_3)$, $\lambda_2+\lambda_3=n-s$.

推论 3.4.2 设 $p(\boldsymbol{\tau})$ 和 $\bar{p}(\bar{\boldsymbol{\tau}})$ 如定理 3.4.5 所定义, 则 $p(\boldsymbol{\tau})$ 和 $\bar{p}(\bar{\boldsymbol{\tau}})$ 之间 C^1 光滑连接的充要条件是

(1) $b_{\boldsymbol{\lambda}^0} = \bar{b}_{\boldsymbol{\lambda}^0}$, $|\boldsymbol{\lambda}^0| = n$;

(2) $(\bar{\boldsymbol{x}}_{\boldsymbol{\lambda}^1}, \bar{b}_{\boldsymbol{\lambda}^1})$, $(\boldsymbol{x}_{\boldsymbol{\lambda}^1}, b_{\boldsymbol{\lambda}^1})$, $(\boldsymbol{x}_{\boldsymbol{\lambda}^0+\boldsymbol{\varepsilon}^2}, b_{\boldsymbol{\lambda}^0+\boldsymbol{\varepsilon}^2})$ 和 $(\boldsymbol{x}_{\boldsymbol{\lambda}^0+\boldsymbol{\varepsilon}^3}, b_{\boldsymbol{\lambda}^0+\boldsymbol{\varepsilon}^3})$ 四点共面, 其中 $\boldsymbol{x} = \lambda_1\boldsymbol{v}_1 + \lambda_2\boldsymbol{v}_2 + \lambda_3\boldsymbol{v}_3$, $\bar{\boldsymbol{x}} = \lambda_1\bar{\boldsymbol{v}}_1 + \lambda_2\boldsymbol{v}_2 + \lambda_3\boldsymbol{v}_3$, $\boldsymbol{\lambda}^1 = \boldsymbol{\lambda}^0 + \boldsymbol{\varepsilon}^1$, 并且, 它们被从三角形 T 到 $\bar{T}$ 的统一仿射变换所决定.

例 3.4.3 如图 3.20 所示, $p(\boldsymbol{\tau})$ 和 $\bar{p}(\bar{\boldsymbol{\tau}})$ 分别为定义在相邻三角形 $T = \triangle\boldsymbol{v}_1\boldsymbol{v}_2\boldsymbol{v}_3$ 和 $\bar{T} = \triangle\bar{\boldsymbol{v}}_1\boldsymbol{v}_2\boldsymbol{v}_3$ 上的 3 次多项式, 它们在公共边界 $\overline{\boldsymbol{v}_2\boldsymbol{v}_3}$ 处的 C^2 光滑连接的充要条件是

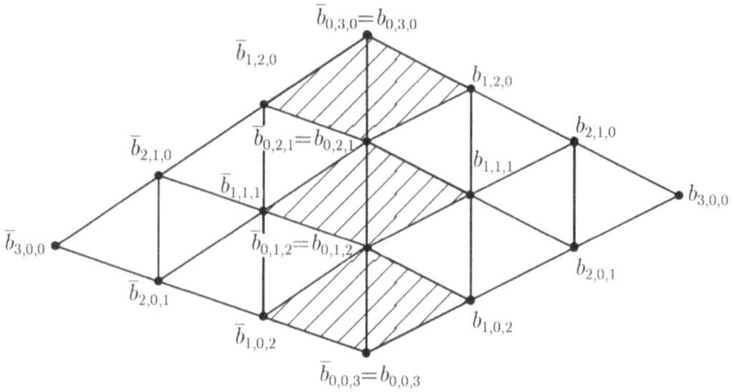

图 3.20 $p(\boldsymbol{\tau})$ 和 $\bar{p}(\bar{\boldsymbol{\tau}})$ 之间 C^2 光滑连接

(1) 当 $s=0$ 时, $\bar{b}_{0,3,0} = b_{0,3,0}$, $\bar{b}_{0,2,1} = b_{0,2,1}$, $\bar{b}_{0,1,2} = b_{0,1,2}$, $\bar{b}_{0,0,3} = b_{0,0,3}$;

(2) 当 $s=1$ 时,

$$\begin{cases} \bar{b}_{1,2,0} = b_{1,2,0}\hat{\tau}_1 + b_{0,3,0}\hat{\tau}_2 + b_{0,2,1}\hat{\tau}_3, \\ \bar{b}_{1,1,1} = b_{1,1,1}\hat{\tau}_1 + b_{0,2,1}\hat{\tau}_2 + b_{0,1,2}\hat{\tau}_3, \\ \bar{b}_{1,0,2} = b_{1,0,2}\hat{\tau}_1 + b_{0,1,2}\hat{\tau}_2 + b_{0,0,3}\hat{\tau}_3; \end{cases}$$

(3) 当 $s=2$ 时,

$$\begin{cases} \bar{b}_{2,1,0} = b_{2,1,0}B^2_{2,0,0}(\hat{\boldsymbol{\tau}}) + b_{1,2,0}B^2_{1,1,0}(\hat{\boldsymbol{\tau}}) + b_{1,1,1}B^2_{1,0,1}(\hat{\boldsymbol{\tau}}) \\ \qquad\quad + b_{0,3,0}B^2_{0,2,0}(\hat{\boldsymbol{\tau}}) + b_{0,2,1}B^2_{0,1,1}(\hat{\boldsymbol{\tau}}) + b_{0,1,2}B^2_{0,0,2}(\hat{\boldsymbol{\tau}}), \\ \bar{b}_{2,0,1} = b_{2,0,1}B^2_{2,0,0}(\hat{\boldsymbol{\tau}}) + b_{1,1,1}B^2_{1,1,0}(\hat{\boldsymbol{\tau}}) + b_{1,0,2}B^2_{1,0,1}(\hat{\boldsymbol{\tau}}) \\ \qquad\quad + b_{0,2,1}B^2_{0,2,0}(\hat{\boldsymbol{\tau}}) + b_{0,1,2}B^2_{0,1,1}(\hat{\boldsymbol{\tau}}) + b_{0,0,3}B^2_{0,0,2}(\hat{\boldsymbol{\tau}}). \end{cases}$$

3.4.2 三角域上 Bézier 曲面

利用三角形上的面积坐标, 可以构造三角域上非张量积型的 Bézier 曲面.

定义 3.4.1　给定平面上三角形 T, 其上任一点的面积坐标为 (u,v,w), 设有 $(n+1)(n+2)/2$ 个点向量 $\boldsymbol{P}_{i,j,k}\in\mathbb{R}^3(i,j,k\geqslant 0,i+j+k=n)$, 则称

$$\boldsymbol{P}(u,v,w)=\sum_{i+j+k=n}\boldsymbol{P}_{i,j,k}B^n_{i,j,k}(u,v,w),\ (u,v,w)\in T \tag{3.35}$$

为三角域 T 上的 n 次 Bernstein-Bézier 参数曲面, 简称 B-B 曲面, 其中

$$B^n_{i,j,k}(u,v,w)=\frac{n!}{i!j!k!}u^iv^jw^k,\quad i+j+k=n,\quad u,v,w\geqslant 0,\quad u+v+w=1 \tag{3.36}$$

为 n 次 Bernstein 基函数, $\boldsymbol{P}_{i,j,k}$ 称为曲面的控制顶点, 把三个控制点向量 $\boldsymbol{P}_{i,j,k}$, $\boldsymbol{P}_{i-1,j+1,k}$, $\boldsymbol{P}_{i-1,j,k+1}$ 用直线段两两相连所得到的由 n^2 个三角形组成的网格称为控制网格或 B 网.

如图 3.21 显示了一个 3 次 Bézier 曲面及其控制网格. 三角域上的 Bézier 曲面在边界上也是对应于相应控制顶点的 Bézier 曲线. 因此同样具有 Bézier 曲线的几何性质.

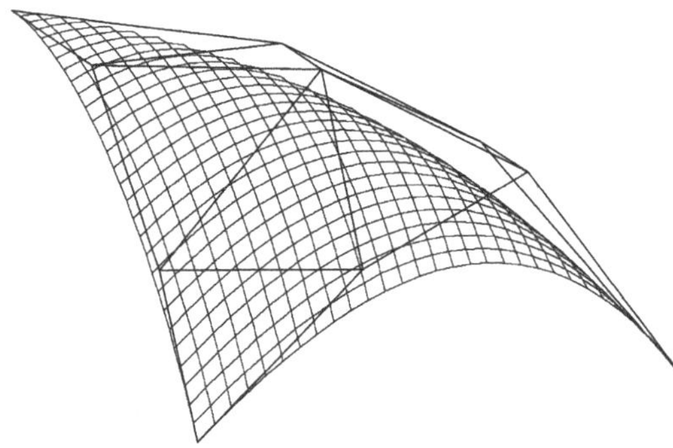

图 3.21　一个 3 次 Bézier 曲面及其控制网格

性质 3.4.1　几何不变性和仿射不变性. 由二元 Bernstein 基函数的单位分解性可知.

性质 3.4.2　凸包性质. 由二元 Bernstein 基函数的权性, 即非负性和单位分解性, 可知三角域上的 Bézier 曲面位于 B 网的凸包内.

性质 3.4.3　边界线性质. 三角域上的 Bézier 曲面的三条边界线 $u=0$, $v=0$ 和 $w=0$ 都是以 B 网的相应边界点为控制顶点的 n 次 Bézier 曲线, 例如

$$\boldsymbol{P}(u,v,0)=\sum_{i+j+k=n}\boldsymbol{P}_{i,j,k}B^n_{i,j,k}(u,v,0)=\sum_{i+j=n}\boldsymbol{P}_{i,j,0}\frac{n!}{i!j!}u^iv^j=\sum_{i=0}^{n}\boldsymbol{P}_{i,n-i,0}B^n_i(u).$$

同理可得其他两边的情形.

性质 3.4.4 角点插值性质. 曲面在三个角点插值于 B 网的三个角点, 即

$$\boldsymbol{P}(1,0,0)=\boldsymbol{P}_{n,0,0},\quad \boldsymbol{P}(0,1,0)=\boldsymbol{P}_{0,n,0},\quad \boldsymbol{P}(0,0,1)=\boldsymbol{P}_{0,0,n}.$$

性质 3.4.5 切平面. Bézier 曲面 (3.35) 沿三角域三边的方向导矢为

$$\begin{aligned}
D_{(1,-1,0)}\boldsymbol{P}(u,v,w)&=n\sum_{i+j+k=n-1}(\boldsymbol{P}_{i+1,j,k}-\boldsymbol{P}_{i,j+1,k})B_{i,j,k}^{n-1}(u,v,w),\\
D_{(0,1,-1)}\boldsymbol{P}(u,v,w)&=n\sum_{i+j+k=n-1}(\boldsymbol{P}_{i,j+1,k}-\boldsymbol{P}_{i,j,k+1})B_{i,j,k}^{n-1}(u,v,w),\\
D_{(-1,0,1)}\boldsymbol{P}(u,v,w)&=n\sum_{i+j+k=n-1}(\boldsymbol{P}_{i,j,k+1}-\boldsymbol{P}_{i+1,j,k})B_{i,j,k}^{n-1}(u,v,w).
\end{aligned}$$

由上面的式子, Bézier 曲面 (3.35) 在三角域中任一点 (u,v,w) 处沿三边的方向切矢分别是以 $n(n-1)/2$ 个"方向"为系数的二元 $n-1$ 次 Bézier 形式. 注意到, 曲面在一点处的所有方向切矢组成了曲面在该点处的切平面, 因此, 我们可以得到 Bézier 曲面 (3.35) 在点 (u,v,w) 处的切平面是以 $n(n-1)/2$ 个"平面"(或者其法线向量) 作为系数的二元 $n-1$ 次 Bézier 形式, 记曲面 $\boldsymbol{P}(u,v,w)$ 在点 (u,v,w) 处的切平面为 $\boldsymbol{TP}(u,v,w)$, 则可以把它"形式地"表示为

$$\boldsymbol{TP}(u,v,w)=\sum_{i+j+k=n-1}\triangle\boldsymbol{P}_{i+1,j,k}\boldsymbol{P}_{i,j+1,k}\boldsymbol{P}_{i,j,k+1}B_{i,j,k}^{n-1}(u,v,w),$$

其中系数为由控制顶点 $\boldsymbol{P}_{i+1,j,k},\boldsymbol{P}_{i,j+1,k},\boldsymbol{P}_{i,j,k+1}$ 组成的三角形, 式中三角形的加减运算应理解为其法向量的加减运算.

于是曲面在边界 $w=0$ 上的各方向切矢为

$$\begin{aligned}
D_{(1,-1,0)}\boldsymbol{P}(u,v,0)&=n\sum_{i+j=n-1}(\boldsymbol{P}_{i+1,j,0}-\boldsymbol{P}_{i,j+1,0})B_{i,j,0}^{n-1}(u,v,0)\\
&=n\sum_{i=0}^{n-1}(\boldsymbol{P}_{i+1,n-i-1,0}-\boldsymbol{P}_{i,n-i,0})B_i^{n-1}(u),\\
D_{(0,1,-1)}\boldsymbol{P}(u,v,0)&=n\sum_{i+j=n-1}(\boldsymbol{P}_{i,j+1,0}-\boldsymbol{P}_{i,j,1})B_{i,j,0}^{n-1}(u,v,0)\\
&=n\sum_{i=0}^{n-1}(\boldsymbol{P}_{i,n-i,0}-\boldsymbol{P}_{i,n-i-1,1})B_i^{n-1}(u),\\
D_{(-1,0,1)}\boldsymbol{P}(u,v,0)&=n\sum_{i+j=n-1}(\boldsymbol{P}_{i,j,1}-\boldsymbol{P}_{i+1,j,0})B_{i,j,0}^{n-1}(u,v,0)\\
&=n\sum_{i=0}^{n-1}(\boldsymbol{P}_{i,n-i-1,1}-\boldsymbol{P}_{i+1,n-i-1,0})B_i^{n-1}(u).
\end{aligned}$$

同样, 可以将 Bézier 曲面 (3.35) 在边界 $w=0$ 上的切平面"形式地"表示为以 $n-1$ 个"平面"作为系数的一元 $n-1$ 次 Bézier 形式

$$\boldsymbol{TP}(u,v,0)=\sum_{i=0}^{n-1}\triangle \boldsymbol{P}_{i+1,n-i-1,0}\boldsymbol{P}_{i,n-i,0}\boldsymbol{P}_{i,n-i-1,1}B_i^{n-1}(u).$$

同理可得另两条边界 $u=0$ 和 $v=0$ 上的各方向切矢. 继续可得曲面在角点 $(1,0,0)$ 处的各方向切矢为

$$\begin{aligned}D_{(1,-1,0)}\boldsymbol{P}(1,0,0)&=n(\boldsymbol{P}_{n,0,0}-\boldsymbol{P}_{n-1,1,0}),\\D_{(0,1,-1)}\boldsymbol{P}(1,0,0)&=n(\boldsymbol{P}_{n-1,1,0}-\boldsymbol{P}_{n-1,0,1}),\\D_{(-1,0,1)}\boldsymbol{P}(1,0,0)&=n(\boldsymbol{P}_{n-1,0,1}-\boldsymbol{P}_{n,0,0}).\end{aligned}$$

以及曲面 (3.35) 在角点 $(1,0,0)$ 处的切平面

$$\boldsymbol{TP}(1,0,0)=\triangle \boldsymbol{P}_{n,0,0}\boldsymbol{P}_{n-1,1,0}\boldsymbol{P}_{n-1,0,1}.$$

类似地, 可以得到曲面在其他两个角点处的切平面即为 B 网的相应角的控制顶点所组成的三角片.

由以上讨论, 两个 n 次 Bézier 曲面

$$\boldsymbol{P}(u,v,w)=\sum_{i+j+k=n}\boldsymbol{P}_{i,j,k}B_{i,j,k}^n(u,v,w),\quad (u,v,w)\in T$$

和

$$\bar{\boldsymbol{P}}(u,v,w)=\sum_{i+j+k=n}\bar{\boldsymbol{P}}_{i,j,k}B_{i,j,k}^n(\bar{u},\bar{v},\bar{w}),\quad (\bar{u},\bar{v},\bar{w})\in \bar{T}$$

在相同边界 $w=0$ 和 $\bar{w}=0$ 上具有相同切平面的充要条件为

(1) G^0 光滑: $\boldsymbol{P}_{i,j,0}=\bar{\boldsymbol{P}}_{i,j,0},\ i+j=n.$

(2) G^1 光滑: G^0 光滑和 $\boldsymbol{P}_{i+1,n-i-1,0},\boldsymbol{P}_{i,n-i,0},\boldsymbol{P}_{i,n-i-1,1},\bar{\boldsymbol{P}}_{i,n-i-1,1}$ 共面, $i=0,1,\cdots,n-1.$

性质 3.4.6　升阶性质. 若

$$\boldsymbol{P}(u,v,w)=\sum_{i+j+k=n}\boldsymbol{P}_{i,j,k}B_{i,j,k}^n(u,v,w)=\sum_{i+j+k=n+1}\boldsymbol{P}_{i,j,k}^*B_{i,j,k}^{n+1}(u,v,w),$$

则

$$\boldsymbol{P}_{i,j,k}^*=\frac{i}{n+1}\boldsymbol{P}_{i-1,j,k}+\frac{j}{n+1}\boldsymbol{P}_{i,j-1,k}+\frac{k}{n+1}\boldsymbol{P}_{i,j,k-1},\quad i+j+k=n+1.$$

性质 3.4.7　de Casteljau 算法. 令

$$\begin{cases}\boldsymbol{P}_{i,j,k}^0(u,v,w)\equiv\boldsymbol{P}_{i,j,k}^0=\boldsymbol{P}_{i,j,k},\quad i+j+k=n,\\\boldsymbol{P}_{i,j,k}^r(u,v,w)=u\boldsymbol{P}_{i+1,j,k}^{r-1}(u,v,w)+v\boldsymbol{P}_{i,j+1,k}^{r-1}(u,v,w)+w\boldsymbol{P}_{i,j,k+1}^{r-1}(u,v,w),\\\qquad r=1,2,\cdots,n,\quad i+j+k=n-r.\end{cases}\tag{3.37}$$

则

$$\boldsymbol{P}(u,v,w)=\sum_{i+j+k=n-1}\boldsymbol{P}_{i,j,k}^{1}(u,v,w)B_{i,j,k}^{n-1}(u,v,w)=\cdots=\boldsymbol{P}_{0,0,0}^{n}(u,v,w).$$

图 3.22 显示了 2 次 Bézier 曲面的控制顶点递推关系. 图 3.23 显示了利用几何作图法求 2 次 Bézier 曲面上一点.

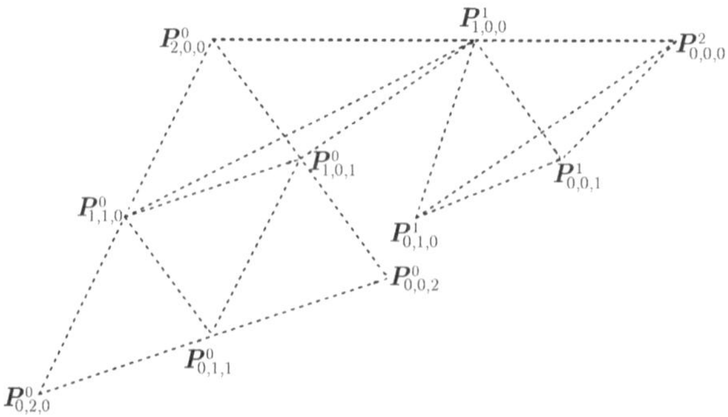

图 3.22 2 次 Bézier 曲面 de Casteljau 算法的控制顶点递推关系

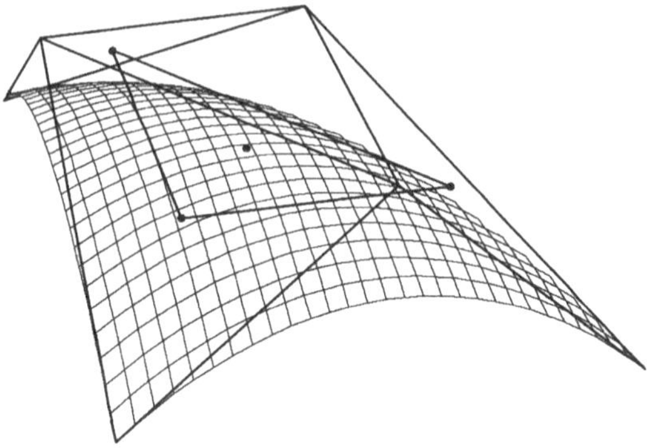

图 3.23 几何作图法求 2 次 Bézier 曲面上一点

3.5 开花 (blossoms) 方法简介

3.5.1 一元多项式的开花

我们知道, 线性函数是最为简单的一类函数. 例如, 记 $L(t)=at+b$, 很容易验证 $L((1-\lambda)s+\lambda t)=(1-\lambda)L(s)+\lambda L(t)$. 即 $L(t)$ 保持仿射组合关系, $L(t)$ 是一个仿射变换. 但对于多项式函数, 如 $P(t)=a_0+a_1t+\cdots+a_nt^n$, 当 $n>1$ 时, $P(t)$ 不再是一个仿射变换. 开花 (blossoms) 方法的主要思想就是将一元的复杂函数 $P(t)$ 用多元的简单函数 $p(u_1,\cdots,u_n)$ 来表示.

对于一元 n 次多项式 $P(t)$, 它的开花 $p(u_1,\cdots,u_n)$ 定义为唯一满足如下三个性质的多元多项式:

(1) 对称性.

$$p(u_1,\cdots,u_n)=p(u_{\sigma(1)},\cdots,u_{\sigma(n)}),$$

其中, σ 是对 $\{1,\cdots,n\}$ 的任意置换.

(2) 多仿射性.

$$\begin{aligned}&p(u_1,\cdots,(1-\alpha)u_k+\alpha w_k,\cdots,u_n)\\=&(1-\alpha)p(u_1,\cdots,u_k,\cdots,u_n)+\alpha p(u_1,\cdots,w_k,\cdots,u_n).\end{aligned}$$

(3) 对角线性质.

$$p(\underbrace{t,\cdots,t}_{n\text{个}})=P(t).$$

也即, $P(t)$ 的开花 $p(u_1,\cdots,u_n)$ 是唯一的对称多仿射函数, 并沿着对角线还原到 $P(t)$. 第二个性质意味着 $p(u_1,\cdots,u_n)$ 对每个变量都是一次的, 反之亦然.

引理 3.5.1 设 $p(u_1,\cdots,u_n)$ 是一个多项式, 它的每个变量都是一次的, 则 $p(u_1,\cdots,u_n)$ 是多仿射的.

证明 因为 $p(u_1,\cdots,u_n)$ 的每个变量都是一次的, 故可以写成

$$p(u_1,\cdots,u_k,\cdots,u_n)=q(u_1,\cdots,u_n)+u_kr(u_1,\cdots,u_n),$$

其中, $q(u_1,\cdots,u_n)$ 和 $r(u_1,\cdots,u_n)$ 是不含 u_k 的多项式, 因此,

$$\begin{aligned}&p(u_1,\cdots,(1-\alpha)u_k+\alpha w_k,\cdots,u_n)\\=&((1-\alpha)+\alpha)q(u_1,\cdots,u_n)+((1-\alpha)u_k+w_k)r(u_1,\cdots,u_n)\\=&(1-\alpha)(q(u_1,\cdots,u_n)+u_kr(u_1,\cdots,u_n))+\alpha(q(u_1,\cdots,u_n)+w_kr(u_1,\cdots,u_n))\\=&(1-\alpha)p(u_1,\cdots,u_k,\cdots,u_n)+\alpha p(u_1,\cdots,w_k,\cdots,u_n).\end{aligned}$$

证毕.

对于 n 次多项式 $P(t)=a_0+a_1t+\cdots+a_nt^n$, 满足上述三个性质的 n 元多项式是存在的. 先对每个单项式 $P(t)=t^k$ 给出它的开花

$$p(u_1,\cdots,u_n)=\frac{1}{\begin{pmatrix}n\\k\end{pmatrix}}\sum u_{i_1}\cdots u_{i_k}, \tag{3.38}$$

这里的求和取遍 $\{1,\cdots,n\}$ 的所有子集 $\{i_1,\cdots,i_k\}$ $(k=0,1,\cdots,n)$. 容易验证, $p(u_1,\cdots,u_n)$ 满足开花的 3 个性质.

于是设 $M_k^n(t)=\binom{n}{k}t^k$, 则其开花为

$$m_k^n(u_1,\cdots,u_n)=\sum u_{i_1}\cdots u_{i_k}. \tag{3.39}$$

因此, $P(t)=a_0+a_1t+\cdots+a_nt^n$ 的开花为

$$p(u_1,\cdots,u_n)=\sum_{k=0}^{n}\frac{a_k}{\binom{n}{k}}m_k^n(u_1,\cdots,u_n).$$

例如, 当 $n=3$ 时, 对于 $P(t)=1$, 则 $p(u_1,u_2,u_3)=1$;

对于 $P(t)=t$, 则 $p(u_1,u_2,u_3)=\frac{1}{3}(u_1+u_2+u_3)$;

对于 $P(t)=t^2$, 则 $p(u_1,u_2,u_3)=\frac{1}{3}(u_1u_2+u_2u_3+u_3u_1)$;

对于 $P(t)=t^3$, 则 $p(u_1,u_2,u_3)=u_1u_2u_3$.

于是, 对于所有的 3 次多项式 $P(t)=a_0+a_1t+a_2t^2+a_3t^3$, 它的开花为

$$p(u_1,u_2,u_3)=a_0+\frac{a_1}{3}(u_1+u_2+u_3)+\frac{a_2}{3}(u_1u_2+u_2u_3+u_3u_1)+a_3u_1u_2u_3.$$

下面, 我们证明对于 n 次多项式的开花是唯一的. 为此, 先建立开花与 Bézier 曲线的联系.

考虑定义在任意区间 $[a,b]$ 上的 n 次 Bézier 曲线 $P(t)=\sum\limits_{k=0}^{n}P_kB_k^n(t)$, 其中 $B_k^n(t)$ 为定义在 $[a,b]$ 上的 Bernstein 基函数

$$B_k^n(t)=\binom{n}{k}\frac{(t-a)^k(b-t)^{n-k}}{(b-a)^n},\quad k=0,1\cdots,n.$$

于是可得曲线上一点递归求值的 de Casteljau 算法为

$$\begin{cases}P_i^0(t)\equiv P_i^0=P_i,\quad i=0,1,\cdots,n,\\[2mm] P_i^r(t)=\dfrac{b-t}{b-a}P_i^{r-1}(t)+\dfrac{t-a}{b-a}P_{i+1}^{r-1}(t),\quad r=1,2,\cdots,n,\quad i=0,1,\cdots,n-r.\end{cases} \tag{3.40}$$

以 3 次 Bézier 曲线 $P(t)=\sum\limits_{k=0}^{3}P_kB_k^3(t)$ 为例, de Casteljau 算法可表示为图 3.24, 其中各箭头侧边的系数均省略了分母 $b-a$.

假设 $p(u_1,u_2,u_3)$ 是 $P(t)$ 的开花, 将图 3.24 中最低层换为 $p(a,a,a)$, $p(a,a,b)$, $p(a,b,b)$, $p(b,b,b)$, 由开花的对称性和多仿射性, 容易得到

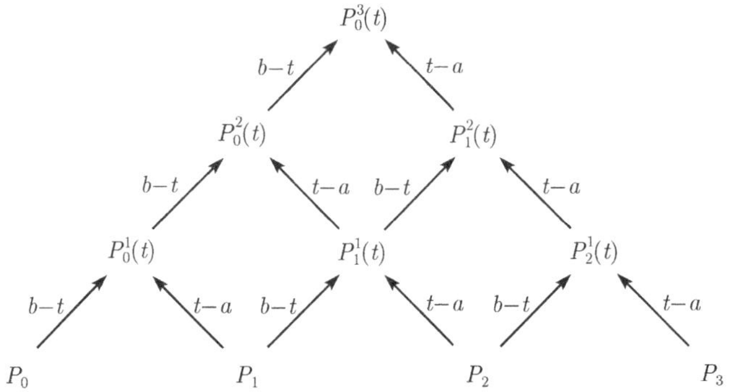

图 3.24　3 次 Bézier 曲线的 de Casteljau 算法

$$\begin{cases} p(a,a,t) = \dfrac{b-t}{b-a}p(a,a,a) + \dfrac{t-a}{b-a}p(a,a,b), \\ p(a,b,t) = \dfrac{b-t}{b-a}p(a,a,b) + \dfrac{t-a}{b-a}p(a,b,b), \\ p(b,b,t) = \dfrac{b-t}{b-a}p(a,b,b) + \dfrac{t-a}{b-a}p(b,b,b); \end{cases}$$

$$\begin{cases} p(a,t,t) = \dfrac{b-t}{b-a}p(a,a,t) + \dfrac{t-a}{b-a}p(a,b,t), \\ p(b,t,t) = \dfrac{b-t}{b-a}p(a,b,t) + \dfrac{t-a}{b-a}p(b,b,t); \end{cases}$$

$$p(t,t,t) = \frac{b-t}{b-a}p(a,t,t) + \frac{t-a}{b-a}p(b,t,t).$$

再由开花的对角线性质, $P(t) = p(t,t,t)$, 于是上面各式中的左端项分别对应 de Casteljau 算法中的各层顶点, 如图 3.25 所示, 其中用 $u_1u_2u_3$ 表示 $p(u_1,u_2,u_3)$. 这意味着, 以 $p(a,a,a)$, $p(a,a,b)$, $p(a,b,b)$, $p(b,b,b)$ 为控制顶点可以生成 3 次 Bézier 曲线 $P(t)$. 注意到 Bernstein 基函数的线性无关性质, $P(t)$ 的控制顶点是唯一的, 因此, $p(a,a,a)$, $p(a,a,b)$, $p(a,b,b)$, $p(b,b,b)$ 确实为 $P(t)$ 的控制顶点 P_0, P_1, P_2, P_3.

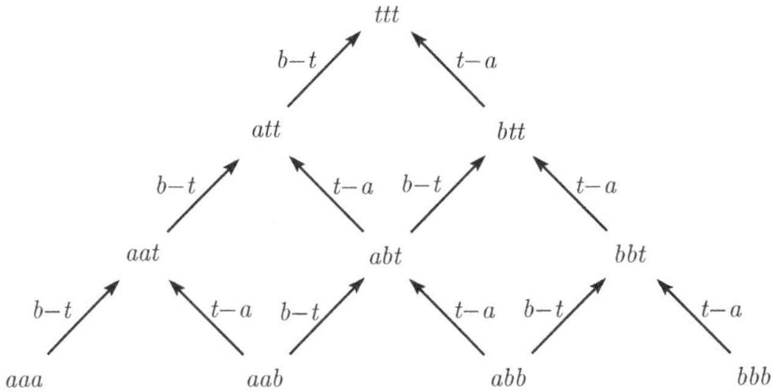

图 3.25　以 $p(a,a,a)$, $p(a,a,b)$, $p(a,b,b)$, $p(b,b,b)$ 为控制顶点的 de Casteljau 算法

不难验证, 上述结果对 n 次 Bézier 曲线 $P(t)=\sum_{k=0}^{n}P_kB_k^n(t)$ 也成立, 即有如下结论.

定理 3.5.1 令 $P(t)$ 是定义在区间 $[a,b]$ 上的 Bézier 曲线, $P_0,P_1,\cdots,P_n$ 是它的控制顶点. $p(u_1,\cdots,u_n)$ 是对称、多仿射的多项式并满足

$$p(\underbrace{t,\cdots,t}_{n个})=P(t),$$

则 $P_k=p(\underbrace{a,\cdots,a}_{n-k个},\underbrace{b,\cdots,b}_{k个})$.

定理 3.5.1 是将开花与 Bézier 曲线联系起来的根本性质, 同时也给出了由已知 Bézier 曲线的开花来计算其控制顶点的方法. 反过来, 若已知 Bézier 曲线的控制顶点, 可以通过 de Casteljau 算法得到它的开花. 将算法中第 r 层计算 $P_i^r(t)$ 的 t 值替换为 u_r, 得到 Bézier 曲线的开花算法

$$\begin{cases}P_i^0=P_i, \quad i=0,1,\cdots,n,\\ p_i^1(u_1)=\dfrac{b-u_1}{b-a}P_i^0+\dfrac{u_1-a}{b-a}P_{i+1}^0, \quad i=0,1,\cdots,n-1,\\ p_i^r(u_1,\cdots,u_r)=\dfrac{b-u_r}{b-a}p_i^{r-1}(u_1,\cdots,u_{r-1})+\dfrac{u_r-a}{b-a}p_{i+1}^{r-1}(u_1,\cdots,u_{r-1}),\\ \qquad\qquad r=2,3,\cdots,n, \quad i=0,1,\cdots,n-r.\end{cases} \tag{3.41}$$

由于在这个构造中每个参数 u_r 都是一次的, 因此由引理 3.5.1, 最后得到的 $p_0^n(u_1,\cdots,u_n)$ 即为 $P(t)$ 的开花.

在图 3.25 中, 把第 r 层的 t 值替换为 u_r, 即得到 3 次 Bézier 曲线的开花算法, 如图 3.26 所示.

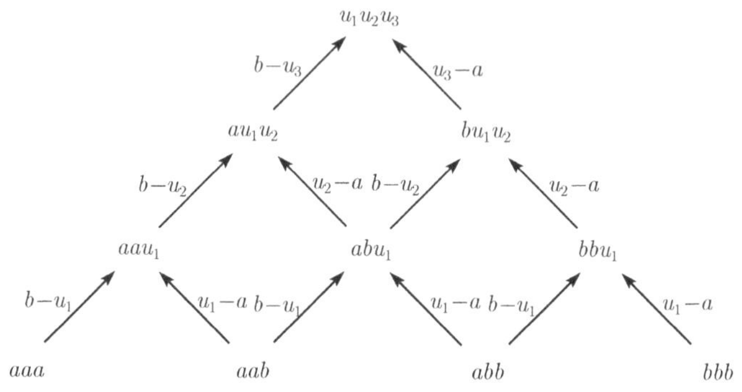

图 3.26 3 次 Bézier 曲线的开花算法

于是, 我们可以得到关于多项式的开花的存在和唯一性.

定理 3.5.2　设 $P(t)$ 是 n 次多项式, 则它的开花 $p(u_1,\cdots,u_n)$ 是存在且唯一的.

证明　存在性. 由前面介绍的单项式 t^k 的开花公式 (3.38)、(3.39), 或者将 $P(t)$ 表示为 Bézier 形式后由公式 (3.41), 都可以得到 $P(t)$ 的开花 $p(u_1,\cdots,u_n)$.

唯一性. 假设 $P(t)$ 有两个开花 $p(u_1,\cdots,u_n)$ 和 $q(u_1,\cdots,u_n)$, 则由定理 3.5.1 和 Bézier 控制顶点的唯一性可知

$$P_k = p(\underbrace{a,\cdots,a}_{n-k\text{个}},\underbrace{b,\cdots,b}_{k\text{个}}) = q(\underbrace{a,\cdots,a}_{n-k\text{个}},\underbrace{b,\cdots,b}_{k\text{个}}).$$

再由 Bézier 曲线的开花算法 (3.41) 式, p 和 q 在任意 $(u_1,\cdots,u_n)$ 上的开花值都由它们在 $(\underbrace{a,\cdots,a}_{n-k\text{个}},\underbrace{b,\cdots,b}_{k\text{个}})$ 上的开花值计算得到. 因此, $p(u_1,\cdots,u_n)=q(u_1,\cdots,u_n)$, $P(t)$ 的开花是唯一的, 证毕.

进一步, 通过多项式开花的唯一性, 可以得到开花运算的 “线性” 性质.

性质 3.5.1　设 $P(t)$ 和 $Q(t)$ 是 n 次多项式, 若 $R(t)=\alpha P(t)+\beta Q(t)$, 则

$$r(u_1,\cdots,u_n)=\alpha p(u_1,\cdots,u_n)+\beta q(u_1,\cdots,u_n),$$

即开花是一个线性算子.

证明　因为 p 和 q 都是关于参数 $u_1,\cdots,u_n$ 的对称和多仿射函数, 容易验证 $\alpha p+\beta q$ 也是关于参数 $u_1,\cdots,u_n$ 的对称和多仿射函数. 此外, 沿对角线有

$$\alpha p(t,\cdots,t)+\beta q(t,\cdots,t)=\alpha P(t)+\beta Q(t)=R(t),$$

即 $\alpha p(u_1,\cdots,u_n)+\beta q(u_1,\cdots,u_n)$ 满足对角线性质, 因此它也是 $R(t)$ 的一个开花. 从而由开花的唯一性,

$$r(u_1,\cdots,u_n)=\alpha p(u_1,\cdots,u_n)+\beta q(u_1,\cdots,u_n).$$

3.5.2　Bézier 曲线开花的应用

利用 Bézier 曲线的开花算法, 可以很简单地得到 Bézier 曲线的分割、升阶和基变换公式.

(1) 考虑 Bézier 曲线的分割. 设 $P(t)$ 是定义在区间 $[a,b]$ 上的 Bézier 曲线, $P_0,P_1,\cdots,P_n$ 是它的控制顶点, 将它在参数 $t\in(a,b)$ 处分割为分别定义在 $[a,t]$ 和 $[t,b]$ 上的两条以 $Q_0,Q_1,\cdots,Q_n$ 和 $R_0,R_1,\cdots,R_n$ 为控制顶点的 Bézier 曲线. 由

定理 3.5.1, 若已知 $P(t)$ 的开花 $p(u_1,\cdots,u_n)$, 则有

$$Q_k = p(\underbrace{a,\cdots,a}_{n-k个},\underbrace{t,\cdots,t}_{k个}),$$

$$R_k = p(\underbrace{t,\cdots,t}_{n-k个},\underbrace{b,\cdots,b}_{k个}).$$

它们即为图 3.25 中的两条边上的顶点, 与 3.2 节中所得 de Casteljau 算法的结果一致.

(2) 考虑 Bézier 曲线的升阶公式. 设 $P(t)=\sum\limits_{k=0}^{n}P_kB_k^n(t)=\sum\limits_{k=0}^{n+1}P_k^*B_k^{n+1}(t)$, 并设 $P(t)$ 作为 n 次多项式的开花为 $p_n(u_1,\cdots,u_n)$, 而作为 $n+1$ 次多项式的开花为 $p_{n+1}(u_1,\cdots,u_{n+1})$. 则有

$$P_k = p_n(\underbrace{a,\cdots,a}_{n-k个},\underbrace{b,\cdots,b}_{k个}),$$

$$P_k^* = p_{n+1}(\underbrace{a,\cdots,a}_{n+1-k个},\underbrace{b,\cdots,b}_{k个}).$$

由开花的性质, 有如下性质.

性质 3.5.2 开花的升阶公式.

$$p_{n+1}(u_1,\cdots,u_{n+1})=\frac{1}{n+1}\sum_{i=1}^{n+1}p_n(u_1,\cdots,u_{i-1},u_{i+1},\cdots,u_{n+1}). \tag{3.42}$$

事实上, 由多项式开花的唯一性, 只需说明上式右端为一个 $n+1$ 元的开花即可. 显然, 由于 $p_n(u_1,\cdots,u_n)$ 是对称且多仿射的, 所以它也是对称且多仿射的. 再由 p_n 的对角线性质

$$p_{n+1}(\underbrace{t,\cdots,t}_{n+1个})=\frac{1}{n+1}\sum_{i=1}^{n+1}p_n(\underbrace{t,\cdots,t}_{n个})=P(t),$$

可知 p_{n+1} 也满足对角线性质, 故 (3.42) 式成立.

于是, 将 $p_{n+1}(\underbrace{a,\cdots,a}_{n+1-k个},\underbrace{b,\cdots,b}_{k个})$ 代入 (3.42) 式, 右端的 $n+1$ 项求和中包含了 $n+1-k$ 个 $p_n(\underbrace{a,\cdots,a}_{n-k个},\underbrace{b,\cdots,b}_{k个})$ 和 k 个 $p_n(\underbrace{a,\cdots,a}_{n+1-k个},\underbrace{b,\cdots,b}_{k-1个})$, 因此

$$P_k^*=\frac{n+1-k}{n+1}p_n(\underbrace{a,\cdots,a}_{n-k个},\underbrace{b,\cdots,b}_{k个})+\frac{k}{n+1}p_n(\underbrace{a,\cdots,a}_{n+1-k个},\underbrace{b,\cdots,b}_{k-1个})$$

$$=\frac{n+1-k}{n+1}P_k+\frac{k}{n+1}P_{k-1}.$$

此即为 3.2 节所得 n 次 Bézier 曲线的升阶公式.

(3) 考虑定义在区间 $[0,1]$ 上的多项式 $P(t)$ 在 Bernstein 基和幂基之间的变换. 假设 $P(t)$ 分别表示为

$$P(t)=\sum_{j=0}^{n}P_jB_j^n(t)=\sum_{k=0}^{n}a_kt^k=\sum_{k=0}^{n}\frac{a_k}{\binom{n}{k}}M_k^n(t),$$

其中, $B_j^n(t)$ $(j=0,1,\cdots,n)$ 为区间 $[0,1]$ 上的 n 次 Bernstein 基函数, $M_k^n(t)=\binom{n}{k}t^k$ $(k=0,1,\cdots,n)$. 由定理 3.5.1 可知

$$P_j=p(\underbrace{0,\cdots,0}_{n-j\text{个}},\underbrace{1,\cdots,1}_{j\text{个}})=\sum_{k=0}^{n}\frac{a_k}{\binom{n}{k}}m_k^n(\underbrace{0,\cdots,0}_{n-k\text{个}},\underbrace{1,\cdots,1}_{k\text{个}}).$$

注意到幂基开花公式 (3.39)

$$m_k^n(u_1,\cdots,u_n)=\sum u_{i_1}\cdots u_{i_k}$$

中求和取遍 $\{1,\cdots,n\}$ 的所有子集 $\{i_1,\cdots,i_k\}$, 而只有从 j 个 1 中选出 $k(\leqslant j)$ 个相乘为非零. 因此

$$P_j=\sum_{k=0}^{j}\frac{\binom{j}{k}}{\binom{n}{k}}a_k,\quad j=0,1,\cdots,n.$$

上式可以表示为

$$(P_0,P_1,\cdots,P_n)^{\mathrm{T}}=\left\{\binom{j}{k}\Big/\binom{n}{k}\right\}_{j,k}(a_0,a_1,\cdots,a_n)^{\mathrm{T}},$$

与 3.1 节中公式 (3.2) 所得 Bernstein 基和幂基之间的变换矩阵 $\boldsymbol{M}_n$ 对比即知

$$\{\boldsymbol{M}_n^{-1}\}_{j,k}=\binom{j}{k}\Big/\binom{n}{k}.$$

3.5.3 矩形域上张量积型 Bézier 曲面的开花

根据开花的思想, 对一个 $m\times n$ 次的二元多项式 $P(s,t)\in\mathbb{P}_{m,n}$ 进行开花, 就是分别用 m 个变量 $u_1,\cdots,u_m$ 和 n 个变量 $v_1,\cdots,v_n$ 代替 s 和 t, 从而得到简单函数 $p(u_1,\cdots,u_m;v_1,\cdots,v_n)$ 来表示 $P(s,t)$. 为了保持 s 和 t 是不同的变量, $u_1,\cdots,u_m$ 和 $v_1,\cdots,v_n$ 也应是独立的.

对于二元多项式 $P(s,t)\in\mathbb{P}_{m,n}$, 它的开花 $p(u_1,\cdots,u_m;v_1,\cdots,v_n)$ 是唯一满足如下 3 个性质的 $m+n$ 元多项式:

(1) 双对称性.

$$p(u_1,\cdots,u_m;v_1,\cdots,v_n)=p(u_{\sigma(1)},\cdots,u_{\sigma(m)};v_{\tau(1)},\cdots,u_{\tau(n)}),$$

其中, σ 是对 $\{1,\cdots,m\}$ 的任意置换, τ 是对 $\{1,\cdots,n\}$ 的任意置换.

(2) 多仿射性. $p(u_1,\cdots,u_m;v_1,\cdots,v_n)$ 关于每个变量都是多仿射的.

(3) 对角线性质.

$$p(\underbrace{s,\cdots,s}_{m个};\underbrace{t,\cdots,t}_{n个})=P(s,t).$$

也就是说, $P(s,t)$ 的开花 $p(u_1,\cdots,u_m;v_1,\cdots,v_n)$ 是唯一的双对称、多仿射函数, 并沿着对角线还原到 $P(s,t)$.

利用一元单项式 $M_k^n(t)=\binom{n}{k}t^k$ 的开花 $m_k^n(u_1,\cdots,u_n)$, 容易得到 $P(s,t)=\sum\limits_{i=0}^{m}\sum\limits_{j=0}^{n}a_{i,j}s^it^j$ 的开花为

$$p(u_1,\cdots,u_m;v_1,\cdots,v_n)=\sum_{i=0}^{m}\sum_{j=0}^{n}\frac{a_{i,j}}{\binom{m}{i}\binom{n}{j}}m_i^m(u_1,\cdots,u_m)m_j^n(v_1,\cdots,v_n).$$

例如, 对于双 2 次的多项式 $P(s,t)=s^2-st+3t$, 它的开花为

$$p(u_1,u_2;v_1,v_2)=u_1u_2-\frac{(u_1+u_2)(v_1+v_2)}{4}+3\frac{v_1+v_2}{2}.$$

与一元多项式的情况类似, 关于二元张量积型多项式开花的存在和唯一性, 可以通过建立张量积 Bézier 曲面的 de Casteljau 算法与开花的联系来得到. 考虑定义在矩形域 $[a,b]\times[c,d]$ 上的 $m\times n$ 次 Bézier 曲面

$$P(s,t)=\sum_{i=0}^{m}\sum_{j=0}^{n}P_{i,j}B_i^m(s)B_j^n(t),$$

其中, $B_i^m(s)$ $(i=0,\cdots,m)$ 和 $B_j^n(t)$ $(j=0,\cdots,n)$ 分别为定义在区间 $[a,b]$ 和 $[c,d]$ 上的 m 和 n 次 Bernstein 基函数. 记 $\alpha=\dfrac{s-a}{b-a}$, $\beta=\dfrac{t-c}{d-c}$, 则曲面上一点求值的

de Casteljau 算法为

$$\begin{cases} P_{i,j}^{0,0}(s,t) \equiv P_{i,j}^{0,0} = P_{i,j}, \quad i=0,1,\cdots,m, \quad j=0,1,\cdots,n, \\ P_{i,j}^{q,r}(s,t) = (1-\alpha)(1-\beta)P_{i,j}^{q-1,r-1}(s,t) + (1-\alpha)\beta P_{i,j+1}^{q-1,r-1}(s,t) \\ \qquad +\alpha(1-\beta)P_{i+1,j}^{q-1,r-1}(s,t) + \alpha\beta P_{i+1,j+1}^{q-1,r-1}(s,t), \\ \qquad q=1,2,\cdots,m, \quad r=1,2,\cdots,n, \\ \qquad i=0,1,\cdots,m-q, \quad j=0,1,\cdots,n-r, \\ P(s,t) \quad = P_{0,0}^{m,n}(s,t). \end{cases} \tag{3.43}$$

将上面的算法进行修改, 在关于 s 的第 q 层用 u_q 代替 s, 在关于 t 的第 r 层用 v_r 代替 t, 记 $\alpha_q = \dfrac{u_q - a}{b-a}$, $\beta_r = \dfrac{v_r - c}{d-c}$, 即可得到通过控制顶点计算张量积 Bézier 曲面的开花算法:

$$\begin{cases} P_{i,j}^{0,0} = P_{i,j}, \quad i=0,1,\cdots,m, \quad j=0,1,\cdots,n, \\ p_{i,j}^{1,1}(u_1,v_1) = (1-\alpha_1)(1-\beta_1)P_{i,j}^{0,0} + (1-\alpha_1)\beta_1 P_{i,j+1}^{0,0} \\ \qquad +\alpha_1(1-\beta_1)P_{i+1,j}^{0,0} + \alpha_1\beta_1 P_{i+1,j+1}^{0,0}, \\ p_{i,j}^{q,r}(u_1,\cdots,u_q;v_1,\cdots,v_r) = (1-\alpha_q)(1-\beta_r)p_{i,j}^{q-1,r-1}(u_1,\cdots,u_{q-1};v_1,\cdots,v_{r-1}) \\ \qquad +(1-\alpha_q)\beta_r p_{i,j+1}^{q-1,r-1}(u_1,\cdots,u_{q-1};v_1,\cdots,v_{r-1}) \\ \qquad +\alpha_q(1-\beta_r)p_{i+1,j}^{q-1,r-1}(u_1,\cdots,u_{q-1};v_1,\cdots,v_{r-1}) \\ \qquad +\alpha_q\beta_r p_{i+1,j+1}^{q-1,r-1}(u_1,\cdots,u_{q-1};v_1,\cdots,v_{r-1}), \\ \qquad q=1,2,\cdots,m, \quad r=1,2,\cdots,n, \\ \qquad i=0,1,\cdots,m-q, \quad j=0,1,\cdots,n-r. \end{cases} \tag{3.44}$$

由于在这个构造中每个参数 u_q 和 v_r 都是一次的, 因此由引理 3.5.1, 最后得到的 $p_{0,0}^{m,n}(u_1,\cdots,u_m;v_1,\cdots,v_n)$ 关于每个变量都是多仿射的, 即为 $P(s,t)$ 的开花.

反过来, 若已知 $P(s,t)$ 的开花 $p(u_1,\cdots,u_m;v_1,\cdots,v_n)$, 将 de Casteljau 算法的最底层替换为

$$p(\underbrace{a,\cdots,a}_{m-i\text{个}},\underbrace{b,\cdots,b}_{i\text{个}};\underbrace{c,\cdots,c}_{n-j\text{个}},\underbrace{d,\cdots,d}_{j\text{个}}), \quad i=0,1,\cdots,m, \quad j=0,1,\cdots,n.$$

根据开花的双对称性、多仿射性和对角线性质, 容易验证, 以它们为控制顶点可以生成 Bézier 曲面 $P(s,t)$. 再由张量积型 Bernstein 基函数的线性无关性, $P(s,t)$ 的控制顶点是唯一的. 因此, 张量积型二元多项式的开花是存在且唯一的, 而且

$$P_{i,j} = p(\underbrace{a,\cdots,a}_{m-i\text{个}},\underbrace{b,\cdots,b}_{i\text{个}};\underbrace{c,\cdots,c}_{n-j\text{个}},\underbrace{d,\cdots,d}_{j\text{个}}), \quad i=0,1,\cdots,m, \quad j=0,1,\cdots,n.$$

3.5.4 三角形上 Bézier 曲面的开花

对于三角形上的整体次数的二元多项式, 令 $\triangle \boldsymbol{abc}$ 为三角定义域, 其中三个顶点在直角坐标系下分别为 $\boldsymbol{a}=(a_1,a_2)$, $\boldsymbol{b}=(b_1,b_2)$, $\boldsymbol{c}=(c_1,c_2)$, 并设三角形中任意点为 $\boldsymbol{t}=(t_1,t_2)$. 通过面积坐标, 可以把二元 n 次多项式

$$P(\boldsymbol{t})=P(t_1,t_2)=\sum_{i+j\leqslant n} a_{i,j}t_1^i t_2^j$$

表示为 Bézier 形式

$$P(\tau_1,\tau_2,\tau_3)=\sum_{i+j+k=n} P_{i,j,k}B_{i,j,k}^n(\tau_1,\tau_2,\tau_3),$$

其中, (τ_1,τ_2,τ_3) 为 $\boldsymbol{t}$ 在 $\triangle \boldsymbol{abc}$ 上的面积坐标, $B_{i,j,k}^n(\tau_1,\tau_2,\tau_3)=\dfrac{n!}{i!j!k!}\tau_1^i\tau_2^j\tau_3^k$ 为二元 Bernstein 基函数. 注意到, τ_1,τ_2,τ_3 关于 $\boldsymbol{t}$ 的两个坐标都是一次的, 并且满足

$$\boldsymbol{t}=\tau_1\boldsymbol{a}+\tau_2\boldsymbol{b}+\tau_3\boldsymbol{c},\quad \tau_1+\tau_2+\tau_3=1,$$

即 $\boldsymbol{t}$ 是 3 个顶点 $\boldsymbol{a}$, $\boldsymbol{b}$ 和 $\boldsymbol{c}$ 的仿射组合.

利用 n 个二维变量 $\boldsymbol{u}_k=(u_k,v_k)$ $(k=1,\cdots,n)$ 代替 $\boldsymbol{t}$, 我们定义二元 n 次多项式 $P(\boldsymbol{t})\in\mathbb{P}_n$, 它的开花 $p(\boldsymbol{u}_1,\cdots,\boldsymbol{u}_n)$ 是唯一满足如下 3 个性质的 $2n$ 元多项式:

(1) 对称性.

$$p(\boldsymbol{u}_1,\cdots,\boldsymbol{u}_n)=p(\boldsymbol{u}_{\sigma(1)},\cdots,\boldsymbol{u}_{\sigma(n)}),$$

其中, σ 是对 $\{1,\cdots,n\}$ 的任意置换.

(2) 多仿射性. $p(\boldsymbol{u}_1,\cdots,\boldsymbol{u}_n)$ 关于变量 $\boldsymbol{u}_1,\cdots,\boldsymbol{u}_n$ 是多仿射的.

(3) 对角线性质.

$$p(\underbrace{\boldsymbol{t},\cdots,\boldsymbol{t}}_{n\text{个}})=P(\boldsymbol{t}).$$

这里需要强调的是, 开花 $p(\boldsymbol{u}_1,\cdots,\boldsymbol{u}_n)$ 的对称性、多仿射性和对角线性质都是关于二维变量 $\boldsymbol{u}_k$ 的, 并非关于它的两个坐标 u_k 和 v_k, 这是和张量积型开花的差别所在. 由于开花关于每个变量 $\boldsymbol{u}_k$ 都是一次的, 因此在开花的表达式中不能出现同一变量的两个坐标 u_k 和 v_k 的乘积.

为方便讨论, 用 s 和 t 表示二维变量 $\boldsymbol{t}$ 的两个坐标, 即 $\boldsymbol{t}=(s,t)$. 由上面所述, 整体次数的二元多项式的开花不能直接利用一元单项式 $M_k^n(t)=\binom{n}{k}t^k$ 的开花乘积得到, 需要另外考虑. 记二元单项式

$$M_{i,j}^n(\boldsymbol{t})=M_{i,j}^n(s,t)=\frac{n!}{i!j!(n-i-j)!}s^it^j,\quad i+j\leqslant n,\tag{3.45}$$

它的开花为

$$m_{i,j}^{n}(\boldsymbol{u}_1,\cdots,\boldsymbol{u}_n)=m_{i,j}^{n}((u_1,v_1),\cdots,(u_n,v_n))=\sum u_{\alpha_1}\cdots u_{\alpha_i}v_{\beta_1}\cdots v_{\beta_j},\tag{3.46}$$

其中, 求和取遍 $\{1,\cdots,n\}$ 的所有子集 $\{\alpha_1,\cdots,\alpha_i,\beta_1,\cdots,\beta_j\}$, 包含 $\binom{n}{i}\binom{n-i}{j}=\frac{n!}{i!j!(n-i-j)!}$ 项求和. 不难验证, 上式中的 $m_{i,j}^{n}((u_1,v_1),\cdots,(u_n,v_n))$ 满足开花定义的 3 个性质.

因此, 任意二元 n 次多项式 $P(s,t)=\sum\limits_{i+j\leqslant n}a_{i,j}s^it^j$ 的开花为

$$p((u_1,v_1),\cdots,(u_n,v_n))=\sum_{i+j\leqslant n}\frac{a_{i,j}}{\binom{n}{i}\binom{n-i}{j}}m_{i,j}^{n}((u_1,v_1),\cdots,(u_n,v_n)).$$

例如, 对于 3.5.3 节例中的多项式 $P(s,t)=s^2-st+3t$, 如果把它看作一个 2 次多项式, 则它的开花为

$$p((u_1,v_1),(u_2,v_2))=u_1u_2-\frac{u_1v_2+u_2v_1}{2}+3\frac{v_1+v_2}{2}.$$

下面讨论三角形上 Bézier 曲面的 de Casteljau 算法与开花的关系. 设

$$P(\boldsymbol{t})=P(\tau_1,\tau_2,\tau_3)=\sum_{i+j+k=n}P_{i,j,k}B_{i,j,k}^{n}(\tau_1,\tau_2,\tau_3),$$

其中, τ_1,τ_2,τ_3 为点 $\boldsymbol{t}$ 在三角形中的面积坐标. 利用直角坐标 $\boldsymbol{t}$, 可以将曲面上一点求值的 de Casteljau 算法表示为

$$\begin{cases}P_{i,j,k}^{0}(\boldsymbol{t})\equiv P_{i,j,k}^{0}=P_{i,j,k},\quad i+j+k=n,\\ P_{i,j,k}^{r}(\boldsymbol{t})=\tau_1P_{i+1,j,k}^{r-1}(\boldsymbol{t})+\tau_2P_{i,j+1,k}^{r-1}(\boldsymbol{t})+\tau_3P_{i,j,k+1}^{r-1}(\boldsymbol{t}),\\ \qquad\qquad r=1,2,\cdots,n,\quad i+j+k=n-r,\\ P(\boldsymbol{t})=P_{0,0,0}^{n}(\boldsymbol{t}).\end{cases}\tag{3.47}$$

将算法中第 r 层计算 $P_{i,j,k}^{r}(\boldsymbol{t})$ 的 $\boldsymbol{t}$ 值用 $\boldsymbol{u}_r$ 代替, 并设 $\boldsymbol{u}_r$ 在三角形上的面积坐标为 $(\mu_1^r,\mu_2^r,\mu_3^r)$, 即可得到通过控制顶点计算三角形上 Bézier 曲面的开花算法

$$\begin{cases}P_{i,j,k}^{0}=P_{i,j,k},\ i+j+k=n,\\ p_{i,j,k}^{1}(\boldsymbol{u}_1)=\mu_1^1P_{i+1,j,k}^{0}+\mu_2^1P_{i,j+1,k}^{0}+\mu_3^1P_{i,j,k+1}^{0},\quad i+j+k=n-1,\\ p_{i,j,k}^{r}(\boldsymbol{u}_1,\cdots,\boldsymbol{u}_r)=\mu_1^rP_{i+1,j,k}^{r-1}(\boldsymbol{u}_1,\cdots,\boldsymbol{u}_{r-1})+\mu_2^rP_{i,j+1,k}^{r-1}(\boldsymbol{u}_1,\cdots,\boldsymbol{u}_{r-1})\\ \qquad\qquad +\mu_3^rP_{i,j,k+1}^{r-1}(\boldsymbol{u}_1,\cdots,\boldsymbol{u}_{r-1}),\\ \qquad\qquad r=1,2,\cdots,n,\quad i+j+k=n-r.\end{cases}\tag{3.48}$$

由于在这个构造中每个变量 $\boldsymbol{u}_r$ 的 3 个面积坐标 μ_1^r,μ_2^r,μ_3^r 都是 1 次的, 而且 μ_1^r,μ_2^r,μ_3^r 关于 $\boldsymbol{u}_r$ 的两个直角坐标 u_r,v_r 也是 1 次的, 并不出现 u_r 和 v_r 的乘积, 因此由引理 3.5.1, 最后得到的 $p_{0,0,0}^n(\boldsymbol{u}_1,\cdots,\boldsymbol{u}_n)$ 关于每个变量 $\boldsymbol{u}_r$ 都是对称和多仿射的, 即为 $P(\boldsymbol{t})$ 的开花.

反过来, 若已知定义在 $\triangle\boldsymbol{abc}$ 上的 $P(\boldsymbol{t})$ 的开花 $p(\boldsymbol{u}_1,\cdots,\boldsymbol{u}_n)$, 将 de Casteljau 算法的最底层替换为

$$p(\underbrace{\boldsymbol{a},\cdots,\boldsymbol{a}}_{i\text{个}},\underbrace{\boldsymbol{b},\cdots,\boldsymbol{b}}_{j\text{个}},\underbrace{\boldsymbol{c},\cdots,\boldsymbol{c}}_{k\text{个}}),\quad i+j+k=n.$$

根据开花的对称性、多仿射性和对角线性质, 容易验证, 以它们为控制顶点可以生成 Bézier 曲面 $P(\boldsymbol{t})$. 再由三角形上二元 Bernstein 基函数的线性无关性, $P(\boldsymbol{t})$ 的控制顶点是唯一的. 因此, 三角形上二元多项式的开花是存在且唯一的, 而且

$$P_{i,j,k}=p(\underbrace{\boldsymbol{a},\cdots,\boldsymbol{a}}_{i\text{个}},\underbrace{\boldsymbol{b},\cdots,\boldsymbol{b}}_{j\text{个}},\underbrace{\boldsymbol{c},\cdots,\boldsymbol{c}}_{k\text{个}}),\quad i+j+k=n.$$

由上述开花算法还可以知道, 如果要将一个三角 Bézier 曲面片分裂为三片曲面, 而这三片曲面是通过在变量定义域 $\triangle\boldsymbol{abc}$ 中增加顶点 $\boldsymbol{t}$ 而形成的, 则此三片 Bézier 曲面的控制顶点分别为

$$Q_{i,j,k}=p(\underbrace{\boldsymbol{a},\cdots,\boldsymbol{a}}_{i\text{个}},\underbrace{\boldsymbol{b},\cdots,\boldsymbol{b}}_{j\text{个}},\underbrace{\boldsymbol{t},\cdots,\boldsymbol{t}}_{k\text{个}}),\quad i+j+k=n;$$

$$R_{i,j,k}=p(\underbrace{\boldsymbol{b},\cdots,\boldsymbol{b}}_{i\text{个}},\underbrace{\boldsymbol{c},\cdots,\boldsymbol{c}}_{j\text{个}},\underbrace{\boldsymbol{t},\cdots,\boldsymbol{t}}_{k\text{个}}),\quad i+j+k=n;$$

$$S_{i,j,k}=p(\underbrace{\boldsymbol{a},\cdots,\boldsymbol{a}}_{i\text{个}},\underbrace{\boldsymbol{c},\cdots,\boldsymbol{c}}_{j\text{个}},\underbrace{\boldsymbol{t},\cdots,\boldsymbol{t}}_{k\text{个}}),\quad i+j+k=n.$$

与 Bézier 曲线的情况类似, 通过开花, 可以简单地得到张量积型 Bézier 曲面和三角域上 Bézier 曲面的分割、升阶和基变换公式. 进一步, 还可以利用齐次化开花处理 Bézier 曲线和曲面的微分问题. 限于篇幅, 本书不再介绍这些内容, 读者可以参考文献 [8].

习 题 3

3.1 绘出例 3.1.1 中幂基表示的 3 次多项式曲线 $\boldsymbol{P}(t)=\boldsymbol{a}_0+\boldsymbol{a}_1t+\boldsymbol{a}_2t^2+\boldsymbol{a}_3t^3$, $t\in[0,1]$. 分别对 $\boldsymbol{a}_0$, $\boldsymbol{a}_1$, $\boldsymbol{a}_2$, $\boldsymbol{a}_3$ 进行调整, 观察由此对曲线产生的影响.

3.2 试推导幂基与 Bernstein 基之间的变换矩阵 $\boldsymbol{M}_n$ 及其逆矩阵 $\boldsymbol{M}_n^{-1}$.

3.3 证明 Bernstein 基函数的基本性质, 如导函数公式, 最大值性质, 递推公式, 积分等值性.

3.4 将例 3.1.1 中幂基表示的 3 次多项式曲线 $\boldsymbol{P}(t)$ 转化为 Bézier 曲线, 求出它的控制顶点 $\boldsymbol{P}_0$, $\boldsymbol{P}_1$, $\boldsymbol{P}_2$, $\boldsymbol{P}_3$, 观察调整控制顶点对曲线产生的影响.

3.5 证明 Bézier 曲线的导矢公式 (3.4).

3.6 试推导 Bézier 曲线的升阶公式 (3.5) 和 (3.6), 并证明, 当 $r \to \infty$ 时, 控制多边形 $\boldsymbol{P}^{(r)}$ 收敛到 Bézier 曲线.

3.7 给定 4 个数据点 $\boldsymbol{Q}_0 = (-2,1), \boldsymbol{Q}_1 = (0,0), \boldsymbol{Q}_2 = (-1,0), \boldsymbol{Q}_3 = (6,5)$. 分别采用均匀参数化和累加弦长参数化的方法求 3 次 Bézier 曲线通过这 4 个点.

3.8 根据 Bézier 曲线的端点性质, 求一条 3 次 Bézier 曲线 $\boldsymbol{P}(t)$ 满足插值条件 $\boldsymbol{P}(0) = (0,0)$, $\boldsymbol{P}'(0) = (1,1)$, $\boldsymbol{P}(1) = (3,1)$, $\boldsymbol{P}'(1) = (1,0)$.

3.9 对例 3.2.2 中 3 次 Bézier 曲线 $\boldsymbol{P}(t)$, 利用 de Casteljau 算法计算曲线在 $t = \dfrac{1}{2}$ 处的取值及各阶导矢, 并将曲线在该点处分割为两段 Bézier 曲线, 分别给出曲线表达式.

3.10 计算例 3.2.2 中 3 次 Bézier 曲线 $\boldsymbol{P}(t)$ 在两个端点处的曲率值, 并构造两条 Bézier 曲线分别在两个端点处与 $\boldsymbol{P}(t)$ 满足 C^2 连续和 G^2 连续.

3.11 证明张量积型 Bernstein 基函数的积分等值性.

3.12 仿照 Bézier 曲线的 de Casteljau 算法给出利用张量积型 Bézier 曲面的 de Casteljau 算法计算曲面一点各阶导矢和在该点处曲面分割的方法.

3.13 讨论张量积型 Bézier 曲面片之间的 C^1 参数连续和 G^1 几何连续条件.

3.14 给定直角坐标系中的矩形区域 $[0,1] \times [0,1]$, 连接经过两点 $(0,1)$ 和 $(1,0)$ 的对角线, 将其剖分为两个小三角形胞腔, 分别给出每个小三角形上的面积坐标与直角坐标之间的表示关系.

3.15 给定直角坐标系中的矩形区域 $[0,1] \times [0,1]$, 连接两条对角线, 将其剖分为 4 个小三角形胞腔, 分别给出每个小三角形上的面积坐标与直角坐标之间的表示关系.

3.16 对习题 3.14 中的剖分, 分别计算 2 次多项式幂基 $1, x, y, x^2, xy, y^2$ 在每个小三角形上的 B 网系数.

3.17 对习题 3.15 中的剖分, 分别计算 2 次多项式幂基 $1, x, y, x^2, xy, y^2$ 在每个小三角形上的 B 网系数.

3.18 利用三角形上的 B 网升阶公式, 计算习题 3.16 中所得 2 次幂基的 3 次 B 网系数.

3.19 利用三角形上 B 网表示的 de Casteljau 算法计算 2 次 Bernstein 基函数 $B^n_{\boldsymbol{\lambda}}(\boldsymbol{\tau})$ 在 $\boldsymbol{\tau} = \dfrac{\boldsymbol{\lambda}}{n}$ 处的函数值.

3.20 试计算三角形上 B 网表示的 2 次多项式在各域点处的函数值, 并由此给出 B 网系数与各域点处函数值的相互转换矩阵.

3.21 对习题 3.14 中的剖分, 定义分片多项式分别在左、右三角形上的表达式为 x^2 和 $x^2 + x + y - 1$, 计算此分片多项式在每个三角形上的 B 网系数, 并根据 B 网表示计算剖分线上的法向导数.

3.22 对习题 3.14 中的剖分, 定义分片多项式分别在左、右三角形上的表达式为 x^2 和 $2x^2 + 2xy + y^2 - 2x - 2y + 1$, 计算此分片多项式在每个三角形上的 B 网系数, 并根据 B 网光滑连接条件判断它们在剖分线上的最高连续阶.

3.23 对习题 3.15 中的剖分, 利用 B 网方法求一个分片 2 次多项式, 使得它在矩形的 3 条边界上取值为 0, 在对角线的交点处取值为 1, 并在两条对角线上满足 C^1 连续.

3.24 设 $A(t)=\{A_i(t)\}\ (i=0,1,\cdots,m)$, $B(t)=\{B_j(t)\}\ (j=0,1,\cdots,n)$ 为两个函数序列, 定义它们的离散卷积序列为 $(A*B)(t)=\{(A*B)_k(t),\ k=0,1,\cdots,m+n\}$, 其中

$$(A*B)_k(t)=\sum_{i+j=k}A_i(t)B_j(t),\quad k=0,1,\cdots,m+n.$$

证明:

(1) 离散卷积满足交换律和结合律

$$A(t)*B(t)=B(t)*A(t);\ A(t)*(B(t)*C(t))=(A(t)*B(t))*C(t).$$

(2) n 次 Bernstein 基函数 $B^n(t)=B^1(t)*B^{n-1}(t)$, 即

$$\{B_0^n(t),B_1^n(t),\cdots,B_n^n(t)\}=\underbrace{\{1-t,t\}*\cdots*\{1-t,t\}}_{n个}.$$

3.25 设 $M_k^n(t)=\binom{n}{k}t^k$, 考虑函数

$$m_k^n(u_1,\cdots,u_n)=\sum u_{i_1}\cdots u_{i_k},$$

这里的求和取遍 $\{1,\cdots,n\}$ 的所有子集 $\{i_1,\cdots,i_k\}(k=0,1,\cdots,n)$. 证明:

(1) $m_k^n(u_1,\cdots,u_n)$ 满足开花的 3 个性质.

(2) $\{m_0^n(u_1,\cdots,u_n),\cdots,m_n^n(u_1,\cdots,u_n)\}=\{1,u_1\}*\cdots*\{1,u_n\}$.

3.26 设 $b_i^n(u_1,\cdots,u_n)$ 表示 Bernstein 基函数 $B_i^n(t)$ 的开花, 证明:

(1) $b_i^n(u_1,\cdots,u_n)=\sum\limits_{i_1+\cdots+i_n=i}B_{i_1}^1(u_1)\cdots B_{i_n}^1(u_n)$.

(2) $\{b_0^n(u_1,\cdots,u_n),\cdots,b_n^n(u_1,\cdots,u_n)\}=\{1-u_1,u_1\}*\cdots*\{1-u_n,u_n\}$.

3.27 设 $P(s,t)=s^3+st^2-2t^3+s^2-st+3t$, 分别计算它看作为一个双 3 次多项式和 3 次多项式对应的开花.

第 4 章　B 样条曲线曲面

在第 3 章中, 利用 Bernstein 基函数构造了 Bézier 曲线和曲面. 由于多项式基函数的整体性较强, 在实际应用中, 通常只能采取分段 (片) 低次光滑拼接的 Bézier 曲线段 (曲面片). 事实上, 这种方法就是一种样条逼近. 我们已经知道, 样条函数是保持一定连续阶的分段 (片) 的多项式函数. B 样条方法既保留了 Bézier 方法的优点, 同时增强了可局部修改的性质.

4.1　一元 B 样条基函数

从基函数的构造开始, 与分段 Bézier 曲线不同, 我们通过直接构造具有一定连续阶的基函数来生成参数曲线. 这样, 我们需要把基底从多项式空间推广到样条空间. 我们先简要回忆一下在第 1 章中介绍的一元样条空间及其基函数.

对于给定参数 u 轴的一个剖分 $U:\{u_i\}_{i=-\infty}^{+\infty}$ $(u_i \leqslant u_{i+1},\ i=0,\pm1,\cdots)$, 其上的一元 n 次样条空间记为 $\mathbb{S}_n(U)$. 由样条函数的定义和光滑条件, 我们构造了一组由单项式 $\{1,u,\cdots,u^n\}$ 和截断幂 $\{(u-u_i)_+^n\}_{i=0,\pm1,\cdots}$ 组成的自然 “幂” 基. 它们的函数值非零的定义域是整个参数轴或者半参数轴, 因此, 这样的基函数仍然不能克服多项式函数的整体性. 为了使每个基函数的 “影响域” 限制在局部范围内, 需要构造 $\mathbb{S}_n(U)$ 的另一组基函数, 使得它们的函数值非零的定义域为有限的区间, 即为具有 “局部支集” 的样条基函数 –B 样条.

B 样条有不同的定义方式, 在应用上较为简便的 B 样条定义是由如下递推公式给出的.

定义 4.1.1　给定参数 u 轴的一个剖分 $U:\{u_i\}_{i=-\infty}^{+\infty}(u_i \leqslant u_{i+1}, i=0,\pm1,\cdots)$. 用下列递推方式所确定的函数 $N_{i,p}(u)$ 称为相应于剖分 U 的 p 次 (degree p), 即 $p+1$ 阶 (order $p+1$)B 样条基函数

$$\begin{cases} N_{i,0}(u)=\begin{cases}1, & u\in[u_i,u_{i+1}),\\ 0, & \text{其他},\end{cases}\\ N_{i,p}(u)=\dfrac{u-u_i}{u_{i+p}-u_i}N_{i,p-1}(u)+\dfrac{u_{i+p+1}-u}{u_{i+p+1}-u_{i+1}}N_{i+1,p-1}(u), \quad p\geqslant 2,\\ \text{规定 } \dfrac{0}{0}=0.\end{cases} \tag{4.1}$$

(4.1) 式称为 de Boor-Cox 公式, U 称为节点序列或节点向量, u_i 称为节点

(knot). 若 $u_{j-1} < u_j = u_{j+1} = \cdots = u_{j+l-1} < u_{j+l}$, 则称 $u_j, u_{j+1}, \cdots, u_{j+l-1}$ 为 U 的 l 重节点.

0 次 B 样条基函数 $N_{i,0}(u)$ 是阶梯函数, 它在半开区间 $[u_i, u_{i+1})$ 之外处处为 0. 其图像如图 4.1(a) 所示.

$$N_{i,0}(u) = \begin{cases} 1, & u \in [u_i, u_{i+1}), \\ 0, & \text{其他}; \end{cases}$$

$$N_{i+1,0}(u) = \begin{cases} 1, & u \in [u_{i+1}, u_{i+2}), \\ 0, & \text{其他}. \end{cases}$$

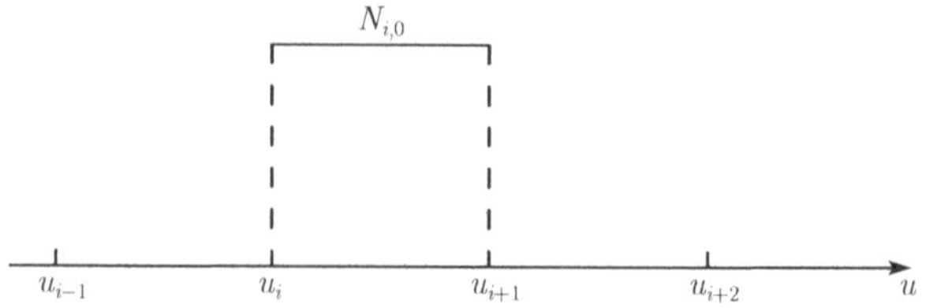

(a) 0 次 B 样条 $N_{i,0}(u)$

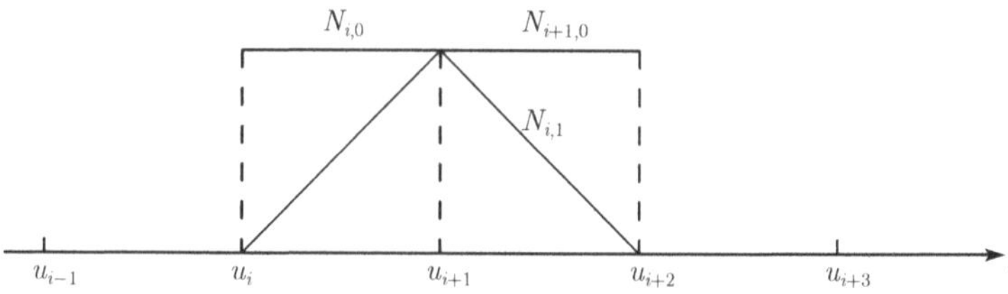

(b) 两个 0 次 B 样条 $N_{i,0}(u), N_{i+1,0}(u)$ 组合得到 1 次 B 样条 $N_{i,1}(u)$

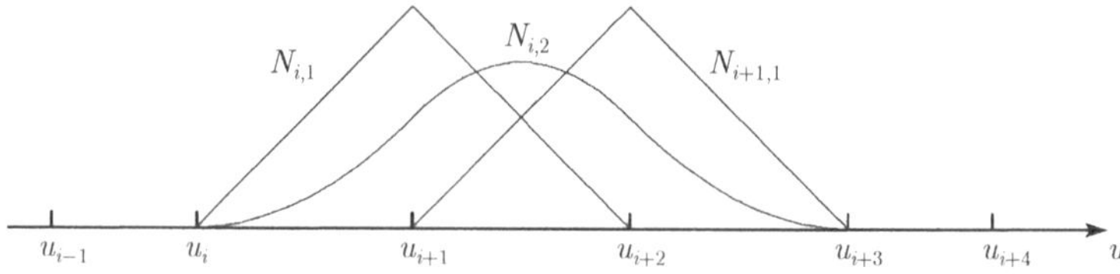

(c) 两个 1 次 B 样条 $N_{i,1}(u), N_{i+1,1}(u)$ 组合得到 2 次 B 样条 $N_{i,2}(u)$

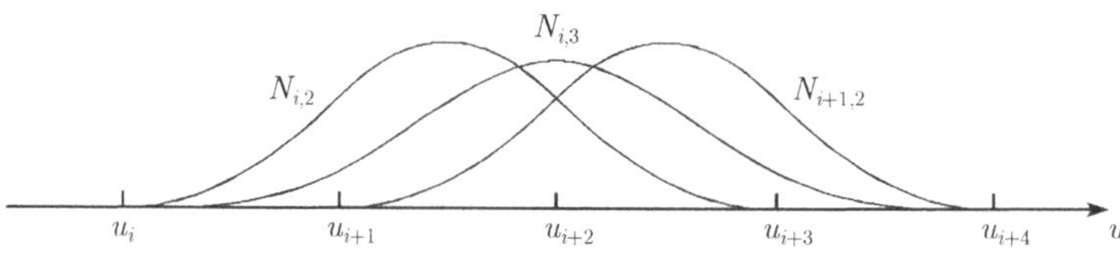

(d) 两个 2 次 B 样条 $N_{i,2}(u), N_{i+1,2}(u)$ 组合得到 3 次 B 样条 $N_{i,3}(u)$

图 4.1 B 样条基函数及其递推关系

由递推式 (4.1), 由两个 0 次 B 样条基函数 $N_{i,0}(u), N_{i+1,0}(u)$ 通过线性函数组合得到 1 次 B 样条基函数

$$
\begin{aligned}
N_{i,1}(u) &= \frac{u-u_i}{u_{i+1}-u_i}N_{i,0}(u) + \frac{u_{i+2}-u}{u_{i+2}-u_{i+1}}N_{i+1,0}(u) \\
&= \begin{cases} \dfrac{u-u_i}{u_{i+1}-u_i}, & u \in [u_i, u_{i+1}), \\ \dfrac{u_{i+2}-u}{u_{i+2}-u_{i+1}}, & u \in [u_{i+1}, u_{i+2}), \\ 0, & \text{其他}. \end{cases}
\end{aligned}
$$

$N_{i,1}(u)$ 的图像如山形, 故又称为山形函数. 图 4.1(b) 显示了 $N_{i,1}(u)$ 及它与 $N_{i,0}(u)$ 和 $N_{i+1,0}(u)$ 的关系.

将 $N_{i,1}(u)$ 的表达式中下标 i 用 $i+1$ 替换, 即可得到 $N_{i+1,1}(u)$ 的表达式

$$
N_{i+1,1}(u) = \begin{cases} \dfrac{u-u_{i+1}}{u_{i+2}-u_{i+1}}, & u \in [u_{i+1}, u_{i+2}), \\ \dfrac{u_{i+3}-u}{u_{i+3}-u_{i+2}}, & u \in [u_{i+2}, u_{i+3}), \\ 0, & \text{其他}. \end{cases}
$$

再由递推式 (4.1) 可得 2 次 B 样条基函数

$$
\begin{aligned}
N_{i,2}(u) &= \frac{u-u_i}{u_{i+2}-u_i}N_{i,1}(u) + \frac{u_{i+3}-u}{u_{i+3}-u_{i+1}}N_{i+1,1}(u) \\
&= \begin{cases} \dfrac{(u-u_i)^2}{(u_{i+1}-u_i)(u_{i+2}-u_i)}, & u \in [u_i, u_{i+1}), \\ \dfrac{(u-u_i)(u_{i+2}-u)}{(u_{i+2}-u_i)(u_{i+2}-u_{i+1})} + \dfrac{(u-u_{i+1})(u_{i+3}-u)}{(u_{i+2}-u_{i+1})(u_{i+3}-u_{i+1})}, & u \in [u_{i+1}, u_{i+2}), \\ \dfrac{(u_{i+3}-u)^2}{(u_{i+3}-u_{i+1})(u_{i+3}-u_{i+2})}, & u \in [u_{i+2}, u_{i+3}), \\ 0, & \text{其他}. \end{cases}
\end{aligned}
$$

同样, 通过下标 i 的 “平移” 可以得到其他 2 次 B 样条基函数, 再通过递推式 (4.1) 组合得到 3 次 B 样条基函数

$$
N_{i,3}(u) = \frac{u-u_i}{u_{i+3}-u_i}N_{i,2}(u) + \frac{u_{i+4}-u}{u_{i+4}-u_{i+1}}N_{i+1,2}(u)
$$

$$
=\begin{cases}
\dfrac{(u-u_i)^3}{(u_{i+1}-u_i)(u_{i+2}-u_i)(u_{i+3}-u_i)}, & u\in[u_i,u_{i+1}),\\[2ex]
\dfrac{(u-u_i)^2(u_{i+2}-u)}{(u_{i+2}-u_i)(u_{i+2}-u_{i+1})(u_{i+3}-u_i)}\\[1ex]
\quad+\dfrac{(u-u_i)(u_{i+3}-u)(u-u_{i+1})}{(u_{i+3}-u_i)(u_{i+3}-u_{i+1})(u_{i+2}-u_{i+1})}\\[1ex]
\quad+\dfrac{(u_{i+4}-u)(u-u_{i+1})^2}{(u_{i+2}-u_{i+1})(u_{i+3}-u_{i+1})(u_{i+4}-u_{i+1})}, & u\in[u_{i+1},u_{i+2}),\\[2ex]
\dfrac{(u-u_i)(u_{i+3}-u)^2}{(u_{i+3}-u_i)(u_{i+3}-u_{i+1})(u_{i+3}-u_{i+2})}\\[1ex]
\quad+\dfrac{(u-u_{i+1})(u_{i+3}-u)(u_{i+4}-u)}{(u_{i+3}-u_{i+1})(u_{i+3}-u_{i+2})(u_{i+4}-u_{i+1})}\\[1ex]
\quad+\dfrac{(u_{i+4}-u)^2(u-u_{i+2})}{(u_{i+4}-u_{i+1})(u_{i+4}-u_{i+2})(u_{i+3}-u_{i+2})}, & u\in[u_{i+2},u_{i+3}),\\[2ex]
\dfrac{(u_{i+4}-u)^3}{(u_{i+4}-u_{i+1})(u_{i+4}-u_{i+2})(u_{i+4}-u_{i+3})}, & u\in[u_{i+3},u_{i+4}),\\[2ex]
0, & \text{其他}.
\end{cases}
$$

1, 2, 3 次 B 样条基函数的递推过程如图 4.1 所示. 仿此过程, 可以得到其他高次的 B 样条基函数.

特别地, 可以计算 B 样条基函数在各节点上的函数值.

$$
\begin{cases}
N_{i,0}(u_i)=1,\\
N_{i,0}(u_{i+1})=0;
\end{cases}
$$

$$
\begin{cases}
N_{i,1}(u_i)=0,\\
N_{i,1}(u_{i+1})=1,\\
N_{i,1}(u_{i+2})=0;
\end{cases}
$$

$$
\begin{cases}
N_{i,2}(u_i)=0,\\
N_{i,2}(u_{i+1})=\dfrac{u_{i+1}-u_i}{u_{i+2}-u_i},\\
N_{i,2}(u_{i+2})=\dfrac{u_{i+3}-u_{i+2}}{u_{i+3}-u_{i+1}},\\
N_{i,2}(u_{i+3})=0;
\end{cases}
$$

$$\begin{cases} N_{i,3}(u_i) = 0, \\ N_{i,3}(u_{i+1}) = \dfrac{(u_{i+1}-u_i)^2}{(u_{i+2}-u_i)(u_{i+3}-u_i)}, \\ N_{i,3}(u_{i+2}) = \dfrac{(u_{i+2}-u_i)(u_{i+3}-u_{i+2})}{(u_{i+3}-u_i)(u_{i+3}-u_{i+1})} + \dfrac{(u_{i+2}-u_{i+1})(u_{i+4}-u_{i+2})}{(u_{i+3}-u_{i+1})(u_{i+4}-u_{i+1})}, \\ N_{i,3}(u_{i+3}) = \dfrac{(u_{i+4}-u_{i+3})^2}{(u_{i+4}-u_{i+1})(u_{i+4}-u_{i+2})}, \\ N_{i,3}(u_{i+4}) = 0. \end{cases}$$

注意到以下事实:

(1) 当 $p>0$ 时, $N_{i,p}(u)$ 由两个 $p-1$ 次 B 样条基通过线性函数组合得到.

(2) 为计算 B 样条基, 需要给定节点向量 U 和次数 p.

(3) $N_{i,p}(u)$ 定义在整个实轴上, 但一般只用到它在其支集上的性质.

(4) 半开区间 $[u_i, u_{i+1})$ 称为第 i 节点支撑. 因为节点未必都不相同, 所以其长度可以是 0. 此时称 $u_i = u_{i+1}$ 为重节点, 与其有关的 B 样条基函数的性质将在随后讨论.

(5) p 次样条基函数的计算可由下述表格来实现, 在不致引起误解时, 常用 $N_{i,p}$ 表示 $N_{i,p}(u)$.

$$\begin{array}{ccccccc}
N_{0,0} & & & & & & \\
 & N_{0,1} & & & & & \\
N_{1,0} & & N_{0,2} & & & & \\
 & N_{1,1} & & N_{0,3} & & & \\
N_{2,0} & & N_{1,2} & & \ddots & & \\
 & N_{2,1} & & N_{1,3} & \cdots & & \\
N_{3,0} & & N_{2,2} & \vdots & & & \\
 & N_{3,1} & \vdots & & & & \\
N_{4,0} & \vdots & & & & & \\
\vdots & & & & & &
\end{array}$$

以下列出 B 样条基函数的若干重要性质, 它们在刻画 B 样条曲线和曲面的几何特征时很有用.

性质 4.1.1 局部支集性. 每个 B 样条基函数只在局部的区间上非零, 在实轴其余的部分为 0. 即

$$N_{i,p}(u) = 0, \quad u \notin [u_i, u_{i+p+1}).$$

因此, 区间 $[u_i, u_{i+p+1})$ 称为 $N_{i,p}(u)$ 的支集.

我们以后会看到, 正是因为 B 样条基函数的局部支集性, 突破了多项式函数整体性质的限制, 使样条函数具有了局部可调的性质和简化计算的优点.

性质 4.1.2 在任意给定的 $[u_i, u_{i+1})$ 内, 最多有 $p+1$ 个 $N_{j,p}$ 是非零的, 它们分别是 $N_{i-p,p}, \cdots, N_{i,p}$.

例如, 在 $[u_3, u_4)$ 内非零的 0 次 B 样条仅有 $N_{3,0}$, 而非零的 3 次 B 样条为 $N_{0,3}, \cdots, N_{3,3}$.

性质 4.1.3 非负性.

$$N_{i,p}(u) \geqslant 0, \quad \text{对一切} i,\ p \text{ 和} u.$$

可对 p 用归纳法证明 (留作习题).

性质 4.1.4 单位分解性.

$$\sum_{j=i-p}^{i} N_{j,p}(u) = 1, \quad u \in [u_i, u_{i+1}).$$

将公式

$$\sum_{j=i-p}^{i} N_{j,p}(u) = \sum_{j=i-p}^{i} \frac{u-u_j}{u_{j+p}-u_j} N_{j,p-1}(u) + \sum_{j=i-p}^{i} \frac{u_{j+p+1}-u}{u_{j+p+1}-u_{j+1}} N_{j+1,p-1}(u)$$

右端第二个和变为从 $i-p+1$ 求和, 并注意 $N_{i-p,p-1}(u) = N_{i+1,p-1}(u) = 0$, 有

$$\sum_{j=i-p}^{i} N_{j,p}(u) = \sum_{j=i-p+1}^{i} \left(\frac{u-u_j}{u_{j+p}-u_j} + \frac{u_{j+p}-u}{u_{j+p}-u_j} \right) N_{j,p-1}(u) = \sum_{j=i-p+1}^{i} N_{j,p-1}(u).$$

依此类推, 可知

$$\sum_{j=i-p}^{i} N_{j,p}(u) = \cdots = \sum_{j=i}^{i} N_{j,0}(u) = 1.$$

性质 4.1.5 除 $p=0$ 的情形外, $N_{i,p}(u)$ 恰好达到一个最大值.

性质 4.1.6 导函数. 对次数 p 采用归纳法, 可以证明如下关于 B 样条的导数公式

$$N'_{i,p}(u) = \frac{p}{u_{i+p}-u_i} N_{i,p-1}(u) - \frac{p}{u_{i+p+1}-u_{i+1}} N_{i+1,p-1}(u). \tag{4.2}$$

反复应用公式 (4.2), 得到

$$N_{i,p}^{(k)} = p\left[\frac{N_{i,p-1}^{(k-1)}}{u_{i+p}-u_i} - \frac{N_{i+1,p-1}^{(k-1)}}{u_{i+p+1}-u_{i+1}} \right], \tag{4.3}$$

其中, $N_{i,p}^{(k)}$ 表示 $N_{i,p}(u)$ 的 k 阶导数. $N_{i,p}^{(k)}$ 也可按下列公式来计算:

$$N_{i,p}^{(k)} = \frac{p!}{(p-k)!} \sum_{j=0}^{k} a_{k,j} N_{i+j,p-k}, \tag{4.4}$$

其中

$$
\begin{aligned}
a_{0,0} &= 1,\\
a_{k,0} &= \frac{a_{k-1,0}}{u_{i+p-k+1}-u_i},\\
a_{k,j} &= \frac{a_{k-j,j}-a_{k-1,j-1}}{u_{i+p+j-k+1}-u_{i+j}}, \quad j=1,\cdots,k-1,\\
a_{k,k} &= \frac{-a_{k-1,k-1}}{u_{i+p+1}-u_{i+k}}.
\end{aligned}
$$

应该指出, (4.3) 式中的 k 不应超过 p; 系数表达式中, 当分母所含节点的差分为 0 时, 相应的比值定义为 0.

特别地, 由求导公式 (4.3) 可得 B 样条基函数 $N_{i,p}(u)$ 在其支集 $[u_i, u_{i+p+1}]$ 的各节点的导数值. 例如

$$
\begin{cases}
N'_{i,2}(u_i) = 0,\\
N'_{i,2}(u_{i+1}) = \dfrac{2}{u_{i+2}-u_i},\\
N'_{i,2}(u_{i+2}) = -\dfrac{2}{u_{i+3}-u_{i+1}},\\
N'_{i,2}(u_{i+3}) = 0.
\end{cases} \tag{4.5}
$$

$$
\begin{cases}
N'_{i,3}(u_i) = 0,\\
N'_{i,3}(u_{i+1}) = 3\dfrac{u_{i+1}-u_i}{(u_{i+3}-u_i)(u_{i+2}-u_i)},\\
N'_{i,3}(u_{i+2}) = 3\left(\dfrac{u_{i+3}-u_{i+2}}{(u_{i+3}-u_i)(u_{i+3}-u_{i+1})}-\dfrac{u_{i+2}-u_{i+1}}{(u_{i+4}-u_{i+1})(u_{i+3}-u_{i+1})}\right),\\
N'_{i,3}(u_{i+3}) = -3\dfrac{u_{i+4}-u_{i+3}}{(u_{i+4}-u_{i+1})(u_{i+4}-u_{i+2})},\\
N'_{i,3}(u_{i+4}) = 0.
\end{cases} \tag{4.6}
$$

$$
\begin{cases}
N''_{i,3}(u_i) = 0,\\
N''_{i,3}(u_{i+1}) = \dfrac{3!}{(u_{i+3}-u_i)(u_{i+2}-u_i)},\\
N''_{i,3}(u_{i+2}) = 3!\left(-\dfrac{1}{(u_{i+3}-u_i)(u_{i+3}-u_{i+1})}-\dfrac{1}{(u_{i+4}-u_{i+1})(u_{i+3}-u_{i+1})}\right),\\
N''_{i,3}(u_{i+3}) = \dfrac{3!}{(u_{i+4}-u_{i+1})(u_{i+4}-u_{i+2})},\\
N''_{i,3}(u_{i+4}) = 0.
\end{cases} \tag{4.7}
$$

性质 4.1.7　重节点连续阶性质. 在每一个节点区间 (u_j, u_{j+1}) 内部, $N_{i,p}(u)$ 为多项式函数, 因此所有导数存在. 在一个节点 u_j 处, $N_{i,p}(u)$ 是 $p-m_j$ 次连续可

微的, 此处 m_j 是该节点的重数. 所以增加次数, 则增加连续性, 而增加节点的重数, 则降低连续性. 通常, 为了保证连续性, $N_{i,p}(u)$ 的支集内的节点 $u_j \in (u_i, u_{i+p+1})$ 的最高重数为 p.

以 2 次 B 样条基函数 $N_{i,2}(u)$ 为例, 当节点 $u_i = u_{i+1}$ 时,

$$N_{i,2}(u)=\begin{cases}0, & u\in[u_i,u_{i+1}),\\ \dfrac{u-u_{i+1}}{u_{i+2}-u_{i+1}}\left(\dfrac{u_{i+2}-u}{u_{i+2}-u_{i+1}}+\dfrac{u_{i+3}-u}{u_{i+3}-u_{i+1}}\right), & u\in[u_{i+1},u_{i+2}),\\ \dfrac{(u_{i+3}-u)^2}{(u_{i+3}-u_{i+1})(u_{i+3}-u_{i+2})}, & u\in[u_{i+2},u_{i+3}),\\ 0, & \text{其他}.\end{cases}$$

可以看出, 2 重节点 $u_i = u_{i+1}$ 使得 $N_{i,2}(u)$ 在该点处只有 C^0 连续了, 但它并不影响 $[u_{i+2}, u_{i+3})$ 的函数值.

当节点 $u_{i+1} = u_{i+2}$ 时,

$$N_{i,2}(u)=\begin{cases}\dfrac{(u-u_i)^2}{(u_{i+1}-u_i)^2}, & u\in[u_i,u_{i+1}),\\ 0, & u\in[u_{i+1},u_{i+2}),\\ \dfrac{(u_{i+3}-u)^2}{(u_{i+3}-u_{i+2})^2}, & u\in[u_{i+2},u_{i+3}),\\ 0, & \text{其他}.\end{cases}$$

此时, 2 重节点 $u_{i+1} = u_{i+2}$ 使得 $N_{i,2}(u)$ 在该点处只有 C^0 连续了且函数值为 1, 它同时影响了 $[u_i, u_{i+1})$ 和 $[u_{i+2}, u_{i+3})$ 的函数值. 图 4.2 显示了 2 重节点 $u_i = u_{i+1}$ 和 $u_{i+1} = u_{i+2}$ 时的基函数 (分别用 $\tilde{N}_{i,2}(u)$ 和 $\tilde{\tilde{N}}_{i,2}(u)$ 标记, 并将它们平移到节点 u_{i+3} 对齐的位置) 与无重节点时的 $N_{i,2}(u)$ 的对比.

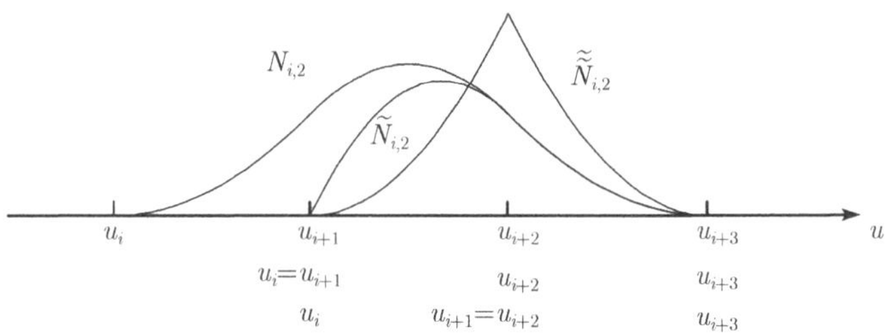

图 4.2 重节点对 $N_{i,2}(u)$ 的影响

当节点 $u_i = u_{i+1} = u_{i+2}$ 时,

$$N_{i,2}(u)=\begin{cases} 0, & u \in [u_i, u_{i+1}), \\ 0, & u \in [u_{i+1}, u_{i+2}), \\ \dfrac{(u_{i+3}-u)^2}{(u_{i+3}-u_{i+2})^2}, & u \in [u_{i+2}, u_{i+3}), \\ 0, & \text{其他}. \end{cases}$$

此时, 3 重节点 $u_i = u_{i+1} = u_{i+2}$ 使得 $N_{i,2}(u)$ 在该点处失去了连续性, 而 $N_{i,2}(u)$ 在 $[u_{i+2}, u_{i+3})$ 的表达式与 2 重节点 $u_{i+1} = u_{i+2}$ 时 $[u_{i+2}, u_{i+3})$ 的表达式一致. 也即, 对于 2 次 B 样条基函数 $N_{i,2}(u)$ 在支撑 $[u_{i+2}, u_{i+3})$ 上的表达式而言, 当节点 u_{i+2} 的重数是 2 和 3 时是不变的. 定义在 $[u_{i+1}, u_{i+2}, u_{i+2}, u_{i+3})$ 上的 2 次 B 样条基函数可由定义在 $[u_{i+1}, u_{i+2}, u_{i+2}, u_{i+2})$ 和 $[u_{i+2}, u_{i+2}, u_{i+2}, u_{i+3})$ 上的两个 2 次 B 样条基函数 "拼接" 而成.

例 4.1.1 考虑图 4.3 中定义在节点向量 $U = \{0,0,0,1,2,3,4,4,5,5,5\}$ 上的 2 次 B 样条基函数 $N_{0,2}, N_{1,2}, N_{2,2}, N_{5,2}$ 和 $N_{6,2}$. 由 B 样条的定义式 (4.1) 及局部支集性质 4.1.1, 这些函数的支集节点分别为 $N_{0,2} : \{0,0,0,1\}$, $N_{1,2} : \{0,0,1,2\}$, $N_{2,2} : \{0,1,2,3\}$, $N_{5,2} : \{3,4,4,5\}$ 和 $N_{6,2} : \{4,4,5,5\}$. 因而所谓节点的重数, 可以按两种不同方式来理解: 一是理解为节点向量 U 中, 一个节点的重复次数; 二是理解为一个节点关于特定基函数的重数. 例如, $u = 0$ 在上面提到的节点向量 U 内的重数是 3. 然而关于函数 $N_{0,2}, N_{1,2}, N_{2,2}$ 和 $N_{5,2}$, 节点 $u = 0$ 的重数分别是 3, 2, 1 和 0. 按性质 4.1.7, 这些函数在 $u = 0$ 处的连续性各不相同: $N_{0,2}$ 不连续, $N_{1,2}$ C^0 连续, $N_{2,2}$ C^1 连续, $N_{5,2}$ 和它的各阶导数在 $u = 0$ 处皆为 0.

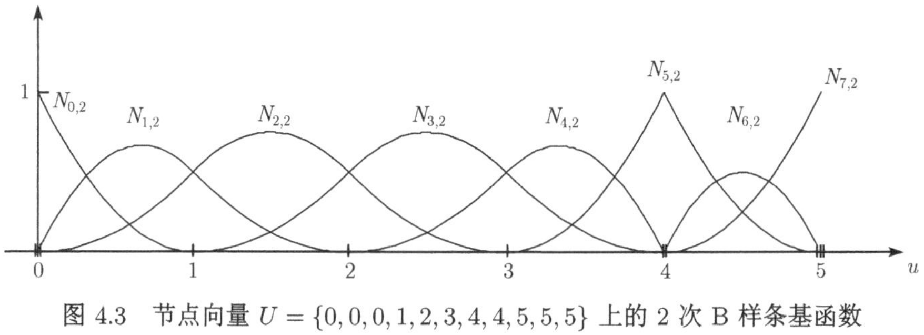

图 4.3 节点向量 $U = \{0,0,0,1,2,3,4,4,5,5,5\}$ 上的 2 次 B 样条基函数

图 4.4 所示为定义在节点向量 $U = \{0,0,0,0,1,2,3,4,4,4,5,5,5,5\}$ 上的 3 次 B 样条基函数.

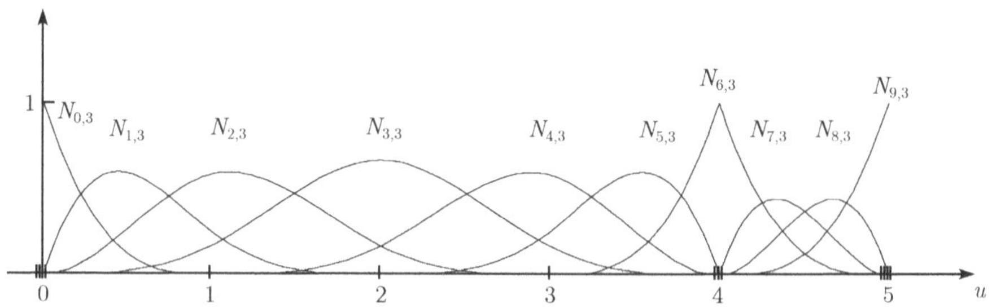

图 4.4 节点向量 $U=\{0,0,0,0,1,2,3,4,4,4,5,5,5,5\}$ 上的 3 次 B 样条基函数

上例显示了重节点的另一个性质在于使 B 样条基函数在重节点处具有插值基函数的性质, 即为如下性质.

性质 4.1.8 重节点的插值基函数性质. 当节点向量中的内节点 u_j 的重数为 p, 则只有定义在 $\{u_{j-1},\underbrace{u_j,\cdots,u_j}_{p个},u_{j+1}\}$ 上的基函数在 u_j 取值为 1, 其余基函数在 u_j 取值为 0. 当节点向量中的端节点 u_j 的重数为 $p+1$, 则只有定义在 $\{u_{j-1},\underbrace{u_j,\cdots,u_j}_{p+1个}\}$ 或 $\{\underbrace{u_j,\cdots,u_j}_{p+1个},u_{j+1}\}$ 上的基函数在 u_j 取值为 1, 其余基函数在 u_j 取值为 0.

性质 4.1.9 退化性质. 具有$U=\{\underbrace{0,\cdots,0}_{p+1个},\underbrace{1,\cdots,1}_{p+1个}\}$ 型节点向量的 p 次 B 样条基函数退化为 p 次 Bernstein 基函数. 而当内部节点出现$\{u_{j-1},\underbrace{u_j,\cdots,u_j}_{p个},\underbrace{u_{j+1},\cdots,u_{j+1}}_{p个},u_{j+2}\}$ 时, 定义在其上的 p 次 B 样条基函数在区间 $[u_j,u_{j+1}]$ 上退化为在参数变换 $t=\dfrac{u-u_j}{u_{j+1}-u_j}$ 下的 p 次 Bernstein 基函数. 因此, B 样条表达式可以看成是 Bézier 表达式的一种推广.

例如, 考查 $N_{i,2}$, 当 $U=\{0,0,0,1,1,1\}$ 时

$$N_{0,2}=\begin{cases}(1-u)^2, & 0\leqslant u\leqslant 1,\\ 0, & 其他;\end{cases}$$

$$N_{1,2}=\begin{cases}2u(1-u), & 0\leqslant u\leqslant 1,\\ 0, & 其他;\end{cases}$$

$$N_{0,2}=\begin{cases}u^2, & 0\leqslant u\leqslant 1,\\ 0, & 其他.\end{cases}$$

所以, 在区间 $[0,1]$ 内, $N_{i,2}$ 是 2 次 Bernstein 多项式的基函数.

性质 4.1.10　节点插入性质. 在节点向量 $U=\{u_0,u_1,\cdots,u_i,u_{i+1},\cdots,u_{n+p+1}\}$ 中的某个节点区间内插入一个节点 $u^*\in[u_i,u_{i+1}]$, 得到新的节点向量 $U^1=\{u_0,u_1,\cdots,u_i,u^*,u_{i+1},\cdots,u_{n+p+1}\}=\{u_0^1,u_1^1,\cdots,u_i^1,u_{i+1}^1,u_{i+2}^1,\cdots,u_{n+p+2}^1\}$, 则原节点向量 U 上的 B 样条基函数 $N_{j,p}(u)$ $(j=0,1,\cdots,n)$ 与新的节点向量 U^1 上的 B 样条基函数 $N_{j,p}^1(u)$ $(j=0,1,\cdots,n+1)$ 满足如下关系:

$$\begin{cases}N_{j,p}(u)=N_{j,p}^1(u),\quad j=0,1,\cdots,i-p-1,\\ N_{i-p,p}(u)=N_{i-p,p}^1(u)+\dfrac{u_{i+1}-u^*}{u_{i+1}-u_{i-p+1}}N_{i-p+1,p}^1(u),\\ N_{i-p+1,p}(u)=\dfrac{u^*-u_{i-p+1}}{u_{i+1}-u_{i-p+1}}N_{i-p+1,p}^1(u)+\dfrac{u_{i+2}-u^*}{u_{i+2}-u_{i-p+2}}N_{i-p+2,p}^1(u),\\ \cdots\cdots\cdots\cdots\\ N_{i,p}(u)=\dfrac{u^*-u_i}{u_{i+p}-u_i}N_{i,p}^1(u)+N_{i+1,p}^1(u),\\ N_{j,p}(u)=N_{j+1,p}^1(u),\quad j=i+1,i+2,\cdots,n.\end{cases}\tag{4.8}$$

特别地, 当插入的节点 u^* 为已有的节点 u_i 时, 则得到具有 2 重节点 u_i 的 B 样条基函数, 反复插入同一个节点 u_i, 就能得到具有更高重节点 u_i 的 B 样条基函数. 因此, (4.8) 式也给出了无重节点的 B 样条基函数和具有重节点的 B 样条基函数之间的关系.

证明　利用归纳法, 首先证明 1 次 B 样条基函数的情形成立, 由 B 样条基函数的局部支集性质, 插入的节点 u^* 只影响了支集包含节点区间 $[u_i,u_{i+1}]$ 的 B 样条基函数. 设支集包含插入的节点 u^* 的新、老基函数为 $N_{i-1,1}(u)$, $N_{i,1,}(u)$ 和 $N_{i-1,1}^1(u)$, $N_{i,1}^1(u)$, $N_{i+1,1}^1(u)$. 如图 4.5 所示, 实线表示原来的 1 次 B 样条基函数, 虚线表示新的 1 次 B 样条基函数.

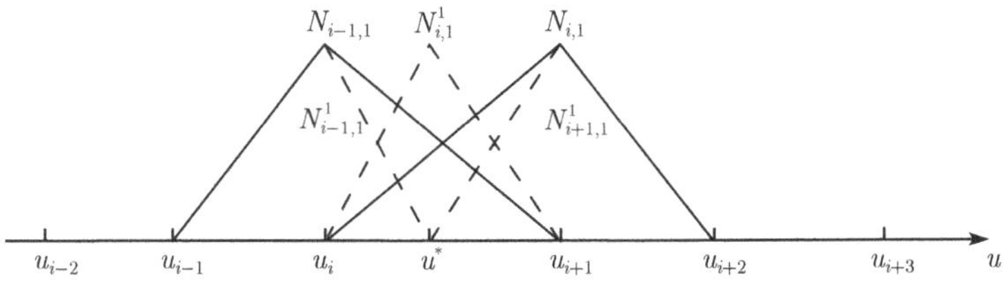

图 4.5　插入节点 u^* 前、后的 1 次 B 样条基函数

由 1 次 B 样条基函数的分段表示式, 容易得到

$$N_{i-1,1}(u)=N_{i-1,1}^1(u)+\frac{u_{i+1}-u^*}{u_{i+1}-u_i}N_{i-1,1}^1(u),$$
$$N_{i,1}(u)=\frac{u^*-u_i}{u_{i+1}-u_i}N_{i,1}^1(u)+N_{i+1,1}^1(u).$$

假设对于 $p-1$ 次的情形成立, 则有

$$\begin{cases} N_{j,p-1}(u) = N^1_{j,p-1}(u), \quad j = 0, 1, \cdots, i-p, \\ N_{i-p+1,p-1}(u) = N^1_{i-p+1,p-1}(u) + \dfrac{u_{i+1} - u^*}{u_{i+1} - u_{i-p+2}} N^1_{i-p+2,p-1}(u), \\ N_{i-p+2,p-1}(u) = \dfrac{u^* - u_{i-p+2}}{u_{i+1} - u_{i-p+2}} N^1_{i-p+2,p-1}(u) + \dfrac{u_{i+2} - u^*}{u_{i+2} - u_{i-p+3}} N^1_{i-p+3,p-1}(u), \\ \cdots\cdots\cdots\cdots \\ N_{i,p-1}(u) = \dfrac{u^* - u_i}{u_{i+p-1} - u_i} N^1_{i,p-1}(u) + N^1_{i+1,p-1}(u), \\ N_{j,p-1}(u) = N^1_{j+1,p-1}(u), \quad j = i+1, i+2, \cdots, n. \end{cases}$$

由 B 样条基函数的递推定义,

$$N_{i,p}(u) = \frac{u - u_i}{u_{i+p} - u_i} N_{i,p-1}(u) + \frac{u_{i+p+1} - u}{u_{i+p+1} - u_{i+1}} N_{i+1,p-1}(u),$$

显然, 当 $j = 0, 1, \cdots, i-p-1$ 时, $N_{j,p}(u) = N^1_{j,p}(u)$, 当 $j = i+1, i+2, \cdots, n$ 时, $N_{j,p}(u) = N^1_{j+1,p}(u)$. 而当 $j = i-p, i-p+1, \cdots, i$ 时, 有

$$\begin{aligned}
&N_{i-p,p}(u) \\
=&\frac{u - u_{i-p}}{u_i - u_{i-p}} N_{i-p,p-1}(u) + \frac{u_{i+1} - u}{u_{i+1} - u_{i-p+1}} N_{i-p+1,p-1}(u) \\
=&\frac{u-u_{i-p}}{u_i-u_{i-p}} N^1_{i-p,p-1}(u) + \frac{u_{i+1}-u}{u_{i+1}-u_{i-p+1}} \left(N^1_{i-p+1,p-1}(u) + \frac{u_{i+1}-u^*}{u_{i+1}-u_{i-p+2}} N^1_{i-p+2,p-1}(u) \right) \\
=&\frac{u - u_{i-p}}{u_i - u_{i-p}} N^1_{i-p,p-1}(u) + \frac{u^* - u}{u^* - u_{i-p+1}} N^1_{i-p+1,p-1}(u) \\
&+\frac{u_{i+1} - u^*}{u_{i+1} - u_{i-p+1}} \left(\frac{u - u_{i-p+1}}{u^* - u_{i-p+1}} N^1_{i-p+1,p-1}(u) + \frac{u_{i+1} - u}{u_{i+1} - u_{i-p+2}} N^1_{i-p+2,p-1}(u) \right) \\
=&N^1_{i-p,p}(u) + \frac{u_{i+1} - u^*}{u_{i+1} - u_{i-p+1}} N^1_{i-p+1,p}(u).
\end{aligned}$$

$$\begin{aligned}
&N_{i-p+1,p}(u) \\
=&\frac{u - u_{i-p+1}}{u_{i+1} - u_{i-p+1}} N_{i-p+1,p-1}(u) + \frac{u_{i+2} - u}{u_{i+2} - u_{i-p+2}} N_{i-p+2,p-1}(u) \\
=&\frac{u - u_{i-p+1}}{u_{i+1} - u_{i-p+1}} \left(N^1_{i-p+1,p-1}(u) + \frac{u_{i+1} - u^*}{u_{i+1} - u_{i-p+2}} N^1_{i-p+2,p-1}(u) \right) \\
&+\frac{u_{i+2} - u}{u_{i+2} - u_{i-p+2}} \left(\frac{u^* - u_{i-p+2}}{u_{i+1} - u_{i-p+2}} N^1_{i-p+2,p-1}(u) + \frac{u_{i+2} - u^*}{u_{i+2} - u_{i-p+3}} N^1_{i-p+3,p-1}(u) \right) \\
=&\frac{u^* - u_{i-p+1}}{u_{i+1} - u_{i-p+1}} \left(\frac{u - u_{i-p+1}}{u^* - u_{i-p+1}} N^1_{i-p+1,p-1}(u) + \frac{u_{i+1} - u}{u_{i+1} - u_{i-p+2}} N^1_{i-p+2,p-1}(u) \right) \\
&+\frac{u_{i+2} - u^*}{u_{i+2} - u_{i-p+2}} \left(\frac{u - u_{i-p+2}}{u_{i+1} - u_{i-p+2}} N^1_{i-p+2,p-1}(u) + \frac{u_{i+2} - u}{u_{i+2} - u_{i-p+3}} N^1_{i-p+3,p-1}(u) \right) \\
=&\frac{u^* - u_{i-p+1}}{u_{i+1} - u_{i-p+1}} N^1_{i-p+1,p}(u) + \frac{u_{i+2} - u^*}{u_{i+2} - u_{i-p+2}} N^1_{i-p+2,p}(u).
\end{aligned}$$

其余情况可类似证明.

性质 4.1.11　均匀 B 样条基函数的平移性质. 当节点向量 $U=\{u_i\}_{i=-\infty}^{+\infty}$ 为均匀节点时, 即 $u_i=u_0+ih$, 同次的 B 样条基函数可由其中一个 B 样条基函数平移得到, 即 $N_{i,p}(u)=N_{0,p}(u-ih)$.

不妨取 $u_i=i(i=\cdots,-1,0,1,\cdots)$, 则按定义有

$$N_{0,1}(u)=\begin{cases} u, & u\in[0,1),\\ 2-u, & u\in[1,2),\\ 0, & \text{其他};\end{cases}$$

$$N_{i,1}(u)=N_{0,1}(u-i),\quad i=\cdots,-1,0,1,\cdots.$$

$$N_{0,2}(u)=\begin{cases} \frac{1}{2}u^2, & u\in[0,1),\\ \frac{1}{2}(-3+6u-2u^2), & u\in[1,2),\\ \frac{1}{2}(3-u)^2, & u\in[2,3),\\ 0, & \text{其他};\end{cases}$$

$$N_{i,2}(u)=N_{0,2}(u-i),\quad i=\cdots,-1,0,1,\cdots.$$

$$N_{0,3}(u)=\begin{cases} \frac{1}{6}u^3, & u\in[0,1),\\ \frac{1}{6}(4-12u+12u^2-3u^3), & u\in[1,2),\\ \frac{1}{6}(-44+60u-24u^2+3u^3), & u\in[2,3),\\ \frac{1}{6}(4-u)^3, & u\in[3,4),\\ 0, & \text{其他};\end{cases}$$

$$N_{i,3}(u)=N_{0,3}(u-i),\quad i=\cdots,-1,0,1,\cdots.$$

图 4.6 分别显示了均匀 1 次, 2 次和 3 次 B 样条基函数的图像.

如果我们考虑 $[0,1]$ 区间上的均匀 B 样条基函数, 由性质 4.1.2, p 次 B 样条基函数只有 $p+1$ 个基函数在 $[0,1]$ 上非零, 它们是 $N_{-p,p}(u),N_{-p+1,p}(u),\cdots,N_{0,p}(u)$. 而且, 它们在 $[0,1]$ 上都是多项式函数,

$$\begin{cases} N_{-1,1}(u)=1-u,\\ N_{0,1}(u)=u,\end{cases}\quad u\in[0,1].$$

$$\begin{cases} N_{-2,2}(u)=\frac{1}{2}(1-u)^2,\\ N_{-1,2}(u)=\frac{1}{2}(1+2u-2u^2),\\ N_{0,2}(u)=\frac{1}{2}u^2,\end{cases}\quad u\in[0,1].$$

$$\begin{cases} N_{-3,3}(u) = \dfrac{1}{6}(1-u)^3, \\ N_{-2,3}(u) = \dfrac{1}{6}(4-6u^2+3u^3), \\ N_{-1,3}(u) = \dfrac{1}{6}(1+3u+3u^2-3u^3), \\ N_{0,3}(u) = \dfrac{1}{6}u^3, \end{cases} \quad u \in [0,1].$$

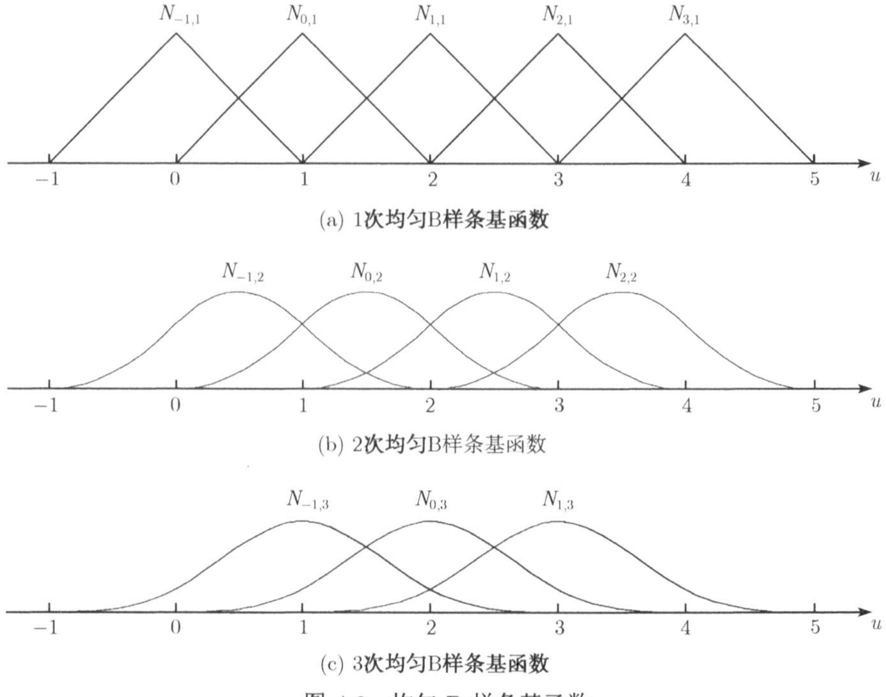

图 4.6 均匀 B 样条基函数

它们的图像如图 4.7 所示. 若记它们与幂基的变换矩阵为 $\boldsymbol{N}_p$, 即

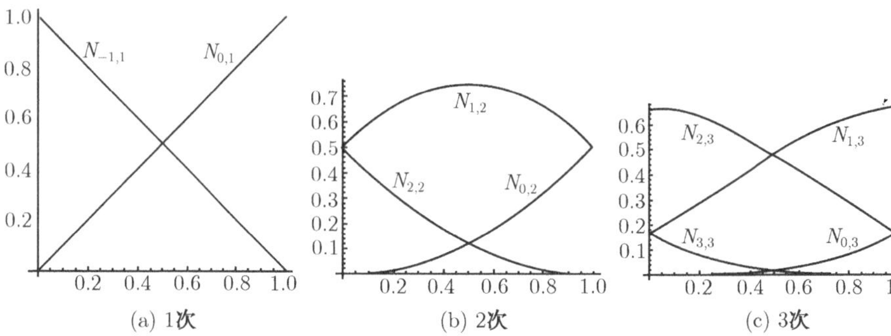

图 4.7 [0, 1] 区间上的均匀 B 样条基函数

$$(N_{-p,p}(u), N_{-p+1,p}(u), \cdots, N_{0,p}(u)) = (1, u, u^2, \cdots, u^p)N_p,$$

则有

$$\boldsymbol{N}_1 = \begin{pmatrix} 1 & 0 \\ -1 & 1 \end{pmatrix}, \quad \boldsymbol{N}_2 = \frac{1}{2!}\begin{pmatrix} 1 & 1 & 0 \\ -2 & 2 & 0 \\ 1 & -2 & 1 \end{pmatrix}, \quad \boldsymbol{N}_3 = \frac{1}{3!}\begin{pmatrix} 1 & 4 & 1 & 0 \\ -3 & 0 & 3 & 0 \\ 3 & -6 & 3 & 0 \\ -1 & 3 & -3 & 1 \end{pmatrix}.$$

此外, 由求导公式 (4.3) 可得以上均匀 B 样条基函数在区间 [0, 1] 端点处的导数值.

	$u=0$	$u=1$
$N'_{-1,1}(u)$	-1	-1
$N'_{0,1}(u)$	1	1
$N'_{-2,2}(u)$	-1	0
$N'_{-1,2}(u)$	1	-1
$N'_{0,2}(u)$	0	1
$N'_{-3,3}(u)$	$-\frac{1}{2}$	0
$N'_{-2,3}(u)$	0	$-\frac{1}{2}$
$N'_{-1,3}(u)$	$\frac{1}{2}$	0
$N'_{0,3}(u)$	0	$\frac{1}{2}$
$N''_{-3,3}(u)$	1	0
$N''_{-2,3}(u)$	-2	1
$N''_{-1,3}(u)$	1	-2
$N''_{0,3}(u)$	0	1

由前面结论可知, 端点重节点使得 B 样条基函数具有了类似 Bernstein 基函数的插值性质, 这会使得相应的 B 样条曲线具有很好的端点性质. 再注意到均匀 B 样条基函数的平移性质, 很自然希望将两者结合在一起, 由此得到了下面的 "准均匀" 节点向量上的 B 样条基函数. 也即对于 p 次 B 样条基函数, 取节点向量的两个端节点的重数为 $p+1$, 其余内部节点按等距分布.

例如, 取节点向量 $U = \{\underbrace{u_0, \cdots, u_0}_{p+1\text{个}}, u_1, \cdots, u_n, \underbrace{u_{n+1}, \cdots, u_{n+1}}_{p+1\text{个}}\}$, $u_i = i$ $(i = 0, 1, \cdots, n+1)$, 其上定义的 p 次 B 样条基函数记为 $N_{-p,p}(u), N_{-p+1,p}(u), \cdots, N_{n,p}(u)$.

当 $p=2$ 时, 可得

$$N_{-2,2}(u) = \begin{cases} (1-u)^2, & u \in [0,1], \\ 0, & \text{其他}. \end{cases}$$

$$N_{-1,2}(u)=\begin{cases} u\left(2-\dfrac{3}{2}u\right), & u\in[0,1],\\ \dfrac{1}{2}(2-u)^2, & u\in[1,2],\\ 0, & \text{其他}.\end{cases}$$

$$N_{0,2}(u)=\begin{cases} \dfrac{1}{2}u^2, & u\in[0,1),\\ \dfrac{1}{2}(-3+6u-2u^2), & u\in[1,2),\\ \dfrac{1}{2}(3-u)^2, & u\in[2,3),\\ 0, & \text{其他}.\end{cases}$$

通过与均匀 2 次 B 样条基函数的比较可见, 左端点重节点 0 只影响了 $[0,1]$ 区间上的基函数. 而且在左端点 $u=0$ 处的函数值和导数值为

$$N_{-2,2}(0)=1,\quad N_{i,2}(0)=0,\quad i=-1,0,\cdots,n,$$

$$N'_{-2,2}(0)=-2,\quad N'_{-1,2}(0)=2,\quad N'_{i,2}(0)=0,\quad i=0,1,\cdots,n.$$

对称地, 可以得到右端点附近的 2 次 B 样条基函数. 图 4.8 显示了定义在准均匀节点向量 $U=\{0,0,0,1,2,3,4,5,6,6,6\}$ 上的 2 次 B 样条基函数.

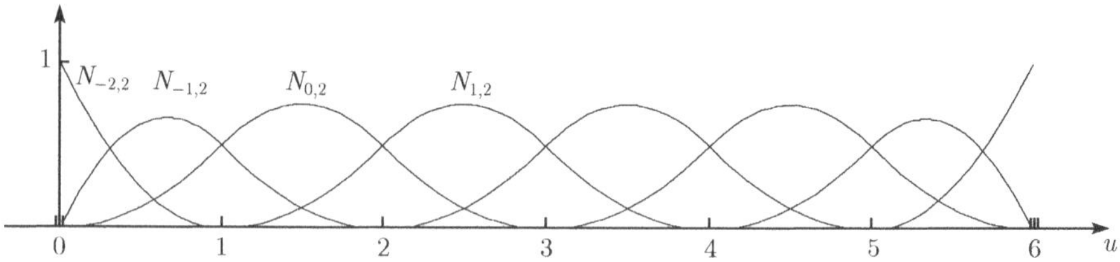

图 4.8　准均匀节点向量 $U=\{0,0,0,1,2,3,4,5,6,6,6\}$ 上的 2 次 B 样条基函数

当 $p=3$ 时, 可得

$$N_{-3,3}(u)=\begin{cases} (1-u)^3, & u\in[0,1],\\ 0, & \text{其他}.\end{cases}$$

$$N_{-2,3}(u)=\begin{cases} \dfrac{1}{4}u(12-18u+7u^2), & u\in[0,1],\\ \dfrac{1}{4}(2-u)^3, & u\in[1,2],\\ 0, & \text{其他}.\end{cases}$$

$$N_{-1,3}(u)=\begin{cases}\dfrac{1}{12}u^2(18-11u), & u\in[0,1),\\ \dfrac{1}{12}(-18+54u-36u^2+7u^3), & u\in[1,2),\\ \dfrac{1}{6}(3-u)^3, & u\in[2,3),\\ 0, & \text{其他}.\end{cases}$$

$$N_{0,3}(u)=\begin{cases}\dfrac{1}{6}u^3, & u\in[0,1),\\ \dfrac{1}{6}(4-12u+12u^2-3u^3), & u\in[1,2),\\ \dfrac{1}{6}(-44+60u-24u^2+3u^3), & u\in[2,3),\\ \dfrac{1}{6}(4-u)^3, & u\in[3,4),\\ 0, & \text{其他}.\end{cases}$$

通过与均匀 3 次 B 样条基函数的比较可见, 左端点重节点 0 影响了 $[0,1]$ 和 $[1,2]$ 区间上的基函数. 而且在左端点 $u=0$ 处的函数值和导数值为

$$N_{-3,3}(0)=1,\quad N_{i,3}(0)=0,\quad i=-2,-1,\cdots,n,$$

$$N'_{-3,3}(0)=-3,\quad N'_{-2,3}(0)=3,\quad N'_{i,3}(0)=0,\quad i=-1,0,\cdots,n.$$

$$N''_{-3,3}(0)=6,\quad N''_{-2,3}(0)=-9,\quad N''_{-1,3}(0)=3,\quad N''_{i,3}(0)=0,\quad i=0,1,\cdots,n.$$

对称地, 可以得到右端点附近的 3 次 B 样条基函数. 图 4.9 显示了定义在准均匀节点向量 $U=\{0,0,0,0,1,2,3,4,5,6,6,6,6\}$ 上的 3 次 B 样条基函数.

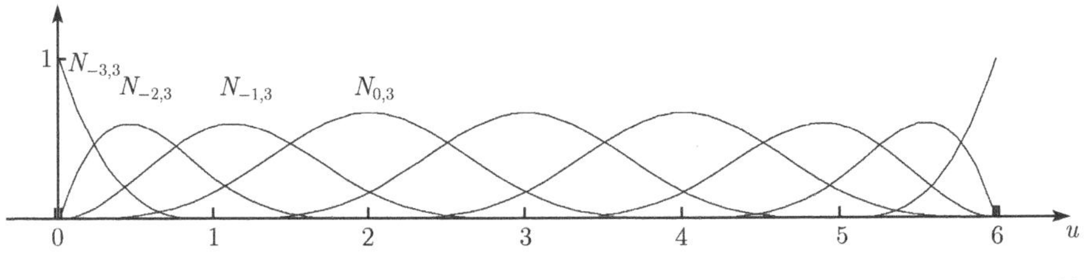

图 4.9 准均匀节点向量 $U=\{0,0,0,0,1,2,3,4,5,6,6,6,6\}$ 上的 3 次 B 样条基函数

4.2 一元 B 样条基函数的其他定义

在 4.1 节中, 我们介绍了一元 B 样条基函数的递推定义. 事实上, 从产生的历史来看, 一元 B 样条基函数还有其他等价的定义. 下面我们介绍其中的几种定义方式, 以方便读者从不同的角度理解 B 样条函数.

4.2.1 B 样条的差商定义

我们知道, 多项式函数的特点之一是它的整体性和无穷次可微性, 相对而言, 样条函数通过降低可微性而增加了灵活的局部性. n 次样条函数有直到 $n-1$ 阶连续可微性保证了它具有一定的光滑性. 显然, n 次多项式也是一种特殊的 n 次样条, 但由于它的 n 阶微商连续, 因此多项式只能是名义上的样条. 把 n 次幂 x^n 剪去 $x<0$ 的部分就得到了 "截断幂" 函数

$$x_+^n = \begin{cases} x^n, & x \geqslant 0, \\ 0, & x < 0. \end{cases}$$

这种 "手术" 在原点 $x=0$ 造成 n 阶微商间断, 但仍然保持其 0 到 $n-1$ 阶微商的连续性, 从而使得它成为真正的 n 次样条函数. 在前面的介绍中, 我们就是采用多项式和截断幂作为一元 n 次样条空间的基函数.

0 次截断幂是单位台阶函数

$$x_+^0 = \begin{cases} 1, & x \geqslant 0, \\ 0, & x < 0. \end{cases}$$

它在 $x=0$ 处间断, 跃值为 1.

1 次截断幂

$$x_+^1 = \begin{cases} x, & x \geqslant 0, \\ 0, & x < 0 \end{cases}$$

自身连续. 它的导函数 $(x_+^1)' = x_+^0$ 在 $x=0$ 处间断, 跃值为 1.

一般地, n 次截断幂

$$x_+^n = \begin{cases} x^n, & x \geqslant 0, \\ 0, & x < 0. \end{cases}$$

其导函数为

$$\begin{aligned}
&(x_+^n)' = n x_+^{n-1}, \\
&(x_+^n)'' = n(n-1) x_+^{n-2}, \\
&\cdots\cdots\cdots\cdots \\
&(x_+^n)^{(r)} = n(n-1)\cdots(n-r+1) x_+^{n-r}, \\
&\cdots\cdots\cdots\cdots \\
&(x_+^n)^{(n-1)} = n! x_+^1, \\
&(x_+^n)^{(n)} = n! x_+^0.
\end{aligned}$$

故 x_+^n 直至 $n-1$ 阶微商连续, 而 n 阶微商在 $x=0$ 处间断, 跃值为 $n!$. 图 4.10 显示了 $n=0,1,2,3$ 时截断幂函数的图像.

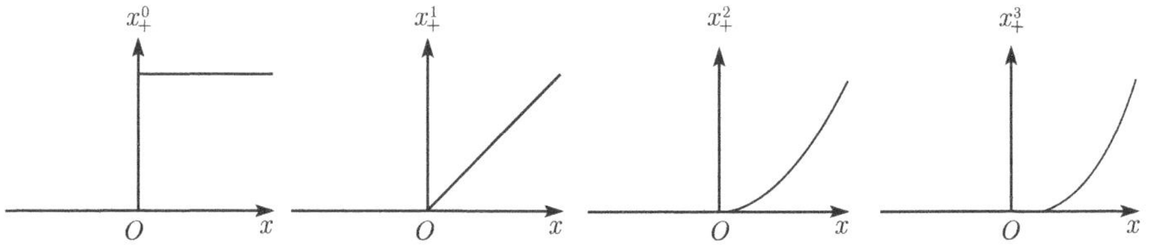

图 4.10　截断幂函数 $x_+^n(n=0,1,2,3)$

虽然截断幂函数具有了分段多项式的性质, 但是它的非零区间为半无限区间, 还不具有真正的 "局部" 支集的性质. 为此需要对它们继续施行一些手术, 也即初等变换. 显然, 对于一个 n 次样条函数 $s(x)$, 节点为 $x_0,x_1,\cdots$, 将其平移一个距离 a 得到的函数 $s(x-a)$ 仍然是一个 n 次样条, 节点也相应平移为 $x_0+a,x_1+a,\cdots$. 如果对 $s(x)$ 进行尺度变换得到 $s(ax)$, 则它也是 n 次样条, 而节点变为 $\dfrac{x_0}{a},\dfrac{x_1}{a},\cdots$. 由样条函数的定义可知, 对于两个 n 次样条函数 $s_1(x)$ 和 $s_2(x)$, 它们的线性组合 $a_1s_1(x)+a_2s_2(x)$ 也是 n 次样条, 其节点为 $s_1(x)$ 和 $s_2(x)$ 的节点的并集. 另外, n 次样条函数 $s(x)$ 的导函数 $s'(x)$ 为节点相同的 $n-1$ 次样条函数.

根据这些性质, 可以利用 "差商" 和 "差分" 的方法来构造具有局部支集的 B 样条函数.

设

$$\cdots<x_{-2}<x_{-1}<x_0<x_1<\cdots<x_i<\cdots,$$

$x_i\to\pm\infty\ (i\to\pm\infty)$, n 为正整数. 定义

$$M_n(x;y)=(y-x)_+^{n-1}. \tag{4.9}$$

其中, x 为参数, 把 $M_n(x;y)$ 作为 y 的函数, 考虑其于 $y=x_0,x_1,\cdots,x_n$ 处的 n 阶差商 $M_n(x;x_0,x_1,\cdots,x_n)$

$$M_n(x)=M_n(x;x_0,x_1,\cdots,x_n)=\sum_{i=0}^{n}\frac{(x_i-x)_+^{n-1}}{w'(x_i)}, \tag{4.10}$$

其中, $w(x)=(x-x_0)\cdots(x-x_n)$.

显然, $M_n(x)$ 是一个以 $x_0,x_1,\cdots,x_n$ 为结点的 $n-1$ 次样条函数. 并且按截断多项式的定义, 当 $x>x_n$ 时, $(x_i-x)_+=0\ (i=0,1,\cdots,n)$, 则 $M_n(x)\equiv 0$; 又当 $x<x_0$ 时, (4.10) 式右端中的截断号 "+" 可以去掉, 使得 $M_n(x)$ 是一个 $n-1$ 次多项式的 n 阶差商. 于是由差商的性质可知, 此时也有 $M_n(x)\equiv 0$. 总之

$$M_n(x)\equiv 0,\quad x\notin[x_0,x_n]. \tag{4.11}$$

由 (4.10) 式给出的 $M_n(x)$ 即为 n 阶 ($n-1$ 次) B 样条函数, 将其标准化, 即可得到递推定义式 (4.1) 中的

$$N_{i,n-1}(x)=(x_{n+i}-x_i)M_n(x),\quad i=0,\pm1,\pm2,\cdots. \tag{4.12}$$

利用 B 样条函数的差商定义, 可以证明一些 B 样条函数的性质.

由 Peano 定理, 若 $f(x)\in C^n$, 则

$$f(x_0,x_1,\cdots,x_n)=\frac{1}{(n-1)!}\int_{x_0}^{x_n}M_n(x;x_0,x_1,\cdots,x_n)f^{(n)}(x)\mathrm{d}x.$$

特别地, 取 $f(x)=x^n$, 则可由上式推知

$$\int_{x_0}^{x_n}M_n(x;x_0,x_1,\cdots,x_n)\mathrm{d}x=\frac{1}{n}.$$

由此可得 B 样条函数的积分性质.

性质 4.2.1 以 $[x_i,x_{n+i}]$ 为局部支集的 $n-1$ 次 B 样条函数 $N_{i,n-1}(x)$ 的积分为

$$\int_{-\infty}^{\infty}N_{i,n-1}(x)\mathrm{d}x=\frac{x_{n+i}-x_i}{n}.$$

定理 4.2.1 $M_n^{(r)}(x)$ $(r=0,1,\cdots,n-2)$ 于 (x_0,x_n) 内恰有 r 个不同的零点. 特别地, 有

$$M_n(x)>0,\quad 当\ x\in(x_0,x_n).$$

证明 由 (4.10) 式, 当 $x_{n-1}<x<x_n$ 时,

$$M_n(x)=\frac{(x_n-x)^{n-1}}{w'(x_n)},$$

因而在区间 (x_{n-1},x_n) 内, $M_n(x)>0$. 从而可以找到 3 个点 $x_0<x^*<x_n$, 使 $M_n(x)$ 于其上的符号依次为 $0,+,0$; 由中值定理, 又可找到 4 个点 $x_0<x_1^*<x_2^*<x_n$, 使 $M_n'(x)$ 于其上的符号依次为 $0,+,-,0$ (变号 1 次); 如此下去, 我们最后可以找到 $n+1$ 个点 $x_0<\bar{x}_1<\bar{x}_2<\cdots<\bar{x}_{n-1}<x_n$, 使 $M_n^{(n-2)}(x)$ 于其上的符号依次为 $0,+,-,+,-,\cdots,0$ (变号 $n-2$ 次). 另一方面, 由 (4.10) 式,

$$M_n^{(n-2)}(x)=(-1)^{(n-2)}(n-1)!\sum_{i=0}^{n}\frac{(x_i-x)_+}{w'(x_i)}$$

是一条以 $x=x_0,\cdots,x_n$ 为顶点横坐标的折线. 该折线在两端点处 $y=0$. 而且 $M_n^{(n-2)}(\bar{x}_i)$ $(i=1,\cdots,n-1)$ 不等于 0 且交错变号. 从而 $M_n^{(n-2)}(x)$ 恰好于 (x_0,x_n) 内有 $n-2$ 个单根.

因为 $M_n^{(r)}(x)$ 于 (x_0, x_n) 内至少有 r 个互异的根, 若它的根多于 r 个 (重数计算在内), 则按 Rolle 定理可知 $M_n^{(n-2)}(x)$ 的根多于 $n-2$ 个 (包括重数). 但这是不可能的, 故 $M_n^{(r)}(x)$ 于 (x_0, x_n) 内恰有 r 个互异的根, 定理证毕.

下面来讨论以 $x_1, x_2, \cdots, x_N$ 为节点的 $n-1$ 次样条函数空间 $\mathbb{S}_{n-1}(x_1, x_2, \cdots, x_N)$ 的基函数问题. 我们知道 $\mathbb{S}_{n-1}(x_1, x_2, \cdots, x_N)$ 有下述一组 "幂" 基函数:

$$1, x, x^2, \cdots, x^{n-1}, (x-x_1)_+^{n-1}, \cdots, (x-x_N)_+^{n-1}, \tag{4.13}$$

它们由 $n+N$ 个函数组成, 也即 $\dim \mathbb{S}_{n-1}(x_1, x_2, \cdots, x_N) = n+N$.

下面来指出 B 样条的一个十分重要的性质, 即它们构成了 $\mathbb{S}_{n-1}(x_1, x_2, \cdots, x_N)$ 的更为方便的基底.

引理 4.2.1　设 $x_1 < x_2 < \cdots < x_r$, 其中 $1 \leqslant r \leqslant n$, 则 $M_n(x; x_1, x_2, \cdots, x_r)$ 于区间 $(-\infty, x_1)$ 中为一最高次项系数不为零的 $n-r$ 次多项式; $(-1)^{r-1}M_n(x_1, x_2, \cdots, x_r; x)$ 于区间 (x_r, ∞) 中为一最高次项系数不为零的 $n-r$ 次多项式, 并且

$$M_n(x; x_1, x_2, \cdots, x_r) = 0, \quad x \geqslant x_r, \tag{4.14}$$

$$(-1)^{r-1}M_n(x_1, x_2, \cdots, x_r; x) = 0, \quad x \leqslant x_1. \tag{4.15}$$

证明　按 $M_n(x; y)$ 的定义和差商公式,

$$M_n(x; x_1, x_2, \cdots, x_r) = \sum_{i=1}^{r} \frac{(x_i - x)_+^{n-1}}{w_r'(x_i)}, \tag{4.16}$$

其中

$$w_r(x) = (x-x_1)(x-x_2)\cdots(x-x_r).$$

由截断多项式定义, 当 $x \geqslant x_r$ 时, (4.14) 式成立. 而当 $x \leqslant x_1$ 时, (4.16) 式中的截断号 "+" 可以去掉, 因而此时 $M_n(x; x_1, x_2, \cdots, x_r)$ 实为 x 的一个多项式, 其中 x^{n-j-1} 的系数是

$$(-1)^{n-j-1}\binom{n-1}{j}\sum_{i=1}^{r}\frac{x_i^j}{w_r'(x_i)}.$$

不难发现, $\sum\limits_{i=1}^{r}\dfrac{x_i^j}{w_r'(x_i)}$ 恰为 x^j 的 $r-1$ 阶差商. 从而当 $j = 0, 1, \cdots, r-2$ 时, 它们皆为 0. 但当 $j = r-1$ 时, 它不为 0. 所以当 $x \leqslant x_1$ 时, $M_n(x; x_1, x_2, \cdots, x_r)$ 是一最高项系数不为零的 $n-r$ 次多项式.

同样, 只需注意到

$$M_n(x_1, x_2, \cdots, x_r; x) = \sum_{i=1}^{r}\frac{(x-x_i)_+^{n-1}}{w_r'(x_i)},$$

则可推知引理的其他结论成立. 证毕.

定理 4.2.2 设 $n \leqslant N$, 且

$$x_1 < x_2 < \cdots < x_N.$$

下述 $N+n$ 个样条函数构成 $\mathbb{S}_{n-1}(x_1, x_2, \cdots, x_N)$ 的一组基函数:

$$\begin{aligned}
&B_i(x) = M_n(x; x_1, x_2, \cdots, x_i), \quad i = 1, 2, \cdots, n; \\
&B_{n+i}(x) = M_n(x; x_i, x_{i+1}, \cdots, x_{i+n}), \quad i = 1, 2, \cdots, N-n; \\
&B_{N+i}(x) = (-1)^{n-i} M_n(x_{N-n+i}, x_{N-n+i+1}, \cdots, x_N; x), \quad i = 1, 2, \cdots, n.
\end{aligned} \tag{4.17}$$

证明 显然, $(x - x_i)_+^{n-1}$ 和 $(x_i - x)_+^{n-1}$ $(i = 1, 2, \cdots, N)$ 都属于 $n-1$ 次样条函数空间 $\mathbb{S}_{n-1}(x_1, x_2, \cdots, x_N)$, 因此, 由它们线性组合而成的 (4.17) 式中所示的 $N+n$ 个函数 $B_1(x), B_2(x), \cdots, B_{N+n}(x)$ 也都是 $\mathbb{S}_{n-1}(x_1, x_2, \cdots, x_N)$ 中的函数. 而且

$$\dim \mathbb{S}_{n-1}(x_1, x_2, \cdots, x_N) = N + n,$$

因此, 只需证明由 (4.17) 式中所示的 $B_1(x), B_2(x), \cdots, B_{N+n}(x)$ 线性无关即可.

设有常数 $c_1, c_2, \cdots, c_{N+n}$, 使得

$$\begin{aligned}
&c_1 B_1(x) + \cdots + c_n B_n(x) + c_{n+1} B_{n+1}(x) + \cdots + c_N B_N(x) \\
&\quad + c_{N+1} B_{N+1}(x) + \cdots + c_{N+n} B_{N+n}(x) \equiv 0, \quad x \in (-\infty, \infty)
\end{aligned} \tag{4.18}$$

成立. 我们来证

$$c_1 = c_2 = \cdots = c_{N+n} = 0.$$

按 (4.11) 式、(4.15) 式和 (4.17) 式, 在 $(-\infty, x_1)$ 上考虑 (4.18) 式可知

$$c_1 B_1(x) + c_2 B_2(x) + \cdots + c_n B_n(x) \equiv 0, \quad x \in (-\infty, x_1).$$

由引理, $B_1(x), B_2(x), \cdots, B_n(x)$ 分别为最高次项系数不为 0 的 $n-1$ 次, $n-2$ 次, $\cdots$, 0 次多项式. 因此, 由代数基本定理, 可推知

$$c_1 = c_2 = \cdots = c_n = 0. \tag{4.19}$$

同理, 由 (4.11) 式、(4.14) 式、(4.17) 式和 (4.18) 式可知

$$c_{N+1} B_{N+1}(x) + c_{N+2} B_{N+2}(x) + \cdots + c_{N+n} B_{N+n}(x) \equiv 0, \quad x \in (x_N, \infty).$$

再根据引理和代数基本定理, 也有

$$c_{N+1} = c_{N+2} = \cdots = c_{N+n} = 0. \tag{4.20}$$

综合 (4.18) 式、(4.19) 式和 (4.20) 式, 得到

$$c_{n+1}B_{n+1}(x)+c_{n+2}B_{n+2}(x)+\cdots+c_NB_N(x)\equiv 0,\quad x\in(-\infty,\infty). \tag{4.21}$$

又由 (4.11) 式可知 $B_{n+i}(x)$ 的支集有限, 所以当 $x_{N-1}<x<x_N$ 时, (4.21) 式成为

$$c_NB_N(x)\equiv 0,\quad x\in(x_{N-1},x_N). \tag{4.22}$$

根据定义

$$\begin{aligned}B_N(x)=M_n(x;x_{N-n},\cdots,x_N)&=\sum_{i=N-n}^{N}\frac{(x_i-x)_+^{n-1}}{w'(x_i)}\\&=\frac{(x_N-x)^{n-1}}{w'(x_N)},\quad x\in(x_{N-1},x_N),\end{aligned}$$

其中, $w(x)=(x-x_{N-n})\cdots(x-x_N)$. 特别地,

$$B_N\left(\frac{x_{N-1}+x_N}{2}\right)=\frac{(x_N-x_{N-1})^{n-1}}{2^{n-1}w'(x_N)}\neq 0.$$

于是由 (4.22) 式可得

$$c_N=0.$$

这样一来, (4.21) 式简化为

$$c_{n+1}B_{n+1}(x)+c_{n+2}B_{n+2}(x)+\cdots+c_{N-1}B_{N-1}(x)\equiv 0,\quad x\in(-\infty,\infty).$$

与前面完全相同地, 考虑区间 (x_{N-2},x_{N-1}) 上的上式, 则可推知 $c_{N-1}=0$. 依此类推, 即可最后得到

$$c_{n+1}=c_{n+2}=\cdots=c_N=0. \tag{4.23}$$

综合 (4.19) 式、(4.20) 式和 (4.23) 式可知 $B_1(x),B_2(x),\cdots,B_{N+n}(x)$ 线性无关.

于是由线性空间理论, $B_1(x),B_2(x),\cdots,B_{N+n}(x)$ 构成 $\mathbb{S}_{n-1}(x_1,x_2,\cdots,x_N)$ 的一组基底. 定理证毕.

推论 4.2.1　设 $n\leqslant N$, 且

$$x_1<x_2<\cdots<x_N,$$

则 B 样条函数

$$B_j(x)=M_n(x;x_j,x_{j+1},\cdots,x_{j+n}),\quad j=1,2,\cdots,N-n$$

线性无关. 于是满足

$$S(x)=0, \quad \text{只要 } x \notin (x_1, x_N)$$

的任一 $S(x)\in\mathbb{S}_{n-1}(x_1,x_2,\cdots,x_N)$, 均可唯一地表示为

$$S(x)=\sum_{j=1}^{N+n} c_j B_j(x).$$

4.2.2 B 样条的差分定义

对于节点均匀分布的情况, 1946 年 Schoenberg 给出了 B 样条的差分表达式. 对于以 1 为步长的等距节点情况, 他给出

$$M_n(x)=\frac{1}{2\pi}\int_{-\infty}^{\infty}\left(\frac{2\sin(u/2)}{u}\right)^{n+1}\mathrm{e}^{\mathrm{i}ux}\mathrm{d}u=\frac{1}{n!}\delta^{n+1}x_+^n, \tag{4.24}$$

其中, δ^{n+1} 表示 $n+1$ 阶中心差分, 按如下方式定义.

对任意函数 $f(x)$, 定义它的一阶中心差分为

$$\delta f(x)=f\left(x+\frac{1}{2}\right)-f\left(x-\frac{1}{2}\right).$$

它是把函数 $f(x)$ 分别左、右平移 $\frac{1}{2}$ 再相减而成的. 显然, 当 $f(x)$ 是以 $x_0,x_1,\cdots$ 为节点的 n 次样条时, $\delta f(x)$ 也是 n 次样条, 节点变为 $x_0\pm\frac{1}{2}, x_1\pm\frac{1}{2},\cdots$.

注意到,

$$\delta f(y)|_{y=x+\frac{1}{2}}=\left(f\left(y+\frac{1}{2}\right)-f\left(y-\frac{1}{2}\right)\right)\bigg|_{y=x+\frac{1}{2}}=f(x+1)-f(x)=\delta f\left(x+\frac{1}{2}\right),$$

也即, 取值和求中心差分是可以交换的.

一般地, $f(x)$ 的 n 阶中心差分由递推定义为

$$\begin{aligned}&\delta^0 f(x)=f(x),\\&\delta^{n+1}f(x)=\delta(\delta^n f(x))=\delta^n f\left(x+\frac{1}{2}\right)-\delta^n f\left(x-\frac{1}{2}\right), \quad n=0,1,\cdots.\end{aligned}$$

例如

$$\begin{aligned}\delta^2 f(x)&=\delta f\left(x+\frac{1}{2}\right)-\delta f\left(x-\frac{1}{2}\right)=f(x+1)-2f(x)+f(x-1);\\ \delta^3 f(x)&=\delta^2 f\left(x+\frac{1}{2}\right)-\delta^2 f\left(x-\frac{1}{2}\right)\end{aligned}$$

$$
\begin{aligned}
&= f\left(x+\frac{3}{2}\right)-3f\left(x+\frac{1}{2}\right)+3f\left(x-\frac{1}{2}\right)-f\left(x-\frac{3}{2}\right);\\
\delta^4 f(x) &= \delta^3 f\left(x+\frac{1}{2}\right)-\delta^2 f\left(x-\frac{1}{2}\right)\\
&= f(x+2)-4f(x+1)+6f(x)-4f(x-1)+f(x-2).
\end{aligned}
$$

当 $n=0,1,2,3$ 时, 取 x_+^n 的 $n+1$ 阶差分得到

$$
M_0(x)=\delta x_+^0=\begin{cases}0, & x<-\dfrac{1}{2},\\ 1, & -\dfrac{1}{2}<x<\dfrac{1}{2},\\ 0, & \dfrac{1}{2}<x.\end{cases} \tag{4.25}
$$

此外还需加上 $M_0\left(\pm\dfrac{1}{2}\right)=\dfrac{1}{2}$ 的要求.

$$
M_1(x)=\delta^2 x_+^1=\begin{cases}0, & x\leqslant -1,\\ x+1, & -1\leqslant x\leqslant 0,\\ -x+1, & 0\leqslant x\leqslant 1,\\ 0, & 1\leqslant x.\end{cases} \tag{4.26}
$$

易知, $M_1(0)=1$.

$$
M_2(x)=\frac{1}{2}\delta^3 x_+^2=\begin{cases}0, & x\leqslant -\dfrac{3}{2},\\ \dfrac{1}{2}\left(x+\dfrac{3}{2}\right)^2, & -\dfrac{3}{2}\leqslant x\leqslant -\dfrac{1}{2},\\ \dfrac{1}{2}\left(x+\dfrac{3}{2}\right)^2-\dfrac{3}{2}\left(x+\dfrac{1}{2}\right)^2, & -\dfrac{1}{2}\leqslant x\leqslant \dfrac{1}{2},\\ \dfrac{1}{2}\left(-x+\dfrac{3}{2}\right)^2, & \dfrac{1}{2}\leqslant x\leqslant \dfrac{3}{2},\\ 0, & \dfrac{3}{2}\leqslant x.\end{cases} \tag{4.27}
$$

易知, $M_2(0)=\dfrac{3}{4}$, $M_2\left(\dfrac{1}{2}\right)=\dfrac{1}{2}$, $M_2(1)=\dfrac{1}{8}$.

$$M_3(x)=\frac{1}{6}\delta^4x_+^3=\begin{cases}0, & x\leqslant -2,\\ \frac{1}{6}(x+2)^3, & -2\leqslant x\leqslant -1,\\ \frac{1}{6}(x+2)^3-\frac{4}{6}(x+1)^3, & -1\leqslant x\leqslant 0,\\ \frac{1}{6}(-x+2)^3-\frac{4}{6}(-x+1)^3, & 0\leqslant x\leqslant 1,\\ \frac{1}{6}(-x+2)^3, & 1\leqslant x\leqslant 2,\\ 0, & 2\leqslant x.\end{cases} \tag{4.28}$$

易知, $M_3(0)=\frac{2}{3}$, $M_3(1)=\frac{1}{6}$. 它们的图形如图 4.11 所示.

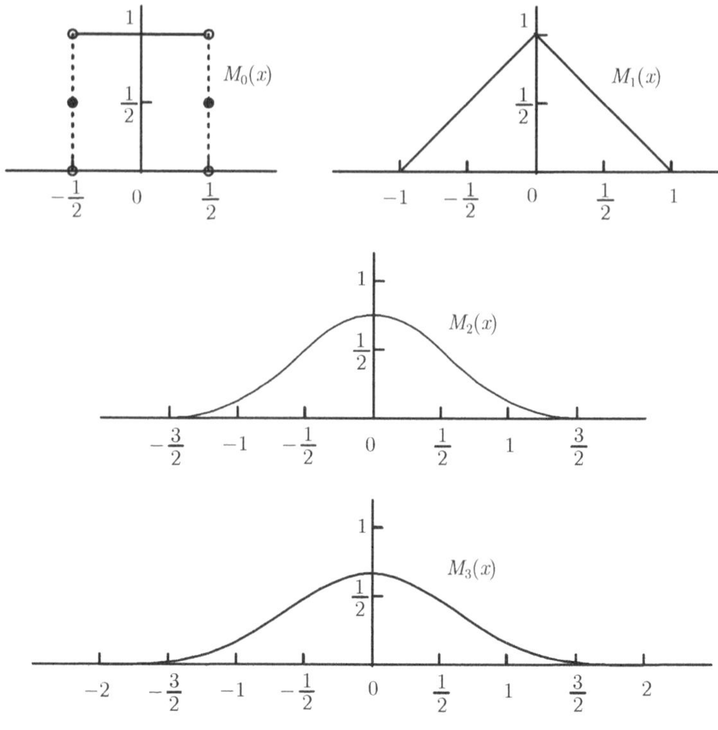

图 4.11 $M_n(x)$ 的图像 $(n=0,1,2,3)$

用归纳法可以证明, 对于一般的 $M_n(x)$ 的显示表达式为

$$M_n(x)=\frac{1}{n!}\sum_{j=0}^{n+1}(-1)^j\binom{n+1}{j}\left(x+\frac{n+1}{2}-j\right)_+^n \tag{4.29}$$

$$
= \begin{cases}
0, & x \leqslant -\dfrac{n+1}{2}, \\
\dfrac{1}{n!}\left(x-\dfrac{n+1}{2}\right)^n, & -\dfrac{n+1}{2} \leqslant x \leqslant -\dfrac{n+1}{2}+1, \\
\dfrac{1}{n!}\left(\left(x-\dfrac{n+1}{2}\right)^n-\begin{pmatrix}n+1\\1\end{pmatrix}\left(x+\dfrac{n+1}{2}-1\right)^n\right), & -\dfrac{n+1}{2}+1 \leqslant x \leqslant -\dfrac{n+1}{2}+2, \\
\cdots\cdots\cdots\cdots & \cdots\cdots\cdots\cdots \\
\dfrac{1}{n!}\left(\left(x-\dfrac{n+1}{2}\right)^n-\begin{pmatrix}n+1\\1\end{pmatrix}\left(x+\dfrac{n+1}{2}-1\right)^n+\cdots\right. & \\
\left.+(-1)^n\begin{pmatrix}n+1\\n\end{pmatrix}\left(x+\dfrac{n+1}{2}-n\right)^n\right), & \dfrac{n+1}{2}-1 \leqslant x \leqslant \dfrac{n+1}{2}, \\
\delta^{n+1}x^n = 0, & \dfrac{n+1}{2} \leqslant x.
\end{cases} \tag{4.30}
$$

将上式进行相应的平移就可以得到以整数点 $0, \pm 1, \pm 2, \cdots$ 为节点的均匀 B 样条, 它与递推定义式 (4.1) 满足如下关系:

$$
N_{0,n}(x) = M_n\left(x-\frac{n+1}{2}\right). \tag{4.31}
$$

由性质 4.2.1 可知, 以整数点为节点的均匀 B 样条基函数的积分满足规范性.

性质 4.2.2 样条函数 $M_n(x)$ 按定义 4.24, 则

$$
\int_{-\infty}^{\infty} M_n(x)\mathrm{d}x = 1.
$$

B 样条函数还能够从 δ 函数出发来定义. δ 函数通常定义为

$$
\delta(x) = \begin{cases} \infty, & x = 0, \\ 0, & x \neq 0, \end{cases} \quad \int_{-\infty}^{\infty} \delta(x)\mathrm{d}x = 1.
$$

只要注意到

$$
x_+^0 = \int_{-\infty}^{x} \delta(t)\mathrm{d}t,
$$

$$
x_+^n = n\int_{-\infty}^{x} t_+^{n-1}\mathrm{d}t.
$$

记算子

$$
C \equiv \delta\int_{-\infty}^{x} = \int_{x-\frac{1}{2}}^{x+\frac{1}{2}},
$$

由于中心差分和积分算子可以交换, 于是将 (4.24) 式写成

$$
M_n(x) = C^{n+1}\delta(x), \tag{4.32}
$$

形式上更加简洁. 算子 C 中积分运算 $\int_{-\infty}^{x}$ 的作用是对函数的光滑, 中心差分 δ 的作用类似求导, 即积分的逆运算. 把两者结合起来, 函数 $f(x)$ 经过算子 C 作用以后, 应该比 $f(x)$ 更光滑, 又相像. 因此 C 也被称为磨光算子.

4.2.3 B 样条的光滑余因子方法

由以上介绍可知, B 样条函数的一个重要性质即为它的局部支集性质, 在这一小节中, 我们将利用光滑余因子方法, 从最小支集的角度来构造 B 样条函数.

关于一个非零的 n 次样条函数的最小支集所包含的节点个数有如下结论.

定理 4.2.3 如果 n 次样条函数 $s(x) \in \mathbb{S}_n(x_0, x_1, \cdots, x_N)$ 具有局部支集 (x_0, x_N), 也即满足条件

$$s(x) = 0, \quad 当 x \notin [x_0, x_N],$$

则除 $s(x) \equiv 0\ (-\infty < x < \infty)$ 之外, 必有 $N \geqslant n+1$.

证明 $s(x)$ 为分段的多项式, 因此记它在每个区间 $[x_i, x_{i+1}]$ 上的多项式为 $p_i(x)$, 即

$$p_i(x) = s(x)|_{[x_i, x_{i+1}]}, \quad i = 0, 1, \cdots, N.$$

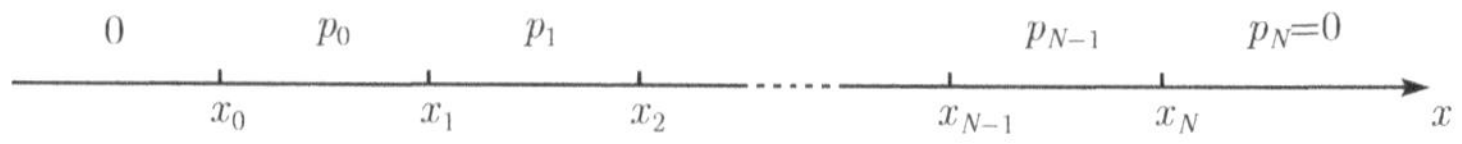

图 4.12 $s(x)$ 的节点与分段多项式表示

如图 4.12 所示, 由 $s(x)$ 在 $(-\infty, \infty)$ 上满足 C^{n-1} 阶连续, 因此相邻两个节点区间上的多项式之间应满足如下光滑条件:

$$p_i(x) - p_{i-1}(x) = c_i(x - x_i)^n, \quad i = 0, 1, \cdots, N.$$

按照与多元样条类似的定义, 每个 $c_i \in \mathbb{R}$ 称为相应节点 $x = x_i$ 的光滑余因子. 注意到当 $x \notin [x_0, x_N]$ 时, $s(x) = 0$. 于是有 $s(x)$ 的如下分段表示:

$$\begin{aligned} &p_0(x) = c_0(x - x_0)^n, \\ &p_1(x) = p_0(x) + c_1(x - x_1)^n, \\ &\cdots\cdots\cdots\cdots \\ &p_N(x) = p_{N-1}(x) + c_N(x - x_N)^n. \end{aligned} \tag{4.33}$$

由 $p_N(x) = 0$, 得到光滑余因子 $c_0, c_1, \cdots, c_N$ 需要满足如下协调方程:

$$\sum_{i=0}^{N} c_i(x - x_i)^n \equiv 0. \tag{4.34}$$

为方便讨论, 可将上述方程转化为

$$\sum_{i=0}^{N} c_i(x+x_i)^n \equiv 0.$$

上式左端为一个 n 次多项式, 它恒为零的充要条件即为 $n+1$ 个系数为零, 由此得到以 $c_0, c_1, \cdots, c_N$ 为未知量的线性方程组

$$\begin{pmatrix} 1 & 1 & \cdots & 1 \\ \binom{n}{1}x_0 & \binom{n}{1}x_1 & \cdots & \binom{n}{1}x_N \\ \vdots & \vdots & & \vdots \\ \binom{n}{n}x_0^n & \binom{n}{n}x_1^n & \cdots & \binom{n}{n}x_N^n \end{pmatrix} \begin{pmatrix} c_0 \\ c_1 \\ \vdots \\ c_N \end{pmatrix} = \begin{pmatrix} 0 \\ 0 \\ \vdots \\ 0 \end{pmatrix}.$$

它等价于线性方程组

$$\begin{pmatrix} 1 & 1 & \cdots & 1 \\ x_0 & x_1 & \cdots & x_N \\ \vdots & \vdots & & \vdots \\ x_0^n & x_1^n & \cdots & x_N^n \end{pmatrix} \begin{pmatrix} c_0 \\ c_1 \\ \vdots \\ c_N \end{pmatrix} = \begin{pmatrix} 0 \\ 0 \\ \vdots \\ 0 \end{pmatrix}. \tag{4.35}$$

显然, 当节点 $x_0, x_1, \cdots, x_N$ 互不相等时, 此方程组的系数矩阵 (记为 $\boldsymbol{A}$) 的秩为

$$\operatorname{rank}(\boldsymbol{A}) = \min\{n+1, N+1\}.$$

此方程组以 $c_0, c_1, \cdots, c_N$ 为未知量, 如果它只有零解, 则对应样条函数 $s(x) \equiv 0$ $(-\infty < x < \infty)$. 因此 $s(x)$ 不退化的充要条件即为线性方程组 (4.35) 存在非零解, 于是 $N+1 > \operatorname{rank}(\boldsymbol{A})$, 即

$$N \geqslant n+1.$$

定理证毕.

由定理 4.2.3, n 次样条函数 $s(x)$ 如果具有最小的局部支集, 则支集应该含有 $n+2$ 个节点, 或 $n+1$ 个节点区间, 例如, $\{x_0, x_1, \cdots, x_{n+1}\}$. 再由 B 样条基函数的局部支集性质 4.1.1 可知, 它也是 n 次 B 样条基函数 $N_{0,n}$ 的局部支集.

由此, 我们很自然地会有一个问题: 与 n 次 B 样条基函数 $N_{i,n}$ 具有相同支集的 n 次样条函数 $s(x)$ 与 $N_{i,n}$ 有何种关系?

事实上, 由定理 4.2.3 的证明过程可知, 定义在同一个最小的局部支集上的 n 次样条函数是线性相关的.

定理 4.2.4　如果 n 次样条函数 $s(x)$ 具有最小的局部支集 $\{x_0, x_1, \cdots, x_{n+1}\}$, 则其他以 $\{x_0, x_1, \cdots, x_{n+1}\}$ 为局部支集的 n 次样条函数 $\tilde{s}(x)$ 与 $s(x)$ 只能相差一个常数倍, 即存在常数 λ 使得

$$\tilde{s}(x) = \lambda s(x).$$

证明　只需在定理 4.2.3 的证明中, 令 $N = n + 1$, 则线性方程组 (4.35) 的解空间的维数为

$$(N + 1) - \operatorname{rank}(\boldsymbol{A}) = 1.$$

而 n 次样条函数 $s(x)$ 和 $\tilde{s}(x)$ 都以 $\{x_0, x_1, \cdots, x_{n+1}\}$ 为局部支集, 则它们相应的光滑余因子 $c_0, c_1, \cdots, c_{n+1}$ 和 $\tilde{c}_0, \tilde{c}_1, \cdots, \tilde{c}_{n+1}$ 都满足线性方程组 (4.35), 因此它们线性相关, 即存在常数 λ 使得 $\tilde{c}_i = \lambda c_i (i = 0, 1, \cdots, n + 1)$. 再由 $s(x)$ 和 $\tilde{s}(x)$ 的分段表示式 (4.33) 可知 $\tilde{s}(x) = \lambda s(x)$. 定理证毕.

因此, 我们可以得到 B 样条基函数的一个性质.

性质 4.2.3　*B 样条基函数的局部支集是最小的. 具有与其相同局部支集的同次样条函数只能和它相差一个常数倍.*

从构造 B 样条函数的角度来看, 我们可以先求解线性方程组 (4.35), 然后再确定常数 λ 即可. 这可以通过让它满足某种性质而得到.

下面以构造等距节点 $\{0, 1, 2, 3, 4\}$ 上的 3 次样条函数为例. 在方程组 (4.35) 中取 $n = 3$, $N = 4$, $x_i = i$ $(i = 0, 1, \cdots, 4)$, 解得相应的光滑余因子为

$$c_0 = \lambda, \quad c_1 = -4\lambda, \quad c_2 = 6\lambda, \quad c_3 = -4\lambda, \quad c_4 = \lambda.$$

于是得到一个 3 次样条函数 $s(x)$ 的分段表达式

$$s(x) = \begin{cases} \lambda x^3, & x \in [0, 1), \\ \lambda(4 - 12x + 12x^2 - 3x^3), & x \in [1, 2), \\ \lambda(-44 + 60x - 24x^2 + 3x^3), & x \in [2, 3), \\ \lambda(4 - x)^3, & x \in [3, 4), \\ 0, & \text{其他}. \end{cases}$$

将 $s(x)$ 平移即可得到一组样条函数 $B_i(x) = s(x - i)(i = \cdots, 0, 1, \cdots)$. 为了确定 λ, 考虑使 $B_i(x)$ 在各节点处满足单位分解性, 即

$$\sum_{i = \cdots, 0, 1, \cdots} B_i(j) = 1, \quad j = \cdots, 0, 1, \cdots.$$

注意到

$$s(0) = 0, \quad s(1) = \lambda, \quad s(2) = 4\lambda, \quad s(3) = \lambda, \quad s(4) = 0,$$

由 $s(x)$ 的局部支集性和平移的性质,

$$\sum_{i = \cdots, 0, 1, \cdots} B_i(j) = \sum_{j=0}^{4} s(j) = 6\lambda.$$

解得

$$\lambda = \frac{1}{6}.$$

故 $s(x)$ 确实为递推定义式 (4.1) 中的 3 次均匀 B 样条 $N_{0,3}(x)$.

其他次数的均匀 B 样条和非均匀 B 样条可按上述方法类似得到.

4.3 B 样条曲线

4.3.1 B 样条曲线的定义及基本性质

定义 4.3.1 设有 $n+1$ 个空间向量 $\{\boldsymbol{P}_i\}_{i=0}^n \in \mathbb{R}^3$, $N_{i,p}(u)$ 是定义在节点向量 $U=\{u_0,u_1,\cdots,u_{n+p+1}\}$ $(u_i \leqslant u_{i+1}, i=0,1,\cdots,n+p)$ 上的 p 次 B 样条基函数 $(n \geqslant p)$, 则称

$$\boldsymbol{P}(u)=\sum_{i=0}^{n}\boldsymbol{P}_i N_{i,p}(u), \quad u\in[u_p,u_{n+1}] \tag{4.36}$$

为相应于节点向量 U 的 p 次非均匀 (non-uniform) 的 B 样条曲线, 称 $\boldsymbol{P}_i$ 为控制顶点, 折线 $\boldsymbol{P}_0\cdots\boldsymbol{P}_n$ 为控制多边形.

注 (1) 对定义 4.3.1 中, B 样条曲线参数域 $[u_p,u_{n+1}]$ 的解释: (4.36) 式中的 B 样条曲线 $\boldsymbol{P}(u)$ 相关的 B 样条为 $N_{0,p}(u),N_{1,p}(u),\cdots,N_{n,p}(u)$. 由 B 样条函数的局部支集性质, $N_{i,p}(u)$ 的局部支集为 $[u_i,u_{i+p+1}]$, 因此这 $n+1$ 个 B 样条函数所需的节点向量为 $\{u_0,u_1,\cdots,u_{n+p+1}\}$.

(2) 由 B 样条函数的基底性质, 每个节点区间 $[u_i,u_{i+1}]$ 对应 $p+1$ 个 p 次的 B 样条函数 $N_{i-p,p}(u),\cdots,N_{i,p}(u)$. 而只有 $[u_p,u_{n+1}]$ 中的每个节点区间对应 $N_{0,p}(u),N_{1,p}(u),\cdots,N_{n,p}(u)$ 中的 $p+1$ 个函数, 因此, 把 $[u_p,u_{n+1}]$ 作为 B 样条曲线 $\boldsymbol{P}(u)$ 的参数定义域. 这样, $[u_p,u_{n+1}]$ 中的每个节点区间 $[u_i,u_{i+1}]$ 对应 $p+1$ 个控制顶点 $\boldsymbol{P}_{i-p},\cdots,\boldsymbol{P}_i$. 显然, 控制顶点的个数至少为 $p+1$ 个, 即为定义 (4.3.1) 式中的条件 $n\geqslant p$.

为计算给定 u 值所对应的 B 样条曲线上的一点: 需先找出包含 u 的节点支撑; 计算非零基函数; 非零基函数的值乘以相应的控制顶点.

例 4.3.1 设节点向量 $\boldsymbol{U}=\{0,0,0,1,2,3,4,4,5,5,5\}$, $p=2$. 求该 2 次 B 样条曲线在 $u=5/2$ 处的值. 因为 $u\in[u_4,u_5)$, 且

$$N_{2,2}\left(\frac{5}{2}\right)=\frac{1}{8}, \quad N_{3,2}\left(\frac{5}{2}\right)=\frac{6}{8}, \quad N_{4,2}\left(\frac{5}{2}\right)=\frac{1}{8}.$$

乘以相应的控制顶点即得

$$\boldsymbol{P}\left(\frac{5}{2}\right)=\frac{1}{8}\boldsymbol{P}_2+\frac{6}{8}\boldsymbol{P}_3+\frac{1}{8}\boldsymbol{P}_4.$$

因为 B 样条基函数的性质, 使得 B 样条曲线 (4.36) 式具有如下的性质.

性质 4.3.1 几何不变性和仿射不变性. 由 B 样条基函数的单位分解性质易知.

性质 4.3.2 分段光滑的参数多项式曲线. B 样条曲线 (4.36) 在每一节点区间 $[u_i, u_{i+1}]$ 上是关于参数 u 的 p 次多项式曲线

$$\boldsymbol{P}(u) = \sum_{j=i-p}^{i} \boldsymbol{P}_j N_{j,p}(u), \quad u \in [u_i, u_{i+1}].$$

因此 B 样条曲线是一条分段多项式曲线, 它的次数 p, 控制顶点数 $n+1$ 和节点数 $m+1$ 满足关系式

$$m = n + p + 1.$$

每增加一个控制顶点, 相应增加一个节点, 从而增加一段曲线. 如图 4.13 所示, 一条 3 次 B 样条曲线, 由控制顶点 $\boldsymbol{P}_0, \boldsymbol{P}_1, \cdots, \boldsymbol{P}_8$ 确定. 它可分解为 6 段参数多项式曲线, 分别由顺序的 4 个控制顶点确定. 图 4.13 中连续两段曲线用实线和虚线表示, 以示区别.

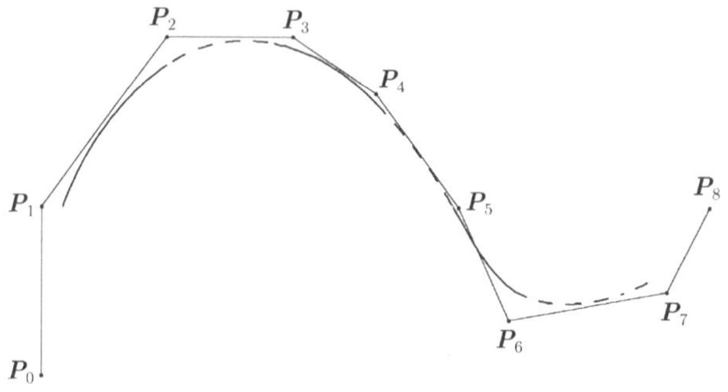

图 4.13 一条 3 次 B 样条曲线的分段表示情况

性质 4.3.3 局部调整性. 由于 B 样条基函数的局部支集性质, 每个控制顶点 $\boldsymbol{P}_i$ 只对相应基函数 $N_{i,p}$ 的支集 $[u_i, u_{i+p+1}]$ 内的曲线有贡献. 换句话说, 对 $\boldsymbol{P}_i$ 的调整, 只会影响 B 样条曲线在 $[u_i, u_{i+p+1}]$ 的对应部分. 这就大大增强了 B 样条曲线的灵活性. 如图 4.14 所示, 移动图中 3 次 B 样条曲线的控制顶点 $\boldsymbol{P}_4$, 只影响了与 $\boldsymbol{P}_4$ 有关的四段曲线, 而曲线的其他部分保持不动.

性质 4.3.4 强凸包性. 由 B 样条基函数的非负性和单位分解性, B 样条曲线 (4.36) 包含于它的控制多边形的凸包中. 再由 B 样条基函数的局部支集性, B 样条曲线具有比 Bézier 曲线更强的凸包性质.

事实上, 若 $u \in [u_i, u_{i+1}]$, $p \leqslant i \leqslant n$, 则 $\boldsymbol{P}(u)$ 即为一段只与 $p+1$ 个控制顶点

$\boldsymbol{P}_{i-p}, \boldsymbol{P}_{i-p+1}, \cdots, \boldsymbol{P}_i$ 有关的多项式曲线 $\sum\limits_{j=i-p}^{i} \boldsymbol{P}_j N_{j,p}(u)$. 由其对应的 B 样条基函数 $N_{i-p}(u), N_{i-p+1}(u), \cdots, N_i(u)$ 在区间 $[u_i, u_{i+1}]$ 上的非负性和单位分解性, 即知此段曲线 $\boldsymbol{P}(u)$ 包含在控制顶点 $\boldsymbol{P}_{i-p}, \boldsymbol{P}_{i-p+1}, \cdots, \boldsymbol{P}_i$ 的凸包中. 如图 4.15 所示, 3 次 B 样条曲线分解成的六段多项式曲线, 分别位于其相应的 4 个控制顶点的凸包之中.

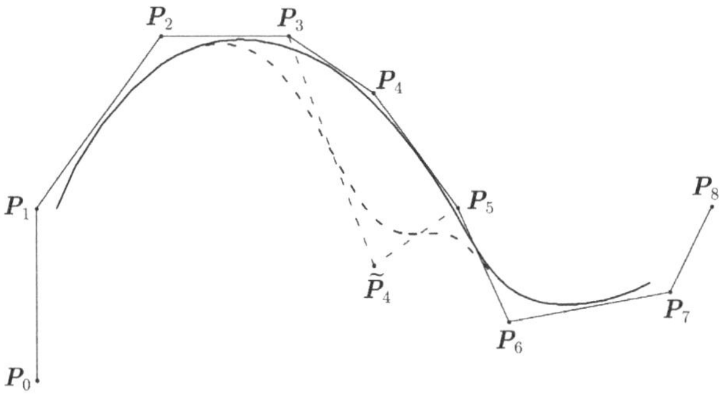

图 4.14　移动 $\boldsymbol{P}_4$ 时对 3 次 B 样条曲线的影响

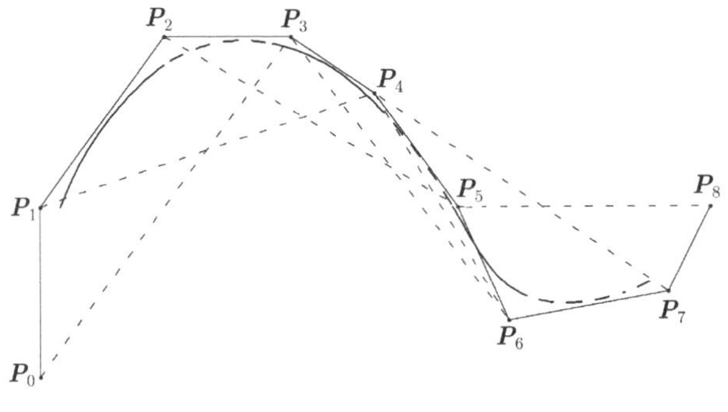

图 4.15　3 次 B 样条曲线的强凸包性

性质 4.3.5　连续阶性质. 当某节点 u_j 的重数为 $m_j \geqslant 1$, 则以 u_j 为内点的支集所对应的 p 次 B 样条基函数 $N_{i,p}$ 在 u_j 的连续阶降低为 $p - m_j$, 因此相应的 B 样条曲线 (4.36) 在 u_j 的连续阶为 $p - m_j$. 而整条曲线的连续阶 $C \geqslant p - \max_{u_p \leqslant u_j \leqslant u_{n+1}}\{$节点 u_j 的重数 $m_j\}$.

性质 4.3.6　重节点的插值性质. 当 p 次 B 样条曲线 (4.36) 的节点向量 $\{u_0, u_1, \cdots, u_{n+p+1}\}$ 中的内节点 u_j 的重数达到 p 重时, 只有以 $\{u_{j-1}, \underbrace{u_j, \cdots, u_j}_{p\text{个}}, u_{j+1}\}$ 为支集的基函数在 u_j 取值为 1, 其余基函数在 u_j 取值为 0. 因此 B 样条曲线插值于该基函数对应的控制顶点. 而当左端节点 u_0 的重数为 $p+1$ 时, 只有以

$\{\underbrace{u_0, \cdots, u_0}_{p+1个}, u_{p+1}\}$ 为支集的基函数在 u_0 上取值为 1, 其余基函数在 u_0 上取值为 0. 这时, B 样条曲线插值于第一个控制顶点. 同样, 当右端节点 u_{n+p+1} 的重数为 $p+1$ 时, 则只有以 $\{u_n, \underbrace{u_{n+p+1}, \cdots, u_{n+p+1}}_{p+1个}\}$ 为支集的基函数在 u_{n+p+1} 上取值为 1, 其余基函数在 u_{n+p+1} 上取值为 0. 相应地, B 样条曲线插值于最后一个控制顶点.

如图 4.16(a) 所示为一条以 $\boldsymbol{U} = \{0,1,2,3,4,5,6,7,8,9,10\}$ 为节点向量的 2 次 B 样条曲线

$$\boldsymbol{P}(u) = \sum_{i=0}^{7} \boldsymbol{P}_i N_{i,2}(u), \quad u \in [2,8].$$

当采用节点向量 $\boldsymbol{U} = \{0,0,0,1,2,3,4,4,5,5,5\}$ 时, 相应的 2 次 B 样条基函数如图 4.3 所示. 图 4.16(b) 显示了由相同控制顶点确定的 2 次 B 样条曲线. 由于节点向量中出现了两个 3 重的端节点和一个 2 重的内节点, 因此该曲线插值于控制顶点 $\boldsymbol{P}_0$, $\boldsymbol{P}_5$ 和 $\boldsymbol{P}_7$. 另外, 从图中也可看出此时曲线在插值 $\boldsymbol{P}_5$ 点 (相应于内部重节点 4) 处的连续阶降为 0.

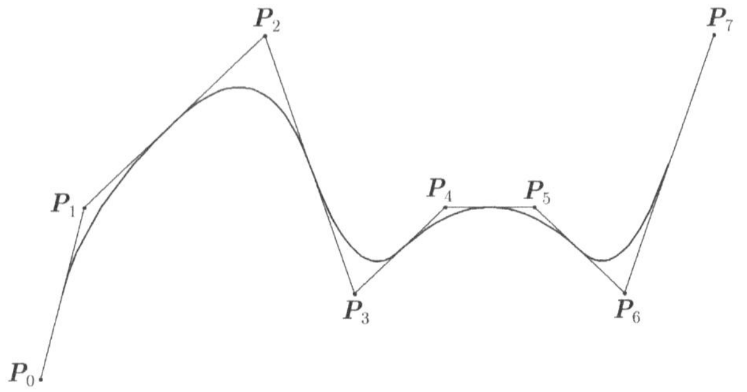

(a) 节点向量 $U = \{0,1,2,3,4,5,6,7,8,9,10\}$ 对应的 2 次 B 样条曲线

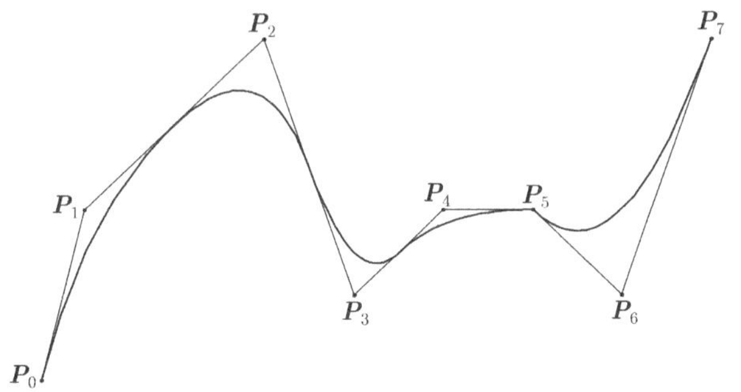

(b) 节点向量 $U = \{0,0,0,1,2,3,4,4,5,5,5\}$ 对应的 2 次 B 样条曲线

图 4.16 2 次 B 样条曲线的重节点插值性质

性质 4.3.7　退化性质. 当 $n=p$, 且 $\boldsymbol{U}=\{\underbrace{0,\cdots,0}_{p+1\text{ 个}},\underbrace{1,\cdots,1}_{p+1\text{ 个}}\}$ 时 B 样条基函数退化为 Bernstein 基函数. 因此, B 样条曲线 (4.36) 退化为相应控制顶点的 p 次 Bézier 曲线. 而当内部节点出现 $\{u_{j-1},\underbrace{u_j,\cdots,u_j}_{p\text{个}},\underbrace{u_{j+1},\cdots,u_{j+1}}_{p\text{个}},u_{j+2}\}$ 时, 相应 p 次 B 样条曲线在区间 $[u_j,u_{j+1}]$ 上的多项式曲线段为参数变换 $t=\dfrac{u-u_j}{u_{j+1}-u_j}$ 下的 p 次 Bézier 曲线. 所以, B 样条曲线可以看成是 Bézier 曲线的一种推广.

例如, 图 4.16(b) 中的 2 次 B 样条曲线在区间 [4, 5] 上的部分即为以 $\boldsymbol{P}_5$, $\boldsymbol{P}_6$ 和 $\boldsymbol{P}_7$ 为控制顶点的 2 次 Bézier 曲线.

考虑到重节点对 B 样条曲线的影响, 我们称定义在一般节点向量 $\boldsymbol{U}=\{u_0,u_1,\cdots,u_{n+p+1}\}$ 上的 B 样条曲线为非均匀 B 样条曲线. 特别地, 有如下的特殊情况:

(1) 当节点向量为等距分布时, 即 $u_j=u_0+jh$, h 为统一的步长, 这时对应的 B 样条曲线称为均匀 B 样条曲线. 采用均匀节点的优点在于 B 样条基函数具有平移性质, 计算较为简单.

(2) 当节点向量在端节点的重数为 $p+1$, 其余内部节点等距分布时, 即 $u_0=u_1=\cdots=u_p$, $u_j=u_0+jh\ (j=p+1,p+2,\cdots,n+1)$, $u_{n+1}=u_{n+2}=\cdots=u_{n+p+1}$, 这时对应的 p 次 B 样条曲线称为准均匀 B 样条曲线. 采用这样的节点向量的 B 样条曲线满足端点插值性质, 同时内部的曲线段还具有一定的均匀 B 样条的特点.

(3) 当节点向量在端节点的重数为 $p+1$, 其余内部节点的重数为 p 时, 由 B 样条曲线的退化性质即知, 此时对应的 p 次 B 样条曲线在每个节点区间上的多项式曲线段即为相应控制顶点的 p 次 Bézier 曲线, 因此称为分段 Bézier 曲线.

4.3.2　B 样条曲线的几何作图法

由 B 样条曲线的定义和 B 样条函数的递推公式, 在节点区间 $[u_i,u_{i+1}]$ 上,

$$\begin{aligned}\boldsymbol{P}(u)&=\sum_{j=0}^{n}\boldsymbol{P}_jN_{j,p}(u)=\sum_{j=i-p}^{i}\boldsymbol{P}_jN_{j,p}(u)\\&=\sum_{j=i-p}^{i}\boldsymbol{P}_j\left(\frac{u-u_j}{u_{j+p}-u_j}N_{j,p-1}(u)+\frac{u_{j+p+1}-u}{u_{j+p+1}-u_{j+1}}N_{j+1,p-1}(u)\right)\\&=\sum_{j=i-p+1}^{i}\left(\frac{u_{j+p}-u}{u_{j+p}-u_j}\boldsymbol{P}_{j-1}+\frac{u-u_j}{u_{j+p}-u_j}\boldsymbol{P}_j\right)N_{j,p-1}(u).\end{aligned}$$

上式的最后一个等式需注意到支集为 $[u_{i-p},u_{i+1}]$ 上的 p 次 B 样条基函数 $N_{i-p,p}$ 由 $p-1$ 次的 B 样条基函数 $N_{i-p,p-1}$ 和 $N_{i-p+1,p-1}$ 组合得到. 但是 $N_{i-p,p-1}$ 的支集

为 $[u_{i-p}, u_i]$, 对所讨论区间 $[u_i, u_{i+1}]$ 没有贡献, 故可以不考虑. 同理可知, $N_{i+1,p-1}$ 也可不考虑.

这说明, 可以把 p 次的 B 样条曲线看成是一条 $p-1$ 次的 B 样条曲线, 新的控制顶点为原来相邻两个控制顶点的加权平均, 其中 “权” 系数依赖于参数 u. 由此可得 B 样条曲线上某一点递归求值的 de Boor 算法. 令

$$\begin{cases} \boldsymbol{P}_j^0(u) = \boldsymbol{P}_j^0 = \boldsymbol{P}_j, \quad j = i-p, i-p+1, \cdots, i, \\ \boldsymbol{P}_j^r(u) = (1-\alpha_j^r)\boldsymbol{P}_{j-1}^{r-1}(u) + \alpha_j^r \boldsymbol{P}_j^{r-1}(u), \\ \alpha_j^r = \dfrac{u-u_j}{u_{j+p+1-r}-u_j}, \quad r = 1, 2, \cdots, p, \ j = i-p+r, i-p+r+1, \cdots, i. \end{cases} \tag{4.37}$$

则可以把上式表示为

$$\begin{aligned} \boldsymbol{P}(u) &= \sum_{j=i-p}^{i} \boldsymbol{P}_j N_{j,p}(u) = \sum_{j=i-p+1}^{i} \boldsymbol{P}_j^1(u) N_{j,p-1}(u) \\ &= \cdots = \sum_{j=i-p+r}^{i} \boldsymbol{P}_j^r(u) N_{j,p-r}(u) = \cdots = \boldsymbol{P}_i^p(u). \end{aligned}$$

$\boldsymbol{P}_i^p(u)$ 即为所求的 $\boldsymbol{P}(u)$. 控制顶点的递推关系如下列所示:

$$\begin{array}{ccccc} \boldsymbol{P}_{i-p}^0 & & & & \\ & \boldsymbol{P}_{i-p+1}^1(u) & & & \\ \boldsymbol{P}_{i-p+1}^0 & & \ddots & & \\ & \boldsymbol{P}_{i-p+2}^1(u) & & \boldsymbol{P}_{i-1}^{p-1}(u) & \\ \boldsymbol{P}_{i-p+2}^0 & & \ddots & & \boldsymbol{P}_i^p(u) \\ & \vdots & & \boldsymbol{P}_i^{p-1}(u) & \\ \vdots & & \ddots & & \\ & \boldsymbol{P}_i^1(u) & & & \\ \boldsymbol{P}_i^0 & & & & \end{array}$$

图 4.17 为在 $[0,1]$ 区间上的一段 3 次 B 样条曲线, 用几何作图法求 $\boldsymbol{P}\left(\dfrac{1}{2}\right)$.

相对于 Bézier 曲线的 de Casteljau 算法, B 样条曲线的 de Boor 算法也是一种几何作图求曲线值的方法. 它们都是通过对每一级的连续两个控制顶点加权平均得到下一级的控制顶点. 不同的是, Bézier 曲线的 de Casteljau 算法中的权系数只与所求的参数值有关, 每一级的递推采用相同的权系数. 而 B 样条曲线的 de Boor 算法相对要复杂一些, 因为它的权系数不仅依赖于参数值, 还依赖于节点向量, 而

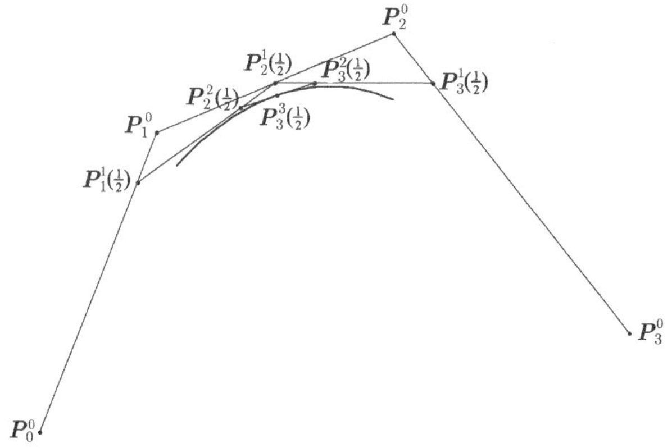

图 4.17　几何作图法求 3 次 B 样条曲线上一点

且不同级的权系数也在变化. 例如, 3 次 B 样条曲线在节点区间 $[u_i, u_{i+1}]$ 上的 de Boor 算法为

$$\begin{cases} \boldsymbol{P}_{i-2}^1(u) = \dfrac{u_{i+1}-u}{u_{i+1}-u_{i-2}}\boldsymbol{P}_{i-3}^0 + \dfrac{u-u_{i-2}}{u_{i+1}-u_{i-2}}\boldsymbol{P}_{i-2}^0, \\ \boldsymbol{P}_{i-1}^1(u) = \dfrac{u_{i+2}-u}{u_{i+2}-u_{i-1}}\boldsymbol{P}_{i-2}^0 + \dfrac{u-u_{i-1}}{u_{i+2}-u_{i-1}}\boldsymbol{P}_{i-1}^0, \\ \boldsymbol{P}_i^1(u) = \dfrac{u_{i+3}-u}{u_{i+3}-u_i}\boldsymbol{P}_{i-1}^0 + \dfrac{u-u_i}{u_{i+3}-u_i}\boldsymbol{P}_i^0; \end{cases}$$

$$\begin{cases} \boldsymbol{P}_{i-1}^2(u) = \dfrac{u_{i+1}-u}{u_{i+1}-u_{i-1}}\boldsymbol{P}_{i-2}^1(u) + \dfrac{u-u_{i-1}}{u_{i+1}-u_{i-1}}\boldsymbol{P}_{i-1}^1(u), \\ \boldsymbol{P}_i^2(u) = \dfrac{u_{i+2}-u}{u_{i+2}-u_i}\boldsymbol{P}_{i-1}^1(u) + \dfrac{u-u_i}{u_{i+2}-u_i}\boldsymbol{P}_i^1(u); \end{cases}$$

$$\boldsymbol{P}_i^3(u) = \frac{u_{i+1}-u}{u_{i+1}-u_i}\boldsymbol{P}_{i-1}^2(u) + \frac{u-u_i}{u_{i+1}-u_i}\boldsymbol{P}_i^2(u).$$

它们涉及的节点向量为 $\{u_{i-2}, u_{i-1}, \cdots, u_{i+3}\}$. 由 B 样条曲线的重节点性质可知, 当 $u_{i-2} = u_{i-1} = u_i = 0$, $u_{i+1} = u_{i+2} = u_{i+3} = 1$ 时, 3 次 B 样条曲线退化为 3 次 Bézier 曲线. 而上面的权因子都退化为 $1-u$ 和 u, 也即, de Boor 算法退化为 de Casteljau 算法. 同理可知, 当 p 次 B 样条曲线的两个相邻内节点的重数为 p, 或者为 $p+1$ 重的端节点 $\{0, 0, \cdots, 0, 1, 1 \cdots, 1\}$ 时, 相应节点区间上的 de Boor 算法退化为 de Casteljau 算法.

再利用 B 样条基函数的求导公式 (4.2), 在节点区间 $[u_i, u_{i+1}]$ 上, p 次 B 样条曲线的导函数为

$$\boldsymbol{P}'(u) = \sum_{j=i-p}^{i} \boldsymbol{P}_j N'_{j,p}(u)$$

$$
\begin{aligned}
&= \sum_{j=i-p}^{i} \boldsymbol{P}_j \left(\frac{p}{u_{j+p}-u_j} N_{j,p-1}(u) - \frac{p}{u_{j+p+1}-u_{j+1}} N_{j+1,p-1}(u) \right) \\
&= \sum_{j=i-p+1}^{i} \frac{p}{u_{j+p}-u_j} (\boldsymbol{P}_j - \boldsymbol{P}_{j-1}) N_{j,p-1}.
\end{aligned}
$$

于是, 令

$$
\begin{cases}
\boldsymbol{P}_j^0 = \boldsymbol{P}_j, \quad j = i-p, i-p+1, \cdots, i, \\
\boldsymbol{P}_j^r = \dfrac{p+1-r}{u_{j+p+1-r}-u_j} (\boldsymbol{P}_j^{r-1} - \boldsymbol{P}_{j-1}^{r-1}), \\
\qquad r = 1, 2, \cdots, p-1, \ j = i-p+r, i-p+r+1, \cdots, i.
\end{cases}
$$

则可得 B 样条曲线的 r 阶导函数为

$$
\boldsymbol{P}^{(r)}(u) = \sum_{j=i-p+r}^{i} \boldsymbol{P}_j^r N_{j,p-r}(u).
$$

此即为计算 p 次 B 样条曲线 r 阶导函数的 de Boor 算法.

4.3.3 B 样条曲线的节点插入算法

由 B 样条函数的节点插入性质 4.1.10, 在 p 次 B 样条曲线 $\boldsymbol{P}(u) = \sum\limits_{i=0}^{n} \boldsymbol{P}_i N_{i,p}(u)$, $u \in [u_p, u_{n+1}]$ 的节点向量 $U = \{u_0, u_1, \cdots, u_{n+p+1}\}$ 中插入一个节点 $u^* \in [u_i, u_{i+1}] \subset [u_p, u_{n+1}]$, 则增加一个 B 样条基函数, 对 B 样条曲线而言, 就增加一个相应的控制顶点. 插入节点 u^* 后的节点向量记为 U^1, 其上的 B 样条基函数记为 $N_{i,p}^1(u)$, 对应新的控制顶点记为 $\boldsymbol{P}_i^1$, 则原 B 样条曲线可以表示为 $\boldsymbol{P}(u) = \sum\limits_{i=0}^{n+1} \boldsymbol{P}_i^1 N_{i,p}^1(u)$, 新、老控制顶点满足如下关系:

$$
\begin{cases}
\boldsymbol{P}_j^1 = \boldsymbol{P}_j, & j = 0, 1, \cdots, i-p, \\
\boldsymbol{P}_j^1 = (1-\alpha_j)\boldsymbol{P}_{j-1} + \alpha_j \boldsymbol{P}_j, & j = i-p+1, i-p+2, \cdots, i, \\
\alpha_j = \dfrac{u^*-u_j}{u_{j+p}-u_j}, & \\
\boldsymbol{P}_j^1 = \boldsymbol{P}_{j-1}, & j = i+1, i+2, \cdots, n+1.
\end{cases}
\tag{4.38}
$$

如果继续插入节点, 则每次把新的节点向量重新排序之后, 重复上述过程即可, 最后得到的结果与插入节点的先后顺序无关.

如果重复插入同一个节点 $u^* \in [u_i, u_{i+1}]$, 则可以把第 r 次插入 u^* 后得到的节点向量记为 U^r, 相应的 B 样条基函数和控制顶点记为 $N_{j,p}^r(u)$ 和 $\boldsymbol{P}_j^r$ ($j = 0, 1, \cdots, n+r$). 注意到重节点的连续阶性质, 节点向量的内节点的重数最高为 p 重, 因此, 若 u^* 为已有的节点 u_i 或者 u_{i+1}, 则 $r = 1, 2, \cdots, p-1$, 否则若 $u^* \in (u_i, u_{i+1})$,

则 $r=1,2,\cdots,p$. 显然前一种情况是后一种情况的特例, 故下面假设 u^* 不是已有节点. 每插入 1 次 u^* 后的节点向量记为

$$\begin{aligned}
&\boldsymbol{U}^1=\{u_0^1,u_1^1,\cdots,u_i^1,u_{i+1}^1,\cdots,u_{n+p+2}^1\},\\
&\boldsymbol{U}^2=\{u_0^2,u_1^2,\cdots,u_i^2,u_{i+1}^2,\cdots,u_{n+p+3}^2\},\\
&\cdots\cdots\cdots\cdots\\
&\boldsymbol{U}^p=\{u_0^p,u_1^p,\cdots,u_i^p,u_{i+1}^p,\cdots,u_{n+2p+1}^p\},
\end{aligned}$$

其中

$$\begin{cases}
u_j^r=u_j, & j=0,1,\cdots,i,\\
u_j^r=u^*, & j=i+1,i+2,\cdots,i+r,\\
u_j^r=u_{j-r}, & j=i+r+1,i+r+2,\cdots,n+p+r+1,\\
& r=1,2,\cdots,p.
\end{cases}$$

每次插入节点 $u^*\in(u_i^{r-1},u_{i+1}^{r-1}]=(u_i,u^*]$, 记 $\boldsymbol{P}_j^0=\boldsymbol{P}_j$ $(j=0,1,\cdots,n)$, 则由公式 (4.38), $\boldsymbol{P}_j^r$ 与 $\boldsymbol{P}_j^{r-1}$ $(r=1,2,\cdots,p)$ 满足如下关系:

$$\begin{cases}
\boldsymbol{P}_j^r=\boldsymbol{P}_j^{r-1}, & j=0,1,\cdots,i-p,\\
\boldsymbol{P}_j^r=(1-\alpha_j^r)\boldsymbol{P}_{j-1}^{r-1}+\alpha_j^r\boldsymbol{P}_j^{r-1}, & j=i-p+1,i-p+2,\cdots,i,\\
\alpha_j^r=\dfrac{u^*-u_j^{r-1}}{u_{j+p}^{r-1}-u_j^{r-1}}, & \\
\boldsymbol{P}_j^r=\boldsymbol{P}_{j-1}^{r-1}, & j=i+1,i+2,\cdots,n+r.
\end{cases}$$

(1) 当 $j=i-p+1,i-p+2,\cdots,i-p+r-1$ 时, $u_j^{r-1}=u_j$, $u_{j+p}^{r-1}=u^*$, 则 $\alpha_j^r=1$, $\boldsymbol{P}_j^r=\boldsymbol{P}_j^{r-1}$.

(2) 当 $j=i-p+r,i-p+r+1,\cdots,i$ 时, $u_j^{r-1}=u_j$, $u_{j+p}^{r-1}=u_{j+p-r+1}$, 则 $\alpha_j^r=\dfrac{u^*-u_j}{u_{j+p-r+1}-u_j}$.

因此得到插入一个 r 重节点的递推算法

$$\begin{cases}
\boldsymbol{P}_j^0=\boldsymbol{P}_j, & j=0,1,\cdots,n,\\
\boldsymbol{P}_j^r=\boldsymbol{P}_j^{r-1}, & j=0,1,\cdots,i-p+r-1,\\
\boldsymbol{P}_j^r=(1-\alpha_j^r)\boldsymbol{P}_{j-1}^{r-1}+\alpha_j^r\boldsymbol{P}_j^{r-1}, & j=i-p+r,i-p+r+1,\cdots,i,\\
\alpha_j^r=\dfrac{u^*-u_j}{u_{j+p-r+1}-u_j}, & \\
\boldsymbol{P}_j^r=\boldsymbol{P}_{j-1}^{r-1}, & j=i+1,i+2,\cdots,n+r,\\
& r=1,2,\cdots,p.
\end{cases}\tag{4.39}$$

其中, $j=i-p+r,i-p+r+1,\cdots,i$ 的部分即为 B 样条曲线 de Boor 算法的控制顶点递推公式 (4.37).

事实上, 当重复 p 次插入同一个节点 $u^*\in(u_i,u_{i+1})$ 之后, 节点向量 U^p 对应的第 i 个 B 样条基函数 $N_{i,p}^p(u)$ 的支集为$\{u_i^p,u_{i+1}^p,\cdots,u_{i+p+1}^p\}=\{u_i,\underbrace{u^*,\cdots,u^*}_{p\text{个}},u_{i+1}\}$, 由重节点的插值性质, B 样条曲线插值于控制顶点 $\boldsymbol{P}_i^p=\boldsymbol{P}(u^*)$. 因此, 可以把 B 样条曲线一点 $u=u^*$ 求值的 de Boor 算法看作是重复 p 次插入 $u^*\in(u_i,u_{i+1})$ 的节点插入算法. 它同时也给出了 B 样条曲线在 u^* 点处的分割, 原曲线可表示为两条 p 次 B 样条曲线, 控制顶点分别为 $\boldsymbol{P}_0^p,\boldsymbol{P}_1^p,\cdots,\boldsymbol{P}_i^p$ 和 $\boldsymbol{P}_i^p,\boldsymbol{P}_{i+1}^p,\cdots,\boldsymbol{P}_{n+p}^p$, 节点向量为 U^p 在 u^* 处的分割, 并分别把 u^* 补充为 $p+1$ 重端节点.

由以上讨论, 可得如下节点插入的性质:

(1) B 样条曲线的节点向量 $\boldsymbol{U}=\{u_0,u_1,\cdots,u_{n+p+1}\}$ 包含了曲线定义域 $[u_p,u_{n+1}]$ 之外的节点, 但插入的节点 u^* 应在定义域之内, 即 $u^*\in[u_i,u_{i+1}]\subset[u_p,u_{n+1}]$. 否则, 若 $u^*\notin[u_p,u_{n+1}]$, 则增加的 B 样条基函数对曲线定义域 $[u_p,u_{n+1}]$ 没有贡献, 从而使得相应的控制顶点失去意义.

(2) p 次 B 样条曲线的节点插入算法是一个局部过程. 插入一个 r 重节点 u^*, 只影响到支集包含 u^* 为内点的 B 样条基函数, 因此由与之相关的 $p-r+1$ 个新的控制顶点代替 $p-r$ 个老的控制顶点, 其余控制顶点保持不变.

(3) 当插入多个节点时, 最后的结果与插入节点的先后顺序无关.

(4) 插入的 r 重节点改变了与之相关的 B 样条基函数的可微性, 连续阶为 $p-r$, 因此插入内部节点最高重数为 p, 但是并不改变 B 样条曲线在该点的连续阶. 事实上, 新、老控制顶点都确定同一条 B 样条曲线, 而新的控制顶点满足了保持原曲线可微性的参数连续条件.

(5) 在一条 p 次 B 样条曲线的节点向量 $\boldsymbol{U}=\{u_0,u_1,\cdots,u_{n+p+1}\}$ 中不断重复的插入曲线定义域 $[u_p,u_{n+1}]$ 内的全部已有节点, 使得内部节点 $u_p,\cdots,u_{n+1}$ 的重数都为 p, 则最终将得到这条 B 样条曲线的分段 Bézier 曲线表示和相应的控制顶点.

(6) 当插入节点无限加密时, 其控制多边形序列将收敛到所定义的 B 样条曲线.

下面举几个 3 次 B 样条曲线插入节点的例子以示说明:

(1) 在一条 3 次 B 样条曲线的节点区间 (u_3,u_4) 中连续插入两个节点 u^* 和 u^{**}, 图 4.18(a) 和图 4.18(b) 分别显示了先插入 u^*, 再插入 u^{**} 和先插入 u^{**}, 再插入 u^* 时相应的控制顶点递推关系. 由图中可以看出, 两种情况最后均得到相同的控制顶点 $\boldsymbol{P}_1^2,\boldsymbol{P}_2^2,\cdots,\boldsymbol{P}_4^2$, 与插入节点的先后顺序无关.

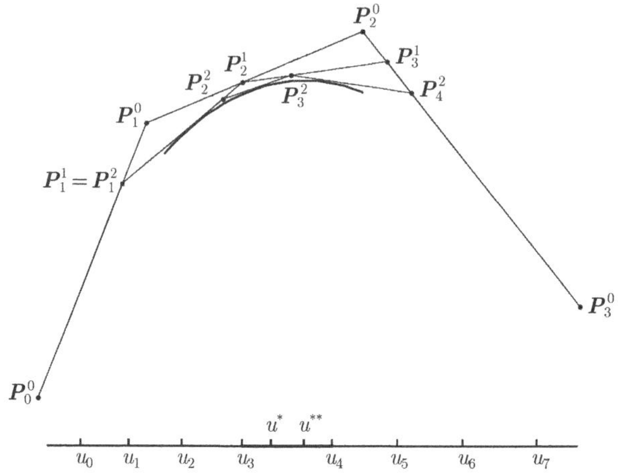

(a) 先插入 u^*, 再插入 u^{**}

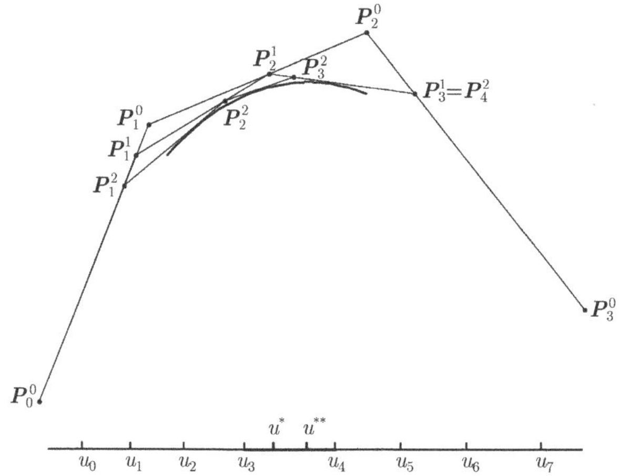

(b) 先插入 u^{**}, 再插入 u^*

图 4.18 在一条 3 次 B 样条曲线的节点区间中连续插入两个节点 u^* 和 u^{**}

(2) 在一条 3 次 B 样条曲线的节点向量中重复 2 次插入已有节点 u_3, 使得 u_3 成为 3 重节点, 因此 B 样条曲线插值于对应于支集为 $\{u_2, u_3, u_3, u_3, u_4\}$ 的 B 样条基函数的控制顶点 $\boldsymbol{P}_2^2$. 图 4.19 显示了相应的控制顶点递推关系.

(3) 在一条 3 次 B 样条曲线的节点区间 (u_3, u_4) 中重复 3 次插入节点 u^*, 使得 u^* 成为 3 重节点, 因此 B 样条曲线插值于对应于支集为 $\{u_3, u^*, u^*, u^*, u_4,\}$ 的 B 样条基函数的控制顶点 $\boldsymbol{P}_3^3$. 此即为求曲线在 $u = u^*$ 点值的 de Boor 算法, 图 4.20 显示了相应的控制顶点递推关系.

性质 4.3.8 平面 B 样条曲线的变差缩减性质. 当 B 样条曲线 (4.36) 的控制

顶点都在同一平面内, 这时, B 样条曲线也成为该平面内的一条曲线. 则平面 B 样条曲线与此平面内任一直线的交点个数不会多于它的控制多边形与该直线的交点个数.

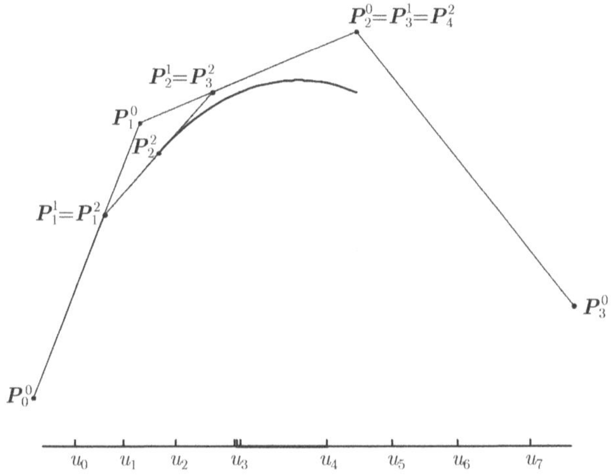

图 4.19　在一条 3 次 B 样条曲线的节点向量中重复 2 次插入已有节点 u_3

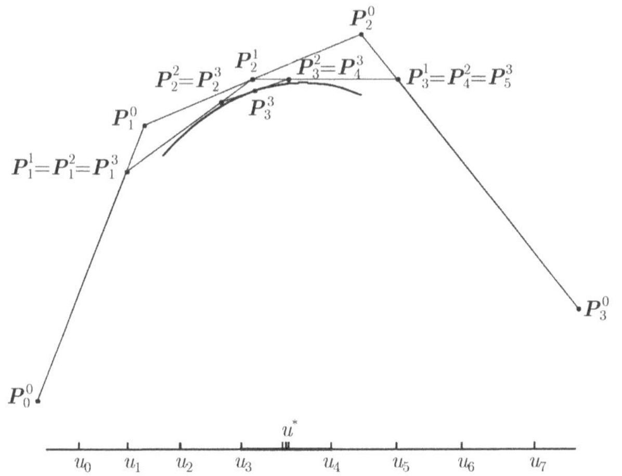

图 4.20　在一条 3 次 B 样条曲线的节点区间 (u_3, u_4) 中重复 3 次插入节点 u^*

证明　由 B 样条曲线的节点插入算法, 不断重复插入曲线定义域内的全部节点, 使得内部节点的重数都为 p, 则得到 B 样条曲线的分段 Bézier 曲线表示和相应的控制顶点. 注意到, 每次插入一个节点, 得到新的控制顶点都落在原控制多边形上, 也即, 新的控制多边形内接于原控制多边形. 显然, 这个过程是保持变差缩减性质的, 也即, 平面多边形与此平面内任一直线的交点个数不会少于它的内接多边形与该直线的交点个数. 故由 Bézier 曲线的变差缩减性质, 平面 B 样条曲线与此平面内任一直线的交点个数不会多于它的分段 Bézier 控制多边形与该直线的交点个数, 进而, 不会多于初始 B 样条曲线控制多边形与该直线的交点个数.

与平面 Bézier 曲线类似, 保凸性可视为变差缩减性质的一个特例, 因此有

性质 4.3.9 平面 B 样条曲线的保凸性. 当 B 样条曲线的控制多边形是凸的, 则所定义的 B 样条曲线也是凸的.

4.4 常用的低次 B 样条曲线

4.4.1 0 次 B 样条曲线

由 B 样条曲线定义 4.3.1, $n+1$ 个控制顶点 $\boldsymbol{P}_0, \boldsymbol{P}_1, \cdots, \boldsymbol{P}_n$ 确定的 0 次 B 样条曲线为

$$\boldsymbol{P}(u) = \sum_{i=0}^{n} \boldsymbol{P}_i N_{i,0}(u) = \begin{cases} \boldsymbol{P}_0, & u \in [u_0, u_1), \\ \boldsymbol{P}_1, & u \in [u_1, u_2), \\ \cdots\cdots\cdots\cdots \\ \boldsymbol{P}_n, & u \in [u_n, u_{n+1}). \end{cases} \tag{4.40}$$

因此, 0 次 B 样条曲线即表示 $n+1$ 个控制顶点 $\boldsymbol{P}_0, \boldsymbol{P}_1, \cdots, \boldsymbol{P}_n$.

4.4.2 1 次 B 样条曲线

由 B 样条曲线定义 4.3.1, $n+1$ 个控制顶点 $\boldsymbol{P}_0, \boldsymbol{P}_1, \cdots, \boldsymbol{P}_n$ 确定的 1 次 B 样条曲线为

$$\boldsymbol{P}(u)=\sum_{i=0}^{n} \boldsymbol{P}_i N_{i,1}(u)=\begin{cases} \dfrac{u_2-u}{u_2-u_1}\boldsymbol{P}_0+\dfrac{u-u_1}{u_2-u_1}\boldsymbol{P}_1, & u \in [u_1, u_2), \\ \dfrac{u_3-u}{u_3-u_2}\boldsymbol{P}_1+\dfrac{u-u_2}{u_3-u_2}\boldsymbol{P}_2, & u \in [u_2, u_3), \\ \cdots\cdots\cdots\cdots \\ \dfrac{u_{n+1}-u}{u_{n+1}-u_n}\boldsymbol{P}_{n-1}+\dfrac{u-u_n}{u_{n+1}-u_n}\boldsymbol{P}_n, & u \in [u_n, u_{n+1}). \end{cases} \tag{4.41}$$

因此, 1 次 B 样条曲线即表示顺序连接 $n+1$ 个控制顶点 $\boldsymbol{P}_0, \boldsymbol{P}_1, \cdots, \boldsymbol{P}_n$ 的折线, 即为控制多边形.

4.4.3 2 次 B 样条曲线

由 B 样条曲线定义 4.3.1, $n+1$ 个控制顶点 $\boldsymbol{P}_0, \boldsymbol{P}_1, \cdots, \boldsymbol{P}_n$ 确定的 2 次 B 样条曲线为

$$\boldsymbol{P}(u) = \sum_{i=0}^{n} \boldsymbol{P}_i N_{i,2}(u), \quad u \in [u_2, u_{n+1}]. \tag{4.42}$$

我们取其中定义在节点区间 $[u_i, u_{i+1}]$ 上的曲线段加以讨论. 显然, 当 $u \in [u_i, u_{i+1}]$ 时, 曲线是由 3 个控制顶点 $\boldsymbol{P}_{i-2}, \boldsymbol{P}_{i-1}, \boldsymbol{P}_i$ 确定的 2 次多项式曲线

$$\begin{aligned}\boldsymbol{P}(u) =& \frac{(u_{i+1}-u)^2}{(u_{i+1}-u_{i-1})(u_{i+1}-u_i)}\boldsymbol{P}_{i-2}\\&+\left(\frac{(u-u_{i-1})(u_{i+1}-u)}{(u_{i+1}-u_{i-1})(u_{i+1}-u_i)}+\frac{(u-u_i)(u_{i+2}-u)}{(u_{i+2}-u_i)(u_{i+1}-u_i)}\right)\boldsymbol{P}_{i-1}\\&+\frac{(u-u_i)^2}{(u_{i+1}-u_i)(u_{i+2}-u_i)}\boldsymbol{P}_i.\end{aligned}$$

容易得到

$$\boldsymbol{P}(u_i) = \frac{u_{i+1}-u_i}{u_{i+1}-u_{i-1}}\boldsymbol{P}_{i-2} + \frac{u_i-u_{i-1}}{u_{i+1}-u_{i-1}}\boldsymbol{P}_{i-1},$$

$$\boldsymbol{P}(u_{i+1}) = \frac{u_{i+2}-u_{i+1}}{u_{i+2}-u_i}\boldsymbol{P}_{i-1} + \frac{u_{i+1}-u_i}{u_{i+2}-u_i}\boldsymbol{P}_i,$$

$$\boldsymbol{P}'(u_i) = \frac{2}{u_{i+1}-u_{i-1}}(\boldsymbol{P}_{i-1}-\boldsymbol{P}_{i-2}) = \frac{2}{u_{i+1}-u_i}(\boldsymbol{P}_{i-1}-\boldsymbol{P}(u_i)),$$

$$\boldsymbol{P}'(u_{i+1}) = \frac{2}{u_{i+2}-u_i}(\boldsymbol{P}_i-\boldsymbol{P}_{i-1}) = \frac{2}{u_{i+1}-u_i}(\boldsymbol{P}(u_{i+1})-\boldsymbol{P}_{i-1}).$$

由此可知, 曲线段的两个端点分别落在控制多边形的边 $\boldsymbol{P}_{i-2}\boldsymbol{P}_{i-1}$ 和 $\boldsymbol{P}_{i-1}\boldsymbol{P}_i$ 上, 满足以下比例关系:

$$\frac{|\boldsymbol{P}_{i-2}\boldsymbol{P}(u_i)|}{|\boldsymbol{P}(u_i)\boldsymbol{P}_{i-1}|} = \frac{u_i-u_{i-1}}{u_{i+1}-u_i},$$

$$\frac{|\boldsymbol{P}_{i-1}\boldsymbol{P}(u_{i+1})|}{|\boldsymbol{P}(u_{i+1})\boldsymbol{P}_i|} = \frac{u_{i+1}-u_i}{u_{i+2}-u_{i+1}}.$$

而且, 曲线段在两个端点的切线即为 $\boldsymbol{P}_{i-2}\boldsymbol{P}_{i-1}$ 和 $\boldsymbol{P}_{i-1}\boldsymbol{P}_i$, 如图 4.21 所示.

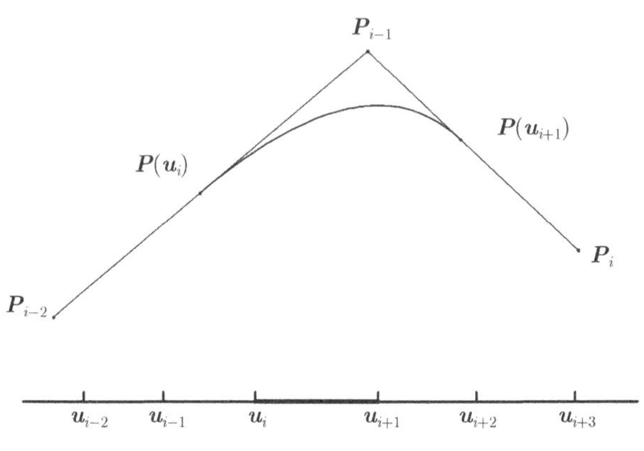

图 4.21 2 次 B 样条曲线在 $[u_i, u_{i+1}]$ 上的曲线段

特别地, 对于步长为 1 的 2 次均匀 B 样条曲线, 我们有

$$\boldsymbol{P}(u_i) = \frac{1}{2}(\boldsymbol{P}_{i-2} + \boldsymbol{P}_{i-1}),$$

$$\boldsymbol{P}(u_{i+1}) = \frac{1}{2}(\boldsymbol{P}_{i-1} + \boldsymbol{P}_i),$$

$$\boldsymbol{P}'(u_i) = \boldsymbol{P}_{i-1} - \boldsymbol{P}_{i-2},$$

$$\boldsymbol{P}'(u_{i+1}) = \boldsymbol{P}_i - \boldsymbol{P}_{i-1}.$$

注意到, 此时

$$\boldsymbol{P}_{i-1} - \boldsymbol{P}(u_i) = \frac{1}{2}(\boldsymbol{P}_{i-1} - \boldsymbol{P}_{i-2}) = \frac{1}{2}\boldsymbol{P}'(u_i),$$

$$\boldsymbol{P}_i - \boldsymbol{P}(u_{i+1}) = \frac{1}{2}(\boldsymbol{P}_i - \boldsymbol{P}_{i-1}) = \frac{1}{2}\boldsymbol{P}'(u_{i+1}).$$

因此由 Bézier 曲线的端点性质知, 2 次均匀 B 样条曲线在节点区间 $[u_i, u_{i+1}]$ 上的曲线段正好是以 $\boldsymbol{P}(u_i), \boldsymbol{P}_{i-1}, \boldsymbol{P}(u_{i+1})$ 为控制顶点的 2 次 Bézier 曲线.

对于定义在 $U = \{0,0,0,1,2\cdots,n,n+1,n+1,n+1\}$ 上的 2 次准均匀 B 样条, 在左端点 $u=0$ 处有

$$\boldsymbol{P}(0) = \boldsymbol{P}_0, \quad \boldsymbol{P}'(0) = 2(\boldsymbol{P}_1 - \boldsymbol{P}_0).$$

在右端点 $u = n+1$ 处有

$$\boldsymbol{P}(n+1) = \boldsymbol{P}_{n+2}, \quad \boldsymbol{P}'(n+1) = 2(\boldsymbol{P}_{n+2} - \boldsymbol{P}_{n+1}).$$

图 4.22 显示了一条定义在节点向量 $U = \{0,0,0,1,2,3,4,5,6,6,6\}$ 上的 2 次准均匀 B 样条曲线.

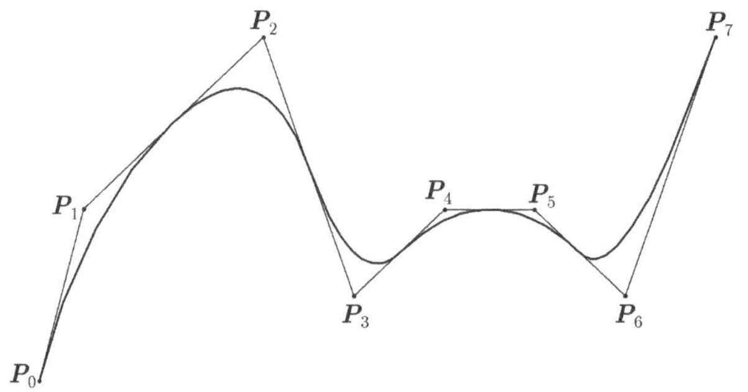

图 4.22　节点向量 $U = \{0,0,0,1,2,3,4,5,6,6,6\}$ 对应的 2 次准均匀 B 样条曲线

4.4.4 3 次 B 样条曲线

由 B 样条曲线定义 4.3.1, $n+1$ 个控制顶点 $\boldsymbol{P}_0,\boldsymbol{P}_1,\cdots,\boldsymbol{P}_n$ 确定的 3 次 B 样条曲线为

$$\boldsymbol{P}(u)=\sum_{i=0}^{n}\boldsymbol{P}_iN_{i,3},\quad u\in[u_3,u_{n+1}]. \tag{4.43}$$

我们取其中定义在节点区间 $[u_i,u_{i+1}]$ 上的曲线段加以讨论. 显然, 当 $u\in[u_i,u_{i+1}]$ 时, 曲线是由 4 个控制顶点 $\boldsymbol{P}_{i-3},\boldsymbol{P}_{i-2},\boldsymbol{P}_{i-1},\boldsymbol{P}_i$ 确定的 3 次多项式曲线 (图 4.23)

$$\begin{aligned}\boldsymbol{P}(u)=&\frac{(u_{i+1}-u)^3}{(u_{i+1}-u_{i-2})(u_{i+1}-u_{i-1})(u_{i+1}-u_i)}\boldsymbol{P}_{i-3}\\&+\left[\frac{(u-u_{i-2})(u_{i+1}-u)^2}{(u_{i+1}-u_{i-2})(u_{i+1}-u_{i-1})(u_{i+1}-u_i)}\right.\\&+\frac{(u-u_{i-1})(u_{i+1}-u)(u_{i+2}-u)}{(u_{i+1}-u_i)(u_{i+1}-u_{i-1})(u_{i+2}-u_{i-1})}\\&\left.+\frac{(u-u_i)(u_{i+2}-u)^2}{(u_{i+1}-u_i)(u_{i+2}-u_i)(u_{i+2}-u_{i-1})}\right]\boldsymbol{P}_{i-2}\\&+\left[\frac{(u_{i+1}-u)(u-u_{i-1})^2}{(u_{i+1}-u_{i-1})(u_{i+1}-u_i)(u_{i+2}-u_{i-1})}\right.\\&+\frac{(u-u_{i-1})(u-u_i)(u_{i+2}-u)}{(u_{i+1}-u_i)(u_{i+2}-u_i)(u_{i+2}-u_{i-1})}\\&\left.+\frac{(u-u_i)^2(u_{i+3}-u)}{(u_{i+1}-u_i)(u_{i+2}-u_i)(u_{i+3}-u_i)}\right]\boldsymbol{P}_{i-1}\\&+\frac{(u-u_i)^3}{(u_{i+1}-u_i)(u_{i+2}-u_i)(u_{i+3}-u_i)}\boldsymbol{P}_i.\end{aligned}$$

容易得到

$$\begin{aligned}\boldsymbol{P}(u_i)=&\frac{(u_{i+1}-u_i)^2}{(u_{i+1}-u_{i-2})(u_{i+1}-u_{i-1})}\boldsymbol{P}_{i-3}+\frac{(u_i-u_{i-1})^2}{(u_{i+1}-u_{i-1})(u_{i+2}-u_{i-1})}\boldsymbol{P}_{i-1}\\&+\left[\frac{(u_i-u_{i-2})(u_{i+1}-u_i)}{(u_{i+1}-u_{i-2})(u_{i+1}-u_{i-1})}+\frac{(u_i-u_{i-1})(u_{i+2}-u_i)}{(u_{i+1}-u_{i-1})(u_{i+2}-u_{i-1})}\right]\boldsymbol{P}_{i-2}\\=&\frac{(u_{i+1}-u_i)}{(u_{i+1}-u_{i-1})(u_{i+1}-u_{i-2})}[(u_{i+1}-u_i)\boldsymbol{P}_{i-3}+(u_i-u_{i-2})\boldsymbol{P}_{i-2}]\\&+\frac{(u_i-u_{i-1})}{(u_{i+1}-u_{i-1})(u_{i+2}-u_{i-1})}[(u_{i+2}-u_i)\boldsymbol{P}_{i-2}+(u_i-u_{i-1})\boldsymbol{P}_{i-1}],\\\boldsymbol{P}'(u_i)=&\frac{3(u_{i+1}-u_i)}{(u_{i+1}-u_{i-2})(u_{i+1}-u_{i-1})}(\boldsymbol{P}_{i-2}-\boldsymbol{P}_{i-3})\\&+\frac{3(u_i-u_{i-1})}{(u_{i+1}-u_{i-1})(u_{i+2}-u_{i-1})}(\boldsymbol{P}_{i-1}-\boldsymbol{P}_{i-2}),\end{aligned}$$

$$P''(u_i)=\frac{6}{(u_{i+1}-u_{i-2})(u_{i+1}-u_{i-1})}(P_{i-3}-P_{i-2})$$
$$+\frac{6}{(u_{i+1}-u_{i-1})(u_{i+2}-u_{i-1})}(P_{i-1}-P_{i-2}),$$

由于 3 次 B 样条曲线具有 C^2 连续 (无重节点时), 因此只需将以上 $\boldsymbol{P}(u_i), \boldsymbol{P}'(u_i)$, $\boldsymbol{P}''(u_i)$ 的公式右端项中的下标 i 换成 $i+1$ 即可得到右端点 $u=u_{i+1}$ 处的 $\boldsymbol{P}(u_{i+1})$, $\boldsymbol{P}'(u_{i+1}), \boldsymbol{P}''(u_{i+1})$.

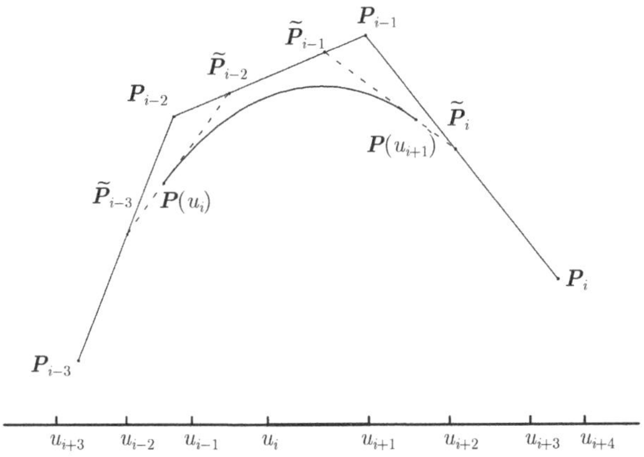

图 4.23　3 次 B 样条曲线在 $[u_i, u_{i+1}]$ 上的曲线段

由此可知, 分别取控制多边形的边 $\boldsymbol{P}_{i-3}\boldsymbol{P}_{i-2}$ 和 $\boldsymbol{P}_{i-2}\boldsymbol{P}_{i-1}$ 上的两点

$$\tilde{\boldsymbol{P}}_{i-3}=\frac{u_{i+1}-u_i}{u_{i+1}-u_{i-2}}\boldsymbol{P}_{i-3}+\frac{u_i-u_{i-2}}{u_{i+1}-u_{i-2}}\boldsymbol{P}_{i-2},$$

$$\tilde{\boldsymbol{P}}_{i-2}=\frac{u_{i+2}-u_i}{u_{i+2}-u_{i-1}}\boldsymbol{P}_{i-2}+\frac{u_i-u_{i-1}}{u_{i+2}-u_{i-1}}\boldsymbol{P}_{i-1},$$

则有

$$\boldsymbol{P}(u_i)=\frac{u_{i+1}-u_i}{u_{i+1}-u_{i-1}}\tilde{\boldsymbol{P}}_{i-3}+\frac{u_i-u_{i-1}}{u_{i+1}-u_{i-1}}\tilde{\boldsymbol{P}}_{i-2}.$$

即, 曲线段的左端点 $\boldsymbol{P}(u_i)$ 落在 $\tilde{\boldsymbol{P}}_{i-3}$ 和 $\tilde{\boldsymbol{P}}_{i-2}$ 的连线上, 满足比例关系

$$\frac{|\tilde{\boldsymbol{P}}_{i-3}\boldsymbol{P}(u_i)|}{|\boldsymbol{P}(u_i)\tilde{\boldsymbol{P}}_{i-2}|}=\frac{u_i-u_{i-1}}{u_{i+1}-u_i}.$$

同理可得, 曲线右端点 $\boldsymbol{P}(u_{i+1})$ 与控制顶点 $\boldsymbol{P}_{i-3}, \boldsymbol{P}_{i-2}, \boldsymbol{P}_{i-1}$ 的几何关系.

关于 3 次 B 样条曲线, 还应该注意以下几种特殊情况:

(1) 3 顶点 $\boldsymbol{P}_{i-3}, \boldsymbol{P}_{i-2}, \boldsymbol{P}_{i-1}$ 共线. 由上述公式知此时曲线在节点 $u=u_i$ 处的点 $\boldsymbol{P}(u_i)$ 落在边 $\boldsymbol{P}_{i-3}\boldsymbol{P}_{i-2}\boldsymbol{P}_{i-1}$ 上, 而且, 导矢 $\boldsymbol{P}'(u_i)$ 和 $\boldsymbol{P}''(u_i)$ 都与此边共线, 因

此曲线在该点处的曲率为 0, 它可能是一个拐点. 反之, 为了让曲线在该点处的曲率为 0, 其必要条件也是 $\boldsymbol{P}_{i-3}, \boldsymbol{P}_{i-2}, \boldsymbol{P}_{i-1}$ 共线. 因此, 3 顶点共线是在 3 次 B 样条曲线的节点处制造拐点的一种技巧.

(2) 4 顶点 $\boldsymbol{P}_{i-3}, \boldsymbol{P}_{i-2}, \boldsymbol{P}_{i-1}, \boldsymbol{P}_i$ 共线. 由 B 样条曲线的凸包性质可知, 此时由这 4 个顶点决定的曲线段是一条直线段, 即为边 $\boldsymbol{P}_{i-3}\boldsymbol{P}_{i-2}\boldsymbol{P}_{i-1}\boldsymbol{P}_i$ 的一部分.

(3) 两顶点 $\boldsymbol{P}_{i-2}, \boldsymbol{P}_{i-1}$ 重合. 此为 3 顶点 $\boldsymbol{P}_{i-3}, \boldsymbol{P}_{i-2}, \boldsymbol{P}_{i-1}$ 共线和 $\boldsymbol{P}_{i-2}, \boldsymbol{P}_{i-1}, \boldsymbol{P}_i$ 共线的特例, 因此曲线在节点区间 $[u_i, u_{i+1}]$ 的两个端点分别落在边 $\boldsymbol{P}_{i-3}\boldsymbol{P}_{i-2}\boldsymbol{P}_{i-1}$ 和 $\boldsymbol{P}_{i-2}\boldsymbol{P}_{i-1}\boldsymbol{P}_i$ 上, 并分别与之相切, 且在两个端点的曲率都为 0.

(4) 3 顶点 $\boldsymbol{P}_{i-3}, \boldsymbol{P}_{i-2}, \boldsymbol{P}_{i-1}$ 重合. 由上述公式知此时曲线在节点 $u = u_i$ 处的点 $\boldsymbol{P}(u_i) = \boldsymbol{P}_{i-3} = \boldsymbol{P}_{i-2} = \boldsymbol{P}_{i-1}$, $\boldsymbol{P}'(u_i) = \boldsymbol{P}''(u_i) = 0$. 曲线在该点的切矢和二阶导矢都为 0, 因此它是一个退化奇点, 曲线已非正则曲线. 从图形上看, 曲线经过此三重顶点并形成了一个尖点, 切向量在该点间断. 然而, 需要指出的是, 此时各顶点对应的 B 样条基函数均为 C^2 连续, 因此就参数连续而言, 曲线在 $u = u_i$ 确实是保持 C^2 连续的. 这也说明了参数连续性与几何连续性的不一致, 用参数连续性来度量曲线段之间的连续性是不客观的.

必须注意, B 样条曲线的重顶点技巧, 并不是 B 样条函数的重节点技巧, 但它们却有着相仿的效果. 如需要保持曲线的参数连续性则可采用重顶点, 而如需要保持曲线的正则性, 则需采用重节点.

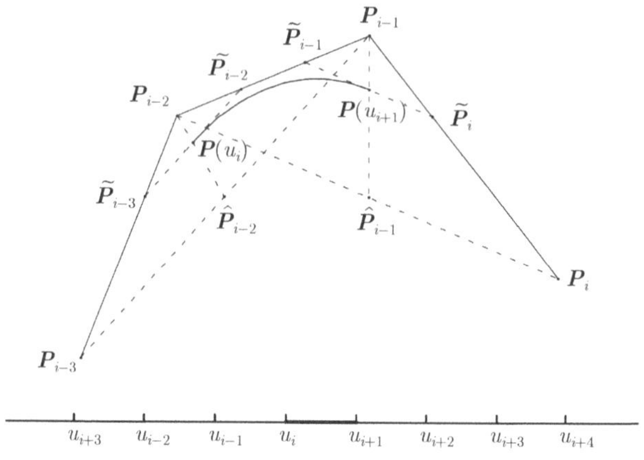

图 4.24 3 次均匀 B 样条曲线在 $[u_i, u_{i+1}]$ 上的曲线段

以上结论适用于非均匀的 B 样条曲线. 特别地, 对于步长为 1 的 3 次均匀 B 样条曲线 (图 4.24), 我们有

$$\boldsymbol{P}(u_i) = \frac{1}{6}(\boldsymbol{P}_{i-3} + 4\boldsymbol{P}_{i-2} + \boldsymbol{P}_{i-1}) = \frac{1}{2}(\tilde{\boldsymbol{P}}_{i-3} + \tilde{\boldsymbol{P}}_{i-2}) = \frac{2}{3}\boldsymbol{P}_{i-2} + \frac{1}{3}\hat{\boldsymbol{P}}_{i-2},$$

$$\boldsymbol{P}(u_{i+1})=\frac{1}{6}(\boldsymbol{P}_{i-2}+4\boldsymbol{P}_{i-1}+\boldsymbol{P}_i)=\frac{1}{2}(\tilde{\boldsymbol{P}}_{i-1}+\tilde{\boldsymbol{P}}_i)=\frac{2}{3}\boldsymbol{P}_{i-1}+\frac{1}{3}\hat{\boldsymbol{P}}_{i-1},$$

其中

$$\tilde{\boldsymbol{P}}_{i-3}=\frac{1}{3}\boldsymbol{P}_{i-3}+\frac{2}{3}\boldsymbol{P}_{i-2},\quad \tilde{\boldsymbol{P}}_{i-2}=\frac{2}{3}\boldsymbol{P}_{i-2}+\frac{1}{3}\boldsymbol{P}_{i-1},$$

$$\tilde{\boldsymbol{P}}_{i-1}=\frac{1}{3}\boldsymbol{P}_{i-2}+\frac{2}{3}\boldsymbol{P}_{i-1},\quad \tilde{\boldsymbol{P}}_{i}=\frac{2}{3}\boldsymbol{P}_{i-1}+\frac{1}{3}\boldsymbol{P}_{i},$$

$$\hat{\boldsymbol{P}}_{i-2}=\frac{1}{2}(\boldsymbol{P}_{i-3}+\boldsymbol{P}_{i-1}),\quad \hat{\boldsymbol{P}}_{i-1}=\frac{1}{2}(\boldsymbol{P}_{i-2}+\boldsymbol{P}_{i}).$$

关于端点处的导矢为

$$\boldsymbol{P}'(u_i)=\frac{1}{2}(\boldsymbol{P}_{i-1}-\boldsymbol{P}_{i-3})=3(\tilde{\boldsymbol{P}}_{i-2}-\boldsymbol{P}(u_i)),$$

$$\boldsymbol{P}'(u_{i+1})=\frac{1}{2}(\boldsymbol{P}_{i}-\boldsymbol{P}_{i-2})=3(\boldsymbol{P}(u_{i+1})-\tilde{\boldsymbol{P}}_{i-1}).$$

$$\begin{aligned}\boldsymbol{P}''(u_i)&=(\boldsymbol{P}_{i-3}-\boldsymbol{P}_{i-2})+(\boldsymbol{P}_{i-1}-\boldsymbol{P}_{i-2})\\&=2(\hat{\boldsymbol{P}}_{i-2}-\boldsymbol{P}_{i-2})=3(\hat{\boldsymbol{P}}_{i-2}-\boldsymbol{P}(u_i)),\end{aligned}$$

$$\begin{aligned}\boldsymbol{P}''(u_{i+1})&=(\boldsymbol{P}_{i-2}-\boldsymbol{P}_{i-1})+(\boldsymbol{P}_{i}-\boldsymbol{P}_{i-1})\\&=2(\hat{\boldsymbol{P}}_{i-1}-\boldsymbol{P}_{i-1})=3(\hat{\boldsymbol{P}}_{i-1}-\boldsymbol{P}(u_{i+1})).\end{aligned}$$

由以上公式, 3 次均匀 B 样条曲线在节点 $u=u_i$ 处有如下的几何解释：分别取相邻三个控制顶点组成的 $\triangle\boldsymbol{P}_{i-3}\boldsymbol{P}_{i-2}\boldsymbol{P}_{i-1}$ 的两边 $\boldsymbol{P}_{i-3}\boldsymbol{P}_{i-2}$ 和 $\boldsymbol{P}_{i-2}\boldsymbol{P}_{i-1}$ 上距 $\boldsymbol{P}_{i-2}$ 的 $\dfrac{1}{3}$ 处的点 $\tilde{\boldsymbol{P}}_{i-3}$ 和 $\tilde{\boldsymbol{P}}_{i-2}$, 则曲线点 $\boldsymbol{P}(u_i)$ 即为 $\tilde{\boldsymbol{P}}_{i-3}$ 和 $\tilde{\boldsymbol{P}}_{i-2}$ 的连线与中线 $\boldsymbol{P}_{i-2}\hat{\boldsymbol{P}}_{i-2}$ 的交点. 在该点的切矢 $\boldsymbol{P}'(u_i)$ 平行于 $\triangle\boldsymbol{P}_{i-3}\boldsymbol{P}_{i-2}\boldsymbol{P}_{i-1}$ 的底边 $\boldsymbol{P}_{i-3}\boldsymbol{P}_{i-1}$, 长度为其一半, 或为向量 $\overrightarrow{\boldsymbol{P}(u_i)\tilde{\boldsymbol{P}}_{i-2}}$ 的 3 倍. 在该点的二阶导矢 $\boldsymbol{P}''(u_i)$ 等于中线向量 $\overrightarrow{\boldsymbol{P}_{i-2}\hat{\boldsymbol{P}}_{i-2}}$ 的 2 倍, 或者为 $\overrightarrow{\boldsymbol{P}(u_i)\hat{\boldsymbol{P}}_{i-2}}$ 的 3 倍.

因此由 Bézier 曲线的端点性质知, 3 次均匀 B 样条曲线在节点区间 $[u_i,u_{i+1}]$ 上的曲线段正好是以 $\boldsymbol{P}(u_i),\tilde{\boldsymbol{P}}_{i-2},\tilde{\boldsymbol{P}}_{i-1},\boldsymbol{P}(u_{i+1})$ 为控制顶点的 3 次 Bézier 曲线.

对于定义在 $U=\{0,0,0,0,1,2\cdots,n,n+1,n+1,n+1,n+1\}$ 上的 3 次准均匀 B 样条, 在左端点 $u=0$ 处我们有

$$\begin{aligned}\boldsymbol{P}(0)&=\boldsymbol{P}_0,\\\boldsymbol{P}'(0)&=3(\boldsymbol{P}_1-\boldsymbol{P}_0),\\\boldsymbol{P}''(0)&=6\boldsymbol{P}_0-9\boldsymbol{P}_1+3\boldsymbol{P}_2.\end{aligned}$$

对称地, 可以得到右端点处的性质. 图 4.25 显示了一条定义在节点向量 $\boldsymbol{U}=\{0,0,0,0,1,2,3,4,5,5,5,5\}$ 上的 3 次准均匀 B 样条曲线.

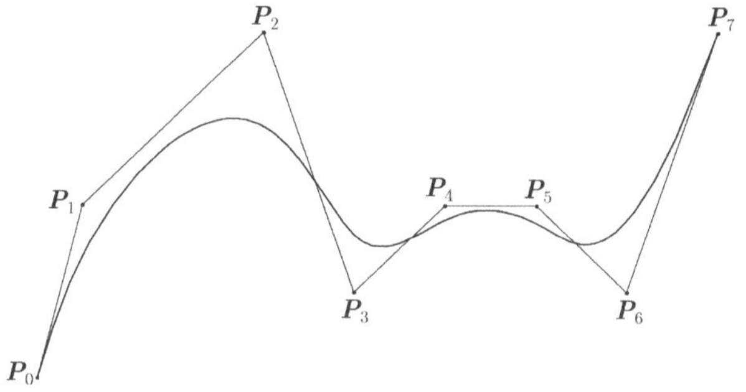

图 4.25 节点向量 $U = \{0,0,0,0,1,2,3,4,5,5,5,5\}$ 上的 3 次准均匀 B 样条曲线

比较图 4.22 和图 4.25 可以看出, 2 次 B 样条曲线比 3 次 B 样条曲线更加逼近于同一控制多边形, 但 3 次 B 样条曲线的光滑性比 2 次 B 样条曲线更好一些.

4.5 B 样条曲面

在前面介绍 Bézier 曲面时, 我们已经知道, 利用张量积方法很容易将一元基函数推广为多元基函数. 本节主要介绍张量积型的 B 样条曲面, 非张量积型的 B 样条曲面较为复杂, 在第 5 章中介绍.

4.5.1 张量积型的二元 B 样条基函数

一元的 B 样条基函数是定义在节点向量上的分段光滑的多项式, 所谓的节点向量即为对实轴 $\mathbb{R}$, 或者某一区间 $[a,b]$ 的一种剖分. 为了得到张量积型的二元 B 样条基函数, 我们需要对二维平面 $\mathbb{R}^2$ 或者一个矩形区域 $[a,b]\times[c,d]$ 进行剖分. 因为是张量积型推广, 所以很自然采取矩形剖分, 即分别对参数域的 u 轴和 v 轴进行剖分, 得到两个节点向量

$$\begin{cases} \boldsymbol{U}:\{u_i\}_{i=-\infty}^{\infty}, & u_i \leqslant u_{i+1}, \quad i=0,\pm1,\cdots, \\ \boldsymbol{V}:\{v_j\}_{j=-\infty}^{\infty}, & v_j \leqslant v_{j+1}, \quad j=0,\pm1,\cdots. \end{cases}$$

于是, 由 B 样条基函数的定义, 分别得到参数 u 和 v 方向的两组 B 样条基函数 $N_{i,p}(u)$ 和 $N_{j,q}(u)(i,j=0,\pm1,\cdots)$. 把它们按照张量积的方式组合就可以得到张量积型的二元 $p\times q$ 次 B 样条基函数

$$N_{i,p}(u)N_{j,q}(v), \quad i,j=0,\pm1,\cdots.$$

图 4.26 分别显示了张量积型二元 B 样条基函数的图像, 分别有 1×1, 2×2, 3×3, 1×2, 1×3 和 2×3 次.

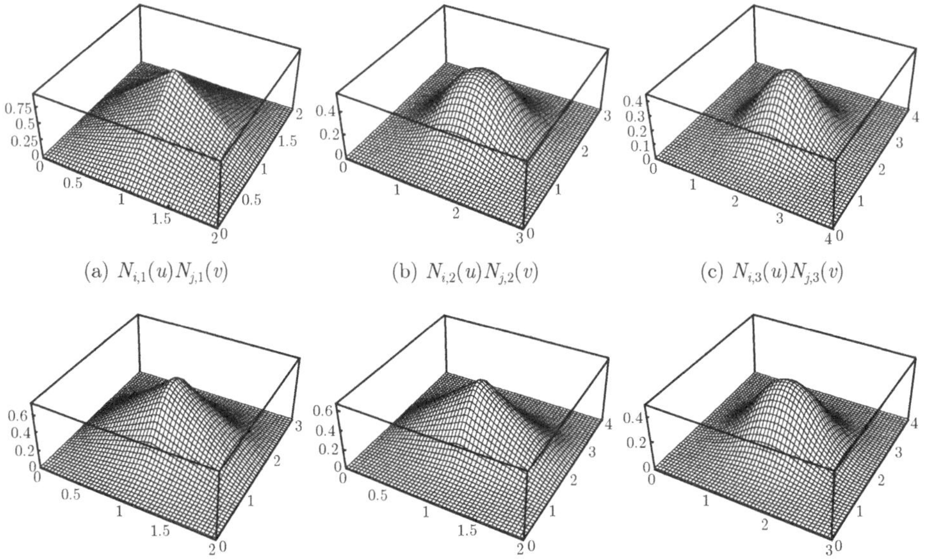

(a) $N_{i,1}(u)N_{j,1}(v)$ (b) $N_{i,2}(u)N_{j,2}(v)$ (c) $N_{i,3}(u)N_{j,3}(v)$

(d) $N_{i,1}(u)N_{j,2}(v)$ (e) $N_{i,1}(u)N_{j,3}(v)$ (f) $N_{i,2}(u)N_{j,3}(v)$

图 4.26 张量积型二元 B 样条基函数

我们限制到有限区域 $D = [a,b] \times [c,d]$ 上考虑, 对 D 进行矩形剖分, 并使得 $a = u_0$, $b = u_m$; $c = v_0$, $d = v_n$. 则由 B 样条基函数的局部支集性质, 对 $D = [u_0, u_m] \times [v_0, v_n]$ 有贡献的是如下 $(m+p)(n+q)$ 个 B 样条基函数:

$$N_{i,p}(u)N_{j,q}(v), \quad i = -p, -p+1, \cdots, m-1, \ j = -q, -q+1, \cdots, n-1.$$

事实上, 若记 $D = [u_0, u_m] \times [v_0, v_n]$ 的矩形剖分为 $\varDelta_{mn}$, 则其上满足 $C^{p-1,q-1}$ 连续的二元 $p \times q$ 次样条空间即为 $S_{p,q}^{p-1,q-1}(\varDelta_{mn})$, 其中 $C^{p-1,q-1}$ 表示沿 u 方向 $p-1$ 阶连续, 沿 v 方向 $q-1$ 阶连续. 利用前面介绍的研究多元样条的光滑余因子协调法, 矩形剖分是一种贯穿剖分, 因此容易得到 $S_{p,q}^{p-1,q-1}(\varDelta_{mn})$ 的维数为

$$\dim S_{p,q}^{p-1,q-1}(\varDelta_{mn}) = (m+p)(n+q).$$

需要指出的是, 为了使这 $(m+p)(n+q)$ 个基函数有定义, 我们需要将节点扩展为

$$\begin{cases} u_{-p} \leqslant u_{-p+1} \leqslant \cdots \leqslant u_0 \leqslant \cdots \leqslant u_m \leqslant \cdots \leqslant u_{m+p}, \\ v_{-q} \leqslant v_{-q+1} \leqslant \cdots \leqslant v_0 \leqslant \cdots \leqslant v_n \leqslant \cdots \leqslant v_{n+q}. \end{cases}$$

由一元 B 样条基函数的性质, 容易得到如下张量积型的 B 样条基函数的性质.

性质 4.5.1 局部支集性和非负性. 二元 B 样条基函数 $N_{i,p}(u)N_{j,q}(v)$ 的局部

支集为 $N_{i,p}(u)$ 和 $N_{j,q}(v)$ 的支集的张量积, 即

$$N_{i,p}(u)N_{j,q}(v)=0, \quad (u,v)\notin[u_i,u_{i+p+1})\times[v_j,v_{j+q+1}).$$

且在支集内非负.

由 u 方向的节点区间 $[u_i,u_{i+1}]$ 和 v 方向的节点区间 $[v_j,v_{j+1}]$ 的张量积得到的小矩形 $[u_i,u_{i+1}]\times[v_j,v_{j+1}]$ 称为是区域 D 的矩形剖分 Δ_{mn} 的一个胞腔. 则在每个胞腔 $[u_i,u_{i+1}]\times[v_j,v_{j+1}]$ 上只有 $(p+1)(q+1)$ 个二元 B 样条基函数非零, 它们分别是由 $N_{i-p,p}(u),N_{i-p+1,p}(u),\cdots,N_{i,p}(u)$ 和 $N_{j-q,q}(v),N_{j-q+1,q}(v),\cdots,N_{j,q}(v)$ 张量积得到的.

性质 4.5.2 单位分解性.

$$\sum_{k=i-p}^{i}\sum_{l=j-q}^{j}N_{k,p}(u)N_{l,q}(u)=1, \quad (u,v)\in[u_i,u_{i+1}]\times[v_j,v_{j+1}].$$

性质 4.5.3 导函数.

$$\begin{aligned}\frac{\partial}{\partial u}N_{i,p}(u)N_{j,q}(v)=&\frac{p}{u_{i+p}-u_i}N_{i,p-1}(u)N_{j,q}(v)\\&-\frac{p}{u_{i+p+1}-u_{i+1}}N_{i+1,p-1}(u)N_{j,q}(v),\\\frac{\partial}{\partial v}N_{i,p}(u)N_{j,q}(v)=&\frac{q}{v_{j+q}-v_j}N_{i,p}(u)N_{j,q-1}(v)\\&-\frac{q}{v_{j+q+1}-v_{j+1}}N_{i,p}(u)N_{j+1,q-1}(v).\end{aligned} \tag{4.44}$$

性质 4.5.4 重节点连续阶性质. 在每个胞腔 $[u_i,u_{i+1}]\times[v_j,v_{j+1}]$ 内部, $N_{i,p}(u)N_{j,q}(v)$ 为 $p\times q$ 次张量积型多项式函数, 因此所有导数存在. 在等参线 $u=u_i$ 上, $N_{i,p}(u)N_{j,q}(v)$ 关于 u 是 $p-m_i$ 次连续可微的, 此处 m_i 是节点 u_i 的重数. 同样, 在等参线 $v=v_j$ 上, $N_{i,p}(u)N_{j,q}(v)$ 关于 v 是 $q-m_j$ 次连续可微的, 此处 m_j 是节点 v_j 的重数. 所以增加某一参数的次数, 则增加该参数方向地连续性, 而增加某一参数方向的节点的重数, 则降低该参数方向的连续性. 通常, 为了保证连续性, $N_{i,p}(u)N_{j,q}(v)$ 的支集内节点 u_i 和 v_j 的最高重数分别为 p 和 q.

性质 4.5.5 重节点的插值基函数性质. 当节点向量 $\boldsymbol{U}$ 中的内节点 u_i 的重数为 p 而且节点向量 $\boldsymbol{V}$ 中的内节点 v_j 的重数为 q 时, 则只有定义在$\{u_{i-1},\underbrace{u_i,\cdots,u_i}_{p个},u_{i+1}\}$ 和 $\{v_{j-1},\underbrace{v_j,\cdots,v_j}_{q个},v_{j+1}\}$ 上的二元 B 样条基函数在 (u_i,v_j) 取值为 1, 其余

基函数在 (u_i,v_j) 取值为 0. 当节点向量 $\boldsymbol{U}$ 中的端节点 u_i 的重数为 $p+1$ 而且节点向量 $\boldsymbol{V}$ 中的端节点 v_j 的重数为 $q+1$ 时, 则只有定义在 $\{u_{i-1},\underbrace{u_i,\cdots,u_i}_{p+1\text{个}}\}$ 或 $\{\underbrace{u_i,\cdots,u_i}_{p+1\text{个}},u_{i+1}\}$ 和 $\{v_{j-1},\underbrace{v_j,\cdots,v_j}_{q+1\text{个}}\}$ 或 $\{\underbrace{v_j,\cdots,v_j}_{q+1\text{个}},v_{j+1}\}$ 上的二元 B 样条基函数在 (u_i,v_j) 取值为 1, 其余基函数在 (u_i,v_j) 取值为 0.

性质 4.5.6　退化性质. 定义在节点向量为 $\boldsymbol{U}=\{\underbrace{0,\cdots,0}_{p+1\text{个}},\underbrace{1,\cdots,1}_{p+1\text{个}}\}$, $\boldsymbol{V}=\{\underbrace{0,\cdots,0}_{q+1\text{个}},\underbrace{1,\cdots,1}_{q+1\text{个}}\}$ 上的 $p\times q$ 次二元 B 样条基函数退化为 $p\times q$ 次张量积型的二元 Bernstein 基函数. 而当内部节点出现 $\{u_{i-1},\underbrace{u_i,\cdots,u_i}_{p\text{个}},\underbrace{u_{i+1},\cdots,u_{i+1}}_{p\text{个}},u_{i+2}\}$ 和 $\{v_{j-1},\underbrace{v_j,\cdots,v_j}_{q\text{个}},\underbrace{v_{j+1},\cdots,v_{j+1}}_{q\text{个}},v_{j+2}\}$ 时, 定义在其上的 $p\times q$ 次二元 B 样条基函数在胞腔 $[u_i,u_{i+1}]\times[v_j,v_{j+1}]$ 上为在参数变换 $s=\dfrac{u-u_i}{u_{i+1}-u_i}$, $t=\dfrac{v-v_j}{v_{j+1}-v_j}$ 下的 $p\times q$ 次张量积型的二元 Bernstein 基函数. 因此, 张量积型的二元 B 样条表达式可以看成是张量积型的二元 Bézier 表达式的一种推广.

性质 4.5.7　节点插入性质. 由一元 B 样条基函数的节点插入性质可以直接得到相应的张量积型的二元 B 样条基函数的节点插入性质.

4.5.2　张量积型 B 样条曲面

定义 4.5.1　给定 $(m+p)\times(n+q)$ 个空间向量 $\boldsymbol{P}_{i,j}\in\mathbb{R}^3$ $(i=-p,-p+1,\cdots,m-1,\ j=-q,-q+1,\cdots,n-1)$, $N_{i,p}(u)$ 和 $N_{j,q}(v)$ 分别为定义在节点向量 $U=\{u_{-p},u_{-p+1},\cdots,u_{m+p}\}$ 和 $V=\{v_{-q},u_{-q+1},\cdots,u_{n+q}\}$ 上的一元 p 次和 q 次 B 样条基函数, 则与其相应的张量积曲面

$$\boldsymbol{P}(u,v)=\sum_{i=-p}^{m-1}\sum_{j=-q}^{n-1}\boldsymbol{P}_{i,j}N_{i,p}(u)N_{j,q}(v),\quad (u,v)\in[u_0,u_m]\times[v_0,v_n] \tag{4.45}$$

称为一个 $p\times q$ 次 B 样条曲面. $\boldsymbol{P}_{i,j}$ 称为控制顶点, 依次用直线段连接同行同列相邻两个控制顶点所得的折线网格称为控制网格.

如图 4.27 所示为两个双 3 次 B 样条曲面, 控制网格与图 3.12 中双 3 次 Bézier 曲面相同. 张量积型的 B 样条曲面具有一些与 B 样条曲线相似的性质.

性质 4.5.8　几何不变性和仿射不变性. 由张量积型的 B 样条基函数的单位分解性可知.

性质 4.5.9 分片多项式曲面. B 样条曲面 (4.45) 在每个胞腔 $[u_i,u_{i+1}]\times[v_j,v_{j+1}]$ 上为关于参数 u 和 v 的 $p\times q$ 次多项式曲面

$$\boldsymbol{P}(u,v)=\sum_{k=i-p}^{i}\sum_{l=j-q}^{j}\boldsymbol{P}_{k,l}N_{k,p}(u)N_{l,q}(u),\quad (u,v)\in[u_i,u_{i+1}]\times[v_j,v_{j+1}].$$

因此, B 样条曲面是一个分片多项式曲面.

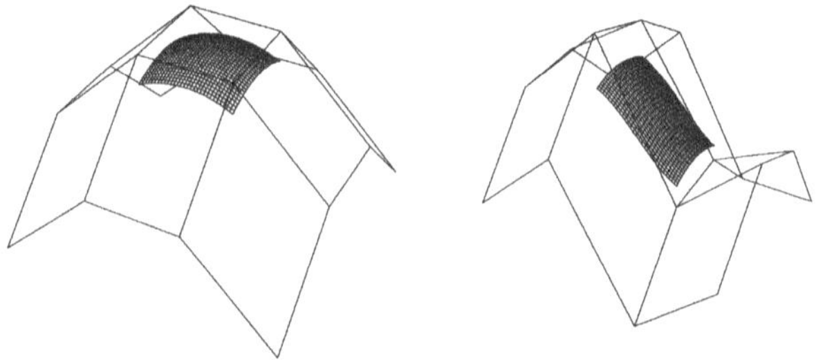

图 4.27 双 3 次 B 样条曲面

性质 4.5.10 边界性质. B 样条曲面的四条边界曲线即为 B 样条曲线, 它们的控制顶点分别由控制网格的相应线性组合而成.

性质 4.5.11 强凸包性质. 由张量积型的 B 样条基函数的非负性, 单位分解性和局部支集性质, B 样条曲面的每一片多项式曲面分别位于其相应的控制网格的凸包内.

性质 4.5.12 连续阶性质. 由二元 B 样条基函数的连续阶性质, 当 u 方向的某节点 u_i 的重数 $m_i\geqslant 1$, 则 B 样条曲面 (4.45) 在等参线 $u=u_i$ 上的连续阶为 $p-m_i$. 同样, 当 v 方向的某节点 v_j 的重数 $m_j\geqslant 1$, 则 B 样条曲面 (4.45) 在等参线 $v=v_j$ 上的连续阶为 $q-m_j$.

性质 4.5.13 重节点的插值性质. 当节点向量 $\boldsymbol{U}$ 中的内节点 u_i 的重数为 p 而且节点向量 $\boldsymbol{V}$ 中的内节点 v_j 的重数为 q 时, 则只有定义在$\{u_{i-1},\underbrace{u_i,\cdots,u_i}_{p\text{个}},u_{i+1}\}$ 和 $\{v_{j-1},\underbrace{v_j,\cdots,v_j}_{q\text{个}},v_{j+1}\}$ 上的二元 B 样条基函数在 (u_i,v_j) 取值为 1, 其余基函数在 (u_i,v_j) 取值为 0. 这说明此时 B 样条曲面插值于该基函数对应的控制顶点. 当节点向量 $\boldsymbol{U}$ 中的端节点 u_i 的重数为 $p+1$ 而且节点向量 $\boldsymbol{V}$ 中的端节点 v_j 的重数为 $q+1$ 时, 则只有定义在 $\{u_{i-1},\underbrace{u_i,\cdots,u_i}_{p+1\text{个}}\}$ 或 $\{\underbrace{u_i,\cdots,u_i}_{p+1\text{个}},u_{i+1}\}$ 和 $\{v_{j-1},\underbrace{v_j,\cdots,v_j}_{q+1\text{个}}\}$ 或 $\{\underbrace{v_j,\cdots,v_j}_{q+1\text{个}},v_{j+1}\}$ 上的二元 B 样条基函数在 (u_i,v_j) 取值为 1, 其余基函数在

(u_i, v_j) 取值为 0. 这时, B 样条曲面插值于这些基函数对应控制网格的角点.

如图 4.28 所示为相同控制网格, 分别定义在单节点向量 $\boldsymbol{U} = \{0,1,2,3,4,5,6,7,8\}$, $\boldsymbol{V} = \{0,1,2,3,4,5,6\}$ 和具有重节点的 $\boldsymbol{U} = \{0,0,0,1,2,2,3,3,3\}$, $\boldsymbol{V} = \{0,0,0,1,2,2,2\}$ 上的双 2 次 B 样条曲面.

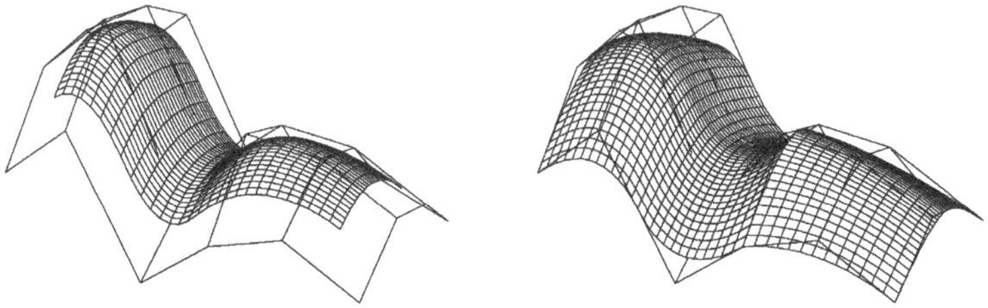

图 4.28　单节点和具有重节点的双 2 次 B 样条曲面对比

性质 4.5.14　退化性质. 由二元 B 样条基函数的退化性质, 定义在节点向量为 $\boldsymbol{U} = \{\underbrace{0,\cdots,0}_{p+1个}, \underbrace{1,\cdots,1}_{p+1个}\}$, $\boldsymbol{V} = \{\underbrace{0,\cdots,0}_{q+1个}, \underbrace{1,\cdots,1}_{q+1个}\}$ 上的 $p \times q$ 次二元 B 样条曲面退化为 $p \times q$ 次张量积型的二元 Bézier 曲面. 而当内部节点出现 $\{u_{i-1}, \underbrace{u_i,\cdots,u_i}_{p个}, \underbrace{u_{i+1},\cdots,u_{i+1}}_{p个}, u_{i+2}\}$ 和 $\{v_{j-1}, \underbrace{v_j,\cdots,v_j}_{q个}, \underbrace{v_{j+1},\cdots,v_{j+1}}_{q个}, v_{j+2}\}$ 时, 定义在胞腔 $[u_i, u_{i+1}] \times [v_j, v_{j+1}]$ 上的 $p \times q$ 次二元 B 样条曲面片退化为 $p \times q$ 次的二元 Bézier 曲面片.

性质 4.5.15　张量积型 B 样条曲面的 de Boor 算法.

将 B 样条曲线的 de Boor 算法沿等参线方向推广到张量积型的 B 样条曲面. 对于 $p \times q$ 次的 B 样条曲面在胞腔 $[u_k, u_{k+1}] \times [v_l, v_{l+1}]$ 上

$$
\begin{aligned}
\boldsymbol{P}(u,v) &= \sum_{i=k-p}^{k} \sum_{j=l-q}^{l} \boldsymbol{P}_{i,j} N_{i,p}(u) N_{j,q}(v) \\
&= \sum_{i=k-p}^{k} \sum_{j=l-q}^{l} \boldsymbol{P}_{i,j} \left(\frac{u-u_i}{u_{i+p}-u_i} N_{i,p-1}(u) + \frac{u_{i+p+1}-u}{u_{i+p+1}-u_{i+1}} N_{i+1,p-1}(u) \right) \\
&\quad \cdot \left(\frac{v-v_j}{v_{j+q}-v_j} N_{j,q-1}(v) + \frac{v_{j+q+1}-v}{v_{j+q+1}-v_{j+1}} N_{j+1,q-1}(v) \right) \\
&= \sum_{i=k-p}^{k} \sum_{j=l-q}^{l} \left(\frac{u_{i+p}-u}{u_{i+p}-u_i} \frac{v_{j+q}-v}{v_{j+q}-v_j} \boldsymbol{P}_{i-1,j-1} + \frac{u-u_i}{u_{i+p}-u_i} \frac{v_{j+q}-v}{v_{j+q}-v_j} \boldsymbol{P}_{i,j-1} \right. \\
&\quad \left. + \frac{u_{i+p}-u}{u_{i+p}-u_i} \frac{v-v_j}{v_{j+q}-v_j} \boldsymbol{P}_{i-1,j} + \frac{u-u_i}{u_{i+p}-u_i} \frac{v-v_j}{v_{j+q}-v_j} \boldsymbol{P}_{i,j} \right) N_{i,p-1}(u) N_{j,q-1}(v).
\end{aligned}
$$

这说明, 可以把 $p\times q$ 次的 B 样条曲面看成是一个 $(p-1)\times(q-1)$ 次的 B 样条曲面, 新的控制顶点为原来相邻四个控制顶点的加权平均, 其中 "权" 系数依赖于参数 u 和 v. 由此可得 B 样条曲面上某一点递归求值的 "张量积型"de Boor 算法: 若令

$$\begin{cases} \boldsymbol{P}_{i,j}^{0,0}(u,v)=\boldsymbol{P}_{i,j}^{0,0}=\boldsymbol{P}_{i,j}, \quad i=k-p,k-p+1,\cdots,k, \\ \qquad\qquad\qquad\qquad\qquad j=l-q,l-q+1,\cdots,l, \\ \boldsymbol{P}_{i,j}^{r,s}(u,v)=(1-\alpha_i^r)(1-\beta_j^s)\boldsymbol{P}_{i-1,j-1}^{r-1,s-1}(u,v)+(1-\alpha_i^r)\beta_j^s\boldsymbol{P}_{i-1,j}^{r-1,s-1}(u,v) \\ \qquad\qquad +\alpha_i^r(1-\beta_j^s)\boldsymbol{P}_{i,j-1}^{r-1,s-1}(u,v)+\alpha_i^r\beta_j^s\boldsymbol{P}_{i,j}^{r-1,s-1}(u,v), \end{cases} \tag{4.46}$$

其中, $\alpha_i^r=\dfrac{u-u_i}{u_{i+p+1-r}-u_i}$, $\beta_j^s=\dfrac{v-v_j}{v_{j+q+1-s}-v_j}$ $(r=1,2,\cdots,p,\ s=1,2,\cdots,q;\ i=k-p+r,k-p+r+1,\cdots,k,\ j=l-q+s,l-q+s+1,\cdots,l)$. 则可以把上式表示为

$$\begin{aligned} \boldsymbol{P}(u,v) &= \sum_{i=k-p}^{k}\sum_{j=l-q}^{l}\boldsymbol{P}_{i,j}N_{i,p}(u)N_{j,q}(v) \\ &= \sum_{i=k-p+1}^{k}\sum_{j=l-q+1}^{l}\boldsymbol{P}_{i,j}^{1,1}(u,v)N_{i,p-1}(u)N_{j,q-1}(v)=\cdots \\ &= \sum_{i=k-p+r}^{k}\sum_{j=l-q+s}^{l}\boldsymbol{P}_{i,j}^{r,s}(u,v)N_{i,p-r}(u)N_{j,q-s}(v)=\cdots \\ &= \boldsymbol{P}_{k,l}^{p,q}(u,v). \end{aligned}$$

$\boldsymbol{P}_{k,l}^{p,q}(u,v)$ 即为所求的 $\boldsymbol{P}(u,v)$. 图 4.29 显示了双 2 次 B 样条曲面的控制顶点递推关系. 图 4.30 显示了利用几何作图法求双 2 次 B 样条曲面上一点.

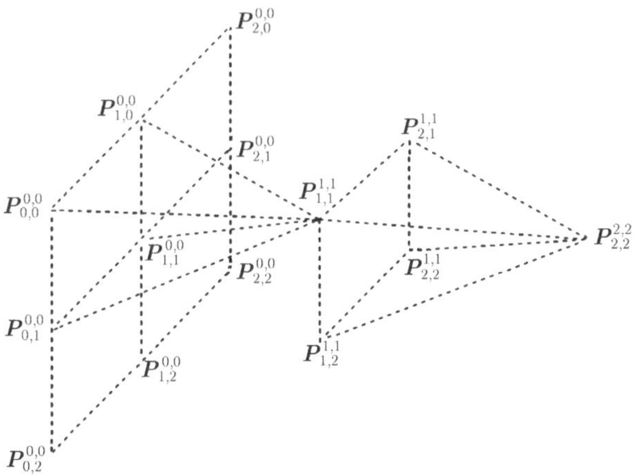

图 4.29 双 2 次 B 样条曲面 de Boor 算法的控制顶点递推关系

再由 B 样条曲面的退化性质可知, 当节点向量为 $\boldsymbol{U}=\{\underbrace{0,\cdots,0}_{p+1\text{个}},\underbrace{1,\cdots,1}_{p+1\text{个}}\}$, $\boldsymbol{V}=\{\underbrace{0,\cdots,0}_{q+1\text{个}},\underbrace{1,\cdots,1}_{q+1\text{个}}\}$ 时, $p\times q$ 次 B 样条曲面的 de Boor 算法退化为 $p\times q$ 次 Bézier 曲面的 de Casteljau 算法.

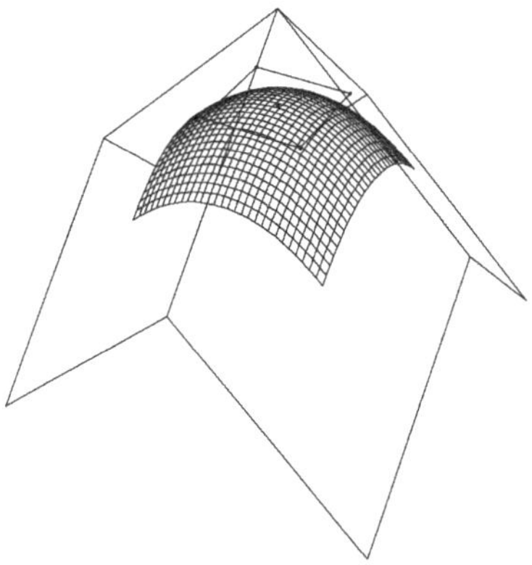

图 4.30 几何作图法求双 2 次 B 样条曲面上一点

性质 4.5.16 张量积型 B 样条曲面的节点插入算法.

对于 $p\times q$ 次 B 样条曲面

$$\boldsymbol{P}(u,v)=\sum_{i=0}^{m}\sum_{j=0}^{n}\boldsymbol{P}_{i,j}N_{i,p}(u)N_{j,q}(v),\quad (u,v)\in[u_p,u_{m+1}]\times[v_q,v_{n+1}],$$

由 B 样条基函数的节点插入算法不难得到, 当参数 u 方向的节点向量 $\boldsymbol{U}=\{u_0,u_1,\cdots,u_{m+p+1}\}$ 中插入节点 $u^*\in[u_k,u_{k+1}]\in[u_p,u_{m+1}]$, v 方向的节点向量不变, 则增加 $n+1$ 个张量积型的 B 样条基函数, 也就相应增加 $n+1$ 个控制顶点. 新的 u 方向节点向量记为 $\boldsymbol{U}^1=\{u_0^1,u_1^1,\cdots,u_{m+p+2}^1\}$, B 样条基函数记为 $N_{i,p}^1(u)$, 则曲面可表示为

$$\boldsymbol{P}(u,v)=\sum_{i=0}^{m+1}\sum_{j=0}^{n}\boldsymbol{P}_{i,j}^{1,0}N_{i,p}^1(u)N_{j,q}(v).$$

其中, 新的控制顶点 $\boldsymbol{P}_{i,j}^{1,0}$ 与原控制顶点 $\boldsymbol{P}_{i,j}$ 满足如下关系:

$$\begin{cases}\boldsymbol{P}_{i,j}^{1,0}=\boldsymbol{P}_{i,j}, & i=0,1,\cdots,k-p,\quad j=0,1,\cdots,n,\\ \boldsymbol{P}_{i,j}^{1,0}=(1-\alpha_i)\boldsymbol{P}_{i-1,j}+\alpha_i\boldsymbol{P}_{i,j}, & i=k-p+1,k-p+2,\cdots,k,\quad j=0,1,\cdots,n,\\ \alpha_i=\dfrac{u^*-u_i}{u_{i+p}-u_i}, & \\ \boldsymbol{P}_{i,j}^{1,0}=\boldsymbol{P}_{i-1,j}, & i=k+1,k+2,\cdots,m+1,\quad j=0,1,\cdots,n.\end{cases}\tag{4.47}$$

对称地, 当参数 u 方向的节点向量不变, v 方向的节点向量 $\boldsymbol{V}=\{v_0,v_1,\cdots,v_{n+q+1}\}$ 中插入节点 $v^*\in[v_l,v_{l+1}]\in[v_q,v_{n+1}]$, 则增加 $m+1$ 个张量积型的 B 样条基函数, 也就相应增加 $m+1$ 个控制顶点. 新的 v 方向节点向量记为 $\boldsymbol{V}^1=\{v_0^1,v_1^1,\cdots,v_{n+q+2}^1\}$, B 样条基函数记为 $N_{j,q}^1(v)$, 则曲面可表示为

$$\boldsymbol{P}(u,v)=\sum_{i=0}^{m}\sum_{j=0}^{n+1}\boldsymbol{P}_{i,j}^{0,1}N_{i,p}(u)N_{j,q}^1(v).$$

其中, 新的控制顶点 $\boldsymbol{P}_{i,j}^{0,1}$ 与原控制顶点 $\boldsymbol{P}_{i,j}$ 满足如下关系:

$$\begin{cases}\boldsymbol{P}_{i,j}^{0,1}=\boldsymbol{P}_{i,j}, & i=0,1,\cdots,m,\quad j=0,1,\cdots,l-q,\\ \boldsymbol{P}_{i,j}^{0,1}=(1-\beta_j)\boldsymbol{P}_{i,j-1}+\beta_j\boldsymbol{P}_{i,j}, & i=0,1,\cdots,m,\quad j=l-q+1,l-q+2,\cdots,l,\\ \beta_j=\dfrac{v^*-v_j}{v_{j+q}-v_j}, & \\ \boldsymbol{P}_{i,j}^{0,1}=\boldsymbol{P}_{i,j-1}, & i=0,1,\cdots,m,\quad j=l+1,l+2,\cdots,n+1.\end{cases}\tag{4.48}$$

如果 u, v 方向的节点向量分别插入节点 $u^*\in[u_k,u_{k+1}]$, $v^*\in[u_l,u_{l+1}]$, 则增加 $m+n+3$ 个张量积型的 B 样条基函数, 也就相应增加 $m+n+3$ 个控制顶点. 曲面可表示为

$$\boldsymbol{P}(u,v)=\sum_{i=0}^{m+1}\sum_{j=0}^{n+1}\boldsymbol{P}_{i,j}^{1,1}N_{i,p}^1(u)N_{j,q}^1(v).$$

其中, 新的控制顶点 $\boldsymbol{P}_{i,j}^{1,1}$ 与原控制顶点 $\boldsymbol{P}_{i,j}$ 满足如下关系 (与插入节点的先后顺序无关). 把 $\boldsymbol{P}_{i,j}^{1,1}$ 按照下标 i 和 j 的取值情况分为如下 9 块:

$j\setminus i$	$0,\cdots,k-p$	$k-p+1,\cdots,k$	$k+1,\cdots,m+1$
0 $\vdots$ $l-q$	$\boldsymbol{P}_{i,j}^{1,1}$	$\boldsymbol{P}_{i,j}^{1,1}$	$\boldsymbol{P}_{i,j}^{1,1}$
$l-q+1$ $\vdots$ l	$\boldsymbol{P}_{i,j}^{1,1}$	$\boldsymbol{P}_{i,j}^{1,1}$	$\boldsymbol{P}_{i,j}^{1,1}$
$l+1$ $\vdots$ $n+1$	$\boldsymbol{P}_{i,j}^{1,1}$	$\boldsymbol{P}_{i,j}^{1,1}$	$\boldsymbol{P}_{i,j}^{1,1}$

令 $\alpha_i=\dfrac{u^*-u_i}{u_{i+p}-u_i}$, $\beta_j=\dfrac{v^*-v_j}{v_{j+q}-v_j}(i=k-p+1,k-p+2,\cdots,k,\ j=l-q+1,l-q+2,\cdots,l)$, 则有

$$\begin{cases} \boldsymbol{P}_{i,j}^{1,1} = \boldsymbol{P}_{i,j}, \quad i = 0, 1, \cdots, k-p,; \quad j = 0, 1, \cdots, l-q, \\ \boldsymbol{P}_{i,j}^{1,1} = (1-\alpha_i)\boldsymbol{P}_{i-1,j} + \alpha_i \boldsymbol{P}_{i,j}, \quad i = k-p+1, k-p+2, \cdots, k; \\ \qquad\qquad\qquad\qquad\qquad\qquad j = 0, 1, \cdots, l-q, \\ \boldsymbol{P}_{i,j}^{1,1} = \boldsymbol{P}_{i-1,j}, \quad i = k+1, k+2, \cdots, m+1, \quad j = 0, 1, \cdots, l-q. \end{cases} \tag{4.49}$$

$$\begin{cases} \boldsymbol{P}_{i,j}^{1,1} = (1-\beta_j)\boldsymbol{P}_{i,j-1} + \beta_j \boldsymbol{P}_{i,j}, \quad i = 0, 1, \cdots, k-p, \\ \qquad\qquad\qquad\qquad\qquad j = l-q+1, l-q+2, \cdots, l, \\ \boldsymbol{P}_{i,j}^{1,1} = (1-\alpha_i)(1-\beta_j)\boldsymbol{P}_{i-1,j-1} + (1-\alpha_i)\beta_j \boldsymbol{P}_{i-1,j} \\ \qquad +\alpha_i(1-\beta_j)\boldsymbol{P}_{i,j-1} + \alpha_i\beta_j \boldsymbol{P}_{i,j}, \\ \qquad i = k-p+1, k-p+2, \cdots, k, \quad j = l-q+1, l-q+2, \cdots, l, \\ \boldsymbol{P}_{i,j}^{1,1} = (1-\beta_j)\boldsymbol{P}_{i-1,j-1} + \beta_j \boldsymbol{P}_{i-1,j}, \quad i = k+1, k+2, \cdots, m+1, \\ \qquad\qquad\qquad\qquad\qquad j = l-q+1, l-q+2, \cdots, l. \end{cases} \tag{4.50}$$

$$\begin{cases} \boldsymbol{P}_{i,j}^{1,1} = \boldsymbol{P}_{i,j-1}, \quad i = 0, 1, \cdots, k-p, \quad j = l+1, l+2, \cdots, n+1, \\ \boldsymbol{P}_{i,j}^{1,1} = (1-\alpha_i)\boldsymbol{P}_{i-1,j-1} + \alpha_i \boldsymbol{P}_{i,j-1}, \quad i = k-p+1, k-p+2, \cdots, k, \\ \qquad\qquad\qquad\qquad\qquad j = l+1, l+2, \cdots, n+1, \\ \boldsymbol{P}_{i,j}^{1,1} = \boldsymbol{P}_{i-1,j-1}, \quad i = k+1, k+2, \cdots, m+1, \quad j = l+1, l+2, \cdots, n+1. \end{cases} \tag{4.51}$$

进一步, 与 B 样条曲线重复插入同一个节点算法一致, 考虑 B 样条曲面分别在节点向量 $\boldsymbol{U}$ 和 $\boldsymbol{V}$ 中重复 r 次插入节点 $u^* \in (u_k, u_{k+1})$, 重复 s 次插入节点 $v^* \in (u_l, u_{l+1})$. 记 $\boldsymbol{P}_{i,j}^{0,0} = \boldsymbol{P}_{i,j}(i = 0, 1, \cdots, m,\ j = 0, 1, \cdots, n)$, 重复 r 次插入节点 u^* 和重复 s 次插入 v^* 后的控制顶点记为 $\boldsymbol{P}_{i,j}^{r,s}(i = 0, 1, \cdots, m+r,\ j = 0, 1, \cdots, n+s)$. 同样把 $\boldsymbol{P}_{i,j}^{r,s}$ 按照下标 i 和 j 的取值情况分为如下 9 块:

$j \backslash i$	$0, \cdots, k-p+r-1$	$k-p+r, \cdots, k$	$k+1, \cdots, m+r$
0 $\vdots$ $l-q+s-1$	$\boldsymbol{P}_{i,j}^{r,s}$	$\boldsymbol{P}_{i,j}^{r,s}$	$\boldsymbol{P}_{i,j}^{r,s}$
$l-q+s$ $\vdots$ l	$\boldsymbol{P}_{i,j}^{r,s}$	$\boldsymbol{P}_{i,j}^{r,s}$	$\boldsymbol{P}_{i,j}^{r,s}$
$l+1$ $\vdots$ $n+s$	$\boldsymbol{P}_{i,j}^{r,s}$	$\boldsymbol{P}_{i,j}^{r,s}$	$\boldsymbol{P}_{i,j}^{r,s}$

令 $\alpha_j^r = \dfrac{u^* - u_i}{u_{i+p-r+1} - u_i}, \beta_j^s = \dfrac{v^* - v_j}{v_{j+q-s+1} - v_j}(i = k-p+r, k-p+r+1, \cdots, k, j =$

$l-q+s,l-q+s+1,\cdots,l$), 则有 $r=1,2,\cdots,p,\ s=1,2,\cdots,q,$

$$\begin{cases}\boldsymbol{P}_{i,j}^{r,s}=\boldsymbol{P}_{i,j}^{r-1,s-1}, \quad i=0,1,\cdots,k-p+r-1, \quad j=0,1,\cdots,l-q+s-1,\\ \boldsymbol{P}_{i,j}^{r,s}=(1-\alpha_i^r)\boldsymbol{P}_{i-1,j}^{r-1,s-1}+\alpha_i^r\boldsymbol{P}_{i,j}^{r-1,s-1},\\ \qquad i=k-p+r,k-p+r+1,\cdots,k, \quad j=0,1,\cdots,l-q+s-1,\\ \boldsymbol{P}_{i,j}^{r,s}=\boldsymbol{P}_{i-1,j}^{r-1,s-1}, \quad i=k+1,k+2,\cdots,m+r, \quad j=0,1,\cdots,l-q+s-1.\end{cases} \tag{4.52}$$

$$\begin{cases}\boldsymbol{P}_{i,j}^{r,s}=(1-\beta_j^s)\boldsymbol{P}_{i,j-1}^{r-1,s-1}+\beta_j^s\boldsymbol{P}_{i,j}^{r-1,s-1},\\ \qquad i=0,1,\cdots,k-p+r-1, \quad j=l-q+s,l-q+s+1,\cdots,l,\\ \boldsymbol{P}_{i,j}^{r,s}=(1-\alpha_i^r)(1-\beta_j^s)\boldsymbol{P}_{i-1,j-1}^{r-1,s-1}+(1-\alpha_i^r)\beta_j^s\boldsymbol{P}_{i-1,j}^{r-1,s-1}\\ \qquad +\alpha_i^r(1-\beta_j^s)\boldsymbol{P}_{i,j-1}^{r-1,s-1}+\alpha_i^r\beta_j^s\boldsymbol{P}_{i,j}^{r-1,s-1},\\ \qquad i=k-p+r,k-p+r+1,\cdots,k, \quad j=l-q+s,l-q+s+1,\cdots,l,\\ \boldsymbol{P}_{i,j}^{r,s}=(1-\beta_j^s)\boldsymbol{P}_{i-1,j-1}^{r-1,s-1}+\beta_j^s\boldsymbol{P}_{i-1,j}^{r-1,s-1},\\ \qquad i=k+1,k+2,\cdots,m+r, \quad j=l-q+s,l-q+s+1,\cdots,l.\end{cases} \tag{4.53}$$

$$\begin{cases}\boldsymbol{P}_{i,j}^{r,s}=\boldsymbol{P}_{i,j-1}^{r-1,s-1}, \quad i=0,1,\cdots,k-p+r-1, \quad j=l+1,l+2,\cdots,n+s,\\ \boldsymbol{P}_{i,j}^{r,s}=(1-\alpha_i^r)\boldsymbol{P}_{i-1,j-1}^{r-1,s-1}+\alpha_i^r\boldsymbol{P}_{i,j-1}^{r-1,s-1},\\ \qquad i=k-p+r,k-p+r+1,\cdots,k, \quad j=l+1,l+2,\cdots,n+s,\\ \boldsymbol{P}_{i,j}^{r,s}=\boldsymbol{P}_{i-1,j-1}^{r-1,s-1}, \quad i=k+1,k+2,\cdots,m+r, \quad j=l+1,l+2,\cdots,n+s.\end{cases} \tag{4.54}$$

其中, 对应 $i=k-p+r,k-p+r+1,\cdots,k,\ j=l-q+s,l-q+s+1,\cdots,l$ 的部分即为张量积型 B 样条曲面 de Boor 算法的控制顶点递推公式 (4.46).

事实上, 当重复 p 次插入节点 $u^*\in(u_k,u_{k+1})$, 重复 q 次插入节点 $v^*\in(u_l,u_{l+1})$, 则节点向量 $\boldsymbol{U}^p$ 和 $\boldsymbol{V}^q$ 对应的 B 样条基函数 $N_{k,p}^p(u)N_{l,q}^q(v)$ 的支集为 $\{u_k,\underbrace{u^*,\cdots,u^*}_{p个},u_{k+1}\}\times\{v_l,\underbrace{v^*,\cdots,v^*}_{q个},v_{l+1}\}$, 由重节点的插值性质, B 样条曲面插值于控制顶点 $\boldsymbol{P}_{k,l}^{p,q}$. 因此, 可以把 B 样条曲面一点 (u^*,v^*) 求值的 de Boor 算法看作是重复 p 次插入 u^* 和重复 q 次插入 v^* 的节点插入算法. 它同时也给出了 B 样条曲面在 $u=u^*$ 和 $v=v^*$ 处的分割, 原曲面分裂为 4 个曲面片, 分别以相应的 $\boldsymbol{P}_{i,j}^{p,q}$ 为控制顶点.

如图 4.31 所示, 一个双 2 次 B 样条曲面在不同情况下的节点插入算法. 图 4.31(a) 为 B 样条曲面片和初始的控制网格, 当在节点向量 $\boldsymbol{U}$ 和 $\boldsymbol{V}$ 中分别插入新的节点 $u^*\in(u_i,u_{i+1})$ 和 $v^*\in(v_j,v_{j+1})$ 后的控制网格如图 4.31(b) 所示. 继续再次插入相同的节点 u^* 和 v^* 后, 控制网格如图 4.31(c) 所示, 此时 u^* 和 v^* 都是 2 重节点, 因此曲面插值于支集为 $\{u_i,u^*,u^*,u_{i+1}\}\times\{v_j,v^*,v^*,v_{j+1}\}$ 的 B 样条基函

数对应的控制顶点. 另一种情况, 在初始节点向量 $\boldsymbol{U}$ 和 $\boldsymbol{V}$ 中分别插入已有节点 u_i 和 v_i 后的控制网格如图 4.31(d) 所示. 此时 u_i 和 v_i 都是 2 重节点, 因此曲面插值于支集为 $\{u_{i-1},u_i,u_i,u_{i+1}\}\times\{v_{j-1},v_j,v_j,v_{j+1}\}$ 的 B 样条基函数对应的控制顶点.

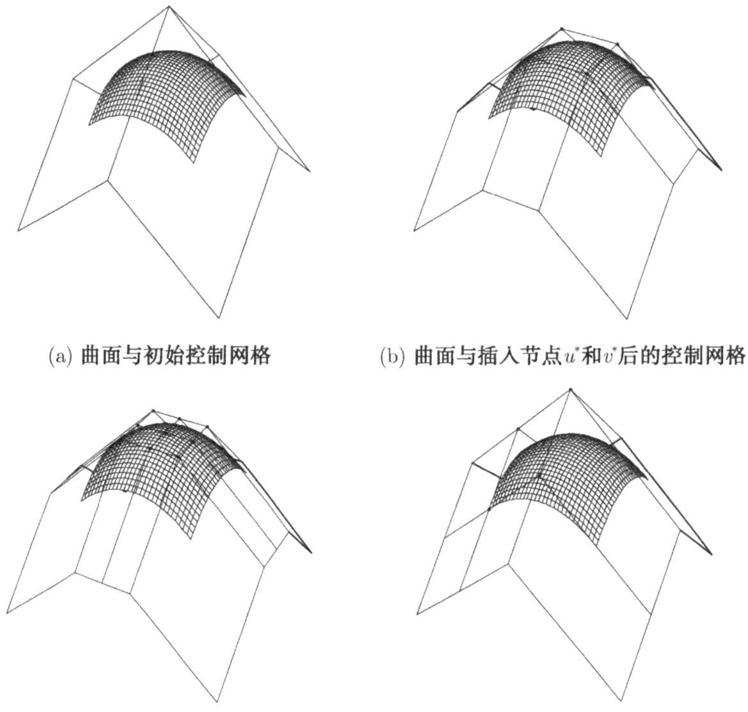

(a) 曲面与初始控制网格　(b) 曲面与插入节点u^*和v^*后的控制网格

(c) 曲面与分别重复2次插入节点u^*和v^*后的控制网格　(d) 曲面与插入已有节点u_i和v_i后的控制网格

图 4.31　双 2 次 B 样条曲面的节点插入算法

4.5.3　双 1 次 B 样条曲面

一个定义在节点向量 $\boldsymbol{U}=\{u_{-1},u_0,\cdots,u_{m+1}\}$ 和 $\boldsymbol{V}=\{v_{-1},u_0,\cdots,v_{n+1}\}$ 上的双 1 次 B 样条曲面

$$\boldsymbol{P}(u,v)=\sum_{i=-1}^{m-1}\sum_{j=-1}^{n-1}\boldsymbol{P}_{i,j}N_{i,1}(u)N_{j,1}(v),\quad (u,v)\in[u_0,u_m]\times[v_0,v_n].$$

取其定义在一个胞腔 $[u_i,u_{i+1}]\times[v_j,v_{j+1}]$ 上的曲面片

$$\boldsymbol{P}(u,v)=\sum_{k=i-1}^{i}\sum_{l=j-1}^{j}\boldsymbol{P}_{k,l}N_{k,1}(u)N_{l,1}(v)$$

$$=\frac{u_{i+1}-u}{u_{i+1}-u_i}\frac{v_{j+1}-v}{v_{j+1}-v_j}\boldsymbol{P}_{i-1,j-1}+\frac{u_{i+1}-u}{u_{i+1}-u_i}\frac{v-v_j}{v_{j+1}-v_j}\boldsymbol{P}_{i-1,j}$$
$$+\frac{u-u_i}{u_{i+1}-u_i}\frac{v_{j+1}-v}{v_{j+1}-v_j}\boldsymbol{P}_{i,j-1}+\frac{u-u_i}{u_{i+1}-u_i}\frac{v-v_j}{v_{j+1}-v_j}\boldsymbol{P}_{i,j},$$

则有 $\boldsymbol{P}(u_i,v_j)=\boldsymbol{P}_{i-1,j-1}$, $\boldsymbol{P}(u_i,v_{j+1})=\boldsymbol{P}_{i-1,j}$, $\boldsymbol{P}(u_{i+1},v_j)=\boldsymbol{P}_{i,j-1}$, $\boldsymbol{P}(u_{i+1},v_{j+1})=\boldsymbol{P}_{i,j}$. 即 $\boldsymbol{P}(u,v)$ 在 $[u_i,u_{i+1}]\times[v_j,v_{j+1}]$ 上为插值于控制顶点 $\boldsymbol{P}_{i-1,j-1}(\boldsymbol{P}_{i-1,j}$, $\boldsymbol{P}_{i,j-1},\boldsymbol{P}_{i,j})$ 的双 1 次参数多项式曲面片, 因此 $\boldsymbol{P}(u,v)$ 在整个定义域 $[u_0,u_m]\times[v_0,v_n]$ 上为插值于所有控制顶点 $\boldsymbol{P}_{i,j}(i=-1,0,\cdots,m-1,\ j=-1,0,\cdots,n-1)$ 的分片双线性参数多项式曲面, 即为控制网面.

4.5.4 双 2 次 B 样条曲面

我们以均匀剖分上的双 2 次 B 样条曲面为例, 其他非均匀剖分的情况可以根据一元 B 样条基函数的性质类似得到. 当剖分均匀的时候, u 和 v 方向的节点向量都是均匀的. 不妨取 $\boldsymbol{U}=\boldsymbol{V}=\{-2,-1,0,1,2,3\}$, B 样条基函数与相应控制顶点的记号为 $i,j=0,1,2$, 于是定义在 $[0,1]\times[0,1]$ 上的双 2 次 B 样条曲面为

$$\boldsymbol{P}(u,v)=\sum_{i=0}^{2}\sum_{j=0}^{2}\boldsymbol{P}_{i,j}N_{i,2}(u)N_{j,2}(v),\quad (u,v)\in[0,1]\times[0,1].$$

于是有

$$\boldsymbol{P}(u,0)=\sum_{i=0}^{2}\frac{1}{2}(\boldsymbol{P}_{i,0}+\boldsymbol{P}_{i,1})N_{i,2}(u),$$
$$\boldsymbol{P}(0,v)=\sum_{j=0}^{2}\frac{1}{2}(\boldsymbol{P}_{0,j}+\boldsymbol{P}_{1,j})N_{j,2}(v).$$

这说明, 曲面片的边界 $\boldsymbol{P}(u,0)$ 是以 $\frac{1}{2}(\boldsymbol{P}_{0,0}+\boldsymbol{P}_{0,1})$, $\frac{1}{2}(\boldsymbol{P}_{1,0}+\boldsymbol{P}_{1,1})$, $\frac{1}{2}(\boldsymbol{P}_{2,0}+\boldsymbol{P}_{2,1})$ 为控制顶点的 2 次 B 样条曲线; 而边界 $\boldsymbol{P}(0,v)$ 是以 $\frac{1}{2}(\boldsymbol{P}_{0,0}+\boldsymbol{P}_{1,0})$, $\frac{1}{2}(\boldsymbol{P}_{0,1}+\boldsymbol{P}_{1,1})$, $\frac{1}{2}(\boldsymbol{P}_{0,2}+\boldsymbol{P}_{1,2})$ 为控制顶点的 2 次 B 样条曲线. 对称地, 可以得到其他两条边界曲线为相应控制顶点的 2 次 B 样条曲线.

在 $(0,0)$ 角点处有

$$\boldsymbol{P}(0,0)=\frac{1}{4}(\boldsymbol{P}_{0,0}+\boldsymbol{P}_{0,1}+\boldsymbol{P}_{1,0}+\boldsymbol{P}_{1,1}),$$

$$\boldsymbol{P}_u(0,0)=\frac{1}{2}(\boldsymbol{P}_{1,1}+\boldsymbol{P}_{1,0}-\boldsymbol{P}_{0,1}-\boldsymbol{P}_{0,0}),$$

$$\boldsymbol{P}_v(0,0)=\frac{1}{2}(\boldsymbol{P}_{1,1}+\boldsymbol{P}_{0,1}-\boldsymbol{P}_{1,0}-\boldsymbol{P}_{0,0}).$$

同理可得其他角点处的表达式. 再由双 2 次 Bézier 曲面的性质, 不难得到 $[0,1]\times[0,1]$ 上的双 2 次 B 样条曲面片正好是以如下点阵为控制网格的双 2 次 Bézier 曲面:

$$\begin{array}{ccc}\frac{1}{4}(\boldsymbol{P}_{0,0}+\boldsymbol{P}_{0,1}+\boldsymbol{P}_{1,0}+\boldsymbol{P}_{1,1}) & \frac{1}{2}(\boldsymbol{P}_{1,0}+\boldsymbol{P}_{1,1}) & \frac{1}{4}(\boldsymbol{P}_{1,0}+\boldsymbol{P}_{1,1}+\boldsymbol{P}_{2,0}+\boldsymbol{P}_{2,1}) \\ \frac{1}{2}(\boldsymbol{P}_{0,1}+\boldsymbol{P}_{1,1}) & \boldsymbol{P}_{1,1} & \frac{1}{2}(\boldsymbol{P}_{1,1}+\boldsymbol{P}_{2,1}) \\ \frac{1}{4}(\boldsymbol{P}_{0,1}+\boldsymbol{P}_{0,2}+\boldsymbol{P}_{1,1}+\boldsymbol{P}_{1,2}) & \frac{1}{2}(\boldsymbol{P}_{1,1}+\boldsymbol{P}_{1,2}) & \frac{1}{4}(\boldsymbol{P}_{1,1}+\boldsymbol{P}_{1,2}+\boldsymbol{P}_{2,1}+\boldsymbol{P}_{2,2})\end{array}$$

如图 4.32 所示, 实线网格为双 2 次 B 样条曲面对应的控制网格, 虚线网格为对应双 2 次 Bézier 曲面的控制网格.

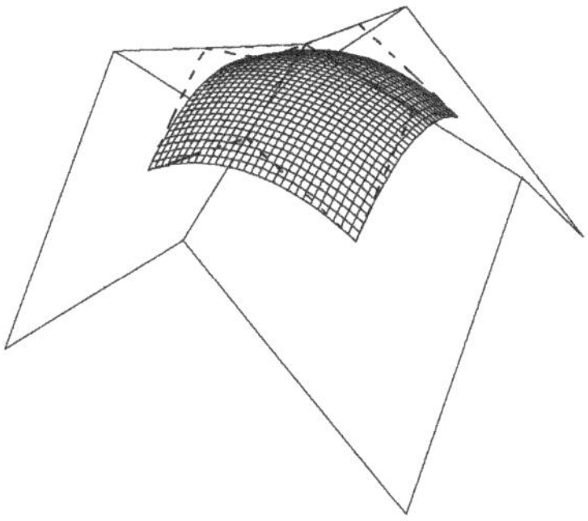

图 4.32　双 2 次 B 样条曲面对应双 2 次 Bézier 曲面的控制网格

习　题　4

4.1　根据 B 样条基函数的 de Boor-Cox 递推公式, 推导 3 次和 4 次 B 样条的分段表达式.

4.2　试证 B 样条基函数的非负性和最大值性质.

4.3　试推导 B 样条基函数的导数公式 (4.2)、公式 (4.3) 和公式 (4.4).

4.4　设节点向量 $\boldsymbol{U}=\{0,0,0,1,2,3,4,4,5,5,5\}$, 计算定义在其上的 2 次 B 样条基函数.

4.5　设节点向量 $\boldsymbol{U}=\{0,0,0,0,1,2,3,4,4,4,5,5,5,5\}$, 计算定义在其上的 3 次 B 样条基函数.

4.6　利用均匀 B 样条的差分定义证明在区间 $[0,1]$ 上 p 次 B 样条基函数与幂基的变换矩阵为 $\boldsymbol{N}_p=\{a_{i,j}\}$, 其中

$$a_{i,j}=\frac{1}{p!}\binom{p}{i}\sum_{k=0}^{p-j}(-1)^k\binom{p+1}{k}(p-j-k)^{p-i},\quad i,j=0,1,\cdots,p.$$

4.7　利用光滑余因子协调方法求定义在节点向量 $\{0,1,2,3\}$ 上的 2 次 B 样条基函数.

4.8　给出 2 次和 3 次均匀 B 样条曲线在区间 $[0,1]$ 上的 de Boor 算法公式.

4.9 对 2 次和 3 次均匀 B 样条曲线, 给出重复插入同一节点 $t \in [0,1]$ 的算法, 并与相应的 de Boor 算法作比较.

4.10 设节点向量 $\boldsymbol{U} = \{0,0,0,1,2,3,3,3\}$, 如何将定义在其上的 2 次 B 样条曲线转化为分段的 2 次 Bézier 曲线, 并验证它们满足 C^1 连续.

4.11 设节点向量 $\boldsymbol{U} = \{0,0,0,0,1,2,3,4,4,4,4\}$, 如何将定义在其上的 3 次 B 样条曲线转化为分段的 3 次 Bézier 曲线, 并验证它们满足 C^2 连续.

4.12 给定 5 个数据点 $\boldsymbol{Q}_0 = (-2,1), \boldsymbol{Q}_1 = (0,0), \boldsymbol{Q}_2 = (1,0), \boldsymbol{Q}_3 = (3,5), \boldsymbol{Q}_4 = (4,2)$. 结合均匀参数化和累加弦长参数化的方法求一条均匀的 2 次 B 样条曲线通过这 5 个点.

4.13 给定 5 个数据点 $\boldsymbol{Q}_0 = (-2,1), \boldsymbol{Q}_1 = (0,0), \boldsymbol{Q}_2 = (1,0), \boldsymbol{Q}_3 = (3,5), \boldsymbol{Q}_4 = (4,2)$. 结合 3 次样条插值方法求一条准均匀的 3 次 B 样条曲线通过这 5 个点.

4.14 给出 3×2 次均匀 B 样条曲线在矩形 $[0,1] \times [0,1]$ 上的 de Boor 算法公式和重复插入同一节点的算法.

4.15 对于给定 $(m+1) \times (n+1)$ 个数据点, 讨论如何构造双 2 次 B 样条曲面和双 3 次 B 样条曲面的插值算法.

4.16 讨论张量积型 B 样条曲面片之间的 C^1 参数连续和 G^1 几何连续条件.

第 5 章　有理 Bézier 曲线曲面与 NURBS 方法

5.1　有理 Bézier 曲线

5.1.1　有理 Bézier 曲线的定义

前面已经介绍, 由于采用了 Berstein 基函数, Bézier 曲线具有许多良好的性质. 但是作为多项式曲线, 在表示一些 "基本" 曲线时还是有所不足. 例如, 一条圆弧曲线, 不妨设其半径为 1, 在极坐标下可表示为

$$\begin{cases} x = \cos\theta, \\ y = \sin\theta, \end{cases} \quad \alpha \leqslant \theta \leqslant \beta.$$

圆弧曲线并不是多项式曲线, 因此, Bézier 曲线不可能精确地表示像圆弧这样的简单曲线. 经过参数变换 $t = \tan\dfrac{\theta}{2}$, 可以把上面的圆弧表示为

$$\begin{cases} x = \dfrac{1-t^2}{1+t^2}, \\ y = \dfrac{2t}{1+t^2}, \end{cases} \quad a \leqslant t \leqslant b.$$

这说明可以用有理多项式来精确表示圆弧曲线. 事实上 Bézier 曲线不能精确表示除抛物线外的圆锥曲线, 我们自然希望把 Bézier 曲线推广到有理形式.

我们还是从基函数的角度来介绍有理 Bézier 曲线. 首先定义 "有理" 的 Bernstein 基函数. 作为 Bernstein 基函数的一种推广, 它应该保留一些 Bernstein 基的性质, 而且在特殊情况下, 它可以退化为 Bernstein 基函数. 把每一个基函数变为有理分式首先需要相应的一个多项式作为分母, 而相同的分母将会给有理分式之间的计算带来简便. 再注意到 Bernstein 基函数具有 "权" 性, 即在 $[0,1]$ 区间的非负性和单位分解性, 因此, 我们可以采取下面的方法: 给每一个 Bernstein 基函数 $B_i^n(t)$ 乘以一个 "权因子 ω_i", 再用它们的 "和" 作为统一的分母进行 "平均", 这样就得到了 n 次 "有理" 的 Bernstein 基函数

$$R_i^n(t) = \frac{\omega_i B_i^n(t)}{\sum\limits_{i=0}^{n} \omega_i B_i^n(t)}, \quad i = 0, 1, \cdots, n. \tag{5.1}$$

图 5.1 分别显示了不同权值对应的 3 次有理 Bernstein 基函数. 其中 $\omega_0=\omega_1=\omega_3=1$ 保持不变, ω_2 分别取 0.5, 2, 5. 从图中可以看出, 当权因子 ω_2 变化时, 所有的有理基函数 $R_i^n(t)$ 都随之改变了. 当 ω_2 减小时, $R_2^n(t)$ 相对其他基函数减小了, 当 ω_2 增大时, $R_2^n(t)$ 相对其他基函数增大了, 这正是 "权" 因子起到了调节相应基函数 "影响力" 的作用. 作为一种推广, 有理 Bernstein 基函数同时继承了一些 Bernstein 基函数的基本性质, 例如

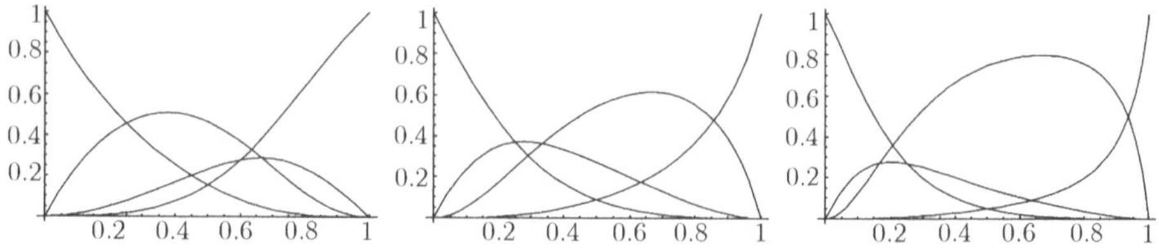

(a) $\omega_2=0.5$ (b) $\omega_2=2$ (c) $\omega_2=5$

图 5.1 不同权值对应的 3 次有理 Bernstein 基函数

(1) 非负性.

$$R_i^n(t)\geqslant 0,\quad t\in[0,1].$$

(2) 单位分解性.

$$\sum_{i=0}^{n}R_i^n(t)\equiv 1.$$

(3) 端点性质. 在端点 $t=0$ 和 $t=1$, 分别只有一个有理 Bernstein 基函数取值为 1, 其余为 0, 即

$$R_i^n(0)=\begin{cases}1, & i=0,\\ 0, & i\neq 0;\end{cases}\qquad R_i^n(1)=\begin{cases}1, & i=n,\\ 0, & i\neq n.\end{cases}$$

因此为了防止分母为零, 可令首末权因子 $\omega_0,\omega_n>0$, 其余 $\omega_i\geqslant 0\ (i=1,\cdots,n-1)$.

(4) 退化性. 当所有的权因子都相等 $(\omega_i=\omega)$ 时, 有理 Bernstein 基函数退化为原来的 Bernstein 基函数, 即

$$R_i^n(t)=\frac{\omega_i B_i^n(t)}{\sum\limits_{i=0}^{n}\omega_i B_i^n(t)}=\frac{\omega B_i^n(t)}{\omega\sum\limits_{i=0}^{n}B_i^n(t)}=B_i^n(t).$$

配以空间向量为系数, 我们就能定义如下一条有理 Bézier 曲线.

定义 5.1.1 给定 $n+1$ 个空间向量 $\boldsymbol{P}_i\in\mathbb{R}^3\ (i=0,1,\cdots,n)$, 称 n 次参数曲线段

$$\boldsymbol{R}(t)=\sum_{i=0}^{n}\boldsymbol{P}_i\frac{\omega_i B_i^n(t)}{\sum\limits_{i=0}^{n}\omega_i B_i^n(t)}=\frac{\sum\limits_{i=0}^{n}\omega_i\boldsymbol{P}_i B_i^n(t)}{\sum\limits_{i=0}^{n}\omega_i B_i^n(t)},\quad 0\leqslant t\leqslant 1 \tag{5.2}$$

为一条 n 次有理 Bézier 曲线. $\boldsymbol{P}_i$ 称为控制顶点, 依次用直线段连接相邻两个 $\boldsymbol{P}_i$ 所得的 n 边折线多边形称为 Bézier 多边形或者控制多边形. ω_i 称为权因子或权 (weight).

由有理 Bernstein 基函数的退化性知, 当所有的权因子相等 $(\omega_i = \omega)$ 时, 有理 Bézier 曲线退化为通常的 Bézier 曲线, 因此有理 Bézier 曲线可以看作是 Bézier 曲线的推广. 同时, 把 Bézier 曲线看作是特殊的有理 Bézier 曲线, 就可以把两者统一编程处理.

5.1.2 齐次坐标表示

在讨论有理 Bézier 曲线的性质之前, 我们先介绍另外一种 Bézier 曲线的定义方式 —— 齐次坐标表示.

对三维空间中的任一点 $\boldsymbol{P} = (x, y, z) \in \mathbb{R}^3$, 可以用一个四维空间中的齐次坐标 (homogeneous coordinates) 表示为 $\boldsymbol{P}^\omega = (X, Y, Z, \omega) = (\omega x, \omega y, \omega z, \omega)$, 其中 $\omega \neq 0$. 反之, 从 $\boldsymbol{P}^\omega$ 可以通过如下中心投影变换得到 $\boldsymbol{P}$, 即

$$\boldsymbol{P} = H(\boldsymbol{P}^\omega) = H(X, Y, Z, \omega) = \begin{cases} \left(\dfrac{X}{\omega}, \dfrac{Y}{\omega}, \dfrac{Z}{\omega}\right), & \text{如果 } \omega \neq 0, \\ \text{方向}(X, Y, Z), & \text{如果 } \omega = 0. \end{cases}$$

三维空间中的点 $\boldsymbol{P} = (x, y, z)$ 称为四维空间中的点 $\boldsymbol{P}^\omega = (X, Y, Z, \omega)$ 的透视像, 它是 $\boldsymbol{P}^\omega$ 在超平面 $\omega = 1$ 上的中心投影, 其投影中心为四维空间的坐标原点. 因此, 四维空间点 $(x, y, z, 1)$ 与三维空间点 (x, y, z) 可视为同一点. 事实上, 对任意的 $x, y, z, \omega_1, \omega_2$, 其中 $\omega_1 \neq \omega_2$, 有

$$H(\boldsymbol{P}^{\omega_1}) = H(\omega_1 x, \omega_1 y, \omega_1 z, \omega_1) = (x, y, z) = H(\omega_2 x, \omega_2 y, \omega_2 z, \omega_2) = H(\boldsymbol{P}^{\omega_2}).$$

图 5.2 显示了从三维空间的齐次坐标 (X, Y, ω) 到二维空间 $\omega = 1$ 的投影 (x, y).

将 (5.2) 式中的控制顶点 $\boldsymbol{P}_i = (x_i, y_i, z_i)$ 表示为齐次坐标形式的

$$\tilde{\boldsymbol{P}}_i = (X_i, Y_i, Z_i, \omega_i) = (\omega_i x_i, \omega_i y_i, \omega_i z_i, \omega_i), \quad i = 0, 1, \cdots, n.$$

得到一条高一维空间中的 n 次 Bézier 曲线

$$\tilde{\boldsymbol{R}}(t) = (X(t), Y(t), Z(t), \omega(t)) = \sum_{i=0}^{n} \tilde{\boldsymbol{P}}_i B_i^n(t), \quad 0 \leqslant t \leqslant 1. \tag{5.3}$$

再将其投影到超平面 $\omega = 1$ 上, 即可得到有理 Bézier 曲线 (5.2)

$$\boldsymbol{R}(t) = H(\tilde{\boldsymbol{R}}(t)) = (x(t), y(t), z(t)) = \left(\frac{X(t)}{\omega(t)}, \frac{Y(t)}{\omega(t)}, \frac{Z(t)}{\omega(t)}\right) = \frac{\sum\limits_{i=0}^{n} \omega_i \boldsymbol{P}_i B_i^n(t)}{\sum\limits_{i=0}^{n} \omega_i B_i^n(t)}.$$

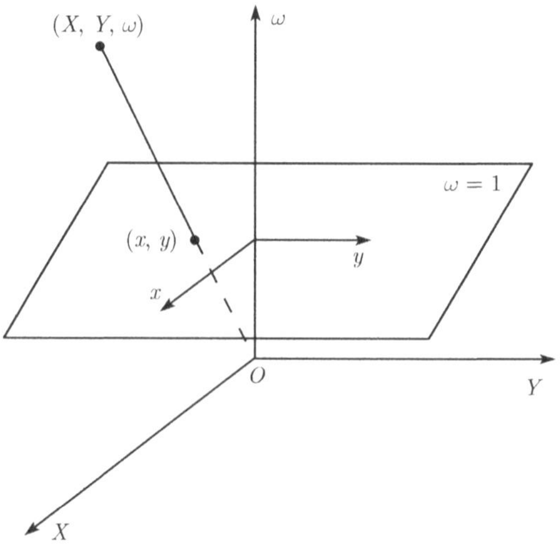

图 5.2 三维空间的齐次坐标到二维空间的投影

(5.3) 式被称为有理 Bézier 曲线 (5.2) 的齐次坐标表示.

利用齐次坐标表示, 可以把一条有理 Bézier 曲线看成另一条高一维空间中的非有理 Bézier 曲线的投影, 这样, 就可以将一些保持射影不变的 Bézier 曲线的性质 "投影" 得到有理 Bézier 曲线的性质.

5.1.3 有理 Bézier 曲线的性质

有理 Bézier 曲线具有类似于 Bézier 曲线的几何性质.

性质 5.1.1 几何不变性, 仿射不变性和凸包性质. 由有理 Bernstein 基函数的单位分解性和非负性即知.

性质 5.1.2 对称性. 齐次坐标表示的 $\tilde{\boldsymbol{R}}(t)$ 具有对称性, 因此由它投影得到的有理 Bézier 曲线也具有对称性.

性质 5.1.3 升阶性质. 由 $\tilde{\boldsymbol{R}}(t)$ 的升阶公式可得

$$\tilde{\boldsymbol{R}}(t)=\sum_{i=0}^{n}\tilde{\boldsymbol{P}}_iB_i^n(t)=\sum_{i=0}^{n+1}\tilde{\boldsymbol{P}}_i^*B_i^{n+1}(t),$$

其中

$$\begin{aligned}\tilde{\boldsymbol{P}}_i^*&=\frac{i}{n+1}\tilde{\boldsymbol{P}}_{i-1}+\left(1-\frac{i}{n+1}\right)\tilde{\boldsymbol{P}}_i\\&=\left(\frac{i}{n+1}\omega_{i-1}\boldsymbol{P}_{i-1}+\left(1-\frac{i}{n+1}\right)\omega_i\boldsymbol{P}_i,\frac{i}{n+1}\omega_{i-1}+\left(1-\frac{i}{n+1}\right)\omega_i\right).\end{aligned}$$

于是经过中心投影变换就可得到有理 Bézier 曲线的升阶公式

$$\boldsymbol{R}(t)=H\left(\sum_{i=0}^{n+1}\tilde{\boldsymbol{P}}_i^*B_i^{n+1}(t)\right)=\frac{\sum\limits_{i=0}^{n+1}\omega_i^*\boldsymbol{P}_i^*B_i^n(t)}{\sum\limits_{i=0}^{n+1}\omega_i^*B_i^n(t)},$$

其中, $\omega_i^*=\dfrac{i}{n+1}\omega_{i-1}+\left(1-\dfrac{i}{n+1}\right)\omega_i$, $\boldsymbol{P}_i^*=\left(\dfrac{i}{n+1}\omega_{i-1}\boldsymbol{P}_{i-1}+\left(1-\dfrac{i}{n+1}\right)\omega_i\boldsymbol{P}_i\right)\Big/\omega_i^*$.

性质 5.1.4　端点性质. 记 $\boldsymbol{P}(t)=\sum\limits_{i=0}^{n}\omega_i\boldsymbol{P}_iB_i^n(t)$, $\omega(t)=\sum\limits_{i=0}^{n}\omega_iB_i^n(t)$, 则 $\boldsymbol{R}(t)=\dfrac{\boldsymbol{P}(t)}{\omega(t)}$, 于是 $\boldsymbol{P}(t)=\omega(t)\boldsymbol{R}(t)$, 两边求导并整理可得

$$\boldsymbol{R}'(t)=(\boldsymbol{P}'(t)-\omega'(t)\boldsymbol{R}(t))/\omega(t),$$

$$\boldsymbol{R}''(t)=(\boldsymbol{P}''(t)-\omega''(t)\boldsymbol{R}(t)-2\omega'(t)\boldsymbol{R}'(t))/\omega(t).$$

可得 $\boldsymbol{R}(t)$ 在端点 $t=0$ 和 $t=1$ 的函数值和导数值为

$$\boldsymbol{R}(0)=\boldsymbol{P}_0,\quad \boldsymbol{R}(1)=\boldsymbol{P}_n,$$

$$\boldsymbol{R}'(0)=n\omega_1(\boldsymbol{P}_1-\boldsymbol{P}_0)/\omega_0,\quad \boldsymbol{R}'(1)=n\omega_{n-1}(\boldsymbol{P}_n-\boldsymbol{P}_{n-1})/\omega_n,$$

$$\boldsymbol{R}''(0)=n(n-1)\frac{\omega_2}{\omega_0}(\boldsymbol{P}_2-\boldsymbol{P}_1)+\left(\frac{n(n-1)\omega_2}{\omega_0}-\frac{2n^2\omega_1^2}{\omega_0^2}+\frac{2n\omega_1}{\omega_0}\right)(\boldsymbol{P}_1-\boldsymbol{P}_0),$$

$$\begin{aligned}\boldsymbol{R}''(1)=&n(n-1)\frac{\omega_{n-2}}{\omega_n}(\boldsymbol{P}_{n-2}-\boldsymbol{P}_{n-1})\\&-\left(\frac{n(n-1)\omega_{n-2}}{\omega_n}-\frac{2n^2\omega_{n-1}^2}{\omega_n^2}+\frac{2n\omega_{n-1}}{\omega_n}\right)(\boldsymbol{P}_n-\boldsymbol{P}_{n-1}).\end{aligned}$$

进一步可以得到端点的曲率值

$$k(0)=\frac{(n-1)\omega_0\omega_2|\Delta\boldsymbol{P}_0\times\Delta\boldsymbol{P}_1|}{n\omega_1^2|\Delta\boldsymbol{P}_0|^3},$$

$$k(1)=\frac{(n-1)\omega_{n-2}\omega_n|\Delta\boldsymbol{P}_{n-1}\times\Delta\boldsymbol{P}_n|}{n\omega_{n-1}^2|\Delta\boldsymbol{P}_n|^3}.$$

性质 5.1.5　有理 Bézier 曲线的光滑拼接. 假设两条有理 Bézier 曲线段

$$\boldsymbol{R}(t)=\frac{\sum\limits_{i=0}^{n}\omega_i\boldsymbol{P}_iB_i^n(t)}{\sum\limits_{i=0}^{n}\omega_iB_i^n(t)},\quad \hat{\boldsymbol{R}}(\hat{t})=\frac{\sum\limits_{i=0}^{m}\hat{\omega}_i\hat{\boldsymbol{P}}_iB_i^m(\hat{t})}{\sum\limits_{i=0}^{m}\hat{\omega}_iB_i^m(\hat{t})}.$$

当 $\boldsymbol{R}(t)$ 和 $\hat{\boldsymbol{R}}(\hat{t})$ 在 $t=1$ 和 $\hat{t}=0$ 光滑拼接, 则参数连续的条件为

(1) C^0 连续: $\boldsymbol{P}_n=\hat{\boldsymbol{P}}_0$;

(2) C^1 连续: C^0 连续且 $\boldsymbol{R}'(1)=\hat{\boldsymbol{R}}'(0)$, 即 $n\dfrac{\omega_{n-1}}{\omega_n}(\boldsymbol{P}_n-\boldsymbol{P}_{n-1})=m\dfrac{\hat{\omega}_1}{\hat{\omega}_0}(\hat{\boldsymbol{P}}_1-\hat{\boldsymbol{P}}_0)$;

(3) C^2 连续: C^1 连续且 $\boldsymbol{R}''(1)=\hat{\boldsymbol{R}}''(0)$.

几何连续条件为

(1) G^0 连续即为 C^0 连续:

$$\hat{\boldsymbol{P}}_0=\boldsymbol{P}_n. \tag{5.4}$$

(2) G^1 连续: G^0 连续且存在正数 $\alpha>0$, 使得

$$\Delta\hat{\boldsymbol{P}}_0=\alpha\nabla\boldsymbol{P}_n. \tag{5.5}$$

(3) G^2 连续: $\boldsymbol{R}(t)$ 和 $\hat{\boldsymbol{R}}(\hat{t})$ 在连接点处的副法向量同向等价于 $\boldsymbol{P}_{n-2},\boldsymbol{P}_{n-1},\boldsymbol{P}_n$ $(=\hat{\boldsymbol{P}}_0),\hat{\boldsymbol{P}}_1,\hat{\boldsymbol{P}}_2$5 个顶点共面, 且 $\boldsymbol{P}_{n-2},\hat{\boldsymbol{P}}_2$ 在另 3 个顶点所在的公切线的同侧 (图 3.10). 再由 G^1 连续条件 (5.5), 有

$$\Delta\hat{\boldsymbol{P}}_1=-\beta\nabla\boldsymbol{P}_{n-1}+\eta\nabla\boldsymbol{P}_n, \tag{5.6}$$

其中, $\beta>0$, η 是任意的.

另外, 由 (5.5) 式和 (5.6) 式, $\hat{\boldsymbol{P}}(\hat{t})$ 在 $\hat{t}=0$ 处的曲率值为

$$\hat{k}(0)=\frac{(m-1)\hat{\omega}_0\hat{\omega}_2|\Delta\hat{\boldsymbol{P}}_0\times\Delta\hat{\boldsymbol{P}}_1|}{m\hat{\omega}_1^2|\Delta\hat{\boldsymbol{P}}_0|^3}=\frac{(m-1)\hat{\omega}_0\hat{\omega}_2\beta|\nabla\boldsymbol{P}_{n-1}\times\nabla\boldsymbol{P}_n|}{m\hat{\omega}_1^2\alpha^2|\nabla\boldsymbol{P}_n|^3}.$$

则 $\boldsymbol{P}(t)$ 和 $\hat{\boldsymbol{P}}(\hat{t})$ 在连接点处具有相同的曲率值等价于

$$\beta=\frac{m(n-1)\omega_{n-2}\omega_n\hat{\omega}_1^2}{n(m-1)\omega_{n-1}^2\hat{\omega}_0\hat{\omega}_2}\alpha^2. \tag{5.7}$$

因此, $\boldsymbol{P}(t)$ 和 $\hat{\boldsymbol{P}}(\hat{t})$ 在连接点处 G^2 连续的充要条件为 (5.4)、(5.5)、(5.6) 和 (5.7) 式.

性质 5.1.6 平面有理 Bézier 曲线的变差缩减性与保凸性. 曲线与此平面内任一直线的交点个数不超过其控制多边形与该直线的交点个数. 特别地, 当控制多边形是凸的, 由它决定的有理 Bézier 曲线也是凸的.

证明可仿照平面 Bézier 曲线的变差缩减性质 3.2.8 的证明, 记有理曲线为 R, 它所在平面内的任意直线为 L, 以 L 为 x 轴建立直角坐标系, 经过坐标变换后的控制顶点坐标为 $(x_i,y_i)\,(i=0,1,\cdots,n)$. 注意到权因子 $\omega_i\geqslant 0\ (i=0,1,\cdots,n)$ 且不全为 0, 因此

$$I(R,L)=Z_{0<t<1}\left[\frac{\sum\limits_{i=0}^{n}\omega_i y_i B_i^n(t)}{\sum\limits_{i=0}^{n}\omega_i B_i^n(t)}\right]=Z_{0<t<1}\left[\sum_{i=0}^{n}\omega_i y_i B_i^n(t)\right].$$

经过参数变换 $s=\dfrac{t}{1-t}$,

$$I(R,L)=Z_{0<t<1}\left[\sum_{i=0}^{n}(1-t)^n\binom{n}{i}\omega_i y_i\left(\frac{t}{1-t}\right)^i\right]=Z_{0<t<+\infty}\left[\sum_{i=0}^{n}\binom{n}{i}\omega_i y_i s^i\right]$$

$$\leqslant V\left[\binom{n}{0}\omega_0y_0,\binom{n}{1}\omega_1y_1,\cdots,\binom{n}{n}\omega_ny_n\right]\leqslant V[y_0,y_1,\cdots,y_n]=I[P,L].$$

性质 5.1.7　有理 Bézier 曲线的 de Casteljan 算法与几何作图法. 利用有理 Bézier 曲线的齐次坐标表示的 de Casteljan 算法, 通过中心投影即可得到相应结果. 由

$$\tilde{\boldsymbol{R}}(t)=\sum_{i=0}^{n}\tilde{\boldsymbol{P}}_iB_i^n(t)=\sum_{i=0}^{n-1}((1-t)\tilde{\boldsymbol{P}}_i+t\tilde{\boldsymbol{P}}_{i+1})B_i^{n-1}(t).$$

可得 $\tilde{\boldsymbol{R}}(t)$ 的 de Casteljau 算法

$$\begin{cases}\tilde{\boldsymbol{P}}_i^0(t)\equiv\tilde{\boldsymbol{P}}_i^0=\tilde{\boldsymbol{P}}_i,\quad i=0,1,\cdots,n,\\ \tilde{\boldsymbol{P}}_i^r(t)=(1-t)\tilde{\boldsymbol{P}}_i^{r-1}(t)+t\tilde{\boldsymbol{P}}_{i+1}^{r-1}(t),\quad r=1,2,\cdots,n,\quad i=0,1,\cdots,n-r.\end{cases}\tag{5.8}$$

$$\tilde{\boldsymbol{P}}(t)=\sum_{i=0}^{n-1}\tilde{\boldsymbol{P}}_i^1(t)B_i^{n-1}(t)=\cdots=\sum_{i=0}^{n-r}\tilde{\boldsymbol{P}}_i^r(t)B_i^{n-r}(t)=\cdots=\tilde{\boldsymbol{P}}_0^n(t),$$

$\tilde{\boldsymbol{P}}_0^n(t)$ 即为所求的 $\tilde{\boldsymbol{P}}(t)$.

将上述过程进行中心投影变换

$$\boldsymbol{R}(t)=H(\tilde{\boldsymbol{R}}(t))=\frac{\sum\limits_{i=0}^{n-1}((1-t)\omega_i\boldsymbol{P}_i+t\omega_{i+1}\boldsymbol{P}_{i+1})B_i^{n-1}(t)}{\sum\limits_{i=0}^{n-1}((1-t)\omega_i+t\omega_{i+1})B_i^{n-1}(t)}.$$

得到有理 Bézier 曲线的 de Casteljan 算法

$$\begin{cases}\omega_i^0(t)\equiv\omega_i^0=\omega_i,\quad i=0,1,\cdots,n,\\ \omega_i^r(t)=(1-t)\omega_i^{r-1}(t)+t\omega_{i+1}^{r-1}(t),\quad r=1,2,\cdots,n,\quad i=0,1,\cdots,n-r.\end{cases}\tag{5.9}$$

$$\begin{cases}\boldsymbol{P}_i^0(t)\equiv\boldsymbol{P}_i^0=\boldsymbol{P}_i,\quad i=0,1,\cdots,n,\\ \boldsymbol{P}_i^r(t)=((1-t)\omega_i^{r-1}(t)\boldsymbol{P}_i^{r-1}(t)+t\omega_{i+1}^{r-1}(t)\boldsymbol{P}_{i+1}^{r-1}(t))/\omega_i^r(t),\\ \qquad r=1,2,\cdots,n,\quad i=0,1,\cdots,n-r.\end{cases}\tag{5.10}$$

$$\boldsymbol{R}(t)=\frac{\sum\limits_{i=0}^{n-1}\omega_i^1(t)\boldsymbol{P}_i^1(t)B_i^{n-1}(t)}{\sum\limits_{i=0}^{n-1}\omega_i^1(t)B_i^{n-1}(t)}=\cdots=\frac{\sum\limits_{i=0}^{n-r}\omega_i^r(t)\boldsymbol{P}_i^r(t)B_i^{n-r}(t)}{\sum\limits_{i=0}^{n-r}\omega_i^r(t)B_i^{n-r}(t)}=\cdots=\boldsymbol{P}_0^n(t),$$

$\boldsymbol{P}_0^n(t)$ 即为所求的 $\boldsymbol{R}(t)$.

若记 $\boldsymbol{P}^0=(\boldsymbol{P}_0,\boldsymbol{P}_1,\cdots,\boldsymbol{P}_n)^{\mathrm{T}}$, $\boldsymbol{P}^r(t)=(\boldsymbol{P}_0^r,\boldsymbol{P}_1^r,\cdots,\boldsymbol{P}_{n-r}^r)^{\mathrm{T}}$, 则可以把有理 Bézier 曲线的 de Casteljau 算法表示为

$$\boldsymbol{P}^r(t)=\tilde{M}_r(t)\cdots\tilde{M}_2(t)\tilde{M}_1(t)\boldsymbol{P}^0,$$

其中

$$\tilde{M}_r(t)=\begin{pmatrix}\frac{\omega_0^{r-1}(t)}{\omega_0^r(t)}(1-t) & \frac{\omega_1^{r-1}(t)}{\omega_0^r(t)}t & 0 & \cdots & 0 & 0\\ \vdots & \ddots & \ddots & \ddots & \ddots & \vdots\\ 0 & \ddots & \frac{\omega_i^{r-1}(t)}{\omega_i^r(t)}(1-t) & \frac{\omega_{i+1}^{r-1}(t)}{\omega_i^r(t)}t & \ddots & 0\\ \vdots & \ddots & \ddots & \ddots & \ddots & \vdots\\ 0 & 0 & \cdots & 0 & \frac{\omega_{n-r}^{r-1}(t)}{\omega_{n-r}^r(t)}(1-t) & \frac{\omega_{n-r+1}^{r-1}(t)}{\omega_{n-r}^r(t)}t\end{pmatrix}$$

是一个 $(n-r+1)\times(n-r+2)$ 阶矩阵.

有理 Bézier 曲线的 de Casteljau 算法的控制顶点的递归关系和几何作图的求值过程与 Bézier 曲线的 de Casteljau 算法一致, 这里就不再重复. 显然, 当所有权因子 ω_i 相等时, 退化为 Bézier 曲线的 de Casteljau 算法.

5.1.4 权因子的几何意义

有理 Bézier 曲线除了具有类似于 Bézier 曲线的上述几何性质以外, 还增加了关于权因子的“调整”性质.

性质 5.1.8 可退化性. 当权因子 $\omega_i=\omega\neq 0\ (i=0,1,\cdots,n)$ 时, 有理 Bézier 曲线 (5.2) 退化为 Bézier 曲线 (3.3).

性质 5.1.9 当 $\omega_0\neq 0,\omega_n\neq 0$ 时, 对任意 $t\in[0,1]$,

$$\lim_{\omega_i\to+\infty}\boldsymbol{R}(t)=\begin{cases}\boldsymbol{P}_0, & t=0,\\ \boldsymbol{P}_i, & t\in(0,1),\\ \boldsymbol{P}_n, & t=1.\end{cases}$$

只需证明对于 $t\in(0,1)$ 的情况,

$$\lim_{\omega_i\to+\infty}\boldsymbol{R}(t)=\lim_{\omega_i\to+\infty}\frac{\sum\limits_{j=0}^{n}\omega_j\boldsymbol{P}_jB_j^n(t)}{\sum\limits_{j=0}^{n}\omega_jB_j^n(t)}=\lim_{\omega_i\to+\infty}\frac{\sum\limits_{j\neq i}\frac{\omega_j}{\omega_i}\boldsymbol{P}_jB_j^n(t)+\boldsymbol{P}_iB_i^n(t)}{\sum\limits_{j\neq i}\frac{\omega_j}{\omega_i}B_j^n(t)+B_i^n(t)}=\boldsymbol{P}_i.$$

这说明, 只要 $\omega_0\neq 0,\omega_n\neq 0$, 有理 Bézier 曲线 $\boldsymbol{R}(t)$ 一定通过首末控制顶点 $\boldsymbol{P}_0$ 和 $\boldsymbol{P}_n$. 对 $t\in(0,1)$, 当 ω_i 越大, $\boldsymbol{R}(t)$ 越趋向 $\boldsymbol{P}_i$; 反之, 当 ω_i 越小, $\boldsymbol{R}(t)$ 越远离 $\boldsymbol{P}_i$.

可以看出, $\omega_i \to +\infty$ 的极限状态, $\boldsymbol{R}(t)$ 即为通过 $\boldsymbol{P}_0$, $\boldsymbol{P}_i$ 和 $\boldsymbol{P}_n$3 点的折线. 图 5.3 显示了一条 3 次有理 Bézier 曲线当控制顶点 $\boldsymbol{P}_2$ 对应的权因子 ω_2 变化时的不同情况. 需要指出的是, $\omega_i = 0$ 时, 控制顶点 $\boldsymbol{P}_i$ 对曲线失去了“控制”的作用, 曲线落在其余控制顶点的凸包内. 这与 $\omega_i \neq 0$, $\boldsymbol{P}_i = 0$ 的情况是不同的, 后者表示控制顶点位于坐标原点, 而根据有理 Bézier 曲线的几何不变性, 可以使所有的控制顶点为非 0 向量.

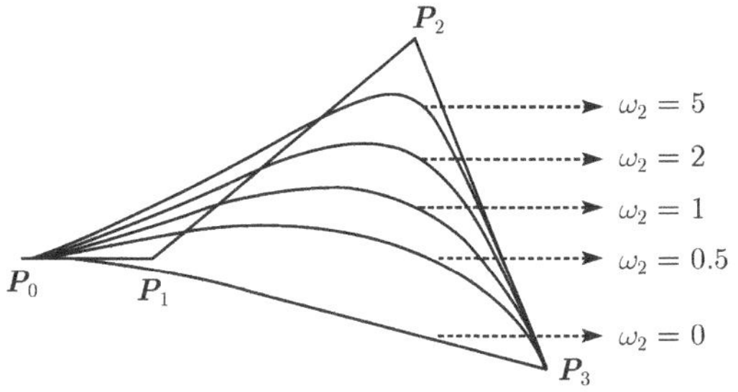

图 5.3　ω_2 变化时对应的 3 次有理 Bézier 曲线

性质 5.1.10　权因子的交比性质. 设控制顶点 $\boldsymbol{P}_i$ 的权因子为 ω_i, 对任一参数值 t, 记有理 Bézier 曲线 $\boldsymbol{R}(t)$ 对应 t 的点为 $\boldsymbol{S}_i = \boldsymbol{R}(t;\omega_i)$. 当 $\omega_i = 0$ 和 $\omega_i = 1$ 时, 分别记对应的点为 $\boldsymbol{S} = \boldsymbol{R}(t;\omega_i = 0)$ 和 $\boldsymbol{M} = \boldsymbol{R}(t;\omega_i = 1)$, 则

$$\frac{|\boldsymbol{M}\boldsymbol{P}_i|}{|\boldsymbol{S}\boldsymbol{M}|} : \frac{|\boldsymbol{S}_i\boldsymbol{P}_i|}{|\boldsymbol{S}\boldsymbol{S}_i|} = \omega_i$$

如图 5.4.

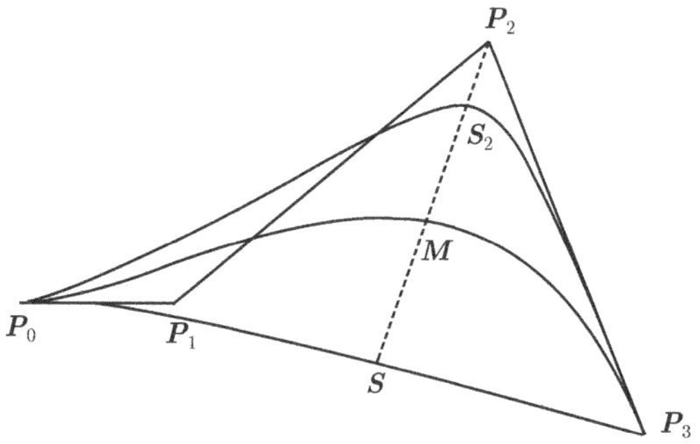

图 5.4　有理 Bézier 曲线权因子的几何意义

证明　由

$$\boldsymbol{S}_i=\boldsymbol{R}(t;\omega_i)=\frac{\sum\limits_{j=0}^{n}\omega_j\boldsymbol{P}_jB_j^n(t)}{\sum\limits_{j=0}^{n}\omega_jB_j^n(t)}=\frac{\sum\limits_{j\neq i}\omega_j\boldsymbol{P}_jB_j^n(t)}{\sum\limits_{j=0}^{n}\omega_jB_j^n(t)}+\frac{\omega_i\boldsymbol{P}_iB_i^n(t)}{\sum\limits_{j=0}^{n}\omega_jB_j^n(t)},$$

$$\boldsymbol{S}=\frac{\sum\limits_{j\neq i}\omega_j\boldsymbol{P}_jB_j^n(t)}{\sum\limits_{j\neq i}\omega_jB_j^n(t)},\quad \boldsymbol{M}=\frac{\sum\limits_{j\neq i}\omega_j\boldsymbol{P}_jB_j^n(t)}{\sum\limits_{j=0}^{n}\omega_jB_j^n(t)}+\frac{\boldsymbol{P}_iB_i^n(t)}{\sum\limits_{j=0}^{n}\omega_jB_j^n(t)},$$

$\boldsymbol{S},\boldsymbol{M},\boldsymbol{S}_i,\boldsymbol{P}_i$4 点共线, 因此 $\boldsymbol{S}_i$ 和 $\boldsymbol{M}$ 都可表示成为 $\boldsymbol{S}$ 和 $\boldsymbol{P}_i$ 的线性组合, 即

$$\boldsymbol{S}_i=(1-\alpha)\boldsymbol{S}+\alpha\boldsymbol{P}_i,\ \boldsymbol{M}=\mu\boldsymbol{S}+\nu\boldsymbol{P}_i,$$

其中

$$\alpha=\frac{\omega_iB_i^n(t)}{\sum\limits_{j=0}^{n}\omega_jB_j^n(t)},\quad 1-\alpha=\frac{\sum\limits_{j\neq i}\omega_jB_j^n(t)}{\sum\limits_{j=0}^{n}\omega_jB_j^n(t)},$$

$$\mu=\frac{\sum\limits_{j\neq i}\omega_jB_j^n(t)}{\sum\limits_{j=0}^{n}\omega_jB_j^n(t)},\quad \nu=\frac{B_i^n(t)}{\sum\limits_{j=0}^{n}\omega_jB_j^n(t)}.$$

于是

$$\frac{|\boldsymbol{MP}_i|}{|\boldsymbol{SM}|}:\frac{|\boldsymbol{S}_i\boldsymbol{P}_i|}{|\boldsymbol{SS}_i|}=\frac{\mu}{\nu}:\frac{1-\alpha}{\alpha}=\frac{\sum\limits_{j\neq i}\omega_jB_j^n(t)}{B_i^n(t)}:\frac{\sum\limits_{j\neq i}\omega_jB_j^n(t)}{\omega_iB_i^n(t)}=\omega_i.$$

性质 5.1.11 对于 2 次有理 Bézier 曲线 $\boldsymbol{R}(t)=\dfrac{\sum\limits_{j=0}^{2}\omega_j\boldsymbol{P}_jB_j^n(t)}{\sum\limits_{j=0}^{2}\omega_jB_j^n(t)}$, 称 $k=\dfrac{\omega_0\omega_2}{\omega_1^2}$ 为形状不变因子. 可以证明, 同一组控制顶点选取不同的权因子, 只要形状不变因子 k 相等, 则由它们决定的 2 次有理 Bézier 曲线描述的是同一条 2 次曲线段, 不同的权因子对应不同的参数化. 而且可以根据形状不变因子对 2 次曲线进行分类

$$k\begin{cases}=0, & \boldsymbol{R}(t)\ \text{表示退化的 2 次曲线: 一对直线段 } \boldsymbol{P}_0\boldsymbol{P}_1 \text{ 和 } \boldsymbol{P}_1\boldsymbol{P}_2,\\ \in(0,1), & \boldsymbol{R}(t)\ \text{表示双曲线},\\ =1, & \boldsymbol{R}(t)\ \text{表示抛物线},\\ \in(1,+\infty), & \boldsymbol{R}(t)\ \text{表示椭圆},\\ =+\infty, & \boldsymbol{R}(t)\ \text{表示连接 } \boldsymbol{P}_0 \text{ 和 } \boldsymbol{P}_2 \text{ 的直线段}.\end{cases}$$

例 5.1.1　取控制顶点 $\boldsymbol{P}_0=(1,0)$, $\boldsymbol{P}_1=(1,1)$, $\boldsymbol{P}_2=(0,1)$, 取权因子 $\omega_0=1$, $\omega_1=1$, $\omega_2=2$, 则可得一条 2 次有理 Bézier 曲线

$$\boldsymbol{R}(t)=\frac{\sum\limits_{j=0}^{2}\omega_j\boldsymbol{P}_jB_j^n(t)}{\sum\limits_{j=0}^{2}\omega_jB_j^n(t)}=\left\{\frac{1-t^2}{1+t^2},\frac{2t}{1+t^2}\right\}.$$

此即为半径为 1 的圆弧表达式, 因此 $\boldsymbol{R}(t)$ 描述了四分之一的单位圆弧, 如图 5.5 所示.

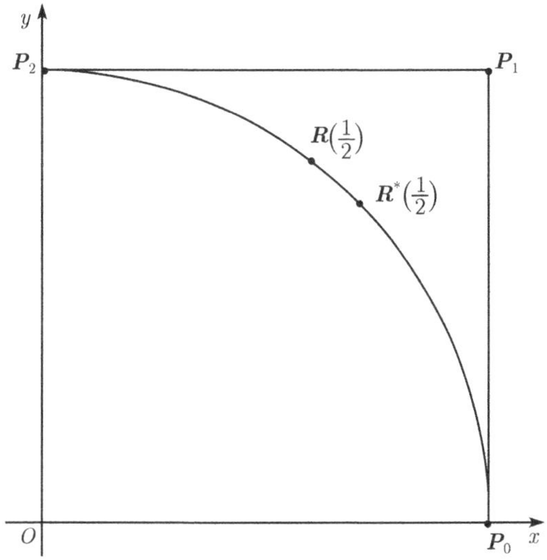

图 5.5　2 次有理 Bézier 曲线表示的圆弧

若取 $\omega_0^*=1$, $\omega_1^*=\dfrac{\sqrt{2}}{2}$, $\omega_2^*=1$, 则

$$\boldsymbol{R}^*(t)=\frac{\sum\limits_{j=0}^{2}\omega_j^*\boldsymbol{P}_jB_j^n(t)}{\sum\limits_{j=0}^{2}\omega_j^*B_j^n(t)}=\left\{\frac{(1-t)(1-t+\sqrt{2}t)}{1-(2-\sqrt{2})t+(2-\sqrt{2})t^2},\frac{t(\sqrt{2}+t-\sqrt{2}t)}{1-(2-\sqrt{2})t+(2-\sqrt{2})t^2}\right\}.$$

这两种不同的权因子得到的 2 次有理 Bézier 曲线都表示同一条四分之一的单位圆弧, 不同的权因子表示不同的参数变换. 令 $s=\dfrac{t}{\sqrt{2}+(1-\sqrt{2})t}$, 则可得 $\boldsymbol{R}(s)=\boldsymbol{R}^*(t)$. 图 5.5 中显示的 $\boldsymbol{R}\left(\dfrac{1}{2}\right)$ 和 $\boldsymbol{R}^*\left(\dfrac{1}{2}\right)$ 表示在不同参数表示下的点在曲线上的位置. 同样, 还可以取权因子为 $\omega_0^*=2$, $\omega_1^*=1$, $\omega_2^*=1$.

5.2 有理 Bézier 曲面

与 Bézier 曲线类似, 为了能够精确表示 2 次曲面, 需要引进有理参数曲面. 有理 Bézier 曲面也可以分别通过二元有理 Bernstein 基函数和齐次坐标的中心投影方法得到. 矩形域上的张量积型有理 Bézier 曲面定义为如下.

定义 5.2.1 假设给定 $\mathbb{R}^3$ 空间中, 齐次坐标下的 $(m+1)(n+1)$ 个点 $\widetilde{\boldsymbol{P}}_{i,j}=(X_{i,j},Y_{i,j},Z_{i,j},\omega_{i,j})=(\omega_{i,j}x_{i,j},\omega_{i,j}y_{i,j},\omega_{i,j}z_{i,j},\omega_{i,j})$ $(i=0,1,\cdots,m,\ j=0,1,\cdots,n,\ \omega_{i,j}\geqslant 0)$, 则参数曲面

$$\widetilde{\boldsymbol{R}}(u,v)=(X(u,v),Y(u,v),Z(u,v),\omega(u,v))=\sum_{i=0}^{m}\sum_{j=0}^{n}\widetilde{\boldsymbol{P}}_{i,j}B_i^m(u)B_j^n(v),\quad 0\leqslant u,v\leqslant 1 \tag{5.11}$$

称为矩形域 $[0,1]\times[0,1]$ 上的 $m\times n$ 次有理 Bézier 曲面, 其中 $\widetilde{\boldsymbol{P}}_{i,j}$ 称为控制顶点, $\omega_{i,j}$ 不全为 0, 称为权因子. (5.11) 式在仿射坐标系下的对应表达式为

$$\boldsymbol{R}(u,v)=H(\widetilde{\boldsymbol{R}}(u,v))=(x(u,v),y(u,v),z(u,v))=\left(\frac{X(u,v)}{\omega(u,v)},\frac{Y(u,v)}{\omega(u,v)},\frac{Z(u,v)}{\omega(u,v)}\right)$$

$$=\frac{\sum\limits_{i=0}^{m}\sum\limits_{j=0}^{n}\omega_{i,j}\boldsymbol{P}_{i,j}B_i^m(u)B_j^n(v)}{\sum\limits_{i=0}^{m}\sum\limits_{j=0}^{n}\omega_{i,j}B_i^m(u)B_j^n(v)},$$

$$\boldsymbol{P}_{i,j}=(x_{i,j},y_{i,j},z_{i,j}),\quad \omega_{i,j}\geqslant 0,\quad 0\leqslant u,v\leqslant 1. \tag{5.12}$$

由张量积表达式 (5.12) 可推知, 有理 Bézier 曲面具有与 Bézier 曲面类似的几何与仿射不变性、凸包性、交互性、递归求值法和几何作图法. 权因子的几何意义也与 Bézier 曲线类似. 特别地, 当所有权因子 $\omega_{i,j}$ 相等为一非零常数时, 有理 Bézier 曲面退化为矩形域上的张量积型 Bézier 曲面.

性质 5.2.1 仿射不变性和凸包性质. 由张量积型有理 Bernstein 基函数的单位分解性和非负性即知.

性质 5.2.2 边界性质. 张量积型有理 Bézier 曲面的 4 条边界线是由相应的 B 网的边界多边形所决定的 4 条有理 Bézier 曲线, 即

$$\boldsymbol{R}(u,0)=\frac{\sum\limits_{i=0}^{m}\omega_{i,0}\boldsymbol{P}_{i,0}B_i^m(u)}{\sum\limits_{i=0}^{m}\omega_{i,0}B_i^m(u)},\quad \boldsymbol{R}(u,1)=\frac{\sum\limits_{i=0}^{m}\omega_{i,n}\boldsymbol{P}_{i,n}B_i^m(u)}{\sum\limits_{i=0}^{m}\omega_{i,n}B_i^m(u)},$$

$$\boldsymbol{R}(0,v)=\frac{\sum\limits_{i=0}^{n}\omega_{0,j}\boldsymbol{P}_{0,j}B_j^n(v)}{\sum\limits_{i=0}^{n}\omega_{0,j}B_j^n(v)},\quad \boldsymbol{R}(1,v)=\frac{\sum\limits_{i=0}^{n}\omega_{m,j}\boldsymbol{P}_{m,j}B_j^n(v)}{\sum\limits_{i=0}^{n}\omega_{m,j}B_j^n(v)}.$$

性质 5.2.3　角点性质. 当 $\omega_{0,0},\omega_{0,n},\omega_{m,0},\omega_{m,n}$ 均不为 0 时, 有理曲面 $\boldsymbol{R}(u,v)$ 在 4 个角点插值于 B 网的 4 个角点, 即

$$\boldsymbol{R}(0,0)=\boldsymbol{P}_{0,0},\quad \boldsymbol{R}(0,1)=\boldsymbol{P}_{0,n},\quad \boldsymbol{R}(1,0)=\boldsymbol{P}_{m,0},\quad \boldsymbol{R}(1,1)=\boldsymbol{P}_{m,n}.$$

为了计算有理曲面 $\boldsymbol{R}(u,v)$ 的导数, 记 $\boldsymbol{P}(u,v)=\sum\limits_{i=0}^{m}\sum\limits_{j=0}^{n}\omega_{i,j}\boldsymbol{P}_{i,j}B_i^m(u)B_j^n(v),\ \omega(u,v)=\sum\limits_{i=0}^{m}\sum\limits_{j=0}^{n}\omega_{i,j}B_i^m(u)B_j^n(v)$, 则 $\boldsymbol{R}(u,v)=\dfrac{\boldsymbol{P}(u,v)}{\omega(u,v)}$, 于是 $\boldsymbol{P}(u,v)=\omega(u,v)\boldsymbol{R}(u,v)$, 两边求导并整理得

$$\frac{\partial}{\partial u}\boldsymbol{R}(u,v)=\left(\frac{\partial}{\partial u}\boldsymbol{P}(u,v)-\frac{\partial}{\partial u}\omega(u,v)\boldsymbol{R}(u,v)\right)\Big/\omega(u,v),$$

$$\begin{aligned}\frac{\partial^2\boldsymbol{R}(u,v)}{\partial u\partial v}=&\left(\frac{\partial^2\boldsymbol{P}(u,v)}{\partial u\partial v}-\frac{\partial^2\omega(u,v)}{\partial u\partial v}\boldsymbol{R}(u,v)-\frac{\partial\omega(u,v)}{\partial u}\frac{\partial\boldsymbol{R}(u,v)}{\partial v}\right.\\&\left.-\frac{\partial\omega(u,v)}{\partial v}\frac{\partial\boldsymbol{R}(u,v)}{\partial u}\right)\Big/\omega(u,v).\end{aligned}$$

则 $\boldsymbol{R}(u,v)$ 在角点 $(0,0)$ 处的导数值为

$$\boldsymbol{R}_u(0,0)=m\frac{\omega_{1,0}}{\omega_{0,0}}(\boldsymbol{P}_{1,0}-\boldsymbol{P}_{0,0}),\quad \boldsymbol{R}_v(0,0)=n\frac{\omega_{0,1}}{\omega_{0,0}}(\boldsymbol{P}_{0,1}-\boldsymbol{P}_{0,0});$$

$$\begin{aligned}\boldsymbol{R}_{u,v}(0,0)&=mn\left(\frac{\omega_{1,1}}{\omega_{0,0}}(\boldsymbol{P}_{1,1}-\boldsymbol{P}_{0,0})-\frac{\omega_{1,0}\omega_{0,1}}{\omega_{0,0}^2}(\boldsymbol{P}_{1,0}+\boldsymbol{P}_{0,1}-2\boldsymbol{P}_{0,0})\right)\\&=mn\frac{\omega_{1,1}}{\omega_{0,0}}(\boldsymbol{P}_{1,1}-\boldsymbol{P}_{0,0})-n\frac{\omega_{0,1}}{\omega_{0,0}}\boldsymbol{R}_u(0,0)-m\frac{\omega_{1,0}}{\omega_{0,0}}\boldsymbol{R}_v(0,0).\end{aligned}$$

对称地, 可以得到有理曲面其他三个角点处的导数值.

特别地, 对于双 3 次的有理 Bézier 曲面

$$\boldsymbol{R}(u,v)=\frac{\sum\limits_{i=0}^{3}\sum\limits_{j=0}^{3}\omega_{i,j}\boldsymbol{P}_{i,j}B_i^3(u)B_j^3(v)}{\sum\limits_{i=0}^{m}\sum\limits_{j=0}^{n}\omega_{i,j}B_i^3(u)B_j^3(v)}.$$

其 16 个控制顶点和相应的权因子具有与曲面在 4 个角点处的切矢相关的几何意义, 以 $\boldsymbol{R}(0,0)$ 为例,

$$\boldsymbol{P}_{0,0}=\boldsymbol{R}(0,0),\quad \boldsymbol{P}_{1,0}=\boldsymbol{R}(0,0)+\frac{\omega_{0,0}}{3\omega_{1,0}}\boldsymbol{R}_u(0,0),\quad \boldsymbol{P}_{0,1}=\boldsymbol{R}(0,0)+\frac{\omega_{0,0}}{3\omega_{0,1}}\boldsymbol{R}_v(0,0),$$

$$\boldsymbol{P}_{1,1}=\boldsymbol{R}(0,0)+\frac{\omega_{0,1}}{3\omega_{1,1}}\boldsymbol{R}_u(0,0)+\frac{\omega_{1,0}}{3\omega_{1,1}}\boldsymbol{R}_v(0,0)+\frac{\omega_{0,0}}{9\omega_{1,1}}\boldsymbol{R}_{uv}(0,0).$$

由此性质, 可以利用双 3 次有理 Bézier 曲面很方便地进行 Hermite 插值.

性质 5.2.4 升阶性质. 由 $\tilde{\boldsymbol{R}}(u,v)$ 的升阶公式可得

$$\tilde{\boldsymbol{R}}(u,v)=\sum_{i=0}^{m}\sum_{j=0}^{n}\tilde{\boldsymbol{P}}_{i,j}B_i^m(u)B_j^n(v)=\sum_{i=0}^{m+1}\sum_{j=0}^{n+1}\tilde{\boldsymbol{P}}_{i,j}^*B_i^{m+1}(u)B_j^{n+1}(v),$$

其中

$$\tilde{\boldsymbol{P}}_{i,j}^*=\alpha_i\beta_j\tilde{\boldsymbol{P}}_{i-1,j-1}+\alpha_i(1-\beta_j)\tilde{\boldsymbol{P}}_{i-1,j}+(1-\alpha_i)\beta_j\tilde{\boldsymbol{P}}_{i,j-1}+(1-\alpha_i)(1-\beta_j)\tilde{\boldsymbol{P}}_{i,j},$$

$$\alpha_i=\frac{i}{m+1},\ \beta_j=\frac{j}{n+1}.$$

于是经过中心投影变换就可得到有理 Bézier 曲面的升阶公式

$$\boldsymbol{R}(u,v)=H\left(\sum_{i=0}^{m+1}\sum_{j=0}^{n+1}\tilde{\boldsymbol{P}}_{i,j}^*B_i^{m+1}(u)B_j^{n+1}(v)\right)=\frac{\sum\limits_{i=0}^{m+1}\sum\limits_{j=0}^{n+1}\omega_{i,j}^*\boldsymbol{P}_{i,j}^*B_i^{m+1}(u)B_j^{n+1}(v)}{\sum\limits_{i=0}^{m+1}\sum\limits_{j=0}^{n+1}\omega_{i,j}^*B_i^{m+1}(u)B_j^{n+1}(v)},$$

其中

$$\omega_{i,j}^*=\alpha_i\beta_j\omega_{i-1,j-1}+\alpha_i(1-\beta_j)\omega_{i-1,j}+(1-\alpha_i)\beta_j\omega_{i,j-1}+(1-\alpha_i)(1-\beta_j)\omega_{i,j},$$

$$\begin{aligned}\boldsymbol{P}_{i,j}^*=&(\alpha_i\beta_j\omega_{i-1,j-1}\boldsymbol{P}_{i-1,j-1}+\alpha_i(1-\beta_j)\omega_{i-1,j}\boldsymbol{P}_{i-1,j}\\&+(1-\alpha_i)\beta_j\omega_{i,j-1}\boldsymbol{P}_{i,j-1}+(1-\alpha_i)(1-\beta_j)\omega_{i,j}\boldsymbol{P}_{i,j})/\omega_{i,j}^*.\end{aligned}$$

性质 5.2.5 有理 Bézier 曲面的 de Casteljau 算法. 利用齐次坐标表示的张量积型 Bézier 曲面的 de Casteljau 算法, 经过中心投影变换就可以得到有理 Bézier 曲面的 de Casteljau 算法.

$$\begin{aligned}\tilde{\boldsymbol{R}}(u,v)=&\sum_{i=0}^{m-1}\sum_{j=0}^{n-1}((1-u)(1-v)\tilde{\boldsymbol{P}}_{i,j}+(1-u)v\tilde{\boldsymbol{P}}_{i,j+1}+u(1-v)\tilde{\boldsymbol{P}}_{i+1,j}\\&+uv\tilde{\boldsymbol{P}}_{i+1,j+1})B_i^{m-1}(u)B_j^{n-1}(v),\end{aligned}$$

可得 $\tilde{\boldsymbol{R}}(u,v)$ 的 de Casteljau 算法. 令

$$\begin{cases}\tilde{\boldsymbol{P}}_{i,j}^{0,0}(u,v)\equiv\tilde{\boldsymbol{P}}_{i,j}^{0,0}=\tilde{\boldsymbol{P}}_{i,j},\quad i=0,1,\cdots,m,\quad j=0,1,\cdots,n,\\ \tilde{\boldsymbol{P}}_{i,j}^{r,s}(u,v)=(1-u)(1-v)\tilde{\boldsymbol{P}}_{i,j}^{r-1,s-1}(u,v)+(1-u)v\tilde{\boldsymbol{P}}_{i,j+1}^{r-1,s-1}(u,v)\\ \qquad+u(1-v)\tilde{\boldsymbol{P}}_{i+1,j}^{r-1,s-1}(u,v)+uv\tilde{\boldsymbol{P}}_{i+1,j+1}^{r-1,s-1}(u,v),\\ \qquad r=1,2,\cdots,m,\quad s=1,2,\cdots,n,\\ \qquad i=0,1,\cdots,m-r,\quad j=0,1,\cdots,n-s.\end{cases}\tag{5.13}$$

则可以把上式表示为

$$\begin{aligned}\tilde{\boldsymbol{R}}(u,v) &= \sum_{i=0}^{m-1}\sum_{j=0}^{n-1}\tilde{\boldsymbol{P}}_{i,j}^{1,1}(u,v)B_i^{m-1}(u)B_j^{n-1}(v) = \cdots \\ &= \sum_{i=0}^{m-r}\sum_{j=0}^{n-s}\tilde{\boldsymbol{P}}_{i,j}^{r,s}(u,v)B_i^{m-r}(u)B_j^{n-s}(v) = \cdots \\ &= \tilde{\boldsymbol{P}}_{0,0}^{m,n}(u,v).\end{aligned}$$

$\tilde{\boldsymbol{P}}_{0,0}^{m,n}(u,v)$ 即为所求的 $\tilde{\boldsymbol{R}}(u,v)$.

将上述过程进行中心投影变换, 得到有理 Bézier 曲面的 de Casteljau 算法.

$$\begin{cases}\omega_{i,j}^{0,0}(u,v)\equiv\omega_{i,j}^{0,0}=\omega_{i,j}, \quad i=0,1,\cdots,m, \quad j=0,1,\cdots,n, \\ \omega_{i,j}^{r,s}(u,v)=(1-u)(1-v)\omega_{i,j}^{r-1,s-1}(u,v)+(1-u)v\omega_{i,j+1}^{r-1,s-1}(u,v) \\ \qquad +u(1-v)\omega_{i+1,j}^{r-1,s-1}(u,v)+uv\omega_{i+1,j+1}^{r-1,s-1}(u,v), \\ \qquad r=1,2,\cdots,m, \quad s=1,2,\cdots,n, \\ \qquad i=0,1,\cdots,m-r, \quad j=0,1,\cdots,n-s.\end{cases} \tag{5.14}$$

$$\begin{cases}\boldsymbol{P}_{i,j}^{0,0}(u,v)\equiv\boldsymbol{P}_{i,j}^{0,0}=\boldsymbol{P}_{i,j}, \quad i=0,1,\cdots,m, \quad j=0,1,\cdots,n, \\ \boldsymbol{P}_{i,j}^{r,s}(u,v)=\big((1-u)(1-v)\omega_{i,j}^{r-1,s-1}(u,v)\boldsymbol{P}_{i,j}^{r-1,s-1}(u,v) \\ \qquad +(1-u)v\omega_{i,j+1}^{r-1,s-1}(u,v)\boldsymbol{P}_{i,j+1}^{r-1,s-1}(u,v) \\ \qquad +u(1-v)\omega_{i+1,j}^{r-1,s-1}(u,v)\boldsymbol{P}_{i+1,j}^{r-1,s-1}(u,v) \\ \qquad +uv\omega_{i+1,j+1}^{r-1,s-1}(u,v)\boldsymbol{P}_{i+1,j+1}^{r-1,s-1}(u,v)\big)/\omega_{i,j}^{r,s}(u,v), \\ \qquad r=1,2,\cdots,m, \quad s=1,2,\cdots,n, \\ \qquad i=0,1,\cdots,m-r, \quad j=0,1,\cdots,n-s.\end{cases} \tag{5.15}$$

则可以把上式表示为

$$\begin{aligned}\boldsymbol{R}(u,v) &= \frac{\sum\limits_{i=0}^{m-1}\sum\limits_{j=0}^{n-1}\omega_{i,j}^{1,1}(u,v)\boldsymbol{P}_{i,j}^{1,1}(u,v)B_i^{m-1}(u)B_j^{n-1}(v)}{\sum\limits_{i=0}^{m-1}\sum\limits_{j=0}^{n-1}\omega_{i,j}^{1,1}(u,v)B_i^{m-1}(u)B_j^{n-1}(v)} = \cdots \\ &= \frac{\sum\limits_{i=0}^{m-r}\sum\limits_{j=0}^{n-s}\omega_{i,j}^{r,s}(u,v)\boldsymbol{P}_{i,j}^{r,s}(u,v)B_i^{m-r}(u)B_j^{n-s}(v)}{\sum\limits_{i=0}^{m-r}\sum\limits_{j=0}^{n-s}\omega_{i,j}^{r,s}(u,v)B_i^{m-r}(u)B_j^{n-s}(v)} = \cdots \\ &= \boldsymbol{P}_{0,0}^{m,n}(u,v).\end{aligned}$$

$\boldsymbol{P}_{0,0}^{m,n}(u,v)$ 即为所求的 $\boldsymbol{R}(u,v)$.

有理 Bézier 曲面的 de Casteljau 算法的控制顶点的递推关系和几何作图的求值过程与张量积型的 Bézier 曲面的 de Casteljau 算法一致. 特别地, 当所有权因子 $\omega_{i,j}$ 相等时, 退化为张量积型的 Bézier 曲面的 de Casteljau 算法.

性质 5.2.6 当 $\omega_{0,0},\omega_{0,n},\omega_{m,0},\omega_{m,n}$ 均不为 0 时, 对任意 $(u,v)\in[0,1]\times[0,1]$,

$$\lim_{\omega_{i,j}\to+\infty}\boldsymbol{R}(u,v)=\begin{cases}\boldsymbol{P}_{0,0}, & (u,v)=(0,0),\\ \boldsymbol{P}_{0,n}, & (u,v)=(0,1),\\ \boldsymbol{P}_{m,0}, & (u,v)=(1,0),\\ \boldsymbol{P}_{m,n}, & (u,v)=(1,1),\\ \boldsymbol{P}_{i,j}, & (u,v)\in(0,1)\times(0,1).\end{cases}$$

只需证明对于 $t\in(0,1)$ 的情况,

$$\begin{aligned}&\lim_{\omega_{i,j}\to+\infty}\boldsymbol{R}(u,v)\\ =&\lim_{\omega_{i,j}\to+\infty}\frac{\sum\limits_{k=0}^{m}\sum\limits_{l=0}^{n}\omega_{i,j}\boldsymbol{P}_{i,j}B_i^m(u)B_j^n(v)}{\sum\limits_{k=0}^{m}\sum\limits_{l=0}^{n}\omega_{i,j}B_i^m(u)B_j^n(v)}\\ =&\lim_{\omega_{i,j}\to+\infty}\frac{\sum\limits_{k\neq i,l\neq j}\frac{\omega_{k,l}}{\omega_{i,j}}\boldsymbol{P}_{i,j}B_i^m(u)B_j^n(v)+\boldsymbol{P}_{i,j}B_i^m(u)B_j^n(v)}{\sum\limits_{k\neq i,l\neq j}\frac{\omega_{k,l}}{\omega_{i,j}}B_i^m(u)B_j^n(v)+B_i^m(u)B_j^n(v)}\\ =&\boldsymbol{P}_{i,j}.\end{aligned}$$

这说明, 只要 $\omega_{0,0},\omega_{0,n},\omega_{m,0},\omega_{m,n}$ 均不为 0, 有理 Bézier 曲面 $\boldsymbol{R}(u,v)$ 一定通过 4 个控制角点 $\boldsymbol{P}_{0,0}$, $\boldsymbol{P}_{0,n}$, $\boldsymbol{P}_{m,0}$, $\boldsymbol{P}_{m,n}$, 并且边界仍然是四条相应的有理 Bézier 曲线. 而对曲面内部的其他点 (u,v), 当 $\omega_{i,j}$ 越大, $\boldsymbol{R}(u,v)$ 越趋向 $\boldsymbol{P}_{i,j}$; 反之, 当 $\omega_{i,j}$ 越小, $\boldsymbol{R}(u,v)$ 越远离 $\boldsymbol{P}_{i,j}$. 可以看出, $\omega_{i,j}\to+\infty$ 的极限状态, $\boldsymbol{R}(u,v)$ 即为通过 $\boldsymbol{P}_{i,j}$ 连接边界曲线的直纹面.

图 5.6 显示了一个双 2 次有理 Bézier 曲面随权因子变化的情形. 其中图 5.6(a)、(b)、(c)、(d) 分别是当控制顶点 $\boldsymbol{P}_{1,1}$ 对应的权因子 $\omega_{1,1}$ 为 $0,1,10,100$, 其他权因子为 1 时的曲面. 图 5.6(e) 为角点控制顶点 $\boldsymbol{P}_{0,0}$ 对应的权因子 $\omega_{0,0}=10$, 其他权因子为 1 时的曲面, 图 5.6(f) 为边界控制顶点 $\boldsymbol{P}_{1,0}$ 对应的权因子 $\omega_{1,0}=10$, 其他权因子为 1 时的曲面.

性质 5.2.7 权因子的交比性质. 设控制顶点 $\boldsymbol{P}_{i,j}$ 的权因子为 $\omega_{i,j}$, 对任一参数值 (u,v), 记有理 Bézier 曲面 $\boldsymbol{R}(u,v)$ 对应 (u,v) 的点为 $\boldsymbol{S}_{i,j}=\boldsymbol{R}(u,v;\omega_{i,j})$, 当 $\omega_{i,j}=0$ 和 $\omega_{i,j}=1$ 时, 分别记对应的点为 $\boldsymbol{S}=\boldsymbol{R}(u,v;\omega_{i,j}=0)$ 和 $\boldsymbol{M}=\boldsymbol{R}(u,v;\omega_{i,j}=1)$, 则

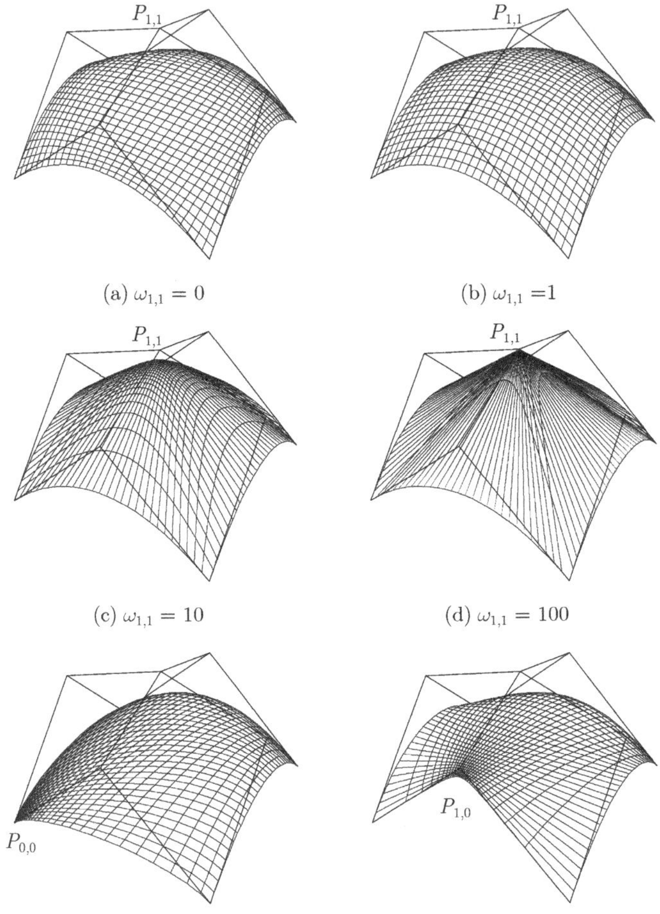

(a) $\omega_{1,1}=0$　(b) $\omega_{1,1}=1$

(c) $\omega_{1,1}=10$　(d) $\omega_{1,1}=100$

(e) $\omega_{0,0}=10$　(f) $\omega_{1,0}=10$

图 5.6　权因子变化时的双 2 次有理 Bézier 曲面

$$\frac{|\boldsymbol{MP}_{i,j}|}{|\boldsymbol{SM}|}:\frac{|\boldsymbol{S}_{i,j}\boldsymbol{P}_{i,j}|}{|\boldsymbol{SS}_{i,j}|}=\omega_{i,j}.$$

证明　由

$$\begin{aligned}
\boldsymbol{S}_{i,j} &= \boldsymbol{R}(u,v;\omega_{i,j})\\
&= \frac{\sum_{k=0}^{m}\sum_{l=0}^{n}\omega_{k,l}\boldsymbol{P}_{k,l}B_k^m(u)B_l^n(v)}{\sum_{k=0}^{m}\sum_{l=0}^{n}\omega_{k,l}B_k^m(u)B_l^n(v)}\\
&= \frac{\sum_{k\neq i,l\neq j}\omega_{k,l}\boldsymbol{P}_{k,l}B_k^m(u)B_l^n(v)}{\sum_{k=0}^{m}\sum_{l=0}^{n}\omega_{k,l}B_k^m(u)B_l^n(v)}+\frac{\omega_{i,j}\boldsymbol{P}_{i,j}B_i^m(u)B_j^n(v)}{\sum_{k=0}^{m}\sum_{l=0}^{n}\omega_{k,l}B_k^m(u)B_l^n(v)},
\end{aligned}$$

$$\boldsymbol{S}=\frac{\sum\limits_{k\neq i,l\neq j}\omega_{k,l}\boldsymbol{P}_{k,l}B_k^m(u)B_l^n(v)}{\sum\limits_{k\neq i,l\neq j}\omega_{k,l}B_k^m(u)B_l^n(v)},$$

$$\boldsymbol{M}=\frac{\sum\limits_{k\neq i,l\neq j}\omega_{k,l}\boldsymbol{P}_{k,l}B_k^m(u)B_l^n(v)}{\sum\limits_{k=0}^{m}\sum\limits_{l=0}^{n}\omega_{k,l}B_k^m(u)B_l^n(v)}+\frac{\boldsymbol{P}_{i,j}B_i^m(u)B_j^n(v)}{\sum\limits_{k=0}^{m}\sum\limits_{l=0}^{n}\omega_{k,l}B_k^m(u)B_l^n(v)},$$

知 $\boldsymbol{S},\boldsymbol{M},\boldsymbol{S}_{i,j},\boldsymbol{P}_{i,j}$ 4 点共线, 因此 $\boldsymbol{S}_{i,j}$ 和 $\boldsymbol{M}$ 都可表示成为 $\boldsymbol{S}$ 和 $\boldsymbol{P}_{i,j}$ 的线性组合, 即

$$\boldsymbol{S}_{i,j}=(1-\alpha)\boldsymbol{S}+\alpha\boldsymbol{P}_{i,j},\quad \boldsymbol{M}=\mu\boldsymbol{S}+\nu\boldsymbol{P}_{i,j},$$

其中

$$\alpha=\frac{\omega_{i,j}B_i^m(u)B_j^n(v)}{\sum\limits_{k=0}^{m}\sum\limits_{l=0}^{n}\omega_{k,l}B_k^m(u)B_l^n(v)},\quad 1-\alpha=\frac{\sum\limits_{k\neq i,l\neq j}\omega_{k,l}B_k^m(u)B_l^n(v)}{\sum\limits_{k=0}^{m}\sum\limits_{l=0}^{n}\omega_{k,l}B_k^m(u)B_l^n(v)},$$

$$\mu=\frac{\sum\limits_{k\neq i,l\neq j}\omega_{k,l}B_k^m(u)B_l^n(v)}{\sum\limits_{k=0}^{m}\sum\limits_{l=0}^{n}\omega_{k,l}B_k^m(u)B_l^n(v)},\quad \nu=\frac{B_k^m(u)B_l^n(v)}{\sum\limits_{k=0}^{m}\sum\limits_{l=0}^{n}\omega_{k,l}B_k^m(u)B_l^n(v)}.$$

于是,

$$\begin{aligned}&\frac{|\boldsymbol{M}\boldsymbol{P}_i|}{|\boldsymbol{S}\boldsymbol{M}|}:\frac{|\boldsymbol{S}_i\boldsymbol{P}_i|}{|\boldsymbol{S}\boldsymbol{S}_i|}=\frac{\mu}{\nu}:\frac{1-\alpha}{\alpha}\\&=\frac{\sum\limits_{k\neq i,l\neq j}\omega_{k,l}B_k^m(u)B_l^n(v)}{B_k^m(u)B_l^n(v)}:\frac{\sum\limits_{k\neq i,l\neq j}\omega_{k,l}B_k^m(u)B_l^n(v)}{\omega_{i,j}B_i^m(u)B_j^n(v)}=\omega_{i,j}.\end{aligned}$$

例 5.2.1 取控制顶点

$$\boldsymbol{P}_{0,0}=(1,0,0),\quad \boldsymbol{P}_{1,0}=(1,1,0),\quad \boldsymbol{P}_{2,0}=(0,1,0),$$

$$\boldsymbol{P}_{0,1}=(1,0,1),\quad \boldsymbol{P}_{1,1}=(1,1,1),\quad \boldsymbol{P}_{2,1}=(0,1,1),$$

$$\boldsymbol{P}_{0,2}=\boldsymbol{P}_{1,2}=\boldsymbol{P}_{2,2}=(0,0,1),$$

取权因子

$$\omega_{0,0}=1,\quad \omega_{1,0}=1,\quad \omega_{2,0}=2,$$

$$\omega_{0,1}=1,\quad \omega_{1,1}=1,\quad \omega_{2,1}=2,$$

$$\omega_{0,2}=2,\quad \omega_{1,2}=2,\quad \omega_{2,2}=4,$$

则可得 2 次有理 Bézier 曲面

$$\boldsymbol{R}(u,v)=\frac{\sum\limits_{i=0}^{2}\sum\limits_{j=0}^{2}\omega_{i,j}\boldsymbol{P}_{i,j}B_i^2(u)B_j^2(v)}{\sum\limits_{i=0}^{2}\sum\limits_{j=0}^{2}\omega_{i,j}B_i^2(u)B_j^2(v)}$$
$$=\left\{\frac{(1-u^2)(1-v^2)}{(1+u^2)(1+v^2)},\frac{2(1-u^2)v}{(1+u^2)(1+v^2)},\frac{2u(1+v^2)}{(1+u^2)(1+v^2)}\right\}.$$

此即为半径为 1 的球面表达式, 因此 $\boldsymbol{R}(u,v)$ 描述了八分之一的单位球面, 如图 5.7 所示.

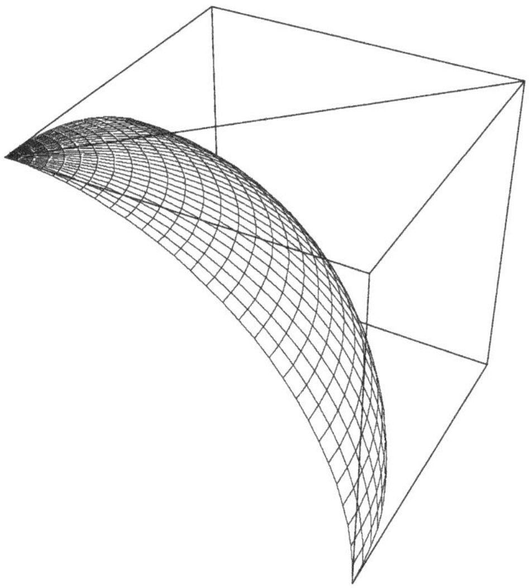

图 5.7　双 2 次有理 Bézier 曲面表示的八分之一球面

若取

$$\omega_{0,0}^*=1,\quad \omega_{1,0}^*=\frac{\sqrt{2}}{2},\quad \omega_{2,0}^*=1,$$
$$\omega_{0,1}^*=\frac{\sqrt{2}}{2},\quad \omega_{1,1}^*=\frac{1}{2},\quad \omega_{2,1}^*=\frac{\sqrt{2}}{2},$$
$$\omega_{0,2}^*=1,\quad \omega_{1,2}^*=\frac{\sqrt{2}}{2},\quad \omega_{2,2}^*=1,$$

则

$$\boldsymbol{R}^*(u,v)=\frac{\sum\limits_{i=0}^{2}\sum\limits_{j=0}^{2}\omega_{i,j}^*\boldsymbol{P}_{i,j}B_i^2(u)B_j^2(v)}{\sum\limits_{i=0}^{2}\sum\limits_{j=0}^{2}\omega_{i,j}^*B_i^2(u)B_j^2(v)}$$

也表示相同的八分之一单位球面, 通过参数变换 $s=\dfrac{u}{\sqrt{2}+(1-\sqrt{2})u}$, $t=$

$\dfrac{v}{\sqrt{2}+(1-\sqrt{2})v}$, 即可得 $\boldsymbol{R}(s,t)=\boldsymbol{R}^*(u,v)$.

5.3 NURBS 方法

前面介绍了用于曲线曲面造型的 Bézier 方法、B 样条方法和有理 Bézier 方法, 从逼近的角度来看, 这三种方法分别采取了不同的基函数作为逼近的工具. 首先是最简单的多项式空间的 Bernstein 基函数, 然后, 为了克服多项式的整体性, 引入了分片多项式 —— 样条空间的 B 样条基函数. 进一步, 为了能够精确描述有理函数, 推广得到有理多项式基函数. 因此我们很自然想到把样条方法和有理逼近结合起来, 形成有理样条方法, 这就是这一节要介绍的非均匀有理 B 样条 (non-uniform rational B-spline, NURBS) 方法. 多项式逼近可以分别看作是样条逼近和有理逼近的特殊情况, 因此在一定条件下, B 样条方法和有理 Bézier 方法都可以退化为 Bézier 方法. 下面将会看到, 作为上述三种方法推广的 NURBS 方法可以把它们都归为其中的特殊情况, 因此可以把不同的方法同时纳入一个体系. 使得由不同方法表示的曲线曲面可以转化为统一的表示形式, 以方便不同模型方法之间的数据交互处理. NURBS 方法已成为用于曲线曲面描述的广为流行的技术, 非有理与有理 Bézier 和非有理 B 样条曲线曲面都被统一在 NURBS 标准形式之中, 可以采用统一的数据库. 这些方法之间的关系可以由下面表 5.1、5.2 和 5.3 简单表示.

表 5.1 不同函数逼近方法之间的关系

多项式逼近	分片光滑化 →	样条逼近
↓有理化		↓有理化
有理逼近	分片光滑化 →	有理样条逼近

表 5.2 不同逼近方法基函数之间的关系

Bernstein 基	分片光滑化 →	B 样条基
↓有理化		↓有理化
有理 Bernstein 基	分片光滑化 →	有理 B 样条基

表 5.3 不同曲线曲面造型方法之间的关系

Bézier 方法	分片光滑化 →	B 样条方法
↓有理化		↓有理化
有理 Bézier 方法	分片光滑化 →	NURBS 方法

5.4 NURBS 曲线

把 Bézier 曲线向有理形式推广得到有理 Bézier 曲线, 同样地, 把非均匀 B 样条曲线向有理形式推广, 即可得到 NURBS 曲线. 它既有 B 样条曲线形状局部可调以及连续阶数可调的优点, 又有有理 Bézier 曲线可精确表示圆锥曲线的特性, 而且还可以把它们归为统一的模型进行处理. 与有理 Bézier 曲线一样, NURBS 曲线可以分别通过一元有理 B 样条基函数定义或者齐次坐标下的高维 B 样条曲线的中心投影方法得到.

5.4.1 NURBS 曲线的定义和基本性质

定义 5.4.1 给定 $\mathbb{R}^3$ 空间中, 齐次坐标下的 $n+1$ 个点 $\widetilde{\boldsymbol{P}}_i=(\omega_i x_i,\omega_i y_i,\omega_i z_i,\omega_i)$, $(\omega_i\geqslant 0,\ i=0,1,\cdots,n)$, $N_{i,p}(u)$ 是定义在非均匀节点 $U=\{u_0,u_1,\cdots,u_{n+p+1}\}$ $(u_i\leqslant u_{i+1}, i=0,1,\cdots,n+p)$ 上的 p 次 B 样条基函数 $(n\geqslant p)$, 则 p 次有理参数曲线

$$\widetilde{\boldsymbol{R}}(u)=(X(u),Y(u),Z(u),\omega(u))=\sum_{i=0}^{n}\widetilde{\boldsymbol{P}}_i N_{i,p}(u),\quad u\in[u_p,u_{n+1}] \tag{5.16}$$

称为相应于节点向量 U 的 p 次 NURBS 曲线, 其中 $\widetilde{\boldsymbol{P}}_i$ 称为控制顶点, 折线 $\widetilde{\boldsymbol{P}}_0\cdots\widetilde{\boldsymbol{P}}_n$ 称为控制多边形, ω_i 不全为 0, 称为权因子. (5.16) 式在仿射坐标系下的对应表达式为

$$\begin{aligned}\boldsymbol{R}(u)&=H(\widetilde{\boldsymbol{R}}(u))=(x(t),y(t),z(t))=\left(\frac{X(t)}{\omega(t)},\frac{Y(t)}{\omega(t)},\frac{Z(t)}{\omega(t)}\right)\\&=\frac{\sum\limits_{i=0}^{n}\omega_i\boldsymbol{P}_iN_{i,p}(u)}{\sum\limits_{i=0}^{n}\omega_iN_{i,p}(u)}=\sum_{i=0}^{n}\boldsymbol{P}_i\frac{\omega_iN_{i,p}(u)}{\sum\limits_{i=0}^{n}\omega_iN_{i,p}(u)},\quad u\in[u_p,u_{n+1}],\end{aligned} \tag{5.17}$$

其中, 控制顶点 $\boldsymbol{P}_i=(x_i,y_i,z_i)$.

由于权因子 $\omega_i\geqslant 0$ 且不全为 0, 因此根据 B 样条基函数的性质, 有理 B 样条基函数 $R_{i,p}(u)=\dfrac{\omega_iN_{i,p}(u)}{\sum\limits_{i=0}^{n}\omega_iN_{i,p}(u)}$ $(i=0,1,\cdots,n)$ 具有如下基本性质:

(1) 非负性. $R_{i,p}(u)\geqslant 0$, 对一切的 i,p 和 $u\in[u_p,u_{n+1}]$.

(2) 单位分解性. $\sum\limits_{j=i-p}^{i}R_{j,p}(u)=1,\ u\in[u_i,u_{i+1})$.

(3) 局部支集性. $R_{i,p}(u)$ 具有与 $N_{i,p}(u)$ 相同的局部支集 $[u_i,u_{n+p+i})$.

(4) 光滑性. $R_{i,p}(u)$ 是分段光滑的有理多项式函数, 其光滑性与相同节点向量上的 B 样条基函数 $N_{i,p}(u)$ 一致, 在其支集内的一个节点 u_j 处, $R_{i,p}(u)$ 是 $p-m_j$ 次连续可微的, 此处 m_j 是该节点的重数.

(5) 重节点的插值基函数性质. 当节点向量中的内节点 u_j 的重数为 p, 则只有定义在$\{u_{j-1},\underbrace{u_j,\cdots,u_j}_{p个},u_{j+1}\}$ 上的有理 B 样条基函数在 u_j 取值为 1, 其余有理基函数在 u_j 取值为 0. 当节点向量中的端节点 u_j 的重数为 $p+1$, 则只有定义在 $\{u_{j-1},\underbrace{u_j,\cdots,u_j}_{p+1个}\}$ 或 $\{\underbrace{u_j,\cdots,u_j}_{p+1个},u_{j+1}\}$ 上的有理 B 样条基函数在 u_j 取值为 1, 其余基函数在 u_j 取值为 0.

(6) 退化性. 一方面, 关于权因子的退化性. 当所有权因子相等为一非零正数时, 有理 B 样条基函数 $R_{i,p}(u)$ 退化为相同节点向量上的 B 样条基函数 $N_{i,p}(u)$. 另一方面, 关于重节点的退化性. 具有$\boldsymbol{U}=\{\underbrace{0,\cdots,0}_{p+1个},\underbrace{1,\cdots,1}_{p+1个}\}$ 型节点向量的 p 次有理 B 样条基函数退化为 p 次有理 Bernstein 基函数. 因此有理 B 样条基函数可以分别退化为 B 样条基函数, 有理和非有理的 Bernstein 基函数.

这样, NURBS 曲线就继承了许多与 B 样条曲线类似的性质.

性质 5.4.1 几何不变性和仿射不变性. 由有理 B 样条基函数的非负性和单位分解性质易知.

性质 5.4.2 分段光滑的参数有理多项式曲线. NURBS 曲线 (5.17) 在每一节点区间 $[u_i,u_{i+1}]$ 上是关于参数 u 的 p 次有理多项式曲线

$$\boldsymbol{R}(u)=\frac{\sum\limits_{j=i-p}^{i}\omega_j\boldsymbol{P}_jN_{j,p}(u)}{\sum\limits_{j=i-p}^{i}\omega_jN_{j,p}(u)},\quad u\in[u_i,u_{i+1}].$$

因此 NURBS 曲线是一条分段有理多项式曲线, 它的分子和分母具有相同次数 p, 与控制顶点数 $n+1$ 和节点数 $m+1$ 满足关系式

$$m=n+p+1.$$

NURBS 曲线的分段情况与相同节点向量上的 B 样条曲线一致.

性质 5.4.3 局部调整性和强凸包性. 由于有理 B 样条基函数具有与相应 B 样条基函数相同的局部支集, 因此 NURBS 曲线具有与 B 样条曲线一致的局部调整性和强凸包性, 特别地, 每个控制顶点的权因子对曲线的影响也是局部的, 影响范围与相应控制顶点相同.

如图 5.8 所示, 调节 2 次 NURBS 曲线的控制顶点 $\boldsymbol{P}_5$ 的权因子 ω_5, 只对与 $\boldsymbol{P}_5$ 相关的连续 3 段曲线段产生了影响 (图中曲线的虚线部分).

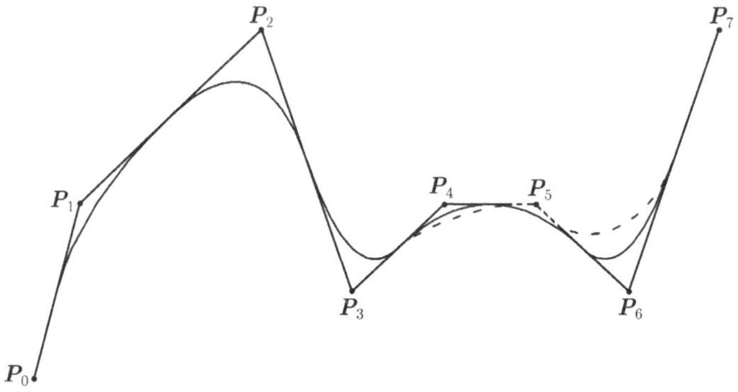

图 5.8　调节权因子 ω_5 对 2 次 NURBS 曲线的影响

性质 5.4.4　连续阶性质. 当某节点 u_j 的重数为 $m_j \geqslant 1$, 则所对应的 NURBS 曲线在节点 u_j 的连续阶为 $p-m_j$. 而整条曲线的连续阶 $C \geqslant p-\max_{u_p\leqslant u_j\leqslant u_{n+1}}\{$节点 u_j 的重数 $m_j\}$.

性质 5.4.5　重节点的插值性质. 当 p 次 NURBS 曲线的节点向量 $\{u_0, u_1, \cdots, u_{n+p+1}\}$ 中的内节点 u_j 的重数达到 p 重时, 只有以$\{u_{j-1}, \underbrace{u_j, \cdots, u_j}_{p\text{个}}, u_{j+1}\}$ 为支集的基函数在 u_j 取值为 1, 其余基函数在 u_j 取值为 0. 因此, 若该基函数对应的控制顶点的权因子不为 0 时, NURBS 曲线插值于该控制顶点. 而当左端节点 u_0 的重数为 $p+1$ 时, 只有以$\{\underbrace{u_0, \cdots, u_0}_{p+1\text{个}}, u_{p+1}\}$ 为支集的基函数在 u_0 上取值为 1, 其余基函数在 u_0 上取值为 0, 这时, 若第一个控制顶点的权因子不为 0, 则 NURBS 曲线插值于第一个控制顶点. 同样, 当右端节点 u_{n+p+1} 的重数为 $p+1$ 时, 则只有以 $\{u_n, \underbrace{u_{n+p+1}, \cdots, u_{n+p+1}}_{p+1\text{个}}\}$ 为支集的基函数在 u_{n+p+1} 上取值为 1, 其余基函数在 u_{n+p+1} 上取值为 0, 相应地, 若最后一个控制顶点的权因子不为 0, 则 NURBS 曲线插值于最后一个控制顶点.

如图 5.9 所示为一条以 $U = \{0,0,0,1,2,3,4,4,5,5,5\}$ 为节点向量的 2 次 NURBS 曲线

$$\boldsymbol{P}(u) = \frac{\sum\limits_{i=0}^{7} \omega_i \boldsymbol{P}_i N_{i,2}(u)}{\sum\limits_{i=0}^{7} \omega_i N_{i,2}(u)}, \quad u \in [2,8].$$

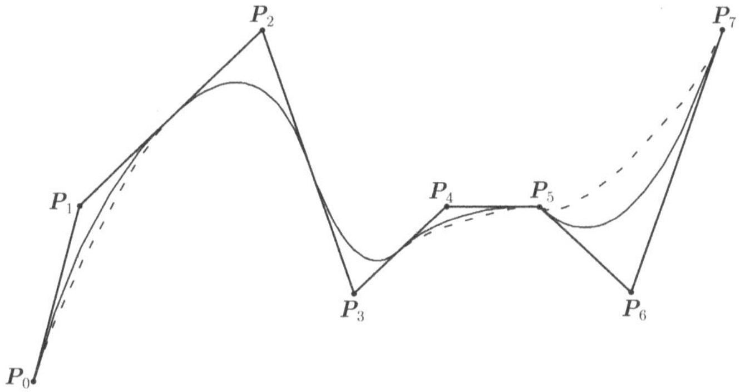

图 5.9 2 次 NURBS 曲线的重节点插值性质

由于节点向量中出现了两个 3 重的端节点和一个 2 重的内节点，因此当权因子 $\omega_0, \omega_5, \omega_7$ 都不为 0 时，该曲线插值于控制顶点 $\boldsymbol{P}_0$, $\boldsymbol{P}_5$ 和 $\boldsymbol{P}_7$. 另外，从图 5.9 中也可看出此时曲线在插值 $\boldsymbol{P}_5$ 点 (相应于内部重节点 P4) 处的连续阶降为 0. 虚线部分为调节权因子 $\omega_0, \omega_5, \omega_7$ 对 NURBS 曲线的影响.

性质 5.4.6 退化性质. 一方面，当所有权因子相等为一正数时，NURBS 曲线退化为相同节点向量上的 B 样条曲线. 另一方面，当 $n = p$，且 $U = \{\underbrace{0, \cdots, 0}_{p+1个}, \underbrace{1, \cdots, 1}_{p+1个}\}$ 时，NURBS 曲线 (5.17) 退化为相应控制顶点的 p 次有理 Bézier 曲线. 而当内部节点出现$\{u_{j-1}, \underbrace{u_j, \cdots, u_j}_{p个}, \underbrace{u_{j+1}, \cdots, u_{j+1}}_{p个}, u_{j+2}\}$ 时，相应 p 次 NURBS 曲线在区间 $[u_j, u_{j+1}]$ 上的有理多项式曲线段为参数变换 $t = \dfrac{u - u_j}{u_{j+1} - u_j}$下的 p 次有理 Bézier 曲线. 如果同时满足上述两方面的条件，则 NURBS 曲线退化为 Bézier 曲线. 所以，有理和非有理的 B 样条曲线，有理和非有理的 Bézier 曲线都可以统一为相应的 NURBS 曲线.

例如，图 5.9 中的 2 次 NURBS 曲线在区间 [4, 5] 上的部分即为以 $\boldsymbol{P}_5$, $\boldsymbol{P}_6$ 和 $\boldsymbol{P}_7$ 为控制顶点的 2 次有理 Bézier 曲线.

考虑到重节点的影响，根据节点向量的 3 种特殊分布情况将 B 样条曲线分为均匀 B 样条曲线，准均匀 B 样条曲线和分段 Bézier 曲线. 类似地，可以称相应节点向量上的有理 B 样条曲线为均匀有理 B 样条曲线，准均匀有理 B 样条曲线和分段有理 Bézier 曲线，而称一般节点向量上的有理 B 样条曲线为非均匀有理 B 样条曲线.

性质 5.4.7 NURBS 曲线的 de Boor 算法和几何作图法. 在齐次坐标表示下，NURBS 曲线可以看成是一条高一维空间中的 B 样条曲线 $\tilde{\boldsymbol{R}}(u)$，于是由 B 样条曲

线的 de Boor 算法, 在节点区间 $[u_i, u_{i+1}]$ 上,

$$\tilde{\boldsymbol{R}}(u)=\sum_{j=i-p}^{i}\tilde{\boldsymbol{P}}_jN_{j,p}(u)=\sum_{j=i-p+1}^{i}\left(\frac{u_{j+p}-u}{u_{j+p}-u_j}\tilde{\boldsymbol{P}}_{j-1}+\frac{u-u_j}{u_{j+p}-u_j}\tilde{\boldsymbol{P}}_j\right)N_{j,p-1}(u).$$

$$\begin{cases}\tilde{\boldsymbol{P}}_j^0(u)=\tilde{\boldsymbol{P}}_j^0=\tilde{\boldsymbol{P}}_j, \quad j=i-p,i-p+1,\cdots,i,\\ \tilde{\boldsymbol{P}}_j^r(u)=(1-\alpha_j^r)\tilde{\boldsymbol{P}}_{j-1}^{r-1}(u)+\alpha_j^r\tilde{\boldsymbol{P}}_j^{r-1}(u),\\ \alpha_j^r=\dfrac{u-u_j}{u_{j+p+1-r}-u_j}, \quad r=1,2,\cdots,p,\ j=i-p+r,i-p+r+1,\cdots,i.\end{cases}$$

则可以把上式表示为

$$\tilde{\boldsymbol{R}}(u)=\sum_{j=i-p+1}^{i}\tilde{\boldsymbol{P}}_j^1(u)N_{j,p-1}(u)=\cdots=\sum_{j=i-p+r}^{i}\tilde{\boldsymbol{P}}_j^r(u)N_{j,p-r}(u)=\cdots=\tilde{\boldsymbol{P}}_i^p(u).$$

$\tilde{\boldsymbol{P}}_i^p(u)$ 即为所求的 $\tilde{\boldsymbol{R}}(u)$.

将上述过程进行中心投影变换

$$\boldsymbol{R}(u)=H(\tilde{\boldsymbol{R}}(u))=\frac{\sum\limits_{j=i-p+1}^{i}\left(\frac{u_{j+p}-u}{u_{j+p}-u_j}\omega_{j-1}\boldsymbol{P}_{j-1}+\frac{u-u_j}{u_{j+p}-u_j}\omega_j\boldsymbol{P}_j\right)N_{j,p-1}(u)}{\sum\limits_{j=i-p+1}^{i}\left(\frac{u_{j+p}-u}{u_{j+p}-u_j}\omega_{j-1}+\frac{u-u_j}{u_{j+p}-u_j}\omega_j\right)N_{j,p-1}(u)}.$$

得到 NURBS 曲线一点递归求值的 de Boor 算法

$$\begin{cases}\omega_j^0(u)=\omega_j^0=\omega_j, \quad j=i-p,i-p+1,\cdots,i,\\ \omega_j^r(u)=(1-\alpha_j^r)\omega_{j-1}^{r-1}(u)+\alpha_j^r\omega_j^{r-1}(u),\\ \alpha_j^r=\dfrac{u-u_j}{u_{j+p+1-r}-u_j}, \quad r=1,2,\cdots,p,\ j=i-p+r,i-p+r+1,\cdots,i.\end{cases} \tag{5.18}$$

$$\begin{cases}\boldsymbol{P}_j^0(u)=\boldsymbol{P}_j^0=\boldsymbol{P}_j, \quad j=i-p,i-p+1,\cdots,i,\\ \boldsymbol{P}_j^r(u)=\left((1-\alpha_j^r)\omega_{j-1}^{r-1}(u)\boldsymbol{P}_{j-1}^{r-1}(u)+\alpha_j^r\omega_j^{r-1}(u)\boldsymbol{P}_j^{r-1}(u)\right)/\omega_j^r(u),\\ \qquad r=1,2,\cdots,p,\ j=i-p+r,i-p+r+1,\cdots,i.\end{cases} \tag{5.19}$$

则可以把上式表示为

$$\begin{aligned}\boldsymbol{R}(u)&=\frac{\sum\limits_{j=i-p+1}^{i}\omega_j^1(u)\boldsymbol{P}_j^1(u)N_{j,p-1}(u)}{\sum\limits_{j=i-p+1}^{i}\omega_j^1(u)N_{j,p-1}(u)}=\cdots\\ &=\frac{\sum\limits_{j=i-p+r}^{i}\omega_j^r(u)\boldsymbol{P}_j^r(u)N_{j,p-r}(u)}{\sum\limits_{j=i-p+r}^{i}\omega_j^r(u)N_{j,p-r}(u)}=\cdots=\boldsymbol{P}_i^p(u).\end{aligned}$$

$\boldsymbol{P}_i^p(u)$ 即为所求的 $\boldsymbol{R}(u)$.

NURBS 曲线的 de Boor 算法中控制顶点的递归关系和几何作图的求值过程与 B 样条曲线的 de Boor 算法一致. 显然, 当所有权因子 ω_i 相等时, 退化为 B 样条曲线的 de Boor 算法. 而当 p 次 NURBS 曲线两个相邻内节点的重数为 p, 或者为 $p+1$ 重的端节点 $\{0,0,\cdots,0,1,1,\cdots,1\}$ 时, 相应节点区间 $[0,1]$ 上的 de Boor 算法退化为有理 Bézier 曲线的 de Casteljau 算法.

性质 5.4.8 NURBS 曲线的节点插入算法. 在 NURBS 曲线 $\boldsymbol{P}(u) = \dfrac{\sum\limits_{i=0}^{n}\omega_i\boldsymbol{P}_iN_{i,p}(u)}{\sum\limits_{i=0}^{n}\omega_iN_{i,p}(u)}$, $u\in[u_p,u_{n+1}]$ 的节点向量 $\boldsymbol{U}=\{u_0,u_1,\cdots,u_{n+p+1}\}$ 中插入一个节点 $u^*\in[u_i,u_{i+1}]\subset[u_p,u_{n+1}]$, 则原 NURBS 曲线可表示为 $\boldsymbol{P}(u)=\dfrac{\sum\limits_{i=0}^{n+1}\omega_i^1\boldsymbol{P}_i^1N_{i,p}^1(u)}{\sum\limits_{i=0}^{n+1}\omega_i^1N_{i,p}^1(u)}$. 由齐次坐标表示的B样条曲线的节点插入算法经过中心投影变换就能得到NURBS曲线的节点插入算法

$$\begin{cases}\omega_j^1=\omega_j, & j=0,1,\cdots,i-p,\\ \omega_j^1=(1-\alpha_j)\omega_{j-1}+\alpha_j\omega_j, & j=i-p+1,i-p+2,\cdots,i,\\ \alpha_j=\dfrac{u^*-u_j}{u_{j+p}-u_j}, & \\ \omega_j^1=\omega_{j-1}, & j=i+1,i+2,\cdots,n+1.\end{cases}\tag{5.20}$$

$$\begin{cases}\boldsymbol{P}_j^1=\boldsymbol{P}_j, & j=0,1,\cdots,i-p,\\ \boldsymbol{P}_j^1=\big((1-\alpha_j)\omega_{j-1}\boldsymbol{P}_{j-1}+\alpha_j\omega_j\boldsymbol{P}_j\big)/\omega_j^1, & j=i-p+1,i-p+2,\cdots,i,\\ \boldsymbol{P}_j^1=\boldsymbol{P}_{j-1}, & j=i+1,i+2,\cdots,n+1.\end{cases}\tag{5.21}$$

同理可得插入一个 r 重节点的递推算法

$$\begin{cases}\omega_j^0=\omega_j, & j=0,1,\cdots,n,\\ \omega_j^r=\omega_j^{r-1}, & j=0,1,\cdots,i-p+r-1,\\ \omega_j^r=(1-\alpha_j^r)\omega_{j-1}^{r-1}+\alpha_j^r\omega_j^{r-1}, & j=i-p+r,i-p+r+1,\cdots,i,\\ \alpha_j^r=\dfrac{u^*-u_j}{u_{j+p-r+1}-u_j}, & \\ \omega_j^r=\omega_{j-1}^{r-1}, & j=i+1,i+2,\cdots,n+r,\\ & r=1,2,\cdots,p.\end{cases}\tag{5.22}$$

$$\begin{cases} \boldsymbol{P}_j^0 = \boldsymbol{P}_j, & j=0,1,\cdots,n, \\ \boldsymbol{P}_j^r = \boldsymbol{P}_j^{r-1}, & j=0,1,\cdots,i-p+r-1, \\ \boldsymbol{P}_j^r = \left((1-\alpha_j^r)\omega_{j-1}^{r-1}\boldsymbol{P}_{j-1}^{r-1} + \alpha_j^r\omega_j^{r-1}\boldsymbol{P}_j^{r-1}\right)/\omega_j^r, & j=i-p+r, i-p+r+1,\cdots,i, \\ \boldsymbol{P}_j^r = \boldsymbol{P}_{j-1}^{r-1}, & j=i+1,i+2,\cdots,n+r, \\ & r=1,2,\cdots,p. \end{cases} \tag{5.23}$$

其中, $j=i-p+r, i-p+r+1,\cdots,i$ 的部分即为 B 样条曲线 de Boor 算法的权因子和控制顶点递推公式 (5.18) 和 (5.19).

下面两个性质刻画了权因子的几何意义.

性质 5.4.9　在控制顶点 $\boldsymbol{P}_i$ 的影响范围 (u_i, u_{i+p+1}) 内,

$$\lim_{\omega_i \to +\infty} \boldsymbol{R}(u) = \boldsymbol{P}_i, \quad \forall u \in (u_i, u_{i+p+1}).$$

事实上, 因为在区间 (u_i, u_{i+p+1}) 内, B 样条基函数 $N_{i,p}(u) > 0$, 因此

$$\begin{aligned} \lim_{\omega_i \to +\infty} \boldsymbol{R}(u) &= \lim_{\omega_i \to +\infty} \frac{\sum\limits_{j=0}^{n} \omega_j \boldsymbol{P}_j N_{j,p}(u)}{\sum\limits_{j=0}^{n} \omega_j N_{j,p}(u)} \\ &= \lim_{\omega_i \to +\infty} \frac{\sum\limits_{j \neq i} \frac{\omega_j}{\omega_i} \boldsymbol{P}_j N_{j,p}(u) + \boldsymbol{P}_i N_{i,p}(u)}{\sum\limits_{j \neq i} \frac{\omega_j}{\omega_i} N_{j,p}(u) + N_{i,p}(u)} = \boldsymbol{P}_i. \end{aligned}$$

这说明, 对 $u \in (u_i, u_{i+p+1})$, 当 ω_i 越大, $\boldsymbol{R}(t)$ 越趋向 $\boldsymbol{P}_i$; 反之, 当 ω_i 越小, $\boldsymbol{R}(t)$ 越远离 $\boldsymbol{P}_i$. 可以看出, $\omega_i \to +\infty$ 的极限状态, $\boldsymbol{R}(t)$ 在 (u_i, u_{i+p+1}) 内的曲线段收缩为点 $\boldsymbol{P}_i$. 图 5.10 显示了一条 3 次 NURBS 曲线当控制顶点 $\boldsymbol{P}_2$ 对应的权因子 ω_2 变化时的不同情况.

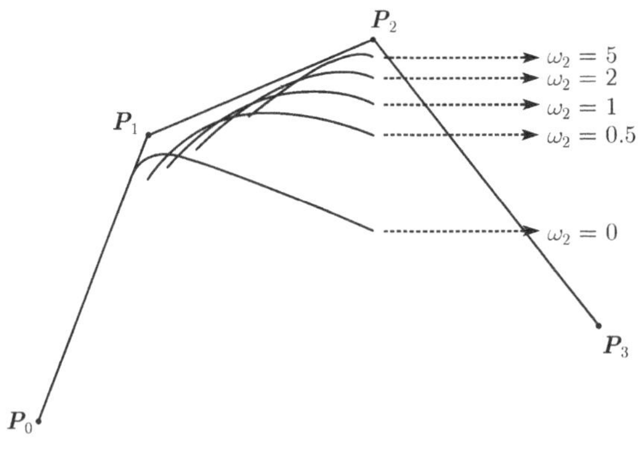

图 5.10　ω_2 变化时对应的 3 次 NURBS 曲线

性质 5.4.10 权因子的交比性质. 设控制顶点 $\boldsymbol{P}_i$ 的权因子为 ω_i, 对任一参数值 $u \in (u_i, u_{i+p+1})$, 记 NURBS 曲线 $\boldsymbol{R}(t)$ 对应 u 的点为 $\boldsymbol{S}_i = \boldsymbol{R}(u;\omega_i)$, 当 $\omega_i = 0$ 和 $\omega_i = 1$ 时, 分别记对应的点为 $\boldsymbol{S} = \boldsymbol{R}(u;\omega_i = 0)$ 和 $\boldsymbol{M} = \boldsymbol{R}(u;\omega_i = 1)$, 则

$$\frac{|\boldsymbol{M}\boldsymbol{P}_i|}{|\boldsymbol{S}\boldsymbol{M}|} : \frac{|\boldsymbol{S}_i\boldsymbol{P}_i|}{|\boldsymbol{S}\boldsymbol{S}_i|} = \omega_i$$

(图 5.11). 证明与有理 Bézier 曲线类似.

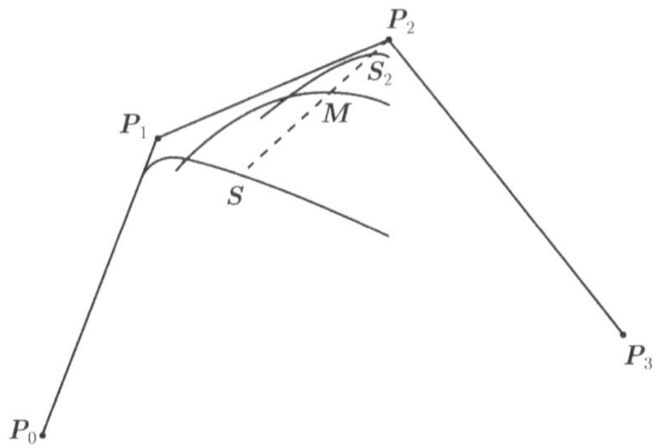

图 5.11 NURBS 曲线权因子的几何意义

5.4.2 常用的低次 NURBS 曲线

1. 1 次 NURBS 曲线

由 $n+1$ 个控制顶点 $\{\boldsymbol{P}_0, \boldsymbol{P}_1, \cdots, \boldsymbol{P}_n\}$ 确定的 1 次 NURBS 曲线为

$$\boldsymbol{R}(u) = \frac{\sum\limits_{i=0}^{n} \omega_i \boldsymbol{P}_i N_{i,1}(u)}{\sum\limits_{i=0}^{n} \omega_i N_{i,1}(u)}, \quad u \in [u_1, u_{n+1}].$$

取其中定义在节点区间 $[u_i, u_{i+1}]$ 上的曲线段加以讨论.

$$\boldsymbol{R}(u) = \frac{\sum\limits_{j=i-1}^{i} \omega_j \boldsymbol{P}_j N_{j,1}(u)}{\sum\limits_{j=i-1}^{i} \omega_j N_{j,1}(u)} = \frac{(u_{i+1}-u)\omega_{i-1}\boldsymbol{P}_{i-1} + (u-u_i)\omega_i\boldsymbol{P}_i}{(u_{i+1}-u)\omega_{i-1} + (u-u_i)\omega_i}$$

表示连接 $\boldsymbol{P}_{i-1}$ 和 $\boldsymbol{P}_i$ 的直线段, 权因子 ω_{i-1} 和 ω_i 起到参数变换的作用. 因此, 1 次 NURBS 曲线即表示顺序连接 $n+1$ 个控制顶点 $\boldsymbol{P}_0, \boldsymbol{P}_1, \cdots, \boldsymbol{P}_n$ 的折线, 即为控制多边形.

2. 2 次 NURBS 曲线

取定义在节点区间 $[u_i, u_{i+1}]$ 上的 2 次 NURBS 曲线段加以讨论, 它是由 3 个控制顶点 $\boldsymbol{P}_{i-2}, \boldsymbol{P}_{i-1}, \boldsymbol{P}_i$ 确定的 2 次有理多项式曲线.

$$\boldsymbol{R}(u) = \frac{\sum\limits_{j=i-2}^{i} \omega_j \boldsymbol{P}_j N_{j,2}(u)}{\sum\limits_{j=i-2}^{i} \omega_j N_{j,2}(u)}, \quad u \in [u_i, u_{i+1}]. \tag{5.24}$$

记 $\boldsymbol{P}(u) = \sum\limits_{j=i-2}^{i} \omega_j \boldsymbol{P}_j N_{j,2}(u)$, $\omega(u) = \sum\limits_{j=i-2}^{i} \omega_j N_{j,2}(u)$, 则 $\boldsymbol{R}(u) = \dfrac{\boldsymbol{P}(u)}{\omega(u)}$. 由 2 次 B 样条曲线的端点性质,

$$\boldsymbol{P}(u_i) = \frac{u_{i+1} - u_i}{u_{i+1} - u_{i-1}} \omega_{i-2} \boldsymbol{P}_{i-2} + \frac{u_i - u_{i-1}}{u_{i+1} - u_{i-1}} \omega_{i-1} \boldsymbol{P}_{i-1},$$

$$\omega(u_i) = \frac{u_{i+1} - u_i}{u_{i+1} - u_{i-1}} \omega_{i-2} + \frac{u_i - u_{i-1}}{u_{i+1} - u_{i-1}} \omega_{i-1}.$$

于是可得 2 次 NURBS 曲线 $\boldsymbol{R}(u)$ 在左端点 $u = u_i$ 处的值和切矢

$$\boldsymbol{R}(u_i) = \frac{\boldsymbol{P}(u_i)}{\omega(u_i)} = \frac{(u_{i+1} - u_i)\omega_{i-2} \boldsymbol{P}_{i-2} + (u_i - u_{i-1})\omega_{i-1} \boldsymbol{P}_{i-1}}{(u_{i+1} - u_i)\omega_{i-2} + (u_i - u_{i-1})\omega_{i-1}},$$

$$\boldsymbol{R}'(u_i) = 2\frac{(u_{i+1} - u_{i-1})\omega_{i-1}\omega_{i-2}(\boldsymbol{P}_{i-1} - \boldsymbol{P}_{i-2})}{((u_{i+1} - u_i)\omega_{i-2} + (u_i - u_{i-1})\omega_{i-1})^2} = 2\frac{\omega_{i-1}}{\omega(u_i)} \frac{(\boldsymbol{P}_{i-1} - \boldsymbol{R}(u_i))}{u_{i+1} - u_i}.$$

同理可得 $\boldsymbol{R}(u)$ 在右端点 $u = u_{i+1}$ 处的值和切矢

$$\boldsymbol{R}(u_{i+1}) = \frac{(u_{i+2} - u_{i+1})\omega_{i-1} \boldsymbol{P}_{i-1} + (u_{i+1} - u_i)\omega_i \boldsymbol{P}_i}{(u_{i+2} - u_{i+1})\omega_{i-1} + (u_{i+1} - u_i)\omega_i},$$

$$\boldsymbol{R}'(u_{i+1}) = 2\frac{(u_{i+2} - u_i)\omega_i\omega_{i-1}(\boldsymbol{P}_i - \boldsymbol{P}_{i-1})}{((u_{i+2} - u_{i+1})\omega_{i-1} + (u_{i+1} - u_i)\omega_i)^2} = 2\frac{\omega_{i-1}}{\omega(u_{i+1})} \frac{(\boldsymbol{R}(u_{i+1}) - \boldsymbol{P}_{i-1})}{u_{i+1} - u_i}.$$

由此可知, 曲线段的两个端点分别落在控制多边形的边 $\boldsymbol{P}_{i-2}\boldsymbol{P}_{i-1}$ 和 $\boldsymbol{P}_{i-1}\boldsymbol{P}_i$ 上, 满足以下比例关系:

$$\frac{|\boldsymbol{P}_{i-2}\boldsymbol{R}(u_i)|}{|\boldsymbol{R}(u_i)\boldsymbol{P}_{i-1}|} = \frac{(u_i - u_{i-1})\omega_{i-1}}{(u_{i+1} - u_i)\omega_{i-2}},$$

$$\frac{|\boldsymbol{P}_{i-1}\boldsymbol{R}(u_{i+1})|}{|\boldsymbol{R}(u_{i+1})\boldsymbol{P}_i|} = \frac{(u_{i+1} - u_i)\omega_i}{(u_{i+2} - u_{i+1})\omega_{i-1}}.$$

而且, 曲线段在两个端点的切线即为 $\boldsymbol{P}_{i-2}\boldsymbol{P}_{i-1}$ 和 $\boldsymbol{P}_{i-1}\boldsymbol{P}_i$, 如图 5.12 所示.

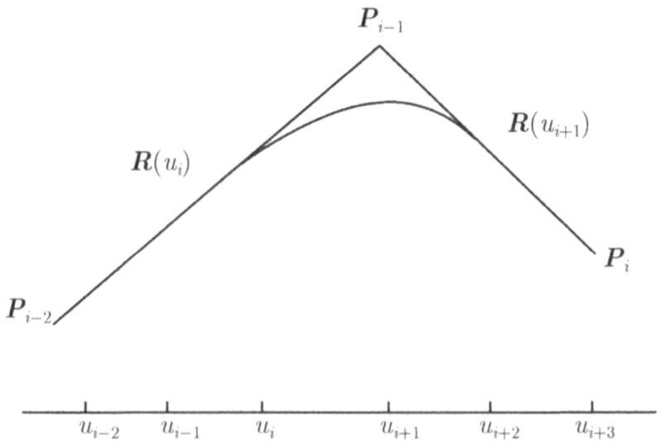

图 5.12 2 次 NURBS 曲线在 $[u_i, u_{i+1}]$ 上的曲线段

与 2 次有理 Bézier 曲线的端点性质比较可知, 2 次 NURBS 曲线段 $\boldsymbol{R}(u)$ 经过参数变换 $t = \dfrac{u - u_i}{u_{i+1} - u_i}$ 之后, 即为以 $\boldsymbol{R}(u_i), \boldsymbol{P}_{i-1}, \boldsymbol{R}(u_{i+1})$ 为控制顶点, $\omega(u_i), \omega_{i-1}, \omega(u_{i+1})$ 为相应权因子的 2 次有理 Bézier 曲线.

特别地, 对于步长为 1 的 2 次均匀 NURBS 曲线, 我们有

$$\boldsymbol{R}(u_i) = \frac{\omega_{i-2}\boldsymbol{P}_{i-2} + \omega_{i-1}\boldsymbol{P}_{i-1}}{\omega_{i-2} + \omega_{i-1}}, \quad \boldsymbol{R}(u_{i+1}) = \frac{\omega_{i-1}\boldsymbol{P}_{i-1} + \omega_i\boldsymbol{P}_i}{\omega_{i-1} + \omega_i},$$

$$\boldsymbol{R}'(u_i) = 4\frac{\omega_{i-1}\omega_{i-2}(\boldsymbol{P}_{i-1} - \boldsymbol{P}_{i-2})}{(\omega_{i-2} + \omega_{i-1})^2} = 2\frac{\omega_{i-1}}{\omega(u_i)}(\boldsymbol{P}_{i-1} - \boldsymbol{R}(u_i)),$$

$$\boldsymbol{R}'(u_{i+1}) = 4\frac{\omega_i\omega_{i-1}(\boldsymbol{P}_i - \boldsymbol{P}_{i-1})}{(\omega_{i-1} + \omega_i)^2} = 2\frac{\omega_{i-1}}{\omega(u_{i+1})}(\boldsymbol{R}(u_{i+1}) - \boldsymbol{P}_{i-1}).$$

此时, 2 次均匀 NURBS 曲线在节点区间 $[u_i, u_{i+1}]$ 上的曲线段正好是以 $\boldsymbol{P}(u_i), \boldsymbol{P}_{i-1}, \boldsymbol{P}(u_{i+1})$ 为控制顶点, $\omega(u_i), \omega_{i-1}, \omega(u_{i+1})$ 为相应权因子的 2 次有理 Bézier 曲线.

对于定义在 $\boldsymbol{U} = \{0, 0, 0, 1, 2 \cdots, n, n+1, n+1, n+1\}$ 上的 2 次准均匀 B 样条, 在左端点 $u = 0$ 处我们有

$$\boldsymbol{R}(0) = \boldsymbol{P}_0, \quad \boldsymbol{R}'(0) = 2\frac{\omega_1}{\omega_0}(\boldsymbol{P}_1 - \boldsymbol{P}_0).$$

图 5.13 显示了一条定义在节点向量 $\boldsymbol{U} = \{0, 0, 0, 1, 2, 3, 4, 5, 6, 6, 6\}$ 上与图 4.22 中 2 次准均匀 B 样条曲线具有相同控制顶点的 2 次准均匀 NURBS 曲线.

例 5.4.1 取节点向量 $\boldsymbol{U} = \{0, 0, 0, 1, 1, 2, 2, 3, 3, 4, 4, 4\}$, 作一条 2 次 NURBS 曲线. 由重节点性质知, 它是一条分段有理 Bézier 曲线. 取控制顶点

$$\boldsymbol{P}_0 = (1, 0), \quad \boldsymbol{P}_1 = (1, 1), \quad \boldsymbol{P}_2 = (0, 1), \quad \boldsymbol{P}_3 = (-1, 1), \quad \boldsymbol{P}_4 = (-1, 0),$$

$$\boldsymbol{P}_5 = (-1, -1), \quad \boldsymbol{P}_6 = (0, -1), \quad \boldsymbol{P}_7 = (1, -1), \quad \boldsymbol{P}_8 = \boldsymbol{P}_0,$$

相应的权因子为

$$\omega_0=1,\quad \omega_1=1,\quad \omega_2=2,\quad \omega_3=1,\quad \omega_4=1,\quad \omega_5=1,\quad \omega_6=2,\quad \omega_7=1,\quad \omega_8=1.$$

比较例 5.1.1 可知, 它描述了一条完整的单位圆周曲线, 如图 5.14 所示.

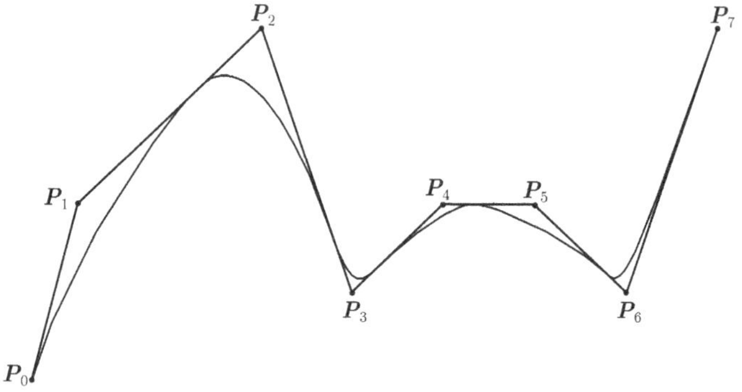

图 5.13　节点向量 $\boldsymbol{U}=\{0,0,0,1,2,3,4,5,6,6,6\}$ 对应的 2 次准均匀 NURBS 曲线

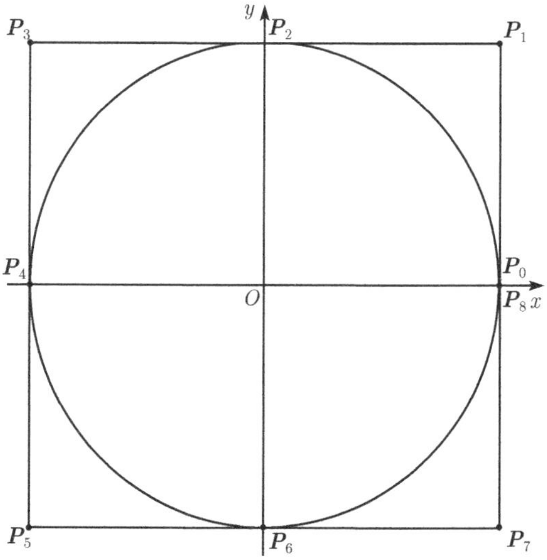

图 5.14　2 次 NURBS 曲线表示的单位圆周

若取权因子

$$\omega_i^*=1,\quad i=0,2,4,6,8,\quad \omega_i^*=\frac{\sqrt{2}}{2},\quad i=1,3,5,7,$$

也描述同一条单位圆周曲线.

3. 3 次 NURBS 曲线

取定义在节点区间 $[u_i, u_{i+1}]$ 上的 3 次 NURBS 曲线段加以讨论, 它是由 4 个控制顶点 $\boldsymbol{P}_{i-3}, \boldsymbol{P}_{i-2}, \boldsymbol{P}_{i-1}, \boldsymbol{P}_i$ 确定的 3 次有理多项式曲线.

$$\boldsymbol{R}(u) = \frac{\sum\limits_{j=i-3}^{i} \omega_j \boldsymbol{P}_j N_{j,3}(u)}{\sum\limits_{j=i-3}^{i} \omega_j N_{j,3}(u)}, \quad u \in [u_i, u_{i+1}]. \tag{5.25}$$

记 $\boldsymbol{P}(u) = \sum\limits_{j=i-3}^{i} \omega_j \boldsymbol{P}_j N_{j,3}(u), \omega(u) = \sum\limits_{j=i-3}^{i} \omega_j N_{j,3}(u)$, 则 $\boldsymbol{R}(u) = \dfrac{\boldsymbol{P}(u)}{\omega(u)} = H(\{\boldsymbol{P}(u), \omega(u)\})$. 由 3 次 B 样条曲线的端点性质, 令

$$\tilde{\omega}_{i-3} = \frac{u_{i+1} - u_i}{u_{i+1} - u_{i-2}} \omega_{i-3} + \frac{u_i - u_{i-2}}{u_{i+1} - u_{i-2}} \omega_{i-2},$$

$$\tilde{\omega}_{i-2} = \frac{u_{i+2} - u_i}{u_{i+2} - u_{i-1}} \omega_{i-2} + \frac{u_i - u_{i-1}}{u_{i+2} - u_{i-1}} \omega_{i-1},$$

得控制多边形的边 $\boldsymbol{P}_{i-3}\boldsymbol{P}_{i-2}$ 和 $\boldsymbol{P}_{i-2}\boldsymbol{P}_{i-1}$ 上的两点

$$\tilde{\boldsymbol{P}}_{i-3} = \left(\frac{u_{i+1} - u_i}{u_{i+1} - u_{i-2}} \omega_{i-3} \boldsymbol{P}_{i-3} + \frac{u_i - u_{i-2}}{u_{i+1} - u_{i-2}} \omega_{i-2} \boldsymbol{P}_{i-2} \right) \Big/ \tilde{\omega}_{i-3},$$

$$\tilde{\boldsymbol{P}}_{i-2} = \left(\frac{u_{i+2} - u_i}{u_{i+2} - u_{i-1}} \omega_{i-2} \boldsymbol{P}_{i-2} + \frac{u_i - u_{i-1}}{u_{i+2} - u_{i-1}} \omega_{i-1} \boldsymbol{P}_{i-1} \right) \Big/ \tilde{\omega}_{i-2},$$

于是

$$\omega(u_i) = \frac{u_{i+1} - u_i}{u_{i+1} - u_{i-1}} \tilde{\omega}_{i-3} + \frac{u_i - u_{i-1}}{u_{i+1} - u_{i-1}} \tilde{\omega}_{i-2},$$

$$\boldsymbol{R}(u_i) = \frac{\boldsymbol{P}(u_i)}{\omega(u_i)} = \left(\frac{u_{i+1} - u_i}{u_{i+1} - u_{i-1}} \tilde{\omega}_{i-3} \tilde{\boldsymbol{P}}_{i-3} + \frac{u_i - u_{i-1}}{u_{i+1} - u_{i-1}} \tilde{\omega}_{i-2} \tilde{\boldsymbol{P}}_{i-2} \right) \Big/ \omega(u_i).$$

特别地, 对于步长为 1 的 3 次均匀 NURBS 曲线 (图 5.15), 我们有

$$\begin{aligned} \boldsymbol{R}(u_i) &= \frac{\omega_{i-3}\boldsymbol{P}_{i-3} + 4\omega_{i-2}\boldsymbol{P}_{i-2} + \omega_{i-1}\boldsymbol{P}_{i-1}}{\omega_{i-3} + 4\omega_{i-2} + \omega_{i-1}} \\ &= \frac{\tilde{\omega}_{i-3}\tilde{\boldsymbol{P}}_{i-3} + \tilde{\omega}_{i-2}\tilde{\boldsymbol{P}}_{i-2}}{\tilde{\omega}_{i-3} + \tilde{\omega}_{i-2}} = \frac{2\omega_{i-2}\boldsymbol{P}_{i-2} + \hat{\omega}_{i-2}\hat{\boldsymbol{P}}_{i-2}}{2\omega_{i-2} + \hat{\omega}_{i-2}}, \end{aligned}$$

$$\begin{aligned} \boldsymbol{R}(u_{i+1}) &= \frac{\omega_{i-2}\boldsymbol{P}_{i-2} + 4\omega_{i-1}\boldsymbol{P}_{i-1} + \omega_i\boldsymbol{P}_i}{\omega_{i-2} + 4\omega_{i-1} + \omega_i} \\ &= \frac{\tilde{\omega}_{i-1}\tilde{\boldsymbol{P}}_{i-1} + \tilde{\omega}_i\tilde{\boldsymbol{P}}_i}{\tilde{\omega}_{i-1} + \tilde{\omega}_i} = \frac{2\omega_{i-1}\boldsymbol{P}_{i-1} + \hat{\omega}_{i-1}\hat{\boldsymbol{P}}_{i-1}}{2\omega_{i-1} + \hat{\omega}_{i-1}}, \end{aligned}$$

其中

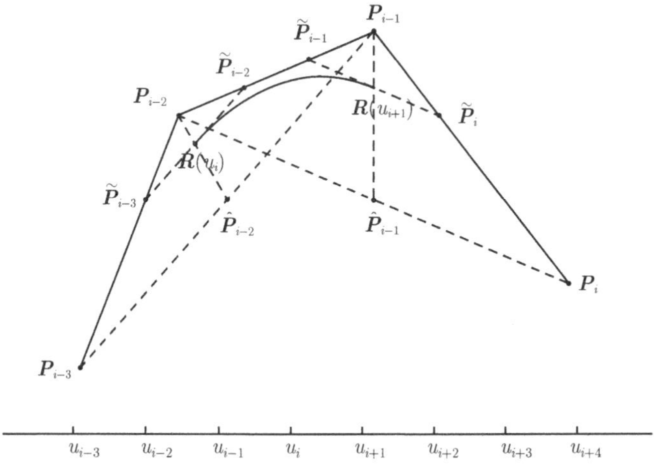

图 5.15　3 次均匀 NURBS 曲线在 $[u_i, u_{i+1}]$ 上的曲线段

$$\tilde{\omega}_{i-3}=\frac{1}{3}\omega_{i-3}+\frac{2}{3}\omega_{i-2},\quad \tilde{\omega}_{i-2}=\frac{2}{3}\omega_{i-2}+\frac{1}{3}\omega_{i-1},$$

$$\tilde{\omega}_{i-1}=\frac{1}{3}\omega_{i-2}+\frac{2}{3}\omega_{i-1},\quad \tilde{\omega}_{i}=\frac{2}{3}\omega_{i-1}+\frac{1}{3}\omega_{i},$$

$$\hat{\omega}_{i-2}=\frac{1}{2}(\omega_{i-3}+\omega_{i-1}),\quad \hat{\omega}_{i-1}=\frac{1}{2}(\omega_{i-2}+\omega_{i}).$$

$$\tilde{\boldsymbol{P}}_{i-3}=\frac{\omega_{i-3}\boldsymbol{P}_{i-3}+2\omega_{i-2}\boldsymbol{P}_{i-2}}{\omega_{i-3}+2\omega_{i-2}},\quad \tilde{\boldsymbol{P}}_{i-2}=\frac{2\omega_{i-2}\boldsymbol{P}_{i-2}+\omega_{i-1}\boldsymbol{P}_{i-1}}{2\omega_{i-2}+\omega_{i-1}},$$

$$\tilde{\boldsymbol{P}}_{i-1}=\frac{\omega_{i-2}\boldsymbol{P}_{i-2}+2\omega_{i-1}\boldsymbol{P}_{i-1}}{\omega_{i-2}+2\omega_{i-1}},\quad \tilde{\boldsymbol{P}}_{i}=\frac{2\omega_{i-1}\boldsymbol{P}_{i-1}+\omega_{i}\boldsymbol{P}_{i}}{2\omega_{i-1}+\omega_{i}},$$

$$\hat{\boldsymbol{P}}_{i-2}=\frac{\omega_{i-3}\boldsymbol{P}_{i-3}+\omega_{i-1}\boldsymbol{P}_{i-1}}{\omega_{i-3}+\omega_{i-1}},\quad \hat{\boldsymbol{P}}_{i-1}=\frac{\omega_{i-2}\boldsymbol{P}_{i-2}+\omega_{i}\boldsymbol{P}_{i}}{\omega_{i-2}+\omega_{i}}.$$

关于端点处的导矢为

$$\boldsymbol{R}'(u_i)=3\frac{\tilde{\omega}_{i-2}}{\omega(u_i)}(\tilde{\boldsymbol{P}}_{i-2}-\boldsymbol{R}(u_i)),$$

$$\boldsymbol{R}'(u_{i+1})=3\frac{\omega(u_{i+1})}{\tilde{\omega}_{i-1}}(\boldsymbol{R}(u_{i+1})-\tilde{\boldsymbol{P}}_{i-1}).$$

由以上公式, 3 次均匀 NURBS 曲线在节点 $u=u_i$ 处有如下的几何解释: 分别取相邻 3 个控制顶点组成的 $\Delta\boldsymbol{P}_{i-3}\boldsymbol{P}_{i-2}\boldsymbol{P}_{i-1}$ 的两边 $\boldsymbol{P}_{i-3}\boldsymbol{P}_{i-2}$ 和 $\boldsymbol{P}_{i-2}\boldsymbol{P}_{i-1}$ 上的点 $\tilde{\boldsymbol{P}}_{i-3}$ 和 $\tilde{\boldsymbol{P}}_{i-2}$, 则曲线点 $\boldsymbol{R}(u_i)$ 即为 $\tilde{\boldsymbol{P}}_{i-3}$ 和 $\tilde{\boldsymbol{P}}_{i-2}$ 的连线与 $\boldsymbol{P}_{i-2}\hat{\boldsymbol{P}}_{i-2}$ 的连线的交点. 在该点的切矢 $\boldsymbol{R}'(u_i)$ 为向量 $\overrightarrow{\boldsymbol{R}(u_i)\tilde{\boldsymbol{P}}_{i-2}}$ 的 $3\dfrac{\tilde{\omega}_{i-2}}{\omega(u_i)}$ 倍.

由有理 Bézier 曲线的端点性质知, 3 次均匀 NURBS 曲线在节点区间 $[u_i, u_{i+1}]$ 上的曲线段正好是以 $\boldsymbol{R}(u_i), \tilde{\boldsymbol{P}}_{i-2}, \tilde{\boldsymbol{P}}_{i-1}, \boldsymbol{R}(u_{i+1})$ 为控制顶点, $\omega(u_i), \tilde{\omega}_{i-2}$, $\tilde{\omega}_{i-1}$, $\omega(u_{i+1})$ 为相应权因子的 3 次有理 Bézier 曲线.

5.5 矩形域上的张量积型 NURBS 曲面

与矩形域上的有理 Bézier 曲面一样, 通过张量积的方法可以构造矩形域上的张量积型 NURBS 曲面.

定义 5.5.1 给定 $\mathbb{R}^3$ 空间中, 齐次坐标下的 $(m+1)\times(n+1)$ 个点 $\widetilde{\boldsymbol{P}}_{i,j} = (\omega_{i,j}x_{i,j},\ \omega_{i,j}y_{i,j}, \omega_{i,j}z_{i,j}, \omega_{i,j})$ $(\omega_{i,j} \geqslant 0,\ i=0,1,\cdots,m,\ j=0,1,\cdots,n)$, $N_{i,p}(u)$ 和 $N_{j,q}(v)$ 分别为定义在非均匀节点向量 $\boldsymbol{U} = \{u_0, u_1, \cdots, u_{m+p+1}\}$ $(u_i \leqslant u_{i+1})$ 和 $V = \{v_0, u_1, \cdots, u_{n+q+1}\}$ $(v_j \leqslant v_{j+1})$ 上的一元 p 次和 q 次 B 样条基函数 $(m \geqslant p,\ n \geqslant q)$, 则有理参数曲面

$$\widetilde{\boldsymbol{R}}(u,v) = (X(u,v), Y(u,v), Z(u,v), \omega(u,v)) = \sum_{i=0}^{m}\sum_{j=0}^{n} \widetilde{\boldsymbol{P}}_{ij} N_{i,p}(u) N_{j,q}(v), \quad (5.26)$$

$$(u,v) \in [u_p, u_{m+1}] \times [v_q, v_{n+1}]$$

称为矩形域 $[u_p, u_{m+1}] \times [v_q, v_{n+1}]$ 上相应于节点向量 $\boldsymbol{U}, \boldsymbol{V}$ 的 $p \times q$ 次 NURBS 曲面, 其中 $\widetilde{\boldsymbol{P}}_{i,j}$ 称为控制顶点, $\omega_{i,j}$ 不全为 0, 称为权因子. 它在仿射坐标系下的对应表达式为

$$\boldsymbol{R}(u,v) = H(\widetilde{\boldsymbol{R}}(u,v)) = (x(u,v), y(u,v), z(u,v)) = \left(\frac{X(u,v)}{\omega(u,v)}, \frac{Y(u,v)}{\omega(u,v)}, \frac{Z(u,v)}{\omega(u,v)}\right)$$

$$= \frac{\sum\limits_{i=0}^{m}\sum\limits_{j=0}^{n} \omega_{i,j} \boldsymbol{P}_{i,j} N_{i,p}(u) N_{j,q}(v)}{\sum\limits_{i=0}^{m}\sum\limits_{j=0}^{n} \omega_{i,j} N_{i,p}(u) N_{j,q}(v)}, \quad (u,v) \in [u_p, u_{m+1}] \times [v_q, v_{n+1}], \quad (5.27)$$

其中, 控制顶点 $\boldsymbol{P}_{i,j} = (x_{i,j}, y_{i,j}, z_{i,j})$.

由于权因子 $\omega_{i,j} \geqslant 0$ 且不全为 0, 根据张量积型 B 样条基函数的性质, 张量积型有理 B 样条基函数记为

$$R_{i,j}^{p,q}(u,v) = \frac{\omega_{i,j} N_{i,p}(u) N_{j,q}(v)}{\sum\limits_{i=0}^{m}\sum\limits_{j=0}^{n} \omega_{i,j} N_{i,p}(u) N_{j,q}(v)}, \quad i = 0,1,\cdots,m,\ j = 0,1,\cdots,n.$$

它具有与张量积型 B 样条基函数一致的基本性质, 如非负性、单位分解性、局部支集性、光滑性和重节点性质等. 特别地, 当所有权因子相等为一正数时, 张量积型

的有理 B 样条基函数退化为张量积型的 B 样条基函数.

因此, 张量积型的 NURBS 曲面 (5.27) 具有与张量积 B 样条曲面类似的几何与仿射不变性、凸包性、交互性、递归求值法和几何作图法. 权因子的几何意义也与 NURBS 曲线类似, 特别地, 当所有权因子 $\omega_{i,j}$ 相等为一正数时, NURBS 曲面退化为矩形域上的张量积型 B 样条曲面.

性质 5.5.1 几何不变性和仿射不变性.

性质 5.5.2 分片有理多项式曲面. NURBS 曲面 (5.27) 在每个胞腔 $[u_i, u_{i+1}]\times[v_j, v_{j+1}]$ 上为关于参数 u 和 v 的 $p\times q$ 次有理多项式曲面

$$\boldsymbol{P}(u,v)=\frac{\sum\limits_{k=i-p}^{i}\sum\limits_{l=j-q}^{j}\omega_{k,l}\boldsymbol{P}_{k,l}N_{k,p}(u)N_{l,q}(u)}{\sum\limits_{k=i-p}^{i}\sum\limits_{l=j-q}^{j}\omega_{k,l}N_{k,p}(u)N_{l,q}(u)},\quad (u,v)\in[u_i,u_{i+1}]\times[v_j,v_{j+1}].$$

性质 5.5.3 边界性质. 张量积型 NURBS 曲面的 4 条边界线是 4 条 NURBS 曲线, 它们的控制顶点和权因子分别由控制网格和权因子的相应线性组合而成.

性质 5.5.4 局部调整性和强凸包性质. 由于张量积型的有理 B 样条基函数具有与相应张量积型 B 样条基函数相同的局部支集, 因此 NURBS 曲面也具有与张量积型 B 样条曲面一致的局部调整性和强凸包性. 同样, 每个控制顶点的权因子对曲面的影响也是局部的.

性质 5.5.5 连续阶性质. NURBS 曲面的连续阶性质与相同节点向量上的 B 样条曲面的连续阶性质一致. 当 u 方向的某节点 u_i 的重数 $m_i\geqslant 1$, 则 NURBS 曲面 (5.27) 在等参线 $u=u_i$ 上的连续阶为 $p-m_i$. 同样, 当 v 方向的某节点 v_j 的重数 $m_j\geqslant 1$, 则 NURBS 曲面 (5.27) 在等参线 $v=v_j$ 上的连续阶为 $q-m_j$.

性质 5.5.6 重节点的插值性质. 当节点向量 U 中的内节点 u_i 的重数为 p, 而且节点向量 $\boldsymbol{V}$ 中的内节点 v_j 的重数为 q 时, 则只有定义在$\{u_{i-1},\underbrace{u_i,\cdots,u_i}_{p\text{个}},u_{i+1}\}$ 和 $\{v_{j-1},\underbrace{v_j,\cdots,v_j}_{q\text{个}},v_{j+1}\}$ 上的二元 B 样条基函数在 (u_i,v_j) 取值为 1, 其余基函数在 (u_i,v_j) 取值为 0. 因此, 若该基函数对应的权因子不为 0, 则 NURBS 曲面插值于该基函数对应的控制顶点.

当节点向量 $\boldsymbol{U}$ 中的端节点 u_i 的重数为 $p+1$, 而且节点向量 $\boldsymbol{V}$ 中的端节点 v_j 的重数为 $q+1$ 时, 则只有定义在$\{u_{i-1},\underbrace{u_i,\cdots,u_i}_{p+1\text{个}}\}$ 或 $\{\underbrace{u_i,\cdots,u_i}_{p+1\text{个}},u_{i+1}\}$ 和 $\{v_{j-1},\underbrace{v_j,\cdots,v_j}_{q+1\text{个}}\}$ 或 $\{\underbrace{v_j,\cdots,v_j}_{q+1\text{个}},v_{j+1}\}$ 上的二元 B 样条基函数在 (u_i,v_j) 取值为 1,

其余基函数在 (u_i, v_j) 取值为 0. 这时, 若该基函数对应的权因子不为 0, 则 NURBS 曲面插值于这些基函数对应控制网格的角点.

性质 5.5.7 退化性质. 一方面, 当所有权因子相等为一正数时, NURBS 曲面退化为相同节点向量和控制顶点的张量积型 B 样条曲面. 另一方面, 定义在节点向量为$\boldsymbol{U}=\{\underbrace{0,\cdots,0}_{p+1\text{个}},\underbrace{1,\cdots,1}_{p+1\text{个}}\}$, $\boldsymbol{V}=\{\underbrace{0,\cdots,0}_{q+1\text{个}},\underbrace{1,\cdots,1}_{q+1\text{个}}\}$ 上的 $p\times q$ 次 NURBS 曲面退化为 $p\times q$ 次张量积型的有理 Bézier 曲面. 如果同时满足上述两方面的条件, 则 NURBS 曲面退化为张量积型 Bézier 曲面. 所以, 有理和非有理的张量积型 B 样条曲面和 Bézier 曲面都可以统一为相应的张量积型 NURBS 曲面.

性质 5.5.8 NURBS 曲面的 de Boor 算法. 利用齐次坐标表示的张量积型 Bézier 曲面的 de Boor 算法, 经过中心投影变换就可以得到 NURBS 曲面的 de Boor 算法. 在胞腔 $[u_k, u_{k+1}]\times[v_l, v_{l+1}]$ 上, 令

$$\begin{cases}\omega_{i,j}^{0,0}(u,v)=\omega_{i,j}^{0,0}=\omega_{i,j},\\ \omega_{i,j}^{r,s}(u,v)=(1-\alpha_i^r)(1-\beta_j^s)\omega_{i-1,j-1}^{r-1,s-1}(u,v)+(1-\alpha_i^r)\beta_j^s\omega_{i-1,j}^{r-1,s-1}(u,v)\\ \qquad\qquad +\alpha_i^r(1-\beta_j^s)\omega_{i,j-1}^{r-1,s-1}(u,v)+\alpha_i^r\beta_j^s\omega_{i,j}^{r-1,s-1}(u,v),\end{cases}\tag{5.28}$$

$$\begin{cases}\boldsymbol{P}_{i,j}^{0,0}(u,v)=\boldsymbol{P}_{i,j}^{0,0}=\boldsymbol{P}_{i,j},\\ \boldsymbol{P}_{i,j}^{r,s}(u,v)=\big((1-\alpha_i^r)(1-\beta_j^s)\omega_{i-1,j-1}^{r-1,s-1}(u,v)\boldsymbol{P}_{i-1,j-1}^{r-1,s-1}(u,v)\\ \qquad\qquad +(1-\alpha_i^r)\beta_j^s\omega_{i-1,j}^{r-1,s-1}(u,v)\boldsymbol{P}_{i-1,j}^{r-1,s-1}(u,v)\\ \qquad\qquad +\alpha_i^r(1-\beta_j^s)\omega_{i,j-1}^{r-1,s-1}(u,v)\boldsymbol{P}_{i,j-1}^{r-1,s-1}(u,v)\\ \qquad\qquad +\alpha_i^r\beta_j^s\omega_{i,j}^{r-1,s-1}(u,v)\boldsymbol{P}_{i,j}^{r-1,s-1}(u,v)\big)/\omega_{i,j}^{r,s}(u,v),\end{cases}\tag{5.29}$$

其中, $\alpha_i^r=\dfrac{u-u_i}{u_{i+p+1-r}-u_i}$, $\beta_j^s=\dfrac{v-v_j}{v_{j+q+1-s}-v_j}$ $(r=1,2,\cdots,p,\ s=1,2,\cdots,q;\ i=k-p+r,k-p+r+1,\cdots,k,\ j=l-p+s,l-p+s+1,\cdots,l.)$ 于是

$$\begin{aligned}\boldsymbol{R}(u,v)&=\frac{\sum\limits_{i=k-p}^{k}\sum\limits_{j=l-q}^{l}\omega_{i,j}\boldsymbol{P}_{i,j}N_{i,p}(u)N_{j,q}(v)}{\sum\limits_{i=k-p}^{k}\sum\limits_{j=l-q}^{l}\omega_{i,j}N_{i,p}(u)N_{j,q}(v)}\\ &=\frac{\sum\limits_{i=k-p+1}^{k}\sum\limits_{j=l-q+1}^{l}\omega_{i,j}^{1,1}(u,v)\boldsymbol{P}_{i,j}^{1,1}(u,v)N_{i,p-1}(u)N_{j,q-1}(v)}{\sum\limits_{i=k-p+1}^{k}\sum\limits_{j=l-q+1}^{l}\omega_{i,j}^{1,1}(u,v)N_{i,p-1}(u)N_{j,q-1}(v)}=\cdots\end{aligned}$$

$$=\frac{\sum\limits_{i=k-p+r}^{k}\sum\limits_{j=l-q+s}^{l}\omega_{i,j}^{r,s}(u,v)\boldsymbol{P}_{i,j}^{r,s}(u,v)N_{i,p-r}(u)N_{j,q-s}(v)}{\sum\limits_{i=k-p+r}^{k}\sum\limits_{j=l-q+s}^{l}\omega_{i,j}^{r,s}(u,v)N_{i,p-r}(u)N_{j,q-s}(v)}=\cdots$$
$$=\boldsymbol{P}_{k,l}^{p,q}(u,v).$$

$\boldsymbol{P}_{k,l}^{p,q}(u,v)$ 即为所求的 $\boldsymbol{P}(u,v)$.

NURBS 曲面的 de Boor 算法的控制顶点的递推关系和几何作图的求值过程与张量积型的 B 样条曲面的 de Boor 算法一致. 显然, 当所有权因子 $\omega_{i,j}$ 相等为一正数时, 退化为张量积型 B 样条曲面的 de Boor 算法. 而当 $p\times q$ 次 NURBS 曲面定义在节点向量$\boldsymbol{U}=\{\underbrace{0,\cdots,0}_{p+1个},\underbrace{1,\cdots,1}_{p+1个}\}$, $\boldsymbol{V}=\{\underbrace{0,\cdots,0}_{q+1个},\underbrace{1,\cdots,1}_{q+1个}\}$ 时, NURBS 曲面的 de Boor 算法退化为张量积型有理 Bézier 曲面的 de Casteljau 算法.

性质 5.5.9 NURBS 曲面的节点插入算法. 类似于 B 样条曲面的节点插入算法, 通过齐次坐标的表示式经过中心投影变换即可得到 (从略).

NURBS 曲面的权因子的几何意义与有理 Bézier 曲面的权因子的几何意义一致.

性质 5.5.10 在控制顶点 $\boldsymbol{P}_{i,j}$ 的影响范围 $(u_i,u_{i+p+1})\times(v_j,v_{j+q+1})$ 内,

$$\lim_{\omega_{i,j}\to+\infty}\boldsymbol{R}(u,v)=\boldsymbol{P}_{i,j},\ (u,v)\in(u_i,u_{i+p+1})\times(v_j,v_{j+q+1}).$$

图 5.16 显示了一个双 2 次 NURBS 曲面随权因子变化的情形. 其中图 5.16(a)、(b)、(c)、(d) 分别是当控制顶点 $\boldsymbol{P}_{1,1}$ 对应的权因子 $\omega_{1,1}$ 为 $0,1,2,10$, 其他权因子为 1 时的曲面. 图 5.16(e) 为角点控制顶点 $\boldsymbol{P}_{0,0}$ 对应的权因子 $\omega_{0,0}=10$, 其他权因子为 1 时的曲面, 图 5.16(f) 为边界控制顶点 $\boldsymbol{P}_{1,0}$ 对应的权因子 $\omega_{1,0}=10$, 其他权因子为 1 时的曲面.

性质 5.5.11 权因子的交比性质. 设控制顶点 $\boldsymbol{P}_{i,j}$ 的权因子为 $\omega_{i,j}$, 对任一参数值 $(u,v)\in(u_i,u_{i+p+1})\times(v_j,v_{j+q+1})$, 记 NURBS 曲面 $\boldsymbol{R}(u,v)$ 对应 (u,v) 的点为 $\boldsymbol{S}_{i,j}=\boldsymbol{R}(u,v;\omega_{i,j})$, 当 $\omega_{i,j}=0$ 和 $\omega_{i,j}=1$ 时, 分别记对应的点为 $\boldsymbol{S}=\boldsymbol{R}(u,v;\omega_{i,j}=0)$ 和 $\boldsymbol{M}=\boldsymbol{R}(u,v;\omega_{i,j}=1)$, 则

$$\frac{|\boldsymbol{M}\boldsymbol{P}_{i,j}|}{|\boldsymbol{S}\boldsymbol{M}|}:\frac{|\boldsymbol{S}_{i,j}\boldsymbol{P}_{i,j}|}{|\boldsymbol{S}\boldsymbol{S}_{i,j}|}=\omega_{i,j}.$$

例 5.5.1 作一个双 2 次 NURBS 曲面, 取节点向量 $\boldsymbol{U}=\{0,0,0,1,1,2,2,3,3,4,4,4\}$, $\boldsymbol{V}=\{0,0,0,1,1,2,2,2\}$, 取控制顶点

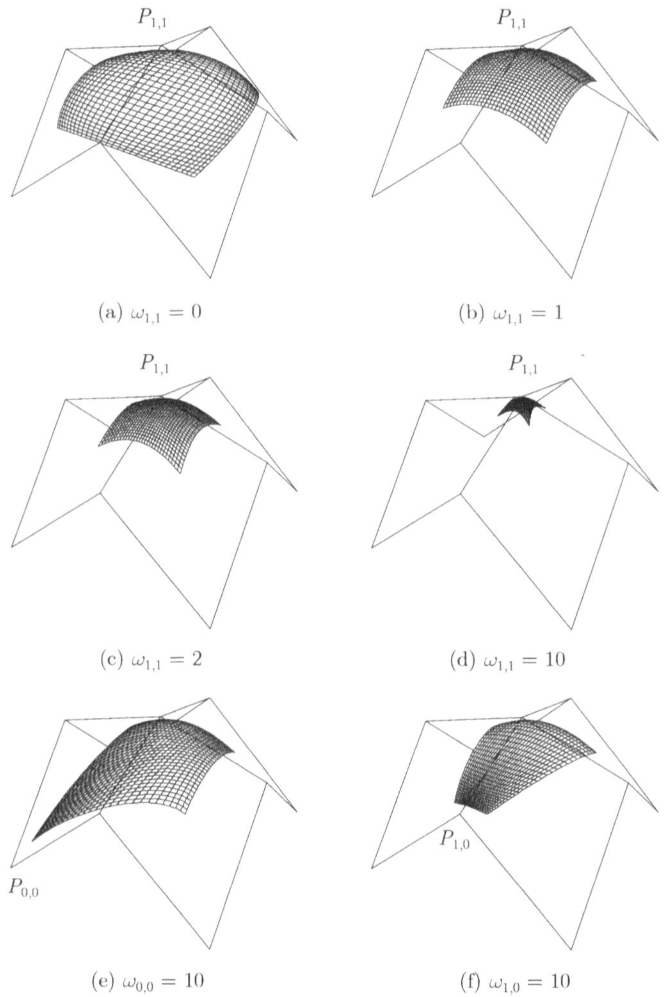

(a) $\omega_{1,1}=0$　(b) $\omega_{1,1}=1$

(c) $\omega_{1,1}=2$　(d) $\omega_{1,1}=10$

(e) $\omega_{0,0}=10$　(f) $\omega_{1,0}=10$

图 5.16　权因子变化时的双 2 次 NURBS 曲面

$$\boldsymbol{P}_{0,0}=(0,0,1),\ \boldsymbol{P}_{0,1}=(1,0,1),\ \boldsymbol{P}_{0,2}=(1,0,0),\ \boldsymbol{P}_{0,3}=(1,0,-1),\ \boldsymbol{P}_{0,4}=(0,0,-1),$$

$$\boldsymbol{P}_{1,0}=\boldsymbol{P}_{0,0},\ \boldsymbol{P}_{1,1}=(1,1,1),\ \boldsymbol{P}_{1,2}=(1,1,0),\ \boldsymbol{P}_{1,3}=(1,1,-1),\ \boldsymbol{P}_{1,4}=\boldsymbol{P}_{0,4},$$

$$\boldsymbol{P}_{2,0}=\boldsymbol{P}_{0,0},\ \boldsymbol{P}_{2,1}=(0,1,1),\ \boldsymbol{P}_{2,2}=(0,1,0),\ \boldsymbol{P}_{2,3}=(0,1,-1),\ \boldsymbol{P}_{2,4}=\boldsymbol{P}_{0,4},$$

$$\boldsymbol{P}_{3,0}=\boldsymbol{P}_{0,0},\ \boldsymbol{P}_{3,1}=(-1,1,1),\ \boldsymbol{P}_{3,2}=(-1,1,0),\ \boldsymbol{P}_{3,3}=(-1,1,-1),\ \boldsymbol{P}_{3,4}=\boldsymbol{P}_{0,4},$$

$$\boldsymbol{P}_{4,0}=\boldsymbol{P}_{0,0},\ \boldsymbol{P}_{4,1}=(-1,0,1),\ \boldsymbol{P}_{4,2}=(-1,0,0),\ \boldsymbol{P}_{4,3}=(-1,0,-1),\ \boldsymbol{P}_{4,4}=\boldsymbol{P}_{0,4},$$

$$\boldsymbol{P}_{5,0}=\boldsymbol{P}_{0,0},\ \boldsymbol{P}_{5,1}=(-1,-1,1),\ \boldsymbol{P}_{5,2}=(-1,-1,0),\ \boldsymbol{P}_{5,3}=(-1,-1,-1),\ \boldsymbol{P}_{5,4}=\boldsymbol{P}_{0,4},$$

$$\boldsymbol{P}_{6,0}=\boldsymbol{P}_{0,0},\ \boldsymbol{P}_{6,1}=(0,-1,1),\ \boldsymbol{P}_{6,2}=(0,-1,0),\ \boldsymbol{P}_{6,3}=(0,-1,-1),\ \boldsymbol{P}_{6,4}=\boldsymbol{P}_{0,4},$$

$$\boldsymbol{P}_{7,0}=\boldsymbol{P}_{0,0},\ \boldsymbol{P}_{7,1}=(1,-1,1),\ \boldsymbol{P}_{7,2}=(1,-1,0),\ \boldsymbol{P}_{7,3}=(1,-1,-1),\ \boldsymbol{P}_{7,4}=\boldsymbol{P}_{0,4},$$

$$\boldsymbol{P}_{8,0}=\boldsymbol{P}_{0,0},\ \boldsymbol{P}_{8,1}=\boldsymbol{P}_{0,1},\ \boldsymbol{P}_{8,2}=\boldsymbol{P}_{0,2},\ \boldsymbol{P}_{8,3}=\boldsymbol{P}_{0,3},\ \boldsymbol{P}_{8,4}=\boldsymbol{P}_{0,4},$$

取相应的权因子

$$\omega_{i,0}=1,\quad \omega_{i,1}=1,\quad \omega_{i,2}=2,\quad \omega_{i,3}=1,\quad \omega_{i,4}=1,\quad i=0,1,3,4,5,7,8,$$

$$\omega_{i,0}=2,\quad \omega_{i,1}=2,\quad \omega_{i,2}=4,\quad \omega_{i,3}=2,\quad \omega_{i,4}=2,\quad i=2,6.$$

比较例 5.2.1 可知, 它描述了一个完整的单位球面, 如图 5.17 所示.

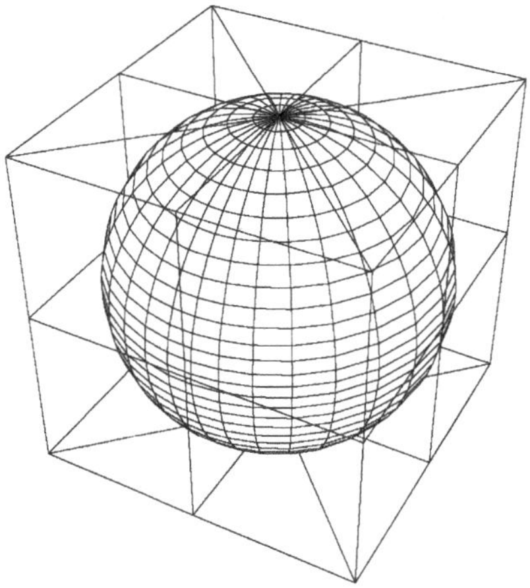

图 5.17　双 2 次 NURBS 曲面表示的球面

若取权因子

$$\omega^*_{i,0}=1,\quad \omega^*_{i,1}=\frac{\sqrt{2}}{2},\quad \omega^*_{i,2}=1,\quad \omega^*_{i,3}=\frac{\sqrt{2}}{2},\quad \omega^*_{i,4}=1,\quad i=0,2,4,6,8,$$

$$\omega^*_{i,0}=\frac{\sqrt{2}}{2},\quad \omega^*_{i,1}=\frac{1}{2},\quad \omega^*_{i,2}=\frac{\sqrt{2}}{2},\quad \omega^*_{i,3}=\frac{1}{2},\quad \omega^*_{i,4}=\frac{\sqrt{2}}{2},\quad i=1,3,5,7,$$

也表示相同的单位球面.

5.6　非张量积型的 NURBS 曲面

从基函数的角度来看, 张量积型 B 样条基函数是一元 B 样条基的一种推广, 这使得参数域只能是矩形区域, 而对于不规则的参数域, 就不能直接由张量积型的 B 样条基得到. 而且, 张量积的基函数使得曲面的次数升高. 例如, 一张 $p\times q$ 次的

B 样条曲面虽然在等参数线上是 p 或者 q 次的参数曲线, 但整个曲面的次数却为 $p+q$ 次. 另一方面, 从 NURBS 曲面的控制顶点的角度看, 张量积型的基函数使得控制顶点在拓扑上必须位于矩形网格上. 这意味着, NURBS 曲面的大部分控制顶点的存在只是为了满足这种拓扑约束, 它们并不含有特别的几何信息, 因此是冗余的. 鉴于此, 我们很自然希望构造一类非张量积型的 NURBS 曲面, 而其核心就是要构造非张量积型的二元 B 样条基函数. 通过前面的介绍知道, 样条曲面的性质完全由其所用的样条基函数的性质决定, 其中最重要和基本的就是非负性、单位分解性和局部支集性质.

在第 1 章中, 我们简单介绍了多元样条函数的一些基本理论, 其中就有关于非张量积型的二元 B 样条函数的论述. 在这一节中, 我们将讨论如何利用具有局部支集的二元 B 样条基函数来构造一类非张量积型的 NURBS 曲面. 从而突破张量积型曲面对参数域和控制顶点的拓扑限制, 而且整体次数较低. 这一类曲面具有张量积型 NURBS 曲面的一些良好的几何、逼近性质, 如几何不变性、仿射不变性及凸包性质等. 在一定条件下, 曲面的边界可以退化为相应的 NURBS 曲线或者 Bézier 曲线. 因此, 可以直接利用张量积型 NURBS 曲面中的关于控制顶点与权因子的调节技术来方便地控制曲面.

5.6.1 2- 型三角剖分上的二元样条空间

与一元样条函数相比较而言, 二元样条函数并不是一元样条函数的简单推广, 而是存在本质性的困难. 二元样条函数不仅依赖于剖分的拓扑结构, 而且还严重地依赖于剖分的几何结构, 如二元样条空间维数问题. 因此, 并不是任意剖分上的样条空间都具有局部支集的样条基函数. 为此, 我们选择剖分结构较为简单, 且应用广泛的 2- 型三角剖分, 并利用定义在其上的二元样条空间中的 B 样条基函数来构造曲面. 由于二元样条空间的基函数比较丰富, 可以选取多组具有局部支集的样条函数作为基函数, 构造出各种样条曲面. 在本节中, 我们选取与一元 B 样条基函数较为相关的二元样条基函数, 它们具有一些与一元 B 样条基函数类似的性质, 并在一定条件下可以退化为一元 B 样条基函数.

所谓 2- 型三角剖分, 就是在矩形剖分 $\Delta_{mn}=\{u_0,u_1,\cdots,u_m\}\times\{v_0,v_1,\cdots,v_n\}$ 的基础上, 连接每个小矩形胞腔的两条对角线所形成的三角剖分, 记为 $\Delta_{mn}^{(2)}$, 如图 5.18(a) 所示. 定义在 $\Delta_{mn}^{(2)}$ 上的整体次数为 k, 在每条剖分线上满足 C^μ 阶光滑的二元样条空间记为 $S_k^\mu(\Delta_{mn}^{(2)})$. 显然, 当原来的矩形剖分是均匀的时候, 得到的 2- 型三角剖分就是贯穿剖分, 如图 5.18(b) 所示. 定义在其上的二元样条空间 $S_k^\mu(\Delta_{mn}^{(2)})$ 的结构比较简单, 基函数具有较好的性质.

为了方便讨论, 设矩形区域 $D=[0,m]\times[0,n]$, 其中 m 和 n 均为正整数. 均匀的 2- 型三角剖分 (也称为四方向剖分), 如图 5.18(b) 所示, 由下述剖分线所构成:

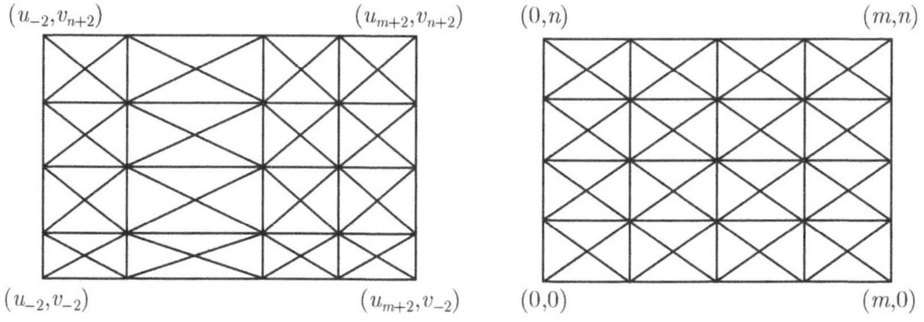

(a) 非均匀的2-型三角剖分　　(b) 均匀的2-型三角剖分

图 5.18 2- 型三角剖分 ($\varDelta_{mn}^{(2)}$)

$$\varDelta_{mn}^{(2)}: \quad x-i=0, \quad y-i=0, \quad x-y-i=0, \quad x+y-i=0,$$

其中, $i=\cdots,-1,0,1,\cdots$.

在第 1 章中, 我们还介绍了另外一种特殊的三角剖分, 1- 型三角剖分 ($\varDelta_{mn}^{(1)}$) 和其上定义的二元样条空间 $S_k^\mu(\varDelta_{mn}^{(1)})$ 及其 B 样条. 在一些情况下, 也可以采用 $S_k^\mu(\varDelta_{mn}^{(1)})$ 中的样条基函数来构造曲面. 由于, 均匀 2- 型三角剖分比均匀 1- 型三角剖分具有更强的对称性, 给均匀 2- 型三角剖分上的样条基函数的计算带来了很大的方便. 因此, 这里着重介绍 $S_k^\mu(\varDelta_{mn}^{(2)})$ 的情形, 其他情形可以类似得到.

对于均匀 2- 型三角剖分, 除了每个小矩形胞腔中的内网点, 其他内网点均由四条直线相交而成, 为了构造具有局部支集的样条函数, 由基本不等式可知, 分片多项式的次数 k 和光滑度 μ 必须满足不等式

$$k>\frac{4\mu+1}{3}.$$

当 μ 给定时, 人们总是希望寻求尽可能小的 k, 这样, 具有统一光滑度的样条空间应该是

$$S_1^0(\varDelta_{mn}^{(2)}),\ S_2^1(\varDelta_{mn}^{(2)}),\ S_4^2(\varDelta_{mn}^{(2)}),\cdots.$$

为了摆脱基本不等式的限制, 考虑分别在矩形剖分线和对角剖分线上采用不同的光滑度, 还可以定义二元 3 次样条空间 $S_3^{2,1}(\varDelta_{mn}^{(2)})$. 下面分别介绍这些样条空间和二元 B 样条基函数, 并构造相应的非张量积型 NURBS 曲面.

5.6.2 二元 1 次 B 样条基函数与二元 1 次 NURBS 曲面

1. $S_1^0(\varDelta_{mn}^{(2)})$ 与二元 1 次 B 样条基函数

由贯穿剖分上的样条空间的维数公式, 容易得到定义在均匀 2- 型三角剖分上的二元 1 次样条空间 $S_1^0(\varDelta_{mn}^{(2)})$ 的维数为

$$\dim S_1^0(\varDelta_{mn}^{(2)})=2mn+m+n+1.$$

利用光滑余因子协调法, 不难得到 $S_1^0(\Delta_{mn}^{(2)})$ 空间中两个具有最小支集的样条函数 $A(x,y)$ 和 $B(x,y)$, 如图 5.19(a) 和图 5.19(b) 所示. 它们的分片表达式为

$$A(x,y)=\begin{cases}1-x-y, & x\geqslant 0 \text{ 且} y\geqslant 0 \text{ 且} 1-x-y\geqslant 0,\\ 1+x-y, & x<0 \text{ 且} y\geqslant 0 \text{ 且} 1+x-y\geqslant 0,\\ 1+x+y, & x<0 \text{ 且} y<0 \text{ 且} 1+x+y\geqslant 0,\\ 1-x+y, & x\geqslant 0 \text{ 且} y<0 \text{ 且} 1-x+y\geqslant 0;\end{cases}$$

$$B(x,y)=\begin{cases}2x, & x\geqslant 0 \text{ 且} y\geqslant x \text{ 且} x+y<1,\\ 2y, & y\geqslant 0 \text{ 且} y<x \text{ 且} x+y<1,\\ 2-2x, & x<1 \text{ 且} y<x \text{ 且} x+y\geqslant 1,\\ 2-2y, & y<1 \text{ 且} y\geqslant x \text{ 且} x+y\geqslant 1.\end{cases}$$

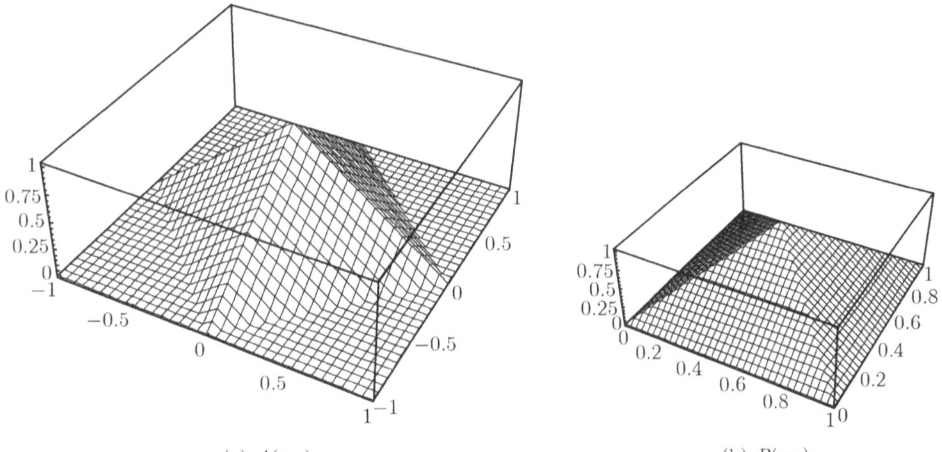

(a) $A(x,y)$ (b) $B(x,y)$

图 5.19 $S_1^0(\Delta_{mn}^{(2)})$ 中的 $A(x,y)$ 和 $B(x,y)$

它们的支集如图 5.20(a) 和 5.20(b) 所示, 支集的中心分别是 $(0,0)$ 和 $(1/2,1/2)$, 图中的数字表示样条函数在相应三角形上的 B 网系数.

在介绍三角形上的 Bernstein 基函数一节中, 引入了三角形上的面积坐标. 于是, 三角形上的多项式可以表示为面积坐标下的 Bernstein 基函数的线性组合, 相应的系数就称为 Bézier 系数或者 B 网系数. 二元样条函数在每个三角形胞腔上是一个多项式, 我们采用每个分片多项式在相应三角形上的 B 网表示方式, 在样条函数的支集中的每个三角形胞腔上标出分片多项式的 B 网系数. 由于面积坐标是局部坐标, 并具有几何不变形, 因此利用 B 网系数表示样条函数可以很容易显示出函

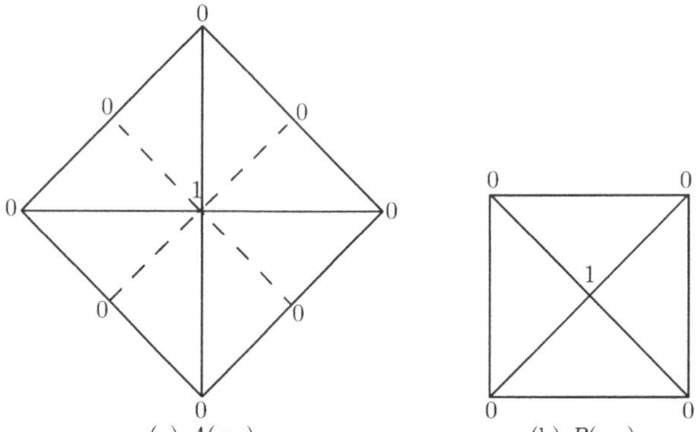

(a) $A(x,y)$ (b) $B(x,y)$

图 5.20 $S_1^0(\varDelta_{mn}^{(2)})$ 中 $A(x,y)$ 和 $B(x,y)$ 的支集与 B 网表示

数的对称性. 如图 5.20 所示, 由于样条函数与支集都是关于中心对称的, 因此图中的 B 网系数也是满足中心对称的.

图 5.20(a) 中 $A(x,y)$ 的支集包含了剖分 $\varDelta_{mn}^{(2)}$ 中的 8 个三角形胞腔, $A(x,y)$ 在支集外恒为 0. 由光滑余因子协调法可知, 此时 $A(x,y)$ 在支集内的 4 条剖分线 (图中虚线) 上的光滑余因子为 0, 则 $A(x,y)$ 分别在它们两边的三角形胞腔上为同一个多项式, 也即这 4 条剖分线退化了, 故用虚线表示.

另外, 由三角形上的 Bernstein 基函数和 B 网表达式的性质可知, $A(x,y)$ 和 $B(x,y)$ 在 B 网系数为 1 的内网点处取值为 1, 在 B 网系数为 0 的内网点处取值为 0, 因此图 5.20(a) 和图 5.20(b) 中的数字也等于 $A(x,y)$ 和 $B(x,y)$ 在该点处的函数值.

由于 $\varDelta_{mn}^{(2)}$ 是均匀的 2- 型三角剖分, 可以将 $A(x,y)$ 和 $B(x,y)$ 通过平移得到更多的样条函数

$$A_{i,j}(x,y) = A(x-i, y-j), \quad i=0,1,\cdots,m, \quad j=0,1,\cdots,n;$$

$$B_{i,j}(x,y) = B(x-i, y-j), \quad i=0,1,\cdots,m-1, \quad j=0,1,\cdots,n-1.$$

容易证明, 这 $(m+1)(n+1)$ 个 $A_{i,j}(x,y)$ 和 mn 个 $B_{i,j}(x,y)$ 线性无关, 它们正好组成了 $S_1^0(\varDelta_{mn}^{(2)})$ 空间的 $2mn+m+n+1$ 个基函数. 它们具有最小的局部支集, 也称为 $S_1^0(\varDelta_{mn}^{(2)})$ 的二元 1 次 B 样条基函数. 显然, 它们也具有非负性和单位分解性. 特别地, $A_{i,j}(x,y)$ 和 $B_{i,j}(x,y)$ 分别在矩形剖分线和对角剖分线上为一元 1 次 B 样条基函数.

作为二元 1 次样条空间 $S_1^0(\varDelta_{mn}^{(2)})$ 的基函数, $A(x,y)$ 和 $B(x,y)$ 具有两个共同的特征. 第一, 它们的支集都是以一个内网点为中心, 包含且只包含以此内网点为顶点的所有三角形胞腔的并集, 也称为该内网点的星形域. 如图 5.20(a) 和图 5.20(b) 所示, $A(x,y)$ 的支集是以矩形剖分线的交点为中心的星形域, 而 $B(x,y)$ 的支集是

以对角剖分线的交点为中心的星形域. 第二, $A(x,y)$ 和 $B(x,y)$ 的 B 网系数 (或者函数值) 的取值是在支集中心为 1, 其余所有网点处为 0. 事实上, 以上两点对任意三角剖分 (记为 Δ) 上的二元 1 次样条空间 $S_1^0(\Delta)$ 都成立. 特别地, 对于非均匀 2- 型三角剖分 $\Delta_{mn}^{(2)}$, $S_1^0(\Delta_{mn}^{(2)})$ 的基函数的支集形状和 B 网系数与图 5.20(a) 和图 5.20(b) 一致.

2. 二元 1 次 NURBS 曲面

利用二元 1 次 B 样条基函数 $A_{i,j}(x,y)$ 和 $B_{i,j}(x,y)$, 可以构造 $\Delta_{mn}^{(2)}$ 上的二元 1 次 B 样条曲面. 为了方便讨论, 考虑曲面的定义域为 $D=[u_0,u_m]\times[v_0,v_n]$, 对其进行非均匀的 2- 型三角剖分, 由于 $A_{i,j}(x,y)$ 的局部支集, 需要将矩形剖分的参数节点向量扩展为

$$\begin{cases} u_{-1}<u_0<u_1<\cdots<u_m<u_{m+1}, \\ v_{-1}<v_0<v_1<\cdots<v_n<v_{n+1}. \end{cases}$$

定义 5.6.1 给定 $(m+1)\times(n+1)$ 个空间向量 $\boldsymbol{P}_{i,j}\in\mathbb{R}^3$ $(i=0,1,\cdots,m,\ j=0,1,\cdots,n)$ 和 mn 个 $\boldsymbol{Q}_{i,j}\in\mathbb{R}^3$ $(i=0,1,\cdots,m-1,\ j=0,1,\cdots,n-1)$, $A_{i,j}(u,v)$ 和 $B_{i,j}(u,v)$ 分别为二元 1 次样条空间 $S_1^0(\Delta_{mn}^{(2)})$ 的 B 样条基函数, 则与其相应的参数曲面

$$\boldsymbol{P}(u,v)=\sum_{i=0}^{m}\sum_{j=0}^{n}\boldsymbol{P}_{i,j}A_{i,j}(u,v)+\sum_{i=0}^{m-1}\sum_{j=0}^{n-1}\boldsymbol{Q}_{i,j}B_{i,j}(u,v),\quad (u,v)\in[u_0,u_m]\times[v_0,v_n] \tag{5.30}$$

称为一个二元 1 次 B 样条曲面. $\boldsymbol{P}_{i,j}$ 和 $\boldsymbol{Q}_{i,j}$ 称为控制顶点, 按照它们对应二元 B 样条基 $A_{i,j}(u,v)$ 和 $B_{i,j}(u,v)$ 的支集中心的拓扑关系, 用直线段连接相邻的两个控制顶点所得的折线网格称为控制网格.

图 5.21 所示为一个二元 1 次 B 样条曲面与控制网格, 事实上, 由二元 1 次 B 样条基 $A_{i,j}(u,v)$ 和 $B_{i,j}(u,v)$ 的性质知, 曲面 $\boldsymbol{P}(u,v)$ 为插值于所有控制顶点 $\boldsymbol{P}_{i,j}$ 和 $\boldsymbol{Q}_{i,j}$ 的分片 1 次曲面, 也即由以控制顶点为顶点的三角片组成的控制网面.

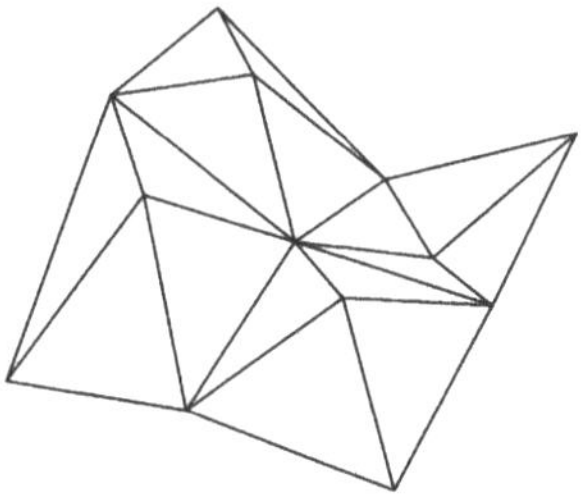

(a) 控制网格

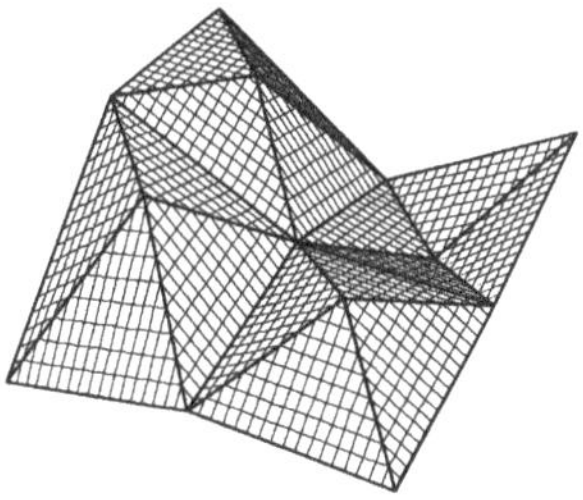

(b) 二元 1 次 B 样条曲面

图 5.21 二元 1 次 B 样条曲面与控制网格

进一步, 还可以引入二元有理 1 次 B 样条曲面, 但曲面的形状没有变化, 权因子只是起到了参数变换的作用, 故略去.

5.6.3　二元 2 次 B 样条基函数与二元 2 次 NURBS 曲面

1. $S_2^1(\varDelta_{mn}^{(2)})$ 与二元 2 次 B 样条基函数

对于均匀 2- 型三角剖分, 由贯穿剖分的维数公式, 可知

$$\dim S_2^1(\varDelta_{mn}^{(2)}) = (m+2)(n+2)-1. \tag{5.31}$$

在空间中有一个具有下述局部支集的样条 $B(x,y)$, 如图 5.22 所示, 支集的中心位于 $(1/2,1/2)$, 并关于中心对称. 其中图 5.22(a) 中的数字为 $B(x,y)$ 的 B 网系数, 没有注明的 B 网系数或者与相应对称位置上的系数相等, 或者为 0.

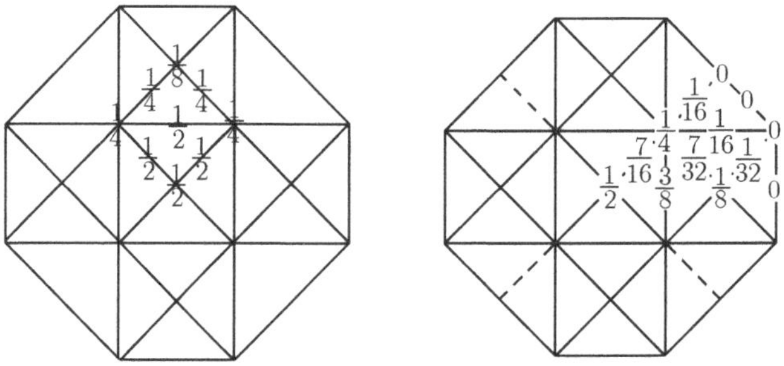

(a) B网系数表示　　　　(b) 函数值表示

图 5.22　$S_2^1(\varDelta_{mn}^{(2)})$ 中样条 $B(x,y)$ 的支集

另外, 根据多项式插值理论, 每个三角形胞腔上 2 次多项式可由该多项式在三角形 3 个顶点, 以及 3 边中点上的函数值唯一确定. 事实上, 上述 6 个点正是二次多项式的一组插值适定结点组. 所以为表示上述具有局部支集的样条 (B 样条)$B(x,y)$, 只需给出诸胞腔上相应 6 个点上的函数值即可. 为此, 我们在图 5.22(b) 中标出了 $B(x,y)$ 在各点上的相应值. 由于 $B(x,y)$ 关于 x 轴、y 轴, 以及原点 O 均具有对称性质. 因此, 其他各点上的值完全可按对称性来确定. 图 5.23 显示了 $B(x,y)$ 的图像.

由 $B(x,y)$ 的平移可产生一系列 B 样条

$$B_{ij} = B_{ij}(x,y) = B(x-i, y-j),$$

其中, $i,j=\cdots,-1,0,1,\cdots$. 显然, 在 $D=[0,m]\times[0,n]$ 上不全为 0 的样条 B_{ij} 对应的指标集为

$$E = \{(i,j): -1 \leqslant i \leqslant m, -1 \leqslant j \leqslant n\}.$$

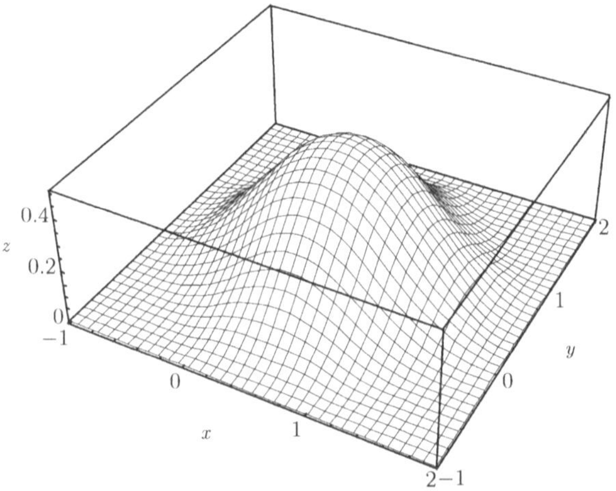

图 5.23 均匀 2- 型三角剖分上 B 样条函数 $B(x,y)$ 的图像

集合

$$\mathscr{A}=\{B_{ij}:(i,j)\in E\}$$

是 $S_2^1(\Delta_{mn}^{(2)})$ 的子集, 而其基数为 $(m+2)(n+2)$, 它比 $\dim S_2^1(\Delta_{mn}^{(2)})$ 多 1. 从而 $\mathscr{A}$ 是一个线性相关集合. 可以证明, 从 A 中任意去掉一个 B 样条后, 其余的 B 样条是线性无关的, 亦即它们是空间 $S_2^1(\Delta_{mn}^{(2)})$ 的支架, $S_2^1(\Delta_{mn}^{(2)})=\operatorname{span}\{\mathscr{A}\}$.

关于 B 样条 $B_{ij}\in\mathscr{A}$ 有下面的一些结果.

定理 5.6.1 对于所有 $(x,y)\in D$,

$$\sum_{(i,j)\in E}(-1)^{i+j}B_{i,j}\equiv 0, \tag{5.32}$$

$$\sum_{(i,j)\in E}B_{i,j}\equiv 1. \tag{5.33}$$

任取 (i_0,j_0), $-1\leqslant i_0\leqslant m$, $-1\leqslant j_0\leqslant n$, 并记

$$E_0=E\setminus\{(i_0,j_0)\},$$

则 $\mathscr{A}_0=\{B_{ij}:(i,j)\in E_0\}$ 是 $S_2^1(\Delta_{mn}^{(2)})$ 的一组基.

定理 5.6.2 设

$$(Lf)(x,y):=\sum_{i=-1}^{m}\sum_{j=-1}^{n}f\left(i+\frac{1}{2},j+\frac{1}{2}\right)A_{i,j}(x,y), \tag{5.34}$$

$$(L'f)(x,y):=\sum_{i=-1}^{m}\sum_{j=-1}^{n}\lambda_{i,j}(f)A_{i,j}(x,y), \tag{5.35}$$

其中

$$\lambda_{i,j}(f)=2f\left(i+\frac{1}{2},j+\frac{1}{2}\right)-\frac{1}{4}[f(i,j)+f(i+1,j)+f(i,j+1)+f(i+1,j+1)],$$

f 定义在 D 的所有网格点上. 则

$$(Lf)(x,y)\equiv f(x,y),\quad (x,y)\in D,$$

对所有的 $f\in\mathbb{P}_1\cup\mathrm{span}\{xy\}$ 成立;

$$(L'f)(x,y)\equiv f(x,y),\quad (x,y)\in D,$$

对所有的 $f\in\mathbb{P}_2$ 成立.

由定理 5.6.1 和定理 5.6.2 可知, B 样条 $B_{ij}\in\mathscr{A}$ 具有单位分解性, 能够精确表示 2 次多项式, 具有很好的逼近性质.

对于非均匀的 2- 型三角剖分, 也记为 $\Delta_{mn}^{(2)}$, 可以构造同样的一组 B 样条基函数. 考虑一般区域 $[a,b]\times[c,d]$ 的矩形剖分

$$a=x_0<x_1<\cdots<x_{m+1}=b,$$

$$c=y_0<y_1<\cdots<y_{n+1}=d$$

是非均匀的. 即若记

$$h_i=x_i-x_{i-1},\quad k_j=y_j-y_{j-1},$$

则诸 h_i 未必相等, 诸 k_j 也未必相等.

利用光滑余因子协调法, 可以得到一个支集如图 5.24 所示的 $S_2^1(\Delta_{mn}^{(2)})$ 中的 B 样条函数. 该局部支集所涉及的垂直线和水平线分别为

$$x=x_{i-1},\quad x=x_i,\quad x=x_{i+1},\quad x=x_{i+2}$$

和

$$y=y_{j-1},\quad y=y_j,\quad y=y_{j+1},\quad y=y_{j+2}.$$

以 $B_{ij}(x,y)$ 记该 B 样条函数, 它由图中所有三角形的三顶点和三边中点上的值唯一确定, 其中

$$A_i=\frac{h_i}{h_i+h_{i+1}},\quad A_i'=\frac{h_{i+1}}{h_i+h_{i+1}},\quad B_j=\frac{k_j}{k_j+k_{j+1}},\quad B_j'=\frac{k_{j+1}}{k_j+k_{j+1}}.$$

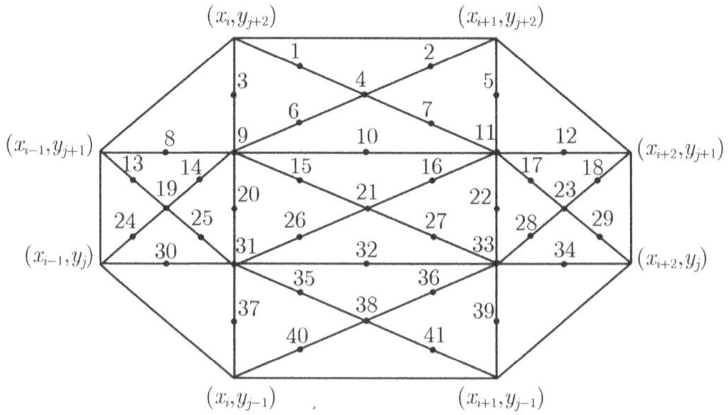

图 5.24 非均匀 2- 型三角剖分上 B 样条函数 $B(x,y)$ 的支集

1. $\frac{1}{16}B'_{j+1}$; 2. $\frac{1}{16}B'_{j+1}$; 3. $\frac{1}{4}A_iB'_{j+1}$; 4. $\frac{1}{4}B'_{j+1}$; 5. $\frac{1}{4}A'_{i+1}B'_{j+1}$;

6. $\frac{1}{16}(5+4A_i)B'_{j+1}$; 7. $\frac{1}{16}(5+4A'_{i+1})B'_{j+1}$; 8. $\frac{1}{4}A_iB'_{j+1}$; 9. $A_iB'_{j+1}$;

10. $\frac{1}{4}(2+A_i+A'_{i+1})B'_{j+1}$; 11. $A'_{i+1}B'_{j+1}$; 12. $\frac{1}{4}A'_{i+1}B'_{j+1}$; 13. $\frac{1}{16}A_i$;

14. $\frac{1}{16}(5+4B'_{j+1})A_i$; 15. $\frac{1}{16}(A'_{i+1}+B_j+5A_i+5B'_{j+1}+4A_iB'_{j+1})$;

16. $\frac{1}{16}(A_i+B_j+5A'_{i+1}+5B'_{j+1}+4A'_{i+1}B'_{j+1})$; 17. $\frac{1}{16}(5+4B'_{j+1})A'_{i+1}$;

18. $\frac{1}{16}A'_{i+1}$; 19. $\frac{1}{4}A_i$; 20. $\frac{1}{4}(2+B_j+B'_{j+1})A_i$; 21. $\frac{1}{4}(A_i+A'_{i+1}+B_j+B'_{j+1})$;

22. $\frac{1}{4}(2+B_j+B'_{j+1})A'_{i+1}$; 23. $\frac{1}{4}A'_{i+1}$; 24. $\frac{1}{16}A_i$; 25. $\frac{1}{16}(5+4B_j)A_i$;

26. $\frac{1}{16}(A'_{i+1}+B'_{j+1}+5A_i+5B_j+4A_iB_j)$; 27. $\frac{1}{16}(A_i+B'_{j+1}+5A'_{i+1}+5B_j+4A_{i+1}B_j)$;

28. $\frac{1}{16}(5+4B_j)A'_{i+1}$; 29. $\frac{1}{16}A'_{i+1}$; 30. $\frac{1}{4}A_iB_j$; 31. A_iB_j; 32. $\frac{1}{4}(2+A_i+A'_{i+1})B_j$;

33. $A'_{i+1}B_j$; 34. $\frac{1}{4}A'_{i+1}B_j$; 35. $\frac{1}{16}(5+4A_i)B_j$; 36. $\frac{1}{16}(5+4A'_{i+1})B_j$; 37. $\frac{1}{4}A_iB_j$;

38. $\frac{1}{4}B_j$; 39. $\frac{1}{4}A'_{i+1}B_j$; 40. $\frac{1}{16}B_j$; 41. $\frac{1}{16}B_j$.

显然, 当剖分变成均匀的时候, $h_i=h$, $k_j=k$, 这时, $B_{ij}(x,y)$ 即为 5.5 节中均匀剖分时的 B 样条函数. $B_{ij}(x,y)$ 的性质可以概括于如下定理中.

定理 5.6.3 设

$$x_{-2}<x_{-1}<a=x_0<\cdots<x_{m+1}=b<x_{m+2}<x_{m+3},$$

$$y_{-2}<y_{-1}<c=y_0<\cdots<y_{n+1}=d<y_{n+2}<y_{n+3}.$$

则

(1) 对一切 $-1 \leqslant i \leqslant m+1$ 和 $-1 \leqslant j \leqslant n+1$, 由图 5.24 所给出的 $B_{ij}(x,y)$ 在其支集内是唯一的、严格正的, 且 $S_2^1(\Delta_{mn}^{(2)})$ 中任一与 $B_{ij}(x,y)$ 具有同一支集的样条函数必为 $B_{ij}(x,y)$ 的常数倍;

(2) 对一切 $(x,y) \in D = [a,b] \times [c,d]$, 均有

$$\sum_{i=-1}^{m+1} \sum_{j=-1}^{n+1} B_{ij}(x,y) = 1;$$

(3) 对一切 $(x,y) \in D$, 均有

$$\sum_{i=-1}^{m+1} \sum_{j=-1}^{n+1} (-1)^{i+j} h_{i+1} k_{j+1} B_{ij}(x,y) = 0;$$

(4) 对每一指定的 (i_0, j_0), $-1 \leqslant i_0 \leqslant m+1$, $-1 \leqslant j_0 \leqslant n+1$, 下述 B 样条的集合构成 $S_2^1(\Delta_{mn}^{(2)})$ 的一个基底:

$$\mathcal{B} := \{B_{ij}(x,y) | (i,j) \neq (i_0, j_0),\ -1 \leqslant i \leqslant m+1,\ -1 \leqslant j \leqslant n+1\}.$$

非均匀 2- 型三角剖分上的 B 样条函数同样具有 2 次逼近阶.

定理 5.6.4 设

$$V_{mn}(f) = \sum_{ij} f\left(\frac{x_i + x_{i+1}}{2}, \frac{y_j + y_{j+1}}{2}\right) B_{i,j}, \tag{5.36}$$

$$W_{mn}(f) = \sum_{ij} \lambda_{i,j}(f) B_{i,j}, \tag{5.37}$$

其中

$$\begin{aligned}\lambda_{i,j}(f) = & 2f\left(\frac{x_i + x_{i+1}}{2}, \frac{y_j + y_{j+1}}{2}\right) \\ & -\frac{1}{4}[f(x_i, y_j) + f(x_{i+1}, y_j) + f(x_i, y_{j+1}) + f(x_{i+1}, y_{j+1})].\end{aligned}$$

则 $\forall (x,y) \in D$,

$$V_{mn}(f) \equiv f$$

对所有的 $f \in \mathbb{P}_1 \cup \mathrm{span}\{xy\}$ 成立;

$$W_{mn}(f) \equiv f$$

对所有的 $f \in \mathbb{P}_2$ 成立.

2. 二元 2 次 NURBS 曲面

利用样条空间 $S_2^1(\Delta_{mn}^{(2)})$ 中的基函数 $B_{ij}(u,v)$ 构造二元 2 次 NURBS 曲面, 由前面知道, 均匀剖分和非均匀剖分下具有局部支集的 B 样条 $B_{ij}(u,v)$ 都满足非负性和单位分解性, 它们都具有最高的逼近阶, 精确保持 2 次多项式, 因此用 $B_{ij}(u,v)$ 构造的 NURBS 曲面具有良好的几何和逼近性质.

设 $\boldsymbol{c}_{ij}\in\mathbb{R}^3$ 为控制顶点, $w_{ij}\in\mathbb{R}$ 为权因子 $(i=-1,0,\cdots,m,\ j=-1,0,\cdots,n)$. 经过适当的参数化, 我们得到关于参数平面 u, v 的 2- 型三角剖分 (图 5.25).

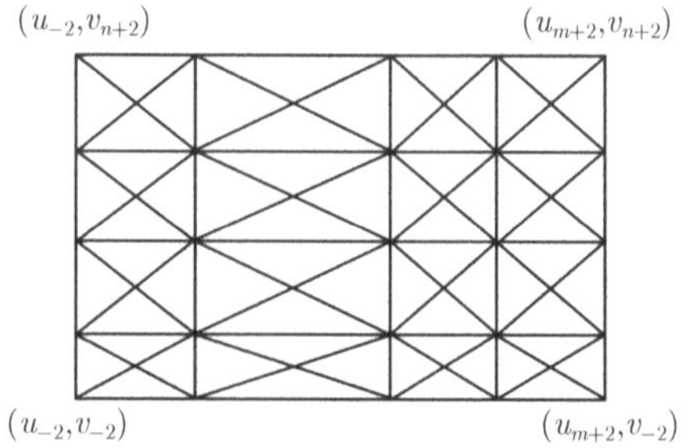

图 5.25 参数域的 2- 型三角剖分

$S_2^1(\Delta_{mn}^{(2)})$ 中基函数 $B_{ij}(u,v)$ 的支集如图 5.22 和图 5.24 所示, 每个基函数的定义域位于 3×3 的矩形网格之中, 因此对于定义在 $[u_0,u_m]\times[v_0,v_n]$ 上的参数曲面, 全部的参数节点应该为

$$\begin{cases} u_{-2}\leqslant u_{-1}\leqslant u_0\leqslant\cdots\leqslant u_m\leqslant u_{m+1}\leqslant u_{m+2},\\ v_{-2}\leqslant v_{-1}\leqslant v_0\leqslant\cdots\leqslant v_n\leqslant v_{n+1}\leqslant v_{n+2}.\end{cases}$$

考虑控制顶点对应剖分中对角线交点参数的情形, 对于给定的参数域以及节点向量, 即可得到所有的 $B_{ij}(u,v)\in S_2^1(\Delta_{mn}^{(2)})$, $(u,v)\in[u_{i-1},u_{i+2}]\times[v_{j-1},v_{j+2}]$ $(i=-1,0,\cdots,m,\ j=-1,0,\cdots,n)$. 于是我们定义二元 2 次的 NURBS 曲面为

$$\boldsymbol{S}(u,v)=\frac{\sum\limits_{i=-1}^{m}\sum\limits_{j=-1}^{n}\boldsymbol{c}_{ij}w_{ij}B_{ij}(u,v)}{\sum\limits_{i=-1}^{m}\sum\limits_{j=-1}^{n}w_{ij}B_{ij}(u,v)},\quad (u,v)\in[u_0,u_m]\times[v_0,v_n]. \tag{5.38}$$

3. 均匀的二元 2 次 B 样条曲面

当节点向量等距分布时, 设 $\Delta u_i=u_i-u_{i-1}=a$, $\Delta v_j=v_j-v_{j-1}=b$ $(i=-1,0,\cdots,m+2,\ j=-1,0,\cdots,n+2,a,b\in\mathbb{R})$. 这时, 2- 型三角剖分也是均匀的, 所有的 B 样条基可以通过一个 B 样条平移得到, 即 $B_{ij}(u,v)=B_{00}(u-ia,v-jb)$

$(i=-1,0,\cdots,m,\ j=-1,0,\cdots,n)$, 于是一个均匀的 B 样条曲面可以由下式得到:

$$\boldsymbol{S}(u,v)=\sum_{i=-1}^{m}\sum_{j=-1}^{n}\boldsymbol{c}_{ij}B_{ij}(u,v),\qquad (u,v)\in[u_0,u_m]\times[v_0,v_n]. \tag{5.39}$$

如图 5.26 所示, 控制顶点对应于剖分中对角线的交点. 因为 $B_{ij}(u,v)$ 的局部支集, 每块小矩形上的曲面片只与其周围的 9 个控制顶点有关. 整个曲面在参数域 $[u_0,u_m]\times[v_0,v_n]$ 上是 C^1 连续的. 不妨取 $a=b=1$, 则曲面 $\boldsymbol{S}(u,v)$ 具有如下的性质:

$$\boldsymbol{S}(u_i,v_j)=\frac{1}{4}(\boldsymbol{c}_{i-1,j}+\boldsymbol{c}_{i-1,j-1}+\boldsymbol{c}_{i,j}+\boldsymbol{c}_{i,j-1});$$

$$\boldsymbol{S}'_u(u_i,v_j)=\frac{1}{2}[(\boldsymbol{c}_{i,j}-\boldsymbol{c}_{i-1,j})+(\boldsymbol{c}_{i,j-1}-\boldsymbol{c}_{i-1,j-1})];$$

$$\boldsymbol{S}'_v(u_i,v_j)=\frac{1}{2}[(\boldsymbol{c}_{i-1,j}-\boldsymbol{c}_{i-1,j-1})+(\boldsymbol{c}_{i,j}-\boldsymbol{c}_{i,j-1})];$$

$$\boldsymbol{S}'_u\left(\frac{u_i+u_{i+1}}{2},\frac{v_j+v_{j+1}}{2}\right)=\frac{1}{2}(\boldsymbol{c}_{i+1,j}-\boldsymbol{c}_{i-1,j});$$

$$\boldsymbol{S}'_v\left(\frac{u_i+u_{i+1}}{2},\frac{v_j+v_{j+1}}{2}\right)=\frac{1}{2}(\boldsymbol{c}_{i,j+1}-\boldsymbol{c}_{i,j-1}).$$

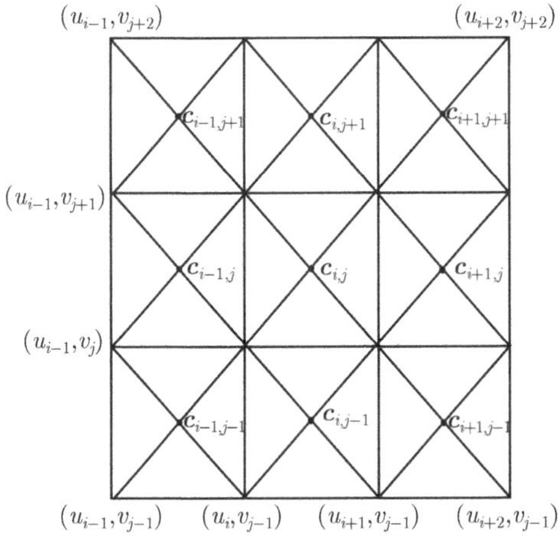

图 5.26　2 次均匀 B 样条曲面的控制顶点和参数域

而且,

$$\begin{aligned}\boldsymbol{S}(u,v_j)=&\frac{1}{4}(1-u)^2(\boldsymbol{c}_{i-1,j}+\boldsymbol{c}_{i-1,j-1})\\&+\frac{1}{4}(1+2u-2u^2)(\boldsymbol{c}_{i,j}+\boldsymbol{c}_{i,j-1})+\frac{1}{4}u^2(\boldsymbol{c}_{i+1,j}+\boldsymbol{c}_{i+1,j-1}),\quad u\in[u_i,u_{i+1}],\end{aligned}$$

这说明, 边界曲线 $\boldsymbol{S}(u,v_j)$ 是以 $\frac{1}{2}(\boldsymbol{c}_{i-1,j}+\boldsymbol{c}_{i-1,j-1})$, $\frac{1}{2}(\boldsymbol{c}_{i,j}+\boldsymbol{c}_{i,j-1})$ 和 $\frac{1}{2}(\boldsymbol{c}_{i+1,j}+\boldsymbol{c}_{i+1,j-1})$ 为相应控制顶点的均匀 2 次 B 样条曲线, 其余的边界曲线 $\boldsymbol{S}(u_i,v)$ 也有类似的相应表示.

4. 非均匀的二元 2 次 B 样条曲面

非均匀剖分的一个特例是节点向量包含重节点, 在这一节里, 我们讨论重节点对二元 2 次 B 样条曲面的影响. 回忆一元 B 样条曲线的情况, n 次的一元 B 样条基函数在重数为 r 的节点处是 C^{n-r} 连续的, 并且相应于重节点处的区间支集也减少了. 再注意到二元 B 样条曲面在边界上是相应的一元 B 样条曲线, 因此, 根据这个性质, 2 次 B 样条曲面在没有重节点的参数域上是 C^1 连续的, 如果参数 u 和 (或者)v 有重数为 r 的节点, 则 B 样条基函数在该节点处为 C^{2-r} 连续的, 并且样条的支集也相应的减少. 需要说明的是, 对于支集内部含有重节点的 B 样条, 我们也可以根据光滑性的改变, 利用光滑余因子方法将其得到, 并使得所有的 B 样条基函数满足单位分解性. 下面我们通过举例说明.

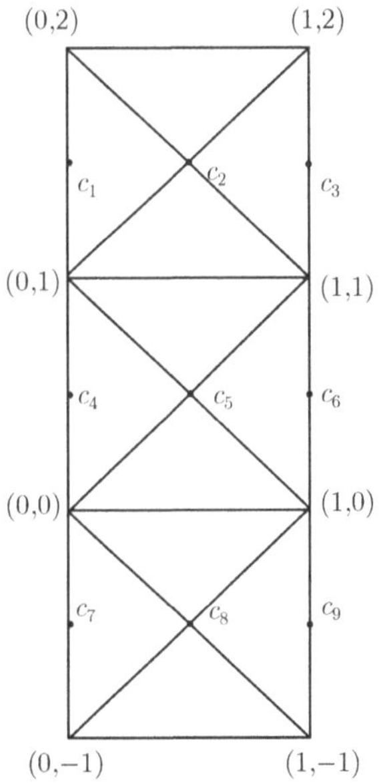

图 5.27 例 5.6.1 中的控制顶点和包含重节点的非均匀参数域

先考虑一个参数方向含有重节点的情况.

例 5.6.1 如图 5.27, 设节点向量为

$$\begin{cases}\boldsymbol{U}=\{u_{-2},u_{-1},u_0,u_1,u_2,u_3\}=\{0,0,0,1,1,1\},\\ \boldsymbol{V}=\{v_{-2},v_{-1},v_0,v_1,v_2,v_3\}=\{-2,-1,0,1,2,3\},\end{cases}$$

控制顶点为 $\boldsymbol{c}_1,\boldsymbol{c}_2,\cdots,\boldsymbol{c}_8,\boldsymbol{c}_9$, 记相应的 B 样条基函数为 $B_1(u,v)$, $B_2(u,v)$, $\cdots$, $B_8(u,v)$, $B_9(u,v)$. 则样条曲面定义为

$$\boldsymbol{S}(u,v)=\sum_{i=1}^{9}\boldsymbol{c}_iB_i(u,v),\quad (u,v)\in[0,1]\times[0,1]. \tag{5.40}$$

它具有如下的性质:

$$\boldsymbol{S}(0,0)=\frac{1}{2}(\boldsymbol{c}_4+\boldsymbol{c}_7);\quad \boldsymbol{S}(1,0)=\frac{1}{2}(\boldsymbol{c}_6+\boldsymbol{c}_9);$$

$$\boldsymbol{S}(0,1)=\frac{1}{2}(\boldsymbol{c}_1+\boldsymbol{c}_4);\quad \boldsymbol{S}(1,1)=\frac{1}{2}(\boldsymbol{c}_3+\boldsymbol{c}_6);$$

$$\boldsymbol{S}'_u(0,0)=(\boldsymbol{c}_5-\boldsymbol{c}_4)+(\boldsymbol{c}_8-\boldsymbol{c}_7);\quad \boldsymbol{S}'_v(0,0)=\boldsymbol{c}_4-\boldsymbol{c}_7;$$

$$\boldsymbol{S}'_u(1,0)=(\boldsymbol{c}_6-\boldsymbol{c}_5)+(\boldsymbol{c}_9-\boldsymbol{c}_8);\quad \boldsymbol{S}'_v(1,0)=\boldsymbol{c}_6-\boldsymbol{c}_9;$$

$$\boldsymbol{S}(u,0)=\frac{1}{2}(1-u)^2(\boldsymbol{c}_4+\boldsymbol{c}_7)+u(1-u)(\boldsymbol{c}_5+\boldsymbol{c}_8)+\frac{1}{2}u^2(\boldsymbol{c}_6+\boldsymbol{c}_9);$$

$$\boldsymbol{S}(u,1)=\frac{1}{2}(1-u)^2(\boldsymbol{c}_1+\boldsymbol{c}_4)+u(1-u)(\boldsymbol{c}_2+\boldsymbol{c}_5)+\frac{1}{2}u^2(\boldsymbol{c}_3+\boldsymbol{c}_6).$$

可以看出, 两条边界曲线 $\boldsymbol{S}(u,0)$ 和 $\boldsymbol{S}(u,1)$ 分别是以 $\frac{1}{2}(\boldsymbol{c}_4+\boldsymbol{c}_7)$, $\frac{1}{2}(\boldsymbol{c}_5+\boldsymbol{c}_8)$, $\frac{1}{2}(\boldsymbol{c}_6+\boldsymbol{c}_9)$ 和 $\frac{1}{2}(\boldsymbol{c}_1+\boldsymbol{c}_4)$, $\frac{1}{2}(\boldsymbol{c}_2+\boldsymbol{c}_5)$, $\frac{1}{2}(\boldsymbol{c}_3+\boldsymbol{c}_6)$ 为控制顶点的 2 次 Bézier 曲线. 这正好与一元 2 次 B 样条曲线在端节点向量为 $\boldsymbol{U}=\{0,0,0,1,1,1\}$ 时退化为 2 次 Bézier 曲线的性质相一致.

下面考虑两个参数方向同时含有重节点的情况.

例 5.6.2 如图 5.28, 设节点向量为 $\boldsymbol{U}=\{0,0,0,1,1,1\},\boldsymbol{V}=\{0,0,0,1,1,1\}$, 控制顶点为 $\boldsymbol{c}_1,\boldsymbol{c}_2,\cdots,\boldsymbol{c}_8,\boldsymbol{c}_9$, 记相应的 B 样条基函数为 $B_1(u,v)$, $B_2(u,v)$, $\cdots$, $B_8(u,v)$, $B_9(u,v)$. 则样条曲面定义为

$$\boldsymbol{S}(u,v)=\sum_{i=1}^{9}\boldsymbol{c}_iB_i(u,v),\quad (u,v)\in[0,1]\times[0,1]. \tag{5.41}$$

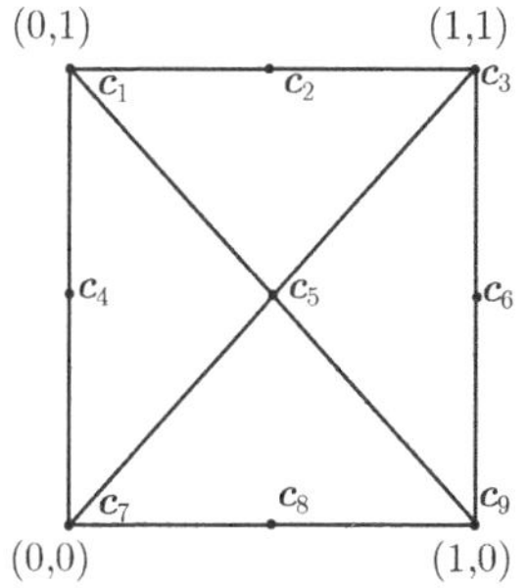

图 5.28　例 5.6.2 中的控制顶点和包含重节点的非均匀参数域

值得注意的是, 由光滑余因子协调法, 对应于节点向量 $\boldsymbol{U}=\{a,a,b,b\},\boldsymbol{V}=\{c,c,d,d\}$ 的 B 样条恒为 0, 即, $B_5(u,v)=0$. 这意味着 $B_5(u,v)$ 对应的控制顶点 c_5 不起作用了, 曲面由其他 8 个控制顶点决定.

图 5.29 显示了定义在 $\boldsymbol{U}=\{0,0,0,1,1,1\}$ 和 $\boldsymbol{V}=\{0,0,0,1,1,1\}$ 上的 8 个 2 次样条基 $B_i(u,v)$ 的支集和 B 网系数表示, 图 5.29 中没有注明的 B 网系数为 0. 显然, 这些基函数在边界上恰好是一元 2 次 Bernstein 基函数, 并且 $B_i(u,v)$ 满足单位分解性.

$$\sum_{i=1,i\neq 5}^{9}\boldsymbol{c}_iB_i(u,v)=1,\quad (u,v)\in[0,1]\times[0,1]. \tag{5.42}$$

容易验证

$$\boldsymbol{S}(0,0)=\boldsymbol{c}_7;\quad \boldsymbol{S}(1,0)=\boldsymbol{c}_9;\quad \boldsymbol{S}(0,1)=\boldsymbol{c}_1;\quad \boldsymbol{S}(1,1)=\boldsymbol{c}_3;$$

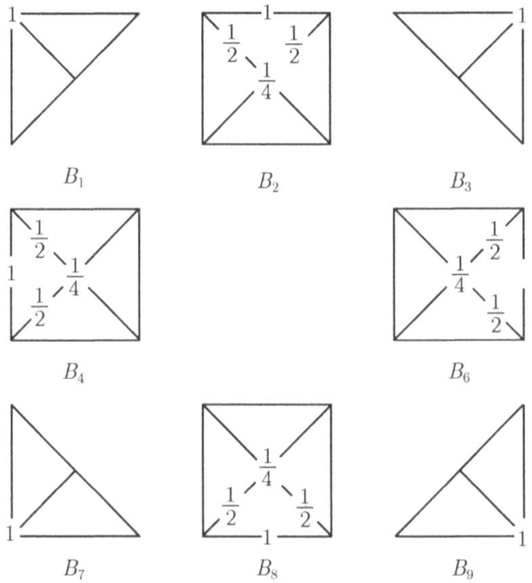

图 5.29 定义在 $\boldsymbol{U}=\{0,0,0,1,1,1\}$ 和 $\boldsymbol{V}=\{0,0,0,1,1,1\}$ 上的 8 个 2 次样条基 $B_i(u,v)$

$$\boldsymbol{S}'_u(0,0)=2(\boldsymbol{c}_8-\boldsymbol{c}_7);\quad \boldsymbol{S}'_u(1,0)=2(\boldsymbol{c}_9-\boldsymbol{c}_8);$$

$$\boldsymbol{S}'_v(0,0)=2(\boldsymbol{c}_4-\boldsymbol{c}_7);\quad \boldsymbol{S}'_v(0,1)=2(\boldsymbol{c}_1-\boldsymbol{c}_4);$$

$$\boldsymbol{S}(u,0)=(1-u)^2\boldsymbol{c}_7+2u(1-u)\boldsymbol{c}_8+u^2\boldsymbol{c}_9;$$

$$\boldsymbol{S}(0,v)=(1-v)^2\boldsymbol{c}_7+2v(1-v)\boldsymbol{c}_4+v^2\boldsymbol{c}_1.$$

因此, 样条曲面 (5.41) 的全部 4 条边界曲线都变成对应于控制顶点的 Bézier 曲线, 曲面插值于图 5.28 中的 4 个控制角点.

5. 二元 2 次非均匀有理 B 样条曲面

由上一小节的内容知道, 由 $S_2^1(\varDelta_{mn}^{(2)})$ 空间中的 B 样条基函数定义的曲面在边界上即为相应的一元 2 次 B 样条曲线, 因此, 我们可以利用一元 B 样条曲线和 Bézier 曲线关于控制顶点和权因子的调节技术来控制这种非张量积型的曲面.

在例 5.6.2 的基础上, 加入权因子, 则有下例.

例 5.6.3 设节点向量为 $\boldsymbol{U}=\{0,0,0,1,1,1\}, \boldsymbol{V}=\{0,0,0,1,1,1\}$, 控制顶点为

$$\boldsymbol{c}_1=(-1,1,0),\quad \boldsymbol{c}_2=(0,1,1),\quad \boldsymbol{c}_3=(1,1,0),\quad \boldsymbol{c}_4=(-1,0,1);$$

$$\boldsymbol{c}_6=(1,0,1),\quad \boldsymbol{c}_7(-1,-1,0),\quad \boldsymbol{c}_8=(0,-1,1),\quad \boldsymbol{c}_9=(1,-1,0),$$

权因子为 $w_1=w_3=w_7=w_9=1, w_2=w_4=w_6=w_8=\dfrac{\sqrt{2}}{2}$, 则

$$\boldsymbol{S}(u,v)=\frac{\sum\limits_{i=1,i\neq 5}^{9}\boldsymbol{c}_i w_i B_i(u,v)}{\sum\limits_{i=1,i\neq 5}^{9} w_i B_i(u,v)},\quad (u,v)\in[0,1]\times[0,1]. \tag{5.43}$$

根据 2 次有理 Bézier 曲线的性质, 曲面 (5.43) 的边界分别是四条四分之一圆弧曲线 (图 5.30).

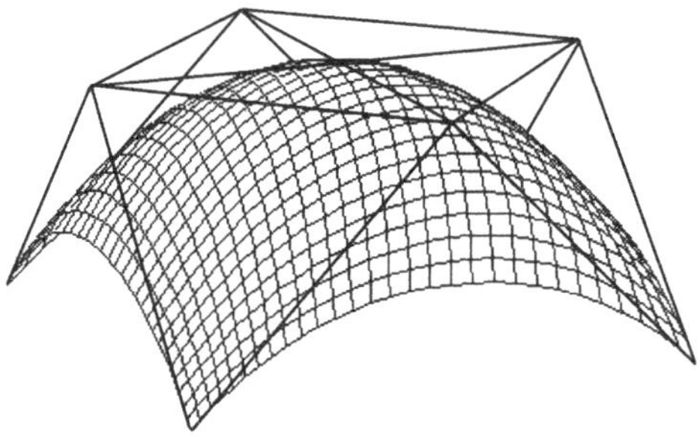

图 5.30　例 5.6.3 中的曲面的边界为四分之一圆弧曲线

例 5.6.4　如图 5.31, 设节点向量为 $\boldsymbol{U}=\{0,0,0,1,2,2,3,4,4,4\}, \boldsymbol{V}=\{0,0,0,1,1,1\}$, 控制顶点为

$$\boldsymbol{c}_{00}=(0,0,1),\quad \boldsymbol{c}_{10}=(1,0,1),\quad \boldsymbol{c}_{20}=(1,0,-1),\quad \boldsymbol{c}_{30}=(0,0,-1),$$

$$\boldsymbol{c}_{40}=(-1,0,-1),\quad \boldsymbol{c}_{50}=(-1,0,1),\quad \boldsymbol{c}_{60}=\boldsymbol{c}_{00},\quad \boldsymbol{c}_{01}=(0,1,1),$$

$$\boldsymbol{c}_{11}=(1,1,1),\quad \boldsymbol{c}_{21}=(1,1,-1),\quad \boldsymbol{c}_{31}=(0,1,-1),\quad \boldsymbol{c}_{41}=(-1,1,-1),$$

$$\boldsymbol{c}_{51}=(-1,1,1),\quad \boldsymbol{c}_{61}=\boldsymbol{c}_{01},\quad \boldsymbol{c}_{02}=(0,2,1),\quad \boldsymbol{c}_{12}=(1,2,1),\quad \boldsymbol{c}_{22}=(1,2,-1),$$

$$\boldsymbol{c}_{32}=(0,2,-1),\quad \boldsymbol{c}_{42}=(-1,2,-1),\quad \boldsymbol{c}_{52}=(-1,2,1),\quad \boldsymbol{c}_{62}=\boldsymbol{c}_{02},$$

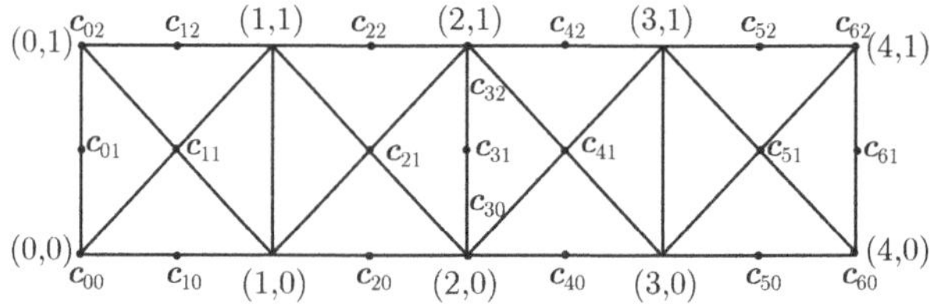

图 5.31　例 5.6.4 中的控制顶点与参数域

权因子为 $w_{0j}=w_{3j}=w_{6j}=1, w_{1j}=w_{2j}=w_{4j}=w_{5j}=\frac{1}{2}(j=0,1,2)$, 则

$$\boldsymbol{S}(u,v)=\frac{\sum\limits_{i=0}^{6}\sum\limits_{j=0}^{2}\boldsymbol{c}_{ij}w_{ij}B_{ij}(u,v)}{\sum\limits_{i=0}^{6}\sum\limits_{j=0}^{2}w_{ij}B_{ij}(u,v)},\quad (u,v)\in[0,4]\times[0,1]. \tag{5.44}$$

根据 2 次有理 B 样条曲线的性质, 曲面 (5.44) 表示一个圆柱曲面 (图 5.32).

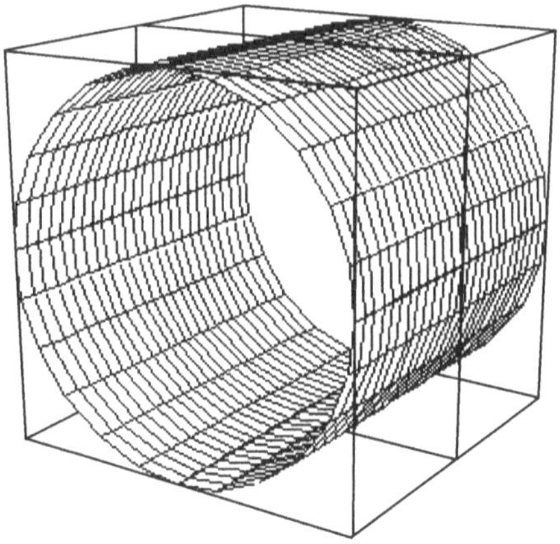

图 5.32 例 5.6.4 中的曲面表示一个圆柱

5.6.4 二元 3 次 B 样条基函数与二元 3 次 NURBS 曲面

1. $S_3^{2,1}(\Delta_{mn}^{(2)})$ 与二元 3 次 B 样条基函数

由 5.6.1 小节的讨论, 对于均匀 2- 型三角剖分, 由基本不等式, 为了构造具有局部支集的样条函数, 分片多项式的次数 k 和光滑度 μ 必须满足不等式

$$\mu<\frac{3k-1}{4}.$$

当 $k=3$ 时, $\mu<2$. 因此, 具有最高光滑度的 3 次样条空间只能是 $S_3^1(\Delta_{mn}^{(2)})$.

为了构造均匀 $\Delta_{mn}^{(2)}$ 上性质更好的 3 次样条函数, 我们考虑在矩形网线和对角网线上分别采取不同的光滑度, 以提高样条函数在某些剖分线上的光滑度.

我们把矩形网线和对角网线上的光滑度分别记为 μ_1 和 μ_2, 把具有这种光滑度 (记为 C^{μ_1,μ_2}) 的 k 次样条空间记为 $S_k^{\mu_1,\mu_2}(\Delta_{mn}^{(2)})$.

定义 5.6.2 设 $D=[0,m]\times[0,n]$, 我们称一个样条函数 $s(x,y)\in S_k^{\mu_1,\mu_2}(\Delta_{mn}^{(2)})$, 如果 $s(x,y)$ 是一个分片 k 次多项式并满足下面两个连续条件:

(1) $s(x,y)$ 在矩形剖分线上是 C^{μ_1}: $x-j=0,\ y-j=0$;

(2) $s(x,y)$ 在对角剖分线上是 C^{μ_2}: $x-y-j=0$, $x+y-j=0$, 其中 $j=\cdots,-1,0,1,\cdots$.

对于 3 次样条, 有 $S_3^{2,1}(\Delta_{mn}^{(2)})$ 和 $S_3^{1,2}(\Delta_{mn}^{(2)})$ 两个空间, 这里只介绍 $S_3^{2,1}(\Delta_{mn}^{(2)})$ 空间, $S_3^{1,2}(\Delta_{mn}^{(2)})$ 空间可作类似的讨论.

一个样条函数 $s\in S_3^{2,1}(\Delta_{mn}^{(2)})$, 如果

(1) s 在矩形剖分线上是 C^2: $x-j=0$, $y-j=0$;

(2) s 在对角剖分线上是 C^1: $x-y-j=0$, $x+y-j=0$, 其中 $j=\cdots,-1,0,1,\cdots$.

由贯穿剖分的维数公式, 样条空间 $S_3^{2,1}(\Delta_{mn}^{(2)})$ 的维数为

$$\dim S_3^{2,1}(\Delta_{mn}^{(2)})=2mn+5m+5n+4. \tag{5.45}$$

利用光滑余因子协调法, 得到两个具有最小支集的样条函数 $A(x,y)$ 和 $B(x,y)$. 它们的支集与 B 网表示如图 5.33(a) 和 (b) 所示, 它们支集的中心分别是 $(1/2,1/2)$ 和 $(0,0)$. 图中没有注明的 B 网系数或者与相应对称位置上的系数相等, 或者为 0. 同时, 为了避免出现分数, 所有的系数被统一乘上了 24.

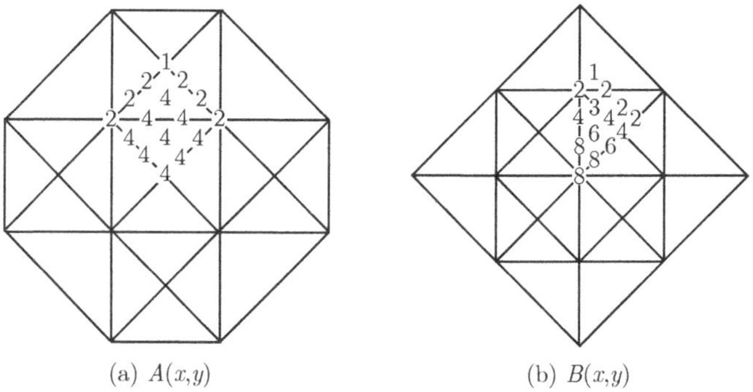

(a) $A(x,y)$　　(b) $B(x,y)$

图 5.33 $S_3^{2,1}(\Delta_{mn}^{(2)})$ 中 $A(x,y)$ 和 $B(x,y)$ 的支集与 B 网表示

记

$$A_{i,j}=A_{i,j}(x,y)=A(x-i,y-j),$$

$$B_{i,j}=B_{i,j}(x,y)=B(x-i,y-j),$$

其中, $i,j=\cdots,-1,0,1,\cdots$. 显然, 那些在 $D=[0,m]\times[0,n]$ 上不全为 0 的函数 $A_{i,j}$ 和 $B_{i,j}$ 所对应的指标集分别为

$$E=\{(i,j):-1\leqslant i\leqslant m,-1\leqslant j\leqslant n\},$$

$$F=\{(i,j):-1\leqslant i\leqslant m+1,-1\leqslant \beta\leqslant n+1\}\backslash\{(-1,-1),(m+1,-1),(-1,n+1),(m+1,n+1)\}.$$

这些在 D 上不全为 0 的 $A_{i,j}$ 和 $B_{i,j}$ 的个数和为

$$2mn+5m+5n+9,$$

比 $S_3^{2,1}(\Delta_{mn}^{(2)})$ 的维数多 5. 因此, 它们在 D 上必定线性相关. 下面的定理将说明这些样条函数确实能支架起整个 $S_3^{2,1}(\Delta_{mn}^{(2)})$ 空间, 并且给出了选取空间基函数的方法.

定理 5.6.5 对任意的 (s,t), 设

$$G_{s,t}^1=\{A_{s,t},B_{s,t},B_{s+1,t},B_{s,t+1},B_{s+1,t+1}\},$$

其中, $(s,t)\in E\setminus\{(-1,-1),(m,-1),(-1,n),(m,n)\}$,

$$G_{s,t}^2=\{A_{s-1,t-1},A_{s,t-1},A_{s-1,t},A_{s,t},B_{s,t}\},$$

其中, $(s,t)\in[0,m]\times[0,n]$. 则下面两个样条函数集合中的任一个集合都是 $S_3^{2,1}(\Delta_{mn}^{(2)})$ 空间的基底:

$$\mathcal{B}^k=(\{A_{i,j}:(i,j)\in E\}\cup\{B_{i,j}:(i,j)\in F\})\setminus G_{s,t}^k,\quad k=1,2.$$

根据各个基函数的 B 网系数, 容易验证下面的等式.

定理 5.6.6 对所有的 $(x,y)\in D$,

$$\sum_{(i,j)\in E}(-1)^{i+j}A_{i,j}(x,y)=0,\tag{5.46}$$

$$\sum_{(i,j)\in F}(-1)^{i+j}B_{i,j}(x,y)=0,\tag{5.47}$$

$$\sum_{(i,j)\in E}A_{i,j}(x,y)=\frac{1}{3},\tag{5.48}$$

$$\sum_{(i,j)\in F}B_{i,j}(x,y)=\frac{2}{3},\tag{5.49}$$

$$\sum_{(i,j)\in E}A_{i,j}(x,y)+\sum_{(i,j)\in F}B_{i,j}(x,y)=1.\tag{5.50}$$

为了能够方便地构造样条曲面, 通过基函数 $A_{i,j}$ 和 $B_{i,j}$ 的线性组合得到一组样条函数, 记为 $C_{i,j}$,

$$C_{i,j}=\frac{1}{4}(A_{i-1,j-1}+A_{i,j-1}+A_{i-1,j}+A_{i,j})+B_{i,j},$$

其中, $i=-1,0,\cdots,m,m+1,\quad j=-1,0,\cdots,n,n+1$.

它们的支集也是由 $A_{i,j}$ 和 $B_{i,j}$ 的支集组合而成, 如图 5.34 所示, 图中所有的 B 网系数被统一乘上了 96.

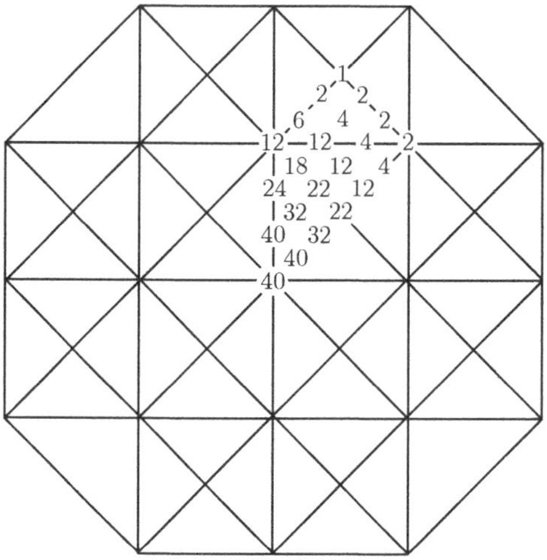

图 5.34　$S_3^{2,1}(\varDelta_{mn}^{(2)})$ 中样条函数 $C_{i,j}$ 的支集和 B 网表示

虽然 $\{C_{i,j}\}$ 只能生成 $S_3^{2,1}(\varDelta_{mn}^{(2)})$ 空间的一个真子空间, 但是下面的定理说明, 仅用 $\{C_{i,j}\}$ 构造的拟插值算子却具有很高的逼近阶.

定理 5.6.7　设

$$(Vf)(x,y):=\sum_{i=-1}^{m+1}\sum_{j=-1}^{n+1}f(i,j)C_{i,j}(x,y),\tag{5.51}$$

$$(V'f)(x,y):=\sum_{i=-1}^{m+1}\sum_{j=-1}^{n+1}\lambda_{i,j}(f)C_{i,j}(x,y),\tag{5.52}$$

其中

$$\begin{aligned}\lambda_{i,j}(f)=&\frac{7}{3}f(i,j)-\frac{1}{3}\left[f\left(i-\frac{1}{2},j-\frac{1}{2}\right)+f\left(i+\frac{1}{2},j-\frac{1}{2}\right)\right.\\&\left.+f\left(i-\frac{1}{2},j+\frac{1}{2}\right)+f\left(i+\frac{1}{2},j+\frac{1}{2}\right)\right],\end{aligned}$$

则对所有的 $f\in\mathbb{P}_1\cup\mathrm{span}\{xy\}$, 有

$$(Vf)(x,y)\equiv f(x,y),\quad (x,y)\in D;$$

对所有的 $f \in \mathbb{P}_2 \cup \mathrm{span}\{x^3, y^3\}$, 有

$$(V'f)(x,y) \equiv f(x,y), \quad (x,y) \in D.$$

这说明, 利用 $\{C_{i,j}\}$ 作为基函数来构造曲面也具有较好的逼近性质.

2. 二元 3 次 NURBS 曲面

设 $\boldsymbol{c}_{ij} \in \mathbb{R}^3$ 为控制顶点, $w_{ij} \in \mathbb{R}$ 为权因子 $(i=-1,0,\cdots,m+1,\ j=-1,0,\cdots,n+1)$. 经过适当的参数化, 我们得到关于参数平面 u, v 的 2- 型三角剖分, 因为 $S_3^{2,1}(\varDelta_{mn}^{(2)})$ 是建立在均匀的 2- 型三角剖分上的, 所以我们在这里采用均匀参数化的方法. 每个基函数 $C_{i,j}$ 的定义域位于 4×4 的矩形网格之中, 因此对于定义在 $[u_0,u_m]\times[v_0,v_n]$ 上的参数曲面, 全部的参数节点应该为

$$\begin{cases} u_{-3} \leqslant \cdots \leqslant u_0 \leqslant \cdots \leqslant u_m \leqslant \cdots \leqslant u_{m+3}, \\ v_{-3} \leqslant \cdots \leqslant v_0 \leqslant \cdots \leqslant v_n \leqslant \cdots \leqslant v_{n+3}. \end{cases}$$

考虑控制顶点对应剖分中矩形剖分线交点参数的情形, 对于给定的参数域以及节点向量, 即可得到所有的 $C_{ij}(u,v) \in S_3^{2,1}(\varDelta_{mn}^{(2)})$, $(u,v)\in[u_{i-2},u_{i+2}]\times[v_{j-2},v_{j+2}]$ $(i=-1,0,\cdots,m+1, j=-1,0,\cdots,n+1)$. 于是我们定义二元 3 次的 NURBS 曲面为

$$\boldsymbol{S}(u,v) = \frac{\sum\limits_{i=-1}^{m+1}\sum\limits_{j=-1}^{n+1} \boldsymbol{c}_{i,j} w_{i,j} C_{i,j}(u,v)}{\sum\limits_{i=-1}^{m+1}\sum\limits_{j=-1}^{n+1} w_{i,j} C_{i,j}(u,v)}, \quad (u,v)\in[u_0,u_m]\times[v_0,v_n]. \tag{5.53}$$

3. 均匀的二元 3 次 B 样条曲面

当节点向量等距分布时, 不妨设 $u_i = i, v_j = j$ $(i=-3,-2,\cdots,m+2,m+3, j=-3,-2,\cdots,n+2,n+3)$. 所有的 B 样条基可以通过一个 B 样条 $C(u,v)$ 平移得到, 即 $C_{i,j} = C_{i,j}(u,v) = C_{0,0}(u-i,v-j)$ $(i=-1,0,\cdots,m,m+1, j=-1,0,\cdots,n,n+1)$, 于是一张均匀的 B 样条曲面可以由下式得到:

$$\boldsymbol{S}(u,v) = \sum_{i=-1}^{m+1}\sum_{j=-1}^{n+1} \boldsymbol{c}_{i,j} C_{i,j}(u,v), \quad (u,v)\in[u_0,u_m]\times[v_0,v_n]. \tag{5.54}$$

图 5.34 给出了 $C_{i,j}$ 的支集和 B 网表示. 这里我们再给出 $C_{i,j}$ 的另一种表示方法, 如图 5.35 所示 $C_{i,j}$ 的支集, 图中标注了其中的 7 个胞腔. 当节点为 $\boldsymbol{U}=\{-2,$

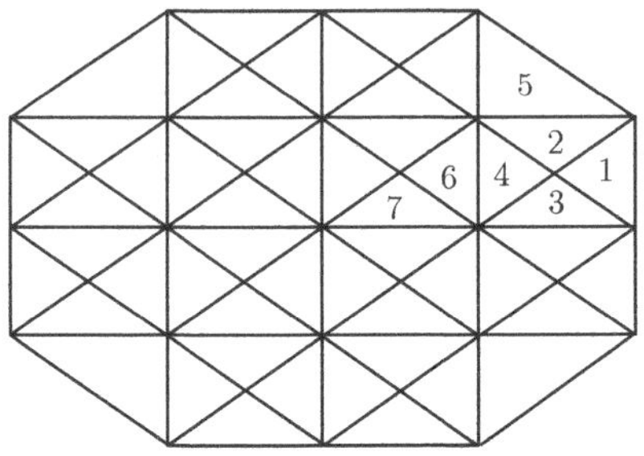

图 5.35　$C_{i,j}$ 的支集

$-1,0,1,2\}$ 和 $\boldsymbol{V}=\{-2,-1,0,1,2\}$ 时, 均匀 3 次 B 样条 $C_{0,0}(u,v)$ 限制在这 7 个胞腔上的多项式分别为

$$p_1(u,v)=-\frac{1}{12}(u-2)^3,$$

$$p_2(u,v)=p_1(u,v)+\frac{1}{16}(u-v-1)^2(u+v-3),$$

$$p_3(u,v)=p_1(u,v)-\frac{1}{24}(u+v-2)^2(u-2v-2),$$

$$p_4(u,v)=p_2(u,v)-\frac{1}{24}(u+v-2)^2(u-2v-2),$$

$$p_5(u,v)=-\frac{1}{48}(u+v-3)^3,$$

$$p_6(u,v)=p_4(u,v)+\frac{1}{4}(u-1)^3,$$

$$p_7(u,v)=p_6(u,v)+\frac{1}{48}(u+v-1)^2(u+v-7).$$

$C_{0,0}(u,v)$ 在其他胞腔上的表达式可以通过对称性得到. 图 5.36 显示了 $C_{0,0}(u,v)$ 的图像.

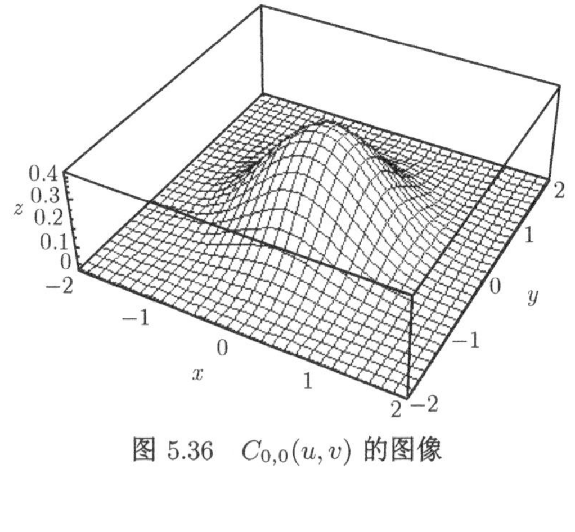

图 5.36　$C_{0,0}(u,v)$ 的图像

显然有

$$C_{0,0}(0,0)=\frac{5}{12},\quad C_{0,0}(1,0)=\frac{1}{8},$$

$$C_{0,0}(0,1)=\frac{1}{8},\quad C_{0,0}(1,1)=\frac{1}{48}.$$

因此曲面 $\boldsymbol{S}(u,v)$ 在每个矩形网格点上有如下性质:

$$\begin{aligned}\boldsymbol{S}(u_i,v_j)=&\frac{5}{12}\boldsymbol{c}_{i,j}+\frac{1}{8}(\boldsymbol{c}_{i-1,j}+\boldsymbol{c}_{i,j-1}+\boldsymbol{c}_{i,j+1}+\boldsymbol{c}_{i+1,j})\\&+\frac{1}{48}(\boldsymbol{c}_{i-1,j-1}+\boldsymbol{c}_{i-1,j+1}+\boldsymbol{c}_{i+1,j-1}+\boldsymbol{c}_{i+1,j+1}),\end{aligned}$$

其中, $i=0,\cdots,m$, $j=0,\cdots,n$.

如图 5.37 所示, 控制顶点对应于矩形剖分线的交点. 每块小矩形上的曲面片只与其周围的 16 个控制顶点有关.

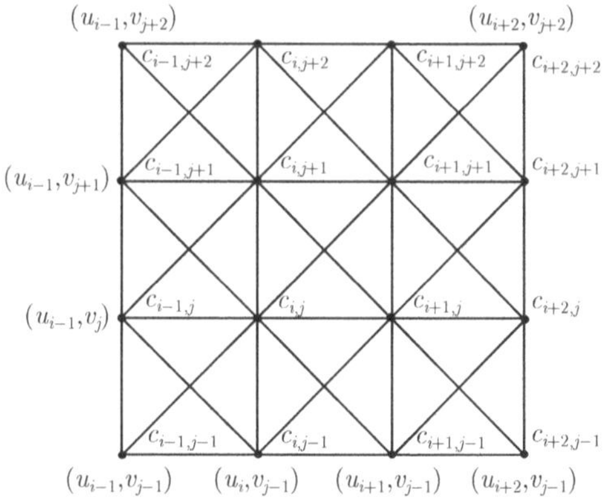

图 5.37 3 次均匀 B 样条曲面的控制顶点和参数域

由定理 5.6.7, $C_{i,j}$ 满足单位分解性

$$\sum_{i=-1}^{m+1}\sum_{j=-1}^{n+1}C_{i,j}(u,v)=1,\quad (u,v)\in[u_0,u_m]\times[v_0,v_n],\quad m\geqslant 1,n\geqslant 1. \tag{5.55}$$

因此, 由 $C_{i,j}$ 生成的样条曲面具有凸包性质和仿射不变性.

4. 非均匀的二元 3 次 B 样条曲面

当节点向量是非均匀的时候, 所得到的 2- 型三角剖分也是非均匀的, 这时候不能通过某一个样条函数的平移得到其他的样条函数, 但是可以同样利用光滑余因子协调法构造出各个支集上的样条函数并使得它们在整个参数域上满足单位分解性. 事实上, 构造样条函数的关键在于求解整体协调条件所对应的齐次线性方程组, 这是容易做到的. 在这一节里, 我们主要讨论重节点对二元 3 次 B 样条曲面的影响. 因为样条基函数取自 $S_3^{2,1}(\varDelta_{mn}^{(2)})$ 空间, 函数在矩形剖分线上是 C^2 连续的, 在对角剖分线上 C^1 连续. 与 2 次 B 样条曲面类似, 3 次 B 样条曲面在没有重节点的矩形剖分线上是 C^2 连续的, 如果参数 u 和 (或者)v 有重数为 r 的节点, 则 B 样条基函数在该节点处为 C^{3-r} 连续, 并且样条的支集也相应的减少. 但是, 函数在对角剖分线上始终保持 C^1 连续. 对于支集内部含有重节点的 B 样条, 我们可以根据光滑性的改变, 利用光滑余因子方法将其得到, 并使得所有的 B 样条基函数满足单位分解性.

例如, 图 5.38(a) 和 (b) 显示了节点向量分别为 $\boldsymbol{U} = \{-1,-1,0,1,2\}, \boldsymbol{V} = \{-2,-1,0,1,2\}$ 和 $\boldsymbol{U} = \{-1,0,0,0,1\}, \boldsymbol{V} = \{-2,-1,0,1,2\}$ 的 3 次 B 样条支集.

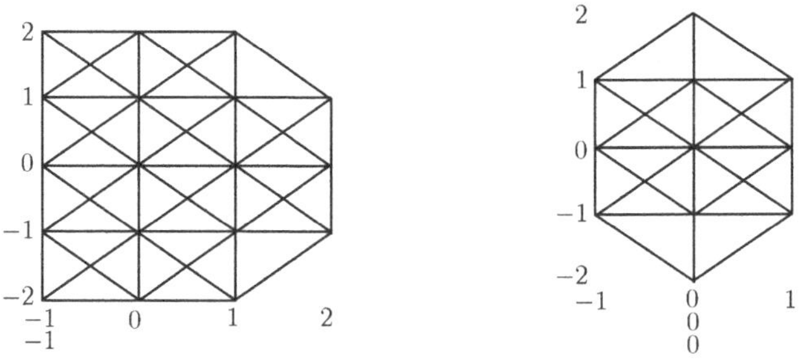

(a) (b)

图 5.38 包含重节点的 3 次 B 样条支集

特别地, 我们考虑节点向量为 $\boldsymbol{U} = \{0,0,0,0,1,1,1,1\}$ 和 $\boldsymbol{V} = \{0,0,0,0,1,1,1,1\}$ 时的情况. 记定义在参数域 $[0,1] \times [0,1]$ 上的 16 个样条基函数为 $C_{i,j}(u,v)$ $(i,j = 0,1,2,3)$, 并设控制顶点为 $\boldsymbol{c}_{i,j}$ $(i,j = 0,1,2,3)$. 控制顶点与参数域如图 5.39 所示. 非均匀的 B 样条曲面定义为

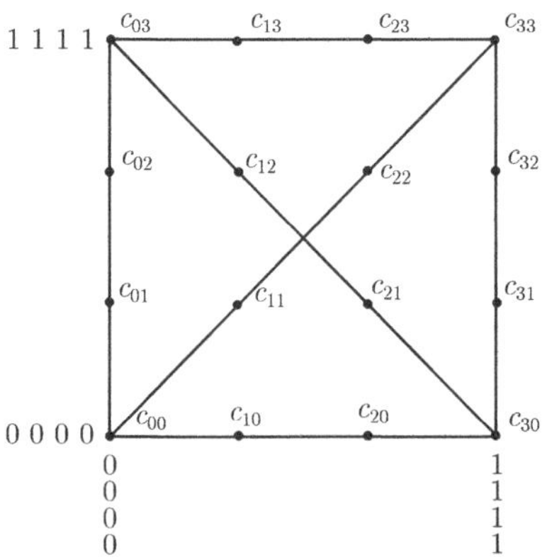

图 5.39 3 次 B 样条曲面的控制顶点和包含重节点的非均匀参数域

$$\boldsymbol{S}(u,v)=\sum_{i=0}^{3}\sum_{j=0}^{3}\boldsymbol{c}_{i,j}C_{i,j}(u,v),\quad (u,v)\in[0,1]\times[0,1]. \tag{5.56}$$

图 5.40 显示了定义在 $\boldsymbol{U}=\{0,0,0,0,1,1,1,1\}$ 和 $\boldsymbol{V}=\{0,0,0,0,1,1,1,1\}$ 上的 16 个 3 次样条基 $C_{i,j}(u,v)$ 的支集和 B 网系数表示, 为了避免出现分数, 所有的系数被统一乘上了 16. 显然, 这些基函数在边界上恰好是一元 3 次 Bernstein 基函数, 并且 $C_{i,j}(u,v)$ 满足单位分解性.

$$\sum_{i=0}^{3}\sum_{j=0}^{3}C_{i,j}(u,v)=1,\quad (u,v)\in[0,1]\times[0,1]. \tag{5.57}$$

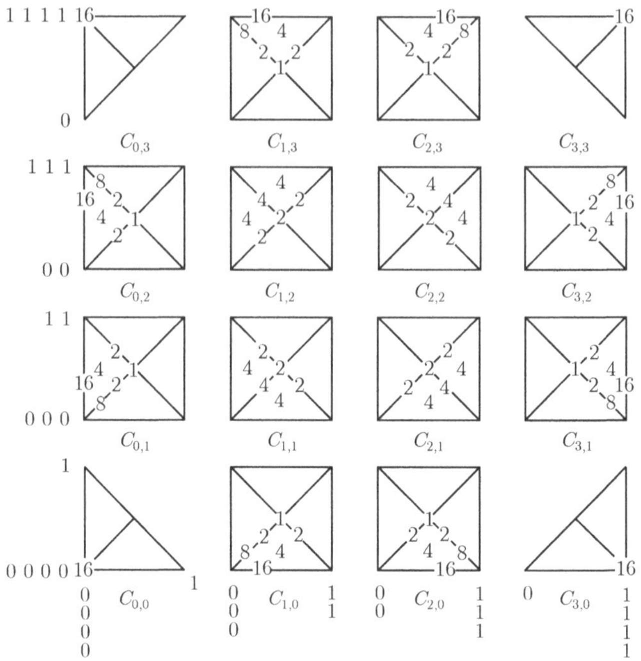

图 5.40 $\boldsymbol{U}=\{0,0,0,0,1,1,1,1\}$, $\boldsymbol{V}=\{0,0,0,0,1,1,1,1\}$ 上的 16 个 3 次样条基 $C_{i,j}(u,v)$

曲面 (5.56) 有如下性质:

$$\boldsymbol{S}(0,0)=\boldsymbol{c}_{0,0},\quad \boldsymbol{S}(1,0)=\boldsymbol{c}_{3,0},\quad \boldsymbol{S}(0,1)=\boldsymbol{c}_{0,3},\quad \boldsymbol{S}(1,1)=\boldsymbol{c}_{3,3},$$

$$\boldsymbol{S}'_u(0,0)=3(\boldsymbol{c}_{1,0}-\boldsymbol{c}_{0,0}),\quad \boldsymbol{S}'_v(0,0)=3(\boldsymbol{c}_{0,1}-\boldsymbol{c}_{0,0}),$$

$$\boldsymbol{S}(u,0)=\boldsymbol{c}_{0,0}B_0(u)+\boldsymbol{c}_{1,0}B_1(u)+\boldsymbol{c}_{2,0}B_2(u)+\boldsymbol{c}_{3,0}B_3(u),$$

$$\boldsymbol{S}(0,v)=\boldsymbol{c}_{0,0}B_0(v)+\boldsymbol{c}_{0,1}B_1(v)+\boldsymbol{c}_{0,2}B_2(v)+\boldsymbol{c}_{0,3}B_3(v),$$

其中, $B_i(t) := \binom{3}{i} t^i(1-t)^{3-i}$ $(i=0,1,2,3)$ 表示一元 3 次 Bernstein 基函数.

因此, 样条曲面 (5.56) 的全部 4 条边界曲线都变成对应于控制顶点的 3 次 Bézier 曲线, 曲面插值于图 5.39 中的 4 个控制角点.

考虑加入权因子的 3 次有理曲面.

例 5.6.5　设节点向量为 $\boldsymbol{U}=\{0,0,0,0,1,1,1,1\}$, $\boldsymbol{V}=\{0,0,0,0,1,1,1,1\}$, 控制顶点为

$$\boldsymbol{c}_{00}=(1,0,0),\quad \boldsymbol{c}_{10}=(1,2/3,0),\quad \boldsymbol{c}_{20}=(1/2,1,0),\quad \boldsymbol{c}_{30}=(0,1,0),$$

$$\boldsymbol{c}_{01}=(1,0,2/3),\quad \boldsymbol{c}_{11}(1,2/3,2/3),\quad \boldsymbol{c}_{21}=(1/2,1,2/3),\quad \boldsymbol{c}_{31}=(0,1,2/3),$$

$$\boldsymbol{c}_{02}=(1/2,0,1),\quad \boldsymbol{c}_{12}=(1/2,1/3,1),\quad \boldsymbol{c}_{22}=(1/4,1/2,1),\quad \boldsymbol{c}_{32}=(0,1/2,1),$$

$$\boldsymbol{c}_{03}=(0,0,1),\quad \boldsymbol{c}_{13}(0,0,1),\quad \boldsymbol{c}_{23}=(0,0,1),\quad \boldsymbol{c}_{33}=(0,0,1),$$

权因子为

$$w_{00}=1,\quad w_{10}=1,\quad w_{20}=4/3,\quad w_{30}=2,$$

$$w_{01}=1,\quad w_{11}=1,\quad w_{21}=4/3,\quad w_{31}=2,$$

$$w_{02}=4/3,\quad w_{12}=4/3,\quad w_{22}=16/9,\quad w_{32}=8/3,$$

$$w_{03}=2,\quad w_{13}=2,\quad w_{23}=8/3,\quad w_{33}=4.$$

3 次 NURBS 曲面为

$$\boldsymbol{S}(u,v)=\frac{\sum\limits_{i=0}^{3}\sum\limits_{j=0}^{3}\boldsymbol{c}_{ij}w_{ij}C_{ij}(u,v)}{\sum\limits_{i=0}^{3}\sum\limits_{j=0}^{3}w_{ij}C_{ij}(u,v)},\quad (u,v)\in[0,1]\times[0,1]. \tag{5.58}$$

根据 3 次有理 Bézier 曲线的性质, 曲面 (5.58) 的 3 条边界分别是 3 条四分之一圆弧曲线 (因为 $\boldsymbol{c}_{03}=\boldsymbol{c}_{13}=\boldsymbol{c}_{23}=\boldsymbol{c}_{33}=(0,0,1)$, $\boldsymbol{S}(u,1)=(0,0,1)$). 它是一个以原点为球心的 1/8 球面的逼近曲面 (图 5.41(a)).

记曲面为参数形式 $\boldsymbol{S}(u,v)=(X(u,v),Y(u,v),Z(u,v))^{\mathrm{T}}$, 我们有如下的逼近误差:

$$\max_{(u,v)\in[0,1]^2}|(X(u,v)^2+Y(u,v)^2+Z(u,v)^2)^{\frac{1}{2}}-1|<0.0163.$$

即球面到逼近曲面 (5.58) 的最大距离不超过 0.0163.

当节点向量为

$$\boldsymbol{U}=\{0,0,0,0,1,1,1,2,2,2,3,3,3,4,4,4,4\},$$
$$\boldsymbol{V}=\{0,0,0,0,1,1,1,2,2,2,2\},$$

我们就能得到对整个球面的逼近 (图 5.41(b)).

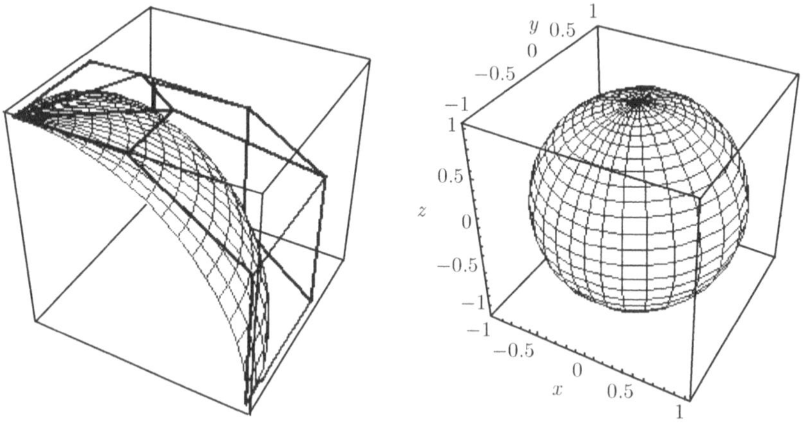

(a) (b)

图 5.41 例 5.6.5 中 1/8 球面的逼近曲面和整球面的逼近曲面

正如一元 3 次 B 样条基函数当取端点重节点 $\boldsymbol{U}=\{0,0,0,0,1,1,1,1\}$ 时, 变成 3 次 Bernstein 基函数. 从这一点来看, 非张量积型的二元 3 次 B 样条也是除了张量积型 B 样条之外的另一种推广形式.

此外, 这 16 个二元 3 次样条基与双 3 次的 Bézier 基还有一些相同的性质. 由它们构造的线性算子具有相同的逼近阶. 设

$$(Wf)(x,y):=\sum_{i=0}^{3}\sum_{j=0}^{3} f\left(\frac{i}{3},\frac{j}{3}\right) C_{i,j}(x,y),$$

$$(Bf)(x,y):=\sum_{i=0}^{3}\sum_{j=0}^{3} f\left(\frac{i}{3},\frac{j}{3}\right) B_i(x)B_j(y),$$

其中, $B_i(t)$ $(i=0,1,2,3)$ 为 3 次 Bernstein 基. 容易验证有

$$(Wf)(x,y)\equiv f(x,y),$$

$$(Bf)(x,y)\equiv f(x,y),$$

对所有的 $f\in\mathbb{P}_1\cup\operatorname{span}\{xy\}$, $(x,y)\in[0,1]\times[0,1]$.

分别记它们的逼近误差为

$$e_1(x,y)=(Wf)(x,y)-f(x,y),$$

$$e_2(x,y)=(Bf)(x,y)-f(x,y),$$

取它们的离散平方逼近误差为

$$\varepsilon_1 = \sum_{i,j=0}^{10} e1\left(\frac{i}{10}, \frac{j}{10}\right)^2; \quad \varepsilon_2 = \sum_{i,j=0}^{10} e2\left(\frac{i}{10}, \frac{j}{10}\right)^2.$$

表 5.4 显示了在一些例子中, 二元 3 次的 B 样条基比双 3 次的 Bézier 基具有更小的逼近误差.

表 5.4　离散平方逼近误差比较

$f(x,y)$	ε_1	ε_2
$x^6+3x^3y^4-v^7$	7.09134	8.10481
$\cos(xy)$	0.0458034	0.0518516
$\sin^2(x^2y)$	0.210998	0.237095
e^{xy}	0.148501	0.17606
$e^{\sin(2x^3+xy^2)}$	11.6924	12.5003

5.6.5　二元 4 次 B 样条基函数与二元 4 次 NURBS 曲面

1. $S_4^2(\varDelta_{mn}^{(2)})$ 与二元 4 次 B 样条基函数

设 $D=[0,m]\times[0,n]$, $S_4^2(\varDelta_{mn}^{(2)})$ 空间的维数为

$$\dim S_4^2(\varDelta_{mn}^{(2)}) = 3mn+6m+6n+6.$$

该空间中 3 个样条函数 $A(x,y)$, $B(x,y)$ 和 $C(x,y)$ 的支集如图 5.42 所示.

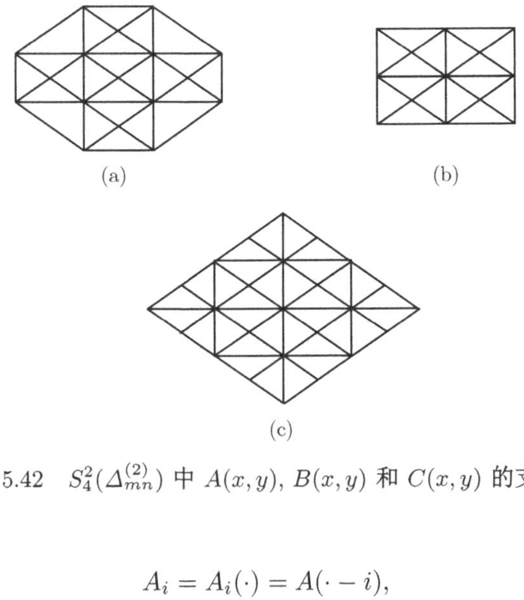

图 5.42　$S_4^2(\varDelta_{mn}^{(2)})$ 中 $A(x,y)$, $B(x,y)$ 和 $C(x,y)$ 的支集

设

$$A_i = A_i(\cdot) = A(\cdot - i),$$

$$B_i = B_i(\cdot) = B(\cdot - i),$$

$$C_i = C_i(\cdot) = C(\cdot - i),$$

其中, $i \in \mathbb{Z}^2$, $\mathbb{Z}$ 表示整数集. 在 D 上不恒为 0 的函数 A_i, B_i, 和 C_i 所对应的指标集分别为

$$E = \{i = (\alpha, \beta) : -1 \leqslant \alpha \leqslant m, -1 \leqslant \beta \leqslant n\},$$

$$F = \{i = (\alpha, \beta) : 0 \leqslant \alpha \leqslant m, 0 \leqslant \beta \leqslant n\},$$

$$G = \{i = (\alpha, \beta) : i \neq (-1, -1), (m+1, -1), (-1, n+1), (m+1, n+1),$$

$$-1 \leqslant \alpha \leqslant m+1, -1 \leqslant \beta \leqslant n+1\}.$$

这些在 D 上不恒为 0 的 A_i, B_i 和 C_i 的个数为 $3mn+6m+6n+10$. 比 $S_4^2(\varDelta_{mn}^{(2)})$ 空间的维数多了 4, 从而它们线性相关. 下面的定理给出了选取基底的方法.

定理 5.6.8 任取 (α_0, β_0), $0 \leqslant \alpha_0 \leqslant m$, $0 \leqslant \beta_0 \leqslant n$, 并记

$$G_1 = G \backslash \{(\alpha_0, \beta_0), (\alpha_0, \beta_0 + 1), (\alpha_0, \beta_0 - 1), (\alpha_0 - 1, \beta_0)\},$$

$$G_2 = G \backslash \{(\alpha_0, \beta_0), (\alpha_0, \beta_0 + 1), (\alpha_0, \beta_0 - 1), (\alpha_0 + 1, \beta_0)\},$$

$$G_3 = G \backslash \{(\alpha_0, \beta_0), (\alpha_0 + 1, \beta_0), (\alpha_0 - 1, \beta_0), (\alpha_0, \beta_0 + 1)\},$$

$$G_4 = G \backslash \{(\alpha_0, \beta_0), (\alpha_0 + 1, \beta_0), (\alpha_0 - 1, \beta_0), (\alpha_0, \beta_0 - 1)\}.$$

则下面 4 个集合中的任何一个都是 $S_4^2(\varDelta_{mn}^{(2)})$ 的基函数:

$$B_l = \{A_i, B_j, C_k : i \in E, j \in F, k \in G_l\}, \quad l = 1, 2, 3, 4.$$

定理 5.6.9 对一切 $x \in D$, 恒有

$$\sum_{i \in E} A(x - i) + \sum_{i \in F} B(x - i) + \sum_{i \in G} C(x - i) = 1.$$

需要指出的是, A, B 和 C 中的任一个函数及其平移均不单独具备单位分解性质.

关于如下构造的线性正算子:

$$(Lf)(x) := \sum_{i \in E} f\left(i + \left(\frac{1}{2}, \frac{1}{2}\right)\right) A(x - i) + \sum_{i \in F} f(i) B(x - i) + \sum_{i \in G} f(i) C(x - i),$$

可以证明对一切 $f \in \mathbb{P}_1$, 均有

$$(Lf)(x) \equiv f(x), \ x \in D.$$

2. 二元 4 次 NURBS 曲面

为了方便构造参数曲面, 我们需要把 A_{ij}, B_{ij} 和 C_{ij} 合成为一组新的样条基, 也称之为 4 次 B 样条基. 考虑到 $S_4^2(\Delta_{mn}^{(2)})$ 中的样条是 C^2 连续和重节点对支集的影响, 新的 B 样条 (记为 $D_{i,j}$) 的支集应位于 4×4 的矩形网格内, 这和上一节中 3 次 B 样条的支集相同, $D_{i,j}$ 的支集如图 5.43 所示. 根据连续条件, 我们同样可以用光滑余因子求出非均匀剖分上的 B 样条基.

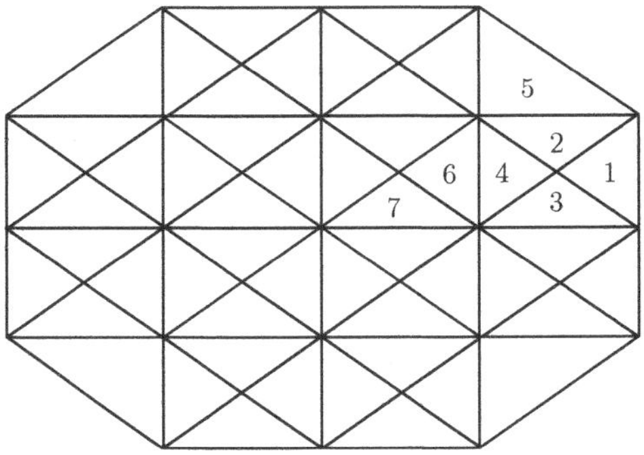

图 5.43 $D_{i,j}$ 的支集

同 3 次样条曲面的情况一样, 对于定义在 $[u_0,u_m]\times[v_0,v_n]$ 上的 4 次参数曲面, 全部的参数节点应该为

$$\begin{cases} u_{-3}\leqslant\cdots\leqslant u_0\leqslant\cdots\leqslant u_m\leqslant\cdots\leqslant u_{m+3}, \\ v_{-3}\leqslant\cdots\leqslant v_0\leqslant\cdots\leqslant v_n\leqslant\cdots\leqslant v_{n+3}. \end{cases}$$

考虑控制顶点对应剖分中矩形剖分线交点参数的情形, 根据新得到 B 样条 $D_{ij}(u,v)\in S_4^2(\Delta_{mn}^{(2)})$, $(u,v)\in[u_{i-2},u_{i+2}]\times[v_{j-2},v_{j+2}](i=-1,0,\cdots,m+1,j=-1,0,\cdots,n+1)$, 我们定义二元 4 次的 NURBS 曲面为

$$\boldsymbol{S}(u,v)=\frac{\sum\limits_{i=-1}^{m+1}\sum\limits_{j=-1}^{n+1}w_{ij}\boldsymbol{c}_{ij}D_{ij}(u,v)}{\sum\limits_{i=-1}^{m+1}\sum\limits_{j=-1}^{n+1}w_{ij}D_{ij}(u,v)},\quad (u,v)\in[u_0,u_m]\times[v_0,v_n]. \tag{5.59}$$

3. 均匀的二元 4 次 B 样条曲面

当节点向量等距分布时, 设 $u_i=i,v_j=j$ $(i=-3,-2,\cdots,m+2,m+3,\ j=-3,-2,\cdots,n+2,n+3)$. 所有的 B 样条基可以通过一个 B 样条 $D(u,v)$ 平移得到, 即 $D_{ij}(u,v)=D_{00}(u-i,v-j)$ $(i=-1,0,\cdots,m,m+1,\ j=-1,0,\cdots,n,n+1)$, 于是一张均匀的 B 样条曲面可以由下式得到:

$$\boldsymbol{S}(u,v)=\sum_{i=-1}^{m+1}\sum_{j=-1}^{n+1}\boldsymbol{c}_{ij}D_{ij}(u,v),\quad (u,v)\in[u_0,u_m]\times[v_0,v_n]. \tag{5.60}$$

当节点为 $\boldsymbol{U}=\{-2,-1,0,1,2\}$ 和 $\boldsymbol{V}=\{-2,-1,0,1,2\}$ 时, 均匀 4 次 B 样条 $D_{0,0}(u,v)$ 限制在图 5.43 中 7 个胞腔上的多项式分别为

$$p_1(u,v)=\frac{1}{28}(u-2)^3(u+2v-4),$$

$$p_2(u,v)=p_1(u,v)-\frac{1}{56}(u-v-1)^3(u+3v-5),$$

$$p_3(u,v)=p_1(u,v)-\frac{1}{14}(u+v-2)^3v,$$

$$p_4(u,v)=p_3(u,v)-\frac{1}{56}(u-v-1)^3(u+3v-5),$$

$$p_5(u,v)=\frac{1}{56}(u+v-3)^4,$$

$$p_6(u,v)=p_4(u,v)-\frac{3}{28}(u-1)^3(u+2v-5),$$

$$p_7(u,v)=p_6(u,v)+\frac{1}{56}(u+v-1)^3(3u+3v+1).$$

$D_{0,0}(u,v)$ 在其他胞腔上的表达式可以通过对称性得到. 图 5.44 显示了 $D_{0,0}(u,v)$ 的图像.

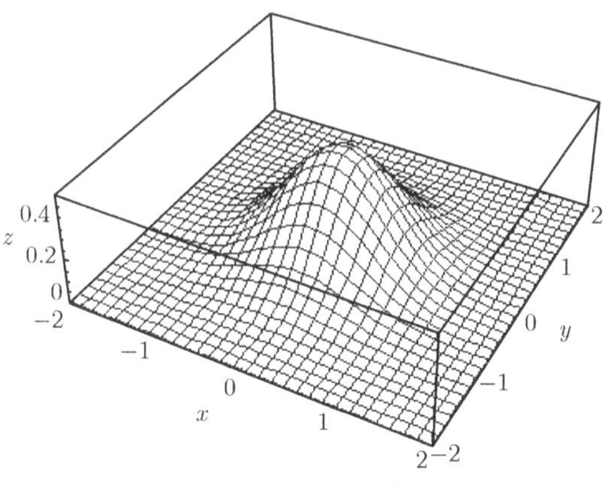

图 5.44 $D_{0,0}(u,v)$ 的图像

显然有

$$D_{00}(0,0)=\frac{1}{2},\quad D_{00}(1,0)=\frac{3}{28},$$

$$D_{00}(0,1)=\frac{3}{28},\quad D_{00}(1,1)=\frac{1}{56}.$$

$$\sum_{i=-1}^{m+1}\sum_{j=-1}^{n+1} D_{ij}(u,v)=1,\quad (u,v)\in[u_0,u_m]\times[v_0,v_n],\quad m\geqslant 1,n\geqslant 1.$$

如图 5.45 所示, 控制顶点对应于矩形剖分线的交点. 每块小矩形上的曲面片只与其周围的 16 个控制顶点有关. 曲面 $\boldsymbol{S}(u,v)$ 在参数域上 C^2 连续, 并有如下性质:

$$\begin{aligned}\boldsymbol{S}(u_i,v_j)=&\frac{1}{2}\boldsymbol{c}_{i,j}+\frac{3}{28}(\boldsymbol{c}_{i-1,j}+\boldsymbol{c}_{i,j-1}+\boldsymbol{c}_{i,j+1}+\boldsymbol{c}_{i+1,j})\\&+\frac{1}{56}(\boldsymbol{c}_{i-1,j-1}+\boldsymbol{c}_{i-1,j+1}+\boldsymbol{c}_{i+1,j-1}+\boldsymbol{c}_{i+1,j+1}),\end{aligned}$$

其中, $i=0,\cdots,m$, $j=0,\cdots,n$.

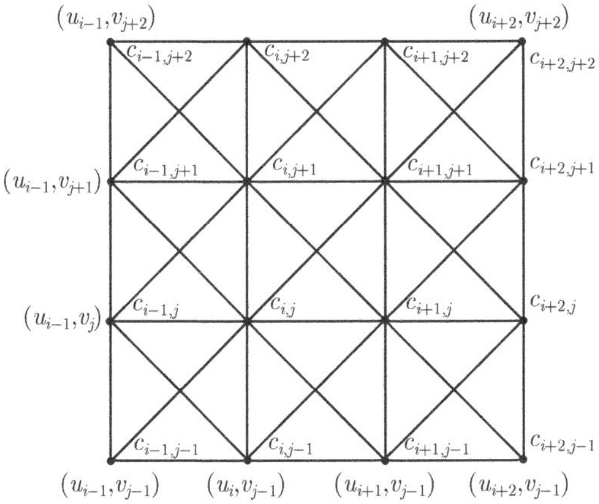

图 5.45 4 次均匀 B 样条曲面的控制顶点和参数域

4. 非均匀的二元 4 次 B 样条曲面

因为样条基函数取自 $S_4^2(\Delta_{mn}^{(2)})$ 空间, 4 次 B 样条曲面在没有重节点的矩形剖分线上是 C^2 连续的, 如果参数 u 和 (或者)v 有重数为 r 的节点, 则 B 样条基函数在该节点处为 C^{3-r} 连续, 并且样条的支集也相应的减少. 因为 4 次 B 样条基函数与上一节中 3 次 B 样条基函数的支集一样, 而且它们在矩形剖分线上的连续性也相同, 所以重节点对它们的影响也是相同的.

例如, 图 5.46(a) 和图 5.46(b) 显示了节点向量分别为 $\boldsymbol{U}=\{-1,0,0,0,1\},\boldsymbol{V}=\{0,0,0,1,1\}$ 和 $\boldsymbol{U}=\{-1,0,0,0,1\},\boldsymbol{V}=\{-1,0,0,0,1\}$ 的 4 次 B 样条支集.

特别地, 我们考虑节点向量为 $\boldsymbol{U}=\{0,0,0,0,1,1,1,1\}$ 和 $\boldsymbol{V}=\{0,0,0,0,1,1,1,1\}$ 时的情况. 与 3 次样条曲面的情况一样, 在参数域 $[0,1]\times[0,1]$ 上的 16 个样条基函数, 记为 $D_{i,j}(u,v)$ $(i,j=0,1,2,3)$, 并设控制顶点为 $\boldsymbol{c}_{i,j}$ $(i,j=0,1,2,3)$. 控制顶点与参数域如图 5.47 所示. 非均匀的 B 样条曲面定义为

$$S(u,v)=\sum_{i=0}^{3}\sum_{j=0}^{3}c_{ij}D_{ij}(u,v),\qquad (u,v)\in[0,1]\times[0,1]. \tag{5.61}$$

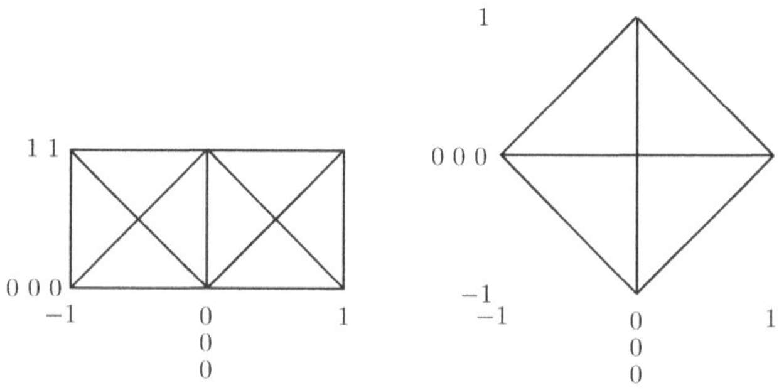

图 5.46 包含重节点的 4 次 B 样条支集

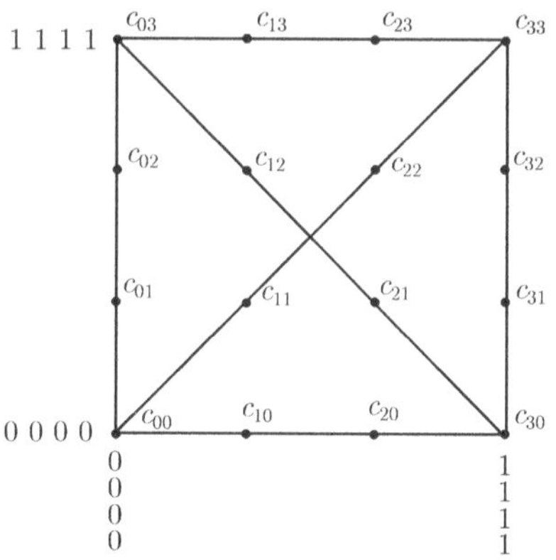

图 5.47 4 次 B 样条曲面的控制顶点和包含重节点的非均匀参数域

图 5.48 显示了定义在 $\boldsymbol{U}=\{0,0,0,0,1,1,1,1\}$ 和 $\boldsymbol{V}=\{0,0,0,0,1,1,1,1\}$ 上的 16 个 4 次样条基 $D_{i,j}(u,v)$ 的支集. 我们标注了其中的 9 个三角形胞腔, $D_{0,0}(u,v)$, $D_{1,0}(u,v)$ 和 $D_{1,1}(u,v)$ 限制在这些胞腔上的多项式如下:

$$p_1(u,v)=(1-u-v)^3,$$

$$p_2(u,v)=(1-u)^2(1+u+u^2-3v-3uv+3v^2),$$

$$p_3(u,v)=(1-v)^3(1-u),$$

$$p_4(u,v)=p_3(u,v)-(1-u-v)^3(1-u),$$

$$p_5(u,v)=p_2(u,v)-(1-u-v)^3(1-u),$$

$$p_6(u,v)=(1-u)^2(u+v-u^2+2uv-3v^2),$$

$$p_7(u,v) = (1-v)^2(u+v-3u^2+2uv-v^2),$$
$$p_8(u,v) = p_7(u,v) - (1-u-v)^3(u+v),$$
$$p_9(u,v) = p_6(u,v) - (1-u-v)^3(u+v).$$

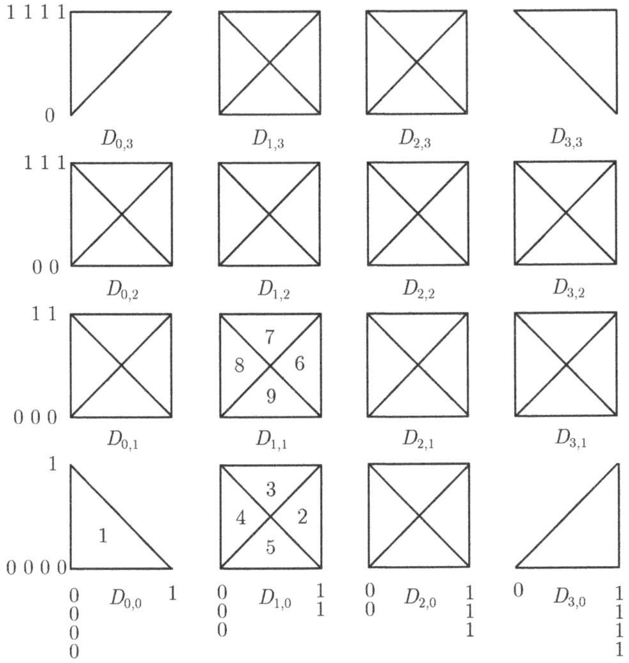

图 5.48　$\boldsymbol{U}=\{0,0,0,0,1,1,1,1\},\boldsymbol{V}=\{0,0,0,0,1,1,1,1\}$ 上的 16 个 4 次样条基 $D_{i,j}(u,v)$

其他的 $D_{i,j}(u,v)$ 可由如下对称关系得到:

$$D_{2,0}(u,v) = D_{1,0}(1-u,v);\quad D_{3,0}(u,v) = D_{0,0}(1-u,v);$$
$$D_{0,1}(u,v) = D_{1,0}(v,u),\quad D_{2,1}(u,v) = D_{1,1}(1-u,v),\quad D_{3,1}(u,v) = D_{0,1}(1-u,v);$$
$$D_{0,2}(u,v) = D_{0,1}(u,1-v),\quad D_{1,2}(u,v) = D_{1,1}(u,1-v);$$
$$D_{2,2}(u,v) = D_{2,1}(u,1-v),\quad D_{3,2}(u,v) = D_{3,1}(u,1-v);$$
$$D_{0,3}(u,v) = D_{0,0}(u,1-v),\quad D_{1,3}(u,v) = D_{1,0}(u,1-v);$$
$$D_{2,3}(u,v) = D_{2,0}(u,1-v),\quad D_{3,3}(u,v) = D_{3,0}(u,1-v).$$

经过计算, 可以看出这些 4 次 B 样条基函数在边界上恰好是一元 3 次 Bernstein 基函数, 并且 $D_{i,j}(u,v)$ 满足单位分解性.

$$\sum_{i=0}^{3}\sum_{j=0}^{3} D_{i,j}(u,v) = 1,\quad (u,v)\in[0,1]\times[0,1]. \tag{5.62}$$

曲面 (5.61) 具有如下的性质:

$$S(0,0)=c_{00},\quad S(1,0)=c_{30},\quad S(0,1)=c_{03},\quad S(1,1)=c_{33},$$

$$S'_u(0,0)=3(c_{10}-c_{00}),\quad S'_v(0,0)=3(c_{01}-c_{00}),$$

$$S''_u(0,0)=6(c_{20}-2c_{10}+c_{00}),$$

$$S''_v(0,0)=6(c_{02}-2c_{01}+c_{00}),$$

$$S''_{uv}(0,0)=6[(c_{11}-c_{10})-(c_{01}-c_{00})],$$

$$S(u,0)=(1-u)^3c_{00}+3u(1-u)^2c_{10}+3u^2(1-u)c_{20}+u^3c_{30},$$

$$S(0,v)=(1-v)^3c_{00}+3v(1-v)^2c_{01}+3v^2(1-v)c_{02}+v^3c_{03}.$$

因此, 样条曲面 (5.61) 的全部 4 条边界曲线都变成对应于控制顶点的 3 次 Bézier 曲线, 曲面插值于图 5.47 中的 4 个控制角点. 图 5.49(a) 和 (b) 显示了控制网格和插值于 4 个角点的相应 4 次 B 样条曲面.

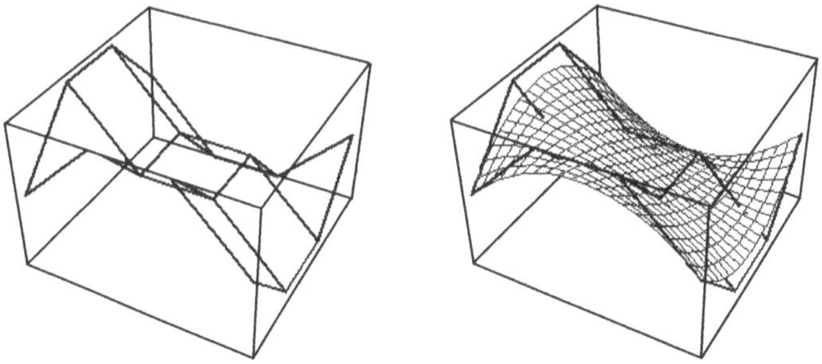

(a) (b)

图 5.49 控制网格和插值于四个角点的相应 4 次 B 样条曲面

考虑加入权因子的 4 次有理曲面.

例 5.6.6 设节点向量为 $U=\{0,0,0,0,1,1,1,1\}$, $V=\{0,0,0,0,1,1,1,1\}$, 控制顶点和权因子与例 5.6.5 相同, 4 次 NURBS 曲面为

$$S(u,v)=\frac{\sum_{i=0}^{3}\sum_{j=0}^{3}c_{ij}w_{ij}D_{ij}(u,v)}{\sum_{i=0}^{3}\sum_{j=0}^{3}w_{ij}D_{ij}(u,v)},\quad (u,v)\in[0,1]\times[0,1]. \tag{5.63}$$

根据 3 次有理 Bézier 曲线的性质, 曲面 (5.63) 的三条边界分别是三条四分之一圆弧曲线 (因为 $c_{03}=c_{13}=c_{23}=c_{33}=(0,0,1)$, $S(u,1)=(0,0,1)$). 它是一个以原点为球心的 1/8 球面的逼近曲面 (图 5.50(a)).

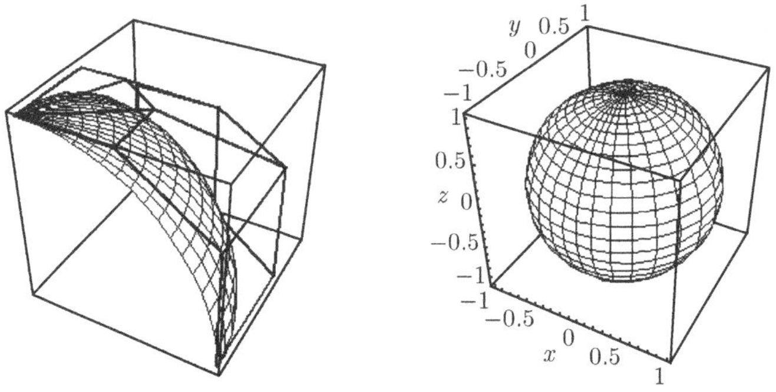

(a)　　　　(b)

图 5.50　例 5.6.6 中 1/8 球面的逼近曲面和整球面的逼近曲面

记曲面为参数形式 $\boldsymbol{S}(u,v)=(X(u,v),Y(u,v),Z(u,v))^{\mathrm{T}}$, 我们有如下的逼近误差:

$$\max_{(u,v)\in[0,1]^2}|(X(u,v)^2+Y(u,v)^2+Z(u,v)^2)^{\frac{1}{2}}-1|<0.0148.$$

即球面到逼近曲面 (5.58) 的最大距离不超过 0.0148.

当节点向量为

$$\boldsymbol{U}=\{0,0,0,0,1,1,1,2,2,2,3,3,3,4,4,4,4\},$$
$$\boldsymbol{V}=\{0,0,0,0,1,1,1,2,2,2,2\},$$

我们就能得到对整个球面的逼近 (图 5.50(b)).

5. 三组 16 个基函数的比较

当取端点重节点 $\boldsymbol{U}=\{0,0,0,0,1,1,1,1\}$, $\boldsymbol{V}=\{0,0,0,0,1,1,1,1\}$ 时, 4 次 B 样条和上一节中的 3 次 B 样条都有 16 个基函数, 并且在边界上都退化为 3 次 Bernstein 基函数. 在这部分, 我们讨论一下 4 次 B 样条基与 3 次 B 样条基和双 3 次 Bézier 基的比较.

先与双 3 次 Bézier 基比较, 4 次 B 样条基函数在 $[0,1]\times[0,1]$ 的对角线上是 C^2 连续的, 因此可以通过 4 个角点处的函数值、两个一阶偏导数和一个二阶混合偏导数, 共 16 个条件来做插值. 设 $f(x,y)$ 为目标函数, $s(x,y)$ 为逼近函数满足如下的插值条件:

$$\begin{cases} s(i,j)=f(i,j), \\ s'_x(i,j)=f'_x(i,j), \\ s'_y(i,j)=f'_y(i,j), \\ s''_{xy}(i,j)=f''_{xy}(i,j), \end{cases} \quad i=0,1, \quad j=0,1, \quad (x,y)\in[0,1]\times[0,1]. \tag{5.64}$$

逼近误差函数记为 $e(x,y)=f(x,y)-s(x,y)$, 取离散平方误差为

$$\varepsilon=\sum_{i,j=0}^{10} e\left(\frac{i}{10},\frac{j}{10}\right)^2.$$

分别用 ε_1 和 ε_2 表示用双 3 次的 Bézier 基和 4 次 B 样条基按照上面的插值条件得到的逼近误差. 表 5.5 显示在一些例子中, 二元 4 次的 B 样条基比双 3 次的 Bézier 基具有更小的逼近误差.

表 5.5 二元 4 次的 B 样条基与双 3 次的 Bézier 基的离散平方逼近误差比较

$f(x,y)$	ε_1	ε_2
$5x^6-x^3y^3+3x^3y^4-2y^7$	48.0711	44.9897
$\cos(\pi xy)$	0.0830103	0.0144822
$\cos^2(\pi xy)$	17.5221	15.7577
$\mathrm{e}^{\sin(\pi xy)}$	15.605	14.8755

事实上, 根据曲面 (5.61) 的性质和插值条件 (5.64) 式, 我们可以反求出控制顶点:

$$c_{00}=f(0,0),\quad c_{10}=f(0,0)+\frac{1}{3}f_x(0,0),\quad c_{20}=f(1,0)-\frac{1}{3}f_x(1,0),\quad c_{30}=f(1,0);$$

$$c_{01}=f(0,0)+\frac{1}{3}f_y(0,0),\quad c_{11}=f(0,0)+\frac{1}{3}f_x(0,0)+\frac{1}{3}f_y(0,0)+\frac{1}{6}f_{xy}(0,0),$$

$$c_{21}=f(1,0)-\frac{1}{3}f_x(1,0)+\frac{1}{3}f_y(1,0)-\frac{1}{6}f_{xy}(1,0),\quad c_{31}=f(1,0)+\frac{1}{3}f_y(1,0);$$

$$c_{02}=f(0,1)-\frac{1}{3}f_y(0,1),\quad c_{12}=f(0,1)+\frac{1}{3}f_x(0,1)-\frac{1}{3}f_y(0,1)-\frac{1}{6}f_{xy}(0,1),$$

$$c_{22}=f(1,1)-\frac{1}{3}f_x(1,1)-\frac{1}{3}f_y(1,1)+\frac{1}{6}f_{xy}(1,1),\quad c_{32}=f(1,1)-\frac{1}{3}f_y(1,1);$$

$$c_{03}=f(0,1),\quad c_{13}=f(0,1)+\frac{1}{3}f_x(0,1),\quad c_{23}=f(1,1)-\frac{1}{3}f_x(1,1);\ c_{33}=f(1,1).$$

用其构造的插值公式有如下结果.

定理 5.6.10 设 f 是定义在 $[0,1]\times[0,1]$ 上的连续函数, 由

$$s(x,y)=\sum_{i=0}^{3}\sum_{j=0}^{3}c_{ij}D_{ij}(x,y),\quad (x,y)\in[0,1]\times[0,1]$$

定义的 4 次样条插值公式满足插值条件 (5.64) 式, 则有

$$f\in\mathbb{P}_3\cup\mathrm{span}\{x^3y,xy^3\},\quad s(x,y)=f(x,y);$$

$$f = x^4, \quad s(x,y) = 2x^3 - x^2;$$

$$f = y^4, \quad s(x,y) = 2y^3 - y^2.$$

下面我们比较一下 3 次 B 样条基和 4 次 B 样条基. 记上一节中节点向量为 $\boldsymbol{U} = \{0,0,0,0,1,1,1,1\}$, $\boldsymbol{V} = \{0,0,0,0,1,1,1,1\}$ 时的 3 次 B 样条基为 $C_{i,j}(u,v)$ $(i,j=0,1,2,3)$. 4 次 B 样条基仍然记为 $D_{i,j}(u,v)$ $(i,j=0,1,2,3)$. 由它们定义的表达式可以直接看出它们中有 4 个相同的基函数:

$$C_{0,0}(u,v) = D_{0,0}(u,v), \quad C_{3,0}(u,v) = D_{3,0}(u,v);$$

$$C_{0,3}(u,v) = D_{0,3}(u,v), \quad C_{3,3}(u,v) = D_{3,3}(u,v).$$

图 5.51(a) 和 (b) 显示了基函数差 $C_{1,0}(u,v) - D_{1,0}(u,v)$ 和 $C_{1,1}(u,v) - D_{1,1}(u,v)$ 的图像, 其他基函数的差可以根据对称性得到.

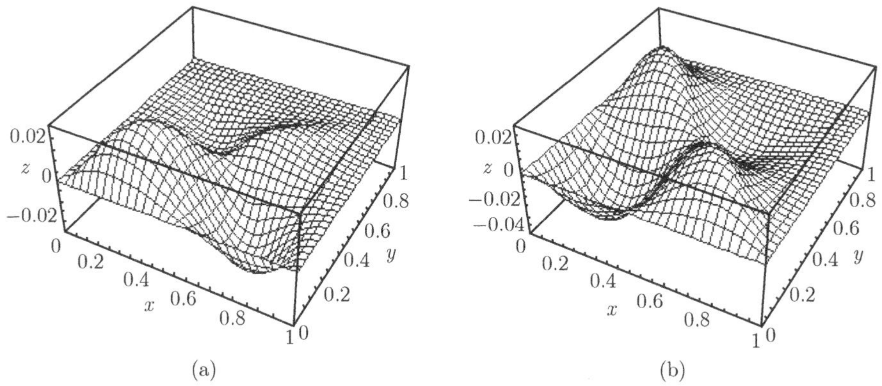

图 5.51　基函数差 $C_{1,0}(u,v) - D_{1,0}(u,v)$ 和 $C_{1,1}(u,v) - D_{1,1}(u,v)$ 的图像

事实上, 两组基函数在数值上是非常接近的. 我们有

$$\max_{(u,v)\in[0,1]\times[0,1]} |C_{i,j}(u,v) - D_{i,j}(u,v)| < 0.04, \quad i = 0,1,2,3, \quad j = 0,1,2,3.$$

因此, 在例 5.6.5 和例 5.6.6 中, 在具有相同的控制顶点和权因子的情况下, 两种曲面对 1/8 球面的逼近误差也很接近.

5.6.6　不规则参数域上的 2 次 NURBS 曲面

张量积型 NURBS 方法由于采用一元 B 样条的张量积作为基函数, 使得其参数域只能是矩形区域. 而对于非规则的参数域, 甚至参数域内部包含有 "洞" 的情形 (图 5.52), 只能通过矩形域上的 NURBS 曲面裁剪、拼接得到. 但是, 一方面裁剪的计算很复杂, 而且有数值误差; 另一方面, 要在曲面的接缝处保持光滑, 即使是近似的平滑也是困难的. 在这一节中, 我们讨论利用非张量积型的二元 B 样条基构造不规则参数域上的 NURBS 曲面.

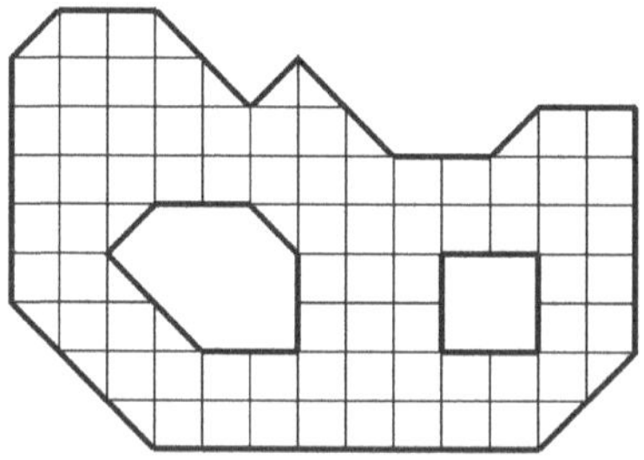

图 5.52 不规则参数域

由于每个二元 B 样条基具有单独的局部支集, 而且, 由前面的讨论知道, 二元 B 样条是基于三角剖分上的分片连续的多项式函数, 分片定义是它的天然性质, 所以可以根据各种参数域的形状选取满足相应光滑度和支集形状的样条基, 与这些基函数所对应的控制顶点也不再要求必须位于矩形网格上. 因此突破了张量积型曲面对参数域和控制顶点的拓扑限制.

我们以二元 2 次 B 样条基为例讨论非张量积型二元 B 样条曲面对于不规则参数域的良好适应性. 如前所述, 图 5.22 和图 5.24 分别显示了 $S_2^1(\Delta_{mn}^{(2)})$ 中均匀和非均匀的二元 2 次 B 样条基函数 $B(u,v)$ 的支集. 将图 5.52 中的不规则参数域进行 2- 型三角剖分, 如图 5.53 所示, 根据二元 2 次 B 样条基的支集, 我们标注了所有对该参数域有贡献的样条支集的中心, 这些中心对应于控制顶点. 由 B 样条基性质的讨论可知, 在此参数域上定义的所有 B 样条基满足单位分解性. 由于二元 B 样条基函数的支集是由矩形剖分线和对角剖分线组成的三角剖分, 对参数域的形状有很好的适应性. 在每一个三角形胞腔上, B 样条为 2 的多项式, 由它们定义的样条曲面在整个参数域上是分片的 2 次多项式. 因此, 根据二元 B 样条基的分片定义, 我们可以直接得到不规则参数域上的 2 次 B 样条曲面, 无需进行特别的裁剪.

如前讨论, 非张量积型的二元 B 样条曲面在边界上与张量积型 B 样条曲面保持了一致性. 适当地选取节点向量, 能使曲面的边界曲线退化为相应的 B 样条曲线或者 Bézier 曲线, 使得曲面具有良好的边界性质. 对于张量积型的 B 样条曲面, 利用重节点只能使得曲面在矩形剖分线上具有这种可退化的性质. 而对于非张量积型的二元 B 样条曲面则可以在对角剖分线上也具有这种退化性质.

对于矩形区域上的 B 样条曲面, 重节点一方面减少 B 样条的支集范围, 另一方面降低 B 样条在节点处的连续性. 对于不规则区域上的 B 样条曲面, 同样可以根据区域边界的情况, 沿对角线方向减少支集, 同时降低 B 样条基函数在该剖分线上的连续性. 从而可以使得曲面在对角线的边界上具有与在矩形边界上一样的几

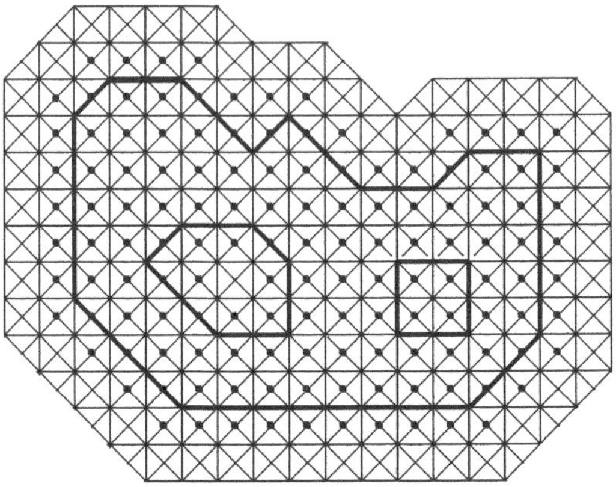

图 5.53　不规则参数域和相应二元 B 样条基的控制顶点

何性质, 曲面的所有边界曲线可退化为相应的 B 样条曲线或者 Bézier 曲线.

下面我们就 2 次 B 样条曲面进行讨论, 对于其他次数的 B 样条曲面可以得到类似的结果. 根据不同的边界情况, 图 5.54 中给出了定义在各种支集上的 2 次 B 样条基函数的 B 网表示. 图中没有注明的 B 网系数为 0. 其中左上角的 $B_0(u,v)$ 是完整支集上的 2 次 B 样条基, 右下角的 $B_1(u,v)$ 和 $B_2(u,v)$ 是图 5.29 中定义在 $\boldsymbol{U}=\{0,0,0,1,1,1\}$ 和 $\boldsymbol{V}=\{0,0,0,1,1,1\}$ 上的两个 2 次 B 样条基.

通过比较 B 网系数, 容易得到这些 2 次 B 样条基有以下性质.

性质 5.6.1　(1) 每个 $B_i(u,v)$ 在其支集内是分片的 2 次多项式, 在支集内的对角剖分线和两个端点都在支集内部的矩形剖分线上是 C^1 连续的, 在边界的剖分线上根据支集的减少相应降低连续性.

(2) 每个 $B_i(u,v)$ 在其支集内是严格正的. 在每个三角胞腔上, 支集包含该三角胞腔的所有 B 样条基满足单位分解性, 整个参数域上的所有 B 样条基满足单位分解性. 因此, 由它们构造的样条曲面具有几何不变性、仿射不变性和强凸包性质.

(3) 边界控制顶点对应的二元 B 样条基在边界上为相应的一元 2 次 B 样条基或者 2 次 Bernstein 基函数.

(4) B 样条基的分解性质: 大支集上的 B 样条基可由小支集上的 B 样条基线性组合得到. 例如

$$B_4(u,v)=B_3(u,v)+B_3(u-1,v),$$

$$B_0(u,v)=B_4(u,v)+B_4(v,u)+B_5(u,v)+B_5(u,v-1)+B_5(u-1,v)+B_5(u-1,v-1).$$

由性质 (3), 可以使曲面的所有边界曲线转化为相应的 2 次 B 样条曲线或者 2 次 Bézier 曲线. 由性质 (4), 通过对部分 B 样条基的分解, 可以在曲面的内部对参数域和控制顶点进行局部细化, 从而使得曲面满足相应的几何性质.

图 5.54 各种不同光滑度和支集上的二元 2 次 B 样条基

我们以下面图 5.55(a) 和 (b) 中的两个不规则参数域为例, 构造相应的 2 次 B 样条曲面.

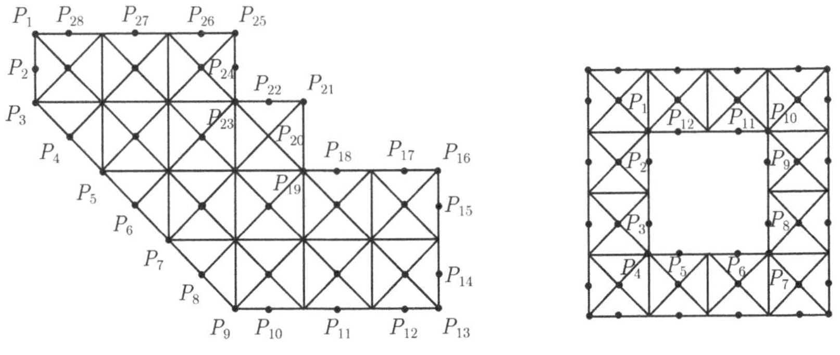

(a)　　　　　　　　　　　　(b)

图 5.55　两个不规则的参数域与相应的控制顶点

由 2 次 B 样条基的性质, 不规则边界的参数域 (图 5.55(a)) 上的曲面在边界上分别是以 P_1, P_2, P_3; P_3, P_4, P_5; P_5, P_6, P_7; P_7, P_8, P_9; P_{19}, P_{20}, P_{21}; P_{21}, P_{22}, P_{23}; P_{23}, P_{24}, P_{25} 为控制顶点的 2 次 Bézier 曲线, 和以 $P_9, \cdots, P_{13}$; $P_{13}, \cdots, P_{16}$; $P_{16}, \cdots, P_{19}$; $P_{25}, \cdots, P_{28}, P_1$ 为控制顶点的 2 次 B 样条曲线. 在此参数域上的控制网格与相应的 2 次 B 样条曲面如图 5.56 所示.

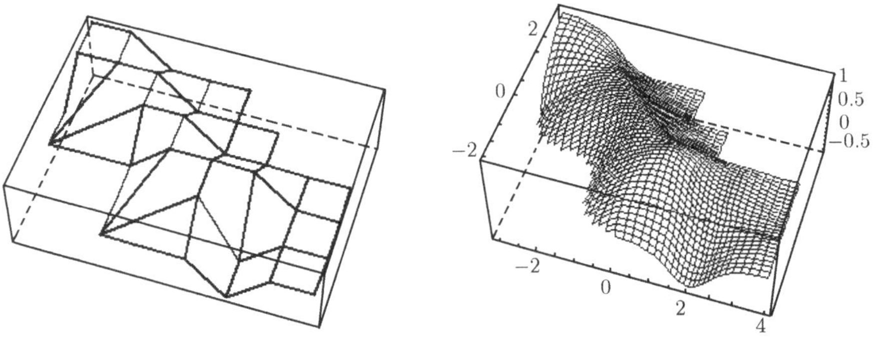

图 5.56　不规则边界的参数域上的控制网格与 2 次 B 样条曲面

含洞的参数域 (图 5.55(b)) 上的曲面在外部边界上是相应于边界控制顶点的 2 次 B 样条曲线, 在内部边界上也是以 $P_1, \cdots, P_4$; $P_4, \cdots, P_7$; $P_7, \cdots, P_{10}$; $P_{10}, \cdots, P_{12}, P_1$ 为控制顶点的 2 次 B 样条曲线. 在此参数域上的控制网格与相应的 2 次 B 样条曲面如图 5.57 所示.

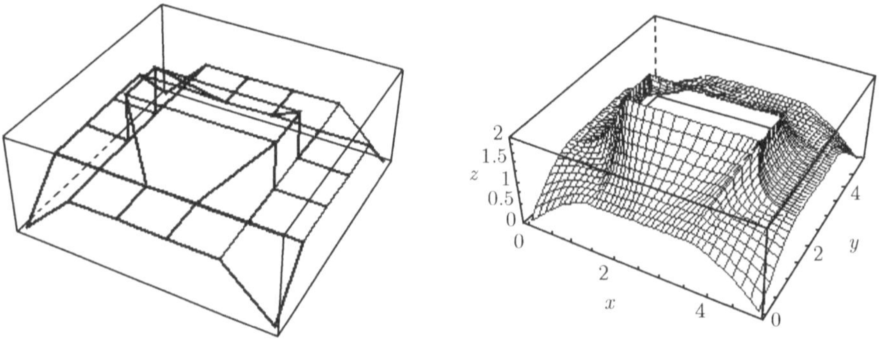

图 5.57 含洞的参数域上的控制网格与 2 次 B 样条曲面

习 题 5

5.1 取控制顶点 $\boldsymbol{P}_0=(1,0)$, $\boldsymbol{P}_1=(1,1)$, $\boldsymbol{P}_2=(0,1)$, 构造一条 2 次有理 Bézier 曲线, 调整权因子 $\omega_0,\omega_1,\omega_2$, 观察由此对曲线产生的影响.

5.2 讨论性质 5.1.11 中 2 次有理 Bézier 曲线的形状不变因子与参数化的关系.

5.3 利用有理 Bézier 曲线的 de Casteljau 算法计算例 5.1.1 中圆弧曲线上的点 $\boldsymbol{R}\left(\dfrac{1}{2}\right)$ 和 $\boldsymbol{R}^*\left(\dfrac{1}{2}\right)$.

5.4 讨论分别调整有理 Bézier 曲线的控制顶点和权因子对曲线产生影响的异同之处.

5.5 讨论有理 Bézier 曲面片之间的 C^1 参数连续和 G^1 几何连续条件.

5.6 利用有理 Bézier 曲面的 de Casteljau 算法计算例 5.2.1 中球面上的点 $\boldsymbol{R}\left(\dfrac{1}{2},\dfrac{1}{2}\right)$ 和 $\boldsymbol{R}^*\left(\dfrac{1}{2},\dfrac{1}{2}\right)$.

5.7 试证 NURBS 曲线关于权因子的交比性质.

5.8 利用 NURBS 曲线的 de Boor 算法计算例 5.4.1 中两种不同权因子取法的圆周曲线上对应 $u=\dfrac{1}{3},\dfrac{3}{2},\dfrac{11}{4},\dfrac{18}{5}$ 的点.

5.9 讨论 NURBS 曲线之间的 C^2 参数连续和 G^2 几何连续条件.

5.10 试证张量积型 NURBS 曲面关于权因子的交比性质.

5.11 试推导张量积型 NURBS 曲面在边界的切矢.

5.12 利用张量积型 NURBS 曲面的 de Boor 算法计算例 5.5.1中两种不同权因子取法的球面上对应 $(u,v)=\left(\dfrac{5}{2},\dfrac{1}{3}\right),\left(\dfrac{15}{4},\dfrac{3}{2}\right)$ 的点.

5.13 试推导张量积型 NURBS 曲面的节点插入算法.

5.14 验证图 5.22(a) 中所示的样条 $B(x,y)\in S_2^1(\Delta_{mn}^{(2)})$, 并给出它的分片多项式表达式.

5.15 分别利用光滑余因子协调法和 B 网方法推导定义在 $\boldsymbol{U}=\{0,0,0,1,1,1\}$ 和 $\boldsymbol{V}=\{0,0,0,1,1,1\}$ 上的 8 个 2 次样条基 $B_i(u,v)$ 的支集和 B 网系数表示, 注意支集与光滑度的关系, 如图 5.29 所示.

5.16　验证图 5.33(a)、(b) 和图 5.34 所示的 3 次样条 $A_{i,j}, B_{i,j}, C_{i,j} \in S_3^{2,1}(\Delta_{mn}^{(2)})$, 并满足关系

$$C_{i,j} = \frac{1}{4}(A_{i-1,j-1} + A_{i,j-1} + A_{i-1,j} + A_{i,j}) + B_{i,j}.$$

5.17　分别利用光滑余因子协调法和 B 网方法推导定义在 $\boldsymbol{U} = \{0,0,0,0,1,1,1,1\}$ 和 $\boldsymbol{V} = \{0,0,0,0,1,1,1,1\}$ 上的 16 个 3 次样条基 $C_{i,j}(u,v)$ 的支集和 B 网系数表示, 注意支集与光滑度的关系, 如图 5.40 所示.

5.18　利用光滑余因子协调法验证图 5.43 中所示的 4 次样条 $D_{0,0}(u,v)$ 的分片多项式满足 C^2 连续.

5.19　利用光滑余因子协调法验证图 5.48 所示的定义在 $\boldsymbol{U} = \{0,0,0,0,1,1,1,1\}$ 和 $\boldsymbol{V} = \{0,0,0,0,1,1,1,1\}$ 上的 16 个 4 次样条基 $D_{i,j}(u,v)$ 满足相应支集上的光滑度.

第6章　细 分 方 法

细分方法是基于网格细化的离散表示方法, 它可以从任意拓扑网格构造光滑曲面. 其基本思想是：对给定的初始网格, 定义一个细分规则, 在给定的初始网格中插入新的顶点, 从而不断细化产生一个网格序列. 在极限时, 该网格序列收敛于一条光滑曲线或者一张光滑曲面. 这种方法克服了参数曲面处理任意拓扑网格存在的困难. 在不规则拓扑处只需采用特殊的细分规则, 这又克服了拼接的困难.

本章将针对细分方法中的切割磨光法进行介绍. 首先介绍细分方法的分类与特点. 然后从曲线细分的切割磨光法入手, 并介绍曲面细分的切割磨光法. 最后简要介绍几个基本的细分曲面方法, 包括 Doo-Sabin 方法、Catmull-Clark 方法、Loop 方法以及改进的 Butterfly 方法.

6.1　细分方法的分类与特点

6.1.1　细分方法的分类

细分模式一旦建立, 网格细分规则的每次作用或加细总可以分解为两步. 首先, 通过增加新顶点形成新的拓扑网格, 称为网格分裂, 所用的方法称为拓扑规则; 其次, 计算所有顶点的新位置, 这一过程称为平均, 相应的方法称为几何规则. 细分方法根据不同方面一般进行如下分类：

(1) 根据网格类型分类. 已有的细分方法多是由应用于规则网格上的传统样条方法推广而来, 如 B 样条和箱样条. B 样条用于由四边形组成的网格, 箱样条用于由三角形组成的网格. 因此, 细分方法还可根据其拓扑规则分为基于四边形网格、三角形网格和六边形网格的细分.

(2) 根据拓扑分裂的类型分类. 生成加细的网格有两种类型, 面分裂和点分裂. 用前者方法生成细分叫基本型, 后者为对偶型. 对第一种情形, 每个三角形或四边形网格被分成四部分, 旧顶点的拓扑位置不变, 新顶点插在边上, 对于四边形还需要在每一个面上插入一个顶点. 对第二种情形, 对应每一个旧顶点有几个新顶点产生, 每个点对应临近旧点的网格面, 在旧网格面的拓扑位置保持的同时对应每一条边产生一个新网格面, 同时对应每一个旧顶点产生一个新网格面.

(3) 根据细分方案分类. 由细分极限曲面与初始控制网格的位置关系划分可分为插值细分和逼近细分. 在细分过程中, 如果上一层网格的顶点总是下一层网格的顶点, 因而初始网格上的控制顶点总在细分极限曲面上, 就称这种细分为插值型的细分方法. 否则称为逼近型的细分方法.

(4) 如果细分规则在整个细分过程中保持不变, 则称为是静态细分, 否则称为动态细分. Chaikin 算法、Catmull-Clark 和 Doo-Sabin 细分模式、4 点细分模式、碟形细分等均为静态细分.

(5) 从细分过程的几何变化特点划分可以分为切割磨光法和堆积法. 设计师在绘图时, 总是先用折线打轮廓, 然后用更密的折线逐步割去多边形的尖角, 最后得到被磨光的曲线. 雕塑家在创造雕像时, 也往往先用油泥、石块、木头或金属的多面体打轮廓, 然后用铲子或凿子的平面逐步切割多面体的棱边或尖角, 最后得到被磨光的曲面. 例如, B 样条、Beziér 曲线就是对初始控制多边形进行切割磨光的例子. 切割磨光法通常是属于逼近型的细分. 另外一类细分方法称为堆积法, 一般属于插值型的细分, 与逼近型细分所不同的是上一层顶点总是生成的光滑曲线上的点. 这种方法可以形象地看作在凸的初始控制多边形的轮廓向外堆积新顶点并与旧顶点构成新的控制多边形, 这是从初始多边形向外逐步堆积形成保持其轮廓的光滑曲线的细化过程. 4 点插值法和 Buttterfly 细分方法都属于此类.

(6) 从细分生成的极限曲面的光滑度分类, 又可分为 G^1 细分、G^2 细分等.

6.1.2 细分方法的特点

与现有其他造型方法相比, 细分方法具有如下显著特点:

(1) 任意拓扑性. 由于自然界中事物是千差万别的, 因而经常需要构造任意拓扑上的曲面, 即其控制顶点往往具有复杂的网格拓扑. 传统曲面造型方法遇到复杂物体造型时常常颇费周折, 如 B 样条、Bezier 方法, 常常需要复杂的拼接或剪裁计算. 而细分方法不存在这样的问题. 这里的任意拓扑是指网的拓扑种类和关联曲面可以是任意的; 由网的边和顶点形成的图的结构可以是任意的; 特别是顶点的价可以是任意的.

(2) 可伸缩性. 由于细分曲线曲面一般是按同一规则不断修复生成的, 是一个不断细化的过程, 其多分辨率分析有坚实的数学基础, 使得它在编辑、显示和网络传输方面具有优势, 从而可充分利用有限的硬件资源.

(3) 表示的一致性. 这里所说的一致性是指细分法把曲面片与多面体表示统一起来, 使得造型系统有了统一处理曲面和多面体表示的手段.

(4) 数值稳定性. 线性细分方法是一个迭代过程, 有很好的数值稳定性, 可用于有限元方法.

(5) 简单性. 由于细分规则通常比较简单, 因而易于编程实现, 计算效率也很高.

6.2 细分曲线方法

虽然细分曲面造型方法是细分研究领域的主要方面, 也是细分方法得以广泛应用的主要原因. 但通常曲面细分方法特别是四边形正规网格上的曲面细分模式是在曲线细分方法基础上的推广. 因此, 通过曲线细分方法展示细分方法的一些本质属性更为直观.

本节介绍细分曲线的切割磨光法. 实际上, Beziér 曲线、B 样条曲线都可以通过切割磨光法得到, 有关切割磨光方法的详细介绍, 感兴趣的读者可以参阅文献 [6].

6.2.1 细分曲线的切割磨光法

设 $\{\boldsymbol{P}_1, \boldsymbol{P}_2, \cdots, \boldsymbol{P}_N\}$ 为空间中的点列, 将它们依次用线段相连便得到一个空间中的多边形 (如构造闭多边形, 则需将首尾点相连), 称为初始控制多边形. 可以将其设想为某条曲线的轮廓, 为了 "还原" 曲线, 最自然的细分方法就是切割磨光法.

设 $\boldsymbol{\Gamma}^{(0)} = \boldsymbol{P}_1\boldsymbol{P}_2\cdots\boldsymbol{P}_N$ 为初始控制多边形, 且 $\boldsymbol{P}_i^{(0)} = \boldsymbol{P}_i(i = 1, \cdots, N)$. 在边 $\boldsymbol{P}_i^{(0)}\boldsymbol{P}_{i+1}^{(0)}$ 上按照比例

$$\mu_i^1, \quad \lambda_{i+1}^1 \quad (\mu_i^1 > 0, \lambda_{i+1}^1 > 0, \mu_i^1 + \lambda_{i+1}^1 < 1)$$

取分点 $\boldsymbol{P}_{2i}^{(1)}, \boldsymbol{P}_{2i+1}^{(1)}$. 那么在每个 $\boldsymbol{P}_i^{(0)}$ 点两侧产生两个新顶点

$$\begin{cases} \boldsymbol{P}_{2i-1}^{(1)} = (1-\lambda_i^1)\boldsymbol{P}_i^{(0)} + \lambda_i^1 \boldsymbol{P}_{i-1}^{(0)}, \\ \boldsymbol{P}_{2i}^{(1)} = (1-\mu_i^1)\boldsymbol{P}_{i+1}^{(0)} + \mu_i^1 \boldsymbol{P}_i^{(0)}, \end{cases} \quad i = 1, 2, \cdots, N, \tag{6.1}$$

其中, 若 $\boldsymbol{\Gamma}^{(0)}$ 为封闭的, 则 $\boldsymbol{P}_{N+1}^{(0)} = \boldsymbol{P}_1^{(0)}, \boldsymbol{P}_0^{(0)} = \boldsymbol{P}_N^{(0)}$; 若 $\boldsymbol{\Gamma}^{(0)}$ 不封闭, 则 $\boldsymbol{P}_{N+1}^{(0)} = \boldsymbol{P}_N^{(0)}, \boldsymbol{P}_0^{(0)} = \boldsymbol{P}_1^{(0)}$. 连接这些新顶点 $\{\boldsymbol{P}_1^{(1)}, \boldsymbol{P}_2^{(1)}, \cdots, \boldsymbol{P}_{2N}^{(1)}\}$ 产生的折线是对初始控制多边形的一次切割磨光处理, 生成的多边形记为 $\boldsymbol{\Gamma}^{(1)}$ (图 6.1).

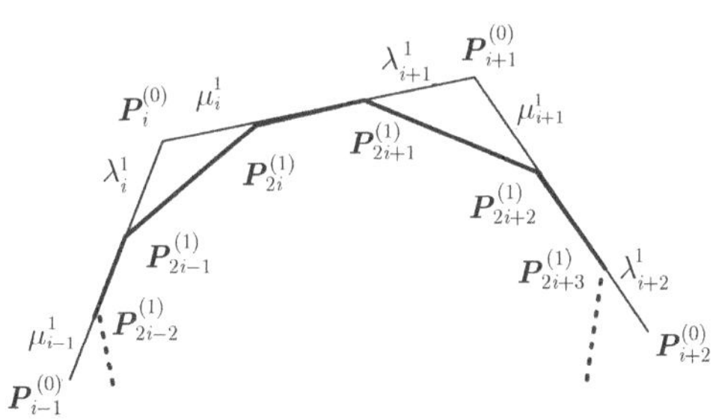

图 6.1 一次切割磨光之后生成的新控制多边形 $\boldsymbol{\Gamma}^{(1)}$

反复进行上述过程, 第 k 次切割磨光产生的 2^kN 个新顶点按如下规则产生:

$$\begin{cases} \boldsymbol{P}_{2i-1}^{(k)} = (1-\lambda_i^k)\boldsymbol{P}_i^{(k-1)} + \lambda_i^k \boldsymbol{P}_{i-1}^{(k-1)}, \\ \boldsymbol{P}_{2i}^{(k)} = (1-\mu_i^k)\boldsymbol{P}_{i+1}^{(k-1)} + \mu_i^k \boldsymbol{P}_i^{(k-1)}, \end{cases} \quad i = 1, 2, \cdots, 2^{k-1}N, \tag{6.2}$$

其中

$$\mu_i^k, \quad \lambda_{i+1}^k \quad (\mu_i^k > 0, \lambda_{i+1}^k > 0, \mu_i^k + \lambda_{i+1}^k < 1)$$

为边 $\boldsymbol{P}_i^{(k-1)}\boldsymbol{P}_{i+1}^{(k-1)}$ 上的分割比例. 若控制多边形封闭, 则 $\boldsymbol{P}_1^{(k-1)} = \boldsymbol{P}_{2^{k-1}N+1}^{(k-1)}$, $\boldsymbol{P}_0^{(k-1)} = \boldsymbol{P}_{2^{k-1}N}^{(k-1)}$; 若控制多边形不封闭, 则 $\boldsymbol{P}_{2^{k-1}N}^{(k-1)} = \boldsymbol{P}_{2^{k-1}N+1}^{(k-1)}, \boldsymbol{P}_0^{(k-1)} = \boldsymbol{P}_1^{(k-1)}$. 依次连接产生的新顶点, 就得到一组控制多边形序列 $\{\boldsymbol{\Gamma}^{(k)}\}$. 当 $k \to +\infty$ 时, 若 $\{\boldsymbol{\Gamma}^{(k)}\}$ 收敛到一条极限曲线, 此极限曲线就称为切割磨光方法产生的细分曲线.

定义 6.2.1　极限曲线

$$C\left(\boldsymbol{\Gamma}^{(0)}, V\right) = \lim_{k\to+\infty} \boldsymbol{\Gamma}^{(k)} \tag{6.3}$$

称为切割磨光方法产生的细分曲线. 集合

$$V = \left\{\left(\lambda_i^k, \mu_i^k\right) \middle| \lambda_i^k > 0, \mu_i^k > 0, \lambda_{i+1}^k + \mu_i^k < 1, k = 1, 2, \cdots \right\}$$

称为切割参数集.

对于切割磨光法产生的细分曲线, 由于切割参数的选择不同得到的结果也不相同. 应该说, 切割参数与初始控制多边形的选择是切割磨光法的关键. 初始控制多边形给出了极限曲线的大体形状, 而切割参数决定了具体的切割磨光方法, 也就决定了极限曲线的最终形状. 一般来说, 切割参数越小, 曲线形状越逼近初始控制多边形, 而曲线整体感越差, 相当于将多边形边角磨光; 切割参数越大, 曲线的整体感增强, 但与初始控制多边形的接近程度越弱.

例 6.2.1　如果选取切割参数

$$\lambda_i^k = \mu_i^k = \frac{1}{4}, \quad k = 1, 2, \cdots,$$

这种方法就是经典的 Chaikin 算法, 所得到的细分曲线等价于由初始控制多边形所定义的 2 次 B 样条曲线 (图 6.2(a)).

例 6.2.2　如果初始控制多边形为正方形且选取切割参数

$$\lambda_i^k = \mu_i^k = \frac{1}{2}\left(1 + \cos\left(\frac{\pi}{2^{k+1}}\right)\right)^{-1}, \quad k = 1, 2, \cdots,$$

则产生的新控制多边形全部为正多边形, 并且细分曲线为一个圆 (图 6.2(b)).

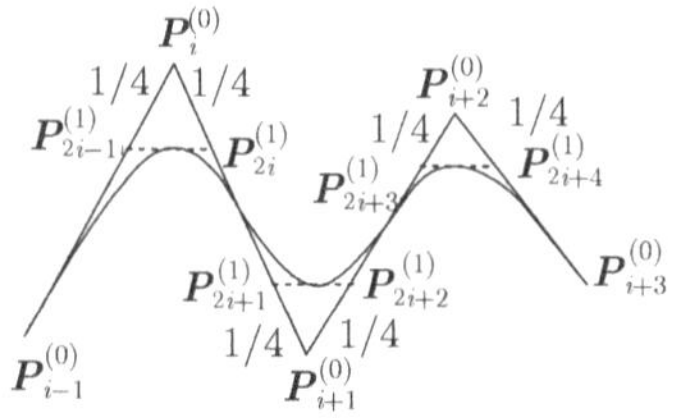

(a) Chaikin算法

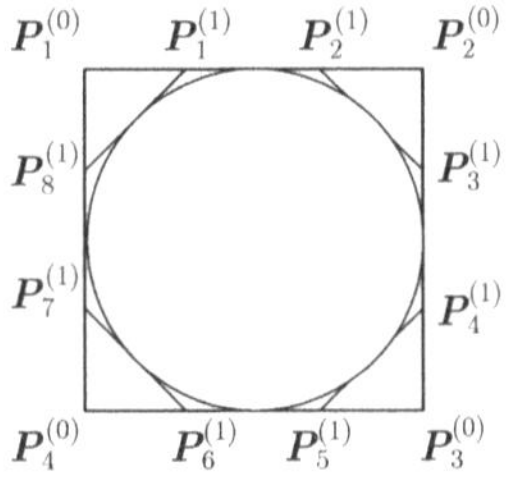

(b) 正方形切割磨光

图 6.2

6.2.2 细分曲线切割磨光法的性质

针对上节提出的细分曲线的切割磨光法, 本节对其逼近性、收敛性、光滑性与几何性质进行讨论.

1. 逼近性

从 6.1 节的实例可以看出, 细分曲线能够很好的近似初始控制多边形. 关于细分曲线的逼近性有如下重要定理.

定理 6.2.1 初始控制多边形 $\boldsymbol{\Gamma}^{(0)}$ 上的任意一边 $\boldsymbol{P}_i\boldsymbol{P}_{i+1}(i=1,\cdots,N-1)$ 上的两点

$$\begin{cases} \boldsymbol{P}_i^1=\boldsymbol{P}_i+\left(\sum\limits_{j=0}^{+\infty}\mu_{2^ji}^{j+1}\prod\limits_{m=0}^{j-1}\left(1-\xi_{2^mi}^{m+1}\right)\right)(\boldsymbol{P}_{i+1}-\boldsymbol{P}_i), \\ \boldsymbol{P}_i^2=\boldsymbol{P}_{i+1}-\left(\sum\limits_{j=0}^{+\infty}\lambda_{2^ji+1}^{j+1}\prod\limits_{m=0}^{j-1}\left(1-\xi_{2^mi}^{m+1}\right)\right)(\boldsymbol{P}_{i+1}-\boldsymbol{P}_i) \end{cases} \tag{6.4}$$

连接的线段必落在细分曲线 $C\left(\boldsymbol{\Gamma}^{(0)},V\right)$ 上, 其中 $\xi_i^k=\lambda_{i+1}^k+\mu_i^k$. 并且, 当且仅当

$$\sum_{j=0}^{+\infty}\xi_{2^ji}^{j+1}=+\infty$$

时, 线段 $\boldsymbol{P}_i^1\boldsymbol{P}_i^2$ 退化为一点, 即 $\boldsymbol{P}_i^1=\boldsymbol{P}_i^2$.

证明 由公式 (6.1), 对边 $\boldsymbol{P}_i\boldsymbol{P}_{i+1}$ 进行一次切割磨光之后可得两个新顶点 (图 6.3)

$$\begin{cases} \boldsymbol{P}_{2i}^{(1)}=\boldsymbol{P}_i^{(0)}+\mu_i^1\left(\boldsymbol{P}_{i+1}^{(0)}-\boldsymbol{P}_i^{(0)}\right), \\ \boldsymbol{P}_{2i+1}^{(1)}=\boldsymbol{P}_{i+1}^{(0)}-\lambda_{i+1}^1\left(\boldsymbol{P}_{i+1}^{(0)}-\boldsymbol{P}_i^{(0)}\right). \end{cases} \tag{6.5}$$

因此

$$\boldsymbol{P}_{2i+1}^{(1)}-\boldsymbol{P}_{2i}^{(1)}=\left(1-\xi_i^1\right)\left(\boldsymbol{P}_{i+1}^{(0)}-\boldsymbol{P}_i^{(0)}\right).$$

利用公式 (6.2) 重复以上步骤, 则将边 $\boldsymbol{P}_i\boldsymbol{P}_{i+1}$ 进行 $k-1$ 次切割磨光之后可得两点 (图 6.3)

$$\begin{cases} \boldsymbol{P}_{2^k i}^{(k)} = \boldsymbol{P}_i + \left(\sum_{j=0}^{k-1} \mu_{2^j i}^{j+1} \prod_{m=0}^{j-1} \left(1-\xi_{2^m i}^{m+1}\right)\right)(\boldsymbol{P}_{i+1}-\boldsymbol{P}_i), \\ \boldsymbol{P}_{2^k i+1}^{(k)} = \boldsymbol{P}_{i+1} - \left(\sum_{j=0}^{k-1} \lambda_{2^j i+1}^{j+1} \prod_{m=0}^{j-1} \left(1-\xi_{2^m i}^{m+1}\right)\right)(\boldsymbol{P}_{i+1}-\boldsymbol{P}_i). \end{cases} \tag{6.6}$$

因此

$$\boldsymbol{P}_{2^k i+1}^{(k)} - \boldsymbol{P}_{2^k i}^{(k)} = \prod_{j=0}^{k-1}\left(1-\xi_{2^j i}^{j+1}\right)\left(\boldsymbol{P}_{i+1}^{(0)} - \boldsymbol{P}_i^{(0)}\right). \tag{6.7}$$

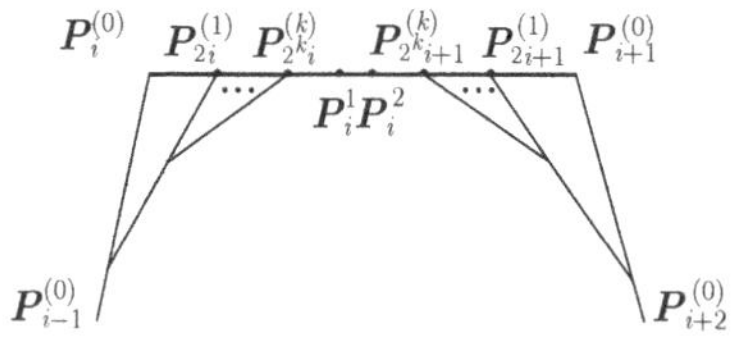

图 6.3　边 $\boldsymbol{P}_i\boldsymbol{P}_{i+1}$ 上两点 $\boldsymbol{P}_i^1$ 与 $\boldsymbol{P}_i^2$

由切割磨光法思想以及上面两式可知, 当 $k \to +\infty$ 时, 点列 $\boldsymbol{P}_{2^k i}^{(k)}$ 单调右移并且总在点 $\boldsymbol{P}_{2^k i+1}^{(k)}$ 左端, 而点列 $\boldsymbol{P}_{2^k i+1}^{(k)}$ 单调左移并且总在点 $\boldsymbol{P}_{2^k i}^{(k)}$ 右端. 令

$$\boldsymbol{P}_i^1 = \lim_{k\to+\infty} \boldsymbol{P}_{2^k i}^{(k)}, \quad \boldsymbol{P}_i^2 = \lim_{k\to+\infty} \boldsymbol{P}_{2^k i+1}^{(k)},$$

则线段 $\boldsymbol{P}_i^1\boldsymbol{P}_i^2$ 位于所有的控制多边形 $\boldsymbol{\Gamma}^{(k)}$ 的边 $\boldsymbol{P}_{2^k i}^{(k)}\boldsymbol{P}_{2^k i+1}^{(k)} (k=1,2,\cdots)$ 上. 由定义 6.2.1, 可得

$$\boldsymbol{P}_i^1\boldsymbol{P}_i^2 \subset C\left(\boldsymbol{\Gamma}^{(0)}, V\right),$$

即线段 $\boldsymbol{P}_i^1\boldsymbol{P}_i^2$ 落在细分曲线 $C\left(\boldsymbol{\Gamma}^{(0)}, V\right)$ 上.

再由公式 (6.7), $\boldsymbol{P}_i^1 = \boldsymbol{P}_i^2$, 当且仅当 $\prod_{j=0}^{+\infty}\left(1-\xi_{2^j i}^{j+1}\right) = 0$, 即 $\prod_{j=0}^{+\infty} \xi_{2^j i}^{j+1} = +\infty$. 定理证毕.

定理 6.2.1 给出了切割磨光法产生的细分曲线逼近初始控制多边形的理论依据. 由此定理出发, 可以给出如下几条实际中便于应用的性质. 鉴于篇幅, 此处拟不做证明, 留作习题请读者补证.

性质 6.2.1　(1) 若切割参数都为常数 $\lambda_i^k = \lambda, \mu_i^k = \mu$ 时, 则切割磨光过程中控制多边形每边都有细分曲线 $C\left(\boldsymbol{\Gamma}^{(0)}, V\right)$ 上的点, 并且此点将边切割的比例为 $\mu{:}\lambda$. 特别地, 初始控制多边形 $\boldsymbol{\Gamma}^{(0)}$ 的任一边 $\boldsymbol{P}_i\boldsymbol{P}_{i+1}$ 上的点

$$\widetilde{\boldsymbol{P}}_i = \frac{\lambda}{\lambda+\mu}\boldsymbol{P}_i + \frac{\mu}{\lambda+\mu}\boldsymbol{P}_{i+1}$$

落在曲线 $C\left(\boldsymbol{\Gamma}^{(0)}, V\right)$ 上.

(2) 若 $\boldsymbol{P}_i$ 为初始控制多边形 $\boldsymbol{\Gamma}^{(0)}$ 的重顶点, 则其必落在曲线 $C(\boldsymbol{\Gamma}^{(0)},V)$ 上. 如果此重顶点与相邻的两顶点共线, 则 $C(\boldsymbol{\Gamma}^{(0)},V)$ 不产生尖点, 否则产生尖点.

(3) 若初始控制多边形 $\boldsymbol{\Gamma}^{(0)}$ 的 3 个顶点 $\boldsymbol{P}_{i-1},\boldsymbol{P}_i,\boldsymbol{P}_{i+1}$ 共线且无重顶点, 则曲线 $C(\boldsymbol{\Gamma}^{(0)},V)$ 通过 $\boldsymbol{P}_{i-1}\boldsymbol{P}_{i+1}$ 上的一条直线段 $\boldsymbol{Q}_{i-1}\boldsymbol{Q}_i$, 其中 $\boldsymbol{Q}_{i-1},\boldsymbol{Q}_i$ 分别是边 $\boldsymbol{P}_{i-1}\boldsymbol{P}_i,\boldsymbol{P}_i\boldsymbol{P}_{i+1}$ 上的点.

2. 收敛性

现在的问题是: 由点序列 (6.2) 所产生的控制多边形序列 $\left\{\boldsymbol{\Gamma}^{(k)}\right\}$ 是否一定收敛到一条连续的曲线?

令

$$\begin{aligned}
&\overline{\lambda}^k=\max_i\left\{\lambda_i^k\right\},\quad \underline{\lambda}^k=\min_i\left\{\lambda_i^k\right\},\quad \overline{\lambda}=\varlimsup_{k\to+\infty}\overline{\lambda}^k,\quad \underline{\lambda}=\varliminf_{k\to+\infty}\underline{\lambda}^k,\\
&\overline{\mu}^k=\max_i\left\{\mu_i^k\right\},\quad \underline{\mu}^k=\min_i\left\{\mu_i^k\right\},\quad \overline{\mu}=\varlimsup_{k\to+\infty}\overline{\mu}^k,\quad \underline{\mu}=\varliminf_{k\to+\infty}\underline{\mu}^k.
\end{aligned}\tag{6.8}$$

那么对于控制多边形序列 $\left\{\boldsymbol{\Gamma}^{(k)}\right\}$ 的收敛性问题有如下定理.

定理 6.2.2 当切割参数满足

$$\underline{\lambda}>0,\quad \underline{\mu}>0,\quad \overline{\lambda}+\overline{\mu}<1 \tag{6.9}$$

时, 由细分规则 (6.2) 式产生的控制多边形序列 $\left\{\boldsymbol{\Gamma}^{(k)}\right\}$ 收敛到一条连续的曲线.

证明 第 k 次切割磨光后得到的控制多边形 $\boldsymbol{\Gamma}^{(k)}$ 可表示成分段线性函数

$$\boldsymbol{\Gamma}^{(k)}(t)=(i-Kt)\boldsymbol{P}_i^{(k)}+(Kt-i+1)\boldsymbol{P}_{i+1}^{(k)},\quad t\in\left[\frac{i-1}{K},\frac{i}{K}\right],\quad i=1,2,\cdots,K.$$

若初始多边形为开的, 则 $K=2^kN-1$, 否则 $K=2^kN$. 此时 $\boldsymbol{\Gamma}^{(k)}(t)$ 表示定义域为 $[0,1]$ 的分段线性连续曲线. 证明本定理只需证明 $\left\{\boldsymbol{\Gamma}^{(k)}(t)\right\}$ 收敛到一条连续曲线即可.

设 $h_i^{(k)}$ 为 $\boldsymbol{\Gamma}^{(k)}$ 上顶点 $\boldsymbol{P}_i^{(k)}$ 到 $\boldsymbol{\Gamma}^{(k+1)}$ 上的边 $\boldsymbol{P}_{2i-1}^{(k+1)}\boldsymbol{P}_{2i}^{(k+1)}$ 的距离 (图 6.4), 且令

$$h^{(k)}=\max_i\{h_i^{(k)}\}.$$

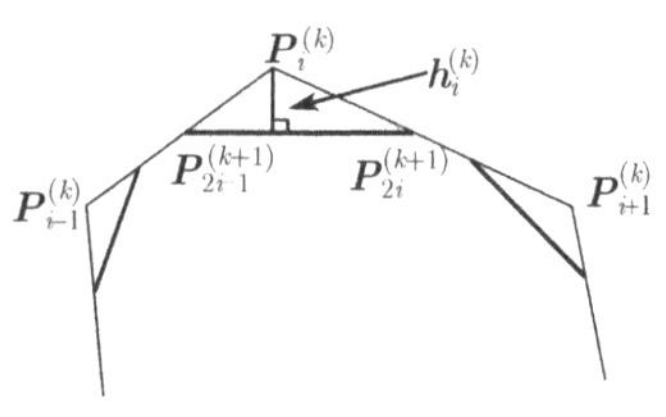

图 6.4 $h^{(k)}$ 示意图

显然

$$d\left(\boldsymbol{\Gamma}^{(k)}(t),\boldsymbol{\Gamma}^{(k+1)}(t)\right)\leqslant h^{(k)},$$

其中, $d\left(\boldsymbol{\Gamma}^{(k)}(t),\boldsymbol{\Gamma}^{(k+1)}(t)\right)$ 表示两条曲线 $\boldsymbol{\Gamma}^{(k)}(t),\boldsymbol{\Gamma}^{(k+1)}(t)$ 之间的距离. 由直角三角形的性质可知

$$h^{(k)}\leqslant\max\left\{\overline{\lambda}^k,\overline{\mu}^k\right\}L^{(k)},$$

其中, $L^{(k)}$ 为 $\boldsymbol{\Gamma}^{(k)}$ 的最大边长.

令

$$B^{(k)}=\max\left\{\overline{\lambda}^k+\overline{\mu}^k,1-\underline{\lambda}^k-\underline{\mu}^k\right\},$$

则由公式 (6.2) 可得

$$h^{(k)}\leqslant B^{(k)}L^{(k)},\quad L^{(k+1)}\leqslant B^{(k)}L^{(k)}.$$

令

$$\xi=\max\left\{\overline{\lambda}+\overline{\mu},1-\underline{\lambda}-\underline{\mu}\right\},$$

则当

$$\underline{\lambda}>0,\quad \underline{\mu}>0,\quad \overline{\lambda}+\overline{\mu}<1$$

时, 显然有

$$0<\xi<1.$$

设 $M\in(\xi,1)$, 则必存在非负整数 N_0, 使得 $k\geqslant N_0$ 时 $B^{(k)}\leqslant M$. 于是当 $k\geqslant N_0$ 时可得

$$\begin{aligned}&h^{(k)}\leqslant M^{k+1-N_0}L^{(N_0)},\\&d\left(\boldsymbol{\Gamma}^{(k)}(t),\boldsymbol{\Gamma}^{(k+m)}(t)\right)\leqslant\sum_{i=0}^{m-1}d\left(\boldsymbol{\Gamma}^{(k+i)}(t),\boldsymbol{\Gamma}^{(k+i+1)}(t)\right)\leqslant\frac{M^{1-N_0}}{1-M}L^{(N_0)}M^k.\end{aligned}\tag{6.10}$$

再由

$$\lim_{k\to+\infty}M^k=0,$$

可知 $\left\{\boldsymbol{\Gamma}^{(k)}(t)\right\}$ 为一个 Cauchy 序列, 必一致收敛到一条连续的曲线. 定理证毕.

对于切割参数为常数时, 由定理 6.2.2 可以得到如下推论.

推论 6.2.1 如果切割参数满足

$$\lambda_i^k=\lambda,\quad \mu_i^k=\mu.$$

令

$$M=\max\{\lambda+\mu,1-\lambda-\mu\},\quad N_0=0,$$

令公式 (6.10) 中 $m\to\infty$, 可得

$$d\left(\boldsymbol{\Gamma}^{(k)}(t),C\left(\boldsymbol{\Gamma}^{(0)},V\right)\right)\leqslant\frac{M^{k+1}}{1-M}L^{(0)}.\tag{6.11}$$

利用推论 6.2.1 可得到构造细分曲线的自适应方法: 对于给定的误差 $\varepsilon > 0$, 欲达到

$$d\left(\boldsymbol{\Gamma}^{(k)}(t), C\left(\boldsymbol{\Gamma}^{(0)}, V\right)\right) < \varepsilon,$$

则只需

$$k+1 \geqslant \frac{\ln \frac{(1-M)\varepsilon}{L^{(0)}}}{\ln M}$$

即可.

3. 光滑性

设 $\theta_i^{(k)} \in [0, \pi]$ 为控制多边形 $\boldsymbol{\Gamma}^{(k)}$ 中两条相邻边 $\boldsymbol{P}_{i-1}^{(k)}\boldsymbol{P}_i^{(k)}$ 与 $\boldsymbol{P}_i^{(k)}\boldsymbol{P}_{i+1}^{(k)}$ 所形成的转角, 它是 $\boldsymbol{\Gamma}^{(k)}$ 的外角 (图 6.5). 如果 $\boldsymbol{\Gamma}^{(k)}$ 没有重顶点, 并且对所有的 i 满足 $\theta_i^{(k)} \in [0, \pi]$, 那么称此控制多边形为正则的.

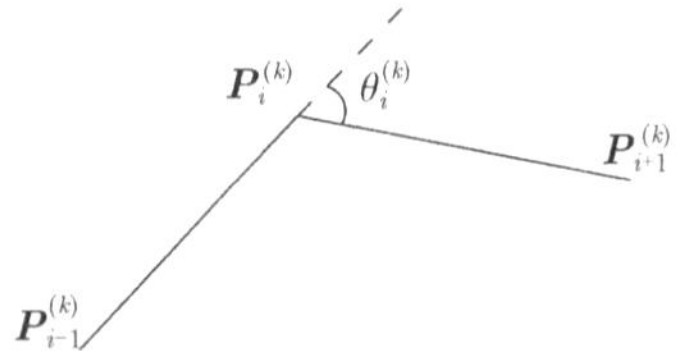

图 6.5 $\boldsymbol{P}_i^{(k)}$ 点的转角 $\theta_i^{(k)}$

设

$$\theta^{(k)} = \max_i \left\{\theta_i^{(k)}\right\},$$

则细分曲线 $C\left(\boldsymbol{\Gamma}^{(0)}, V\right)$ 为 G^1 光滑的充要条件是

$$\lim_{k \to +\infty} \theta^{(k)} = 0.$$

下面针对切割参数为常数 ($\lambda_i^k = \lambda, \mu_i^k = \mu$) 的情形证明细分曲线的光滑性.

引理 6.2.1 对任何一个正则的初始控制多边形 $\boldsymbol{\Gamma}^{(0)}$, 只要切割参数满足

$$\lambda > 0, \quad \mu > 0, \quad 2\lambda + \mu < 1, \quad 2\mu + \lambda < 1,$$

那么经过有限次切割磨光之后, 得到的控制多边形的所有相邻两边的转角都不大于 $\pi/2$.

鉴于篇幅, 此引理的繁琐证明在此拟不做表述, 请读者查看有关资料.

令

$$\begin{aligned}
&a_i^{(k)} = \left\|\boldsymbol{P}_{i-1}^{(k)}\boldsymbol{P}_i^{(k)}\right\|, \quad \varDelta_i^{(k)} = \frac{\mu a_{i+1}^{(k)}}{\lambda a_i^{(k)}}, \quad \gamma = \lambda + \mu, \\
&\overline{\varDelta}^{(k)} = \max_i \left\{\varDelta_i^{(k)}\right\}, \quad \underline{\varDelta}^{(k)} = \min_i \left\{\varDelta_i^{(k)}\right\}, \quad \overline{\varDelta} = \varlimsup_{k \to +\infty} \overline{\varDelta}^{(k)}, \quad \underline{\varDelta} = \varliminf_{k \to +\infty} \underline{\varDelta}^{(k)},
\end{aligned} \tag{6.12}$$

其中, 范数表示边的长度.

引理 6.2.2　对任何一个正则的初始控制多边形 $\boldsymbol{\Gamma}^{(0)}$, 只要切割参数满足

$$\lambda > 0, \quad \mu > 0, \quad 2\lambda + \mu < 1, \quad 2\mu + \lambda < 1,$$

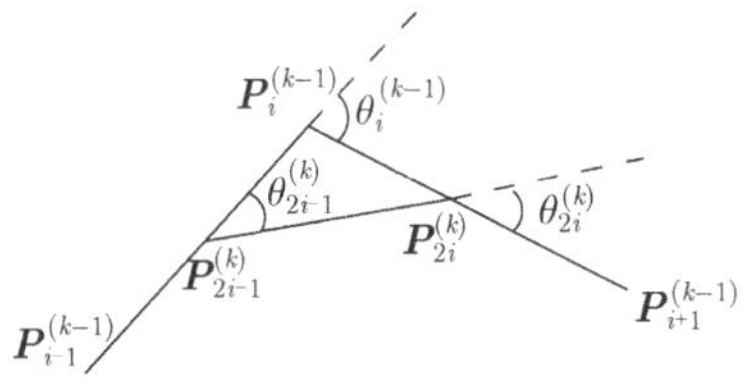

图 6.6　转角的关系

则成立

$$\begin{aligned} \overline{\Delta} &\leqslant \max\left\{\frac{1-\gamma}{\lambda}, \frac{\mu}{1-\gamma-\mu}\right\}, \\ \underline{\Delta} &\geqslant \min\left\{\frac{\mu}{1-\gamma}, \frac{1-\gamma-\lambda}{\lambda}\right\}. \end{aligned} \tag{6.13}$$

证明　切割磨光一次之后, 前后两个控制多边形的转角的关系如图 6.6 所示. 由正弦定理与余弦定理, 可得

$$\begin{aligned} \sin\theta_{2i}^{(k)} &= \frac{\lambda a_i^{(k-1)}}{a_{2i}^{(k)}} \sin\theta_i^{(k-1)} \\ &= \frac{\lambda a_i^{(k-1)} \sin\theta_i^{(k-1)}}{\sqrt{\left(\lambda a_i^{(k-1)}\right)^2 + \left(\mu a_{i+1}^{(k-1)}\right)^2 + 2\lambda\mu a_i^{(k-1)} a_{i+1}^{(k-1)} \cos\theta_i^{(k-1)}}} \\ &= \frac{\sin\theta_i^{(k-1)}}{\sqrt{1 + \left(\Delta_i^{(k-1)}\right)^2 + 2\Delta_i^{(k-1)} \cos\theta_i^{(k-1)}}}, \end{aligned} \tag{6.14}$$

$$\begin{aligned} \Delta_{2i}^{(k)} &= \frac{\mu a_{2i+1}^{(k)}}{\lambda a_{2i}^{(k)}} \\ &= \frac{1-\gamma}{\lambda\sqrt{1 + \left(1\Big/\Delta_i^{(k-1)}\right)^2 + \left(2\Big/\Delta_i^{(k-1)}\right)\cos\theta_i^{(k-1)}}}. \end{aligned} \tag{6.15}$$

同理可得

$$\sin\theta_{2i-1}^{(k)} = \frac{\sin\theta_i^{(k-1)}}{\sqrt{1 + \left(1\Big/\Delta_i^{(k-1)}\right)^2 + \left(2\Big/\Delta_i^{(k-1)}\right)\cos\theta_i^{(k-1)}}}, \tag{6.16}$$

$$\Delta_{2i-1}^{(k)} = \frac{\mu}{1-\gamma}\sqrt{1 + \left(\Delta_i^{(k-1)}\right)^2 + 2\Delta_i^{(k-1)} \cos\theta_i^{(k-1)}}. \tag{6.17}$$

由引理 6.2.1, $\theta_i^{(k)} \in [0, \pi/2]$. 由公式 (6.15) 与 (6.17) 可得

$$\frac{1-\gamma}{\lambda}\frac{1}{1+1\Big/\Delta_i^{(k-1)}} \leqslant \Delta_{2i}^{(k)} \leqslant \frac{1-\gamma}{\lambda},$$

$$\frac{\mu}{1-\gamma} \leqslant \Delta_{2i-1}^{(k)} \leqslant \frac{\mu}{1-\gamma}\left(1 + \Delta_i^{(k-1)}\right).$$

因此

$$\overline{\Delta}^{(k)} \leqslant \max\left\{\frac{1-\gamma}{\lambda}, \frac{\mu}{1-\gamma}\left(1+\overline{\Delta}^{(k-1)}\right)\right\},$$

$$\underline{\Delta}^{(k)} \geqslant \max\left\{\frac{\mu}{1-\gamma}, \frac{1-\gamma}{\lambda}\frac{\underline{\Delta}^{(k-1)}}{1+\underline{\Delta}^{(k-1)}}\right\}.$$

上两式中令 $k \to +\infty$, 就证明了此引理.

利用引理 6.2.1 与引理 6.2.2 可以推出细分曲线为 G^1 光滑的一个充分条件.

定理 6.2.3 对任何一个正则的初始控制多边形 $\boldsymbol{\Gamma}^{(0)}$, 只要切割参数满足

$$\lambda > 0, \quad \mu > 0, \quad 2\lambda + \mu < 1, \quad 2\mu + \lambda < 1,$$

则细分曲线 $C\left(\boldsymbol{\Gamma}^{(0)}, V\right)$ 为 G^1 光滑.

证明 由引理 6.2.1, $\theta_i^{(k)} \in [0, \pi/2]$. 再由公式 (6.14) 与 (6.16) 可得

$$\sin\theta_{2i}^{(k)} \leqslant \frac{\sin\theta_i^{(k-1)}}{\sqrt{1+\Delta_i^{(k-1)}}} \leqslant \frac{\sin\theta^{(k-1)}}{\sqrt{1+\underline{\Delta}^{(k-1)}}},$$

$$\sin\theta_{2i-1}^{(k)} \leqslant \frac{\sin\theta_i^{(k-1)}}{\sqrt{1+1\left/\Delta_i^{(k-1)}\right.}} \leqslant \frac{\sin\theta^{(k-1)}}{\sqrt{1+1\left/\overline{\Delta}^{(k-1)}\right.}}.$$

由此可得

$$\sin\theta^{(k)} \leqslant \max\left\{\frac{1}{\sqrt{1+\underline{\Delta}^{(k-1)}}}, \frac{1}{\sqrt{1+1\left/\overline{\Delta}^{(k-1)}\right.}}\right\}\sin\theta^{(k-1)}.$$

由图 6.6 可以看出

$$\theta_i^{(k-1)} = \theta_{2i-1}^{(k)} + \theta_{2i}^{(k)} \geqslant \max\left\{\theta_{2i-1}^{(k)}, \theta_{2i}^{(k)}\right\},$$

因此转角序列 $\{\theta_i^{(k)}\}$ 单调递减. 由引理 6.2.1, 可知序列 $\{\theta^{(k)}\}$ 单调递减且有下界 0, 因此必有极限 θ. 由引理 6.2.2, 可知

$$\varlimsup_{k\to+\infty} \frac{1}{\sqrt{1+\underline{\Delta}^{(k-1)}}} \leqslant \frac{1}{\sqrt{1+\min\{\mu/(1-\gamma), (1-\gamma-\lambda)/\lambda\}}} < 1,$$

$$\varlimsup_{k\to+\infty} \frac{1}{\sqrt{1+1\left/\overline{\Delta}^{(k-1)}\right.}} \leqslant \frac{1}{\sqrt{1+1/\max\{(1-\gamma)/\lambda, \mu/(1-\gamma-\mu)\}}} < 1.$$

令 $k \to +\infty$, 可得

$$\sin\theta \leqslant \max\left\{\overline{\lim_{k\to+\infty}} \frac{1}{\sqrt{1+\underline{\Delta}^{(k-1)}}}, \overline{\lim_{k\to+\infty}} \frac{1}{\sqrt{1+1\Big/\overline{\Delta}^{(k-1)}}}\right\}\sin\theta.$$

因此 θ 必为 0, 从而细分曲线 $C(\boldsymbol{\Gamma}^{(0)}, V)$ 为 G^1 光滑. 定理证毕.

定理 6.2.3 说明当切割参数 λ, μ 在如图 6.7 所示阴影区域取值时, 得到的细分曲线为 G^1 光滑. 特别地, Chaikin 方法的切割参数为 $\lambda = \mu = \dfrac{1}{4}$, 满足定理 6.2.3 的条件, 从而为 G^1 光滑.

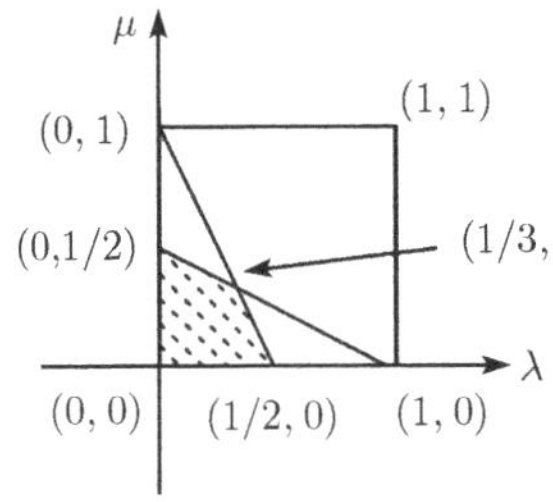

图 6.7　G^1 光滑的切割参数域的选择

4. 几何性质

切割磨光方法产生的细分曲线还有很多好的性质, 在几何造型中具有非常重要的作用. 现罗列其 3 条主要性质如下, 其证明比较简单, 留作习题, 请读者补证.

定义 6.2.2　若多边形 $\boldsymbol{P}_1\boldsymbol{P}_2\cdots\boldsymbol{P}_N$ 的首末顶点 $\boldsymbol{P}_1, \boldsymbol{P}_N$ 相连后所围成的区域为凸, 则称此多边形为凸的; 若平面连续曲线为平面上某一凸集的边界或边界的一部分, 则称此曲线为凸曲线.

性质 6.2.2　凸包性. 细分曲线 $C\left(\boldsymbol{\Gamma}^{(0)}, V\right)$ 落在初始控制多边形 $\boldsymbol{\Gamma}^{(0)}$ 的凸包内. 若所有顶点重合时, 曲线也缩为一点.

性质 6.2.3　局部性. 变动初始控制多边形 $\boldsymbol{\Gamma}^{(0)}$ 的一个顶点, 仅影响曲线在该点附近的部分.

性质 6.2.4　保凸性. 若初始控制多边形 $\boldsymbol{\Gamma}^{(0)}$ 为凸, 则细分曲线 $C\left(\boldsymbol{\Gamma}^{(0)}, V\right)$ 也为凸的.

6.2.3　其他细分曲线方法

前面所讲的切割磨光方法属于逼近型的细分方法. 在实际应用中, 往往需要插值一些特殊的点来表现一定的效果.

经典的 4 点插值细分方法是用相邻的 4 个点来计算新顶点, 每次计算都使用相同的权值, 是一种较稳定的细分格式. 其细分格式如下:

$$\begin{cases} \boldsymbol{P}_{2i}^{(k+1)} = \boldsymbol{P}_i^{(k)}, \\ \boldsymbol{P}_{2i+1}^{(k+1)} = \left(\dfrac{1}{2}+\omega\right)\left(\boldsymbol{P}_i^{(k)} + \boldsymbol{P}_{i+1}^{(k)}\right) - \omega\left(\boldsymbol{P}_{i-1}^{(k)} + \boldsymbol{P}_{i+2}^{(k)}\right), \end{cases}$$

其中, ω 为权值参数, 其几何意义是极限曲线鼓起的程度. 当 $\omega=0$ 时, 插入的点是 $\boldsymbol{P}_i^{(k)}\boldsymbol{P}_{i+1}^{(k)}$ 的中点; 否则插入点是 $\boldsymbol{P}_i^{(k)}\boldsymbol{P}_{i+1}^{(k)}$ 的中点沿向量 $\boldsymbol{e}$ 调整 $2\omega\boldsymbol{e}$ 的距离,其中向量 $\boldsymbol{e}$ 是由点 $\dfrac{1}{2}\left(\boldsymbol{P}_{i-1}^{(k)}+\boldsymbol{P}_{i+2}^{(k)}\right)$ 指向点 $\dfrac{1}{2}\left(\boldsymbol{P}_i^{(k)}+\boldsymbol{P}_{i+1}^{(k)}\right)$ 的向量. 当 $|\omega|<\dfrac{1}{2}$ 时极限曲线存在, 并且当 $0<\omega<\dfrac{\sqrt{5}-1}{8}$时产生的细分曲线是 G^1 连续的. 图 6.8(上半部分) 给出了 Chaikin 方法得到的细分曲线, 而图 6.8 (下半部分) 给出了 4 点插值方法得到的细分曲线.

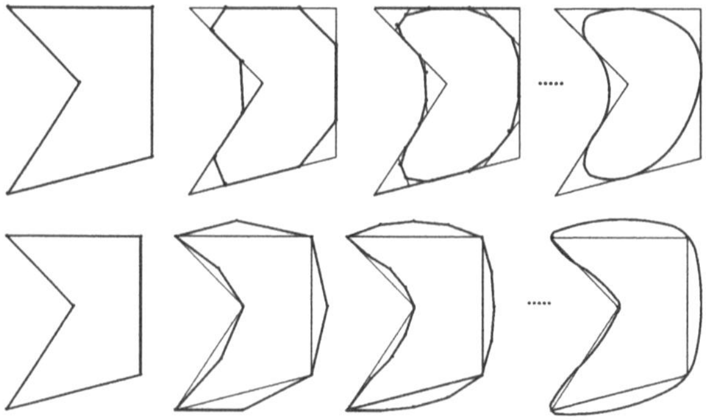

图 6.8 Chaikin 方法与 4 点插值方法得到的细分曲线

另外一种比较感兴趣的细分格式由如下规则定义:

$$\begin{cases}\boldsymbol{P}_{2i}^{(k+1)}=\dfrac{3}{4}\boldsymbol{P}_i^{(k)}+\dfrac{1}{8}\left(\boldsymbol{P}_{i-1}^{(k)}+\boldsymbol{P}_{i+1}^{(k)}\right),\\ \boldsymbol{P}_{2i+1}^{(k+1)}=\dfrac{1}{2}\left(\boldsymbol{P}_i^{(k)}+\boldsymbol{P}_{i+1}^{(k)}\right),\end{cases}$$

其中第一个公式产生新的顶点, 而第二个公式得到的是控制多边形 $\boldsymbol{\Gamma}^{(k)}$ 每边的中点. 可以证明, 这种细分格式产生的细分曲线是 3 次 B 样条曲线.

6.3 细分曲面方法

本节针对网格为拓扑矩形的细分曲面切割磨光方法进行介绍, 它是曲线切割磨光法在三维空间中的推广形式.

6.3.1 细分曲面的切割磨光法

设空间中有序点列 $\{\boldsymbol{P}_{ij}\,|i=1,2,\cdots,N,j=1,2,\cdots,M\}$ 组成的多面体网格为拓扑矩形 (图 6.9), 所形成的简单多面体称为控制多面体, 网格称为初始控制网格, 记为 $\boldsymbol{\Gamma}^{(0)}$.

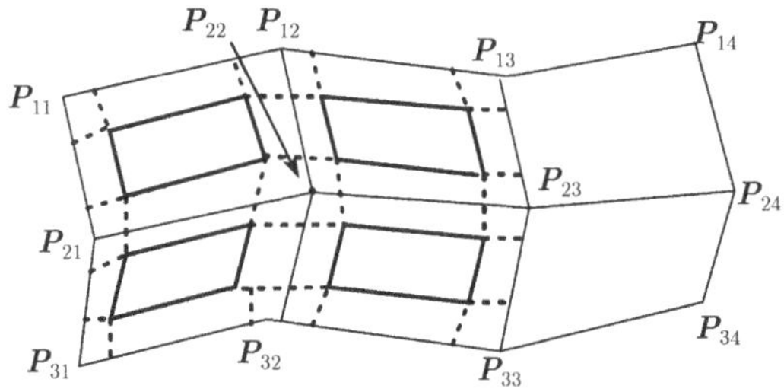

图 6.9　控制点列与切割磨光简单示意图

曲面切割磨光法的原理与曲线方法类似. 在初始的控制多面体内取新顶点, 从而产生新的控制多面体, 将原来的控制网格的顶点、棱边切割磨光 (图 6.9). 不断进行切割磨光之后产生控制网格的极限曲面就是切割磨光法产生的细分曲面. 下面仅以仿射标架切割磨光法为例进行介绍. 除此之外还有两步单向切割磨光法、交叉切割磨光法与平行线切割磨光法等, 它们都是曲线切割磨光方法的推广, 鉴于篇幅, 此处拟不做介绍, 请读者参考有关资料.

对初始控制网格 $\boldsymbol{\Gamma}^{(0)}$ 中的任意顶点 $\boldsymbol{P}_{ij}$ 赋予 4 个分割参数

$$\lambda_{ij}^1,\quad \mu_{ij}^1,\quad \tau_{ij}^1,\quad \delta_{ij}^1,$$

且满足

$$\lambda_{ij}^1,\mu_{ij}^1,\tau_{ij}^1,\delta_{ij}^1>0,\quad \lambda_{ij}^1+\mu_{ij}^1<1,\quad \tau_{ij}^1+\delta_{ij}^1<1,$$

其中, 若 i 超出范围, 取值为 $\max\{1,\min(N,i)\}$, 若 j 超出范围, 取值为 $\max\{1,\min(M,j)\}$.

控制网格 $\boldsymbol{\Gamma}^{(0)}$ 进行一次切割磨光之后产生的新顶点为 (图 6.10)

$$\begin{cases}\boldsymbol{P}_{2i-1,2j-1}^{(1)}=\boldsymbol{P}_{ij}+\lambda_{ij}^1\left(\boldsymbol{P}_{i,j-1}-\boldsymbol{P}_{ij}\right)+\tau_{ij}^1\left(\boldsymbol{P}_{i-1,j}-\boldsymbol{P}_{i,j}\right),\\ \boldsymbol{P}_{2i-1,2j}^{(1)}=\boldsymbol{P}_{ij}+\mu_{ij}^1\left(\boldsymbol{P}_{i,j+1}-\boldsymbol{P}_{ij}\right)+\tau_{ij}^1\left(\boldsymbol{P}_{i-1,j}-\boldsymbol{P}_{i,j}\right),\\ \boldsymbol{P}_{2i,2j-1}^{(1)}=\boldsymbol{P}_{ij}+\lambda_{ij}^1\left(\boldsymbol{P}_{i,j-1}-\boldsymbol{P}_{ij}\right)+\delta_{ij}^1\left(\boldsymbol{P}_{i+1,j}-\boldsymbol{P}_{i,j}\right),\\ \boldsymbol{P}_{2i,2j}^{(1)}=\boldsymbol{P}_{ij}+\mu_{ij}^1\left(\boldsymbol{P}_{i,j+1}-\boldsymbol{P}_{ij}\right)+\delta_{ij}^1\left(\boldsymbol{P}_{i+1,j}-\boldsymbol{P}_{i,j}\right).\end{cases}\tag{6.18}$$

设新顶点所形成拓扑矩形的控制网格为 $\boldsymbol{\Gamma}^{(1)}$(网格中的每一个空间四边形为连接 4 个相邻新顶点而形成, 如图 6.9).

在几何上, 控制网格上的一个顶点和与此点相连的两条边组成一个仿射标架, 产生的新顶点可以看作这个仿射标架上的点. 如图 6.10, 新顶点 $\boldsymbol{P}_{2i,2j}^{(1)}$ 是仿射标架 $\{\boldsymbol{P}_{ij},\boldsymbol{P}_{ij}\boldsymbol{P}_{i,j+1},\boldsymbol{P}_{ij}\boldsymbol{P}_{i+1,j}\}$ 上的点, 其仿射坐标为 $\left(\mu_{ij}^1,\delta_{ij}^1\right)$, 此方法因此也称为仿射标架切割磨光法. 如不特别说明, 下面介绍的切割磨光法就表示仿射标架切割磨光法.

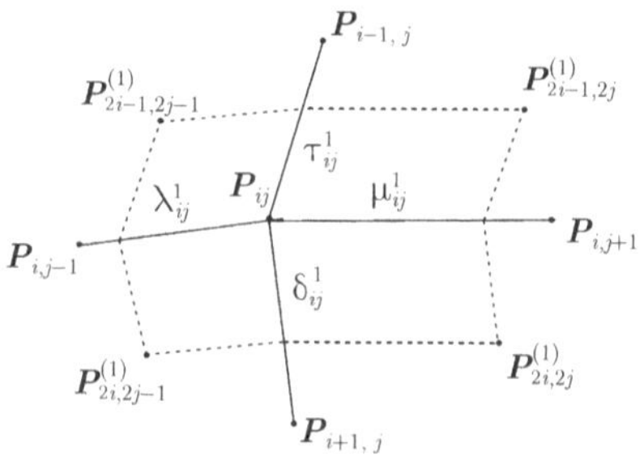

图 6.10　一次磨光之后产生的新顶点

令 $\boldsymbol{P}_{ij}^{(0)} = \boldsymbol{P}_{ij}(i=1,2,\cdots,N, j=1,2,\cdots,M)$. 若进行了 $k-1$ 次切割磨光后产生的控制网格为 $\boldsymbol{\Gamma}^{(k-1)}$, 对其上任意顶点 $\boldsymbol{P}_{ij}^{(k-1)}$ 赋予 4 个分割参数

$$\lambda_{ij}^k, \quad \mu_{ij}^k, \quad \tau_{ij}^k, \quad \delta_{ij}^k$$

满足

$$\lambda_{ij}^k, \mu_{ij}^k, \tau_{ij}^k, \delta_{ij}^k > 0, \quad \lambda_{ij}^k + \mu_{ij}^k < 1, \quad \tau_{ij}^k + \delta_{ij}^k < 1.$$

则第 k 次切割所产生的新顶点由如下规则产生:

$$\begin{cases} \boldsymbol{P}_{2i-1,2j-1}^{(k)} = \boldsymbol{P}_{ij}^{(k-1)} + \lambda_{ij}^k \left(\boldsymbol{P}_{i,j-1}^{(k-1)} - \boldsymbol{P}_{ij}^{(k-1)}\right) + \tau_{ij}^k \left(\boldsymbol{P}_{i-1,j}^{(k-1)} - \boldsymbol{P}_{i,j}^{(k-1)}\right), \\ \boldsymbol{P}_{2i-1,2j}^{(k)} = \boldsymbol{P}_{ij}^{(k-1)} + \mu_{ij}^k \left(\boldsymbol{P}_{i,j+1}^{(k-1)} - \boldsymbol{P}_{ij}^{(k-1)}\right) + \tau_{ij}^k \left(\boldsymbol{P}_{i-1,j}^{(k-1)} - \boldsymbol{P}_{i,j}^{(k-1)}\right), \\ \boldsymbol{P}_{2i,2j-1}^{(k)} = \boldsymbol{P}_{ij}^{(k-1)} + \lambda_{ij}^k \left(\boldsymbol{P}_{i,j-1}^{(k-1)} - \boldsymbol{P}_{ij}^{(k-1)}\right) + \delta_{ij}^k \left(\boldsymbol{P}_{i+1,j}^{(k-1)} - \boldsymbol{P}_{i,j}^{(k-1)}\right), \\ \boldsymbol{P}_{2i,2j}^{(k)} = \boldsymbol{P}_{ij}^{(k-1)} + \mu_{ij}^k \left(\boldsymbol{P}_{i,j+1}^{(k-1)} - \boldsymbol{P}_{ij}^{(k-1)}\right) + \delta_{ij}^k \left(\boldsymbol{P}_{i+1,j}^{(k-1)} - \boldsymbol{P}_{i,j}^{(k-1)}\right), \\ \qquad i = 1,2,\cdots,2^{k-1}N, \ j = 1,2,\cdots,2^{k-1}M. \end{cases} \tag{6.19}$$

当切割磨光一直进行下去时, 所产生的控制网格序列 $\left\{\boldsymbol{\Gamma}^{(k)}\right\}$ 收敛到一张连续曲面 (证明见下小节) , 这就是基于切割磨光法生成的极限曲面.

定义 6.3.1　曲面

$$S\left(\boldsymbol{\Gamma}^{(0)}, V\right) = \lim_{k\to+\infty} \boldsymbol{\Gamma}^{(k)}$$

称为切割磨光法生成的细分曲面. 其中

$$V = \left\{(\lambda_{ij}^k, \mu_{ij}^k, \tau_{ij}^k, \delta_{ij}^k) \,\middle|\, \lambda_{ij}^k, \mu_{ij}^k, \tau_{ij}^k, \delta_{ij}^k > 0, \lambda_{ij}^k + \mu_{ij}^k < 1, \tau_{ij}^k + \delta_{ij}^k < 1\right\}$$

称为切割参数集.

上述定义生成的细分曲面, 由于切割参数的选择不同而得到的结果也不尽相同. 应该说, 切割参数与初始控制网格的选择是切割磨光法的关键. 初始控制网格给出了极限曲面的大体形状, 而切割参数决定了具体的切割磨光方法也就决定了极限曲面的最终形状. 切割参数越小, 则曲面形状越逼近控制网格, 但光顺性较差, 相当于将多面体边角磨光; 而切割参数越大, 曲面的光顺性增强, 但与控制网格的接近程度越弱.

6.3.2　细分曲面切割磨光法的性质

本节针对切割参数为常数

$$\lambda_{ij}^k = \lambda, \quad \mu_{ij}^k = \mu, \quad \tau_{ij}^k = \tau, \quad \delta_{ij}^k = \delta$$

时介绍其逼近性、收敛性、光滑性以及几何性质.

1. 逼近性

定理 6.3.1　当切割参数满足

$$\lambda, \mu, \tau, \delta > 0, \quad \lambda + \mu < 1, \quad \tau + \delta < 1$$

时, 初始控制网格 $\boldsymbol{\Gamma}^{(0)}$ 上的点

$$\widetilde{\boldsymbol{P}}_{ij} = \frac{\lambda\tau\boldsymbol{P}_{ij}^{(0)} + \mu\tau\boldsymbol{P}_{i,j+1}^{(0)} + \lambda\delta\boldsymbol{P}_{i+1,j}^{(0)} + \mu\delta\boldsymbol{P}_{i+1,j+1}^{(0)}}{(\lambda+\mu)(\tau+\delta)} \tag{6.20}$$

落在细分曲面 $S(\boldsymbol{\Gamma}^{(0)}, V)$ 上.

证明　由切割磨光规则 (6.19) 式可知细分曲面具有局部性, 因此只需讨论控制网格的一个单元即可. 定义如下空间四边形与其差分:

$$\begin{cases} \boldsymbol{F}_{ij}^{(k)} = \left(\boldsymbol{P}_{ij}^{(k)}, \boldsymbol{P}_{i,j+1}^{(k)}, \boldsymbol{P}_{i+1,j+1}^{(k)}, \boldsymbol{P}_{i+1,j}^{(k)}\right)^{\mathrm{T}}, \\ \Delta\boldsymbol{F}_{ij}^{(k)} = \left(\boldsymbol{P}_{i,j+1}^{(k)} - \boldsymbol{P}_{ij}^{(k)}, \boldsymbol{P}_{i+1,j+1}^{(k)} - \boldsymbol{P}_{i,j+1}^{(k)}, \boldsymbol{P}_{i+1,j}^{(k)} - \boldsymbol{P}_{i+1,j+1}^{(k)}, \boldsymbol{P}_{ij}^{(k)} - \boldsymbol{P}_{i+1,j}^{(k)}\right)^{\mathrm{T}}, \\ \qquad k = 0, 1, 2, \cdots. \end{cases}$$

由公式 (6.19) 可得

$$\begin{aligned} &\Delta\boldsymbol{F}_{ij}^{(k)} = \boldsymbol{C}\boldsymbol{F}_{ij}^{(k)}, \\ &\boldsymbol{F}_{2^{k+1}i,2^{k+1}j}^{(k+1)} = \boldsymbol{F}_{2^k i,2^k j}^{(k)} + \boldsymbol{A}\Delta\boldsymbol{F}_{2^k i,2^k j}^{(k)}, \end{aligned}$$

其中

$$\boldsymbol{C} = \begin{pmatrix} -1 & 1 & 0 & 0 \\ 0 & -1 & 1 & 0 \\ 0 & 0 & -1 & 1 \\ 1 & 0 & 0 & -1 \end{pmatrix}, \quad \boldsymbol{A} = \begin{pmatrix} \mu & 0 & 0 & -\delta \\ -\lambda & \delta & 1 & 0 \\ 0 & -\tau & \lambda & 0 \\ 0 & 0 & -\mu & \tau \end{pmatrix}.$$

设 $\boldsymbol{I}$ 为单位矩阵, 令

$$\boldsymbol{B}=\boldsymbol{I}+\boldsymbol{C}\boldsymbol{A}=\begin{pmatrix} 1-\lambda-\mu & \delta & 0 & \delta \\ \lambda & 1-\tau-\delta & \lambda & 0 \\ 0 & \tau & 1-\lambda-\mu & \tau \\ \mu & 0 & \mu & 1-\tau-\delta \end{pmatrix}.$$

从而

$$\Delta \boldsymbol{F}^{(k+1)}_{2^{k+1}i,2^{k+1}j}=\boldsymbol{B}\Delta \boldsymbol{F}^{(k)}_{2^k i,2^k j}. \tag{6.21}$$

将矩阵 $\boldsymbol{B}$ 分解成对角形式

$$\boldsymbol{B}=\boldsymbol{T}\boldsymbol{D}\boldsymbol{T}^{-1}, \tag{6.22}$$

其中

$$\boldsymbol{D}=\begin{pmatrix} 1 & 0 & 0 & 0 \\ 0 & 1-\lambda-\mu-\tau-\delta & 0 & 0 \\ 0 & 0 & 1-\lambda-\mu & 0 \\ 0 & 0 & 0 & 1-\tau-\delta \end{pmatrix},$$

$$\boldsymbol{T}=\begin{pmatrix} \dfrac{\delta}{\tau} & -\dfrac{\delta(\lambda+\mu)}{\mu(\tau+\delta)} & -1 & 0 \\ \dfrac{\lambda}{\tau} & \dfrac{\lambda}{\mu} & 0 & -1 \\ 1 & -\dfrac{\tau(\lambda+\mu)}{\mu(\tau+\delta)} & 1 & 0 \\ \dfrac{\mu}{\tau} & 1 & 0 & 1 \end{pmatrix}.$$

综上, 可以得到

$$\boldsymbol{F}^{(k+1)}_{2^{k+1}i,2^{k+1}j}=\left(\boldsymbol{I}+\boldsymbol{A}\boldsymbol{T}\left(\sum_{n=0}^{k}\boldsymbol{D}^n\right)\boldsymbol{T}^{-1}\boldsymbol{C}\right)\boldsymbol{F}^{(0)}_{ij}.$$

令 k 取极限得到

$$\begin{aligned}\lim_{k\to+\infty}\boldsymbol{F}^{(k+1)}_{2^{k+1}i,2^{k+1}j}&=\left(\boldsymbol{I}+\boldsymbol{A}\boldsymbol{T}\left(\lim_{k\to+\infty}\sum_{n=0}^{k}\boldsymbol{D}^n\right)\boldsymbol{T}^{-1}\boldsymbol{C}\right)\boldsymbol{F}^{(0)}_{ij}\\&=\frac{1}{(\lambda+\mu)(\tau+\delta)}\boldsymbol{E}\boldsymbol{F}^{(0)}_{ij},\end{aligned} \tag{6.23}$$

其中

$$\boldsymbol{E}=\begin{pmatrix}\lambda\tau & \mu\tau & \mu\delta & \lambda\delta\\ \lambda\tau & \mu\tau & \mu\delta & \lambda\delta\\ \lambda\tau & \mu\tau & \mu\delta & \lambda\delta\\ \lambda\tau & \mu\tau & \mu\delta & \lambda\delta\end{pmatrix}.$$

因此点

$$\widetilde{\boldsymbol{P}}_{ij}=\frac{\lambda\tau\boldsymbol{P}_{ij}^{(0)}+\mu\tau\boldsymbol{P}_{i,j+1}^{(0)}+\lambda\delta\boldsymbol{P}_{i+1,j}^{(0)}+\mu\delta\boldsymbol{P}_{i+1,j+1}^{(0)}}{(\lambda+\mu)(\tau+\delta)} \tag{6.24}$$

必落在细分曲面 $S\left(\boldsymbol{\Gamma}^{(0)},V\right)$ 上. 定理证毕.

利用如上定理证明过程直接可以推得如下推论.

推论 6.3.1 k 次切割磨光之后控制网格 $\boldsymbol{\Gamma}^{(k)}$ 的空间四边形 $\boldsymbol{F}_{ij}^{(k)}$ 上的点

$$\widetilde{\boldsymbol{P}}_{ij}^{(k)}=\frac{\lambda\tau\boldsymbol{P}_{ij}^{(k)}+\mu\tau\boldsymbol{P}_{i,j+1}^{(k)}+\lambda\delta\boldsymbol{P}_{i+1,j}^{(k)}+\mu\delta\boldsymbol{P}_{i+1,j+1}^{(k)}}{(\lambda+\mu)(\tau+\delta)} \tag{6.25}$$

也落在曲面 $S\left(\boldsymbol{\Gamma}^{(0)},V\right)$ 上, $\widetilde{\boldsymbol{P}}_{ij}^{(k)}$ 称为 $\boldsymbol{F}_{ij}^{(k)}$ 的收敛点. 特别地, 如果网格单元为平面, 则收敛点就落在此平面上.

定理 6.3.1 给出了细分曲面逼近控制多面体的理论依据. 从此定理出发, 对于重顶点、共面顶点等就可以产生特殊的形状效果, 这对细分曲面的形状调控非常有用.

推论 6.3.2 (1) 当控制多面体有两组或两组以上顶点重合, 且此组顶点左右的两组顶点与其不共面时, 生成的细分曲面产生折角, 即有一条棱边.

(2) 当控制多面体有 3 组 (每组含有 3 个以上的顶点) 以上相邻顶点共面时, 将得到一小块平面; 当控制多面体有 4 组 (每组含有 4 个以上的顶点) 以上相邻顶点共面时, 将至少得到以中间 4 个顶点为角点的一小块平面.

2. 收敛性

定理 6.3.2 当切割参数满足

$$\lambda,\mu,\tau,\delta>0,\quad \lambda+\mu<1,\quad \tau+\delta<1$$

时, 由切割磨光法生成的控制网格序列 $\left\{\boldsymbol{\Gamma}^{(k)}\right\}$ 收敛到一张连续曲面.

证明 采用类似细分曲线连续性的证明方法. 首先, 将控制网格 $\boldsymbol{\Gamma}^{(k)}$ 表示为分片线性连续参数曲面. 对 $\boldsymbol{\Gamma}^{(k)}$ 中的每一点 $\boldsymbol{P}_{ij}^{(k)}$ 赋予一对参数

$$\left(u_i^{(k)},v_j^{(k)}\right)=\left(\frac{i-1}{2^kN-1},\frac{j-1}{2^kM-1}\right).$$

控制网格 $\boldsymbol{\Gamma}^{(k)}$ 中的每一个单元 (拓扑矩形) 可分解成两个三角形 (图 6.11). 则在此单元上, $\boldsymbol{\Gamma}^{(k)}$ 可表示为

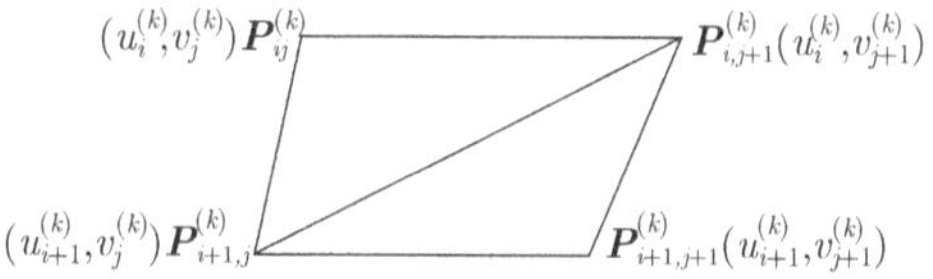

图 6.11 控制网格 $\boldsymbol{\Gamma}^{(k)}$ 的一个单元分解

$$\begin{cases} \boldsymbol{\Gamma}^{(k)}(u,v) = \boldsymbol{P}_{ij}^{(k)} - \dfrac{u-u_i^{(k)}}{u_{i+1}^{(k)}-u_i^{(k)}}\left(\boldsymbol{P}_{i+1,j}^{(k)} - \boldsymbol{P}_{ij}^{(k)}\right) + \dfrac{v-v_j^{(k)}}{v_{j+1}^{(k)}-v_j^{(k)}}\left(\boldsymbol{P}_{i,j+1}^{(k)} - \boldsymbol{P}_{ij}^{(k)}\right), \\ \qquad v_j^{(k)} \leqslant v \leqslant v_{j+1}^{(k)}, \quad u_i^{(k)} \leqslant u \leqslant u_i^{(k)} - \dfrac{u_{i+1}^{(k)}-u_i^{(k)}}{v_{j+1}^{(k)}-v_j^{(k)}}\left(v - v_{j+1}^{(k)}\right), \\ \boldsymbol{\Gamma}^{(k)}(u,v) = \boldsymbol{P}_{i+1,j+1}^{(k)} + \dfrac{u_{i+1}^{(k)}-u}{u_{i+1}^{(k)}-u_i^{(k)}}\left(\boldsymbol{P}_{i,j+1}^{(k)} - \boldsymbol{P}_{i+1,j+1}^{(k)}\right) + \dfrac{v_{j+1}^{(k)}-v}{v_{j+1}^{(k)}-v_j^{(k)}}\cdot \\ \qquad \left(\boldsymbol{P}_{i+1,j}^{(k)} - \boldsymbol{P}_{i+1,j+1}^{(k)}\right), \\ \qquad v_j^{(k)} \leqslant v \leqslant v_{j+1}^{(k)}, \quad u_i^{(k)} - \dfrac{u_{i+1}^{(k)}-u_i^{(k)}}{v_{j+1}^{(k)}-v_j^{(k)}}\left(v - v_{j+1}^{(k)}\right) \leqslant u \leqslant u_{i+1}^{(k)}. \end{cases} \tag{6.26}$$

因此 $\boldsymbol{\Gamma}^{(k)}(u,v)$ 是一个定义在参数域 $[0,1]\otimes[0,1]$ 上的分片线性连续曲面.

对两个控制网格 $\boldsymbol{\Gamma}^{(k+l)}(u,v), \boldsymbol{\Gamma}^{(k)}(u,v)$, 当参数

$$(u,v) \in \left[u_{2^l i}^{(k+l)}, u_{2^l(i+1)}^{(k+l)}\right] \otimes \left[v_{2^l j}^{(k+l)}, v_{2^l(j+1)}^{(k+l)}\right]$$

时,$\boldsymbol{\Gamma}^{(k)}(u,v)$ 为顶点 $\left\{\boldsymbol{P}_{i+r,j+h}^{(k)}\right\}_{r,h=0,1,2}$ 中某 3 点的凸组合, 而 $\boldsymbol{\Gamma}^{(k+l)}(u,v)$ 为顶点 $\left\{\boldsymbol{P}_{2^l i+r,2^l j+h}^{(k+l)}\right\}_{r,h=0,\cdots,2^l}$ 中某 3 点的凸组合. 由切割磨光法的仿射标架性可知, 顶点 $\boldsymbol{P}_{2^l i+r,2^l j+h}^{(k+l)}$ 能表示成 $\left\{\boldsymbol{P}_{i+r,j+h}^{(k)}\right\}_{r,h=0,1,2}$ 的凸组合, 因此 $\boldsymbol{\Gamma}^{(k+l)}(u,v)$ 就可表示为 $\left\{\boldsymbol{P}_{i+r,j+h}^{(k)}\right\}_{r,h=0,1,2}$ 的凸组合. 令

$$\begin{aligned} M_{ij}^{(k)} &= \max_{0\leqslant r,h\leqslant 2}\left\{\left\|\boldsymbol{P}_{i+r,j+h}^{(k)}\right\|\right\}, \\ m_{ij}^{(k)} &= \min_{0\leqslant r,h\leqslant 2}\left\{\left\|\boldsymbol{P}_{i+r,j+h}^{(k)}\right\|\right\}, \\ \Delta_1\boldsymbol{P}_{ij}^{(k)} &= \boldsymbol{P}_{i+1,j}^{(k)} - \boldsymbol{P}_{ij}^{(k)}, \end{aligned}$$

$$
\begin{aligned}
\Delta_2 \boldsymbol{P}_{ij}^{(k)} &= \boldsymbol{P}_{i,j+1}^{(k)} - \boldsymbol{P}_{ij}^{(k)},\\
\Delta^{(k)} &= \max_{i,j}\left\{\left\|\Delta_1 \boldsymbol{P}_{ij}^{(k)}\right\|, \left\|\Delta_2 \boldsymbol{P}_{ij}^{(k)}\right\|\right\},\\
\nabla^{(k)} &= \max_{i,j}\left\{\left\|\boldsymbol{P}_{i+1,j+1}^{(k)} - \boldsymbol{P}_{i+1,j}^{(k)} - \boldsymbol{P}_{i,j+1}^{(k)} - \boldsymbol{P}_{ij}^{(k)}\right\|\right\}.
\end{aligned}
$$

因此

$$
\begin{aligned}
&M_{ij}^{(k)} - m_{ij}^{(k)} \leqslant 2\max_{i,j}\left\{\max_{i,j}\left\|\Delta_1 \boldsymbol{P}_{ij}^{(k)}\right\| + \max_{i,j}\left\|\Delta_2 \boldsymbol{P}_{ij}^{(k)}\right\|\right\} \leqslant 4\Delta^{(k)},\\
&\max_{0\leqslant u,v\leqslant 1}\left\|\boldsymbol{\Gamma}^{(k+l)}(u,v) - \boldsymbol{\Gamma}^{(k)}(u,v)\right\| \leqslant \max_{i,j}\left|M_{ij}^{(k)} - m_{ij}^{(k)}\right| \leqslant 4\Delta^{(k)}.
\end{aligned}
\tag{6.27}
$$

令

$$
\begin{aligned}
\alpha &= \max\{\lambda+\mu, \tau+\delta, 1-\lambda-\mu, 1-\tau-\delta\},\\
\beta &= \max\{\lambda+\mu, \tau+\delta, |1-\lambda-\mu-\tau-\delta|\}.
\end{aligned}
$$

显然 $0<\alpha,\beta<1$, 并且

$$
\Delta^{(k)} \leqslant \alpha\Delta^{(k-1)} + \alpha\nabla^{(k-1)}, \quad \nabla^{(k)} \leqslant \beta\nabla^{(k-1)}.
$$

依此类推, 可得

$$
\Delta^{(k)} \leqslant \alpha^k\Delta^{(0)} + \left(\alpha^{k-1} + \alpha^{k-2}\beta + \cdots + \alpha\beta^{k-1} + \beta^{k-1}\right)\alpha\nabla^{(0)}.
$$

如果 $\alpha<\beta$, 可得

$$
\Delta^{(k)} \leqslant \alpha^k\Delta^{(0)} + \left(\frac{\alpha\beta^k}{\beta-\alpha}\right)\nabla^{(0)}.
$$

如果 $\alpha>\beta$, 可得

$$
\Delta^{(k)} \leqslant \alpha^k\Delta^{(0)} + \left(\frac{\alpha^{k+1}}{\alpha-\beta}\right)\nabla^{(0)}.
$$

由公式 (6.27) 式, 可得

$$
\max_{0\leqslant u,v\leqslant 1}\left\|\boldsymbol{\Gamma}^{(k+l)}(u,v) - \boldsymbol{\Gamma}^{(k)}(u,v)\right\| \leqslant 4\left(\alpha^k\Delta^{(0)} + \max\left\{\frac{\alpha\beta^k}{\beta-\alpha}, \frac{\alpha^{k+1}}{\alpha-\beta}\right\}\nabla^{(0)}\right).
$$

上式中令 $k\to+\infty$, 并注意

$$
\lim_{k\to+\infty}\alpha^k = \lim_{k\to+\infty}\beta^k = 0,
$$

可知对任取的 $l\in\mathbb{N}^+$ 成立

$$
\lim_{k\to+\infty}\max_{0\leqslant u,v\leqslant 1}\left\|\boldsymbol{\Gamma}^{(k+l)}(u,v) - \boldsymbol{\Gamma}^{(k)}(u,v)\right\| = 0.
$$

因此 $\boldsymbol{\Gamma}^{(k)}(u,v)$ 一致收敛, 即控制网格 $\boldsymbol{\Gamma}^{(k)}$ 一致收敛到一张连续曲面. 定理证毕.

3. 光滑性

如果初始控制网格的每一个单元 (空间四边形) 的 4 点均不重合, 则称为正则的控制网格. 由几何连续的定义, 曲面的 G^1 连续是指切平面或法线连续.

对于控制网格 $\boldsymbol{\Gamma}^{(k)}$ 上的一个空间四边形 $\boldsymbol{F}_{ij}^{(k)}$, 它的 4 个顶点可组合确定 4 个平面三角形. 如图 6.12 所示, 形成的三角形为

$$\begin{aligned}&\boldsymbol{P}_{ij}^{(k)}\boldsymbol{P}_{i,j+1}^{(k)}\boldsymbol{P}_{i+1,j}^{(k)}, \quad \boldsymbol{P}_{i,j+1}^{(k)}\boldsymbol{P}_{i+1,j}^{(k)}\boldsymbol{P}_{i+1,j+1}^{(k)},\\&\boldsymbol{P}_{ij}^{(k)}\boldsymbol{P}_{i+1,j}^{(k)}\boldsymbol{P}_{i+1,j+1}^{(k)}, \quad \boldsymbol{P}_{ij}^{(k)}\boldsymbol{P}_{i+1,j+1}^{(k)}\boldsymbol{P}_{i,j+1}^{(k)}.\end{aligned}$$

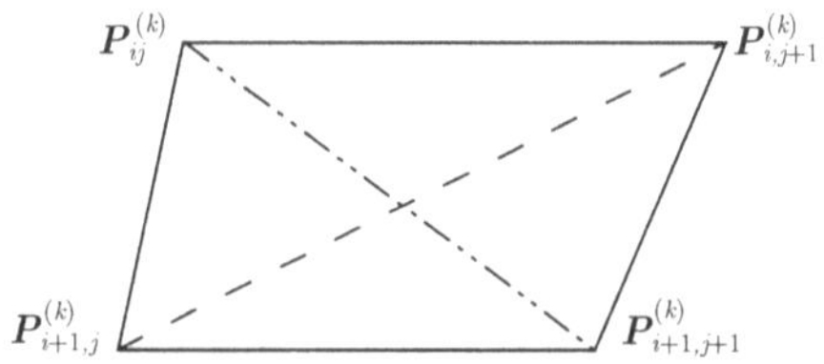

图 6.12 $\boldsymbol{F}_{ij}^{(k)}$ 确定的 4 个平面三角形

这些三角形称为 $\boldsymbol{F}_{ij}^{(k)}$ 的子三角形. 当 $\boldsymbol{F}_{ij}^{(k)}$ 位于控制网格 $\boldsymbol{\Gamma}^{(k)}$ 的内部时, 其周围有 8 个或共用一条边或共用一个顶点的空间四边形与其相邻. 另外, 由定理 6.3.1 与公式 (6.25) 可知 $\boldsymbol{F}_{ij}^{(k)}$ 上有一收敛点 $\widetilde{\boldsymbol{P}}_{ij}^{(k)}$ 落在细分曲面 $S\left(\boldsymbol{\Gamma}^{(0)},V\right)$ 上. 那么细分曲面在点 $\widetilde{\boldsymbol{P}}_{ij}^{(k)}$ 处 G^1 连续的定义如下.

定义 6.3.2 若 $\widetilde{\boldsymbol{P}}_{ij}^{(k)}$ 及其周围 8 个空间四边形的所有子三角形的法向量都收敛到同一方向, 则称细分曲面 $S\left(\boldsymbol{\Gamma}^{(0)},V\right)$ 在点 $\widetilde{\boldsymbol{P}}_{ij}^{(k)}$ 处 G^1 连续.

由于细分曲面是由控制网格生成的一个极限曲面, 如果它在所有的收敛点都 G^1 连续, 那么它就在无穷多个点 G^1 连续, 但这并不能说明细分曲面本身为 G^1 连续的. 有关细分曲面 $S\left(\boldsymbol{\Gamma}^{(0)},V\right)$ 处处为 G^1 连续是否等价于其所有收敛点 $\widetilde{\boldsymbol{P}}_{ij}^{(k)}$ 处 G^1 连续还有待理论上的严格证明, 现给出细分曲面拟 G^1 连续的概念.

定义 6.3.3 细分曲面 $S\left(\boldsymbol{\Gamma}^{(0)},V\right)$ 称为拟 G^1 连续, 如果对于任意的控制网格 $\boldsymbol{\Gamma}^{(k)}(k=0,1,2,\cdots)$ 中的任意一个空间四边形 $\boldsymbol{F}_{ij}^{(k)}$, 它在 $\boldsymbol{F}_{ij}^{(k)}$ 的收敛点 $\widetilde{\boldsymbol{P}}_{ij}^{(k)}$ 处 G^1 连续.

下面定理给出切割参数为常数时细分曲面为拟 G^1 连续的一个充要条件.

定理 6.3.3 对于任意正则的初始控制网格, 其细分曲面 $S\left(\boldsymbol{\Gamma}^{(0)},V\right)$ 为拟 G^1 连续的充要条件是其切割参数满足

$$\begin{aligned}&(\lambda,\mu),\quad (\tau,\delta)\in\Omega_1,\\&(\alpha,\beta)\in\Omega_2,\quad \alpha=\lambda+\mu,\quad \beta=\tau+\delta,\end{aligned}\tag{6.28}$$

其中 (图 6.13),

$$
\begin{aligned}
\Omega_1 &= \{(x,y)\,|0<x,y<1, x+2y\leqslant 1, 2x+y\leqslant 1\},\\
\Omega_2 &= \{(x,y)\,|0<x,y<1, x<2(1-y), y<2(1-x)\}.
\end{aligned}
\tag{6.29}
$$

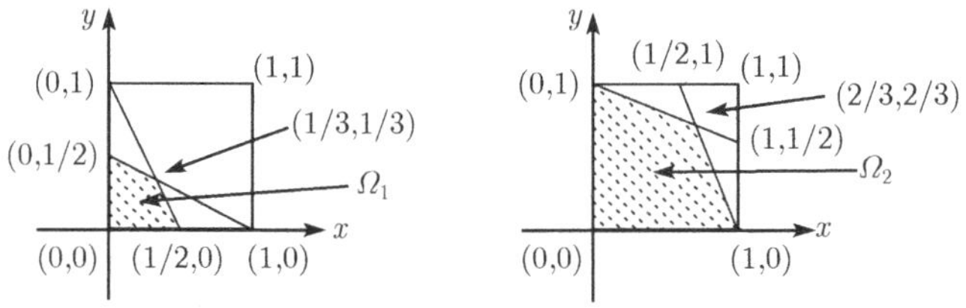

图 6.13　参数域 Ω_1 与 Ω_2

证明　只需证明细分曲面在 $\boldsymbol{F}_{ij}^{(0)}$ 处收敛点 $\widetilde{\boldsymbol{P}}_{ij}$ 的 G^1 连续的充要条件即可. 考虑 k 次切割磨光之后空间四边形 $\boldsymbol{F}_{2^ki,2^kj}^{(k)}$ 及其周围 8 个空间四边形 (图 6.14). 由切割磨光规则 (6.19) 不难证明, 与 $\boldsymbol{F}_{2^ki,2^kj}^{(k)}$ 只共用顶点的四边形都是平行四边形, 因此只需讨论 $\boldsymbol{F}_{2^ki,2^kj}^{(k)}$ 及与它共用一边的 4 个空间四边形的所有子三角形的法向量收敛情况. 下面以 $\boldsymbol{F}_{2^ki,2^kj}^{(k)}$ 与 $\boldsymbol{F}_{2^ki-1,2^kj}^{(k)}$(图 6.14 中已经分割子三角形的空间四边形) 为例进行讨论, 其他情况类似.

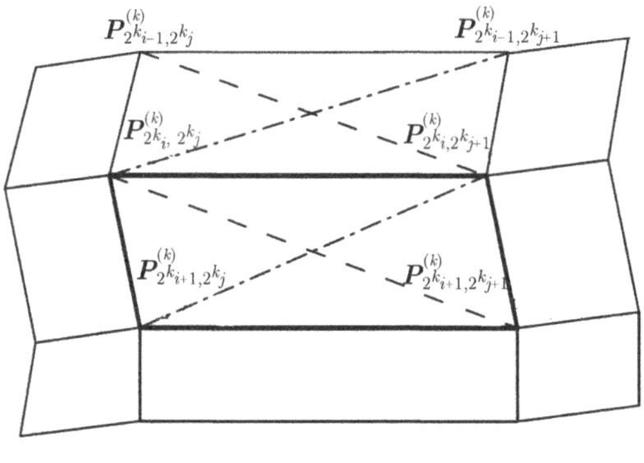

图 6.14　$\boldsymbol{F}_{2^ki,2^kj}^{(k)}$ 及其周围 8 个空间四边形

由三角形平面的法向量即是两边向量的向量积, 则 $\boldsymbol{F}_{2^ki,2^kj}^{(k)}$ 与 $\boldsymbol{F}_{2^ki-1,2^kj}^{(k)}$ 的 4 个子三角形的单位法向量为

$$
\begin{aligned}
\boldsymbol{e}_1^{(k)} &= \frac{\left(\boldsymbol{P}_{2^ki,2^kj+1}^{(k)}-\boldsymbol{P}_{2^ki,2^kj}^{(k)}\right)\times\left(\boldsymbol{P}_{2^ki+1,2^kj}^{(k)}-\boldsymbol{P}_{2^ki,2^kj}^{(k)}\right)}{\left\|\left(\boldsymbol{P}_{2^ki,2^kj+1}^{(k)}-\boldsymbol{P}_{2^ki,2^kj}^{(k)}\right)\times\left(\boldsymbol{P}_{2^ki+1,2^kj}^{(k)}-\boldsymbol{P}_{2^ki,2^kj}^{(k)}\right)\right\|},\\
\boldsymbol{e}_2^{(k)} &= \frac{\left(\boldsymbol{P}_{2^ki+1,2^kj+1}^{(k)}-\boldsymbol{P}_{2^ki,2^kj+1}^{(k)}\right)\times\left(\boldsymbol{P}_{2^ki,2^kj}^{(k)}-\boldsymbol{P}_{2^ki,2^kj+1}^{(k)}\right)}{\left\|\left(\boldsymbol{P}_{2^ki+1,2^kj+1}^{(k)}-\boldsymbol{P}_{2^ki,2^kj+1}^{(k)}\right)\times\left(\boldsymbol{P}_{2^ki,2^kj}^{(k)}-\boldsymbol{P}_{2^ki,2^kj+1}^{(k)}\right)\right\|},
\end{aligned}
\tag{6.30}
$$

$$e_3^{(k)} = \frac{\left(P_{2^k i-1,2^k j}^{(k)} - P_{2^k i,2^k j}^{(k)}\right) \times \left(P_{2^k i,2^k j+1}^{(k)} - P_{2^k i,2^k j}^{(k)}\right)}{\left\|\left(P_{2^k i-1,2^k j}^{(k)} - P_{2^k i,2^k j}^{(k)}\right) \times \left(P_{2^k i,2^k j+1}^{(k)} - P_{2^k i,2^k j}^{(k)}\right)\right\|},$$

$$e_4^{(k)} = \frac{\left(P_{2^k i,2^k j}^{(k)} - P_{2^k i,2^k j+1}^{(k)}\right) \times \left(P_{2^k i-1,2^k j+1}^{(k)} - P_{2^k i,2^k j+1}^{(k)}\right)}{\left\|\left(P_{2^k i,2^k j}^{(k)} - P_{2^k i,2^k j+1}^{(k)}\right) \times \left(P_{2^k i-1,2^k j+1}^{(k)} - P_{2^k i,2^k j+1}^{(k)}\right)\right\|}.$$

因此, 证明本定理只需证明

$$\lim_{k\to+\infty} e_1^{(k)} = \lim_{k\to+\infty} e_2^{(k)} = \lim_{k\to+\infty} e_3^{(k)} = \lim_{k\to+\infty} e_4^{(k)} \tag{6.31}$$

即可. 令

$$\Delta S_{2^k i,2^k j}^{(k)} = \left(P_{2^k i-1,2^k j}^{(k)} - P_{2^k i,2^k j}^{(k)}, P_{2^k i-1,2^k j+1}^{(k)} - P_{2^k i,2^k j+1}^{(k)}\right),$$

则

$$\Delta S_{2^{k+1} i,2^{k+1} j}^{(k+1)} = \tau \Delta S_{2^k i,2^k j}^{(k)} + \delta J \Delta F_{2^k i,2^k j}^{(k)},$$

其中

$$J = \begin{pmatrix} 0 & 0 & 0 & 1 \\ 0 & -1 & 0 & 0 \end{pmatrix}.$$

利用公式 (6.21) 与公式 (6.22), 可得

$$\Delta S_{2^{k+1} i,2^{k+1} j}^{(k+1)} = \tau^{k+1} \Delta S_{i,j}^{(0)} + \delta J T \left(\sum_{n=0}^{k} \tau^n D^{k-n}\right) T^{-1} \Delta F_{i,j}^{(0)}.$$

令

$$\begin{aligned} D_\tau^{(k)} &= \sum_{n=0}^{k} \tau^n D^{k-n} \\ &= \mathrm{diag}\left(\frac{1-\tau^{k+1}}{1-\tau}, \frac{(1-\alpha-\beta)^{k+1}-\tau^{k+1}}{1-\alpha-\beta-\tau}, \frac{(1-\alpha)^{k+1}-\tau^{k+1}}{1-\alpha-\tau},\right. \\ &\qquad \left.\frac{(1-\beta)^{k+1}-\tau^{k+1}}{1-\beta-\tau}\right), \end{aligned}$$

则有

$$\Delta F_{2^k i,2^k j}^{(k)} = T D^k T^{-1} \Delta F_{i,j}^{(0)}, \tag{6.32}$$

$$\Delta S_{2^k i,2^k j}^{(k)} = \tau^k \Delta S_{i,j}^{(0)} + \delta J T D_\tau^{(k)} T^{-1} \Delta F_{i,j}^{(0)}. \tag{6.33}$$

下面分情况对 (6.31) 式成立时切割参数满足的条件进行讨论.

(1) 当 $|1-\beta|<|1-\alpha-\beta|$ 或 $|1-\alpha|<|1-\alpha-\beta|$ 时.

当 $|1-\beta|<|1-\alpha-\beta|$ 时, 由公式 (6.32) 可得

$$\lim_{k\to\infty}\frac{\boldsymbol{P}^{(k)}_{2^ki+1,2^kj+1}-\boldsymbol{P}^{(k)}_{2^ki,2^kj+1}}{(1-\alpha-\beta)^k}=\frac{\lambda}{\alpha}\left(\boldsymbol{P}^{(0)}_{i+1,j+1}-\boldsymbol{P}^{(0)}_{i,j+1}-\boldsymbol{P}^{(0)}_{i+1,j}+\boldsymbol{P}^{(0)}_{ij}\right),$$

$$\lim_{k\to\infty}\frac{\boldsymbol{P}^{(k)}_{2^ki,2^kj}-\boldsymbol{P}^{(k)}_{2^ki+1,2^kj}}{(1-\alpha-\beta)^k}=\frac{\mu}{\alpha}\left(\boldsymbol{P}^{(0)}_{i+1,j+1}-\boldsymbol{P}^{(0)}_{i,j+1}-\boldsymbol{P}^{(0)}_{i+1,j}+\boldsymbol{P}^{(0)}_{ij}\right).$$

此时, 两个向量方向趋于一致, 因此 (6.31) 式一般不成立. 同理对 $|1-\alpha|<|1-\alpha-\beta|$, (6.31) 式一般也不成立.

(2) 当 $|1-\beta|=|1-\alpha-\beta|$ 或 $|1-\alpha|=|1-\alpha-\beta|$ 时.

当 $|1-\beta|=|1-\alpha-\beta|$ 时, 由公式 (6.32) 可得

$$\boldsymbol{P}^{(2k)}_{2^{2k}i+1,2^{2k}j+1}-\boldsymbol{P}^{(2k)}_{2^{2k}i,2^{2k}j+1}=(1-\beta)^{2k}\left(\boldsymbol{P}^{(0)}_{i+1,j+1}-\boldsymbol{P}^{(0)}_{i,j+1}\right),$$

$$\boldsymbol{P}^{(2k)}_{2^{2k}i,2^{2k}j}-\boldsymbol{P}^{(2k)}_{2^{2k}i+1,2^{2k}j}=(1-\beta)^{2k}\left(\boldsymbol{P}^{(0)}_{ij}-\boldsymbol{P}^{(0)}_{i+1,j}\right).$$

经计算, (6.31) 式一般不成立. 同理对 $|1-\alpha|=|1-\alpha-\beta|$, (6.31) 式一般也不成立.

(3) 当 $\tau>1-\beta=|1-\alpha-\beta|$ 时.

由公式 (6.33), 此时

$$\lim_{k\to+\infty}\boldsymbol{e}_2^{(k)},\quad \lim_{k\to+\infty}\boldsymbol{e}_2^{(k)}$$

与 $\Delta\boldsymbol{S}^{(0)}_{i,j}$ 无关, 而

$$\lim_{k\to+\infty}\boldsymbol{e}_3^{(k)},\quad \lim_{k\to+\infty}\boldsymbol{e}_4^{(k)}$$

与 $\Delta\boldsymbol{S}^{(0)}_{i,j}$ 有关, 因此 (6.31) 式一般不成立.

(4) 当 $\tau\leqslant 1-\beta, |1-\beta|>|1-\alpha-\beta|, |1-\alpha|>|1-\alpha-\beta|$ 时.

令

$$\begin{cases}\boldsymbol{R}^1_{ij}=\tau\left(\boldsymbol{P}^{(0)}_{i,j+1}-\boldsymbol{P}^{(0)}_{ij}\right)-\delta\left(\boldsymbol{P}^{(0)}_{i+1,j}-\boldsymbol{P}^{(0)}_{i+1,j+1}\right),\\ \boldsymbol{R}^2_{ij}=\mu\left(\boldsymbol{P}^{(0)}_{i+1,j+1}-\boldsymbol{P}^{(0)}_{i,j+1}\right)-\lambda\left(\boldsymbol{P}^{(0)}_{ij}-\boldsymbol{P}^{(0)}_{i+1,j}\right).\end{cases}$$

由公式 (6.32), 可以得到

$$\lim_{k\to\infty}\frac{\boldsymbol{P}^{(k)}_{2^ki,2^kj+1}-\boldsymbol{P}^{(k)}_{2^ki,2^kj}}{(1-\alpha)^k}=\lim_{k\to\infty}\frac{\boldsymbol{P}^{(k)}_{2^ki+1,2^kj+1}-\boldsymbol{P}^{(k)}_{2^ki+1,2^kj}}{(1-\alpha)^k}=\frac{\boldsymbol{R}^1_{ij}}{\beta},$$

$$\lim_{k\to\infty}\frac{\boldsymbol{P}^{(k)}_{2^ki+1,2^kj+1}-\boldsymbol{P}^{(k)}_{2^ki,2^kj+1}}{(1-\beta)^k}=\lim_{k\to\infty}\frac{\boldsymbol{P}^{(k)}_{2^ki+1,2^kj}-\boldsymbol{P}^{(k)}_{2^ki,2^kj}}{(1-\beta)^k}=\frac{\boldsymbol{R}^2_{ij}}{\alpha}.$$

再由公式 (6.33), 当 $\tau < 1-\beta$ 时, 可以得到

$$\lim_{k\to\infty}\frac{\boldsymbol{P}^{(k)}_{2^k i-1,2^k j}-\boldsymbol{P}^{(k)}_{2^k i,2^k j}}{(1-\beta)^k}=-\frac{\boldsymbol{R}^2_{ij}}{\alpha(1-\beta-\tau)},$$
$$\lim_{k\to\infty}\frac{\boldsymbol{P}^{(k)}_{2^k i-1,2^k j+1}-\boldsymbol{P}^{(k)}_{2^k i,2^k j+1}}{(1-\beta)^k}=-\frac{\boldsymbol{R}^2_{ij}}{\alpha(1-\beta-\tau)},$$

且当 $\tau = 1-\beta$ 时, 有

$$\lim_{k\to\infty}\frac{\boldsymbol{P}^{(k)}_{2^k i-1,2^k j}-\boldsymbol{P}^{(k)}_{2^k i,2^k j}}{k(1-\beta)^{k-1}}=\lim_{k\to\infty}\frac{\boldsymbol{P}^{(k)}_{2^k i-1,2^k j+1}-\boldsymbol{P}^{(k)}_{2^k i,2^k j+1}}{k(1-\beta)^{k-1}}=-\frac{\boldsymbol{R}^2_{ij}}{\alpha}.$$

在上述情况下, 可以计算得出, 公式 (6.31) 成立, 并且单位法向量的极限为

$$\frac{\boldsymbol{R}^1_{ij}\times\boldsymbol{R}^2_{ij}}{\left\|\boldsymbol{R}^1_{ij}\times\boldsymbol{R}^2_{ij}\right\|}. \tag{6.34}$$

这就证明了本定理. 定理证毕.

公式 (6.34) 给出了计算细分曲面在 $\boldsymbol{F}^{(0)}_{ij}$ 处收敛点 $\widetilde{\boldsymbol{P}}_{ij}$ 单位法向量的方法. 如果 $\boldsymbol{F}^{(0)}_{ij}$ 为一个平面, 则单位法向量就是此平面的法向量, 此时该平面就是细分曲面在此点的切平面.

4. 几何性质

切割磨光方法产生的细分曲面也有一些好的性质, 这在几何造型中具有非常重要的作用, 现罗列其 3 条主要性质如下.

性质 6.3.1 *凸包性. 细分曲面 $S\left(\boldsymbol{\Gamma}^{(0)},V\right)$ 落在初始控制多面体 $\boldsymbol{\Gamma}^{(0)}$ 的凸包内. 若所有顶点重合为一点时, 曲面也缩为一点.*

性质 6.3.2 *局部性. 变动初始控制多面体 $\boldsymbol{\Gamma}^{(0)}$ 的一个顶点, 仅影响曲面在该点附近的部分.*

性质 6.3.3 *插值性. 若初始控制多面体 $\boldsymbol{\Gamma}^{(0)}$ 的某一单元 (空间四边形) 重合为一点时, 则它落在细分曲面 $S\left(\boldsymbol{\Gamma}^{(0)},V\right)$ 上.*

6.3.3 任意拓扑网格的切割磨光法

传统曲面造型方法遇到复杂物体造型时往往束手无策, 因为其控制顶点往往具有复杂的网格拓扑, 这对于利用张量积方法构造的参数曲面而言, 拼接或剪裁的困难是显而易见的. 在几何造型中, 细分方法之所以得以快速发展, 其拓扑网格任意性是主要原因之一. 对于矩形拓扑网格来说, 由于其拓扑结构简单, 生成点规则、点与点之间的关系容易表示. 然而对于一般拓扑网格来说, 生成网格的拓扑关系的建立与表示往往就没有这么简单了. 前面我们已经介绍了基于拓扑矩形网格的切割磨光生成细分曲面的方法, 本节对任意拓扑网格的切割磨光法进行介绍.

首先介绍一下控制网格的拓扑结构. 这里仅考虑封闭网格, 如果为开网格则需讨论边界问题. 空间中的封闭网格是由顶点、边与面组成的一个结构. 它们有如下关系：

(1) 每个顶点在空间中有具体的位置, 即坐标表示, 并且每个顶点一定属于某条边. 顶点的度为以它为端点的边的数目;

(2) 每条边都有两个顶点, 每条边一定属于某个面, 并且一条边最多属于两个面;

(3) 每个面由一组环边组成, 并且沿着环边, 前后两条边共用一个顶点. 面的度称为属于这个面的边的数目;

(4) 两个面最多共用一条边.

基于仿射标架的四边形网格切割磨光法具有不依赖网格拓扑结构的性质, 现将其推广到任意封闭网格上去. 需要进行如下两个步骤：

(1) 新顶点的生成. 设 $\boldsymbol{F}_n=\boldsymbol{P}_1\boldsymbol{P}_2\cdots\boldsymbol{P}_n$ 是初始控制网格 $\boldsymbol{\Gamma}^{(0)}$ 上的一个度为 n 的面. 对其上每条边 $\boldsymbol{P}_i\boldsymbol{P}_{i+1}$ 赋予两个切割参数 μ_i,λ_{i+1}, 并满足

$$\mu_i,\lambda_{i+1}>0,\quad \mu_i+\lambda_{i+1}<1.$$

则新顶点产生规则如下：

$$\boldsymbol{P}_i^{(1)}=\boldsymbol{P}_i+\lambda_i\left(\boldsymbol{P}_{i-1}-\boldsymbol{P}_i\right)+\mu_i\left(\boldsymbol{P}_{i+1}-\boldsymbol{P}_i\right),\quad i=1,2,\cdots,n. \tag{6.35}$$

对 $\boldsymbol{\Gamma}^{(0)}$ 上的所有面都按规则 (6.35) 式产生新顶点, 它们组成了控制网格 $\boldsymbol{\Gamma}^{(1)}$ 上的新顶点.

(2) 拓扑结构的建立. $\boldsymbol{\Gamma}^{(1)}$ 的拓扑结构中的面按如下规则建立：

(i) 新面面 (也称 F- 面)：对于 $\boldsymbol{\Gamma}^{(0)}$ 中的任意一个面, 对应于该面的所有新顶点按该面原有顺序连接而产生的新面 (如图 6.15 中的面 $\boldsymbol{P}_1^{(1)}\boldsymbol{P}_2^{(1)}\boldsymbol{P}_3^{(1)}\boldsymbol{P}_4^{(1)}$, $\boldsymbol{B}_1\boldsymbol{B}_2\boldsymbol{B}_3\boldsymbol{B}_4$ 与 $\boldsymbol{C}_1\boldsymbol{C}_2\boldsymbol{C}_3$).

(ii) 新边面 (也称 E- 面)：对于 $\boldsymbol{\Gamma}^{(0)}$ 中的任意一条边, 连接对应于该边一个相邻面上两个新顶点与另一个相邻面上两个新顶点而产生的新四边形面 (如图 6.15 中的面 $\boldsymbol{P}_1^{(1)}\boldsymbol{P}_4^{(1)}\boldsymbol{B}_2\boldsymbol{B}_1$, $\boldsymbol{B}_1\boldsymbol{B}_4\boldsymbol{C}_2\boldsymbol{C}_1$ 与 $\boldsymbol{P}_1^{(1)}\boldsymbol{P}_2^{(1)}\boldsymbol{C}_3\boldsymbol{C}_1$).

(iii) 新点面 (也称 V- 面)：对于 $\boldsymbol{\Gamma}^{(0)}$ 中的任意一个顶点, 连接对应于该点相邻面上的相邻新顶点而产生的新面 (如图 6.15 中的面 $\boldsymbol{P}_1^{(1)}\boldsymbol{B}_1\boldsymbol{C}_1$).

依规则 (6.35) 式与面的建立方法, 依次可以得到控制网格 $\boldsymbol{\Gamma}^{(2)},\boldsymbol{\Gamma}^{(3)},\cdots$ 上的顶点与其拓扑结构的建立. 当切割磨光次数趋于无穷时, 如果控制网格序列 $\{\boldsymbol{\Gamma}^{(k)}\}$ 收敛, 则称极限曲面为细分曲面 $S(\boldsymbol{\Gamma}^{(0)},V)$, 其中 V 是切割参数集.

从上述拓扑结构的构造过程可以看出, 切割磨光产生的控制网格有如下性质.

性质 6.3.4 (1) 新点面的度就等于它所对应的顶点的度 (如图 6.15, 点面 $\boldsymbol{P}_1^{(1)}\boldsymbol{B}_1\boldsymbol{C}_1$ 与顶点 $\boldsymbol{P}_1^{(1)}$ 的度都是 3);

(2) 新边面总是为矩形拓扑面;

(3) 新面面与其对应的面具有相同的度 (如图 6.15, 新面 $\boldsymbol{P}_1^{(1)}\boldsymbol{P}_2^{(1)}\boldsymbol{P}_3^{(1)}\boldsymbol{P}_4^{(1)}$ 与面 $\boldsymbol{P}_1\boldsymbol{P}_2\boldsymbol{P}_3\boldsymbol{P}_4$ 的度都是 4);

(4) $\boldsymbol{\Gamma}^{(1)}$ 之后, 所有的控制网格的顶点的度均为 4. 并且非矩形拓扑面的个数在随后的切割过程中保持不变, 等于初始网格中非矩形拓扑面的个数加上度不为 4 的顶点个数.

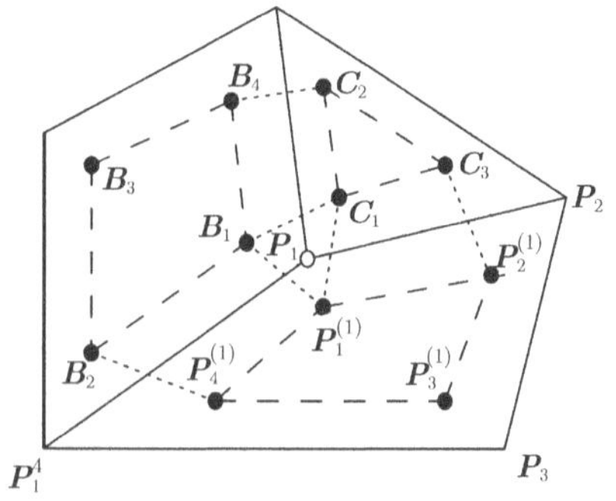

图 6.15 控制网格中的点面、边面与面面

由此, 细分曲面 $S(\boldsymbol{\Gamma}^{(0)},V)$ 的形状取决于初始控制网格与参数集. 控制多面体给出了极限曲面的大体形状, 而切割参数决定了具体的切割磨光方法也就决定了极限曲面的最终形状. 下面对细分曲面的收敛性与光滑性进行讨论.

由性质 6.3.4(4), 切割磨光过程中非矩形拓扑面的个数不变, 因此只需讨论有限个特殊点上的情况即可. 下面仅考虑切割参数为同一常数, 即 $\lambda_i=\mu_i=\lambda$ 这一简单情形.

定理 6.3.4 对于任意初始拓扑网格 $\boldsymbol{\Gamma}^{(0)}$ 中的任意一面 $\boldsymbol{F}_n=\boldsymbol{P}_1\boldsymbol{P}_2\cdots\boldsymbol{P}_n$, 当切割参数满足

$$\lambda\in\left(0,\frac{1}{2}\right)$$

时, 点

$$\widetilde{\boldsymbol{P}}=\frac{1}{n}\sum_{i=1}^{n}\boldsymbol{P}_i$$

落在细分曲面 $S(\boldsymbol{\Gamma}^{(0)},V)$ 上.

由此定理容易推得如下结论.

推论 6.3.3 k 次磨光后的控制网格 $\boldsymbol{\Gamma}^{(k)}$ 上的任意一面 $\boldsymbol{F}_n^{(k)}=\boldsymbol{P}_1^{(k)}\boldsymbol{P}_2^{(k)}\cdots\boldsymbol{P}_n^{(k)}$, 当切割参数满足

$$\lambda\in\left(0,\frac{1}{2}\right)$$

时, 点

$$\widetilde{\boldsymbol{P}}^{(k)}=\frac{1}{n}\sum_{i=1}^{n}\boldsymbol{P}_i^{(k)}$$

落在细分曲面 $S\left(\boldsymbol{\Gamma}^{(0)},V\right)$ 上. 点 $\widetilde{\boldsymbol{P}}^{(k)}$ 称为面 $\boldsymbol{F}_n^{(k)}$ 的收敛点. 特别地, 如果 $\boldsymbol{F}_n^{(k)}$ 为一个平面, 则收敛点就落在此平面上.

对正则的控制网格 (即各个顶点都不重合), 研究其拟 G^1 连续性. 即对控制网格 $\boldsymbol{\Gamma}^{(k)}$ 中的任一面 $\boldsymbol{F}^{(k)}$, 其与相邻的边面、点面的所有子三角形的法向量是否收敛于同一方向. 下述定理对于切割参数为同一常数的情形给出了答案.

定理 6.3.5　对任意正则的初始拓扑网格 $\boldsymbol{\Gamma}^{(0)}$, 如果满足

(1) $\boldsymbol{\Gamma}^{(0)}$ 中非矩形拓扑面均为平面多边形;

(2) $\boldsymbol{\Gamma}^{(0)}$ 中任一顶点的度不超过 4, 则细分曲面 $S\left(\boldsymbol{\Gamma}^{(0)},V\right)$ 为拟 G^1 连续的充要条件是切割参数满足

$$0<\lambda\leqslant\frac{1}{4\sin^2\dfrac{\pi}{n}+1},$$

其中, n 为 $\boldsymbol{\Gamma}^{(0)}$ 中所有面与顶点的度的最小值.

由控制网格的正则性与定理 6.3.5 条件 (2), n 等于 3 或 4. 定理 6.3.5 条件 (2) 保证了一次磨光之后, 增加的非矩形面只能是三角形, 并且在随后的磨光过程中, 非矩形面的数量不会增加, 并且只能是平面多边形. 对于矩形拓扑网格可知 $n=4$, 则切割参数需满足 $\lambda\in(0,1/3]$, 当 $\lambda=\mu=\tau=\delta$ 时, 这与定理 6.3.3 的结论是一致的. 鉴于篇幅, 此定理证明在此拟不做介绍, 请读者参阅有关书籍.

6.4　典型细分曲面方法

本节对当今比较流行的 Doo-Sabin 方法、Catmull-Clark 方法、Loop 方法、蝶形方法以及 $\sqrt{3}$ 方法进行简单介绍.

6.4.1　Doo-Sabin 细分曲面

本章第 2 节中提到的 Chaikin 算法得到的细分曲线是 2 次 B 样条曲线, 其方法容易推广到 B 样条曲面的情形. 1978 年,Doo 和 Sabin 将 2 次 B 样条曲面的离散生成方法推广到任意网格上, 提出了 Doo-Sabin 细分方法, 这是一种逼近型的点分裂方法.

初始控制网格 $\boldsymbol{\Gamma}^{(0)}$ 的任意一面 $\boldsymbol{F}_n=\boldsymbol{P}_1\boldsymbol{P}_2\cdots\boldsymbol{P}_n$ 内对应顶点 $\boldsymbol{P}_i$ 生成的新顶点为

$$\boldsymbol{P}_i^{(1)}=\sum_{j=0}^{n}\omega_{ij}\boldsymbol{P}_j,\tag{6.36}$$

其中, 参数

$$\omega_{ij}=\begin{cases}\dfrac{n+5}{4n}, & i=j,\\ \dfrac{1}{4n}\left(3+2\cos\dfrac{2(i-j)\pi}{n}\right), & i\neq j.\end{cases}$$

新顶点生成以后, 新控制网格的拓扑生成规则如下:

(1) 新面面 (F- 面): 对于每个面, 对应于该面的所有新顶点按该面原有顺序连接而产生的新面.

(2) 新边面 (E- 面): 对于每条边, 连接对应于该边一个相邻面上两个新顶点与另一个相邻面上两个新顶点而产生的新四边形面;

(3) 新点面 (V- 面): 对于每一个网格顶点, 连接对应于该点相邻面上的相邻新顶点而产生的新面;

对于任意拓扑网格, 如上规则可生成一个光滑的极限曲面, 称为 Doo-Sabin 曲面. 由图 6.16 可以看到, 经过一次细分后所有的网格顶点的度均为 4, 且非四边面的个数在后续的细分过程中保持不变, 即为初始控制网格的非四边面个数与度不为 4 的点的个数之和. Doo-Sabin 曲面处处 G^1 光滑, 并且在初始控制网格为 B 样条曲面的控制网格情况下, 细分曲面就是均匀的双 2 次 B 样条曲面. 由于与 6.4.2 小节要介绍的非均匀 Catmull-Clark 细分方法类似, 关于非均匀 Doo-Sabin 细分方法, 此处拟不做介绍, 请读者参阅有关资料.

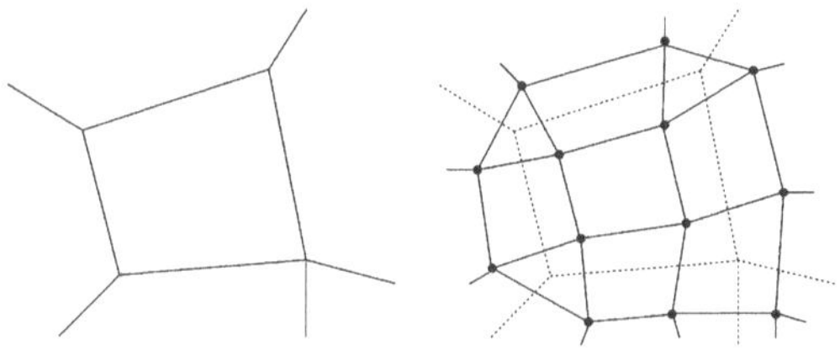

图 6.16 Doo-Sabin 细分一次之后的控制网格

6.4.2 Catmull-Clark 细分曲面

1. 均匀 Catmull-Clark 细分曲面

1978 年, 在 Doo-Sabin 细分方法提出的同时, Catmull 和 Clark 也提出了一种基于任意四边形网格的细分方法, 称为 Catmull-Clark 细分方法, 这是一种逼近型的面分裂方法. 将此方法用于规则的四边形网格时, 细分曲面就是双 3 次的张量积 B 样条曲面. 基于四边形网格的细分方法研究中, 很多工作是在 Catmull-Clark 模式上展开的.

Catmull-Clark 细分的初始控制网格为四边形网格, 计算新顶点的几何规则如下:

(1) 新面点 (F- 点)：面上的顶点的平均;

(2) 新边点 (E- 点)：对应边的两端点和该边相邻的两个面的新面点的平均;

(3) 新顶点 (V- 点)：对应顶点 $\boldsymbol{v}$, 新顶点为其与周围一些点的平均, 即

$$\frac{n-2}{n}\boldsymbol{v}+\frac{\boldsymbol{E}}{n}+\frac{\boldsymbol{F}}{n},$$

其中, n 为顶点 $\boldsymbol{v}$ 的度, 而 $\boldsymbol{E}$ 是所有与 $\boldsymbol{v}$ 共边顶点的平均, $\boldsymbol{F}$ 是所有以 $\boldsymbol{v}$ 为一个顶点的面的新面点的平均 (此公式为原 Catmull-Clark 公式的一个变形).

给定一个初始网格 $\boldsymbol{\Gamma}^{(0)}$, 经过 k 次 Catmull-Clark 细分后得到的控制网格为 $\boldsymbol{\Gamma}^{(k)}$. 考虑 $\boldsymbol{\Gamma}^{(k)}$ 上度为 n 的顶点 $\boldsymbol{v}^{(k)}$ 的局部网格 (图 6.17), 它的邻域由 n 个共边顶点 $\boldsymbol{e}_1^{(k)},\cdots,\boldsymbol{e}_n^{(k)}$ 和 n 个共面顶点 $\boldsymbol{f}_1^{(k)},\cdots,\boldsymbol{f}_n^{(k)}$ 组成. 按上述细分规则, 第 $k+1$ 次细分后产生的新面点、新边点和新顶点为

$$\begin{cases}\boldsymbol{f}_i^{(k+1)}=\dfrac{1}{4}\left(\boldsymbol{v}^{(k)}+\boldsymbol{f}_i^{(k)}+\boldsymbol{e}_i^{(k)}+\boldsymbol{e}_{i+1}^{(k)}\right),\\ \boldsymbol{e}_i^{(k+1)}=\dfrac{1}{4}\left(\boldsymbol{v}^{(k)}+\boldsymbol{e}_i^{(k)}+\boldsymbol{f}_{i-1}^{(k+1)}+\boldsymbol{f}_{i+1}^{(k+1)}\right),\\ \boldsymbol{v}^{(k+1)}=\dfrac{n-2}{n}\boldsymbol{v}^{(k)}+\dfrac{1}{n^2}\displaystyle\sum_{j=1}^{n}\boldsymbol{e}_j^{(k)}+\dfrac{1}{n^2}\sum_{j=1}^{n}\boldsymbol{f}_j^{(k+1)},\end{cases}\tag{6.37}$$

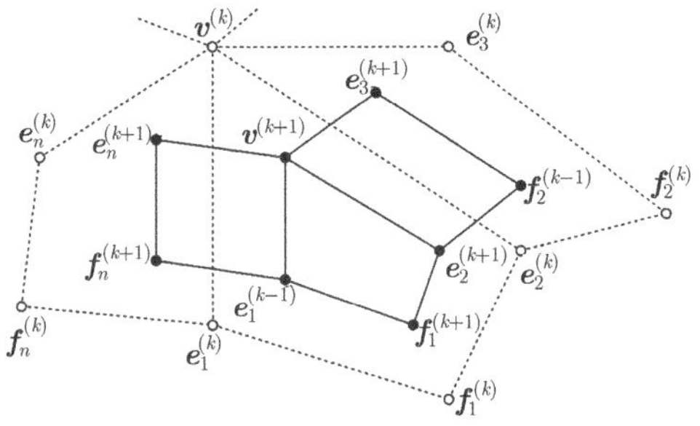

图 6.17 顶点 $\boldsymbol{v}^{(k)}$ 的局部网格

其中, $i=1,\cdots,n$, 且设 $\boldsymbol{e}_{n+1}^{(k)}=\boldsymbol{e}_1^{(k)},\boldsymbol{f}_{n+1}^{(k)}=\boldsymbol{f}_1^{(k)}$.

新顶点生成之后, 新网格的拓扑结构按如下规则建立:

(1) 连接每一新面点与周围的新边点;

(2) 连接每一新顶点与周围的新边点.

Catmull-Clark 细分曲面具有如下的几何性质:

定理 6.4.1 对初始控制网格 $\boldsymbol{\Gamma}^{(0)}$ 作用 Catmull-Clark 细分规则, 当细分次数 $k\to+\infty$ 时, 点 $\boldsymbol{v}^{(k)}$ 收敛到

$$\boldsymbol{v}^{(\infty)}=\frac{n^2\boldsymbol{v}^{(1)}+4\displaystyle\sum_j\boldsymbol{e}_j^{(1)}+\sum_j\boldsymbol{f}_j^{(1)}}{n(n+5)},$$

并且细分曲面在点 $\boldsymbol{v}^{(\infty)}$ 处有唯一的切平面, 其法向量为 $\boldsymbol{c}\times\boldsymbol{d}$, 其中

$$\begin{aligned}
\boldsymbol{c}&=\sum_j\left[A_n\cos\frac{2j\pi}{n}\boldsymbol{e}_j^{(1)}+\left(\cos\frac{2j\pi}{n}+\cos\frac{2(j+1)\pi}{n}\right)\boldsymbol{f}_j^{(1)}\right],\\
\boldsymbol{d}&=\sum_j\left[A_n\cos\frac{2j\pi}{n}\boldsymbol{e}_{j+1}^{(1)}+\left(\cos\frac{2j\pi}{n}+\cos\frac{2(j+1)\pi}{n}\right)\boldsymbol{f}_{j+1}^{(1)}\right],\\
A_n&=1+\cos\frac{2\pi}{n}+\cos\frac{\pi}{n}\sqrt{2\left(9+\cos\frac{2\pi}{n}\right)}.
\end{aligned}\tag{6.38}$$

图 6.18 给出了两个拓扑网格进行一次细分之后产生的新网格, 其中上图标出了生成的新顶点、新面点与新边点. 可以看出, 经过一次 Catmull-Clark 细分后, 网格中所有的面均为四边面. 一次细分后, 奇异点的个数保持不变, 为初始网格中非四边面的个数与奇异点个数之和.

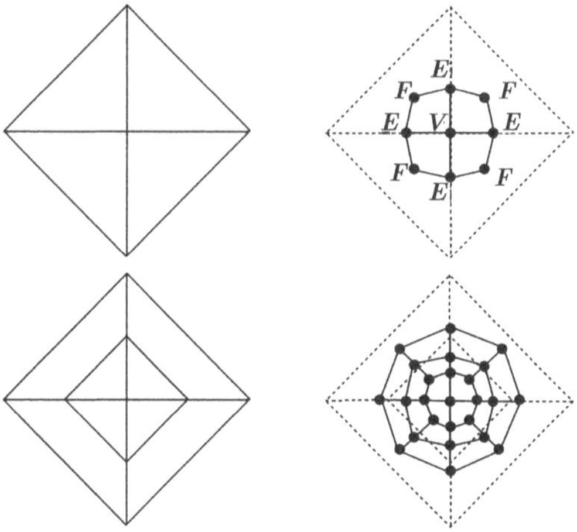

图 6.18 Catmull-Clark 细分一次之后的控制网格

Catmull-Clark 细分规则基于均匀 B 样条的节点插入方法, 在正则网格处产生双 3 次 B 样条曲面, 除奇异顶点 G^1 光滑外, 曲面是 G^2 光滑的. 但是这种细分规则还不能表示 NURBS 曲面, 并且由于曲面处处光滑而不能表示具有尖点等特征的曲面. 因此推广 Catmull-Clark 细分规则, 使其能够生成 NURBS 曲面, 并且能够构造特殊几何形状效果, 这对实际应用是非常必要的.

2. 非均匀 Catmull-Clark 细分曲面

非均匀 Catmull-Clark 细分方法的拓扑连接规则与均匀 Catmull-Clark 细分方法的拓扑连接规则相同, 因此只需介绍新顶点产生的几何规则即可.

(1) 新面点 (F- 点): 对度为 n 的面, 设其各个顶点为 $\boldsymbol{v}_0,\cdots,\boldsymbol{v}_{n-1}$, 则对应的

新面点为

$$
\boldsymbol{f}=\begin{cases}\dfrac{\sum\limits_{i=0}^{n-1}\omega_i\boldsymbol{v}_i}{\sum\limits_{i=0}^{n-1}\omega_i}, & \sum\limits_{i=0}^{n-1}\omega_i\neq 0,\\ \dfrac{1}{n}\sum\limits_{i=0}^{n-1}\omega_i\boldsymbol{v}_i, & \sum\limits_{i=0}^{n-1}\omega_i=0,\end{cases}\tag{6.39}
$$

其中

$$
\begin{aligned}\omega_i=&\left(d_{i+1,i}^0+d_{i+1,i}^2+d_{i+1,i}^{-2}+d_{i-2,i-1}^0+d_{i-2,i-1}^2+d_{i-2,i-1}^{-2}\right)\\ &\times\left(d_{i-1,i}^0+d_{i-1,i}^2+d_{i-1,i}^{-2}+d_{i+2,i+1}^0+d_{i+2,i+1}^2+d_{i+2,i+1}^{-2}\right).\end{aligned}
$$

(2) 新边点 (E- 点): 对边 $\boldsymbol{v}_i\boldsymbol{v}_j$, 设共享此边的两个面的 F- 顶点分别为 $\boldsymbol{f}_{ij},\boldsymbol{f}_{ji}$, 则对应的新边点为

$$
\boldsymbol{e}=(1-\alpha_{ij}-\alpha_{ji})\,\boldsymbol{m}+\alpha_{ij}\boldsymbol{f}_{ij}+\alpha_{ji}\boldsymbol{f}_{ji},\tag{6.40}
$$

其中

$$
\alpha_{ij}=\begin{cases}\dfrac{d_{ji}^1+d_{ij}^{-1}}{2\left(d_{ji}^1+d_{ij}^{-1}+d_{ji}^{-1}+d_{ij}^1\right)}, & d_{ji}^1+d_{ij}^{-1}+d_{ji}^{-1}+d_{ij}^1\neq 0,\\ 0, & d_{ji}^1+d_{ij}^{-1}+d_{ji}^{-1}+d_{ij}^1=0,\end{cases}\tag{6.41}
$$

$$
\boldsymbol{m}=\begin{cases}\dfrac{\left(d_{ji}^0+d_{ji}^2+d_{ji}^{-2}\right)\boldsymbol{v}_i+\left(d_{ij}^0+d_{ij}^2+d_{ij}^{-2}\right)\boldsymbol{v}_j}{d_{ji}^0+d_{ji}^2+d_{ji}^{-2}+d_{ij}^0+d_{ij}^2+d_{ij}^{-2}},\\ d_{ji}^0+d_{ji}^2+d_{ji}^{-2}+d_{ij}^0+d_{ij}^2+d_{ij}^{-2}\neq 0, & (6.42)\\ \dfrac{\boldsymbol{v}_i+\boldsymbol{v}_j}{2},\\ d_{ji}^0+d_{ji}^2+d_{ji}^{-2}+d_{ij}^0+d_{ij}^2+d_{ij}^{-2}=0. & (6.43)\end{cases}
$$

(3) 新顶点 (V- 点): 对度为 n 的顶点 $\boldsymbol{v}_0$, 设其各个顶点为 $\boldsymbol{v}_1,\cdots,\boldsymbol{v}_n$, 对应新顶点为

$$
\boldsymbol{v}=\begin{cases}c\boldsymbol{v}_0+\dfrac{3\sum\limits_{i=1}^{n}\left(m_i\boldsymbol{m}_i+f_{i,i+1}\boldsymbol{f}_{i,i+1}\right)}{n\sum\limits_{i=1}^{n}\left(m_i+f_{i,i+1}\right)}, & \sum\limits_{i=1}^{n}\left(m_i+f_{i,i+1}\right)\neq 0,\\ \boldsymbol{v}_0, & \sum\limits_{i=1}^{n}\left(m_i+f_{i,i+1}\right)=0,\end{cases}\tag{6.44}
$$

其中, $\boldsymbol{m}_i$ 为 $\boldsymbol{v}_0\boldsymbol{v}_i$ 上的点, 计算公式为 (6.42) 式, $\boldsymbol{f}_{ij}$ 为含边 $\boldsymbol{v}_0\boldsymbol{v}_i$ 与 $\boldsymbol{v}_0\boldsymbol{v}_j$ 的面生成的新面点, 计算公式为 (6.39) 式, 并且

$$
\begin{aligned}
f_{ij} &= d_{0i}^{1} d_{0j}^{-1}, \\
m_i &= \frac{\left(d_{0i}^{1}+d_{0i}^{-1}\right)\left(d_{0i}^{2}+d_{0i}^{-2}\right)}{2}, \\
c &= \frac{n-3}{n}.
\end{aligned}
$$

上面公式中 d_{ij}^0 表示边 $\boldsymbol{v}_i\boldsymbol{v}_j$ 上的参数, 而 d_{ij}^k 表示该边绕 $\boldsymbol{v}_i$ 逆时针旋转遇到的第 k 条边上的参数. 新网格中各边的参数按图 6.19 的方式给出.

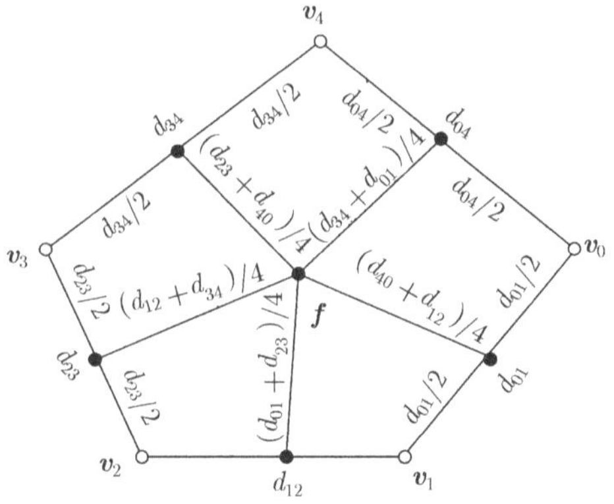

图 6.19 Catmull-Clark 细分参数

当参数满足一定条件时, 非均匀 Catmull-Clark 细分曲面 G^1 光滑. 特别地, 当各边对应的参数相等且不等于 0 时, 这个细分规则就是均匀 Catmull-Clark 细分规则. 当细分网格取为非均匀 B 样条曲面的控制网格, 且按照节点矢量与边的对应关系为边赋予参数值时, 非均匀 Catmull-Clark 细分曲面就是非均匀 B 样条曲面. 对有理曲面情形, 只需将细分规则应用到四维的齐次控制顶点上, 再投影到三维空间中, 就产生了 NURBS 曲面. 另外, 应用非均匀 Catmull-Clark 细分方法使得在曲面上引入尖点、折痕等特殊效果变得比较容易.

6.4.3 Loop 细分曲面

Doo-Sabin 细分和 Catmull-Clark 细分方法均是由张量积的 B 样条曲面推广而来的, 因此它们主要是应用于四边形网格的细分. 对于三角形网格的细分方法, 最早是由 Loop 在 1987 年提出的, 称为 Loop 细分方法, 它属于逼近型的面分裂方法, 所生成的曲面是 Box 样条曲面的推广.

Loop 细分方法计算新顶点的几何规则如下:

(1) 新顶点 (V- 点): 对顶点 $\boldsymbol{v}_0$, 设其相邻顶点为 $\boldsymbol{v}_1, \cdots, \boldsymbol{v}_n$, 则对应的新顶点为

$$\boldsymbol{v} = (1 - n\beta_n)\,\boldsymbol{v}_0 + \beta_n \sum_{i=1}^{n} \boldsymbol{v}_i, \tag{6.45}$$

其中 (Loop, 1987)

$$\beta_n = \frac{1}{n}\left(\frac{5}{8} - \left(\frac{3}{8} + \frac{1}{4}\cos\frac{2\pi}{n}\right)^2\right),$$

或者 (Warren, 1995)

$$\beta_n = \begin{cases} \dfrac{3}{16}, & n = 3, \\ \dfrac{3}{8n} & n > 3. \end{cases}$$

(2) 新边点 (E- 点): 对边 $\boldsymbol{v}_0\boldsymbol{v}_1$, 共享此边的两个三角形面为 $\boldsymbol{v}_0\boldsymbol{v}_1\boldsymbol{v}_2$ 与 $\boldsymbol{v}_0\boldsymbol{v}_1\boldsymbol{v}_3$, 与之相应的新边点的位置为

$$\boldsymbol{e} = \frac{3}{8}(\boldsymbol{v}_0 + \boldsymbol{v}_1) + \frac{1}{8}(\boldsymbol{v}_2 + \boldsymbol{v}_3). \tag{6.46}$$

新顶点生成之后, 新网格的拓扑结构按如下规则建立 (图 6.20):

(1) 连接每一新顶点与周围的新边点;

(2) 连接每一新边点与相邻边的新边点.

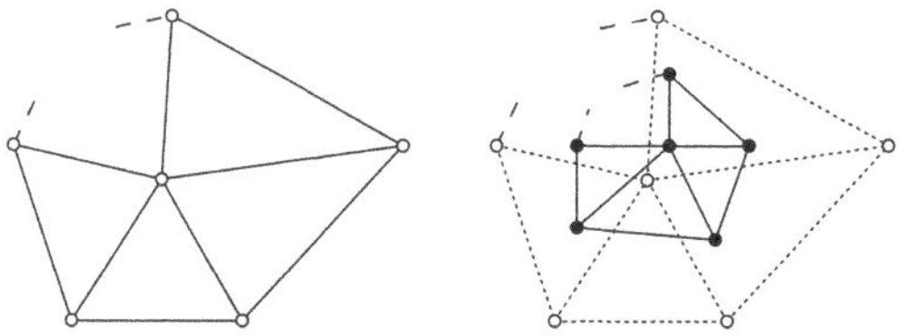

图 6.20 Loop 细分一次

对于任意三角网格, 极限曲面除奇异点外均为 G^2 连续, 在奇异点处则是 G^1 连续的, 极限曲面称为 Loop 曲面. Loop 细分方法在规则网格上能够生成 Box 样条曲面. Loop 细分曲面具有如下的几何性质.

定理 6.4.2 对相邻顶点为 $\boldsymbol{v}_1, \cdots, \boldsymbol{v}_n$ 的内部顶点 $\boldsymbol{v}$, 其在 Loop 曲面上的极限点为

$$\boldsymbol{v}^{(\infty)} = \frac{3\beta_n}{3\beta_n + 8n}\boldsymbol{v} + \frac{3\beta_n}{3\beta_n + 8n}\sum_{j=1}^{n} \boldsymbol{v}_j,$$

并且细分曲面在点 $\boldsymbol{v}^{(\infty)}$ 处的两个切向量为

$$\begin{aligned} \boldsymbol{c} &= \sum_{j=1}^{n} \cos\frac{2j\pi}{n}\boldsymbol{v}_j, \\ \boldsymbol{d} &= \sum_{j=1}^{n} \sin\frac{2j\pi}{n}\boldsymbol{v}_j. \end{aligned} \tag{6.47}$$

6.4.4 改进的 Butterfly 细分曲面

Butterfly 细分方法 (又称蝶形细分方法) 是由 Dyn, Gregory 和 Levin 于 1990 年首先提出的一种定义在三角网格上的细分方法, 由于其细分模板与蝴蝶相似而得名. Butterfly 方法属于插值型的面分裂方法, 即一次细分后, 上一层网格的顶点均保持不变. 虽然其细分极限曲面在规则网格上是 G^1 连续的, 但在度不为 6 的奇异点处却只能是 0 阶光滑. 后来, Zorin 在 1998 年提出了改进的 Butterfly 方法, 可以在任意三角形网格上生成 G^1 连续的曲面. 下面主要介绍改进的 Butterfly 细分方法. 细分网格的拓扑生成规则与 Loop 细分相同, 即每个三角形面 1 分为 4. 由于是插值模式, 因此上一次的顶点都保留, 只需对每条边生成新的 E- 顶点.

新边点的生成则根据网格边的端点的类型采用不同的细分模板. E- 顶点有 3 类, 第一类是内部边且两个端点的度均为 6, 第二类是内部边且至少有一个端点度不等于 6, 第三类是边界边的 E- 顶点. 具体生成规则如下:

(1) 边的端点的度均为 6: 参数选取如图 6.21(a) 所示;

(2) 边的一个端点的度为 6 而另一个度 $n \neq 6$: 参数选取如图 6.21(b) 所示, 其中

$$\begin{cases} s_1 = \dfrac{5}{12}, s_2 = s_3 = -\dfrac{1}{12}, & n = 3, \\ s_1 = \dfrac{3}{8}, s_2 = s_4 = 0, s_3 = -\dfrac{1}{8}, & n = 4, \\ s_i = \dfrac{1}{n}\left(\dfrac{1}{4} + \cos\dfrac{2i\pi}{n} + \dfrac{1}{2}\cos\dfrac{4i\pi}{n}\right), & n \geqslant 5; \end{cases}$$

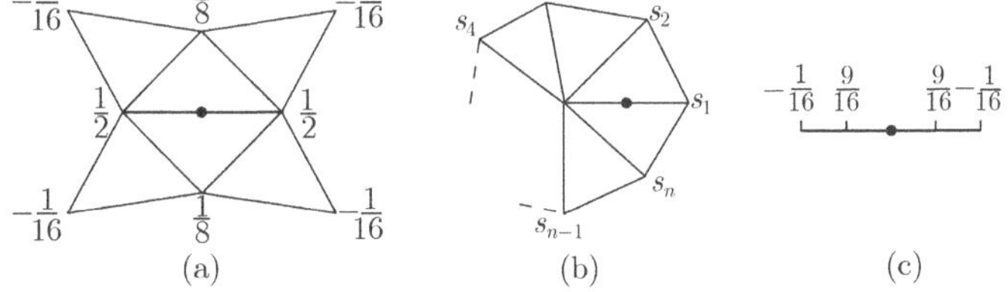

图 6.21 Butterfly 细分模板

(3) 边的两个端点的度均不是 6：对两端点分别应用图 6.21(b) 的模板，再将计算所得的值取其平均作为新边点;

(4) 对于网格边界，使用一维的曲线 4 点插值格式，如图 6.21(c) 所示.

6.4.5　$\sqrt{3}$ 细分曲面

前面介绍的 4 个细分模式除 Doo-Sabin 模式外都采用 1-4 分裂算子进行网格分裂，因此每次细分使多边形面片数增加 4 倍. 由于面片增长速度太快，不利于多分辨率处理. 2000 年，Kobbelt 提出一种称为 $\sqrt{3}$ 模式的算法有效地减缓了面片增长速度.

$\sqrt{3}$ 细分顶点计算规则如下：

(1) 新面点 (F- 点)：对三角形面 $\boldsymbol{v}_1\boldsymbol{v}_2\boldsymbol{v}_3$，对应的新面点为

$$\boldsymbol{f}=\frac{1}{3}\left(\boldsymbol{v}_1+\boldsymbol{v}_2+\boldsymbol{v}_3\right). \tag{6.48}$$

(2) 新顶点 (V- 点)：设顶点 $\boldsymbol{v}_0$ 的相邻顶点为 $\boldsymbol{v}_1,\cdots,\boldsymbol{v}_n$，其对应的新顶点为

$$\boldsymbol{v}=\left(1-\alpha_n\right)\boldsymbol{v}_0+\frac{\alpha_n}{n}\sum_{j=1}^{n}\boldsymbol{v}_j, \tag{6.49}$$

其中

$$\alpha_n=\frac{4-2\cos\dfrac{2\pi}{n}}{9}.$$

如图 6.22 所示，该方法以三角网格为初始控制网格，采用一种新的顶点插入和分裂方式. 初始网格经过一次 $\sqrt{3}$ 细分后，对每个三角形面插入一个新顶点，新顶点与三角形的 3 个顶点相连，最后去掉原三角形的内部边，每次细分都使三角形面的个数增加 3 倍. 两次细分后，每个初始三角面片都分裂成 9 个新的三角面片，即执行了一次三元分裂操作，因此 Kobbelt 将这种细分看作三元分裂的“平方根”，并称为 $\sqrt{3}$ 细分.

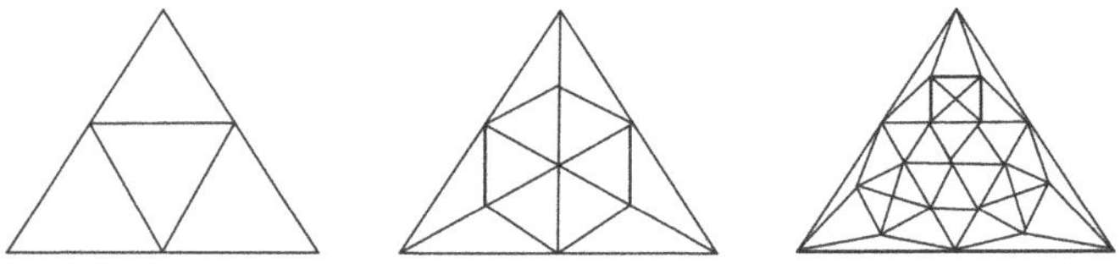

图 6.22　$\sqrt{3}$ 细分一次与两次之后的网格

习　题　6

6.1　对初始控制多边形 $\boldsymbol{\Gamma}^{(0)}=\boldsymbol{P}_0\boldsymbol{P}_1\boldsymbol{P}_2\boldsymbol{P}_3$，其中

$$\boldsymbol{P}_0=(0,0,0),\quad \boldsymbol{P}_1=(1,1,0),\quad \boldsymbol{P}_2=(1,1,1),\quad \boldsymbol{P}_3=(1,2,1).$$

(1) 分别用切割磨光规则 (6.2) 式 (切割参数为常数且满足图 6.7)、Chaikin 规则与 4 点插值细分规则进行两次曲线细分并分别作图比较;

(2) 将以控制多边形 $\boldsymbol{P}_0\boldsymbol{P}_1\boldsymbol{P}_2\boldsymbol{P}_3$ 为控制顶点的均匀 2 次 B 样条曲线与 Chaikin 规则曲线细分两次之后的图形进行比较;

(3) 如果利用 Chaikin 算法进行曲线细分, 求控制多边形 $\boldsymbol{\Gamma}^{(0)} = \boldsymbol{P}_0\boldsymbol{P}_1\boldsymbol{P}_2\boldsymbol{P}_3$ 每边上落到细分曲线上的点.

6.2　对平面控制多边形 $\boldsymbol{\Gamma}^{(0)} = \boldsymbol{P}_0\boldsymbol{P}_1\boldsymbol{P}_2\boldsymbol{P}_3$, 其中

$$\boldsymbol{P}_0 = (0,0), \quad \boldsymbol{P}_1 = \boldsymbol{P}_2 = (1,1), \quad \boldsymbol{P}_3 = (1,0).$$

用 Chaikin 规则进行两次细分并作图.

6.3　对平面控制多边形 $\boldsymbol{\Gamma}^{(0)} = \boldsymbol{P}_0\boldsymbol{P}_1\boldsymbol{P}_2\boldsymbol{P}_3\boldsymbol{P}_4$, 其中

$$\boldsymbol{P}_0 = (0,0), \quad \boldsymbol{P}_1 = (1,1), \quad \boldsymbol{P}_2 = (2,1), \quad \boldsymbol{P}_3 = (4,1), \quad \boldsymbol{P}_4 = (5,-2).$$

用切割磨光规则 (6.2) 式 (参数为 λ, μ) 进行曲线细分, 求 $\boldsymbol{P}_1\boldsymbol{P}_3$ 上落在细分曲线上的线段, 并作图进行验证.

6.4　证明性质 6.2.1.

6.5　采用类似定理 6.2.3 的证明方法来证明 Chaikin 算法产生的极限曲线是 G^1 光滑的.

6.6　证明利用细分格式

$$\begin{cases} \boldsymbol{P}_{2i}^{(k+1)} = \dfrac{3}{4}\boldsymbol{P}_i^{(k)} + \dfrac{1}{8}\left(\boldsymbol{P}_{i-1}^{(k)} + \boldsymbol{P}_{i+1}^{(k)}\right), \\ \boldsymbol{P}_{2i+1}^{(k+1)} = \dfrac{1}{2}\left(\boldsymbol{P}_i^{(k)} + \boldsymbol{P}_{i+1}^{(k)}\right), \end{cases}$$

产生的控制多边形序列收敛到一条连续的曲线, 并且具有 G^2 光滑性 (实质上, 产生的细分曲线为 3 次均匀 B 样条曲线).

6.7　证明性质 6.2.2.

6.8　证明性质 6.2.3.

6.9　证明性质 6.2.4.

6.10　对如图 6.23 的初始控制网格 $\boldsymbol{\Gamma}^{(0)}$

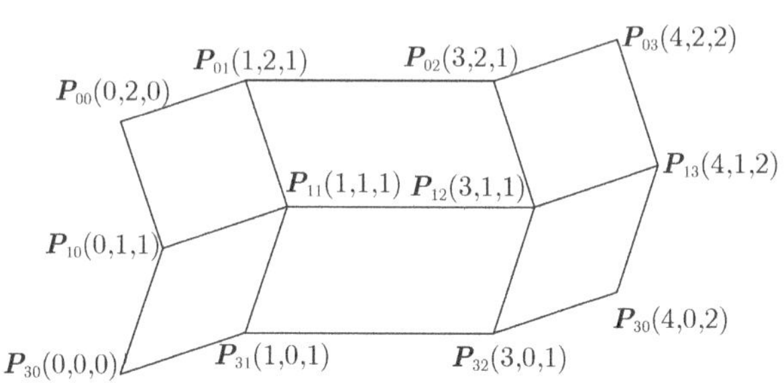

图 6.23　初始控制多面体 $\boldsymbol{\Gamma}^{(0)}$

(1) 分别利用切割磨光规则 (6.19) 式 (切割参数为常数且满足图 6.13)、Doo-Sabin、Catmull-Clark 规则进行细分两次, 并作图比较;

(2) 求初始控制网格 $\boldsymbol{\Gamma}^{(0)}$ 在切割磨光规则 (6.19) 式 (切割参数为常数 $\lambda, \mu, \tau, \delta$) 下, 每一面落在细分曲面上的点;

(3) 比较以 $\boldsymbol{\Gamma}^{(0)}$ 为 B 样条曲面的控制网格所产生的均匀 2 次 B 样条曲面与 Doo-Sabin 规则作用两次之后得到的控制网格并作图;

(4) 比较以 $\boldsymbol{\Gamma}^{(0)}$ 为 B 样条曲面的控制网格所产生的均匀 3 次 B 样条曲面与 Catmull-Clark 规则作用两次之后得到的控制网格并作图;

(5) 利用推论 6.3.2, 举例并绘图说明: 当控制网格 $\boldsymbol{\Gamma}^{(0)}$ 中的顶点满足什么条件时细分曲面能产生尖棱? 满足什么条件时细分曲面能产生一小块平面?

6.11　当初始控制网格为正四面体时, 分别作两次 Loop、改进的 Butterfly、$\sqrt{3}$ 细分并作图比较结果.

6.12　证明定理 6.4.1.

6.13　证明定理 6.4.2.

第 7 章　径向基函数

径向基函数是由形如 $\phi(\cdot)$ 定义的一个一元函数作用在 Euclid 距离 (本章所用范数皆为 Euclid 范数) 上, 再作平移所产生的线性组合

$$\{\phi(\|x-c\|)\}$$

而得到的函数基. 其实质为用一元函数来描述多元函数. 它们在计算机里表现多元函数有明显的储存及运算简单的优点, 比较适用于物理上各向同性的问题. 径向基函数研究的主要工作就是研究形如 $\{\phi\|x-c\|\}$ 的函数张成的函数空间及其性质和如何利用这个函数空间来解决一般对象的函数描述问题.

径向基函数在逼近、插值、偏微分方程数值解、神经网络、小波、多尺度分析等, 以及地球物理学、测绘学、遥感与信号处理、地理学、地质学、天文学与采矿及水文学等很多领域都有应用.

本章将介绍径向基函数的基础知识、Multi-Quadric 方法以及径向基函数插值的收敛性等内容, 有关径向基函数的详细介绍, 读者可以参阅 Buhmann 与吴宗敏的专著 [10], [11].

7.1　径向基函数

径向基函数插值最早来源可能是 Krige 于 1951 年提出的广泛应用于矿藏分析的 Kriging 方法. 1971 年 Hardy 利用 Multi-Quadric 径向基函数来处理飞机外形曲面拟合问题, 取得了非常好的效果. 1975 年, Duchon 从样条弯曲能最小的理论出发, 得到了研究多元问题的薄板样条.

定义 7.1.1　给定一个一元函数

$$\phi:\mathbb{R}^+\to\mathbb{R}.$$

在定义域 $x\in\mathbb{R}^d$ 上, 所有形如

$$\varPhi(x)=\phi(\|x-c\|)$$

及其线性组合张成的函数空间称为由函数 ϕ 导出的径向基函数空间.

实质上径向基函数就是满足: 如果 $\|x_1\|=\|x_2\|$, 那么 $\varPhi(x_1)=\varPhi(x_2)$ 的函数 $\varPhi$. 即其仅依赖于 $r=\|x\|$.

在一定的条件下, 人们只要取 $\{x_i\}$ 两两不同, $\{\Phi(x-x_i)\}$ 是线性无关的, 从而形成径向基函数空间中某子空间的一组基. 并且当 $\{x_i\}$ 几乎充满 $\mathbb{R}^d$ 时, $\{\Phi(x-x_i)\}$ 及其线性组合可以逼近几乎任何函数, 不单是从各向同性的问题中产生的函数.

常用的径向基函数有

(1) Kriging 方法的 Gauss 分布函数：$\phi(r)=\mathrm{e}^{-c^2r^2}$;

(2) Kriging 方法的 Markov 分布函数：$\phi(r)=\mathrm{e}^{-c|r|}$;

(3) Hardy 的 Multi-Quadric 函数：$\phi(r)=\left(c^2+r^2\right)^{\beta}$, 其中 $\beta\in\mathbb{R}^+$;

(4) Hardy 的逆 Multi-Quadric 函数：$\phi(r)=\left(c^2+r^2\right)^{-\beta}$, 其中 $\beta\in\mathbb{R}^+$;

(5) Duchon 的薄板样条：

$$\begin{cases} r^{2k-d}\log r, & d\ \text{为偶数}, \\ r^{2k-d}, & d\ \text{为奇数}, \end{cases}$$

其中, d 为空间维数, $2k-d>0$;

(6) 紧支集正定径向基函数.

为了介绍径向基函数插值, 首先给出正定的概念.

定义 7.1.2　径向函数 $\Phi(x)=\phi(\|x\|)$ 称为正定的, 如果对所有两两不同的点集 $\{x_j\}_{j=1}^n\subset\mathbb{R}^d$, 矩阵

$$\left(\Phi\left(x_j-x_k\right)\right)_{j,k}$$

是正定的.

定义 7.1.3　连续函数 $\phi:\mathbb{R}^+\to\mathbb{R}$ 称为 $\mathbb{R}^d$ 上的正定函数, 记为 $\phi\in \boldsymbol{PD}_d$, 如果诱导函数 $\Phi(x)=\phi(\|x\|),x\in\mathbb{R}^d$ 是正定的.

对于径向基函数的插值问题, 最简单的情况可表示为：给定函数 $\phi:\mathbb{R}^+\to\mathbb{R}$, 对于给定数据点集 $\{(x_j,f_j)\}_{j=1}^n\subset\mathbb{R}^d\otimes\mathbb{R}$, 寻找函数

$$f^*(x)=\sum_{j=1}^n a_j\phi\left(\|x-x_j\|\right)$$

满足插值条件

$$f^*(x_k)=\sum_{j=1}^n a_j\phi\left(\|x_k-x_j\|\right)=f_k,\quad k=1,\cdots,n. \tag{7.1}$$

显然上述插值问题对于任意数据点集 $\{(x_j,f_j)\}_{j=1}^n\subset\mathbb{R}^d\otimes\mathbb{R}$, 当 $\{x_j\}_{j=1}^n$ 两两互不相同时有唯一解的必要条件是：对称矩阵 $\left(\phi\left(\|x_j-x_k\|\right)\right)_{j,k}$ 都是非奇异的. 如果径向函数是连续的, 并且 $\phi(\infty)=0$, 则关于径向基函数插值问题的如下定理成立.

定理 7.1.1 连续函数 $\phi:\mathbb{R}^+\to\mathbb{R}$ 满足 $\lim\limits_{r\to\infty}\phi(r)=0$, 那么对于 d 元的径向基函数插值问题 (7.1) 式总存在唯一解的条件是: 矩阵

$$\left(\phi\left(\|x_j-x_k\|\right)\right)_{j,k}$$

都是正定阵.

证明 利用归纳法证明. 由已知, 连续函数 $\phi:\mathbb{R}^+\to\mathbb{R}$ 满足 $\phi(\infty)=0$. 不妨设 $\phi(0)>0$. 当只有两个数据点时, 先假设两点距离非常远, 由 $\phi(\infty)=0$ 可知此时 2 阶矩阵的行列式大于零. 然后靠近两点, 由函数的连续性, 这是一个 2 阶的正定矩阵.

一般地, 对于 m 个数据点, 设方程 (7.1) 的系数矩阵为正定阵, 即其各阶主子式都大于零. 当增加一个数据点时, 让此数据点由远处向其所在位置移动. 那么关于 $m+1$ 个数据点, 方程 (7.1) 的 $m+1$ 阶系数矩阵的行列式在第 $m+1$ 个顶点开始运动时大于零, 并且在运动过程中保持不为零. 因此这个 $m+1$ 阶系数矩阵的各阶主子式都大于零, 因此其为正定阵. 定理证毕.

利用定义 7.1.2 马上就可以给出一条简单推论, 也可以作为径向函数 $\phi(\|\cdot\|)$ 正定的另一种定义.

推论 7.1.1 连续函数 $\phi:\mathbb{R}^+\to\mathbb{R}$ 满足 $\lim_{r\to\infty}\phi(r)=0$, 那么对于 d 元的径向基函数插值问题 (7.1) 式总存在唯一解的条件是: 函数 $\phi(\|\cdot\|)$ 是正定的.

对于正定函数 $\varPhi(x)=\phi\left(\|x\|\right), x\in\mathbb{R}^d$, 假设其可以由 Fourier 积分

$$\varPhi(x)=\int_{\mathbb{R}^d}\mathrm{e}^{\mathrm{i}\langle x,t\rangle}\widehat{\varPhi}(t)\mathrm{d}t$$

表示, 其中 $\langle x,t\rangle$ 表示 x 与 t 的内积. 那么当 $\{x_j\}_{j=1}^n$ 两两互不相同且 $\{a_j\}_{j=1}^n$ 不全为零时, 二次型

$$\sum_{j=1}^n\sum_{k=1}^n a_ja_k\phi\left(\|x_j-x_k\|\right)=\int_{\mathbb{R}^d}\left|\sum_{j=1}^n a_j\mathrm{e}^{\mathrm{i}\langle x_j,t\rangle}\right|^2\widehat{\varPhi}(t)\mathrm{d}t>0.$$

由三角函数逼近理论可知, $\left|\sum\limits_{j=1}^n a_j\mathrm{e}^{\mathrm{i}\langle x_j,t\rangle}\right|^2$ 可逼近几乎任何的正函数, 因此径向基函数插值问题 (7.1) 对任何两两不同的数据点都存在唯一解的充要条件是: $\widehat{\varPhi}(t)$ 几乎处处非负, 且至少在一个正测度上大于零, 这就是著名的 Bochner 定理.

定理 7.1.2 (Bochner) 函数 $\varPhi(x)$ 作为 d 元函数是正定函数的充要条件是其 Fourier 变换 $\widehat{\varPhi}(t)$ 几乎处处非负, 且至少在一个正测度上大于零.

如果采用 Laplace 变换表示

$$\psi(r)=\int_{\mathbb{R}^+}\mathrm{e}^{-rt}\widehat{\psi}(t)\mathrm{d}t,$$

其中, $\psi(r^2)=\phi(r)$. 则任意维空间上的函数 $\phi(\|x\|)$ 是正定函数的充要条件为: $\widehat{\psi}$ 几乎处处非负, 且至少在一个正测度上大于零. 类似地, Schoenberg 给出了另一定理.

定理 7.1.3 (Schoenberg) 如果定义 $\psi(r^2)=\phi(r)$, 那么 $\phi(\|x\|)$ 对任意维空间的 x 都是正定函数的充要条件为: $\psi(r)$ 是全单调函数, 即 $\psi\in C^\infty$, 并且

$$(-1)^k\psi^{(k)}(r)>0.$$

Gauss 函数与逆 Multi-Quadric 函数在任意维空间都是正定函数, 而 Multi-Quadric 函数与薄板样条不是正定函数. 但是它们的广义 Fourier 变换还是大于零, 只是在零点有一个极点. 如果极点是 γ 阶的, 并且满足条件

$$\sum_{j=1}^n a_jx_j^\alpha=0,\quad \forall|\alpha|\leqslant\gamma,\alpha\in\mathbb{Z}_{\geqslant 0}^a \tag{7.2}$$

时, 二次型仍可表示为积分形式

$$\sum_{j=1}^n\sum_{k=1}^n a_ja_k\phi\left(\|x_j-x_k\|\right)=\int_{\mathbb{R}^d}\left|\sum_{j=1}^n a_j\mathrm{e}^{\mathrm{i}\langle x_j,t\rangle}\right|^2\widehat{\Phi}(t)\mathrm{d}t>0.$$

这类函数称为 γ 阶的条件正定函数.

引理 7.1.1 对 γ 阶条件正定函数 $\phi(\|x\|)$, 若矩阵 $\left(x_j^\alpha\right)_j$ 列满秩, 则矩阵

$$\boldsymbol{A}=\begin{pmatrix}\left(\phi\left(\|x_j-x_k\|\right)\right)_{j,k} & \left(x_j^\alpha\right)_j\\ \left(x_k^\beta\right)_k & 0\end{pmatrix}$$

也满秩, 其中 $0\leqslant|\alpha|,|\beta|\leqslant\gamma$.

证明 利用反证法证明. 假如结论不成立, 则存在非零向量 $(\boldsymbol{a}^{\mathrm{T}},\boldsymbol{b}^{\mathrm{T}})$ 使得

$$(\boldsymbol{a}^{\mathrm{T}},\boldsymbol{b}^{\mathrm{T}})\boldsymbol{A}=\boldsymbol{0}.$$

由 $\left(x_j^\alpha\right)_j$ 列满秩得到 $\boldsymbol{a}^{\mathrm{T}}\neq\boldsymbol{0}$, 否则 $\boldsymbol{b}^{\mathrm{T}}=\boldsymbol{0}$. 并且

$$\sum_{j=1}^n a_jx_j^\alpha=0,\quad \forall|\alpha|\leqslant\gamma.$$

由 (7.2) 式, 可得

$$\begin{aligned}(\boldsymbol{a}^{\mathrm{T}},\boldsymbol{b}^{\mathrm{T}})\boldsymbol{A}(\boldsymbol{a}^{\mathrm{T}},\boldsymbol{b}^{\mathrm{T}})^{\mathrm{T}}&=\boldsymbol{a}^{\mathrm{T}}\left(\phi\left(\|x_j-x_k\|\right)\right)_{j,k}\boldsymbol{a}+\sum_{k=1}^n b_kx_k^\beta\\&=\boldsymbol{a}^{\mathrm{T}}\left(\phi\left(\|x_j-x_k\|\right)\right)_{j,k}\boldsymbol{a}>0.\end{aligned}$$

这与假设矛盾. 引理得证.

利用引理 7.1.1 很容易推得如下插值问题的解的存在性问题.

定理 7.1.4 对于 γ 阶条件正定函数 $\phi(\|x\|)$, 函数

$$f^*(x)=\sum_{j=1}^{n}a_j\phi\left(\|x-x_j\|\right)+\sum_{|\alpha|=0}^{\gamma}b_\alpha x^\alpha$$

满足插值条件

$$f^*(x_k)=\sum_{j=1}^{n}a_j\phi\left(\|x_k-x_j\|\right)+\sum_{|\alpha|=0}^{\gamma}b_\alpha x_k^\alpha=f_k,\quad k=1,\cdots,n \tag{7.3}$$

以及附加条件

$$\sum_{j=1}^{n}a_jx_j^\alpha=0,\quad 0\leqslant|\alpha|\leqslant\gamma$$

的解存在唯一.

注 7.1.1 一般地, 对于 γ 阶条件正定函数 $\phi(\|x\|)$, 可以选择一些函数 $p_j(x), j=1,\cdots,m$, 则当矩阵 $\left(\left(x_j^\alpha\right),\left(p_k(x_j)\right)\right)$ 满秩时, 函数

$$f^*(x)=\sum_{j=1}^{n}a_j\phi\left(\|x-x_j\|\right)+\sum_{|\alpha|=0}^{\gamma}b_\alpha x^\alpha+\sum_{j=1}^{m}c_jp_j(x)$$

满足插值条件

$$f^*(x_k)=\sum_{j=1}^{n}a_j\phi\left(\|x_k-x_j\|\right)+\sum_{|\alpha|=0}^{\gamma}b_\alpha x_k^\alpha+\sum_{j=1}^{m}c_jp_j(x_k)=f_k \tag{7.4}$$

以及附加条件

$$\sum_{j=1}^{n}a_jx_j^\alpha=0,\quad 0\leqslant|\alpha|\leqslant\gamma,$$
$$\sum_{j=1}^{n}a_jp_k(x_j)=0,\quad k=1,\cdots,m$$

的解存在唯一.

对于条件正定函数也有与正定函数类似的两条定理.

定理 7.1.5 函数 $\phi(\|x\|)$ 作为 d 元函数是 γ 阶条件正定函数的充要条件是其 Fourier 变换 $\widehat{\Phi}(t)$ 几乎处处非负, 至少在一个正测度上大于零, 并且在零点是一个不超过 $\gamma-d-1$ 阶的极点.

定理 7.1.6 如果定义 $\psi(r^2)=\phi(r)$, 那么 $\phi\left(\|x\|\right)$ 对任何维的 x 都是 γ 阶条件正定函数的充要条件为: $\psi(r)$ 是全单调函数, 即 $\psi\in C^\infty$, 并且

$$(-1)^k\psi^{(k)}(r)>0,\quad\forall k>\gamma.$$

紧支集径向基函数的基本思想为：对任何给定的连续性条件及任何给定维数的自变量空间, 可以找到一个截断多项式, 使得由其产生的径向函数在给定的维数空间正定且满足给定的连续性条件. 这类函数适用于处理大规模计算, 因为由此导出的线性方程组是一个稀疏矩阵. 下面对紧支集径向基函数进行简单介绍, 鉴于篇幅, 有关详细理论请参见其他文献. 首先给出径向函数 d 变量卷积的定义.

定义 7.1.4 径向函数 $\phi(\|x\|)$ 与 $\psi(\|x\|)$ 的 d 变量卷积为

$$(\phi *_d \psi)(\|x\|) = \int_{\mathbb{R}^d} \phi(\|y\|)\psi(\|x-y\|)\,\mathrm{d}y.$$

紧支集径向基函数 $\Phi(x) = \phi(\|x\|)$ 主要是如下形式定义的截断多项式：

$$\phi(r) = \begin{cases} p(r), & r \in [0,1], \\ 0, & r > 1, \end{cases} \tag{7.5}$$

其中

$$p(r) = \sum_{j=0}^{N} c_j x^j, \quad c_N \neq 0,$$

N 称为函数 Φ 或 ϕ 的次数. 当且仅当 d 变量 Fourier 变换 $\widehat{\Phi}(t)$ 非负且在一个开子集为正时,$\Phi(x)$ 为正定的.

紧支集径向基函数主要有如下几类：

(1) 截断幂函数：$\phi_l(r) = (1-r)_+^l$. 当 $l \geqslant \left\lfloor \dfrac{d}{2} \right\rfloor + 1$ 时, $\phi_l(r) \in \boldsymbol{PD}_d \cap C^0$. 其中 $\lfloor x \rfloor$ 表示 $n \leqslant x < n+1$ 的整数 n.

(2) Euclid 帽子函数：$X^{(2n+1)}$. 它是由单位球的特征函数与其自身的 d 变量卷积生成, 即 $X^{(2n+1)}(r) = \chi(r) *_d \chi(r)$. 并且 $X^{(2n+1)} \in \boldsymbol{PD}_d \cap C^0$, 其次数为 $2n+1$.

(3) Wu 函数：$\phi_{l,k}$. Wu 函数是由吴宗敏提出而得名, 可表示为

$$\phi_{l,k} = D^k(f_l *_1 f_l), \quad 0 \leqslant k \leqslant l,$$

其中

$$f_l(r) = (1-r^2)_+^l, \quad D(f)(r) = -\frac{1}{r}\frac{\mathrm{d}}{\mathrm{d}r} f(r).$$

并且 $\phi_{l,k} \in \boldsymbol{PD}_{2k+1} \cap C^{2l-2k}$. 表 7.1 列出部分紧支集正定径向基函数, 其中 $\doteq$ 表示两边仅可能相差一个常数因子.

表 7.1 Wu 函数的部分紧支集径向基函数

$l=0$	$\phi_{0,0}(r)=(1-r)_+\in \boldsymbol{PD}_1\cap C^0$
$l=1$	$\phi_{1,0}(r)\doteq(1-r)_+^3(1+3r+r^2)\in \boldsymbol{PD}_1\cap C^2$
	$\phi_{1,1}(r)=D\phi_{1,0}(r)\doteq(1-r)_+^2(2+r)\in \boldsymbol{PD}_3\cap C^0$
$l=2$	$\phi_{2,0}(r)\doteq(1-r)_+^5(1+5r+9r^2+5r^3+r^4)\in \boldsymbol{PD}_1\cap C^4$
	$\phi_{2,1}(r)=D\phi_{2,0}(r)\doteq(1-r)_+^4(4+16r+12r^2+3r^3)\in \boldsymbol{PD}_3\cap C^2$
	$\phi_{2,2}(r)=D^2\phi_{2,0}(r)\doteq(1-r)_+^3(8+9r+3r^2)\in \boldsymbol{PD}_5\cap C^0$
$l=3$	$\phi_{3,0}(r)\doteq(1-r)_+^7(5+35r+101r^2+147r^3+101r^4+35r^5+5r^6)\in \boldsymbol{PD}_1\cap C^6$
	$\phi_{3,1}(r)=D\phi_{3,0}(r)\doteq(1-r)_+^6(6+36r+82r^2+72r^3+30r^4+5r^5)\in \boldsymbol{PD}_3\cap C^4$
	$\phi_{3,2}(r)=D^2\phi_{3,0}(r)\doteq(1-r)_+^5(8+40r+48r^2+25r^3+5r^4)\in \boldsymbol{PD}_5\cap C^2$
	$\phi_{3,3}(r)=D^3\phi_{3,0}(r)\doteq(1-r)_+^4(16+29r+20r^2+5r^3)\in \boldsymbol{PD}_7\cap C^0$

(4) Wendland 函数：$\phi_{n,k}(r)=\mathcal{I}^k(1-r)_+^n$. 其中 n 为正整数, 算子 $\mathcal{I}$ 为

$$(\mathcal{I}f)(r)=\int_r^{\infty}sf(s)\mathrm{d}s.$$

Wendland 函数的具体的表达式如下：

$$\phi_{n,k}(r)=\sum_{j=0}^{k}\beta_{m,k}r^m(1-r)_+^{n+2k-m},$$

其中, 系数 $\beta_{m,k}$ 可按

$$\begin{cases}\beta_{0,0}=1,\\ \beta_{j,k+1}=\displaystyle\sum_{m=j-1}^{k}\beta_{m,k}\frac{[m+1]_{m-j+1}}{(n+2k-m+1)_{m-j+2}}\end{cases}$$

递归计算. 这里忽略 $m=-1,j=0$ 的一项, 并且对 $\alpha\in\mathbb{R}\setminus\{-1\},\eta\in\mathbb{R},l\in\mathbb{N}$, 上式中的括号算子定义为

$$[\alpha]_{-1}=\frac{1}{\alpha+1},\quad [\alpha]_0=1,\quad [\alpha]_c=\alpha(\alpha-1)\cdots(\alpha-l+1),\quad \alpha\geqslant l+1,$$
$$(\eta)_0=1,\quad (\eta)_l=\eta(\eta+1)\cdots(\eta+l-1).$$

对任意的 d 维空间, 选取 $n=\left\lfloor\dfrac{d}{2}\right\rfloor+k+1$, 则 Wendland 函数 $\phi_{n,k}$ 的次数为 $\left\lfloor\dfrac{d}{2}\right\rfloor+3k+1$, 并且 $\phi_{n,k}\in\boldsymbol{PD}_d\cap C^{2k}$. 表 7.2 列出部分紧支集正定径向基函数, 其中 $\doteq$ 表示两边仅可能相差一个常数因子.

表 7.2　Wendland 函数的部分紧支集径向基函数

$d=1$	$\phi_{1,0}(r)=(1-r)_+\in \boldsymbol{PD}_1\cap C^0$ $\phi_{2,1}(r)\doteq(1-r)_+^3(1+3r)\in \boldsymbol{PD}_1\cap C^2$ $\phi_{3,2}(r)\doteq(1-r)_+^5(1+5r+8r^2)\in \boldsymbol{PD}_1\cap C^4$
$d=3$	$\phi_{2,0}(r)=(1-r)_+^2\in \boldsymbol{PD}_3\cap C^0$ $\phi_{3,1}(r)\doteq(1-r)_+^4(1+4r)\in \boldsymbol{PD}_3\cap C^2$ $\phi_{4,2}(r)\doteq(1-r)_+^6(3+18r+35r^2)\in \boldsymbol{PD}_3\cap C^4$ $\phi_{5,3}(r)\doteq(1-r)_+^8(1+8r+25r^2+32r^3)\in \boldsymbol{PD}_3\cap C^6$
$d=5$	$\phi_{3,0}(r)=(1-r)_+^3\in \boldsymbol{PD}_5\cap C^0$ $\phi_{4,1}(r)\doteq(1-r)_+^5(1+5r)\in \boldsymbol{PD}_5\cap C^2$ $\phi_{5,2}(r)\doteq(1-r)_+^7(1+7r+16r^2)\in \boldsymbol{PD}_5\cap C^4$

Wendland 还证明了如下定理, 确保了次数的最低性.

定理 7.1.7　不存在如式 (7.5) 所定义的非零函数 ϕ, 使得 $\phi\in \boldsymbol{PD}_d\cap C^{2k}$ 并且次数小于 $\left\lfloor\dfrac{d}{2}\right\rfloor+3k+1$.

7.2　Multi-Quadric 方法

Hardy 在研究解决航天器外形设计中碰到散乱数据插值问题时, 采用了 Multi-Quadric 函数

$$\phi(x)=\sqrt{c^2+\|x\|^2}$$

的平移 $\{\phi(x-x_j)\}$ 作为一组基函数, 并且利用这组基函数张成的函数空间研究插值问题.

通常将 Multi-Quadric 函数简记为 MQ 函数. Franke 在其评论文章中指出: 就精度、稳定性、有效性、内存需要和易于实现而言, MQ 函数在所有 29 种散乱数据插值格式中首屈一指. MQ 函数还在微分方程与积分方程求解、地球物理学、测绘学、遥感与信号处理、地理学、地质学与采矿及水文学诸方面有广泛的应用.

7.2.1　Multi-Quadric 函数插值

MQ 函数插值问题为: 对于给定数据点集 $\{(x_j,f_j)\}_{j=1}^n\subset\mathbb{R}^d\otimes\mathbb{R}$, 寻找函数

$$f^*(x)=\sum_{j=1}^n a_j\phi\left(x-x_j\right)$$

满足插值条件

$$f^*(x_k)=\sum_{j=1}^n a_j\phi\left(x_k-x_j\right)=f_k,\quad k=1,\cdots,n. \tag{7.6}$$

由于 MQ 函数并不是正定函数, 而是条件正定函数, 因此插值问题的存在唯一性并不能由定理 7.1.1 及推论 7.1.1 得到. 关于 MQ 函数插值的存在唯一性有如下定理成立.

定理 7.2.1 关于 MQ 函数 $\phi(x)=\sqrt{c^2+\|x\|^2}$, 插值问题 (7.6) 的解存在且唯一.

证明 由于 d 元 Gauss 函数满足

$$\mathrm{e}^{-\|x\|^2}=(2\pi)^{\frac{d}{2}}\int_{\mathbb{R}^d}\mathrm{e}^{\mathrm{i}\langle x,t\rangle}\mathrm{e}^{-\frac{\|t\|^2}{4}}\mathrm{d}t,$$

对于两两互不相同的 $\{x_j\}$ 以及不全为零的 $\{a_j\}$, 可得

$$\sum_{j=1}^{n}\sum_{k=1}^{n}a_j a_k\mathrm{e}^{-\|x_j-x_k\|^2}=(2\pi)^{\frac{d}{2}}\int_{\mathbb{R}^d}\left|\sum_{j=1}^{n}a_j\mathrm{e}^{\mathrm{i}\langle x_j,t\rangle}\right|^2\mathrm{e}^{-\frac{\|t\|^2}{4}}\mathrm{d}t>0.$$

因此 Gauss 函数为正定函数.

对于可积函数的积分

$$\int_0^{\infty}t^{-\frac{3}{2}}\left(1-\mathrm{e}^{-t\left(c^2+\|x\|^2\right)}\right)\mathrm{d}t,$$

由 Gauss 函数的正定性, 如果 $\{a_j\}_{j=1}^n$ 不全为零且 $\sum\limits_{j=1}^{n}a_j=0$, 可知如下的二次型小于零

$$\begin{aligned}0&>\sum_{j=1}^{n}\sum_{k=1}^{n}a_j a_k\int_0^{\infty}t^{-\frac{3}{2}}\left(1-\mathrm{e}^{-t\left(c^2+\|x_j-x_k\|^2\right)}\right)\mathrm{d}t\\&=\sum_{j=1}^{n}\sum_{k=1}^{n}a_j a_k\sqrt{c^2+\|x_j-x_k\|^2}\int_0^{\infty}t^{-\frac{3}{2}}\left(1-\mathrm{e}^{-t}\right)\mathrm{d}t\\&=C\sum_{j=1}^{n}\sum_{k=1}^{n}a_j a_k\sqrt{c^2+\|x_j-x_k\|^2},\end{aligned}$$

其中

$$C=\int_0^{\infty}t^{-\frac{3}{2}}\left(1-\mathrm{e}^{-t}\right)\mathrm{d}t$$

为正的常数. 因此, 在 $\{a_j\}$ 不全为零且 $\sum\limits_{j=1}^{n}a_j=0$ 时有

$$\sum_{j=1}^{n}\sum_{k=1}^{n}a_j a_k\sqrt{c^2+\|x_j-x_k\|^2}<0.$$

可知 MQ 函数 $\phi(x)=\sqrt{c^2+\|x\|^2}$ 为 0 阶条件负定. 那么插值系数矩阵

$$\left(\sqrt{c^2+\|x_j-x_k\|^2}\right)_{j,k}$$

至少有 $n-1$ 个特征向量对应的负特征值. 又由 $a_j\equiv 1(j=1,\cdots,n)$ 时

$$\sum_{j=1}^{n}\sum_{k=1}^{n}a_ja_k\sqrt{c^2+\|x_j-x_k\|^2}=\sum_{j=1}^{n}\sum_{k=1}^{n}\sqrt{c^2+\|x_j-x_k\|^2}>0,$$

可知矩阵至少还有一个正特征值. 因此矩阵就有 n 个非零的特征值, 那么矩阵非奇异. 则插值问题 (7.6) 解存在且唯一. 定理证毕.

定理 7.2.1 可以类似地推广到更一般的函数

$$\phi(x)=\left(c^2+\|x\|^2\right)^{\beta},\quad \beta\in\mathbb{R}\setminus\{0\} \tag{7.7}$$

的情形. 当 $\beta<0$ 时, 函数 (7.7) 称之为逆 Multi-Quadric 函数 (或逆 MQ 函数).

定理 7.2.2　关于函数 $\phi(x)=\left(c^2+\|x\|^2\right)^{\beta}$, 有

(1) 当 $\beta<0$ 时, 插值问题 (7.6) 的解存在且唯一;

(2) 当 $\beta>0$ 时, 函数

$$f^*(x)=\sum_{j=1}^{n}a_j\phi\left(x-x_j\right)+\sum_{|\alpha|=0}^{[\beta]}b_\alpha x^\alpha$$

满足插值条件

$$f^*(x_k)=\sum_{j=1}^{n}a_j\phi\left(x_k-x_j\right)+\sum_{|\alpha|=0}^{[\beta]}b_\alpha x_k^\alpha=f_k,\quad k=1,\cdots,n$$

与附加条件

$$\sum_{j=1}^{n}a_jx_j^\alpha=0,\quad 0\leqslant|\alpha|\leqslant\beta$$

的解存在且唯一.

证明　(1) 当 $\beta<0$ 时, 关于逆 MQ 函数有积分表示

$$\left(c^2+\|x\|^2\right)^{\beta}=C\int_0^\infty t^{-\beta-1}\mathrm{e}^{-t\left(c^2+\|x\|^2\right)}\mathrm{d}t,$$

其中, C 为正的常数. 因此可由 Gauss 函数的正定性, 推出逆 MQ 函数的正定性质. 由定理 7.1.1 及推论 7.1.1, 可知插值问题 (7.6) 的解存在且唯一.

(2) 当 $\beta>0$ 时, 由定理 7.1.4, 只需证明此时函数 $\phi(x)=\left(c^2+\|x\|^2\right)^{\beta}$ 为 $[\beta]$ 条件正定函数即可.

函数

$$(-1)^{[\beta]+1}\left(\mathrm{e}^{-t}-\sum_{j=0}^{[\beta]}\frac{(-t)^j}{j!}\right)$$

的 $[\beta]+1$ 阶导数大于零, 而小于等于 $[\beta]$ 阶的导数在零点的值为零, 因此其直到 $[\beta]+1$ 阶的函数值与导数值都是正数. 因此积分

$$\int_0^{\infty} t^{-\beta-1}(-1)^{[\beta]+1}\left(\mathrm{e}^{-t}-\sum_{l=0}^{[\beta]}\frac{(-t)^l}{l!}\right)\mathrm{d}t>0.$$

当 $|\alpha|\leqslant\beta$, 并且满足 $\sum\limits_{j=1}^{n}a_jx_j^{\alpha}=0$ 时, 由 Gauss 函数的正定性, 可知如下结论

$$\begin{aligned}
0&<(-1)^{[\beta]+1}\sum_{j=1}^{n}\sum_{k=1}^{n}a_ja_k\int_0^{\infty}t^{-\beta-1}\left(\mathrm{e}^{-t\left(c^2+\|x_j-x_k\|^2\right)}-\sum_{l=0}^{[\beta]}\frac{-t\left(c^2+\|x_j-x_k\|^2\right)^l}{l!}\right)\mathrm{d}t\\
&=(-1)^{[\beta]+1}\int_0^{\infty}t^{-\beta-1}\sum_{j=1}^{n}\sum_{k=1}^{n}a_ja_k\left[\mathrm{e}^{-t\left(c^2+\|x_j-x_k\|^2\right)}-\sum_{l=0}^{[\beta]}\frac{-t\left(c^2+\|x_j-x_k\|^2\right)^l}{l!}\right]\mathrm{d}t\\
&=(-1)^{[\beta]+1}\int_0^{\infty}t^{-\beta-1}\sum_{j=1}^{n}\sum_{k=1}^{n}a_ja_k\left(c^2+\|x_j-x_k\|^2\right)^{\beta}\left(\mathrm{e}^{-t}-\sum_{l=0}^{[\beta]}\frac{(-t)^l}{l!}\right)\mathrm{d}t\\
&=C\sum_{j=1}^{n}\sum_{k=1}^{n}a_ja_k\left(c^2+\|x_j-x_k\|^2\right)^{\beta},
\end{aligned}$$

其中

$$C=(-1)^{[\beta]+1}\int_0^{\infty}t^{-\beta-1}\left(\mathrm{e}^{-t}-\sum_{l=0}^{[\beta]}\frac{(-t)^l}{l!}\right)\mathrm{d}t$$

为正的常数. 因此当 $\beta>0$ 时,$\phi(x)$ 是一个 $[\beta]$ 阶条件正定的函数, 由定理 7.1.4, (2) 得证. 定理证毕.

当 MQ 插值函数 $\phi(x)$ 中的形状参数 c 很小时,MQ 函数的解几乎就是分段线性函数, 而光滑性又很好. 因此, MQ 函数可以继承分段线性函数的某些优点 (如简单、保形等), 而克服了分段线性函数光滑性不好的缺点. 因而在实际应用中, MQ 函数具有非常好的效果.

7.2.2 Multi-Quadric 函数拟插值

对于多项式插值中的 Lagrange 插值与 Newton 插值, 知道结点与函数值之后直接就可以构造出插值多项式而不需求解方程组. 对于分段线性插值的帽子函数

$$X_j(x)=\frac{|x-x_{j+1}|-|x-x_j|}{2(x_{j+1}-x_j)}-\frac{|x-x_j|-|x-x_{j-1}|}{2(x_j-x_{j-1})},$$

同样也可直接给出插值函数

$$f^*(x)=\sum_{j=1}^{n}f_jX_j(x).$$

对于 MQ 函数, 我们也希望能够通过给定数据点的信息, 直接给出或近似给出插值函数, 而不用求解方程组. 这就导出了对拟插值问题的研究. 在 1.6.3 节中, 我们介绍了多元样条的拟插值问题, 这里针对 MQ 拟插值问题进行介绍.

设插值结点

$$x_0<x_1<\cdots<x_n,\quad h=\max_{1\leqslant j\leqslant n}\{x_j-x_{j-1}\},$$

给定函数 $f(x)\in C^1[x_0,x_n]$ 及数据点采集方式

$$\{(x_j,f_j)\}_{j=0}^{n},\quad f_j=f(x_j),\quad j=0,1,\cdots,n.$$

那么 MQ 函数拟插值算子为

$$(\mathcal{Q}f)(x)=\sum_{j=0}^{n}f_j\psi_j(x),$$

其中, $\psi_j(x)$ 在这里是一元 MQ 函数 $\phi(x-x_j)$ 的线性组合.

下面我们介绍 4 种 MQ 拟插值算子, 即 Beatson 和 Powell 引入的 $\mathcal{L}_A,\mathcal{L}_B,\mathcal{L}_C$, 以及吴宗敏与 Schaback 引入的 $\mathcal{L}_D$.

首先定义拟插值算子 $\mathcal{L}_B$ 如下:

$$(\mathcal{L}_Bf)(x)=f_0\sum_{j=-\infty}^{-1}\psi_j(x)+\sum_{j=0}^{n}f_j\psi_j(x)+f_n\sum_{j=n+1}^{+\infty}\psi_j(x),\quad x\in\mathbb{R},\tag{7.8}$$

其中

$$\psi_j(x)=\frac{1}{2}c^2\int_{x_{j-1}}^{x_{j+1}}\frac{X_j(t)}{((x-t)^2+c^2)^{\frac{3}{2}}}\mathrm{d}t,\tag{7.9}$$

而分片线性函数 $X_j(x)$ 为

$$X_j(x)=\frac{|x-x_{j+1}|-|x-x_j|}{2(x_{j+1}-x_j)}-\frac{|x-x_j|-|x-x_{j-1}|}{2(x_j-x_{j-1})}.$$

经计算可得

$$\psi_j(x)=\frac{\phi_{j+1}(x)-\phi_j(x)}{2(x_{j+1}-x_j)}-\frac{\phi_j(x)-\phi_{j-1}(x)}{2(x_j-x_{j-1})},$$

它是由 MQ 函数

$$\phi_j(x)=\phi(x-x_j)=\sqrt{c^2+(x-x_j)^2}$$

的线性组合而成.

因此拟插值算子 $\mathcal{L}_B$ 可以表示为

$$(\mathcal{L}_B f)(x) = f_0\beta_0(x) + \sum_{j=1}^{n-1} f_j\psi_j(x) + f_n\beta_n(x), \quad x \in \mathbb{R}, \tag{7.10}$$

其中

$$\beta_0 = \sum_{j=-\infty}^{0} \psi_j(x), \quad \beta_n = \sum_{j=n}^{+\infty} \psi_j(x).$$

由公式 (7.9) 计算可得

$$\begin{aligned}\beta_0(x) &= \frac{1}{2}c^2\int_{-\infty}^{x_0}\frac{1}{((x-t)^2+c^2)^{\frac{3}{2}}}\mathrm{d}t + \frac{1}{2}c^2\int_{x_0}^{x_1}\frac{(x_1-t)/(x_1-x_0)}{((x-t)^2+c^2)^{\frac{3}{2}}}\mathrm{d}t\\ &= \frac{1}{2} + \frac{\sqrt{c^2+(x-x_1)^2}-\sqrt{c^2+(x-x_0)^2}}{2(x_1-x_0)}\\ &= \frac{1}{2} + \frac{\phi_1(x)-\phi_0(x)}{2(x_1-x_0)}.\end{aligned}$$

同理可得

$$\beta_n(x) = \frac{1}{2} - \frac{\phi_n(x)-\phi_{n-1}(x)}{2(x_n-x_{n-1})}.$$

定义拟插值算子 $\mathcal{L}_A$

$$(\mathcal{L}_A f)(x) = (\mathcal{L}_B f)(x) + \frac{f_0+f_n}{2}\left(\frac{\phi_0(x)+\phi_n(x)}{x_n-x_0} - 1\right), \quad x \in \mathbb{R}, \tag{7.11}$$

并将其表示为

$$(\mathcal{L}_A f)(x) = f_0\alpha_0(x) + \sum_{j=1}^{n-1} f_j\psi_j(x) + f_n\alpha_n(x), \quad x \in \mathbb{R}, \tag{7.12}$$

其中

$$\begin{aligned}\alpha_0(x) &= \beta_0(x) + \frac{\phi_0(x)+\phi_n(x)}{2(x_n-x_0)} - \frac{1}{2} = \frac{\phi_1(x)-\phi_0(x)}{2(x_1-x_0)} + \frac{\phi_0(x)+\phi_n(x)}{2(x_n-x_0)},\\ \alpha_n(x) &= \beta_n(x) + \frac{\phi_0(x)+\phi_n(x)}{2(x_n-x_0)} - \frac{1}{2} = -\frac{\phi_n(x)-\phi_{n-1}(x)}{2(x_n-x_{n-1})} + \frac{\phi_0(x)+\phi_n(x)}{2(x_n-x_0)}.\end{aligned} \tag{7.13}$$

定义拟插值算子 $\mathcal{L}_C$

$$(\mathcal{L}_C f)(x) = (\mathcal{L}_B f)(x) + f_0'\gamma_0(x) + f_n'\gamma_n(x), \quad x \in \mathbb{R}, \tag{7.14}$$

其中

$$\gamma_0(x)=\sum_{j=-\infty}^{0}(x_j-x_0)\psi_j(x)=\frac{1}{2}c^2\int_{-\infty}^{x_0}\frac{t-x_0}{((x-t)^2+c^2)^{\frac{3}{2}}}\mathrm{d}t=\frac{1}{2}(x-x_0)-\frac{1}{2}\phi_0(x),\quad(7.15)$$

$$\gamma_n(x)=\sum_{j=n}^{+\infty}(x_j-x_n)\psi_j(x)=\frac{1}{2}c^2\int_{x_n}^{+\infty}\frac{t-x_n}{((x-t)^2+c^2)^{\frac{3}{2}}}\mathrm{d}t=\frac{1}{2}\phi_n(x)-\frac{1}{2}(x_n-x).\quad(7.16)$$

因此拟插值算子 $\mathcal{L}_C$ 可表示为

$$(\mathcal{L}_C f)(x)=f_0\beta_0(x)+f_0^{'}\gamma_0(x)+\sum_{j=1}^{n-1}f_j\psi_j(x)+f_n^{'}\gamma_n(x)+f_n\beta_n(x).\quad(7.17)$$

定义 7.2.1　给定非负整数 k, 如果拟插值算子 $\mathcal{Q}$ 满足

$$\mathcal{Q}f=f,\quad\forall f(x)\in\mathbb{P}_k,$$

则称拟插值算子 $\mathcal{Q}$ 在 $[x_0,x_n]$ 上具有 k 次多项式再生性. 特别地, 当 $k=0$ 时称该拟插值算子是常数再生的; 当 $k=1$ 时称该拟插值算子是线性再生的.

对上述 3 个拟插值算子的多项式再生性, 有如下定理.

定理 7.2.3　(1) 拟插值算子 $\mathcal{L}_A$ 不是常数再生的;

(2) 拟插值算子 $\mathcal{L}_B$ 是常数再生的, 但不是线性再生的;

(3) 拟插值算子 $\mathcal{L}_C$ 是线性再生的.

证明　由 3 个拟插值算子的定义可推出它们之间满足关系 (7.11) 式与 (7.14) 式, 因此证明了拟插值算子 $\mathcal{L}_B$ 是常数再生的, 即可证明拟插值算子 $\mathcal{L}_A$ 不是常数再生而 $\mathcal{L}_C$ 也不是常数再生. 而证明了拟插值算子 $\mathcal{L}_C$ 是线性再生之后, 即可证明拟插值算子 $\mathcal{L}_B$ 不是线性再生的.

对 $f(x)=1$, 使得 $\mathcal{L}_B f\equiv 1$, 即可证明拟插值算子 $\mathcal{L}_B$ 是常数再生的. 再由 $\mathcal{L}_B$ 的定义 (7.8) 式, 只需证明

$$\sum_{j\in\mathbb{Z}}\psi_j(x)\equiv 1$$

即可. 由 $\psi_j(x)$ 的定义 (7.9) 式, 计算可得

$$\sum_{j\in\mathbb{Z}}\psi_j(x)=\frac{1}{2}c^2\int_{-\infty}^{+\infty}\frac{1}{((x-t)^2+c^2)^{\frac{3}{2}}}\mathrm{d}t\equiv 1.$$

因此拟插值算子 $\mathcal{L}_B$ 是常数再生的. 同理

$$\sum_{j\in\mathbb{Z}}x_j\psi_j(x)=\frac{1}{2}c^2\int_{-\infty}^{+\infty}\frac{t}{((x-t)^2+c^2)^{\frac{3}{2}}}\mathrm{d}t\equiv x.$$

设 $f(x)=x$, 将上式及 $\beta_0(x),\beta_n(x),\gamma_0(x),\gamma_n(x)$ 按定义带入下式, 计算可得

$$
\begin{aligned}
(\mathcal{L}_C f)(x) &= x_0\beta_0(x)+\gamma_0(x)+\sum_{j=1}^{n-1} x_j\psi_j(x)+\gamma_n(x)+x_n\beta_n(x) \\
&= x_0\beta_0(x)+\gamma_0(x)+x-\sum_{j=-\infty}^{0} x_j\psi_j(x)-\sum_{j=n}^{+\infty} x_j\psi_j(x)+\gamma_n(x)+x_n\beta_n(x) \\
&= \sum_{j=-\infty}^{0}(x_0-x_j)\psi_j(x)+\gamma_0(x)+\sum_{j=n}^{+\infty}(x_n-x_j)\psi_j(x)+\gamma_n(x)+x \\
&= x.
\end{aligned}
$$

由此证明了拟插值算子 $\mathcal{L}_C$ 是线性再生的. 定理证毕.

拟插值算子 $\mathcal{L}_A,\mathcal{L}_B$ 不具备保凸性, 而算子 $\mathcal{L}_C$ 具备保凸性.

定理 7.2.4 如果数据点 $\{x_j,f_j\}_{j=0}^{n}, f_0', f_n'$ 来自一个凸函数 $f(x)$, 则 $(\mathcal{L}_C f)(x)$ 也是一个凸函数.

证明 对 MQ 函数求导两次, 可得

$$
\phi_j''(x)=\frac{c^2}{(c^2+(x-x_j)^2)^{\frac{3}{2}}}>0.
$$

对拟插值函数 $\mathcal{L}_C(x)$ 求导两次, 可得

$$
\begin{aligned}
(\mathcal{L}_C f)''(x) &= f_0\beta_0''(x)+f_0'\gamma_0''(x)+\sum_{j=1}^{n-1} x_j\psi_j''(x)+f_n'\gamma_n''(x)+f_n\beta_n''(x) \\
&= \frac{1}{2}\left[\frac{f_1-f_0}{x_1-x_0}-f_0'\right]\phi_0''(x)+\frac{1}{2}\left[f_n'-\frac{f_n-f_{n-1}}{x_n-x_{n-1}}\right]\phi_n''(x) \\
&\quad +\frac{1}{2}\sum_{j=1}^{n-1}\left[\frac{f_{j+1}-f_j}{x_{j+1}-x_j}-\frac{f_j-f_{j-1}}{x_j-x_{j-1}}\right]\phi_n''(x),
\end{aligned}
$$

由于 $f(x)$ 为凸函数, 可知上式中方括号项均为非负的, 从而函数 $(\mathcal{L}_C f)(x)$ 为凸函数. 定理证毕.

Beatson 与 Powell 给出了上述 3 个拟插值算子的误差估计, 现将其不加证明地罗列为如下两个定理与推论.

定理 7.2.5 在区间 $[x_0,x_n]$ 上, 拟插值算子 $\mathcal{L}_A,\mathcal{L}_B,\mathcal{L}_C$ 满足

(1) $\|f-\mathcal{L}_B f\|_\infty \leqslant (1+D)\omega(f,h)$,

(2) $\|f-\mathcal{L}_A f\|_\infty \leqslant \dfrac{|f_0+f_n|}{x_n-x_0}Dh+(1+D)\omega(f,h)$,

(3) $\|f-\mathcal{L}_C f\|_\infty \leqslant \left[\frac{1}{8}+\frac{1}{4}D^2+\frac{1}{2}D^2\log\left(1+\frac{x_n-x_0}{Dh}\right)\right]\Omega h^2$, 其中

$$\|f-s\|_\infty = \max_{x_0\leqslant x\leqslant x_n}|f(x)-s(s)|,\quad c\leqslant Dh,$$

D 为正的常数, $\omega(f,h)$ 是函数 $f(x)$ 的连续模, 如果 $f(x)$ 可导, 则连续模可用 $h\|f'\|$ 代替. (3) 要求 $f(x)$ 的 1 阶导数为 Lipschitz 连续的, 而 Ω 表示其 Lipschitz 常数.

定理 7.2.6　在区间 $[x_0+\delta, x_n-\delta]$ 上, 拟插值算子 $\mathcal{L}_A, \mathcal{L}_B$ 满足

(1) $\|f-\mathcal{L}_A f\|_\infty \leqslant \left[\|f'\|_\infty + \frac{|f_0+f_n|}{x_n-x_0}\right]D^2\delta^{-1}h^2 + \|f-\mathcal{L}_C f\|_\infty$,

(2) $\|f-\mathcal{L}_B f\|_\infty \leqslant D^2\|f'\|_\infty\delta^{-1}h^2 + \|f-\mathcal{L}_C f\|_\infty$,

其中, δ 为正数.

由此当 $c=O(h)$ 时, 对于光滑函数拟插值算子有如下逼近阶.

推论 7.2.1　对 $x\in[x_0,x_n]$,

(1) $\|f-\mathcal{L}_A f\|_\infty = O(h)$,

(2) $\|f-\mathcal{L}_B f\|_\infty = O(h)$,

(3) $\|f-\mathcal{L}_C f\|_\infty = O(h^2|\log h|)$.

推论 7.2.2　对 $x\in[x_0+\delta, x_n-\delta], \delta>0$,

(1) $\|f-\mathcal{L}_A f\|_\infty = O(h^2|\log h|)$,

(2) $\|f-\mathcal{L}_B f\|_\infty = O(h^2|\log h|)$.

从上面分析可知, 3 个拟插值算子中, $\mathcal{L}_C$ 性能最好, 但是需要知道被插函数的边界导数信息, 这在实际问题中有时较难获得. 为了克服这点不足, 吴宗敏与 Schaback 提出了另外一类拟插值算子 $\mathcal{L}_D$, 定义如下:

$$(\mathcal{L}_D f)(x) = f_0\alpha_0(x) + f_1\alpha_1(x) + \sum_{j=2}^{n-2} f_j\psi_j(x) + f_{n-1}\alpha_{n-1}(x) + f_n\alpha_n(x), \tag{7.18}$$

其中

$$\alpha_0(x) = \frac{1}{2} + \frac{\phi_1(x)-(x-x_0)}{2(x_1-x_0)},$$

$$\alpha_1(x) = \frac{\phi_2(x)-\phi_1(x)}{2(x_2-x_1)} - \frac{\phi_1(x)-(x-x_0)}{2(x_1-x_0)},$$

$$\alpha_{n-1}(x) = \frac{(x_n-x)-\phi_{n-1}(x)}{2(x_n-x_{n-1})} - \frac{\phi_{n-1}(x)-\phi_{n-2}(x)}{2(x_{n-1}-x_{n-2})},$$

$$\alpha_n(x) = \frac{1}{2} - \frac{(x_n-x)-\phi_{n-1}(x)}{2(x_n-x_{n-1})}.$$

拟插值算子 $\mathcal{L}_D$ 具有保凸性以及保单调性.

定理 7.2.7 如果数据点 $\{x_j, f_j\}_{j=0}^n$ 来自一个凸函数 $f(x)$, 则 $(\mathcal{L}_D f)(x)$ 也是一个凸函数.

证明 利用与定理 7.2.4 相似的证明方法, 可以得到

$$(\mathcal{L}_D f)^{''}(x) = \frac{1}{2}\sum_{j=1}^{n-1}\left[\frac{f_{j+1}-f_j}{x_{j+1}-x_j} - \frac{f_j - f_{j-1}}{x_j - x_{j-1}}\right]\phi_j^{''}(x),$$

由 $f(x)$ 为凸函数, 则上式方括号项为非负, 再由 $\phi_j^{''}(x) > 0$, 则函数 $(\mathcal{L}_D f)(x)$ 为凸函数. 定理证毕.

定理 7.2.8 如果数据点 $\{x_j, f_j\}_{j=0}^n$ 来自一个单调函数 $f(x)$, 则 $(\mathcal{L}_D f)(x)$ 也是一个单调函数.

证明 由于 $\phi^{''}(x) > 0$, 则 $\phi^{'}(x)$ 为单调函数. 由

$$\phi^{'}(x) = \frac{x}{\sqrt{c^2 + x^2}}$$

可知

$$\lim_{x\to\pm\infty}\phi^{'}(x) = \pm 1,$$

从而

$$-1 < \phi_m^{'}(x) < \phi_k^{'}(x) < 1, \quad \forall m > k. \tag{7.19}$$

因此拟插值 $\mathcal{L}_D$ 的导数为

$$\begin{aligned}(\mathcal{L}_D f)^{'}(x) = &\sum_{j=1}^{n-2}\frac{\phi_j^{'}(x) - \phi_{j+1}^{'}(x)}{2(x_{j+1}-x_j)}(f_{j+1}-f_j) + \frac{1-\phi_1^{'}(x)}{2(x_1 - x_0)}(f_1 - f_0)\\ &+ \frac{1+\phi_{n-1}^{'}(x)}{2(x_n - x_{n-1})}(f_n - f_{n-1}),\end{aligned}$$

如果数据点来自一个单调函数 $f(x)$, 则上式为非负, 因此函数 $(\mathcal{L}_D f)(x)$ 也是一个单调函数, 即拟插值算子 $\mathcal{L}_D$ 具有保单调性. 定理证毕.

拟插值算子 $\mathcal{L}_D$ 具有保凸性与保单调性这两个良好的性质, 下述定理及推论给出了拟插值算子 $\mathcal{L}_D$ 同样具线性再生性以及很好的逼近精度, 鉴于篇幅, 证明在此不做表述.

定理 7.2.9 拟插值算子 $\mathcal{L}_D$ 是线性再生的.

定理 7.2.10 对 $f(x) \in C^2[x_0, x_n]$, 当 $h \to 0$ 时, 有与 h, c 无关的常数 K_1, K_2, K_3, 使得拟插值算子 $\mathcal{L}_D$ 的误差满足

$$\|f - \mathcal{L}_D f\|_\infty \leqslant K_1 h^2 + k_2 ch + K_3 c^2 \log h.$$

推论 7.2.3 当 $c^2\log h = O(h^2)$ 时,

$$\|f-\mathcal{L}_D f\|_\infty = O(h^2).$$

当 $c = O(h)$ 时,

$$\|f-\mathcal{L}_D f\|_\infty = O(h^2\log h).$$

对于等距插值结点 $x_j = jh(j\in(-\infty,+\infty))$, 下面介绍拟插值算子的保形性以及误差估计问题.

设

$$\psi_j(x) = \frac{\phi_{j+1}(x)-2\phi_j(x)+\phi_{j-1}(x)}{2h}.$$

容易计算, 当 $x\to\infty$ 时,$\psi_j(x) = O(x^{-3})$. 从而如果 $f_j \leqslant O(j^2)$, 则 $\sum\limits_{-\infty}^{+\infty} f_j\psi_j(x)$ 收敛. 定义拟插植算子

$$(\mathcal{Q}f)(x) = \sum_{-\infty}^{+\infty} f_j\overline{\psi}_j(x), \tag{7.20}$$

其中

$$\overline{\psi}_j(x) = \sum_{k=-m}^{M} b_k\psi_{j-k}(x), \tag{7.21}$$

b_k 是给定的常数. 同理, 如果 $f_j \leqslant O(j^2)$, 则 $\mathcal{Q}f$ 也收敛.

定理 7.2.11 如果 (7.21) 式中的系数 $b_k\geqslant 0$, 那么由 (7.20) 式定义的拟插值算子 $\mathcal{Q}$ 具有保凸性与保单调性.

证明 将 $(\mathcal{Q}f)(x)$ 改写为

$$\begin{aligned}(\mathcal{Q}f)(x) &= \sum_{j\in\mathbb{Z}} f_j \sum_{k=-m}^{M} b_k\psi_{j-k}(x)\\ &= \sum_{k=-m}^{M} b_k\left(\sum_{j\in\mathbb{Z}} f_j\psi_{j-k}(x)\right)\\ &= \sum_{k=-m}^{M} b_k\sum_{j\in\mathbb{Z}} f_j\frac{\phi_{j+1-k}(x)-2\phi_{j-k}(x)+\phi_{j-1-k}(x)}{2h}\\ &= \sum_{k=-m}^{M} b_k\sum_{j\in\mathbb{Z}}(f_j-f_{j+1})\frac{\phi_{j+1-k}(x)-\phi_{j-k}(x)}{2h}.\end{aligned}$$

对上式两端求导, 得到

$$(\mathcal{Q}f)'(x) = \sum_{k=-m}^{M} b_k\sum_{j\in\mathbb{Z}}(f_j-f_{j+1})\frac{\phi'_{j+1-k}(x)-\phi'_{j-k}(x)}{2h}. \tag{7.22}$$

如果 $f(x)$ 为单调函数, 由 (7.19) 式可得 $(\mathcal{Q}f)'(x) \geqslant 0$, 即拟插值算子 $\mathcal{Q}$ 具有保单调性.

将 (7.22) 式整理成

$$(\mathcal{Q}f)'(x) = \sum_{k=-m}^{M} b_k \sum_{j\in\mathbb{Z}} (f_j - 2f_{j+1} + f_{j+2}) \frac{\phi'_{j+1-k}(x)}{2h},$$

并对其再次求导得到

$$(\mathcal{Q}f)''(x) = \sum_{k=-m}^{M} b_k \sum_{j\in\mathbb{Z}} (f_j - 2f_{j+1} + f_{j+2}) \frac{\phi''_{j+1-k}(x)}{2h}.$$

由 $b_k \geqslant 0, \phi''_{j+1-k}(x) > 0$, 可知 $(\mathcal{Q}f)''(x) \geqslant 0$, 即拟插值算子 $\mathcal{Q}$ 具有保凸性. 定理证毕.

上面讨论的拟插值算子是定义在整个实数域上的, 但是此时 (7.20) 式可能不收敛. 如果讨论区间是有限区间, 并在区间外用线性函数延拓, 即给定适当的边界条件 (可以由边界上的函数值与导数值决定) 使其可以线性延拓, 那么所讨论的保形性就有意义了.

下面讨论拟插值算子的收敛性. 令

$$\psi(x) = \frac{\phi(x+1) - 2\phi(x) + \phi(x-1)}{2h}.$$

利用 $\sqrt{1+y}, y = \dfrac{c}{x}$ 的 Taylor 展开式递推得到

$$\psi^{(k)}(x) = O(x^{-(k+3)}), \quad x \to \infty. \tag{7.23}$$

令

$$\eta(x) = \begin{cases} 1, & x \in (0,1), \\ 0, & x \in (-\infty, 0] \cup [1, +\infty). \end{cases}$$

定义伴随函数

$$\widehat{\psi}_l(x) = \overbrace{\eta * \eta * \cdots * \eta}^{l+1} * \psi(x) = \int_{-\infty}^{+\infty} B^l(t)\psi(x-t)\mathrm{d}t, \tag{7.24}$$

其中, $B^l(t)$ 为 l 次等距 B 样条函数. 对数据获取方式 $f(j/n)$, 伴随拟插值算子

$$(\widehat{\mathcal{Q}}_n f)(x) = \sum_{j\in\mathbb{Z}} f\left(\frac{j}{n}\right) \widehat{\psi}_l(nx - j) \tag{7.25}$$

成立如下定理.

定理 7.2.12 设 $f(x) \in C^l$, 则伴随拟插值函数 $(\widehat{\mathcal{Q}}_n f)^{(k)}(x)$ 对任何不大于 l 的非负整数 k, 与 x 无关地收敛到 $f^{(k)}(x)$, 即

$$\|f^{(k)} - (\widehat{\mathcal{Q}}_n f)^{(k)}\|_\infty \to 0, \quad n \to \infty, \quad \forall k \leqslant l.$$

7.3 径向基函数插值的收敛性

本节对一般的径向基函数插值的收敛性以及收敛速度进行介绍, 包括网格上径向基函数拟插值以及散乱数据的径向基函数插值的收敛性问题.

7.3.1 网格上径向基函数拟插值的收敛性

由于网格的无限性, 网格上径向基函数的插值问题很难表示, 往往都是转换为拟插值问题来解决. d 维空间网格上的径向基函数拟插值算子一般的构造形式为

$$(\mathcal{Q}_h f)(x)=\sum_{j\in\mathbb{Z}^d} f(jh)\psi\left(\frac{x}{h}-j\right).$$

由于多元的网格数据又可以转化为一元的张量积形式, 因此讨论一般的一元径向基函数的拟插值问题是解决多元网格上径向基拟插值问题的关键所在.

类似于 MQ 拟插值算子的构造, 一元函数的拟插值算子可定义为

$$(\mathcal{Q}_h f)(x)=\sum_{j\in\mathbb{Z}} f(jh)\psi\left(\frac{x}{h}-j\right), \tag{7.26}$$

其中, h 为正实数, 为一元网格的步长 (h 与伴随拟插值 (7.25) 式中的 n 有一定的类似之处, 可以看作 $h=1/n$), 而 $\psi(x)$ 为某个径向基函数平移的线性组合, j 为网格点.

下面要讨论当 $h\to 0$ 时, 拟插值算子 (7.26) 式的收敛性问题. 对一元情形, 只须讨论当 $h\to 0$ 时,L^2 范数 $\|(\mathcal{Q}_h f)(x)-f(x)\|_2$ 的误差问题. 对于多元网格情形, 可以用张量积来进行讨论.

设函数 $f(x),\psi(x)$ 的 Fourier 变换的积分表示为

$$f(x)=\int_{-\infty}^{+\infty}\mathrm{e}^{\mathrm{i}xt}\widehat{f}(t)\mathrm{d}t,$$
$$\widehat{\psi}(t)=\int_{-\infty}^{+\infty}\mathrm{e}^{-\mathrm{i}xt}\psi(x)\mathrm{d}x.$$

为了给出拟插值算子的收敛性, 首先给出 Strang-Fix 条件的定义.

定义 7.3.1 称函数 $\psi(x)$ 满足 l 阶完全的 Strang-Fix 条件, 如果其 Fourier 变换 $\widehat{\psi}(t)$ 满足

$$\begin{cases}\widehat{\psi}(t)=1+O(t^l), & t\to 0,\\ \widehat{\psi}(2j\pi+t)=O(t^l), & t\to 0.\end{cases} \tag{7.27}$$

定义 7.3.2 称函数 $\psi(x)$ 满足 l 阶不完全的 Strang-Fix 条件, 如果其 Fourier 变换 $\widehat{\psi}(t)$ 满足

$$\begin{cases} \widehat{\psi}(t) \neq 0(\neq \infty), & t \to 0, \\ \widehat{\psi}(2j\pi + t) = O(t^l), & t \to 0. \end{cases} \tag{7.28}$$

对于 $\psi(x)$, 如果满足 l 阶不完全的 Strang-Fix 条件, 并且其 Fourier 变换在零点附近至少 l 阶连续, 那么必然可以得到函数 $\psi(x)$ 的一个平移的线性组合, 使之满足 l 阶完全的 Strang-Fix 条件. 也就是说条件 $\widehat{\psi}(t) = 1 + O(t^l)$ 并不是最主要的, 可以通过变换, 将不完全的 Strang-Fix 条件转换为完全的 Strang-Fix 条件.

对于 d 维空间上的径向函数 $\phi(x)$, 如果是 k 阶条件正定的, 那么其 Fourier 变换在零点是一个 $l = d + k$ 阶的极点, 那么必然存在 $c_\alpha, |\alpha| \leqslant l$, 使得

$$\begin{cases} \sum c_\alpha \alpha^\beta = 0, & \forall \|\beta\| < l, \\ \sum c_\alpha \alpha^\beta = 1, & \forall \|\beta\| = l. \end{cases}$$

则函数 $\sum c_\alpha \mathrm{e}^{-\mathrm{i}\langle\alpha,t\rangle}$ 在 $t = 2\pi\beta$ 是一个 l 重的零点. 由 Fourier 变换分析可得, 如果乘以适当的常数, 则 $\sum c_\alpha \phi(\|x - \alpha\|)$ 满足 l 阶的 Strang-Fix 条件. 特别地, 如果一元条件正定的径向函数 $\phi(x)$, 其 Fourier 变换在零点是一个偶次 $2k$ 阶的极点, 那么函数 $\varDelta^k \phi(x)$ 满足 $2k$ 阶的 Strang-Fix 条件, 其中 $\varDelta$ 为

$$\varDelta\phi(x) = \frac{\phi(x+1) - 2\phi(x) + \phi(x-1)}{2}.$$

定理 7.3.1 如果函数 $\psi(x)$ 满足 l 阶的 Strang-Fix 条件, 并且 $\widehat{\psi}(t) \in C^l$, 当函数 $f(x) \in \mathbb{P}_l$ 时, 可得

$$(\mathcal{Q}_h f)(x) = \sum_{j\in\mathbb{Z}} f(jh)\psi\left(\frac{x}{h} - j\right) = f(x), \tag{7.29}$$

即拟插值算子 $\mathcal{Q}_h$ 是 l 次再生的.

证明 要证明本定理, 只需证明对任意的非负整数 $k \leqslant l$, 使得

$$\sum_{j\in\mathbb{Z}} (jh)^k \psi\left(\frac{x}{h} - j\right) = x^k$$

成立即可. 作变量代换 $y = \dfrac{x}{h}$, 那么只需证明对任意的非负整数 $k \leqslant l$, 使得

$$\sum_{j\in\mathbb{Z}} j^k \psi(y - j) = y^k$$

成立即可.

由于 $\sum\limits_{j\in\mathbb{Z}}\psi(y-j)$ 为以 y 为周期 1 的函数, 因此可以展成 Fourier 级数

$$\sum_{j\in\mathbb{Z}}\psi(y-j)=\sum_{j\in\mathbb{Z}}a_j\mathrm{e}^{2\mathrm{i}j\pi y},$$

其中, 系数为

$$\begin{aligned}a_j&=\int_0^1\sum_{j\in\mathbb{Z}}\psi(y-k)\,\mathrm{e}^{-2\mathrm{i}j\pi y}\mathrm{d}y\\&=\int_{-\infty}^{+\infty}\psi(y)\mathrm{e}^{-2\mathrm{i}j\pi y}\mathrm{d}y\\&=\widehat{\psi}(2\pi j).\end{aligned}$$

再由 $\psi(x)$ 满足 Strang-Fix 条件, 可知

$$a_j=\delta_{0j}=\begin{cases}0, & j\neq 0,\\ 1, & j=0.\end{cases}$$

由此可得 $\sum\limits_{j\in\mathbb{Z}}\psi(y-j)\equiv 1$. 则 $k=0$ 时, 定理得证.

对于其他情况, 利用 Fourier 变换与分部积分法可得

$$\begin{aligned}\sum_{j\in\mathbb{Z}}j^k\psi(y-j)&=\sum_{j\in\mathbb{Z}}j^k\int_{-\infty}^{+\infty}\mathrm{e}^{\mathrm{i}(y-j)t}\widehat{\psi}(t)\mathrm{d}t\\&=\sum_{j\in\mathbb{Z}}\int_{-\infty}^{+\infty}(-\mathrm{i})^k\mathrm{e}^{-\mathrm{i}jt}\left(\mathrm{e}^{\mathrm{i}yt}\widehat{\psi}(t)\right)^{(k)}\mathrm{d}t\\&=\sum_{j\in\mathbb{Z}}\int_{-\infty}^{+\infty}(-\mathrm{i})^k\left[\sum_{m=0}^{k}\begin{pmatrix}k\\m\end{pmatrix}(\mathrm{i}y)^m\mathrm{e}^{\mathrm{i}(y-j)t}\widehat{\psi}^{(k-m)}(t)\right]\mathrm{d}t\\&=\sum_{m=0}^{k}\begin{pmatrix}k\\m\end{pmatrix}(-\mathrm{i})^k(\mathrm{i}y)^m\sum_{j\in\mathbb{Z}}\int_{-\infty}^{+\infty}\mathrm{e}^{\mathrm{i}(y-j)t}\widehat{\psi}^{(k-m)}(t)\mathrm{d}t\\&=\sum_{m=0}^{k}\begin{pmatrix}k\\m\end{pmatrix}(-\mathrm{i})^k(\mathrm{i}y)^mI_{km}(y),\end{aligned}$$

其中

$$I_{km}(y)=\sum_{j\in\mathbb{Z}}\int_{-\infty}^{+\infty}\mathrm{e}^{\mathrm{i}(y-j)t}\widehat{\psi}^{(k-m)}(t)\mathrm{d}t$$

为关于 y 的周期函数, 则可以展成 Fourier 级数为

$$I_{km}(y)=\sum_{j\in\mathbb{Z}}\widehat{\psi}^{(k-m)}(2\pi j)\mathrm{e}^{2\mathrm{i}j\pi y}.$$

再由 $\psi(x)$ 满足 l 阶 Strang-Fix 条件, 可知

$$I_{km}(y) = \delta_{km} = \begin{cases} 0, & k \neq m, \\ 1, & k = m. \end{cases}$$

由此可得

$$\sum_{j\in\mathbb{Z}} j^k \psi(y-j) = (-\mathrm{i})^k (\mathrm{i}y)^k I_{kk}(y) = y^k.$$

这就证明了拟插值算子 $\mathcal{Q}_h$ 是 l 次再生的. 定理证毕.

定理 7.3.2 如果函数 $\psi(x)$ 满足 l 阶完全的 Strang-Fix 条件, 那么当 $\int_{-\infty}^{+\infty} t^l \widehat{f}(t)\mathrm{d}t$ 可积时, 有

$$\|(\mathcal{Q}_h f)(x) - f(x)\|_2 < O(h^l).$$

反之, 如果对任何满足 $\int_{-\infty}^{+\infty} t^l \widehat{f}(t)\mathrm{d}t$ 可积的函数 $f(x)$, 都有

$$\|(\mathcal{Q}_h f)(x) - f(x)\|_2 < O(h^l),$$

则函数 $\psi(x)$ 满足 l 阶完全的 Strang-Fix 条件.

证明 由 (7.26) 式, 拟插值函数的误差可以表示为积分形式

$$|(\mathcal{Q}_n f)(x) - f(x)| = \left| \int_{-\infty}^{+\infty} \mathrm{e}^{\mathrm{i}xt} \left(\sum_{j\in\mathbb{Z}} \mathrm{e}^{\mathrm{i}(jh-x)t} \psi\left(\frac{x}{h} - j\right) - 1 \right) \widehat{f}(t)\mathrm{d}t \right|,$$

且积分中的函数

$$I_h(x,t) = \sum_{j\in\mathbb{Z}} \mathrm{e}^{\mathrm{i}(jh-x)t} \psi\left(\frac{x}{h} - j\right) - 1 \tag{7.30}$$

为关于 x 以 h 为周期的函数. 于是可以展成 Fourier 级数

$$I_h(x,t) = \sum_{j\in\mathbb{Z}} a_j \mathrm{e}^{2\mathrm{i}j\pi\frac{x}{h}},$$

其中, 系数当 $j=0$ 时,

$$a_0 = \widehat{\psi}(ht) - 1,$$

当 $j \neq 0$ 时,

$$\begin{aligned} a_j &= \frac{1}{h}\int_0^h I_h(x,t)\mathrm{e}^{-2\mathrm{i}j\pi\frac{x}{h}}\mathrm{d}x \\ &= \frac{1}{h}\int_0^h \left[\sum_{k\in\mathbb{Z}} \mathrm{e}^{\mathrm{i}(kh-x)t}\psi\left(\frac{x}{h}-k\right)\right]\mathrm{e}^{-2\mathrm{i}j\pi\frac{x}{h}}\mathrm{d}x \\ &= \frac{1}{h}\int_{-\infty}^{+\infty} \psi\left(\frac{x}{h}\right)\mathrm{e}^{-\mathrm{i}xt-2\mathrm{i}j\pi\frac{x}{h}}\mathrm{d}x \\ &= \widehat{\psi}(ht+2j\pi). \end{aligned}$$

由 Fourier 展开式的性质可知, $I_h(x,t)$ 的 L^∞ 与其 Fourier 展开系数的 L^1 范数等价, 因此可得

$$\begin{aligned} |(\mathcal{Q}_n f)(x)-f(x)| &= \left|\int_{-\infty}^{+\infty} \mathrm{e}^{\mathrm{i}xt} I_h(x,t)\widehat{f}(t)\mathrm{d}t\right| \\ &\leqslant \int_{-\infty}^{+\infty} |I_h(x,t)|\cdot|\widehat{f}(t)|\mathrm{d}t \\ &\leqslant \int_{-\infty}^{+\infty} \|I_h(x,t)\|_\infty|\widehat{f}(t)|\mathrm{d}t \\ &= \int_{-\infty}^{+\infty}\left(\sum_{j\in\mathbb{Z}/\{0\}}|\widehat{\psi}(ht+2j\pi)|+|\widehat{\psi}(ht)-1|\right)|\widehat{f}(t)|\mathrm{d}t. \end{aligned}$$

由此, 对满足 $\int_{-\infty}^{+\infty} t^l\widehat{f}(t)\mathrm{d}t$ 可积的函数 $f(x)$, 有

$$\|(\mathcal{Q}_h f)(x)-f(x)\|_2 < O(h^l)$$

与

$$\sum_{j\in\mathbb{Z}\backslash\{0\}}|\widehat{\psi}(ht+2j\pi)|+|\widehat{\psi}(ht)-1| < O\left((ht)^l\right)$$

等价, 而后者又与函数 $\psi(x)$ 满足 l 阶完全的 Strang-Fix 条件等价. 定理得证.

7.3.2　散乱数据径向基函数插值的收敛性

前面已经提到, 对于数据点集 $\{(x_j,f_j)\}_{j=1}^n \subset \mathbb{R}^d\otimes\mathbb{R}$, 如果 $\{x_j\}_{j=1}^n$ 两两互不相同, 则如下的 γ 阶条件正定径向基函数插值问题是唯一可解的. 即函数

$$f^*(x)=\sum_{j=1}^n a_j\phi(\|x-x_j\|)+\sum_{j=1}^m b_jp_j(x),\quad x\in\mathbb{R}^d$$

满足插值条件

$$f^*(x_k) = \sum_{j=1}^{n} a_j \phi(\|x_k - x_j\|) + \sum_{j=0}^{m} b_j p_j(x_k) = f_k$$

以及附加条件

$$\sum_{j=1}^{n} a_j p_k(x_j) = 0, \quad k = 1, \cdots, m$$

的解存在且唯一. 其中函数 $p_1(x), \cdots, p_m(x)$ 为 d 维多项式空间 $\mathbb{P}_\gamma$ 的一组基函数且 $m = \begin{pmatrix} \gamma + d - 1 \\ d \end{pmatrix}$.

同样地, 可以给出这个插值函数的一个 Lagrange 表示

$$f^*(x) = \sum_{j=1}^{n} f_j l_j(x),$$

其中, 径向基插值的 Lagrange 基函数 $l_j(x)$ 满足

$$l_j(x_k) = \begin{cases} 1, & j = k, \\ 0, & j \neq k. \end{cases}$$

定义矩阵与向量函数

$$\begin{aligned}
&\boldsymbol{R}(x) = (\phi(\|x - x_1\|), \cdots, \phi(\|x - x_n\|))^{\mathrm{T}}, \\
&\boldsymbol{L}(x) = (l_1(x), \cdots, l_n(x))^{\mathrm{T}}, \\
&\boldsymbol{V}(x) = (v_1(x), \cdots, v_m(x))^{\mathrm{T}}, \\
&\boldsymbol{S}(x) = (p_1(x), \cdots, p_m(x))^{\mathrm{T}}, \\
&\boldsymbol{A} = (\phi(\|x_j - x_k\|))_{j,k}, \\
&\boldsymbol{P} = (p_k(x_j))_{j,k}.
\end{aligned}$$

那么 Lagrange 基函数满足

$$\begin{pmatrix} \boldsymbol{A} & \boldsymbol{P} \\ \boldsymbol{P}^{\mathrm{T}} & \boldsymbol{O} \end{pmatrix} \begin{pmatrix} \boldsymbol{L}(x) \\ \boldsymbol{V}(x) \end{pmatrix} = \begin{pmatrix} \boldsymbol{R}(x) \\ \boldsymbol{S}(x) \end{pmatrix}, \tag{7.31}$$

其中, 系数矩阵为满秩.

如果径向函数 ϕ 为 $2l$ 次可微的, 并设 $\Phi(x) = \phi(\|x\|)$, 那么 $\boldsymbol{L}(x)$ 的导数 $\boldsymbol{L}^{(\mu)}(x)$ 满足线性方程组

$$\begin{pmatrix} \boldsymbol{A} & \boldsymbol{P} \\ \boldsymbol{P}^{\mathrm{T}} & \boldsymbol{O} \end{pmatrix} \begin{pmatrix} \boldsymbol{L}^{(\mu)}(x) \\ \boldsymbol{V}^{(\mu)}(x) \end{pmatrix} = \begin{pmatrix} \boldsymbol{R}^{(\mu)}(x) \\ \boldsymbol{S}^{(\mu)}(x) \end{pmatrix}. \tag{7.32}$$

则 Lagrange 基 $\boldsymbol{L}(x)$ 为给定 x 时的二次条件优化问题

$$\begin{aligned}&\min\{\boldsymbol{L}^{(\mu)^{\mathrm{T}}}\boldsymbol{A}\boldsymbol{L}^{(\mu)}-2\boldsymbol{L}^{(\mu)^{\mathrm{T}}}\boldsymbol{R}^{(\mu)}(x)+\Phi^{(2\mu)}(0)\}\\&\text{s.t.}\quad \boldsymbol{P}^{\mathrm{T}}\boldsymbol{L}^{(\mu)}=\boldsymbol{S}^{(\mu)}(x),\boldsymbol{L}^{(\mu)}\in\mathbb{R}^n\end{aligned}\tag{7.33}$$

的解.

定义 7.3.3　设 $\phi(\|x\|)$ 为 γ 阶条件正定函数并且 ϕ 为 $2l$ 次可微的, 那么对于 $0\leqslant|\mu|\leqslant l$ 以及数据点 $\{x_j\}_{j=1}^n$, 称函数

$$\kappa_\gamma^{(\mu)}(x)=\min\{\boldsymbol{L}^{(\mu)^{\mathrm{T}}}\boldsymbol{A}\boldsymbol{L}^{(\mu)}-2\boldsymbol{L}^{(\mu)^{\mathrm{T}}}\boldsymbol{R}^{(\mu)}(x)+\Phi^{(2\mu)}(0)\}$$

为在点 x 处的 μ 阶 Kriging 函数, 其中 $\boldsymbol{L}(x)$ 满足

$$\boldsymbol{L}\in K_{\mu,\gamma}(x),$$

而

$$K_{\mu,\gamma}(x)=\left\{\boldsymbol{U}(x)=(u_1(x),\cdots,u_n(x))^{\mathrm{T}}\in\mathbb{R}^n\ \middle|\ \sum_{j=1}^n u_j(x)p(x_j)=p^{(\mu)}(x),\quad \forall p\in\mathbb{P}_\gamma\right\}$$

称为允许向量的集合.

由定义, 上述二次条件优化问题即从允许向量的集合中寻求使得 Kriging 函数取得最小值. 下面对散乱数据径向基函数插值的收敛性进行介绍, 鉴于篇幅, 在此将部分定理的复杂证明略去.

定理 7.3.3　假设

$$2|\mu|<\beta<2\gamma+2,\tag{7.34}$$

径向函数 $\phi(x)$ 在 $\mathbb{R}^d\backslash\{0\}$ 的广义 Fourier 变换

$$\widehat{\phi}(t)=\int_{\mathbb{R}^d}\mathrm{e}^{-\mathrm{i}\langle x,t\rangle}\phi(x)\mathrm{d}x$$

对所有的 $t\in\mathbb{R}^d\backslash\{0\}$, 满足

$$0\leqslant\widehat{\phi}(t)\leqslant c\|t\|^{-d-\beta},\tag{7.35}$$

那么对所有的允许向量 $\boldsymbol{L}\in K_{\mu,\gamma}(x)$, 有

$$\boldsymbol{L}^{\mathrm{T}}\boldsymbol{A}\boldsymbol{L}-2\boldsymbol{L}^{\mathrm{T}}\boldsymbol{R}(x)+\Phi(0)=\int_{\mathbb{R}^d}\left|\sum_{j=1}^n u_j(x)\mathrm{e}^{\mathrm{i}\langle x_j,t\rangle}-\mathrm{e}^{\mathrm{i}\langle x,t\rangle}\right|^2\widehat{\Phi}(t)\mathrm{d}t,$$

$$\boldsymbol{L}^{(\mu)^{\mathrm{T}}}\boldsymbol{A}\boldsymbol{L}^{(\mu)}-2\boldsymbol{L}^{(\mu)^{\mathrm{T}}}\boldsymbol{R}^{(\mu)}(x)+\Phi^{(2\mu)}(0)=\int_{\mathbb{R}^d}\left|\sum_{j=1}^n u_j^{(\mu)}(x)\mathrm{e}^{\mathrm{i}\langle x_j,t\rangle}-(\mathrm{i}t)^\mu\mathrm{e}^{\mathrm{i}\langle x,t\rangle}\right|^2\widehat{\Phi}(t)\mathrm{d}t.$$

定义 7.3.4 称函数 $f(x)(x\in\mathbb{R}^d)$ 受控于一个在 $\mathbb{R}^d\backslash\{0\}$ 满足 (7.34) 式与 (7.35) 式的径向函数 ϕ, 当且仅当如果 f 有一个在 $\mathbb{R}^d\backslash\{0\}$ 表示为 $\widehat{f}$ 的广义 Fourier 变换满足

$$c_f^2=\int_{\mathbb{R}^d}|\widehat{f}(t)|^2\left(\widehat{\Phi}(t)\right)^{-1}\mathrm{d}t<\infty,$$

与

$$\begin{aligned}&|\widehat{f}(t)|\leqslant c\|t\|^{-d-\gamma_2},\quad t\in\mathbb{R}^d\setminus\{0\},\\&2\gamma_2=\beta.\end{aligned}$$

定理 7.3.4 如果函数 f 受控于一个满足 (7.34) 式与 (7.35) 式的径向函数 ϕ, 那么插值误差

$$\left|f^{*(\mu)}-f^{(\mu)}\right|^2\leqslant c_f^2\cdot\kappa_\gamma^\mu(x)$$

受控于 Kriging 函数.

证明 设数据点来自可由 Fourier 积分

$$f(x)=\int_{\mathbb{R}^d}\mathrm{e}^{\mathrm{i}\langle x,t\rangle}\widehat{f}(t)\mathrm{d}t$$

表示的函数 $f(x)$. 由 (7.34) 式及 $2\gamma_2=\beta$, 可知 $|\mu|<\gamma_2$. 由定理 7.3.3, 可得误差为

$$\left|f^{*(\mu)}-f^{(\mu)}\right|^2=\left|\int_{\mathbb{R}^d}\left(\sum_{j=1}^n u_j^{(\mu)}(x)\mathrm{e}^{\mathrm{i}\langle x_j,t\rangle}-(it)^\mu\mathrm{e}^{\mathrm{i}\langle x,t\rangle}\right)\widehat{f}(t)\mathrm{d}t\right|^2.\tag{7.36}$$

如果

$$c_f^2=\int_{\mathbb{R}^d}|\widehat{f}(t)|^2(\widehat{\Phi}(t))^{-1}\mathrm{d}t<\infty,$$

则利用 Cauchy-Schwarz 不等式, 得到

$$\begin{aligned}\left|f^{*(\mu)}-f^{(\mu)}\right|^2&\leqslant\left(\int_{\mathbb{R}^d}\left|\sum_{j=1}^n u_j^{(\mu)}(x)\mathrm{e}^{\mathrm{i}\langle x_j,t\rangle}-(\mathrm{i}t)^\mu\mathrm{e}^{\mathrm{i}\langle x,t\rangle}\right||\widehat{f}(t)|\mathrm{d}t\right)^2\\&\leqslant\int_{\mathbb{R}^d}\left|\sum_{j=1}^n u_j^{(\mu)}(x)\mathrm{e}^{\mathrm{i}\langle x_j,t\rangle}-(\mathrm{i}t)^\mu\mathrm{e}^{\mathrm{i}\langle x,t\rangle}\right|^2\widehat{\Phi}(t)\mathrm{d}t\cdot\int_{\mathbb{R}^d}|\widehat{f}(t)|^2(\widehat{\Phi}(t))^{-1}\mathrm{d}t\\&=c_f^2\cdot\kappa_\gamma^\mu(x).\end{aligned}\tag{7.37}$$

因此定理成立. 定理证毕.

为了给出局部误差估计, 首先定义局部密度函数. 设数据点 $\{x_j\}_{j=1}^n \subset \Omega \subset \mathbb{R}^d$, 对于任何的 $r>0$ 以及任取的 $x \in \Omega$, 局部密度函数 $h_r(x)$ 定义为

$$h = h_r(x) := \max_{\|y-x\|<r} \min_{1 \leqslant j \leqslant n} \|y - x_j\|.$$

定理 7.3.5　对任何的 $k \geqslant \gamma, r > 0, x \in \Omega$ 与 $|\mu| \leqslant k$, 存在一个与 k, r, μ, x 有关的允许向量

$$\widetilde{\boldsymbol{L}}^{(\mu)} = (\widetilde{u}_1(x), \cdots, \widetilde{u}_n(x))^{\mathrm{T}} \in \mathbb{R}^n,$$

使得函数

$$\widetilde{g}(t) = \sum_{j=1}^{n} \widetilde{u}_j^{(\mu)}(x) \mathrm{e}^{\mathrm{i}\langle x_j, t\rangle} - (\mathrm{i}t)^{\mu} \mathrm{e}^{\mathrm{i}\langle x, t\rangle},$$

满足

$$\begin{cases} |\widetilde{g}(t)| < C_1 h^{k+1-|\mu|} \cdot \|t\|^{k+1}, & \|t\| \leqslant \frac{1}{h}, \\ |\widetilde{g}(t)| < C_2 h^{-|\mu|} + \|t\|^{|\mu|}, & \|t\| \geqslant \frac{1}{h}, \end{cases}$$

对任何的 $h = h_r(x) \leqslant h_0$ 成立, 其中 h_0, C_1, C_2 与 k, r, μ, x 有关, 但与 h 无关.

利用如上定理, 可以给出散乱数据径向基插值的局部逼近阶.

推论 7.3.1　插值误差满足

$$\left| f^{*(\mu)} - f^{(\mu)} \right| \leqslant c_f \sqrt{\int_{\mathbb{R}^d} \widetilde{g}^2(t) \widehat{\Phi}(t) \mathrm{d}t},$$

并且当

$$\int_{\mathbb{R}^d} t^{2k+2} \widehat{\Phi}(t) \mathrm{d}t, \quad \int_{\mathbb{R}^d} \frac{\widehat{f^2}(t)}{\widehat{\Phi}(t)} \mathrm{d}t$$

存在时, 有

$$\left| f^{*(\mu)} - f^{(\mu)} \right| \leqslant h^{k+1-|\mu|}.$$

习　题　7

7.1　分别对下列紧支集径向基函数作图.

(1) Wu 函数: $\phi_{1,0}(r), \phi_{2,0}(r), \phi_{2,1}(r)$;

(2) Wendland 函数: $\phi_{2,1}(r), \phi_{3,1}(r), \phi_{3,2}(r)$.

7.2　证明定理 7.1.4.

7.3　试证明逆 Multi-Quadric 函数

$$\phi(\|x\|) = \left(c^2 + \|x\|^2\right)^{\beta}, \quad \beta \in \mathbb{R}, \beta < 0$$

在任何维空间都是正定函数.

7.4　对于数据点集 $\{(x_i, f(x_i))\}_{i=0}^{10}$, 其中

$$f(x) = \mathrm{e}^x, \quad x_i = i, i = 0, 1, \cdots, 10.$$

试利用 Multi-Quadric 函数

$$\phi(\|x\|) = \sqrt{c^2 + \|x\|^2}$$

构造插值函数 $f^*(x)$ 使得

$$f^*(i) = \mathrm{e}^i, \quad i = 1, \cdots, 10.$$

并作图比较当取不同的参数 c 时插值函数 $f^*(x)$ 与被插函数 $f(x)$ 的误差.

7.5　设函数 $f(x, y) = \mathrm{e}^{x+y}$, 数据点集 $\boldsymbol{A} = \{(x_i, y_j, f(x_i, x_j))\}_{i,j=0}^{5}$, 其中

$$x_i = i, \quad y_j = j, \quad i, j = 0, 1, \cdots, 5.$$

试利用 Multi-Quadric 函数的拟插值算子 $\mathcal{L}_C$(公式 (7.17)) 与 $\mathcal{L}_D$(公式 (7.18)) 对数据点集 A 分别作拟插值函数, 并比较两个拟插值函数与函数 $f(x, y)$ 在结点组 $\{(x_i, x_j)\}_{i,j=0}^{5}$ 上的误差.

7.6　证明: 对于函数

$$f^*(x) = C + \sum_{j=1}^{n} a_j \sqrt{(c^2 + \|x - x_j\|^2)}$$

满足插值条件

$$C + \sum_{j=1}^{n} a_j \sqrt{(c^2 + \|x_k - x_j\|^2)} = f_k, \quad k = 1, \cdots, n$$

及附加条件

$$\sum_{j=1}^{n} a_j = 0$$

的解存在且唯一, 其中 C 为正的常数.

7.7　证明 Multi-Quadric 函数的拟插值算子 $\mathcal{L}_D$ 具有线性再生性.

7.8　对于如下径向函数, 给出散乱数据插值时的局部逼近阶.

(1) Gauss 分布函数: $\phi(r) = \mathrm{e}^{-\alpha r^2}, \alpha > 0$;

(2) 薄板样条函数: 当 s 为正奇数时,$\phi(r) = r^s$; 当 s 为正偶数时,$\phi(r) = r^s \log r$.

参考文献

[1] 王仁宏. 数值逼近. 高等教育出版社, 1999.

[2] 苏步青, 刘鼎元. 计算几何. 上海科学技术出版社, 1981.

[3] 王仁宏, 施锡泉, 罗钟铉, 苏志勋. 多元样条函数及其应用. 北京: 科学出版社, 1994.

[4] de Boor C, Höllig K, Riemenschneider S. Box Splines. New York: Springer-Verlag, 1993.

[5] do Carmo M P. Differential Geometry of Curves and Surfaces. Prentice-Hall, 1976.

[6] 王国瑾, 汪国昭, 郑建民. 计算机辅助几何设计. 高等教育出版社/Springer, 2004.

[7] Farin G. Curves and Surfaces for CAGD, A Practical Guide. Fifth Edition. New York: Academic Press, 2002.

[8] Ron Goldman. Pyramid Algorithms: A Dynamic Programming Approach to Curves and Surfaces for Geometric Modeling. Morgan Kaufmann Publishers, 2003. 中译本: 吴宗敏, 刘剑平, 曹沅等译. 金字塔算法 — 曲线曲面几何模型的动态编程处理. 北京: Morgan Kaufmann Publishers/电子工业出版社, 2004.

[9] Piegl L, Tiller W. The NURBS Book. Berlin: Springer-Verlag, 1997.

[10] Buhmann M D. Radial Basis Functions: Theory and Implementations. Cambridge, 2003.

[11] 吴宗敏. 散乱数据拟合的模型、方法和理论. 北京: 科学出版社, 2007.